U0952147

鞋 楦 设 计

The Last Design

陈国学　编著

中国轻工业出版社

图书在版编目（CIP）数据

鞋楦设计 / 陈国学编著. —北京：中国轻工业出版社，2017. 1
ISBN 978 - 7 - 5019 - 4911 - 3

Ⅰ. 鞋… Ⅱ. 陈… Ⅲ. 鞋楦-设计 Ⅳ. TS943.53

中国版本图书馆 CIP 数据核字（2006）第 142342 号

责任编辑：李建华　责任终审：孟寿萱　封面设计：刘　鹏
版式设计：马金路　责任校对：燕　杰　责任监印：胡　兵

出版发行：中国轻工业出版社（北京东长安街 6 号，邮编：100740）
印　　刷：三河市万龙印装有限公司
经　　销：各地新华书店
版　　次：2017 年 1 月第 1 版第 4 次印刷
开　　本：889×1194　1/16　印张：29.25
字　　数：673 千字
书　　号：ISBN 978-7-5019-4911-3　定价：120.00 元
邮购电话：010-65241695　传真：65128352
发行电话：010-85119835　85119793　传真：85113293
网　　址：http://www.chlip.com.cn
Email：club@chlip.com.cn
如发现图书残缺请直接与我社邮购联系调换
161413K4C104ZBW

前　言

制鞋工业已成为我国重要的内外销产业，我国鞋产品产量目前居世界第一。争创国际品牌，使我国由制鞋生产大国进入世界制鞋强国行列，已成为新世纪中国制鞋行业的奋斗目标。

做强中国制鞋业，重视科学技术，重视基础工作，重视产品的创新设计是关键。在鞋类产品的设计中，放在首位的就是鞋楦设计，鞋楦是制鞋的灵魂。制鞋企业从设计到产品出厂，始终离不开鞋楦，它是制鞋的母样、制鞋的工具，它决定着鞋的外观造型，关系到鞋穿着是否舒适，关系到鞋的产品质量。鞋楦掌握着鞋的命运，因此鞋楦的创新设计在制鞋工业中十分重要。生产优质鞋，首先要从鞋楦设计开始。在总结前人的经验知识的基础上进行了完善和提高，结合笔者30多年的实践经验和体会，编著本书供国内外制鞋业人员阅读。本书从鞋楦在制鞋技术中的重要性，鞋楦和制鞋设计师需具备的素质和能力，怎样才能成为技艺高超的鞋楦设计师，到鞋楦设计师来源于实践之中谈起，着重对脚和楦与鞋的相关知识；中国鞋号及相关知识；脚型规律和楦型设计知识；鞋楦底样及楦体造型设计知识；鞋楦后身标准化研究；运动鞋楦设计知识；世界鞋号及国际标准；鞋楦数据表及鞋楦检测；鞋楦制造质量管理与现代技术设备等全面论述了鞋楦设计相关的技术。本书采用较多图表来说明和介绍鞋楦设计知识，其中有设计新方法、新经验和新理念，是促进中国鞋业技术进步的一本具有实用价值的著作。

本书系统地论述了鞋楦设计的理论知识，丰富和提升了鞋楦设计技术，对鞋类及鞋楦设计专业的技术人员、工人及管理人员以及各类院校制鞋专业的师生都有重要的参考价值。

本书问世，以表我为行业服务的心愿，书中如有不足之处，望读者提出宝贵意见，让我们为中国成为制鞋强国而共同努力。

陈国学

二〇〇五年元月八日

目　录

绪　论

近十几年来我国制鞋工业得到了迅速发展，技术在不断进步，使鞋类产品的外观质量和内在质量也得到了不断的提高，我国已成为世界制鞋第一大国，产量占全世界总量的60%以上，鞋类产品在我国轻工业出口产品中名列榜首。在中国鞋业二次创业之际，做强中国鞋业成为行业发展的主题，开拓创新、科学发展已是我们鞋业发展的指导思想。

当前世界鞋业进入了新一轮的革新、创新时期，中国制造的鞋能否给世人带来美的感觉和舒适的感受，成为了这场鞋业革命的主要内容。设计制造造型美观、穿着舒适的鞋类产品，作为制鞋“灵魂”的鞋楦设计，就显得十分重要。

一、鞋楦在制鞋技术中的重要性

鞋样设计师在设计中需要掌握了解鞋楦的理论知识、鞋楦的数据尺寸，如果缺乏完整的鞋楦知识，设计的样板就不可能正确，就会使帮样不服楦，在制鞋过程中出现很多质量问题，如穿着不舒适、外观不美观、鞋子不端正等。鞋楦是制鞋的灵魂，也是制鞋中不可缺少的模样及工具，款式的好坏，造型是否美观，穿着是否舒适，包括制鞋的整个过程都离不开鞋楦，可以说鞋楦比帮样更重要。鞋楦设计之所以在行业中被称为制鞋第一要素，是因为鞋楦技术包含着需要符合脚型规律和脚运动规律的数据尺寸，在确保穿着舒适的前提下，讲究鞋形体的美观性，款式的时尚性、流行性、艺术性。因为一双外观肥胖的鞋穿后不一定会舒适；一双造型看起来美观时尚的鞋，穿着后可能会有苦难言；一双数据正确符合标准的鞋，由于其外观不美可能不会有好的销路，所以鞋楦设计不仅需要外观的美，而且数据尺寸要符合运动状态下的脚型规律，确保穿着者感到舒适，才能依此楦生产一双合格的鞋。

行业中懂鞋楦重要性的行家们，把鞋楦设计比喻为是比艺术还要艺术的一种特殊造型设计技术。鞋楦是鞋的模特，鞋面好比模特穿着的服饰，相互的搭配结合十分重要。你想设计绅士鞋，就需要一双流行的适合设计绅士鞋的鞋楦；你要设计一双休闲鞋，那就需要一双休闲鞋楦，所以鞋的设计制作离开了鞋楦就会无从着手。鞋楦的数据应用需要设计师有丰富的经验和了解一定的鞋楦知识。中国、日本、韩国、越南等亚洲地区与美国、英国、法国等欧美国家的脚型有一定的区别，我们东方国家人脚肥短，跗面较高，西方国家人脚瘦长，脚背比我们低，同样我们东方人中也有地区性差别。比如：广东男性脚长均数 247.82mm，山东男性脚长均数为 253.83mm，相差 6.01mm，西方的美国鞋楦 8 号长度为 273mm，英国鞋楦 8 号长度为 277mm，相差半个号，俄罗斯的鞋楦 41 号长度为 280mm，蹠围 250mm，中国鞋楦 255 码长度一般在 270mm 左右，蹠围 243mm。设计工作者必须了解实际情况，有针对性地安排鞋楦数据尺寸，才能适应客户要求，才能让客户满意。

在造型设计方面，所谓的比艺术还艺术就是为了美化鞋楦的形体，使楦面曲线、楦体曲线线条富有美感，流畅圆滑，肉体安排符合运动状态下的脚型规律，有效尺寸比例要高，穿着舒适，感觉要好。设计师将对鞋形体造型的了解与审美眼光、审美素养、艺术功底和高超的制作技术融为一体，达到一定水平才能设计出前卫、流行、时尚的新楦型。设计师要在对制鞋工艺、制鞋技术、鞋的设计要求等专业知识了解的基础上，才能设计出适应市场，适合用户要求，消费者喜爱的鞋类新产品。艺术作品设计不受尺寸数据的限制，而鞋楦有数据但却千变万化，要随着时代发展、市场变化而不断变化，不断去美化，这就是所谓的比艺术还要艺术。随着中国加入 WTO 和外销鞋业务的不断增加，作为现代设计师，在对中国鞋号、鞋楦设计理论知识的了解基础上要懂得世界其他国家的鞋号及鞋楦设计要求，才能设计出能销往世界各地的鞋类产品，才能适应国际市场的要求，才能让你的客户满意。

鞋厂要基业长青，必须要重视鞋楦，要制造真正的名牌鞋，必须要有具备创新能力的名牌鞋楦企业为长期合作伙伴，这看是小事其实是大事。

二、鞋楦和制鞋设计师需要具备的素质和能力

以人为本、科学发展是中国鞋业发展的指导思想，全面提高制鞋企业人员素质、能力是我们要做的基础工作，其中最根本的是企业家和设计师的个人素质和创新设计能力的提高。注重整个鞋业的素质提高和重视制鞋科技、重视职工教育和人才的培养，是当前的首要任务。是否有高素质和具有创新能力的人才，决定着中国鞋业在未来国际市场的地位和中国鞋业的命运。走科学发展之路，坚持开拓创新，鞋业需要有良好素质和创新能力的人才队伍，在国际鞋业市场中才有我们中国鞋业的生存发展空间。鞋业整体素质、技术水平的提高，具有创新设计能力，才有能力去打造一批国际著名品牌；有款式新颖美观、品质优良、穿着舒适、赢得世人青睐的产品，才有我国鞋业在国际市场上的知名度、产品美誉度。只有做强我们的制鞋行业，让世界看到中国是一个追求完美、追求卓越的民族，中国鞋业是一个有创新能力，能为世人创造美的民族工业，那时中国将成为世界制鞋强国。鞋业设计师需具备的素质和创新设计能力，可以概括为以下几个方面。

（一）职业道德修养和审美修养

道德修养是制约审美修养的主导因素。没有较高道德修养的鞋类设计师，不会有较高的审美修养。因为有较高道德修养的人，必定有如下品质：高尚、文雅、通人性、品性好等，有着崇高理想和明确的生活目标，他将以诚信为本、以事业为重。道

德观念薄弱的人，思想空虚、思路狭窄、自私自利、没有完整的人格，贪图眼前利益，没有事业心和责任心，如果这种人当设计师，不可能以事业为重，不会有工作责任心，不会忠诚于企业，不会有勤奋努力、刻苦钻研技术的精神，他就不可能设计出优秀的作品，也不会有大的成就。我们中国鞋业需要有文化修养与审美眼光，有事业心、有责任心的人才。文化是个广义的概念，它不仅包括自然科学知识，还包括哲学、宗教、历史、文学、艺术、伦理、心理学、美学等各方面的人文科学知识，只懂得一些数、理、化知识和只有一些专业技能，如果没有审美修养和创新思维，仍然是一个没有“文化”的人。在中国制鞋业技术队伍中真正具有审美修养和创新思维及有开拓精神的设计师较少，制鞋业的技术工作者要重视自身的道德修养的提高，虚心好学，不断接受再教育，不断接受新生事物，迎合社会，适应市场，重视信息，更新观念，创新思维，勇于开拓，不断创新，提高自身整体素质和文化知识水平，学习专业知识和相关知识理论，适应时代发展的要求，跟上时代潮流，具有前卫的审美理念：能追求美而爱美，爱美而能创造美；创造美而奉献美，能给人们舒和美；可让人们感受美，能让人们享受美，这就是有社会责任心的审美者。他们的素质是：有审美素养，有审美眼光，有审美趣味，有良好审美态度，有个人品位，有个人爱美习惯。这才是真正具有崇高的职业道德水准和良好的审美修养。

（二）专业知识水平和实际技术能力

要成为一名合格的鞋类产品设计师，必须具有较高的专业技术和丰富的理论知识，同时必须具备实际设计能力，能理论联系实际，有很强的实践能力，能指导和组织开发设计人员展开设计工作，有主观意见，有适应市场的设计思路，有实际技术管理能力，能设计出时尚美观、适应潮流的鞋款，具有实用性、舒适性，并且能得到有良好审美修养人群的喜欢，绝不纸上谈兵，绝不讲空头理论，而是付诸行动，依靠自己的创新能力和一流的作品，去赢得鞋业的公认、市场的认可，这才是一位真正的鞋业设计师、称职的设计师。他们需具备如下知识和能力。

1. 能用科学的头脑去指导设计工作

设计师应当认识到新技术开发将直接影响着企业的经营活动，它对制鞋企业的经营目标会产生极大的影响，因此设计师必须精通技术，掌握相关知识，懂得从实际出发，具有一定的掌握信息的能力，具有专业技术水平，掌握了解市场信息，具有判断新产品市场需求的准确性，有对市场的预测估计能力，懂得了解自己企业在新技术引进、新产品开发方面需要的人力、物力和财力的实际承受能力。设计师要懂得当今世界鞋业之间的竞争，最终是产品的竞争，而产品竞争的背后是技术的竞争、创新能力的竞争，是科学技术的竞争以及专业技术人才的竞争，鞋业之间谁在科学技术创新中赢得优势，谁就掌握市场竞争的主动权。在科学技术发展日新月异、消费潮流不断改变、人们生活方式不断变革的世界里，它将对鞋业创新设计提出更高的要求，鞋厂需要有能力适应这些变化的人才，设计出符合时代需求的鞋类新产品，说到底就是需要有高素质的人才队伍和优秀的设计师，有责任心、上进心、事业心，有职业道德，有实际工作能力，有爱国敬业精神，有适应社会、适应市场的观念和思路，能用科学头脑去指导设计开发技术，他的工作就会有成效，开发成功率也会高。设计师要具有科学的设计开发创新理念，重视专业技术、重视学习、重视人才培养和技术进步，要有追求完美的心态、讲究认真仔细的工作习惯，把追求卓越、做强做好放在工作的首位，坚持开拓创新，重视科学发展，求真务实做好开发设计工作。

2. 要掌握一定的专业基础知识，以有利于设计师有效地做好开发设计工作

作为一名设计师，要了解世界和自己国家的制鞋工业的发展情况，掌握制鞋的专业技术知识，对新材料、新设备、新技术的信息和掌握要十分重视，对了解和学习鞋楦设计、鞋底设计、鞋跟设计及对皮革质量的鉴别能力的提高等都要高度重视，不断学习，充实自己。要学习了解掌握脚型规律、脚的形态、脚的生理机能和脚的运动规律方面的相关知识，并要有较深的认识能力。掌握鞋楦设计理论知识，掌握中国鞋号及世界主要鞋号的相关知识及数据尺寸。

作为一名合格的设计师要具备高水准的操作技能，要树立勤奋努力、刻苦耐劳、虚心好学的高尚作风，谦虚地向国内外有技术能力的人学习，不断取长补短，不断总结经验，不断刻苦研究，不断实践提高，学习掌握高超技能，不断创新设计方法，提升自己的实际技术能力，善于积累和总结操作技能和经验知识，把它作为自己搞好设计工作的基础。

作为一名优秀的设计师必须要有较高的审美眼光，同时他应该是一位真爱艺术、爱美的人，有人格魅力品位的人，有良好爱美、审美心态的人，他在生活中会主动去欣赏服饰的新颖美观，关注流行和潮流，爱好欣赏一些纯艺术作品，特别善于观察一些造型优美的作品。同时要有虚心好学的态度，善于多看、多学他人设计的优秀鞋款式、鞋楦造型、鞋底造型、鞋跟造型，注意皮革色彩，鞋饰配件的形状和颜色，善学众长，不断吸收、采集鞋类书籍、画报等等资料，丰富自己的思路，不断修正自己的不足，提升自己的整体水平。

要成为一名合格的设计师，要有对技术的钻研精神，并热爱自己的工作。在鞋楦设计这门技术中最重要的是理论联系实际，讲得再好设计得不好，等于零。鞋类和鞋楦设计师要树立博学创新、追求卓越的理念。合格的设计师的基本功是必须懂得专业知识，掌握技术和操作技能方法，用灵巧的手艺制作出数据准确、造型美观新颖的鞋样款式和鞋楦，要比别人更能吃苦，花在操作上的时间要比别人多，看的比别人更广泛，并虚心地向老师请教，同时更要善于听取别人的建议，吸取别人的长处，不断提升自己的专业技术。总之，有钻研精神、重视学习、勇于实践，理论结合实际，充分激发自己的创造性思维和潜能，发挥设计师心灵手巧的技能和丰富的想像力，去不断创造设计新产品，这就是设计师需具备的实际技术能力。

三、怎样才能成为技艺高超的鞋楦设计师

（1）深知模样楦的制作是设计所有新鞋款的第一步，对新鞋款形体造型要具有丰富的想像能力和形象思维能力。简单说，就是在设计鞋楦前，已构思好对该楦的造型，知道该楦应设计什么样的鞋款；第二步是能充分体现设计师自己的风格和创新能力，要有能力去符合鞋楦的特性，能将两方面有机地结合起来。

（2）获得高超技艺是通过不断实践，积累经验的结果，鞋楦设计师要成功地将自己灵巧的手和审美眼光很好的协调一致，做到得心应手，才是一位成功的鞋楦设计师。

（3）要成为一名技艺高超的设计师，具有敏锐的洞察力至关重要。审美眼光的锻

炼，只能依靠不断地实践、虚心好学、善于观察、勇于求教、多看多想、多问多做、多总结经验；此外，自身具有较强的悟性和领会能力也十分关键，手的灵巧是设计师表现制作技能的首要条件，只有同时具备这两者的人，才能将大脑中的想法通过双手去表达在模样楦造型上，充分地体现和展示完美的造型，这才是一位优秀设计师的高超技能。

四、鞋楦设计师来源于实践之中

鞋楦设计有一个很重要的理念是从实践到理论，再从理论到实践。因为实践知识总出于更加基层的地方，例如讲鞋楦理论的老师不一定会制作鞋楦，而设计师一定是做得比讲得更好。这种对美的追求和理解融在设计师的脑海里，通过双手表现在产品造型设计中，它属于一种隐性知识，它永远比我们能说出来的多得多，而且艺术家、画家、雕塑家、造型设计师等用双手制作设计的工作者，大多数人的知识是隐性的，隐性知识不易传播，只有在实际工作、设计过程中传播、传授给别人，所以学习鞋楦设计要依靠实际传授才能学到真正的技能。我们要振兴民族工业，就应该不断创造和普及传播、传授隐性知识的工具、方法和理论，帮助整个制鞋、制楦行业学到最佳的实践知识。

第一章

脚-楦-鞋的关系

鞋楦造型设计是设计鞋、制造鞋首先要重视的一项重要技术工作。可以这么讲，鞋楦是鞋的母体，是鞋的灵魂，而鞋是服务于脚的，应满足人们对生活的需要，满足人们对鞋舒适性的要求及对审美爱美的需求。由于鞋楦和鞋最终都是为脚服务的，因此不论是鞋楦设计，还是鞋样设计，在掌握鞋楦设计和制鞋设计知识中，首先要了解和掌握脚的形态、生理机能及脚型规律方面的知识。我们的设计依据，必须以脚型为基础，而脚与人体的其他部位一样，是一个有生命和活力的机体。它是由细胞、血液、神经、肌肉和骨骼等构成，因此了解和掌握人脚的这些构造及其生理机能的特点，熟悉和掌握楦和鞋各特征部位名称的由来对指导鞋楦设计、制鞋设计，以及制鞋生产都是十分重要的。

第一节　脚

鞋，只有穿到人们的脚上才完成作为鞋的商品功能，起着美化人们生活、让人感到舒适的作用。因此，很自然，无视脚而谈鞋是不可能的。

当我们进行站立、工作、跑步、步行、跳舞及体育运动时，必须充分发挥脚的作用，为此，脚必须经常保持健全的状态。所谓优质鞋，首先要很好合脚，穿着后感到很舒适，它重要的一点是辅助脚的机能，达到舒适人体、美化人的生活的目的。

（一）脚的结构和机能

1. 脚骨的名称

脚由骨骼、筋肉、血管、神经等组成，脚的骨骼及其各部名称见图 1-1，分别是脚的上面、外侧面、底面及正面的视图。脚由大小 26 块骨头组成，加上 2 块蹠骨小头，共计为 28 块。

靠近脚后跟有 7 块相互坚固络合、几乎不能松动的骨骼，总称为跗骨，跗骨包括跟骨、距骨、骰骨、舟状骨和第一、第二、第三楔骨。

跗骨的前部，并排纵列 5 根比较长的骨骼，称为蹠骨（也可以称跖骨），从内侧开始依次称为第一至第五蹠骨。前端脚趾部，拇趾有 2 节，其他各趾有 3 节，合计有

14 块，统称为趾骨。

此外，如图 1-1（c）所示，在第一蹠骨的前端，有豆状蹠骨小头 2 块，包括蹠骨小头，全部骨骼共有 28 块。脚靠筋肉和腰以下所有骨骼相连接，在正视图上可以看到股骨、髌骨、胫骨、腓骨，前两种属大腿，后两种属小腿。

2. 骨骼

（1）腿部骨骼　图 1-1（b）和（d）分别表示从外侧看右脚和从正面看左脚的骨骼，从图上可以了解人的体重是通过股骨和胫骨传递到距骨上面很狭小的面积上，而距骨又受到跟骨的牢固支撑。胫骨的下端和距骨之间好像滑轮一般组合，沿距骨上的轴状面，胫骨可以容易地前后活动，由于这种结构，脚趾的上下运动得以顺利进行。

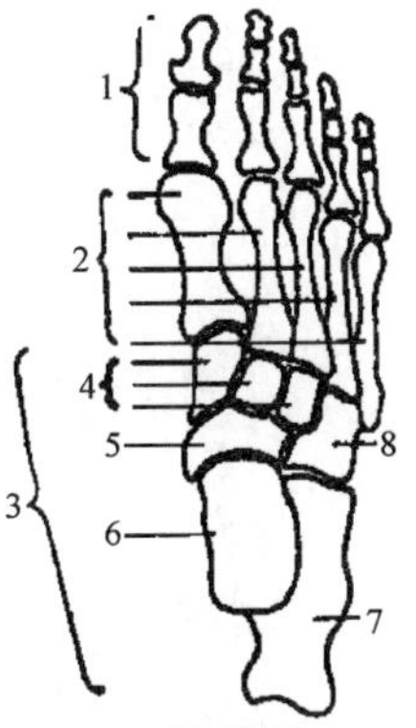

(a) 俯视图

1—趾骨　2—第一至五蹠骨　3—跗骨

4—第一至三楔骨　5—舟状骨

6—距骨　7—跟骨　8—骰骨

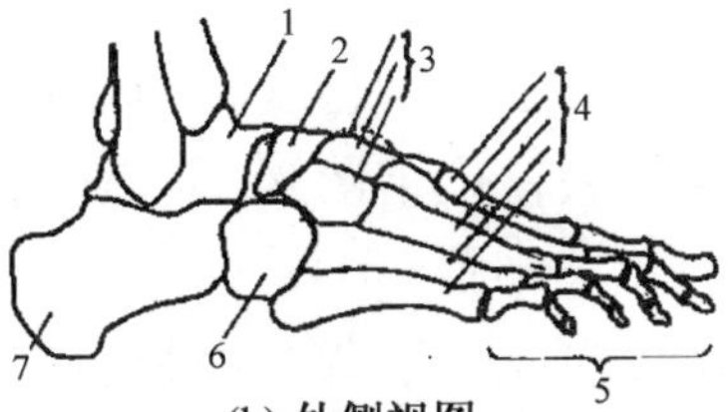

(b) 外侧视图

1—距骨　2—舟状骨　3—第一至三楔骨

4—第一至五蹠骨　5—趾骨　6—骰骨

(c) 底视图

1—蹠骨小头

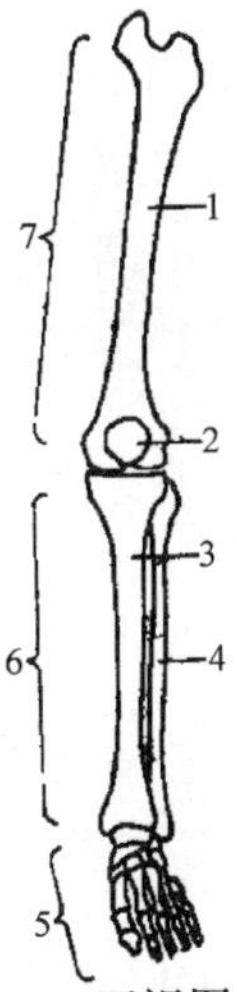

(d) 正视图

1—股骨　2—髌骨　3—胫骨　4—腓骨

5—脚　6—小腿　7—大腿

图 1-1　下肢骨

与此相比，脚向内侧或外侧的弯曲运动，却限定在极小的范围内。向内侧还可以做某种程度的弯曲，但向外侧弯极少一点外，再也不能弯曲，这是因为内侧胫骨的下端和外侧腓骨的下端，分别处于包裹距骨的状态，特别是腓骨，一直延伸到很低的位置，使脚特别难以向外侧转动。通常我们称为“踝骨”的有两种，内踝是胫骨的最下端，外踝是腓骨最下端，一般内踝高而偏前方，外踝低而偏后方（图1-2）。这些特点，对设计鞋样，决定数据尺寸是重要的因素之一。

（2）脚部骨骼　人类由四肢爬行进化到双腿直立走路，脚的各部结构也发生了种种变化。

首先，为了起到支撑整个体重的作用，脚的底部产生了若干拱形，特别是内弓较为发达，既大又牢固，如图1-3所示，通过胫骨，由上方笔直加上的体重，为相当于传递关节的距骨一度支承后，又被以跟骨底部内侧的前端和第一蹠骨接地点为两个基点的强韧的内弓完全承受下来。

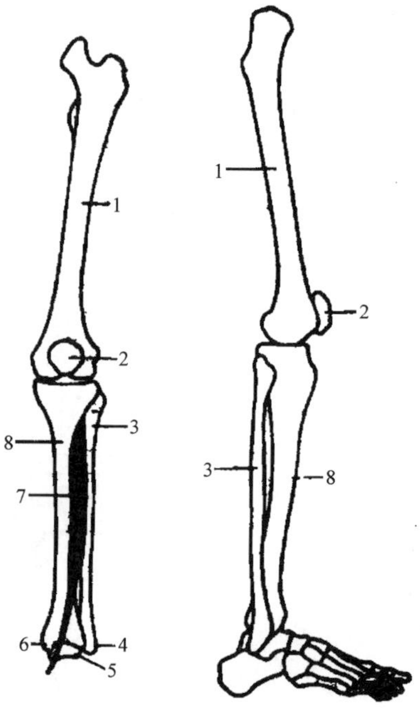

(a) 前视图　　(b) 侧视图

图1-2　腿骨结构和名称

1—股骨　2—髌骨　3—腓骨　4—外踝　5—距骨　6—内踝　7—前胫骨肌　8—胫骨

为了很好地理解脚的骨骼，可以比较手的骨骼进行观察。图1-4表示脚的骨骼，图1-5表示手的骨骼。先看手骨，它有相当于脚的胫骨和腓骨的两根骨头，位于前腕部，它的前方有相当于跟骨的8块小骨，小骨前方又有5排几乎平行的骨骼，构成了手背和手指。而脚骨却清楚地分为两组，即A组（包括第四、第五趾骨，第四、第五蹠骨，骰骨，跟骨）和B组（包括第一、第二、第三趾骨，第一、第二、第三蹠骨，第一、第二、第三楔骨，舟状骨，距骨），在向上翘曲的A组骨骼上，以吊挂的形态载着向下翘曲的B组骨骼 。也就是说：手骨和脚骨之间，不仅各个骨骼的大小和形态不同，结构本身也完全不一样，因此，和手相比，脚的方面发生了复杂的变化，希望读者充分地理解。

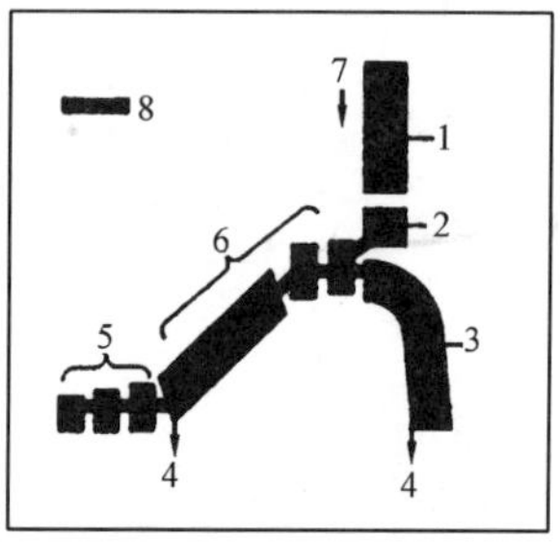

图1-3　脚内弓结构

1—胫骨　2—距骨　3—脚跟

4—基点　5—趾骨　6—脚背

7—体重　8—韧带

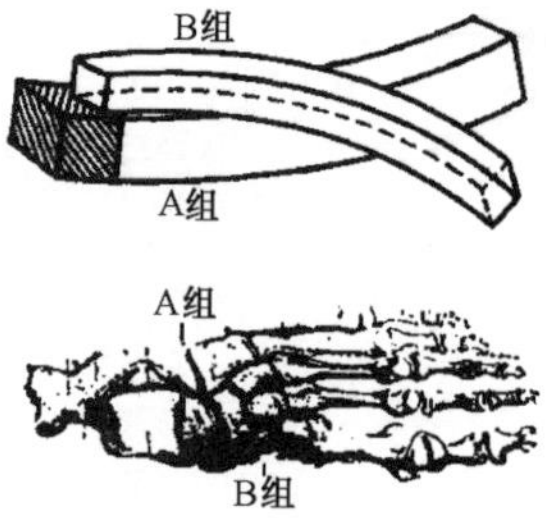

图1-4　脚骨构造

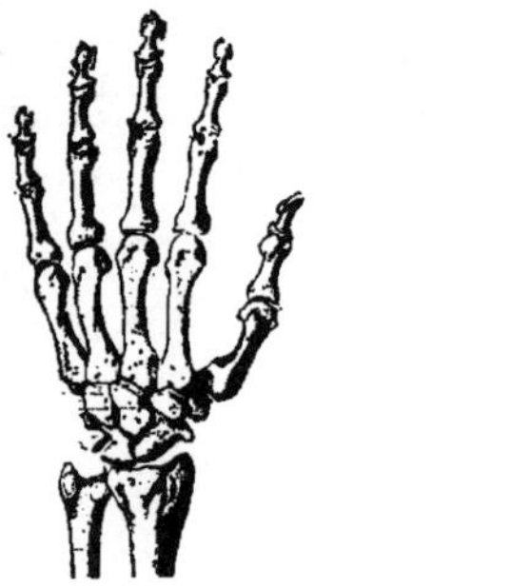

图1-5　手骨构造

观察整个手骨，可以看到它有像伞一样的结构，然而它的活动，却和伞相反，平时散开，使用时合拢，形成收缩状态。脚的情况和手完全不同，不施加力量时是合拢的，活动的时候才转换为打开状态，对这一点，如果观察鸟脚的动作，就能很好地理解。手主要有抓握物体的功能，脚则要应付支撑全身重量，或站、或走、或跑都方便的情况，所以，骨骼结构发生了变化。

（3）韧带和平足底　谈脚的骨骼，务必不要忘记韧带，因为在中国和日本人中平足底较多，所以要稍作说明。

在脚骨名称一节中曾讲到：“脚后跟有 7 块相互坚固络合、几乎不能松动的骨骼……”，这只是指健康的脚而言。如图 1-3 所示，连接骨头的硬橡胶状填塞物，称为韧带。韧带虽然不能和肌肉或腱相比，但是，多少也有一定的弹性，对上身重量的压力它能保持着平衡传递到整个脚上，具有纵、横、斜、垂直、水平所有方向性，并占据相应的各个位置。脚上的韧带，是全身中最强的韧带，其中又以连接跟骨的韧带特别强韧，稍许的力量分毫不能动摇。脚承受体重时，这根韧带稍有伸长，去掉外力则恢复原状，具有像弹簧般的功能。但是，韧带也和橡胶一样，施加一定限度的外力，或者因病变质，或者陈旧老化，失去弹性时，就失去了复原能力，或者断裂，或者松弛，或者保持伸长状态，再也不能恢复原状。这就在脚的功能方面产生种种不便。构成内弓骨骼之间的韧带一旦不起作用，这部分拱形发生破坏，就形成所谓“平足底”，这会给脚的功能招致各方面的障碍，进而对全身产生不良影响的情况是很多的。

3. 足弓

它位于脚的腰窝部位的内底心凹度部位，脚掌底部至踵心部位最明显的弓形，向上隆起部位称足弓。

足弓是由脚跟骨、距骨、舟状骨、第一楔骨及第一蹠骨、第一趾骨所串联形成的，如图 1-6、图 1-7 的足部骨骼内侧图、足部外侧图所示。

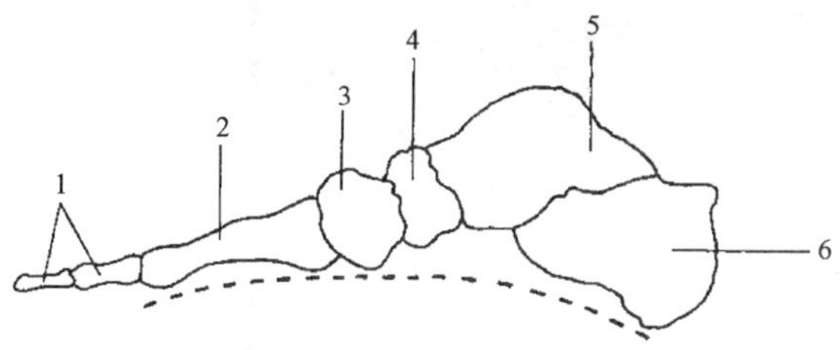

图 1-6　足部骨骼内侧图

1—趾骨　2—第一蹠骨　3—楔骨
4—舟状骨　5—距骨　6—跟骨

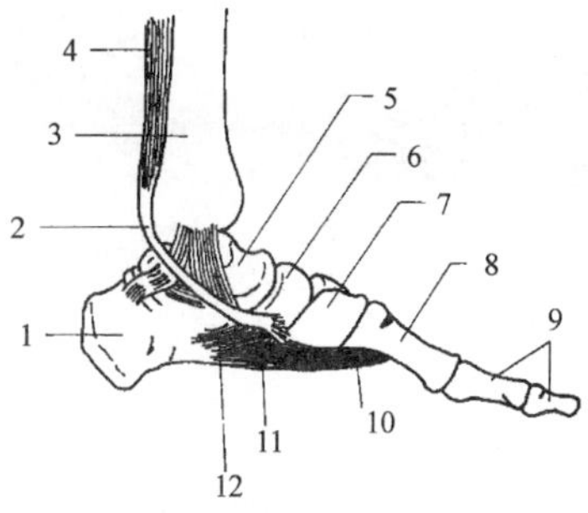

图 1-7　足部骨骼外侧图

1—跟骨　2—肌腱　3—胫骨　4—后胫肌　5—距骨
6—舟状骨　7—内侧楔骨　8—第一蹠骨　9—趾骨
10—长蹠韧带　11—短蹠韧带　12—跳韧带

足弓的功能主要是在人行走中帮助脚部活动，在脚承受运动压力、冲击力、重力的情况下，它具有增加双脚承受身体重量及压力的能力，并起减震作用。平足底的人则没有足弓，没有足弓的脚走长一点路程就会脚累，行走困难。平足底是由两种原因造成的：一是先天性平足底；二是从小时候开始经常穿着没有符合脚足弓要求的鞋造成脚弓下塌。造成脚弓下塌，脚成长为平足底的不良因素有以下原因：第一，这类鞋楦设计时，鞋楦腰窝部底心凹度不够，使足弓下面空位，在承受压力时下塌；第二，鞋楦的总前跷着地部位设计太后，例如总前跷着地部位在后端向前掌方向量取曲线长度137mm处，为适合中国人中间号女鞋的尺寸，有些设计工作者不懂得或没有正确的掌握这方面的知识，就会将着地部位设计在137mm后面，造成脚底心空部，在行走运动中脚向前扩展增长，脚受力后足弓下塌，韧带拉伸，失去弹性，长期处于这种状态就会造成平足底脚。

脚的骨块相互连接成弓状结构称为足弓，沿纵向的称为纵弓，沿横向的称横弓，也就是鞋楦的内怀侧、前掌着地部位、底心凹度部位及腰窝部位，直至踵心部位，是鞋楦重点的蹠围、跗围的部位，也是直接关系到穿着能否舒适的部位。脚的纵弓有两个：在脚内侧称为内纵弓，是由距骨、舟状骨、3块楔骨和第一、二、三蹠骨连接构成；在脚外侧的称为外纵弓，是由跟骨、骰骨和第四、五蹠骨构成。脚的横弓也有两个：前横弓和后横弓。前横弓是由第一至第五蹠趾关节构成，也就是鞋楦的前掌着地部位，第一蹠趾至第五蹠趾部位、鞋楦的前掌部位点、前掌凸大小、底心凹度设计得是否符合该部位脚型规律和适应该部位的弓形变化规律，直接关系鞋的穿着舒适程度。后横弓由楔骨、骰骨构成（见图1-8），该部位就是鞋楦腰窝和跗围部位，脚后横弓是设计好鞋楦和鞋的重要部位。在现实的鞋楦设计中，有些鞋楦、鞋样设计人员只考虑制鞋工艺要求或只顾配跟，没有掌握这方面的知识，存在很多问题，造成了对足弓的损害。

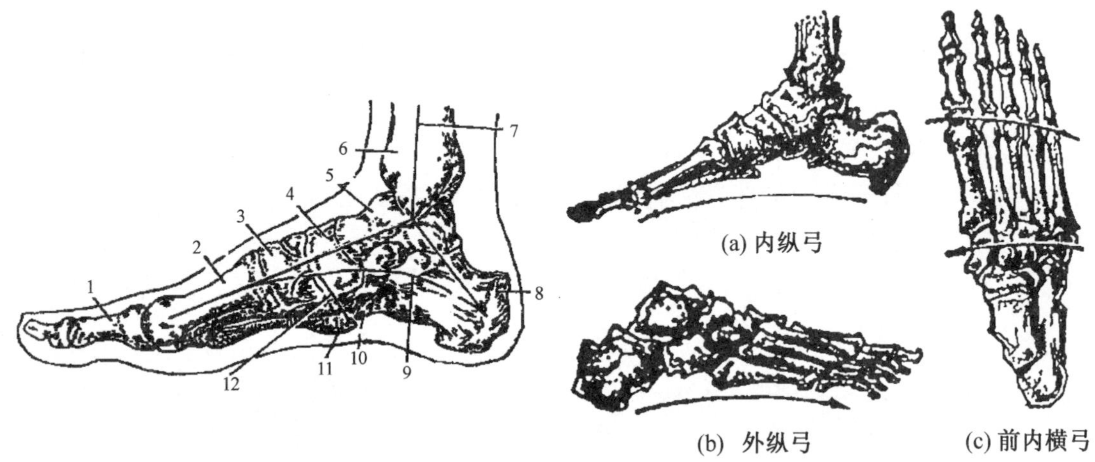

图1-8　足弓图

1—趾骨　2—第一蹠骨　3—第一楔骨　4—舟状骨　5—距骨　6—胫骨　7—重力线　8—跟骨　9—内纵弓　10—骰骨　11—第五蹠骨　12—后横弓

（引自《中国鞋号及鞋楦设计》，轻工业出版社）

脚是依靠足弓的结构和附着的韧带而产生弹性。人在站立或行走过程中，内、外纵弓和后横弓始终保持弓状结构，但前横弓却不是这样。当人静止站立时，前横弓保持正常弓形状态；在行走和运动时，当人的重心移至蹠趾关节，位移的瞬间，前横弓的弓状随着前掌承受身体的前移重力而展开（见图1-9及图1-10）。如果鞋楦前掌凸度过大，就会造成足弓下塌，有些鞋楦和制鞋工作者为所谓的藏脚好看，把鞋楦前掌凸度设计超过标准要求，这是完全错误的设计思想。男鞋楦前掌凸度不要大于6mm，女鞋楦不要大于5mm。因为脚在行走中，当前掌着地后，脚的重心在继续向前移动，前横弓又恢复其弓状，若穿着的鞋前掌凸度过大，脚前横弓部分有关韧带就会受到损害，失去弹性。前横弓下塌后，将会引起后横弓和内外纵弓下塌，形成平足底。平足底的掌面是完全触及地面的，使脚的骨骼相互移位和走样。因此，平足底患者若长时间站立或行走、运动，脚就会感到劳累和疼痛，影响身体健康和工作效率，特别是在成长发育过程的儿童，绝不可以穿着前掌凸度过大的鞋。前掌凸度一般控制在男鞋楦中间号5mm左右，女鞋楦中间号4mm左右，童鞋楦中间号3mm左右。这样就不会引起前横弓下塌，不会使孩子们的脚成为平足底。因此说鞋楦设计错误、鞋不适脚是造成后天性平足底的主要原因之一。

(a)静止时　(b)负重时　(c)楦前掌过凸时，对前横弓的损害

图1-9　足前横弓的变化

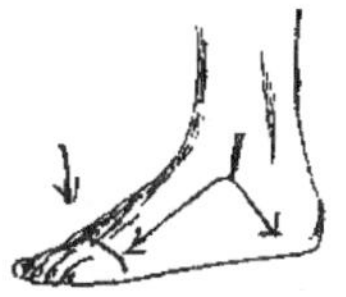

(a)正常弓形状态的脚

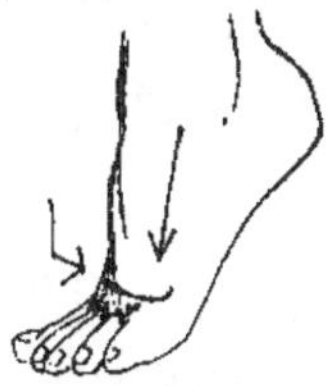

(b)前掌受力后足横弓下塌的脚

图1-10　足横弓下塌

鞋楦和制鞋设计师掌握足弓的功能、生理机能和该部位脚的形态、该部位在人行走或运动过程中的变化和运动规律的知识是十分重要的。

4. 肌肉

关于肌肉，和骨骼一样，也不能把腿部和脚部截然分开说明。在欧美国家称靴鞋业者是“膝盖以下的外科医师”，运动脚的主要肌肉都从膝盖下方附近出现，因此，靴鞋业者观察脚时，不能只看踝骨以下就能全面了解，没有这点基础知识，说能制造优质鞋或者能挑选鞋，都是不可想像的。

作为运动脚的主要肌肉，有通过小腿后侧的腓肠肌和通过小腿前部的胫骨前肌。见图1-11，脚后跟的上下运动靠腓肠肌的作用来实现。腓肠肌是始于跟骨后部，通过膝盖后部，连接股骨下端后部凹陷处的又粗又长的肌肉。

在脚跟部位的这个腱状部分，一般称为跟腱（也叫阿基里斯 Achilles 腱），它来源于希腊神话中英雄阿基里斯的故事。从图中还可以看到跟腱内方有空隙，稍许的冲击也会使它容易断裂，跟腱断裂，脚便不能行走。

此外，这部分过分受压，或者相反，穿上过松不跟脚的劣质鞋，会使膝盖非常疲劳，甚者感觉疼痛，这是因为腓肠肌连接在股骨下端，所以应该懂得鞋后缝的后跟弧线是如何的重要。脚后跟着地上下活动脚趾时，胫骨稍靠外的部位有微微的活动，这就是胫骨前肌。当勉强穿不合脚的鞋，尤其是穿压迫脚面或脚趾的鞋时，从脚面到胫骨前肌一带感觉或者疲倦或者发酸，严重时会感到疼痛，这是由于该肌肉的过度疲劳引起的。因此，当听到消费者反映“走路疲劳，膝盖疼痛”，或者“胫骨发酸”时，靴鞋业者必须感到自己的当然责任。

5. 血管和神经

脚位于离心脏和大脑最远的位置，是气血和神经传导较难到达的器官，为了弥补这一不足，血管能按步行动作中脚形的变化进行伸缩，从而促进血液循环。因此，可以说“脚是人体第二个心脏”。

另外，神经方面，依靠它和脊髓之间产生的反射回路，形成用反射方法处理日常功能的装置。由于这些血管和神经主要在脚底，以内弓部为中心部位，致密而细微地分布着，所以，鞋的腰裆部就非常重要，在尺寸上、形状上不能太紧也不能太松，要很合脚，这是优质鞋的首要条件。此外，自古以来所说“脚底伤，易得病”，正是因为脚底轻微的受伤，便容易化脓，且难以治愈，所以，鞋的内底上绝不能冒出钉尖，这一点必须认真检查，不能疏忽。

6. 汗

出汗是为了调节体温，这是一般常识，但制鞋技术人员还有必要知道更深的专业知识。概括地说，汗还可以分成性质完全不同的两种，其一称为“有色性汗”，另一称为“无色性汗”。汗腺分布全身，脚上聚集较多，它是容易多出汗的器官。

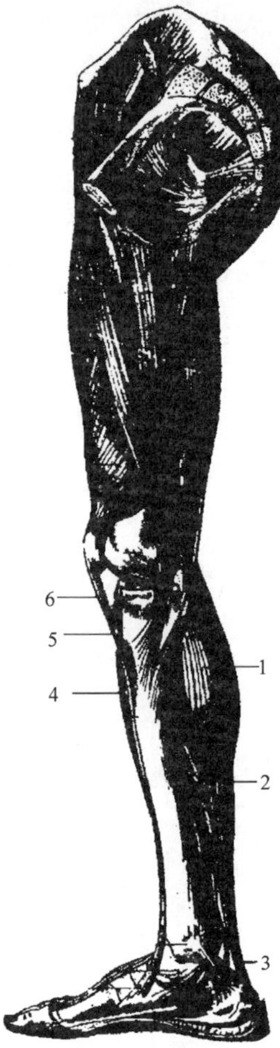

图 1-11　脚的肌肉状态和名称

1—腓肠肌　2—比目鱼肌　3—跟腱　4—胫骨前肌　5—胫骨粗隆　6—髌韧带

“有色性汗”和温度高低完全无关，是因紧张、兴奋、疲劳等神经作用而分泌的汗。其性质为有色、有臭，分泌于腋下及腹股沟等处，脚趾缝和脚掌部也有较多的分泌。白色内底或白袜底部的变黄等，就是由于出这种有色性汗的结果。从人种方面说，有色人种比白人分泌的有色性汗多，从年龄方面谈，青春期分泌有色性汗最为强烈。通过这种汗的适当分泌，使脚底保持必要的润湿，步行中可以防止打滑，还可以减少摩擦，所以，出汗不多的情况下，没有必要除去内底面上的汗。但是，穿不合脚的鞋或者加工不良的鞋，或者在道路不平、容易打滑的地面上走路，脚感觉非常疲劳的时候，会大量分泌有色性汗，使鞋内充满脚汗而发臭。

“无色性汗”是当温度或气温上升时，为了调节体温而自动渗出的汗，它几乎无色、无臭、稍带有涩味和咸味。

由于该两种汗同时在脚上分泌相当的多,必须选择步行时鞋和脚之间能出现所谓“风箱现象”(指鞋内的湿热气被排出,同时迎入外部空气的作用)的、非常合脚的鞋。

如果不能很好地具有“风箱现象”，鞋中脚的温度和湿度都会上升，脚发臭的同时，还会非常容易疲劳。

(二) 适合性、适应性与卫生性

穿鞋站立时，鞋非常合脚的状态称为“适合性”，就是说，鞋的形状和尺寸和穿鞋的脚的形状和尺寸相一致。

但因鞋是人们穿用的商品，不能说合脚了就可以。当步行时，脚的各部形状和尺寸会发生扩展、弯曲、伸长、收缩等各种各样的变化，所以，鞋还必须适应脚的这种变化。将鞋的结构是否和脚的运动相适应这一点称作“适应性”，它是很重要的。对鞋来说，在运动状态下，要求变形性要小，使鞋外形确保原来形状，不早期磨损，使用寿命长。对脚来讲，要在运动状态下，在鞋内感到舒适，合脚，不易有明显的疲劳感，行走轻快。

此外，鞋还有一个“卫生性能”的问题，由于寒暑等季节和气候的变化，脚会出汗、发臭并有温度、湿度的升降，对这种脚的生理现象，鞋的材料、形状、做工等应该很好地适应。如由某一实验得知，卫生性能良好的鞋中，脚的温度为34.5℃，但在卫生性能差的鞋中温度却上升到37.8℃，由于人们对于体温附近的温度升降非常敏感，37.8℃－34.5℃＝3.3℃的差别，会对全身疲劳度带来很大的影响。设计生产卫生鞋首先要掌握脚型规律，科学设计，选择符合卫生要求的鞋材。

鞋的适合性、适应性和卫生性极差的时候，不仅会出现疲劳，而且会使脚磨伤，或生鸡眼，造成伤害。这种毛病进一步发展，会变成难看的茧子，也是脚气病等皮肤病发生、蔓延的原因，所以，制作鞋楦和鞋，要准确掌握相关的技术参数，掌握制鞋技术中的知识和设计制作经验，不仅外观要美观，更重要的是鞋要适应脚的生理机能，让穿着者感受到舒服。

第二节 楦、鞋和舒适健康的相关知识

关于鞋和脚之间的关系，在上一节“脚”中已有叙述，本节着重讨论作为人体基础的脚和人体健康有什么关系，以及为了健康要求穿什么样的鞋来维护脚的机能。

（一）人体健康从脚开始

1. 神经反射点和血液流通

脚上有和心脏、肠胃、腰部以及骨盆内的内脏器官等相连接的多个神经反射点，通过刺激神经反射点会改善脚的血液流通，能显著地促进疾病的治疗，对于健康和美容也有极好的效果。由于脚上的神经反射点在步行时受到刺激，所以，或是疏忽走路，或是步伐不正确，或是脚趾、内弓、脚跟的形态有缺陷，不能充分发挥脚的机能，就会对健康带来障碍。

此外，看一下血液循环。动脉血的循环是靠心脏压力的作用进行，在血管末梢通过毛细管现象发生作用。静脉血循环是依靠肌肉的作用，脚的运动对肌肉作用起很大的影响。因此，脚对于人体的健康是极为重要的器官。但非常遗憾，到现在并没有明确说明“正常的脚必须是如此如此”，甚至有轻视脚的看法，同时，对于每天都要穿用的鞋，迄今几乎也没有从健康方面进行的研究，这是今后从医学的角度必须予以考虑的问题。

脚的静脉血回流不足，会引起局部酸性代谢废物的积聚，该代谢废物会引起脚的疲劳、沉重的感觉，如果集中到关节上，会引起神经痛、风湿症、关节炎等疾病。

如果脚的血液循环变坏，直接受到损害的器官是肾脏。肾脏发生病变时，膝盖下方内侧或者前下方会产生疼痛的感觉，按压脚跟前头时，也会感到疼痛。此外，脚跟

的肌肉及直肠变硬，肌肉失去弹性，也是引起便秘的原因。

2. 行走不够造成的症状

行走不够，步伐不正确等，除发生上述问题之外，对身体的各部也有不良影响，受直接影响产生的症状概括起来，有以下几种：

脚感到沉重、疲乏、肿胀、有压痛感；汗脚、湿而臭；生脚气和湿疹；脚关节变硬，转动不灵，容易跌倒，且有关部分发生肿胀；脚发冷或发热；血压升高或降低；脚底的知觉异常；进而引起循环障碍、血液浑浊。这样病状不仅停留在脚部，也会波及到内脏各器官，以致引起全身不正常。

（二）正确的行走方法

1. 充分使用脚趾

正确的且有健康意义的步行，怎么走法？那就是“以拇趾作为主轴，充分使用脚趾行走”（见图1-12）。为此，拇趾首先必须处于正确的位置和形态，行走时，脚后跟部先着地，且圆滑地把重心移向脚趾，然后以拇趾为主的各趾蹬着地面向前运动，同时另一只脚后跟开始踏地，如果脚趾不健全，另只脚的后跟的后部就不能着地。就是说，跟腱还未经充分地延伸，脚已经着了地，因此，脚关节的功能恶化，由于跟腱不能延伸，这部分的肌肉硬化，将会使腿肚部分血液循环变坏。

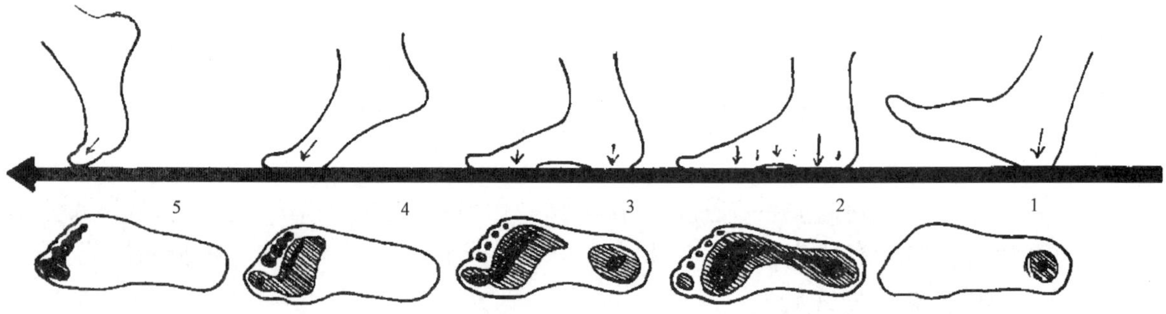

图1-12 人在正常行走时的脚部受力变化过程

1—脚跟着地承受压力 2—脚底面整体承受压力 3—踵心部位和前掌两部位承受压力 4—前掌和脚趾部位承受压力 5—脚趾承受脚抬起的压力

当脚部承受身体在行走或运动过程中的重量、压力时，脚掌底部着地面积会产生变化，同时脚的长度和宽度也会扩大。例如图1-12中3、4状态下，脚长会增长5～6mm，脚宽也会增宽4～5mm。脚受行走向前移动冲力影响，会相对鞋产生向前移动5～10mm的距离。所以鞋楦一定要有足够的放余量和合适的楦体造型及数据尺寸，才能帮助脚减少承受压力的影响，使脚穿在鞋内行走运动时，前后、上下移动小，使脚感到舒适。

2. 伸展各个关节

如果在正确的位置脚趾蹬地起步的话，躯体会得到充分的延伸，脚、膝盖、臀部各关节都能延伸。关节尽管具有伸曲的机能，然而过度地弯曲或是无限度地拉伸，代谢废物易于滞留，从而加速关节的老化。

步行中，重心只落在脚跟而不向脚趾移动时，各关节不能充分延伸，结果只能弯曲着走路，这样的人脚的移动很快，腰是弯曲的，腰部无力而硬化，雨天溅泥很高。

相反，当充分使用脚趾时，对大脑的刺激反射也改善，通过步行头脑感觉轻松，精神愉快。

长时间坐着，由于腰部挺直，头部会发昏，注意力会降低，这时，如果以正确的姿势散步或跑步，或用脚趾踏步，或者用一只脚的脚跟对另一只脚的脚趾不断轻轻地踩踏，可以消除疲劳。

3. 脚掌上的体重分布

美国哥伦比亚大学对体重60kg的健康人脚掌负担体重的分布状况的测定记录如下：

脚跟支撑点　30kg　50%

拇趾支撑点　10kg　16.7%

其他四趾支撑点　20kg　33%

重心在脚跟底面中心线的延长线上前后移动的步行方法，是一种好的行走方法，不管重心偏到内侧或外侧都不是好方法。跟腱下部横皱变得很歪的人，他们的脚后跟由内侧向外侧弯曲，这种情况下鞋跟的磨损不均匀，脚的血液循环也要变坏。所以设计好鞋楦后身，正确掌握后身的造型设计及数据尺寸，直接关系到脚的健康。

4. 重要的足内弓

在“脚骨结构”一节中，已经叙述的足内弓，在生理方面具有刺激静脉和淋巴腺，促进血液和淋巴液流通的重要作用。这个部分从出生到20岁左右才逐步形成。在这期间，通过充分地使用脚趾，可以锻炼成结实的足内弓。足内弓就是鞋楦的腰窝部位和底心凹度部位，它的设计好坏关系到穿着是否舒适的问题，因此十分重要。

前面讲过，脚趾方面特别以拇趾的正确着地最为重要，如果拇趾着地不稳定，脚对健康的坏影响都会出现。拇趾变形，向小趾侧弯曲（外翻），关节歪曲、关节硬化、拇趾异常地变长等情况较为多见。

今后，设计的鞋必须是能维护对健康极为重要的脚，并辅佐其机能的。消费者期待的并不是现在市场上为数不少的仅为装脚的容器，而是能够提供通过脚维护健康，并具有优越性能的鞋，这就需要了解脚的结构及生理机能，以及静态和处于运动状态下的脚型规律，去掌握提高鞋楦设计理论知识和实际设计能力。设计好楦、好鞋，了解脚及脚和鞋的关系是基础。

第三节　鞋　　楦

鞋楦（图1-13），在现代制鞋中是不可缺少的硬件及工具，古代的自给自足时期，却并不必需。据说远古时代，有用皮或其他材料包缠脚并将帮和底缝起来制成所谓“摩卡辛”（Moccasin）的软式鞋（即类似现在的烧卖鞋），也有在板状底上装带条制成凉鞋，它们都是以穿鞋人的脚为基础，一双一双加工制成的。

随着时代的前进，伴随社会发展的专业化生产，开始出现了以经营鞋为职业的专业人员，它们以制鞋需要的时间长或者以研究新的制鞋方法等为理由，认为现在以脚为基础的制鞋方法已不可能，代之而来的是鞋楦的登场，延伸到现代的鞋楦设计和鞋楦生产工业化。

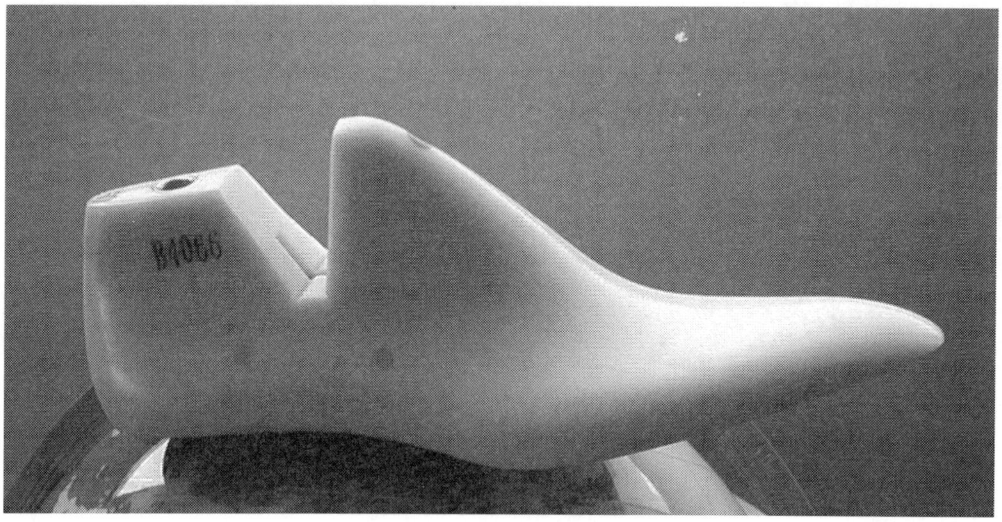

图1-13　V型弹簧鞋楦

（一）鞋楦的功能

1. 鞋楦的三大功能

鞋楦的三大功能是：代替脚，是“脚的模特儿”；设计鞋的基础，制作鞋的工作台；决定鞋的式样，依靠它让鞋款式变化。对此，下面做详细说明。

取形于人体全部或部分的模型，一般称为“模特儿”，广泛用于服装的试验、缝制或陈列等方面，起代替人的作用。鞋楦即是“脚的模特儿”，对应人的脚具有理想的形状和尺寸，是制造合脚、舒适、美观鞋的必要条件，这是鞋楦的主要作用。

在中国鞋楦以前采用东北色木等各种木材制成，所以称为木楦，近几十年大量使用塑料鞋楦，也有金属楦，现在统称为“鞋楦”。

现在制造的几乎所有的鞋，都必须使用鞋楦。首先应用鞋楦表面制取纸样板，电脑扫描用以制造鞋帮样板、鞋底部件，配合鞋跟等设计；其次，在装配作业中，应用鞋楦底面固定内底，用其表面将鞋帮绷到楦上，继之绱外底。鞋楦除了充当这样的操作台之外，在制成鞋以后，直到胶粘剂和水分干燥，都需要保持鞋的形状，因此，鞋楦还起到了熨台的作用。除此以外，鞋楦还有着决定鞋头形状和整个鞋款式，辅助设计流行式样的作用。在鞋业，一向有过分重视造型方面的倾向，今后鞋楦设计必须从适应性、舒适性和操作性三方面深入进行基础研究。

2. 大量生产时代的鞋楦

现在，世界上生产的鞋几乎百分之百是即制品，极少数是定做的，两方面使用的鞋楦具有根本不同的内容。定做鞋时必须依定做者的脚制造最适合于此人的鞋楦，但即制鞋的鞋楦则要求用以能制成适合广泛的非特定的多数人脚的中号鞋。现在一般称谓的鞋楦，通常指的是后者。

供大批生产的即制鞋用的鞋楦，既要用以制造大小、形状千差万别的鞋，又要适应种种脚型变化的鞋，在机器制鞋方面，还要适应各种机械的操作方便，这是一个相当困难的课题。因此，现代的鞋楦还必须具备下列机能：

（1）要成为鞋及其部件的规格化、标准化的基础。

（2）为制造规格一致的鞋，鞋楦不得变形。

（3）机器电脑化制鞋鞋楦必不可缺。

除金属楦外，可以用一只楦样在机器上同时仿形削制一双同样的鞋楦。现代鞋楦厂用电脑读数一只样楦，可一次削制6只鞋楦，且尺寸规格统一正确。鞋帮及鞋底等各种部件现已进行专业化生产，所以作为这些部件设计基础的鞋楦，务必在纵向和横向都能按不同比例放大和缩小，才能适应现代化生产。

3. 优质鞋来自优质鞋楦

制鞋时，作为书面计划，对于用途、流行式样、预算、售价等进行周密的探讨，在确定鞋楦、主辅材料的基础上进入制鞋作业，这是正常的顺序。在这里，鞋楦的制造必须根据作为标准的脚的尺寸、形状及其结构、功能等数据，同时要研究在运动状态下的脚型规律，经过正确计算出的规格来制造。因为鞋楦是制鞋的基础和人脚的代替品，但外形与脚不一样，如果鞋楦上出现错误，以后即便有优越的技术来处理，也绝不能以此楦制作出优质鞋，所以，在制鞋中，生产好鞋必须要有好楦。

反过来，只要有正确的鞋楦就能制出好鞋吗？事情还远远不是这样简单，还要掌握使用该鞋楦制得的鞋的内部尺寸和形状，经水分干燥拔楦后还必须保持与绷楦当时相同的状态。为此，鞋楦必须有优质的部件和良好的装配技术。如果不是这样，即使用优质鞋楦，也不起任何作用。这就是说，正确的鞋楦、正确的部件和正确的装配，三者是制造优质鞋的必要条件。这些条件不齐备，就不可能制成优质鞋。

此外，这些鞋需要去配各种各样的脚，还要适合爱好、习惯、感觉等完全不同的各种各样的人的需求，特别是现代人的消费观念有了很大的转变，趋向于个性化消费，所以要求鞋楦尺寸要根据脚型规律和运动状态下的脚型规律，同时要适应市场的变化，与时尚流行同步。

（二）鞋楦的种类和特征

鞋楦按年龄、性别及鞋的用途分类，以下就其不同的种类和特征加以论述。

1. 年龄别

（1）婴儿鞋鞋楦　婴儿鞋和一般鞋的制法不同，它并不是在鞋楦上结合鞋帮和鞋底，而是按预定的规格缝制，只是在整理阶段，为了整形的需要才使用鞋楦。在中国、日本，以前多数使用木制的“组合楦”，它是由三部分组成的独特结构，前后部分离，中间一块是插入式厚板，供排楦用，一般为生产布鞋使用。

（2）童鞋鞋楦　童鞋鞋楦通常看不出男女鞋的差别，但在讲究流行的年代，鞋码180号以上的鞋楦，有来自流行样的男女区别。当然，和成人脚相比较，儿童脚的特点是比例不同，头大后跟小等。童鞋楦首先要重视舒适和健康卫生。

2. 性别

成人方面，由于男女的脚型有很大差别，鞋楦也与此相对应有明显区别，具体在第二章中有详细说明。

比较同样长度的男女脚，可以看到，一般在围长上，用同样力量紧缩的时候，男脚的收缩率小，因此，属相同尺寸、相同式样的鞋楦，男鞋楦要比女鞋楦肥得多。

（1）男鞋鞋楦　首先，根据鞋的种类，大致分为三种：

便鞋鞋楦（绅士鞋、时装鞋、休闲鞋、包子鞋等）；浅帮鞋鞋楦（浅帮鞋后跟高度一般在20~100mm）；高腰鞋鞋楦（鞋头部分和浅帮鞋鞋楦有很大不同）。其中，浅帮鞋鞋楦又分为内耳式用、外耳式用、无带扣式用、烧卖鞋用等，根据鞋式不同，在多少有些改变的形状中分别使用。

此外，在鞋楦式样上，按楦头的基本形状，做如下分类（图1-14）：

圆头（厚而带圆形，以前称素头鞋楦）；小圆头（稍带圆形，又称中圆头）；方头（带方形的楦头，又称法国式）；小方头（方角较钝的楦头）；偏头（向外倾斜的楦头）；尖头（细尖的楦头）等。

（2）女鞋鞋楦　女鞋比男鞋的流行性强，特别是随鞋跟高度的变化，大底造型的变化，楦型式样需要不断创新变化。

依女鞋种类，大致区分如下：

头空凉鞋鞋楦；舌式鞋楦；后空凉鞋鞋楦；浅帮鞋鞋楦；高腰鞋鞋楦；马靴鞋楦；结带鞋鞋楦。

根据鞋跟高度，从20～100mm，以5mm的等差区别鞋楦的后跷高度。

鞋楦的造型设计要根据国际流行款式进行变化，最主要的是适应销售市场的需要，同时要根据鞋的品种，配合各个季节的流行式样设计出各种各样的头式和不同造型的鞋楦。

此外，因鞋的用途不同，无论男鞋或女鞋，每种鞋楦都各有特征，制鞋时必须分别使用专用鞋楦。

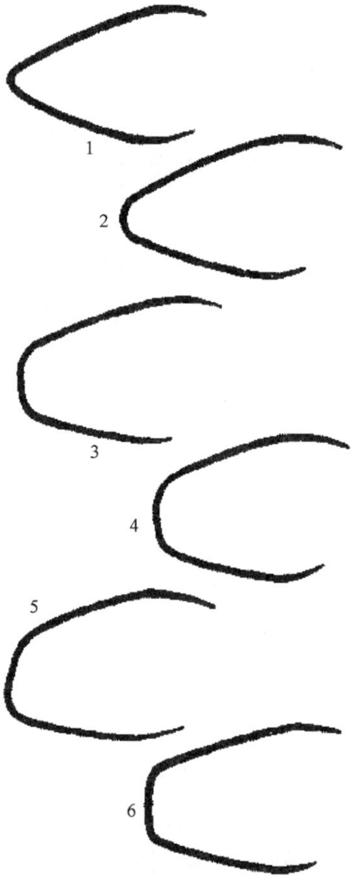

图1-14　楦头形状和名称
1—尖头　2—小圆头　3—小方头
4—圆头　5—偏头　6—方头

3. 用途别

除上述普通鞋之外，现在，根据特殊的用途或制法，还有多种多样的鞋，做这些鞋还要准备各自的专用鞋楦。下面列举其中主要的几种：

雨鞋鞋楦（主要是金属楦）；室内鞋鞋楦（无鞋跟鞋）；劳保鞋鞋楦（钢包头鞋）；舞蹈鞋鞋楦（芭蕾舞鞋）。

各项运动专用鞋鞋楦以配合各种运动的目的，能发挥最大的作用为目标，在制造中最重视功能。其中包括登山鞋用、滑雪靴用、滑冰鞋用、田径鞋用、赛车鞋用、棒球鞋用、曲棍球鞋用、冰球鞋用、足球鞋用、击剑鞋用、乘马鞋用、高尔夫球鞋用等。特别是著名运动员，各自有专用鞋楦的人也不少。如果穿不合适的鞋进行竞技，姑且不说影响成绩，严重时会引起脚的痉挛，长时间穿用还可能损坏脚，可见鞋楦的作用极为重要。另外，作为医疗用，还有矫正“平足底”鞋用、残废人鞋用等特殊的鞋楦。

4. 鞋楦的材料

在中国主要根据制鞋的方法的不同，使用木楦和金属楦。作为木楦的材料，长期使用色树、山樱树（中国东北产），由于这种树木除制造鞋楦外，几乎不作它用，所以没有造林，以致原木来源逐渐困难。作为代用品的塑料鞋楦已相当大量地使用。行业里没有准确的统计数字，估计80%～85%已改用塑料楦。

各种材料制造的鞋楦主要特点如下：

（1）木楦的特点　优点是轻（容易操作）；牢固，衔钉力强（适合钉钉操作）；易于制楦；容易修改（可以贴皮，也可用锉刀整形）。

缺点是容易变形（因湿度变化会膨胀或收缩，工业标准规定必须将它的水分干燥到18%以下，并用防湿涂料整饰）；为了容易拔楦，表面需要充分磨光，涂漆，增加光滑度，耐用性差（和制鞋方法有关，一般每双鞋楦只能制鞋20～30双）。

（2）塑料楦的特点　优点是材质均一，耐湿，不变形，作为鞋楦这一点是最大的优点；耐用性优良，标准化程度高，利用率高，可以回收；表面光滑，容易拔楦；因不需要磨光和涂漆整饰，不会产生偏差。

缺点是重，容易打滑；受撞击容易损伤；细薄部分受热接近熔点容易变软、变形。

（3）金属楦的特点　金属楦在制造胶鞋及塑料鞋时使用，用铝铸造，价格虽便宜，但精度较差。

5. 因制鞋方法不同鞋楦结构的变化

现在，在各工厂采用着不同的制鞋方法，为了适应各种制鞋法的特点，研究改进各种各样的鞋楦结构，具有代表性的可以列举如下。

（1）楦底面镶铁板式　手工缝制鞋及“九分制”的鞋，鞋底需要用线缝，所以不需在鞋楦上镶铁板；胶粘法及“七分制”鞋鞋底须用小钉固定，为了碰掉钉尖，楦底需要全部镶铁板或部分镶铁板，见图1-15。

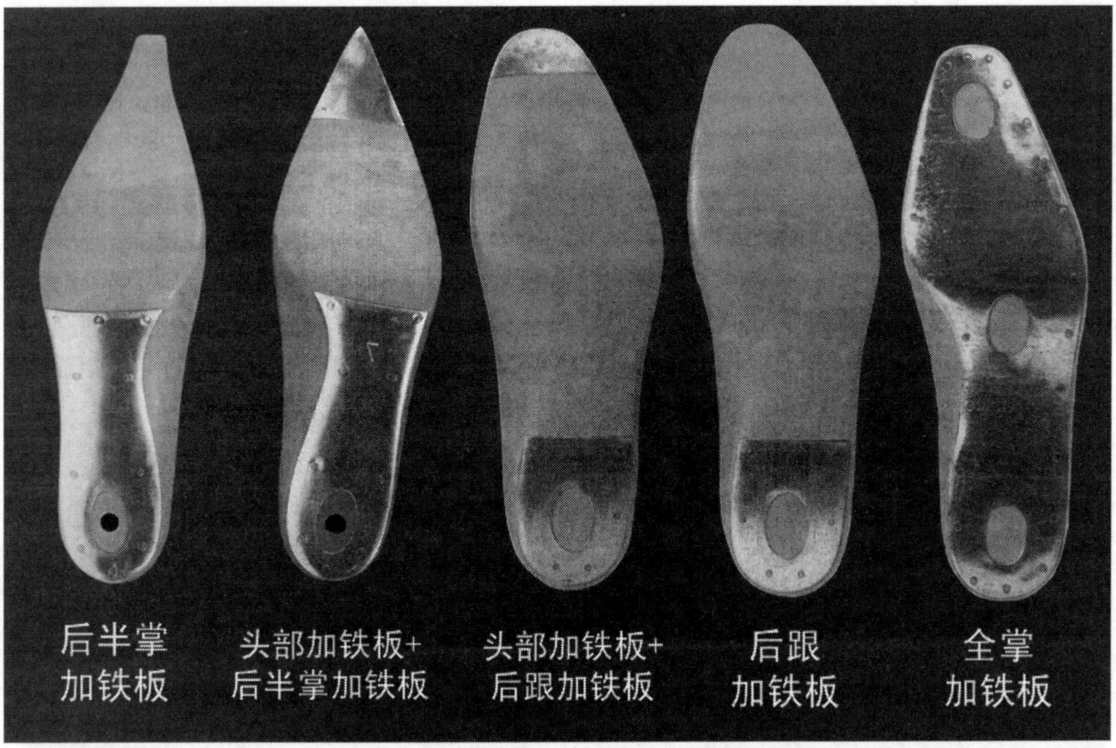

图1-15　楦底面镶铁板鞋楦

（2）楦盖式　跗面长的鞋，通常较难拔楦，应用的鞋楦需要事先锯出楔状楦盖，鞋制成后，卸下楦盖以后再拔楦。见图1-16。

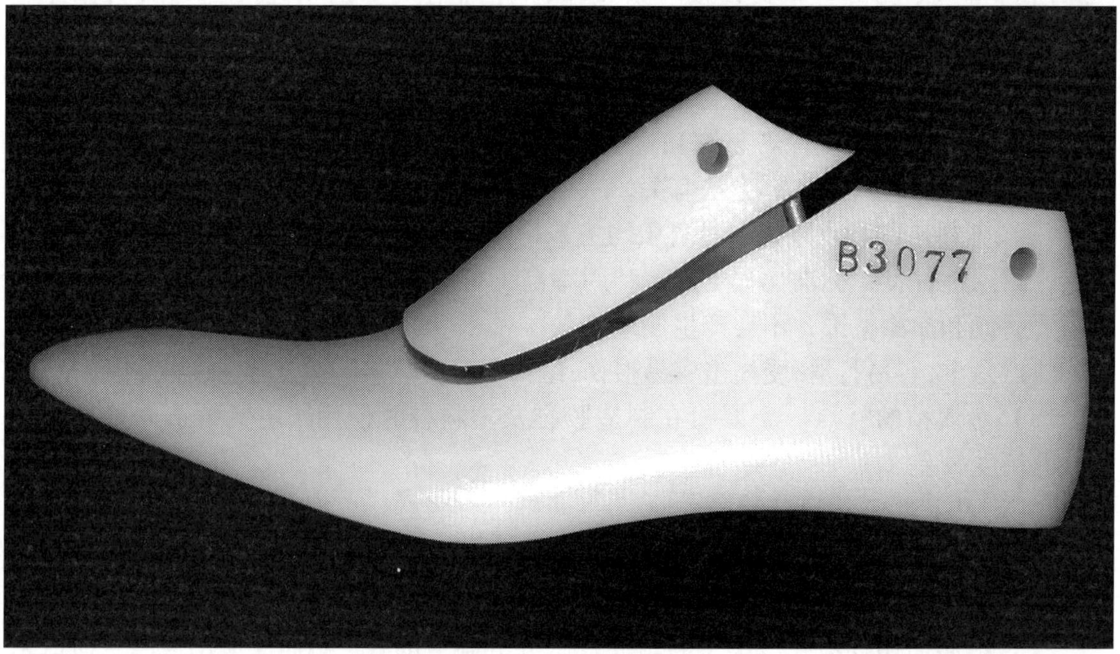

图1-16　楦盖式鞋楦

（3）镶套式鞋楦　机械化制鞋，需要将鞋楦稳在机器的突出部件上送进所定位置，或者为了固定鞋楦，在鞋楦的上口镶进一个短管，见图1-17。

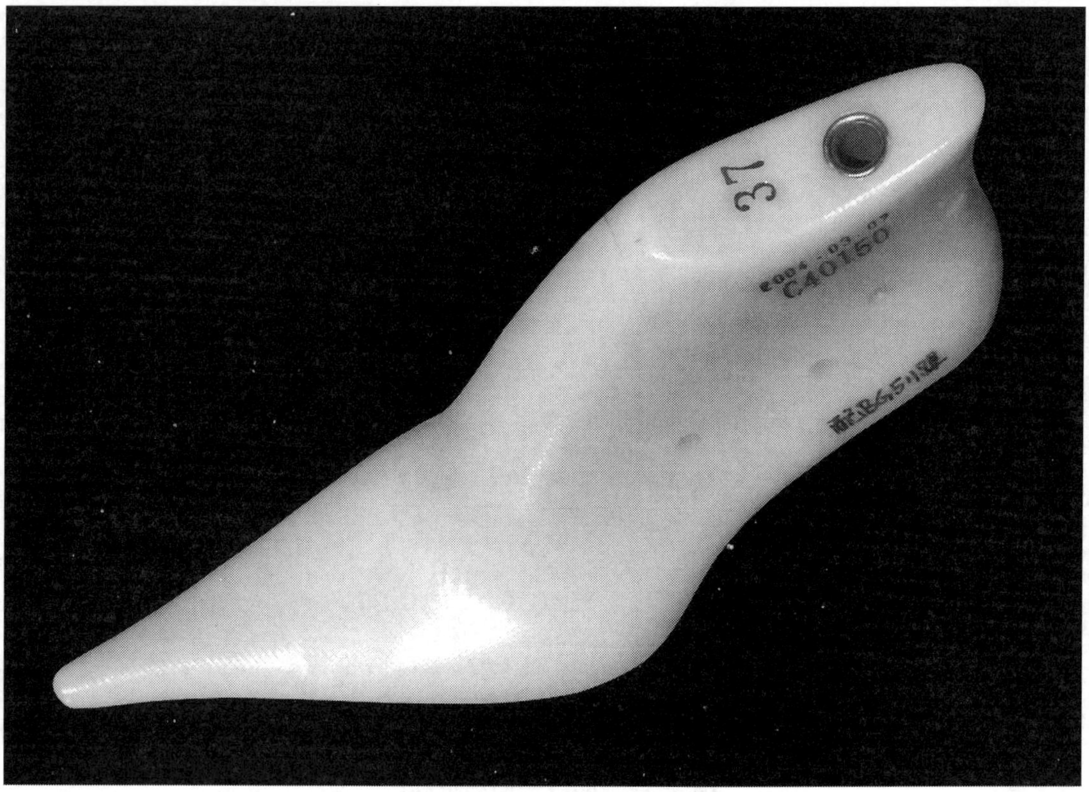

图1-17　镶套式鞋楦

（4）滑动式鞋楦　一般用于注塑工艺的鞋楦，便于套帮和脱楦，见图1-18。

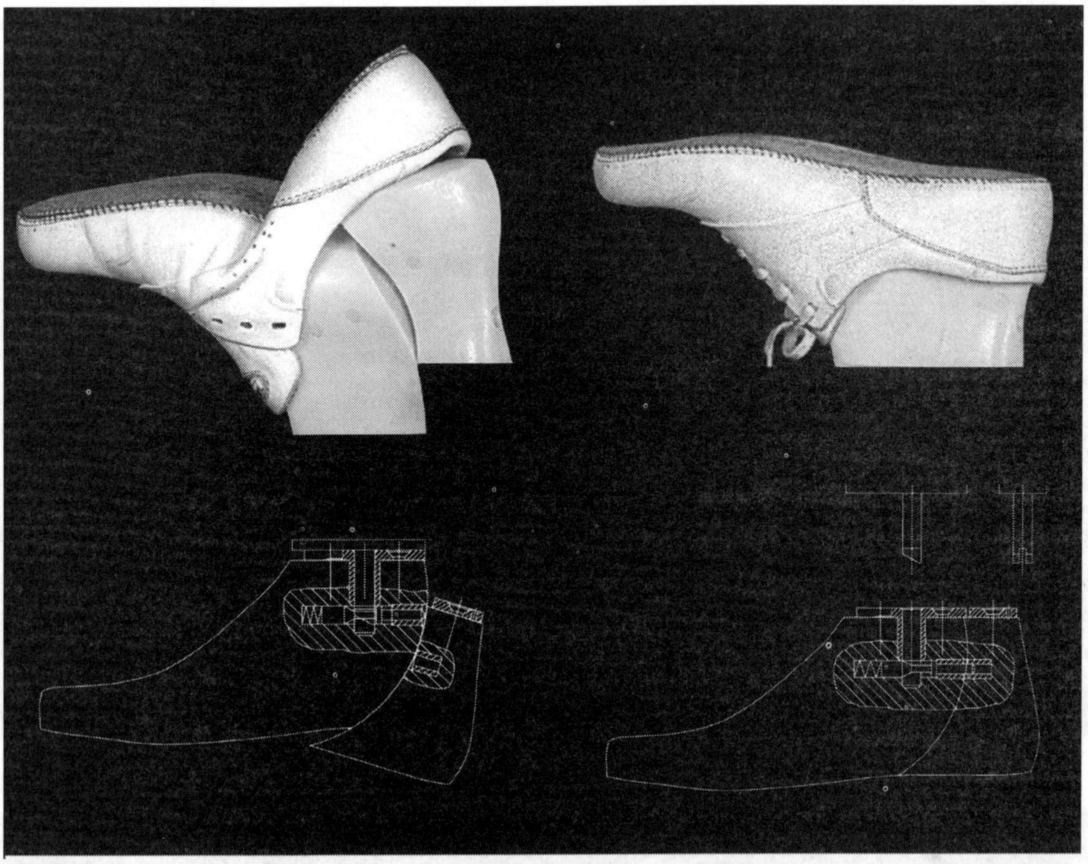

图1-18　滑动式鞋楦（适用于注塑工艺）

（5）绞结式鞋楦（V型弹簧楦、S型弹簧楦）　这是为了拔楦时不至于勉强，并且不损坏鞋面而设计的鞋楦，将楦体制成可以折叠的部分，此外还有进一步的滑动式鞋楦。生产高档优质皮鞋的工厂，一般选用V型、S型弹簧楦，见图1-19。

不言而喻，所有的服饰，都以“合体”为首要条件。特别是对支撑整个体重的脚，用来包裹它、保护它、增强它的功能的鞋类，要满足这个首要条件，并不是件简单的事。正如前面已经讲过的那样，由于脚本身有复杂的形状，变化也不规则，所以，提供一双舒适而合脚的鞋，就必须以正确的资料为基础反复进行试制、实验和修正，否则就不可能做到穿着舒适、外观美观。

关于鞋楦功能方面的研究，我国原轻工业部制鞋工业科学研究所，从20世纪60年代一直到80年代对全国的脚型进行了深入细致的研究，掌握了我国脚型规律，制订了《中国鞋号及鞋楦系列、鞋楦尺寸检测法》等国家标准，出版了《中国鞋号及鞋楦设计》一书，至今在世界上还没有哪一本书能够像此书一样，有具体的对脚的形态、生理机能、脚型测量、脚型规律分析，有对全国脚型与鞋楦的关系、鞋楦设计等全面的研究分析及比较具体的详细数据。《中国鞋号及鞋楦设计》是当前世界上具有科学性的鞋号、制楦、制鞋业的技术专业读物，制鞋技术工作者要认真学习，深刻领会，在此基础上进一步研究在运动状态下的脚型规律，同时要研究国际上的鞋号、鞋楦和制鞋技术，使我们在这一方面保持领先。本书是在学习前人的经验知识技术基础上的延续。

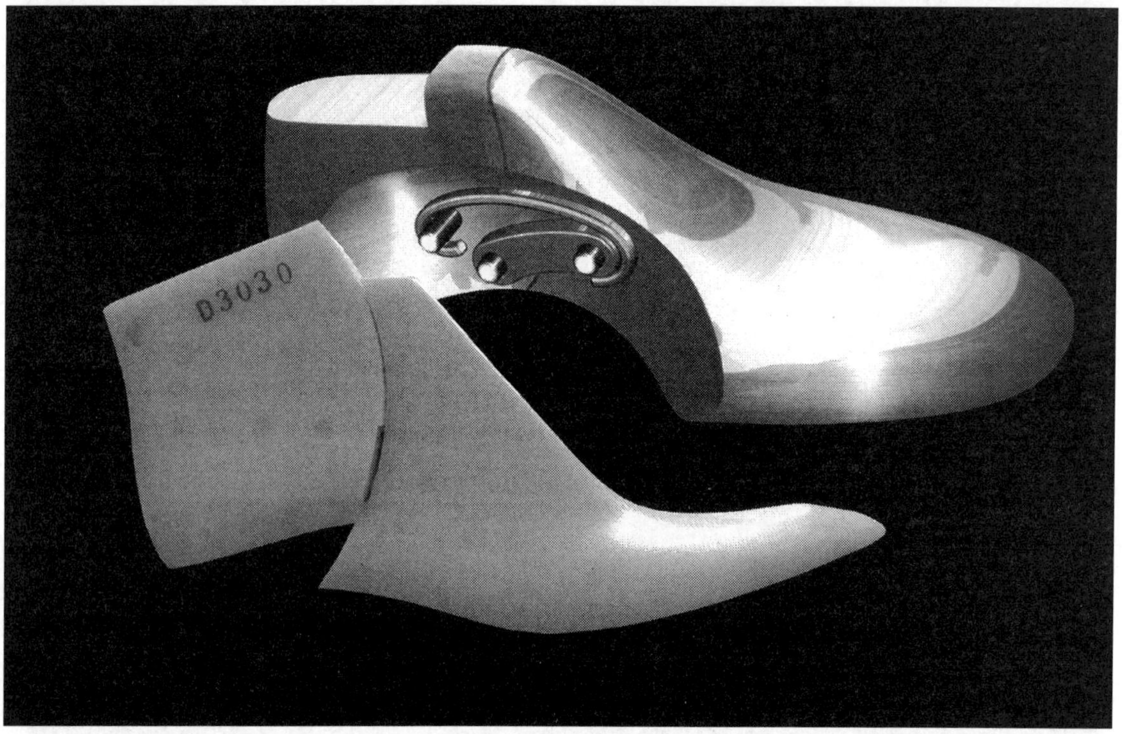

S 型弹簧鞋楦

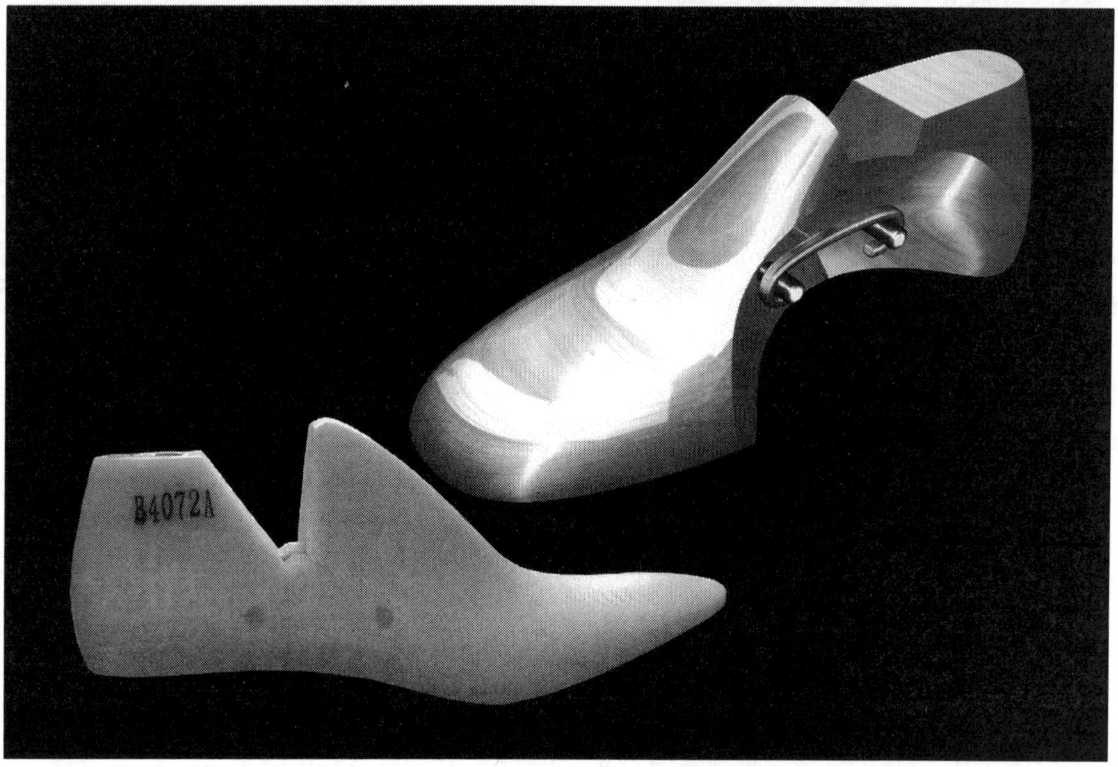

V 型弹簧鞋楦

图 1-19　绞结式鞋楦

第二章

中国鞋号及相关知识

随着生活水平的提高，人们对鞋的品质和款式在不断地提出新的要求，消费者都需要穿着舒适、外形美观、品质优良的好鞋，鞋已成为人们美化生活、工作劳动、体育运动、休闲中的必需品。怎样才能设计出符合广大消费者不同需求的鞋类产品，是摆在现代制鞋设计师和制鞋制造企业面前的一个课题。了解中国鞋号及鞋楦，正确认识中国鞋号及鞋楦设计技术知识，改进、提高中国鞋号标准及鞋楦设计的科学性，是放在中国制鞋设计技术工作者面前的首要任务。中国要从制鞋大国走向制鞋强国，首先要重视和提高鞋类产品设计的技术和基础知识、设计能力，重视制鞋科技，用发展的眼光和科学的理念指导中国制鞋工业科学发展。

中国鞋号系列是中国20世纪60～80年代全国制鞋科技工作者和制鞋行业共同完成的一项科技成果，为中国制鞋工业的发展做出了重大的贡献，全面促进了中国制鞋技术水平的提高。下面介绍中国鞋号及鞋楦设计的简况。

第一节　中国统一鞋号的制定

鞋号是表示鞋大小和肥瘦的一种标志。鞋号是鞋的一种简单代号，它是一个地区、一个国家脚型特点和脚型规律的反映。在法国、英国，鞋号是根据欧洲地区人的脚型特点和脚型规律制定出来的，例如法国鞋号41号，皮鞋楦底样长273mm，40号楦底样长267mm，它们之间的长度号等差实际为6.67mm，这是法国鞋号的长度特点。法国鞋号是以100mm开始记号，鞋号由儿童16号（即楦底样长106.67mm）开始，到男鞋46号（即楦底样长307mm）为止。英国鞋号用“in”作为鞋号长度，中国旧鞋号用“市尺”作为鞋号长度，包括日本军队以前采用的鞋号也是用“市寸”来表示的。各国各地的鞋号表示方法都不一样，我国以前没有统一的中国鞋号，各鞋厂各搞各的一套，即使同一种鞋、同一个号，尺寸的出入也很大，总之，在没有统一中国鞋号之前，中国鞋号十分杂乱，给人们买鞋、穿鞋带来了很大的不便，同时也影响了制鞋的生产和发展，增加了中国商业管理的困难，若采用其他国家的鞋号和鞋楦尺寸做鞋，又不适合中国人的脚型和穿着的需要。由于当时中国鞋号的不统一，楦型不符脚型，弊端很多。在制鞋生产中，鞋楦不能通用，利用率很低，各地、各厂都不同程度的存有许多规格不一的鞋楦，浪费了大量的木材、鞋材等，同时影响了制鞋工业化、机械化、标准化的发展。中国制鞋企业当时效率低、成本高、劳动强度大的局面要改变十分缓慢，对销售、对消费者都带来了不便，消费者很难选中合脚舒适的鞋。为了解决这一困扰中国制鞋业发展的问题，中国当时的轻工业部、化学工业部、商业部在国务院的统一规划和组织领导下，于 1965 年和 1968 年组建了一支数百人，由干部、技术人员、全国优秀的制鞋、制楦技师等参加的制鞋科研队伍，先后两次共用 6 个月的时间，深入到长江三角洲、青藏高原、天山南北，从海南岛到长白山、兴安岭，中国脚型测量队冒酷暑、顶冰雹，走遍了祖国各地，测量了汉、蒙、藏、回、维、壮各族的钢铁、煤炭、石油、机械、地质、林业、纺织、搬运等行业的工人、渔民、牧民、农民、解放军、医务、文艺、体育、商业、机关工作者，大、中、小学生和 2 岁以上的幼童，共达数十万人的脚型，掌握了中国脚型的大量第一手资料。那次脚型测量数量之多、幅度之大、范围之广、工作的认真细致、速度之快、代表性强，是古今中外从所未有的。原中国皮革工业公司、原轻工业部皮革毛皮工业科学研究所、全国鞋楦研究小组、中国“四鞋办公室”、各省、市“四鞋小组”，经过分析研究，反复试验，结合了各地区、各行业、男女老少的脚型规律和特点，根据胶鞋、皮鞋、布鞋、塑料鞋各自的特性，制定了一整套统一鞋号和鞋楦尺寸系列。新的统一鞋号和鞋楦尺寸系列在中国诞生了，它适用于中国人，它超越了法国鞋号、英国鞋号，不论在理论依据上，还是在具体数据尺寸上，在符合脚型规律方面，在科学性方面，在实用性方面都优于其他鞋号，所以说是世界上最优秀的鞋号标准。

第二节　中国鞋号的特点

中国鞋号有以下五个特点：

第一，中国统一鞋号和鞋楦尺寸系列是根据中国各地、各民族、各种不同工作岗位和不同职业的人们的脚型规律和特点制定出来的，它有着广泛性和代表性，用中国鞋号和鞋楦尺寸系列设计制造出来的鞋子穿着舒适，适合劳动、运动，方便工作。

第二，中国鞋号是以人的脚长为基础的，脚长多少毫米就穿多少号的鞋，例如脚长 250mm，便穿 250 号的鞋。10mm 为一个号，5mm 为半个号。每个鞋号又有五个肥瘦型，一型较瘦，五型较肥，肥脚穿肥鞋，瘦脚穿瘦鞋，基本上可以做到按脚制鞋。中国统一鞋号的表示方法：215（一型）、230（三型）、250（四型）、275（五型）。

第三，中国采用了统一鞋号，实现了制鞋工业的规范化、标准化、机械化、装配化和工业现代化，提高了工作劳动效率，节约了原材料，降低了制鞋成本，提高了产品质量。

第四，采用中国统一鞋号，不论是军队的军用鞋、工作的工作鞋、运动员的运动鞋、各种职业鞋都可以使用中国鞋号及鞋楦尺寸系列。

第五，根据脚的长短和肥瘦确定鞋号，消费者只要知道自己脚的号型，就可以很方便地选购。人们在买鞋选鞋之前，应该先了解自己脚的尺寸，知道自己的鞋号和型号。首先要知道脚多长多短、多肥多瘦，所以最好把自己的脚量一量。可以用比脚长的游标卡尺（300mm 长度），测量脚的长度，同时测量脚的宽度。例如测得脚长在

248～252mm，就可以选购 250 号的鞋，脚长在 253～257mm 的脚，就穿 255 鞋号的鞋，以此类推。测量脚宽时测量脚前掌最宽的部位，脚宽一般为脚围的40%，所以可测量脚宽代替脚围，例：255 号素头楦二型半鞋楦蹠围 243mm，脚围蹠围 246.5mm×40%＝98.6mm，也就是说脚宽 98.6mm，就是选择蹠围尺寸 243mm（二型半）肥瘦型的鞋适合你的脚穿着。

第三节 中国鞋号的选型定型

中国鞋号的最大特点之一是：同一长度分不同肥瘦型。例如：成年男、女的鞋就分成一型、一型半、二型至五型。一型较瘦，每半个型增加 3.5mm 肥瘦尺寸，一直可上升到五型的较肥的型号围度。由于人的脚有肥有瘦，鞋也就需要有肥瘦之分。根据脚型分析，长短相同的脚，肥瘦（蹠围）相差较大，成年男、女可达 80～100mm，儿童也有 50～60mm。所以在同一长度号里安排几个肥瘦型，就能达到肥脚穿肥鞋，瘦脚穿瘦鞋，基本上做到按肥瘦来制鞋和选购鞋。

中国以前的旧鞋号的鞋也有肥有瘦，但是那种肥瘦是由工厂自行确定的，没有像现在的中国鞋号统一标准，方便实用。现在，中国统一鞋号分成一型至五型，每一个制鞋企业都不可能做全五个型号的鞋，一般的制鞋企业，在生产经营中怎样选型定型，可以从以下几个方面考虑。

一、脚 型 规 律

即根据地区的脚型肥瘦的分布情况，选择中间肥瘦型。但应该注意：例如某省男子中间肥瘦为三型半，并不是说全省各地和城镇都如此，地区不同也有一定的差异，因此要根据鞋的主销地区的脚型肥瘦情况而定，比如，上海市的脚型较瘦，上海各制鞋企业生产的鞋有的是二型，有的是三型，有的是四型，因为每个企业销售的地区不同，销往市区居民可能就要瘦些，销往郊区农村就需要肥些。当鞋销往哪个地区，就要深入细致地调查研究销售地区消费对象的脚型及鞋号，切实掌握第一手数据资料，在生产前选定型号十分重要。

二、鞋号的适穿情况

这一信息可以从该地区以前的销售情况了解，什么型号肥瘦度为该地区的中间号数据，例如该地区 10% 男子穿 255 号二型的，25% 穿二型半的，40% 穿三型的，20% 穿三型半的，5% 穿四型的，那么确定该地区的中间号为三型，三型肥瘦的鞋穿的人数最多，同时也可以看出不论什么地区都存在着不同肥瘦的脚。如果企业生产量小，专业做该地区的肥型鞋或瘦型鞋，都会有一定的消费群体。

三、品 种 特 点

鞋的品种有各种特点，例如劳动时穿的鞋有劳保皮鞋、静电鞋、工作鞋、农田鞋、工矿靴等，其中制鞋材料不同，软硬不同，比如劳保鞋采用钢包头、硬支跟需肥一些，如静电鞋用布面做鞋帮，较柔软，可以瘦一些。不是劳动时穿的皮鞋就不能像劳动时穿的鞋一样肥瘦，同样的脚，皮鞋穿三型，劳保鞋就要三型半，还有城市和农村的人也有差别，具体论述脚型特点，可以阅读《中国鞋号及鞋楦设计》一书第三章第一节内容。

四、穿 用 对 象

穿用对象不同，对肥瘦型的要求也有所不同。例如儿童处于发育成长期，就要确保鞋楦的前掌宽度和有足够的放余量，鞋楦就应该设计肥一些；青年人追求外观造型，可适当设计瘦些，老年人鞋楦不妨肥些为好，因为他们的骨骼老化僵硬，脚肌肉弹性也没有年轻人好，所以不能穿紧一点的鞋，否则他们会感到不舒服。还有针对不同职业，也有不同的要求。

五、根据自己的设计技术和生产能力生产鞋

不论是多大的鞋厂，很难同时生产多种肥瘦型的鞋类产品，因此要根据自己的实际设计技术水平和设备生产能力去选择生产什么样的鞋，根据不同的销售市场选择生产不同档次的鞋。如果自己有设计创新能力，就可以创品牌，生产中、高档鞋、中间号鞋；如果没有较好的设计和技术人员把关，设备又不先进，那么只能生产中低档的鞋类产品。大工厂适应生产中间型号的鞋，小鞋厂可以选择批量小的，偏肥或偏瘦的鞋，在市场的竞争中就能找到自己的生存空间。

第四节　中国鞋号分成五个肥瘦型号的意义

前面谈到，长短相同的脚，肥瘦（蹠围）相差很大。在市场销售鞋的过程中，要使百分之百的人都能买到肥瘦合适的鞋，即使安排十几个肥瘦型也不一定能完全满足需求。为了便于鞋业生产和商业销售，中国鞋号结合全国脚型肥瘦情况，成年男、女鞋安排了五个型、儿童鞋安排了三个型，实施以来，发现还是可行的。

一般来说，成年女性的鞋安排一型至四型，男性的鞋安排二型至五型，这样安排，基本上是可以满足80%以上人的需求。因为脚型肥瘦的情况是处于“两头少，中间多”，这就是说，中间肥瘦的脚占多数，特别肥或特别瘦的脚占少数。肥瘦型号越多，满足消费者的比例越大，但是在实际生产中，鞋厂生产一种款式只有一种型，很少有鞋厂安排同一品种不同型的鞋，这是为什么呢？主要是厂家和商店都有难度。欧洲有少数鞋厂和部分商店有这种为消费者服务的方式，一般生产高档鞋的工厂才有能力去生产，因为生产成本较高，对鞋厂的生产、技术管理、商业销售管理都会增加工作难度。型号越少，满足比例越小，生产安排和技术管理、商业管理的困难就少些。因此在确定肥瘦型号的数量时，就必须全面考虑，统筹兼顾。

根据对全国的脚型调查，中间肥瘦的脚型情况如下：农村男性为三型半、四型，城市男性为二型半、三型，农村女性为二型、二型半，城市女性为一型半、二型。在

二型以下增加一个型，在四型以上增加一个型，便成为一型至五型，这样的鞋型安排是十分必要的。

中国鞋号肥瘦的确定，是以农村男性中间蹠围 253.5mm 为基础的。将脚长 250mm、蹠围 253.5mm 定为四型，然后根据型与型之间的蹠围差数（型差）以及号与号之间的蹠围差数（号差）来制定整套鞋号和鞋楦尺寸系列。

根据实际整套鞋号要安排不同的肥瘦型号，在制鞋工业生产中有些品种如胶鞋中的解放鞋、工农雨鞋，皮鞋中的中圆头（素头）皮鞋，布鞋中的橡筋布鞋，塑料鞋中的凉鞋等等，鞋厂一般从小号至大号都生产，这种情况下，肥瘦型的安排是很重要的。如果从小号至大号都采用一种肥瘦型，不是大号太瘦，就是小号太肥。

从脚型规律中可以看到，儿童的中间号肥瘦型大致为二型、二型半；城市成年女性为一型半、二型；农村成年女性为二型、二型半；城市成年男性为二型半、三型；农村成年男性为三型半、四型。因此在安排整套鞋号的肥瘦型时，要考虑脚型变化规律、品种结构特点和穿着对象等因素，适当加以调整。

现以皮鞋中圆头（素头）鞋楦为例予以说明，见表 2-1。

表 2-1　　中圆头鞋楦适用情况

消费者 型　号	农村居民	城市居民	城乡结合居民	山区居民和渔民
130 ~ 160	二型半	一型半	二型	三型
165 ~ 195	二型半	一型半	二型	三型
200 ~ 230	三型	二型	二型半	三型半
235 ~ 265	三型半	二型半	三型	四型

有的品种（尤其是工作鞋），基本上不分男女鞋，鞋号一般 225 ~ 270。这样鞋厂在选型定型时，就必须考虑男女的脚型比例。从脚型规律方面来看，成年女性的中间号脚长为 232 ~ 237mm，男性为 252 ~ 257mm，可见 230 ~ 235 号的鞋主要是女性穿着，而 250 ~ 255 号主要是男性穿着。男、女脚的脚长比例见表 2-2。

表 2-2　　男、女脚的脚长比例

脚长/mm 比例/% 性别	205 以下	210	215	220	225	230	235	240	245	250	255	260	265	270	275	280
成年男性			0. 07	0. 25	0. 90	2. 53	5. 70	10. 60	15. 32	18. 42	17. 27	13. 19	8. 27	4. 21	2. 05	1. 22
成年女性	0. 48	1. 72	4. 51	9. 82	15. 95	19. 85	18. 6	14. 28	8. 26	4. 20	1. 59	0. 59	0. 55	0. 19		

还可以确定女性穿着以 235 号为主，男性穿着以 245 号为主，而 240 号男、女

鞋两者相差较少，这时，可以按下列两种方案来安排主销农村皮鞋的肥瘦型，见表2-3。

表 2-3　肥瘦型的安排方案

鞋号 / 方案 / 肥瘦型安排	210 ~ 230	235　240　245	250 ~ 265
第一方案	二型半	二型半　三型　三型半	三型半
第二方案	二型半	三型　三型　三型	三型半

总之，整套鞋号的肥瘦型安排，必须慎重，不能马虎，不然会造成部分产品积压，部分产品断码缺货。应从品种结构、穿着对象、销售地区等方面加以考虑，有计划、有针对性地安排和选择生产的型号。

第五节　中国鞋号怎样使四种鞋的鞋号统一

皮鞋、胶鞋、布鞋、塑料鞋是四种完全不同的鞋，同一鞋号都是 250 号，但各个品种的楦底样长度和鞋楦蹠围等数据不完全一样，有着一定的差距和区别。在研究中主要是根据“感觉极限”试验，是在考虑各种鞋的生产工艺特点、原材料性能、结构式样、穿着对象、穿着要求等因素，并吸取各地企业的经验而确定的。所谓“感觉极限”试验，就是试制出一批大小、肥瘦不同的鞋，请人们试穿，在这些试验鞋中总有一双穿着最合适，最合适鞋的大小、肥瘦尺寸与相应的脚型尺寸之差称为“感差值”，这个“感差值”就是制定四种鞋统一鞋号的主要依据之一。

同一鞋号的四种鞋穿着时大小、肥瘦应该基本上差不多，如果出入较大，应该从以下几个方面找找原因。

一、鞋楦尺寸数据对舒适的影响

鞋楦尺寸数据不标准是最常见的现象，有些鞋楦工厂设备技术差，成双鞋楦甚至大小不同。因而，鞋厂选择一家设备先进、材料优质、数据尺寸精确的鞋楦工厂生产鞋楦是十分重要的一项工作，只有严格控制不合格鞋楦的使用，而选用数据精确、外观造型美观、光滑的鞋楦才是生产好鞋的基础。

二、帮样设计对舒适的影响

不同的帮样设计对穿着效果有一定的影响，同样一双鞋楦，由于设计要求、技术水平不同，制成成品后，有的比较松，有的比较紧，另外在鞋样设计时，前、后帮长短比例不一样，对穿着效果也有一定的影响，因为前帮深浅会影响脚在鞋内的前后移位和鞋是否“跟脚”。鞋帮的口门深浅、帮脚高低、结构简单复杂对穿着舒适的感觉都会产生不同的感受。有的会感到不舒适，有的会难受，有的静态穿时可以，一走路，在运动状态下就感到不舒服，有的合脚，行走“起步”感受到很舒适，这和帮样设计有一定关系。

三、加工工艺对舒适的影响

制作加工工艺的不同，也会影响鞋的大小并带来舒适和不舒适的感觉。例如制鞋工厂定型工艺流程正确，皮鞋定型温度、时间掌握得准确，冷却脱楦后就不会变形；如果定型温度时间掌握不准确，还没有冷却就提前脱楦，使鞋无法定型，造成成鞋变形，影响穿着。这些严重的工艺质量问题使再好的鞋楦和材料也无法保证生产出优质的鞋,因为设计鞋楦尺寸是考虑在正确工艺下生产鞋的要求进行确定鞋楦肥瘦型号，如果定型有问题，就会带来批量生产质量的不统一，不能保证穿着效果的一致性。

四、穿着习惯对舒适的影响

20 世纪 70 ~80 年代人们习惯穿着较紧的鞋，进入 90 年代，人们开始追求穿着舒适的鞋。当然和有些人的习惯有一定的关系，有些人习惯穿紧一些的新鞋，穿一段时间后就感到正好合适；有些人喜欢宽松的鞋。因此在“感觉极限”试验时，每个人的“感觉值”是不完全相同的，最大值和最小值相差很大。但是在制定中国统一鞋号和鞋楦尺寸系列时，采用的是平均值，平均值是从大多数人的试验数据中取得的，少数人习惯只能作为特殊情况来考虑。关于“感觉极限”的论述请阅读《中国鞋号及鞋楦设计》第四章第一节内容，有详细介绍。

五、上限脚与下限脚对舒适感觉的影响

250 号的鞋适应脚长是 248 ~252mm 范围的人穿着，脚长 248mm 的脚称下限脚，脚长 252mm 的脚称为上限脚。一般来说，脚长 247mm 应穿 245 号的鞋，脚长 253mm 应穿 255 号的鞋，但是有这样的一些情况，248mm 的脚也能穿入 245 号的鞋；252mm 的脚也能穿 255 号的鞋。这主要是穿鞋人对自己脚长和脚型数据一般都不很清楚。比如有的人脚长 247mm，由于脚蹠围和跗围肥，穿 250 号他感到舒服，于是就习惯穿 250 号的鞋子，可见穿鞋人的习惯和鞋的品种、结构有关。但了解自己脚型规律和脚长及蹠围、脚宽等重要数据是十分需要的，可以让自己选择合适的鞋，特别是鞋厂的试样脚一定要搞清楚。试样脚是否是中间号，例如女性 230 号的试样脚脚长应该选择在 229 ~231mm，因为 230 号适应脚长范围是 227. 5 ~232. 5mm，标准脚长是 230mm。因此上限脚和下限脚当穿着中间号的鞋时有可能对舒适的感觉和中间号人会有不同，影响试穿感受认识。制鞋企业在开发新款式时要有较标准的中间号脚试样是十分重要的，中间号脚和楦的尺寸关系见表 2-4。

表 2-4　　中间号脚和楦的尺寸关系　　单位：mm

	男250号 三型		女230号 二型 （40mm后跷高）		童180号 二型	
	脚	楦	脚	楦	脚	楦
基本宽	99.3	89.3	90.9	77.5	72.81	67.2
拇趾里宽	38.73	34.1	35.45	28.5	30.70	27.1
小趾外宽	53.72	50	49.18	44.4	42.68	39.8
腰窝外宽	46.37	40.1	42.45	33.6	34.42	30.2
踵心全宽	67.23	60.5	61.54	51.6	50.17	45.5
蹠围	246.5	243	225.5	218.5	180.5	187
跗围	246.5	277.1	225.5	215.5	182.31	191
底样长	250	265	230	240	180	192

六、关于肥瘦型对穿着舒适的影响

在试样、试穿和实际穿鞋过程中，鞋的肥瘦会影响对鞋的长度感觉不一样。实践证明：当鞋的肥瘦型较瘦时，可以穿大半号的鞋。比如脚长250mm，肥瘦型是三型，就可以穿入255号（二型半）的鞋，只是说有点不合适，但可以穿着。所以在实际生活中有一部分消费者为了追求美观，会去选购一些肥瘦型大半号的鞋，包括当今世界发达国家，美国在2003年市场调查中仍有60%的妇女每天至少1h穿着不舒服的鞋子，这项调查是美国矫形外科医师协会和美国足踝矫形协会的调查结果。被访问的妇女中，穿鞋感到足部疼痛和有不舒服感觉的有80%，其中74%都是穿高跟鞋，这说明世界鞋业只顾制造美观的鞋卖给人们，还没有高度重视和研究及生产舒适美观同在的鞋给人们，这是一件应该引起世界鞋业重视的大事。当然，运动鞋、休闲鞋要好些，其实也存在着不符合脚型规律，只顾外形设计的错误设计观念和不健康思想。社会越走向文明，鞋业越有责任去设计、制造舒适、美观、卫生、保健康的鞋。

七、消费者中存在着部分特殊的脚型

人们的脚型不尽相同，这也是影响舒适性的一种因素。有的人拇趾或二趾特别长，脚的头部呈尖角形，若拇趾厚度较薄，对于放余量较大的品种可穿着小半号的鞋；相反，有的人脚背很高，蹠围特别大，脚趾长短差不多，脚的头部呈铲子状态，再加上拇趾较厚，则可穿着大半个号的鞋。这些情况不但是设计工作者要了解，包括售鞋员也要懂得，才可正确为消费者选购到满意的鞋。

总之，影响穿着舒适的因素是很多的，我们要不断学习这方面的专业知识，特别是鞋类产品设计师和鞋企领导要重视学习掌握专业知识，是否能让广大消费者穿到舒适美观的鞋，我们应该负起主要责任。了解中国统一鞋号，维护和实现中国皮鞋、胶鞋、布鞋、塑料鞋等鞋的统一，是要通过我们制鞋专业工作者的努力才能实现的。因为四鞋要达到穿着感觉完全一致是不现实的，这种感觉是不能用尺度来衡量的，它需要有制鞋知识经验的专业技术人员，根据各种技术要求及原、辅材料，通过科学组合、合理设计，由适应市场需求能力的工厂去制造，才有不断创新、改进、改良的鞋类产品，才会有舒适美观、卫生、保健的鞋提供给广大消费者，这也是中国制鞋工业必须走的发展之路。

第六节　生产金属楦的收缩问题

制鞋行业为了面对各种制鞋材料的要求，会选用不同材质的鞋楦，如冷贴皮鞋选择塑料鞋楦，模压注塑等工艺就需要铝楦，还有生产合成革等代用材料的鞋由于定型温度较高，需要选用铝楦。塑料楦适应做真皮皮鞋较标准，鞋楦机铣刻下来后鞋楦表面不需要再加工，这样的鞋楦就会标准化程度高。但是合成革鞋定型温度超过塑楦的熔点温度，塑楦就会软化变形，因此需要选择铝楦，铝楦定型温度在150℃左右，绝不会变形。但铝楦的制作工艺和塑楦完全不一样，铝楦要采用精密铸制法，先要设计模样楦，然后通过翻砂铸制成铝楦。不论是铝楦还是钢楦，都有一定的收缩率，一般钢楦的收缩率为2.5%左右，纯铝的收缩率为1.5%，采用铸造法制造实心铝楦时，其收缩率可按1.5%计算。但是加工空心铝楦时，“一缩水”的收缩率长度方向为1.3%左右，围度方向为1.2%，“二缩水”收缩率长度方向为2.6%左右，围度方向为2.4%左右。

“一缩水”指用样楦直接翻铸成生产用的鞋楦，经过一次翻砂、冷却、收缩，故称“一缩水”。“二缩水”指用样楦先翻成铝楦模，再用铝楦模翻铸生产用的鞋楦，其中经过两次翻砂、冷却、收缩，故称“二缩水”。

空心铝楦的收缩率要比实心楦小，这是因为芯中有泥芯，它对液态铝楦冷却收缩起一定的阻力作用。此外，加工铝楦过程中的起模、抛光等操作都将直接影响鞋楦的尺寸，因此有的工厂还加一些锉削和抛光的余量。总之，翻砂制作铝楦的配方、新旧铝材料搭配比例、浇铸温度、芯等都会影响铝楦的收缩率，所以在刻标样楦时，一定要把这些因素弄清楚，确定准确的收缩率。

“一缩水”的样楦仅适用于翻铸量少，一次翻完不再添制。由于以前的样楦都是木楦，当时怕变形，胶鞋生产时需要大量铝楦，并且逐年有损坏，需要添制，因此都用“一缩水”的铝楦模，这样就需要先制作“二缩水”的样楦，铸成“一缩水”的铝楦模，这种铝楦模可用于大量翻铸，日久不变形，保证鞋楦尺寸的一致性。但塑楦就不需要这样复杂，只要设计好标样楦，输入电脑就可以直接生产塑料鞋楦成品，因此塑楦就比较标准。

第七节　中国鞋号楦体尺寸等差的计算原理

中国鞋号楦体尺寸等差是如何计算的？这在《中国鞋号及鞋楦设计》书中有详细介绍，本书补充说明楦体尺寸的等差计算原理。以便设计师根据此原理结合自己的设计品种自行计算。

例一：已知250（三型）中圆头楦（素头）男皮鞋的楦蹠围为243mm，头厚为20mm，问其头厚等差是多少？

计算方法：3.5×（20÷243）=0.29mm

答：头厚等差为±0.29mm。在实际应用时可用±0.3mm。

例二：已知250（四型）胶鞋中的解放鞋楦底样长为260mm，统口长为116mm，求统口长等差为多少？

计算方法：5×（116÷260）=2.23mm

答：统口长等差为±2.23mm。

从以上实例看出，楦体尺寸等差的计算是以中号楦某部位尺寸除以楦蹠围（或楦底样长），再取蹠围等差3.5mm（或长度等差5mm）。详细原理可参考《中国鞋号及鞋楦设计》一书。要说明的是了解掌握设计原理，不能照搬其数据，因为每个品种的等差数值是不相同的。

为什么以上的计算等差有的与蹠围、有的与底长发生关系？

当我们用刻楦机刻制鞋楦和用放样机、电脑放样时，这两种设备都具有一定的方向性，凡是与鞋楦纵向一致的部位（例如统口长、楦全长、后容差等）都与楦底样长有直接关系，当楦底样长的数值变化时，这些部位的尺寸也按一定的比例变化着。同样的道理，凡是与鞋楦横向一致的部位（如跗围、统口宽、头厚、跷高、后身高等）都与楦蹠围有直接关系，当蹠围的数值变化时，这些部位的尺寸也有一定比例的变化。总之，凡是与长度有关的部位都与楦底样长联系，凡是与围度、宽度有关的部位都与楦蹠围联系，否则所得数值会与实际数据不符。

第八节　中国统一鞋号有关问题

一、关于我国青少年脚型发育情况

通过中国有关部门多次的脚型调查，中国青少年脚型发育的一般规律是：年龄越小，脚型发育变化越快。例如1~4岁时，脚长的增量是10mm左右，脚肥度增量是9mm左右（脚肥度是指脚的蹠趾围长），从4~12岁，年增量逐年减少，脚长约为7mm，脚的肥度增量是6mm。城市男孩的脚一般在19岁左右基本停止发育，女孩子是17岁左右，农村儿童的脚停止发育期普遍比城市推迟1年左右。当然在沿海城市和农村孩子的推迟差距基本很小了，因为沿海村镇工业化发展生活条件与城市差距越来越小。

由此可见，年龄越小，脚的长度、肥度增量就越快，所以我们建议对儿童买鞋尽量大一号或两号，留有孩子增长的余量，使买的鞋可以穿上1年以上。当然也不能太大，否则孩子穿了影响正常运动和走路，出现不“跟脚”；鞋太小影响儿童发育。家长帮孩子买鞋最好测量一下孩子的脚长，例：测量脚长90mm，就帮孩子选购100号的幼童鞋。

下面将儿童、青少年鞋的分类介绍一下：

90~125号为幼童鞋，130~160号为小童鞋，165~195号为中童鞋，200~230号为大童鞋，215～250 号为成年女子鞋，235～300 号为成年男子鞋。

二、鞋应该比脚长长多少？

设计鞋首先要设计鞋楦，鞋楦是根据脚型的长短及大小、肥瘦和脚型规律为依据来设计的，同时鞋楦设计要考虑美化脚的外形，因此和脚不是完全一样的。比如要设计各种头型式样的鞋楦，鞋楦就需要有放余量，脚在行走中受到人体重的压力，脚掌、脚跟受力时足弓会下塌、向前延伸，脚长会增长等，因此鞋楦长度必须大于脚长。皮鞋就要增加 20mm 左右的放余量，布鞋楦也要比脚长出 10mm 左右的放余量，放余量要根据鞋的造型设计、款式要求来决定，但有一点要说明的就是不能小于 7mm，因为在人正常行走过程中男性脚增长量在 6～7mm，女性脚增长量在 5～6mm，所以放余量大一点没关系。当然，也不要太长，否则会对行走带来不便。但太短了就会顶痛脚趾。

下面把鞋楦的长度概念介绍一下：

（1）楦底样长　指楦底前后端点的曲线长度。

（2）放余量　是为了保证脚在鞋内有一定的活动余量，使鞋不至于“顶脚”，需在鞋楦前头加长的一定尺寸叫放余量。

（3）后容差　人脚后跟部位都有一定的凸出度，为了设计的鞋子与脚跟相近和使鞋符合脚跟的形状，在设计鞋楦的后身也有一个符合脚跟形状的凸出度，这个凸度叫后容差。

三、皮鞋、胶鞋、布鞋、塑料鞋这四种鞋的鞋号是怎样统一起来的？

中国统一鞋号的一个重要特点是以脚长为基础的，脚有多长，就穿多少号的鞋。例如：脚长 250mm，就选择 250 号的鞋，所谓的 250mm 是中间号中国鞋号 5mm 为半个号，脚长在 248mm、249mm、250mm、251mm、252mm 的都可选择 250 号的鞋。前面已经介绍过鞋子的几个长度概念，其中说到“放余量”，四种鞋的同一个鞋号，鞋子长度是不一样的，这是由于放余量的不同而长度不同，其实鞋内的脚型容量是基本固定不变的，也就是 250 号（三型）的脚，穿同型号的皮鞋、胶鞋、布鞋、塑料鞋都可以，穿了都感到舒适，但鞋楦实际数据是不一样的，最明显不同的就是楦底样的长度。皮鞋最长为 265～275mm，胶鞋楦底样长在 260～262mm，布鞋在 258～260mm，最短的塑料鞋（凉鞋）在 255～257mm。鞋头的放余量也不一样，皮鞋 10～25mm，现在还有更长的放余量；胶鞋、运动鞋在 10～15mm；布鞋在 8～10mm；塑料鞋在 5～10mm，但都适应 250 号的脚，这就是统一鞋号的优点。在设计鞋楦时，一定要做到 250 号的鞋子保证脚长 250mm 穿着舒适，否则是不符合标准的鞋，也失去了鞋号统一的意义。

在设计鞋楦时，除了考虑放余量问题外，我们的设计研究人员还应考虑到木材、塑料、橡胶、PU、TPR、金属模具的收缩等有关能使鞋长度、肥瘦发生变化的一切因素，保证一双 250mm 的脚去穿 250 号任何式样的皮鞋、胶鞋、布鞋、塑料鞋，都基本可以合适。因此说，中国统一鞋号是完全行得通的，这种鞋号可以方便人们去选择各种鞋子，也方便商业管理，有利于制鞋行业的机械化、装配化、标准化、规范化的现代工业生产要求。

通过行业 20 多年的实践和不断的改进，证明中国统一鞋号是切实可行的，它的等差和国际鞋号基本一致，和日本鞋号也基本相同，全国鞋号统一以来对中国的制鞋工业发展起到了促进作用，在实践中需要我们中国鞋业的设计师和制鞋工作者共同提高、改进和完善，同时要不断学习总结，用科学发展中国制鞋工业技术理念指导我们的工作，促进行业技术进步。

第三章

脚型规律和楦型设计知识

本章主要介绍脚型规律和鞋楦主要部位之间的相互关系，使制楦设计师和制鞋设计工作者通过学习进一步了解脚型与楦型的相互关系。鞋楦设计是为制鞋服务的，制鞋设计必须要以鞋楦为基础，而鞋楦设计要以脚为研究对象，因为鞋最终是服务于脚的，但鞋楦的外观造型和脚的外观形状是不完全一致的。

第一节　脚主要部位的横断面与鞋楦相应部位横断面的区别

脚的形体是一个不规则的三维几何体，鞋楦的形体是根据脚的形体和脚型规律、脚的生理机能和鞋的制造工艺技术要求，以及制造材料等综合因素来设计的。同样是一个不规则的三维几何体，鞋楦需要具备的条件是：第一，满足脚的穿着舒适的要求；第二，外观造型为了满足消费者的审美需求，楦体造型必须适应市场的需求，满足鞋的款式品种多样化和消费者的个性化要求等。所以鞋楦就会和脚不一样，例如脚的横断面和楦的横断面形状只是相似，但不相同，见图 3-1。

一、脚具体的宽度、高度、形状和鞋楦的差别

在第一章中已介绍了脚的生理机能和骨骼部位构造、足弓的结构特性知识、人脚体肌肉组织的组成等知识。在外界条件不同的情况下脚型会在一定范围内产生的变化，例如正常行走、体育运动、参加工作劳动，脚型就会发生很多变化，如脚踵心部位受力时肉体横向宽度和静态时的宽度就会不同，而我们就要掌握这些变化，选择最准确的数据尺寸进行鞋楦踵心部位的设计，采用符合舒适要求、符合运动状态下脚型规律的鞋楦设计尺寸。例如男士中间号 250 号二型半的脚踵心部位肉体宽度在静态时全宽为 65 ~66mm，当脚起步时，人体重量轮流承载到其中一只脚的踵心部位，该部位的肌肉就向外膨胀扩展，该部位的肉体宽度就会增加到 68 ~69mm。鞋楦设计踵心部位肉体宽度，根据健康正常的中间号脚型灌制的石膏脚型测量的尺寸和光脚承重时踵心部位的测量尺寸为依据。根据多年来的实际经验，我们在设计鞋楦时踵心部位的

楦体肉体全宽定为：舌式鞋楦的踵心部位肉体宽度为67mm，深口结带式鞋楦的踵心部位肉体宽度在67～68mm范围内，皮革轻、柔、软的包子鞋楦踵心部位肉体宽度为66mm左右。实践证明以上尺寸较为合适，通过多年的应用得到了客户的认可。参考意大利和日本的鞋楦，同样尺寸同类型鞋楦该部位的宽度也基本和笔者的总结是相同的。

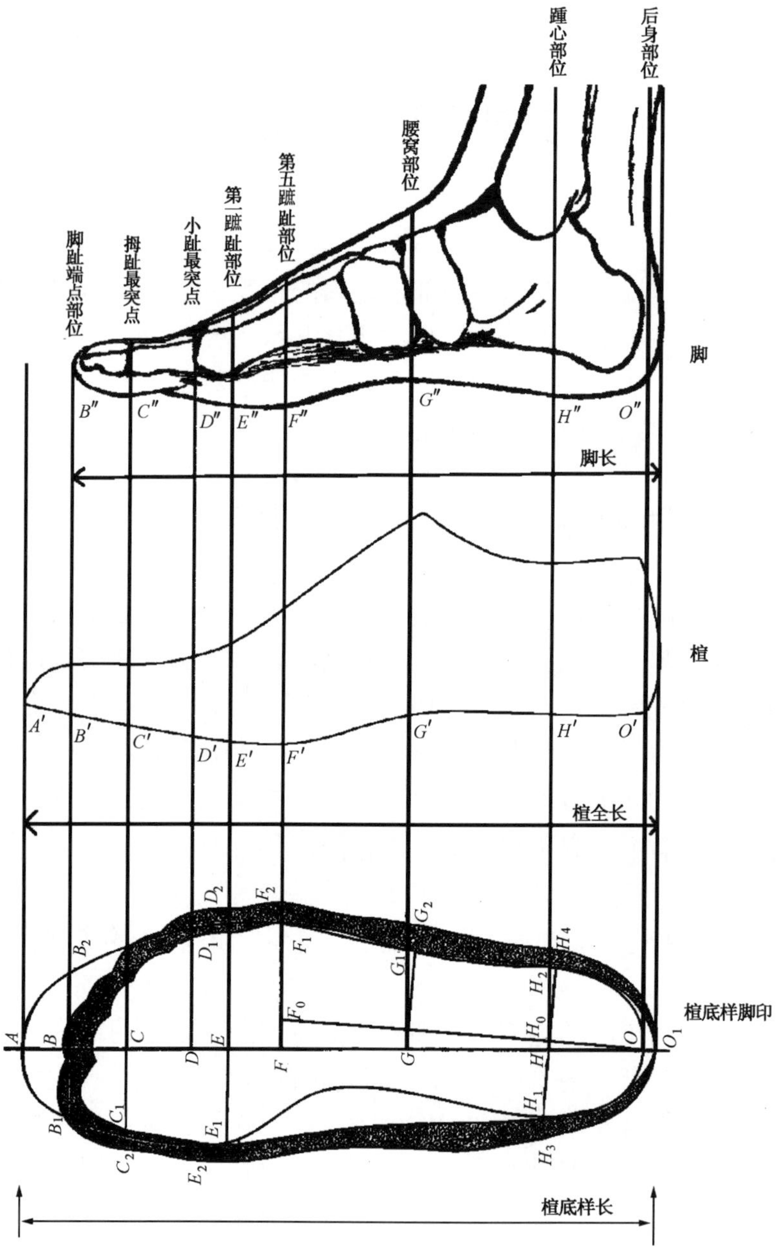

图3-1　脚型和鞋楦横断面部位点

采用该尺寸的鞋楦在穿着过程中有以下优点：

当脚在行走或运动过程中前后、上下移位量减小，使鞋帮服帖在脚的该部位，使鞋帮和脚之间的摩擦力减小，行走起步时脚和鞋不分离，从而使人行走轻快，感到舒适。这是一个符合实际穿着要求的较为合理科学的鞋楦数据尺寸。脚与鞋楦踵心部位横断面图见图3-2。

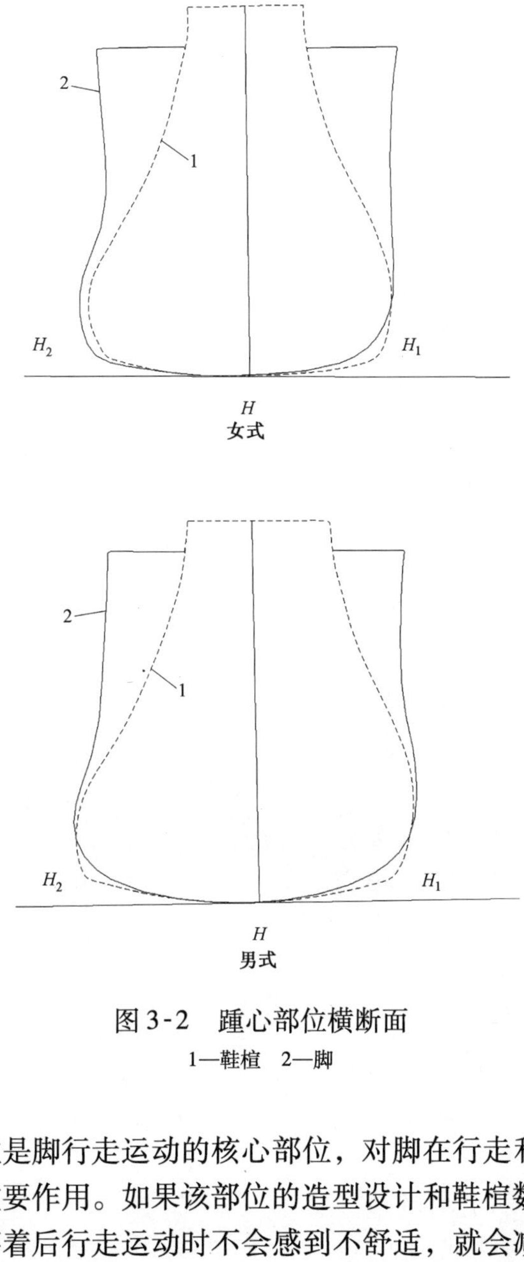

图3-2　踵心部位横断面

1—鞋楦　2—脚

脚的后跟踵心部位是脚行走运动的核心部位，对脚在行走和运动中的稳定性，对脚关节的保护都起着重要作用。如果该部位的造型设计和鞋楦数据尺寸选择和设计得科学合理，脚就会在穿着后行走运动时不会感到不舒适，就会减少脚的疲劳。科学的鞋楦设计可以起到保护和保健脚的作用，因此我们鞋楦设计师要高度重视鞋楦的这一部位设计。踵心横断面位于脚长的18%处。

二、脚和鞋楦腰窝部位横断面的区别

（1）鞋楦的腰窝部位楦体形状和楦体尺寸设计得好坏，直接影响脚穿鞋的舒适性和鞋楦外观造型的美观性。腰窝底心凹度和楦体底部造型如果不按照脚型规律，底心凹度太小，就会使足纵弓下塌，脚底心韧带在脚用力踏步的过程中，没有鞋底托住脚腰窝底心部位，严重时脚就会拉伤，一般情况下脚会感到不舒适和疲劳，还会影响人的健康。特别是女式高跟鞋，如果底心凹度太小，该部位没有依托，使脚底悬空，当脚起步行走后，脚的稳定性差，足弓下塌，增大脚前掌压力，在行走中由于腰窝失控，使脚掌在行走过程中不断受到摩擦，造成趾关节疲劳，掌面肌肉疼痛，足弓韧带和底心肌肉受到拉伤，直接影响脚的健康。因此在鞋楦设计中必须要设计好腰窝部位的底心凹度，鞋楦腰窝部位设计在第四章第四节中有详细论述。腰窝部位的设计也不能设计得凹度过大，使鞋底顶紧脚底，脚在行走向下踩踏用力时就会脚底心疼，鞋底心凹度可以比脚大 2 ~ 3mm，当脚向下用力时基本展平地贴在鞋底面上，鞋底及中间钢勾心的托住脚心，脚就会感到舒适，但不要大于 2 ~ 3mm。关于鞋楦底心凹度的数据尺寸，请参照本章第十三节。

（2）鞋楦腰窝部位里外两侧面和脚腰窝部位里外两侧面的差别。楦体要适当小于脚体，鞋楦腰窝部位两侧的造型也就是鞋的两侧型体，它处于脚的中央部位，起着控制脚在鞋内前后移位的作用。宽度过大脚就会向前滑动，使脚前掌前移，使脚跗面、第五蹠趾部位外侧、第一蹠趾部位内侧都受到前移滑动的摩擦和压力，使脚感到不舒适，使鞋帮变形，由于脚失去鞋帮面的控制，脚在向上抬起的时候，鞋和脚产生向下滑落现象，使鞋不跟脚，造成穿着困难。由于腰窝两侧过大，脚在行走转换方向、扭转时脚就会失去稳定性，严重时还会扭伤脚。因此腰窝部位的鞋楦楦体肉体安排以及宽度尺寸的确定十分重要，关于腰窝部位的楦体宽度尺寸数据，在第五章第二节有相关的数据说明。脚和鞋楦腰窝部位的横断面图见图 3-3，该部位位于脚长的 41%。

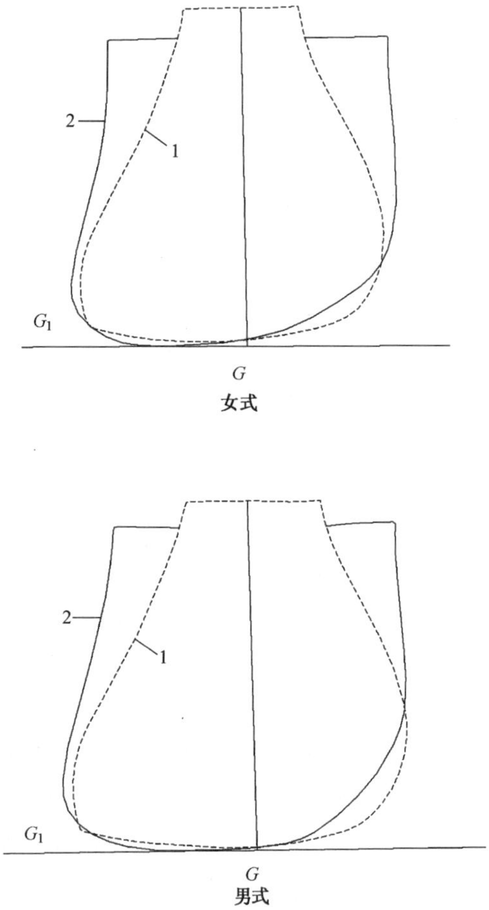

图 3-3　腰窝部位横断面

1—鞋楦　2—脚

（3）鞋楦腰窝部位的上面就是鞋楦的跗背部位，该部位要根据脚的跗背高、跗背形状进行设计。脚该部位的横断面与脚横断面见图 3-3。背面是里高外低的坡形，而且脚该部位肌肉层很浅，里面是跗骨部位，该部位鞋楦设计时高度可以比脚高 1.5 ~ 2.5mm，让脚穿入鞋内时不要和鞋帮贴得过紧，留有一点余地，第一可以便于脚穿入鞋内，第二可以让脚在起步行走向前迈进时有一定的冲力，会使脚向前移位约5mm的活动量。如果压得过紧，脚就会明显感到难受和不舒服，有一点活动余量，就不会感到有压紧的感觉了。当然也不能设计得过高，过高脚就会向上抬起和向前滑动，脚跗面就会失控，因此该部位的高度要根据鞋的品种和款式结构来决定高低。例如结带式皮鞋楦的跗背就可以高于脚2～3mm，如果感到过松，则可以用鞋带的松紧来调整鞋跗背的舒适度；如果是舌式和浅口式，跗背就不要设计得过高，一般控制在1.5～2.5mm为合适。关于造型要尽量贴近脚的跗背形状，必须确保穿着舒适为原则，在满足穿着舒适的前提下要重视鞋楦造型的外观美观，这是设计的重要内容。

三、鞋楦的第五蹠趾部位横断面和脚的第五蹠趾部位横断面的差别。

脚的第五蹠趾部位处于脚的外侧，该部位在脚长的63.5%处，脚在行走和运动时该部位是受力部位，又是趾关节活动部位，在着地受力和脚提抬向上悬空这两个过程中脚型变化较大，前者是扩展和尺寸增加，后者是缩小和不受压力，由于该部位是活动的关节部位，脚底掌肌肉层较深层，鞋楦蹠围可以小于脚的3.5～7mm也不会感到明显的不舒服，该部位是蹠围的组成部位，因此第五蹠趾部位外侧肉体宽度和楦底样的宽度可以比脚窄3～5mm，同时有如下好处：第一，可使脚第五蹠趾外侧得到控制，

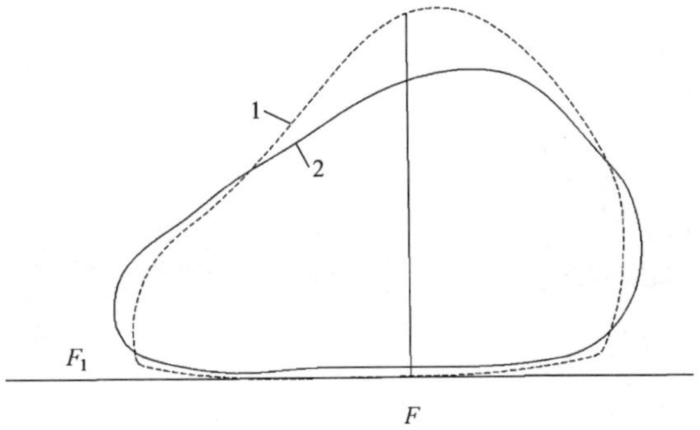

女式

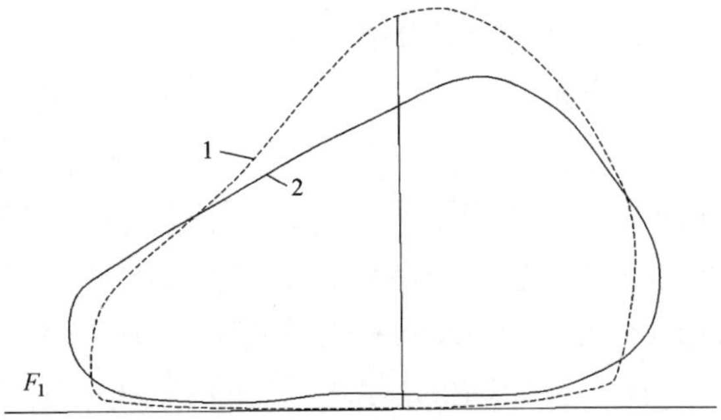

男式

图3-4　第五蹠趾部位横断面

1—鞋楦　2—脚

使脚不过于向外扩展，起到稳定作用；第二，适当控制脚的横弓不下塌，使脚不易疲劳，适度的紧固包裹会使脚感到行走有力。鞋楦的宽度虽然没有脚宽，但外侧的造型是与脚型基本相同的，侧面圆滑饱满，该部位楦体上面的高也不宜比脚高，但不能低于脚背面的高度。脚和鞋楦的第五蹠趾部位横断面图见图3-4。关于第五蹠趾部位的鞋楦造型设计和该部位的宽度数据尺寸请看本章第六节的内容。

四、鞋楦第一蹠趾部位横断面和脚的第一蹠趾部位横断面的差别

脚的第一蹠趾部位位于脚长的66.53%处，在脚的内怀里侧。所谓的第一蹠趾部位就是脚大拇指向后的蹠骨和趾骨相连接的关节部位，脚共有5根蹠骨连接着前面的5根趾骨，第一开始向外排列直至第五蹠趾部位。第一蹠趾骨是五根蹠骨中最粗大的一根，因此脚该部位的横断面是里面高，向外慢慢地低下去，呈现像山坡一样的形状，第一蹠趾横断面图见图3-5。

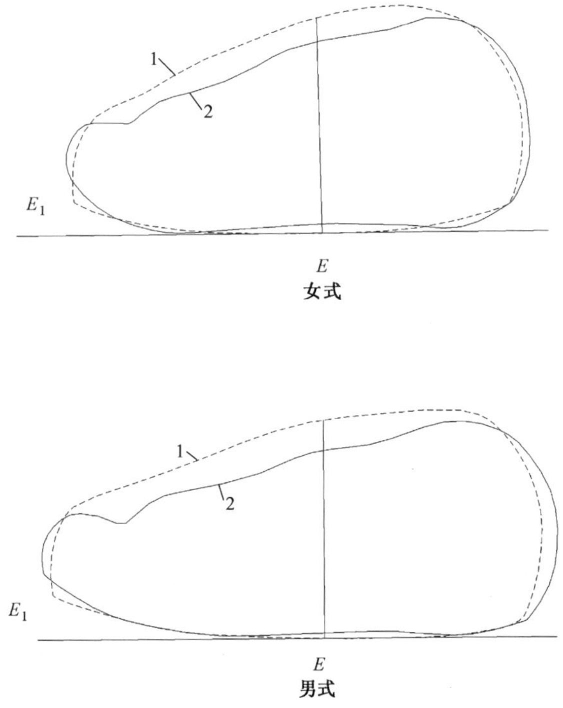

图3-5　第一蹠趾部位横断面

1—鞋楦　2—脚

该部位的鞋楦肉体宽度和底样板宽度可以比脚的宽度窄3～5mm，会有如下好处：第一，使脚掌受力和用力时不过于向外膨胀扩展，使该部位得到一定的控制，由于整个掌宽得到两侧的控制，脚前掌扩展受到限制，使脚的横弓不会过于下塌，脚行走稳定有力，脚在活动和运动过程中不易疲劳。该部位内侧鞋楦造型呈半圆形，圆滑饱满形状和脚基本相近，该部位上面的高度可以适当比脚高2mm左右，因为该部位上面有一条筋骨，当脚受力弯曲时筋骨会向上凸起，因此要留有活动余地，这样才能确保鞋穿着时该部位服脚和舒适。第二，在第一蹠趾骨至第二、第三、第四蹠趾骨的脚背面部位要留2～3mm的高度，留给脚弯曲和受力时所需要的膨胀容积，但不能超过3mm以上。因为这个部位是鞋帮弯曲处，如果上面不服帖脚，有过高的空间，则鞋帮在曲绕后帮面就会呈现起褶，影响鞋的前帮美观，同时也会使鞋帮曲折而产生帮面断裂，脚背面过多的起褶不但影响外观，同时穿着时脚也会感到不舒服，如果脚背过高也会影响楦体的造型美观。第三，第一蹠趾至第五蹠趾部位的脚底部形状在静态时，底面呈现有一定的凹度，当脚起步、用力向前迈进时，脚前掌的第一蹠趾骨到第五蹠趾骨原来的弓形向下塌成一字型（详细内容请参阅第一章第一节中足弓的结构和功能的论述），脚底掌面的肌肉就呈有一定的凸度，这个凸度就是前掌凸度。鞋楦的前掌凸度一般男鞋在4～

5mm，女鞋在3～4mm，不要过大，过大就会造成脚横弓下塌，影响脚的舒适，严重时还会损害脚的韧带，使脚发生病变，最好要让前掌处于合适的前掌凸度条件下最为科学合理。前掌凸度一定要设计得符合脚受力承载重力时处于脚弓不下塌状态，这样脚才会感到舒适，但不可以设计得过平，过平会影响正常容积，使脚向上抬没有凸度，脚穿着鞋后会感到不舒适。

五、鞋楦小趾部位横断面与脚小趾部位横断面的差别

小趾部位横断面鞋楦宽度可以适当小于脚的该部位宽度，原则上是在脚印和轮廓线之间，请参阅本章第九节内容的具体论述。鞋楦小趾部位横断面在设计中要遵守以上原则，因为小趾在行走过程中起到抓地和稳定脚步的作用。行走中当前掌着地后接下来就是五个脚趾承受身体重量，同时还要起左右转向的扭转作用，这时就需要趾骨骼的支撑力和脚趾底面的肌肉膨胀力、肌肉的收缩力等力量相互协调一致承受重力和扭转力，起到稳定脚步和身体的作用。鞋楦的楦体造型要满足以上要求，不宜设计得过窄，使脚受伤，也不能太宽而不能帮助脚趾承担行走和运动时的承载力等，这是设计鞋楦必须考虑的脚型规律和脚运动规律的一个方面。另外鞋为了适应市场和消费者的各种要求，特别是款式的变化和人们个性化的审美要求，鞋楦的头形式样必须随着市场潮流的变化而不断地变化，这就需要设计师在掌握以上知识的基础上，还要具有适应时代要求的审美眼光并实际去设计出能适应市场需求的各种新款式。鞋款式的变化主要集中在头型的变化上，例如圆头、方头、尖头等。因此鞋楦小趾部位和脚该部位的形状有时会发生较大的变化，但有一个原则是不能变的，那就是要确保穿着感到舒适，例如，如果你把前跷设计得超过脚的自然状态下的跷度15°左右时，脚趾的抓地力和支撑力都会失控，就会造成人在行走中不平稳，重心失控；当脚趾过分上翻时，趾关节就会受到压力，再加上人体的重量，在行走和运动时就会受伤，产生疼痛，严重时会发生病变。如果前跷要增加时可以增加在放余量的部位，脚趾部位要尽量处于自然的前跷状态下。正常的前跷一般为15°，以前掌着力的后端点开始。前掌着地部位男鞋250号一般在166.85～176.3mm，女鞋230号一般在153～162.3mm，这一段范围底面为前掌着地部位，前跷也不允许过小，过小的前跷会使脚行走困难，并且无法展开正常的运动，鞋的底面摩擦面积过大，鞋底和鞋帮的穿着寿命都会受到一定的影响。例如，如果在脚上捆绑一块平板向前走，人就无法正常行走，只能向前直线移动。一双优质的鞋应该有它的正确前

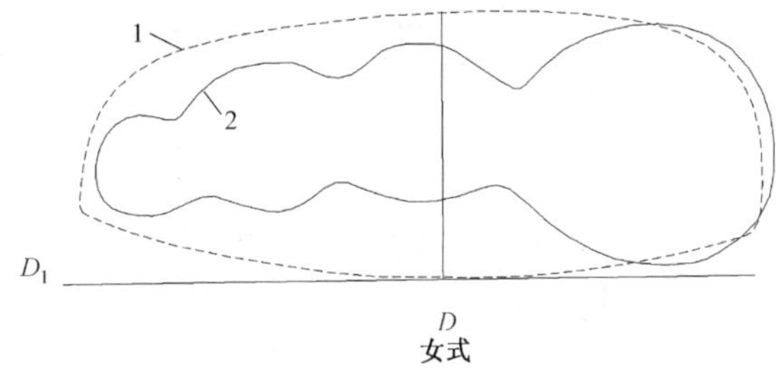

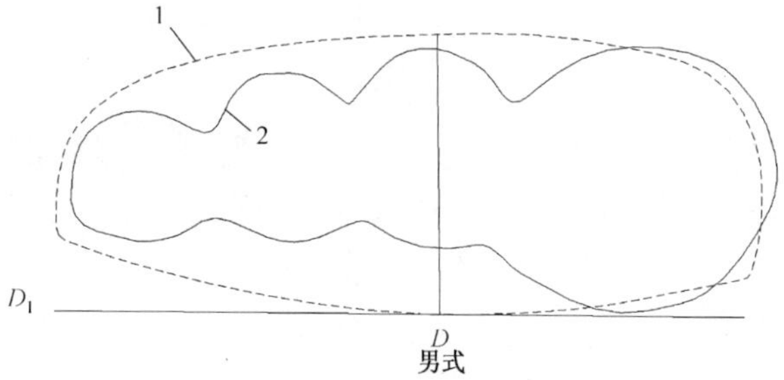

图3-6　小趾凸点部位横断面

1—鞋楦　2—脚

跷才能称得上是优质鞋。鞋楦和脚的小趾部位横断面见图 3-6。小趾部位在脚长的 82.5%处。

六、鞋楦拇指部位的横断面和脚拇指部位横断面的差别

鞋楦拇指部位的横断面处于脚前掌第一蹠趾部位前，拇指骨直接和第一蹠趾骨相连接，拇指起着抓地力的作用。行走运动时前掌受力后向前转移时，第一要承受重力的就是拇指，第一要起抓地作用的也是大拇指，然后第二、第三、第四、第五趾共同来承载体重的压力和行走或转向时的扭转力，促进脚的行走和运动。拇指横断面的鞋楦宽度可以小于脚的轮廓线，但要大于脚印的宽度，这方面请参阅本章第九节内容中的论述及数据尺寸。

由于鞋楦的头型变化要适应不断变化的市场需求，鞋楦的拇指横断面和小趾部位横断面一样都需要款式和造型设计上的变化，特别是女鞋楦式样千姿百态，其变化主要集中在头部的形态变化。随着放余量长短的变化，随着头型宽窄的变化，随着头型造型（圆头、方头、尖头等）形体的变化，鞋楦拇指部位的横断面也随之而变化，但有一个原则，就是无论你怎样去变化，要变得确保穿着感到舒适。前跷要正确，跷度太大、太小都会影响穿着的舒适。比如头厚就不得低，但可以比拇指的厚度高，因为低了就会压伤脚趾，如果为了鞋楦头型的造型式样要求而设计厚一点，只要不影响穿着舒适，你可以去变化。拇指部位在脚长的 90%处，鞋楦和脚的拇指部位横断面请参考图 3-7。

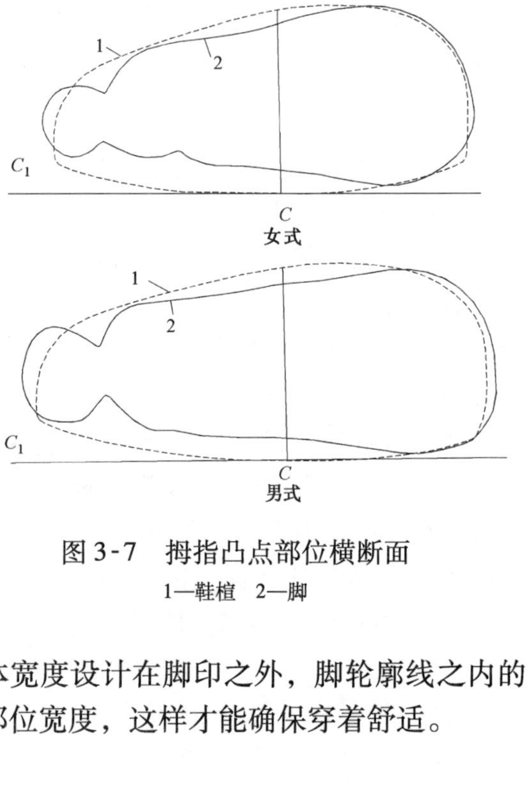

图 3-7　拇指凸点部位横断面

1—鞋楦　2—脚

关于鞋楦横断面主要部位的宽度设计必须遵守以下原则：楦底样宽度和楦体肉体宽度设计在脚印之外，脚轮廓线之内的范围之间，尽量不要小于鞋楦国家标准的各部位宽度，这样才能确保穿着舒适。

第二节　鞋楦纵向断面与脚纵向断面的差别

脚的纵向侧面见图 3-8，与鞋楦纵向侧面相比有明显区别，图面上的脚纵向轮廓线前向上、下是一条不规则的高低起伏的曲线形体，没有明显的棱角、子口，而鞋楦的 *O* 点（后端点）就有楦底样轮廓，还有楦样整个底边都有棱角子口，鞋的头底部也有头型子口轮廓。为什么脚没有轮廓子口，而鞋楦要设计得有轮廓子口呢？其实鞋最好要接近脚的底面形状，这样会更适应脚，穿着时舒适，更服脚。我们制鞋需要设计大底、内底，这都需要有一定的装配条件，鞋楦有了楦底样就可以设计大底和内底、托底、鞋跟等部件相配合，这是制作工艺的要求，是设计技术的要求，是为了便于生

产批量鞋的生产工艺要求，致使鞋楦和脚不能完全相同，所以鞋楦的纵向断面和脚的纵向断面就会有不同的形状。

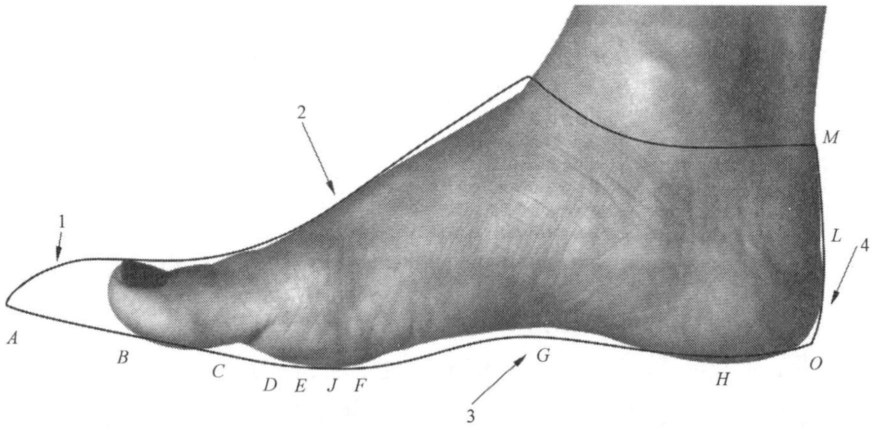

图 3-8　静态脚型侧面图

1—鞋楦头型部位　2—脚背跗面曲线　3—脚底部的纵向底部足弓部位　4—脚纵向后身后跟弧度部位

下面简述一下几个主要部位的不同造型。

1. 鞋楦纵向侧面样板和脚纵向侧面图。

为了确保脚在走路和运动状态下舒适，脚趾头部不被顶痛和压痛，鞋楦头部和脚趾横向的宽度确保在脚印和脚轮廓线之间的基础上，还要确保鞋楦头部保持比脚趾厚的厚度，鞋楦头部还要放出一定的脚趾增长量，跟部受到鞋后部的控制，因此脚在向前迈进时有一定的向前冲力，从而使脚向前移位，这时增加的脚长男士为 5 ~ 6mm，女士为 4 ~ 5mm，现简称为脚的增长量，在这种情况下鞋的前头就必须增加一定的长度，这个长度称放余量。由于鞋的头型要随着市场而不断的进行变化，因此鞋楦就要在头的造型上来变化。例如要设计尖头和小方头等头型小、窄的楦型，就要增加鞋的超长度来保证穿着舒适，这就是鞋在有放余量的基础上，有时还会加超长度，当然也不能超得太长。关于鞋楦超长问题，在本章第十四节另有论述。因此鞋楦的头厚就不可能和脚相同，但原则上头的变化不能影响穿着舒适。

2. 脚背面跗面的曲线和鞋楦背面的跗面曲线

在鞋楦设计中低腰鞋楦的脚背面跗面曲线基本接近脚背面的形状，鞋楦高度要大于脚的背面高度，特别是鞋楦跗背向上至鞋帮口门部位要有穿着余量，一般可以高 3mm 左右，但不能放得过大或过低。过大则脚背就会失控，使脚在行走和运动时向前移位；过低会造成穿入困难，压脚背，使脚背受伤，感到难受和疼痛不舒服。同时要根据帮样结构及品种，例如结带式的鞋楦就可以多放些余量，可以放 3 ~ 5mm，舌式的就不可以放过多的余量，一般放 3mm 左右就可以了。当皮鞋较硬时就需要多放些余量，如果鞋帮是采用在口门部位有松紧的橡筋材料，余量就要少放些。总之要满足穿着后感到不压脚背或不过松为宜，一定要让脚有好的感觉和感受，这是设计中最重要的一点。必须有实用价值，才是成功的设计作品。

3. 脚的纵向底部足弓曲线和鞋楦的底部纵向足弓曲线

这一部位也就是鞋楦的底部腰窝部位，它和脚也不完全相同。脚是一个能活动和运动的有机体，脚在处于不同的底面曲线状态下，腰窝底部的形状就会不同于原来处于静态下的自然脚形。例如当脚踩踏在平地上和踩踏在有一定跟高高度的鞋底上时，脚形就会产生变化，设计时要考虑的是脚在增加了后跟高度后的鞋体形态，设计怎样的底面曲线（跟高、中底、托底、钢勾心定型的纵向曲面造型），是鞋楦设计中的重点内容，它直接关系到脚的穿着舒适。因此本人在第一章中对足弓有详细的论述，同时在本章的第十三节中也有详细的说明，在本书中经常会讲到足弓、脚底心凹度，特别是在第四章第三节鞋楦设计检测曲线卡版技术中专门对底面曲线设计进行了论述，并有文字与数据的具体说明。

这一部位的底面纵向曲线，脚的底心凹度要大于鞋楦的底心凹度，但当脚起步行走和运动时，双脚轮流承载的体重压力、起步落步的冲压力传达到脚上，促使足弓产生下塌，这时的脚底心凹度就会紧贴在鞋的底面上，依靠内托底、中底、钢勾心、大底的组合支撑力托住腰窝的底心部位，使足纵弓和横弓不能再下塌，起到了保护脚的作用，也使脚在这一过程中不受伤，不易疲劳。当脚上抬时，足纵弓韧带的收缩回弹力使脚很快恢复到原来的自然状态，促进行走和运动，因此鞋楦的底面曲线和静态状态下的脚底面是不完全一样的，见图 3-8 和图 3-9。

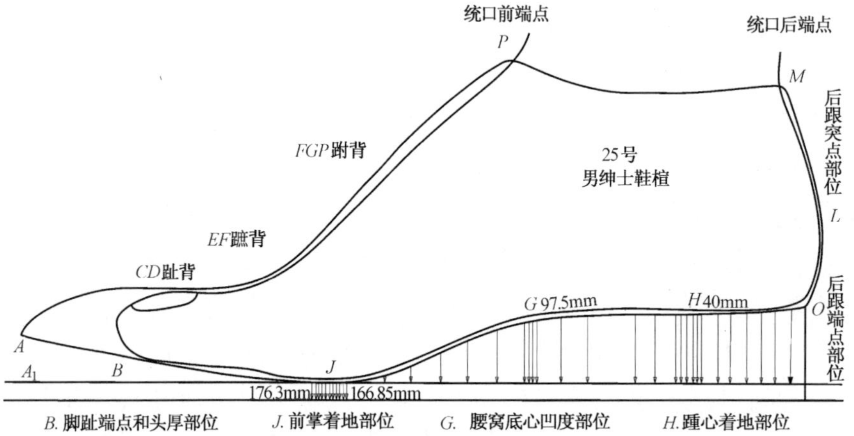

图 3-9　正常站立状态下的人体重量分布图（受力状态）

4. 脚纵向的后跟弧线和鞋楦的后身、后跟造型

脚纵向的后跟弧线和鞋楦的后身、后跟造型有明显不相同的地方。首先见图 3-8 中脚后身部位的形状和鞋楦后身部位的形状，它由 O 点（楦底样后端点）部位向上后跟突点部位、统口后端点部位、突出的后容差凸度组成的鞋楦后身后跟部位造型。从图中可见脚没有像鞋楦一样的脚底轮廓子口，脚的投影侧面是一条不规则的曲线，只有鞋楦才有后跟端点的轮廓子口，这是为了满足制鞋工艺才设定低帮或高帮的高度和鞋楦统口。脚和鞋楦虽然形状有所差别，但鞋楦最终是为脚服务的，鞋楦的造型设计必须满足脚穿着时感觉舒适的要求。鞋楦后容差的设定要根据脚的后跟突点形状和制鞋的工艺要求，例如皮鞋楦的后容差：男鞋中间号 250 号占标准楦底样长的 1.89%，女鞋中间号 230 号占标准楦底样长的 1.86%。鞋楦后跟突点高度：男鞋中间号 250 号占鞋楦蹠围长的 9.35%，女鞋中间号 230 号占鞋楦蹠围长的 9.21%。这些主要数据尺

寸完全是根据脚型规律和皮鞋的制作工艺特点来制定的。鞋楦后身高度是根据鞋的后帮高度来决定的，如男低帮鞋后帮后身高度在60mm左右，为了便于制鞋的操作要求，鞋楦必须高于鞋帮的高度，为此一般男皮鞋中间号250号鞋楦低帮楦后身高度设定在70~75mm；女皮鞋中间号230号鞋帮后身高度在55mm左右，而鞋楦的后身高度设定在66~70mm为宜。鞋帮后身的帮高后端点也就是楦斜长的后端点，它主要用楦斜长来控制，该部位要贴近脚的造型，不可以设计收缩得过于贴紧脚后身的肉体，过紧时脚会磨伤，而过松则脚跟会滑脱，使鞋不跟脚，从而影响穿着舒适性以及正常的行走和运动。皮鞋鞋楦由于有较坚硬的支跟材料支撑在鞋帮内部，通过制鞋设计成型定型，鞋帮后身根据鞋凸度弧度的造型有了适应脚型的外观造型式样。弧度的大小、突点的高低是由后容差大小来决定的，一般男鞋楦中间号250号的后容差绅士鞋为5mm左右，休闲鞋等软帮鞋为4mm左右，女鞋中间号230号鞋楦后容差一般在3.5~4.5mm之间，一般不要大于4.5mm，也不要小于3mm，如果是软帮鞋则可以适当设计得小些，原则上是服脚，脚穿了感到舒适、跟脚为好。

根据鞋楦后身高度、后跟高度（后跷高度）、后跟突点高度来设计后身造型的弧线，可以按六等分测量出各等分点的弧线曲度，即可作为鞋楦的后身后跟纵向断面设计的数据，图上*O*至*M*是与地平线的垂直线，高度为67.76mm，可将该曲线平分为六等分，并从各等分作垂直至后身的弧线，量出1~6各线段的距离，即可作为鞋楦设计后身后跟部位弧线曲度的数据，见图3-10、图3-11。

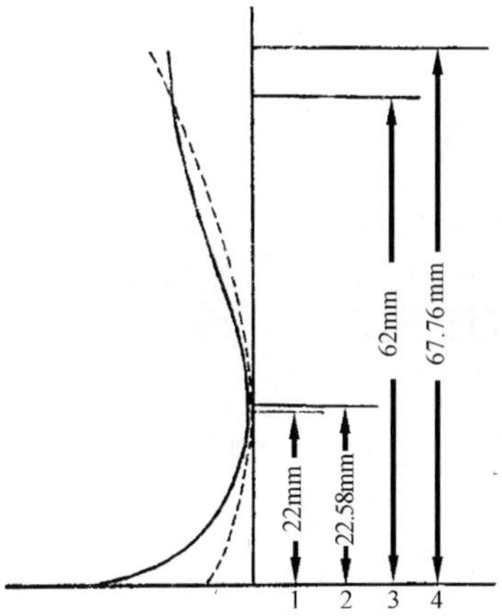

图3-10　脚型与鞋楦后跟弧线（男子）

1—脚后跟凸点高　2—楦后跟凸点高

3—鞋后帮高　4—楦后跟高

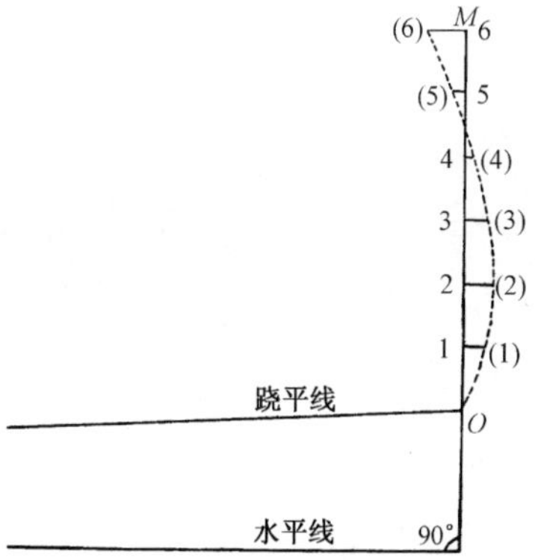

图3-11　鞋楦后跟弧线设计数据

1-(1)　=4mm　2-(2)　=5.5mm　3-(3)　=4.3mm

4-(4)　=1.8mm　5-(5)　=2.4mm　6-(6)　=7mm

第三节　脚后跟弧度和后容差的关系

人脚后跟都有一定的凸度，为了使鞋“跟脚”，为了使各种鞋楦后跟也和脚后跟形状相近，使鞋服脚穿着舒适，应该有适应的凸度。脚型的后跟弧度，根据脚型规律，成年男女后跟弧度均为脚长的2.2%。为了使鞋“跟脚”，鞋楦后跟也必须安排一定的弧度。弧度最凸点和楦底后端点的投影距离叫后容差。楦型的后跟弧度和后容差均以脚型的后跟弧度为依据，但都小于脚型的后跟弧度。其大小应根据鞋的品种、结构和原材料不同以及制鞋工艺的不同而定。如果后容差偏大，虽然鞋穿着比较跟脚，但给缝帮（合后跟和缝里后跟）和套（脱）楦操作带来困难。同时鞋穿着后易发生“坐跟”现象，造成鞋后跟帮底交接处的早期横裂。后容差过小，虽然可克服上述缺点，但鞋穿着时不“跟脚”、不美观，并易造成局部皮（布）早期磨损，以致影响鞋的穿用寿命。根据以上原理，并结合实践经验，成年人四种鞋的后容差大致如下：皮鞋和满帮塑料凉鞋取脚长的2%，胶鞋取脚长的1.6%，布鞋取脚长的0.8%。为使设计方便，男皮鞋、男塑料凉鞋后容差定为5mm；胶鞋后容差定为4mm；布鞋定为2mm。由后跟突点向上的弧线曲率较小，其上部从后帮最高点起，向里收缩至楦统口处小于脚型的弧线。该部位尺寸和楦斜长有直接关系，同时影响楦全长，也就是说后容差尺寸和后跟部的造型尺寸影响着整个鞋楦的真正长度。该尺寸一定要适当，若上口收缩过多，脚穿入鞋内后就会“卡脚”和沿口早期破损，磨伤脚，影响穿着，使鞋楦底样长正确，楦体实际长度不正，给脱楦操作带来困难，甚至脱楦拉破鞋口门等质量问题。后跟部位统口后端两侧内体也必须符合脚型，太大，虽然穿脱较容易但外形不美观，鞋不“跟脚”；太小，会穿着困难和压脚，行走运动时会磨破脚。因此要求设计合理，才能符合穿着要求和符合脚的运动规律。总之要根据品种 、结构、原材料及工艺要求的实际情况来决定后容差的大小。鞋一定要有符合穿着要求的后容差。见图3-10、图3-11。

第四节　脚长与楦长

一、脚长度与楦长度的关系

鞋楦设计中必须要了解脚长度和鞋楦长度的关系。在中国，脚长是制定鞋号的基础，也是设计鞋楦底长的依据，无论哪一种结构、式样的鞋楦，楦底长均大于脚长，这是因为：

（1）由于人脚是一个松软并富有弹性的有机体，人在行走运动时脚长有一定变化；人脚的长度也因季节、劳动、运动而有所变化，例如冬季测量时脚长248mm，夏季测量则增加到252mm，由于季节的冷热引起的脚长胀缩变化3～5mm，冬天会缩小些，夏天会胀大些；当劳动或长时间走路时，在运动状态下，足弓韧带被拉长，引起足纵弓下榻，因而脚的长度也随之增加，一般这一增加量最大可达5mm。因此必须楦底样长大于脚长，才会不顶脚，同时要控制足纵弓下塌，就要按照在运动状态下的脚底心、腰窝部位的脚型规律要求来设计出该部位的楦体，穿着才会舒适，因此楦底样长要比脚长放长7～10mm为合适。

（2）走路时人脚在鞋内要有活动余地，如果鞋的前头顶脚，将难以穿着，因为步行时鞋底随着脚蹠趾弯曲部位而弯曲，而鞋底的弯曲半径大于脚蹠趾弯曲半径，加上行走运动时向前运动，也就是脚趾在鞋内向前移动，这一向前移动的距离，在鞋内底上表现为5～10mm。所以楦底样长要大于脚长，要放一定长度的放余量。

（3）皮鞋式样变化的需要，为使皮鞋头式美观大方，确保脚穿着鞋后舒适，鞋前头要有一定的长度，鞋头越瘦，比脚长增加的长度就越大，例如尖头、小方头等就要超长，反之，鞋头肥大，增加的长度就小，但必须确保有一定的活动余量，最少要确保7mm超长量，例如全空男凉鞋250号鞋楦底样长257mm，女全空凉鞋230号楦底样长237mm。

因此，鞋楦的底长与脚长的关系为：

楦底长 = 脚长 + 放余量 − 后容差

例如：男皮鞋250号，脚长250mm + 放余量20mm − 后容差5mm = 楦底样长265mm。女单鞋230号，脚长230mm + 放余量14.5mm − 后容差4.5mm = 楦底样长240mm。

基本余量是鞋楦底长比脚长最起码的增加量，它是通过感觉极限得出（见本书第二章第五节内容），基本余量减去后容差等于脚趾端点在楦底样上的位置，楦底样长减去脚趾端点位置的长度为前头余量，即楦底前端比脚趾端点净增加的长度，这一长度一般为7～15mm。前头余量太小，鞋穿着顶脚趾不舒适，前头余量过大，走路不便于起步，也浪费原材料。同时要根据鞋楦造型需要来决定余量长度。

后容差是为了使鞋后跟包脚，因而楦底样的后起点不是从脚印轮廓开始，而是由脚跟轮廓线与脚印距离的1/2处开始，这样向里缩进一定尺寸，正好适合脚后跟下缘的弧形。后容差是从脚型规律分析中得出，其数值为脚长的2.2%，除平跟鞋外（为脚长1.6%），设计一般掌跟不超过30mm的皮鞋均直接采用这一数值，不另加调整处理。

现将各类鞋楦的底长、基本余量、后容差等列表比较见表3-1。

表3-1　鞋楦底样长、放余量、后容差等数据　单位：mm

品　种	脚　长	楦底样长	后容差	放余量	前头余量
男皮鞋楦	250	265	5	20	15
男运动鞋楦	250	270	5	25	20
女皮鞋楦	230	242	4.5	16.5	12
女运动鞋楦	230	247	4.5	21.5	16.5
男胶鞋楦	250	260	4	14	10
女胶鞋楦	230	240	3.5	13.5	10
男布鞋楦	250	258	2	10	8
女布鞋楦	230	238	2	10	8
男塑料凉鞋楦	250	255	4	9	5
女塑料凉鞋楦	230	235	3.5	8.5	5

续表

品　　种	脚　　长	楦底样长	后容差	放余量	前头余量
中人皮鞋楦	215	227	4	16	12
大童皮鞋楦	180	192	3.5	15.5	12
小童皮鞋楦	145	157	3	15	12

注：表中的脚长是指脚底曲线长+后容差凸度，是脚底的曲线长，简称脚长。

由表3-1可以看出，童鞋楦的前头余量相对比较大于成年人鞋楦，这是因为儿童正处于生长发育阶段，在鞋的穿着寿命期间，脚长要有所增长，根据脚型调查分析儿童脚长年增长量6.34mm（男、女童平均），为了使鞋的长度适合儿童脚长的年岁增长，故儿童鞋楦的基本放余量适当加大。布鞋、胶鞋的前头放余量较小，是因为它的前头比较宽大，鞋的结构没有硬主跟、内包头和掌跟，故脚趾前端稍有余量即可，余量过大反而不便于劳动，布鞋胶鞋的后容差较小，也是同样道理。

以脚长减后容差加放余量设计的楦底样长度叫作鞋楦标准底长，也就是一般圆头鞋楦的底样长，为了满足头式变化的要求，允许在标准底长的基础上再加一定的长度，这一增加的尺码叫作超长度。例如设计的皮鞋楦底长为270mm，即比圆头底长增加5mm，但是超长度也要适当，一般可以10～20mm，超长度在美化楦型中起到改变线条形体等作用。超长度的变化，给鞋楦的整体造型带来了新的变化，是确保穿着舒适，不断变换款式的有效措施。鞋楦超长度在国际上的普及应用，打破了以前的老框框和旧观念。

二、楦底样长

楦底样长是指鞋楦底前后端点的曲线长度距离。见图3-12中鞋楦楦底样板上的A点至O点的曲线距离。它是设计鞋底的重要依据。

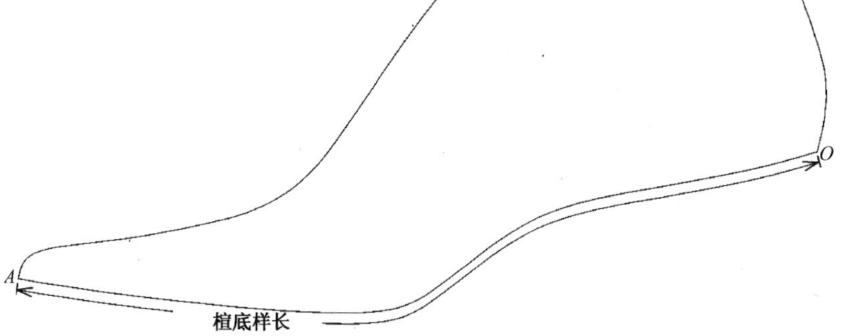

图3-12　楦底样长

三、楦　底　长

楦底长是指鞋楦底前后端点的直线长度距离。见图3-13中鞋楦图中A至O的直线距离。

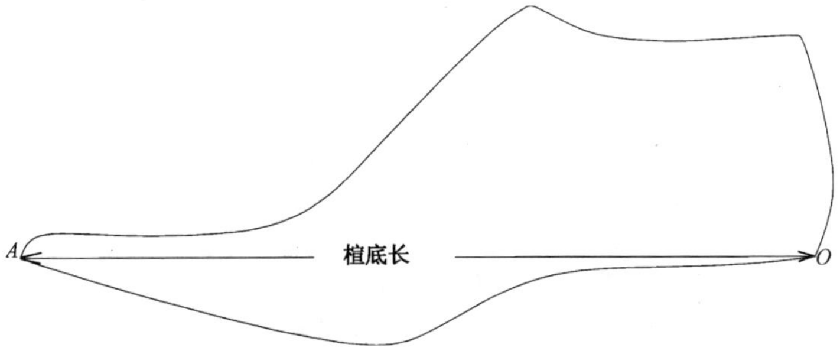

图3-13　楦底长

四、楦　全　长

楦全长是指底前端点与楦后跟突点的直线距离，是鞋内室的实际容量长度，该长度十分重要。见图3-14鞋楦A至O'的直线距离。

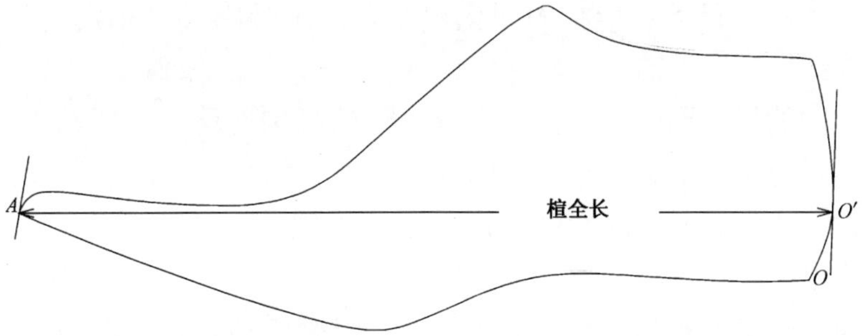

图3-14　楦全长

五、放　余　量

为了保证脚在鞋内有一定的活动余地，使脚在行走运动状态下使鞋不会“顶脚”，需加一定的余量，这个放长量叫放余量。另一种叫基本放余量，是楦底样长比脚长大的实际量，也可以说是减去后容差的放余量。因此每种鞋楦必须有合适的放余量。见图3-15。

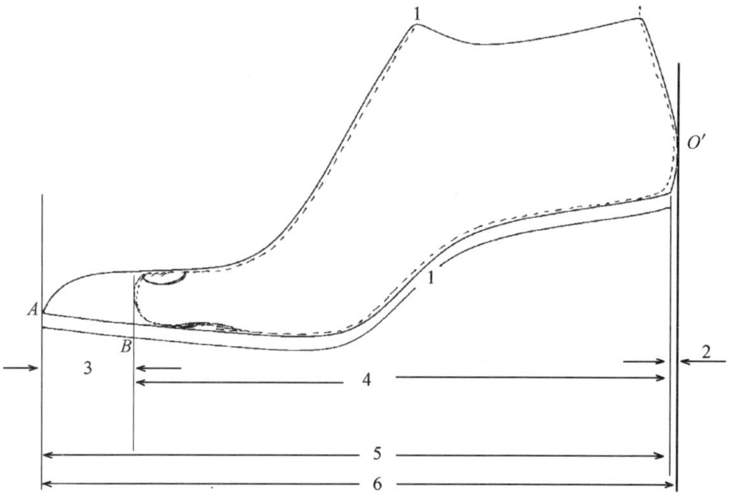

图 3-15　脚长与楦长的关系

1—楦底样长　2—后容差　3—放余量　4—脚长　5—楦底长　6—楦全长

第五节　脚的围长与楦围长

在脚的几个关节部位，蹠趾关节是脚走路时弯曲的关键部位，同时它承受着体重和活动的负荷，如果鞋楦这一部位的尺寸、形状设计得不合理，制成的鞋将对脚的功能不利。首先是穿着不舒适，同时造成鞋变形，早期破损。正确地安排蹠围尺寸和合理设计该部位的造型及尺寸还需符合脚型规律和符合脚的运动规律，使该部位有效尺寸比例高，它是保证造型美观、穿着舒适、使用寿命长的一个最为重要的部位。因此应该掌握蹠趾关节围长尺寸、形状的变化规律。前跗骨围长、斗跟围长也同样如此，这里一并加以介绍。

脚蹠围、跗围的尺寸同脚长一样受季节冷热的影响而增减，活动走路时脚血管中血液流动加速，脚前横弓下塌，也导致围长尺寸有所增加，有时较脚长度的增加更为显著，根据测量，成年男子蹠围因气温高低的尺寸变化是 3 ~ 8mm，当活动和长时间走路后蹠围长度也有增加。

再有，蹠围、跗围随着脚的姿态不同其尺寸也有所变化，例如站立测量的脚围长为 245mm，静坐时只有 239mm，缩小 6mm，而在不负重悬空时测量则为 232mm，较站立围长缩小 13mm。脚后跟抬离地平面的高低也影响着蹠围、跗围尺寸的变化。根据测量，在 50mm 高度范围内，后跟每垫高 10mm 蹠围缩小 0.64mm，跗围缩小 0.95mm。

蹠围和跗围的另一个变化特点是能适合一定尺寸的缩紧，即可以穿着比脚蹠围、跗围尺寸小的鞋，并不感觉有什么不舒适，人脚蹠围感觉所允许缩紧的尺寸，叫蹠围感觉极限值，该数值由实验得出，男子为 6mm，女子为 2.08mm。

知道了脚长的这些变化规律之后，就可以列出鞋楦蹠趾围长与脚蹠趾围长的关系：

鞋楦蹠趾围长 = 脚蹠趾围长 - 感觉极限值 - 后跟高度系数值 ± 适当余量

根据这一关系即可设计楦蹠围尺寸，现举例如下：

男子皮鞋鞋楦：掌跟高25mm，中等脚蹠围247.39mm，余量为加2.21mm；

楦蹠围=247.39－6－（0.64×2.5）+2.21=242（mm）

女子皮鞋鞋楦：掌跟高19mm，中等脚蹠围225.71mm，余量为减0.42mm；

楦蹠围=225.71－2.08－（0.64×1.9）－0.42=222（mm）

这里“余量”是考虑到脚的动态尺寸变化和不同类型、品种鞋的需要，由于脚型感觉极限值包括袜子的厚度，工农鞋、高腰靴等要考虑到袜子厚度要增加，这一因素包括在所加余量中，例如男工农鞋楦（掌跟高4～6mm），其蹠围尺寸为245mm，除了掌跟高度不同因素以外，实际余量加了5.21mm；女高腰靴（掌跟高22mm）楦蹠围尺寸为225mm，余量加了2.58mm。余量大小是否合适，同整个楦蹠围一样，最后还是要通过试穿验证才能确定。

对于儿童脚蹠围尺寸的运用处理与成年人不同，因为成年人脚已定型，儿童脚尚在发育阶段，儿童脚蹠围尺寸随年龄增加而增长，根据脚型调查分析，儿童脚蹠围年增长量为6.4mm（男女儿童平均），如果像成年人鞋楦一样进行蹠围尺寸缩减，势必影响儿童脚的正常发育，为了保护儿童脚的健康，蹠围尺寸不仅不缩减反而加肥，年龄越小加肥的尺寸越大，例如，中童鞋楦蹠围195mm，大于脚蹠围尺寸4.32mm，小童鞋楦蹠围175mm，大于脚蹠围尺寸7.33mm。

除了上述因素外，鞋帮材料的硬度和厚度对确定鞋楦蹠围尺寸的影响也很大，采用硬的、厚的鞋面革就很难使鞋均匀的裹住脚，并且往往引起疼痛的感觉，对此蹠围尺寸要加大；相反，采用容易与脚型相符的薄的、伸展性大的材料做帮时，楦蹠围尺寸可以稍小一些。总之，鞋楦蹠围因鞋楦类型、品种和皮鞋的结构、鞋帮材料等不同，楦尺寸大于或等于脚蹠围尺寸。

跗围是脚的一个重要尺寸，楦跗围的大小，跗面的高低宽窄设计不合理会造成鞋穿着时“压脚面”、不跟脚、鞋子变形等情况。跗围尺寸合理的鞋子，不仅能绑住脚背，托住脚底心，使脚保持在正确的位置上，可以防止脚前后过大的移位，不使鞋变形走样不服脚，不妨碍脚血液循环，不让脚面皮肤磨破等。跗围部位由上下左右四个部位立体组成，主要有：底部、腰窝内侧、跗面、腰窝外侧，要求根据不同品种的特点合理安排好该部位的楦体，使设计的鞋楦生产的成鞋穿着服脚，行走运动后感到舒适，鞋变形不明显，因此设计者需要掌握必要的数据，同时需要丰富的实践经验。将数据和楦体造型有机结合，才能设计出符合穿着要求的楦跗围。

跗围在脚型规律上与蹠围有一定的关系，鞋楦设计就是采用这一规律，中等尺寸脚跗围比蹠围大1～2mm，鞋楦跗围也是如此，当确定鞋楦蹠围尺寸后，楦跗围比蹠围尺寸加1～2mm，对于高腰靴楦跗围尺寸要大于蹠围2～5mm，以便于穿脱鞋子。跗围尺寸合理的鞋子可以正确的绑住脚背，这样才能使脚后跟保持在正确的位置上，并且不妨碍血液的循环，皮肤的呼吸和鞋内的空气循环，否则将造成人脚早期疲劳，甚至脚背疼痛麻木的感觉。但是随着跟高的增加，跗围需要适当减小，例如230号（一型半）女浅口式鞋楦20mm跟高时，跗围为218.5mm，30mm跟高时，跗围为216.5mm，40mm跟高时，跗围为212mm，直至80mm跟高，跗围只有206mm，而蹠围80mm跟高时，还有217mm。证明鞋楦的跟高越高，跗围就越小（具体请看第七章中鞋楦数据表）。随着跟高跗围缩小的原因是由于跟越高，腰窝越凹，而跗围部位两侧肉体也需要比低跟的瘦一些，但跗背不能低，这是跗围小的主要原因，跗围缩小的目的是为了使增加了高度的鞋子控制脚在行走中不向前移位，是确保鞋穿着舒适的有效措施。

兜跟围长是设计高腰靴楦的重要尺寸之一，穿脱靴子的时候要通过这一部位，另外足胫前后活动范围较大，所以楦兜围尺寸都是大于脚兜围的尺寸。根据测量，兜围在下蹲时较站立的尺寸显著增加，例如站立时为321.95mm，下蹲时则为336.79mm，增加14.84mm，因此确定兜围尺寸时还必须考虑这一变化因素，如高腰靴楦兜围尺寸男子为350mm，比脚兜围大23.4mm，女子为324mm，比脚兜围大21.3mm。

确定鞋楦围长尺寸还必须注意使其适应脚长组尺寸的变化，因为对于一个鞋号和肥度号的鞋楦要求是适应同一脚长组和肥度组的尺寸，如250号中型（四型）鞋楦的蹠趾围长要适合蹠趾244.9～250.9mm的脚穿着，这样对于可以缩紧的蹠围和跗围问题不大，若兜围也采用同样的方法，则有一定数量脚型穿着兜围过紧，所以兜围是按中型脚兜围尺寸的上限来设计，鞋楦兜围较中型脚兜围尺寸增加量就较大些。

中号主要品种楦蹠围与脚跖围尺寸对照见表3-2。中号主要品种楦跗围与脚跗围尺寸对照见表3-3。

表3-2　　楦蹠围与脚蹠围尺寸对照表　　单位：mm

品　　种	男250（三型）	女230（二型）
	脚蹠围	楦蹠围
男结带式鞋	246.5	243
男舌式鞋	246.5	239.5
男高腰鞋	246.5	246.5
女结带式鞋	225.5	222
女浅口鞋	225.5	218.5
女高腰鞋	225.5	225.5
童　　鞋	180.5	187

表3-3　　楦跗围与脚跗围尺寸对照表　　单位：mm

品　　种	男250（三型）	女230（二型）
	脚跗围	楦跗围
男结带式鞋	246.5	247.1
男舌式鞋	246.5	241.5
男高腰鞋	246.5	251.6
女结带式鞋	225.5	224.1
女浅口鞋	225.5	215.5

续表

品　　种	男 250（三型）	女 230（二型）
	脚跗围	楦跗围
女高腰鞋	225.5	225.5
童　　鞋	182.31	191

第六节　脚的宽度与楦的宽度

一、楦宽度与脚宽度的关系

设计鞋楦必须了解脚的宽度与鞋楦的宽度之间的关系。

脚的宽度是随脚围长尺寸的变化而增减的，在鞋楦上为了便于设计也同样如此。决定鞋楦蹠趾部位、踵心部位的宽度尺寸，还要考虑鞋类型、用途、后跟高度等因素，重型鞋的宽度就要大于轻型鞋，带跟的鞋楦宽度就小于不带跟鞋楦的宽度，例如根据测量脚型后跟垫高 25mm 的蹠趾宽，比不垫高的减小 0.55mm，若穿上袜子测量比较则要减小 1.15mm。对于蹠趾部位和脚趾部位的宽度要求既不过窄又不要过宽，过窄将挤压脚趾疼痛难以穿着，蹠趾部位过宽又易产生蹠趾横弓下榻，造成横向扁平足。

脚印图上的脚型轮廓线，实际上是标志着人脚肉体宽度的轮廓范围，其中脚印则为脚底掌着地部分的轮廓范围，一般鞋楦的蹠趾和踵心宽度总是要小于脚型轮廓，大于脚印轮廓。为了确定合适的宽度尺寸，曾进行了脚印分析计算和穿着比较，并利用中等脚型组的重合脚型轮廓线来观察鞋楦底样宽度和轮廓设计是否正确。图 3-16 是男子中等脚长（248～252mm），中等蹠趾围长组（243.5～249.5mm）的 110 个脚型轮廓重合图，图 3-17 是将设计的中等底样（皮鞋鞋楦）置于脚型轮廓重合图上作比较，为了便于制板和观察，所以描绘出了脚型轮廓最大最小范围的曲线。图 3-18、图 3-19 为女子 30 个中等脚型轮廓重合图，其他同男子一样。

鞋楦底样宽度及蹠全宽度关系式列表 3-4：

表 3-4　　部分鞋楦底样宽度及蹠全宽度关系式　　单位：mm

品　　种	蹠趾围长	蹠趾全宽	蹠全宽关系式	踵心全宽
男皮鞋鞋楦	243	89.3	2.2×鞋号/10+2.2×肥度号+30.2	60.48
男高腰鞋楦	246	89.3		60.48
男布胶鞋楦	243	88		59.58
男运动鞋楦	243	89		58
女结带鞋楦	220	79.5	2.2×鞋号/10+2.2×肥度号+22.6	54.29
女舌式鞋楦	218.5	79		52.47

蹠全宽关系式是由鞋楦尺寸系列推导出的，由于第一蹠趾直宽等于趾全宽，所以第一蹠趾外段与第五蹠趾外段相等。蹠全宽关系式的利用举例如下：男皮鞋楦中号(250 号)、中型肥度（4 号）则蹠全宽 = （2.2×250/10） + （2.2×4） +30.2 =90(mm)；女皮鞋楦中号（230 号），中型肥度(4 号)则蹠全宽 = (2.2×230/10) + (2.2×4) +22.6 =82(mm)。

二、楦型基本宽度的确定

楦型基本宽度的确定是鞋楦设计的重要部分，它关系到成鞋穿着是否舒适，外形是否美观，是否节约原材料，鞋的变化等重要因素，在楦蹠围已固定的条件下，若基本宽度太宽，成鞋必然扁塌，脚在鞋内向里外前后移动，使鞋变形，穿着不舒适。人脚第一蹠趾到第五蹠趾关节骨骼多，肌肉少，压缩性差，基本宽度如果太窄，该部位承受人体重量和运动时的负荷较大，会造成夹脚，穿着会明显不舒适，使鞋变形和早期破损。

楦基本宽度的确定对不同品种、不同工艺要分别处理。例如男素头皮鞋，由于帮面柔软，皮革富有弹性，耐折耐磨，楦蹠围部位肉体可安排得比较饱满，肉体一般大于基本宽度。基本宽度可比布鞋等适当窄一些。一般 250 号（三型）皮鞋楦的为 89.3mm，布鞋为 90.6mm。因为人脚蹠趾关节部位比较圆滑饱满，当 250 号（三型）脚轮廓的基本宽度为 99.3mm，而脚印的基本宽度仅为 86.06mm，两者差达 13.24mm。对于鞋楦的基本宽度到底以脚型的哪一个宽度为准呢？通过反复试穿试验得知：前者，底太宽，浪费材料，不适实际穿着；后者，底太窄，不能穿着。因此，合理的鞋楦基本宽度只能是大于脚印宽，小于轮廓宽，同时要结合实际品种、款式和工艺要求。通过对脚型规律的研究，我国鞋号结合实际测量的总结所制定的基本宽度具有重要的参考价值。

脚基本宽度与鞋楦跗围尺寸对照见表 3-5。

表 3-5　　脚基本宽度与鞋楦基本宽度尺寸对照表　　单位：mm

品　种	男 250（三型）	女 230（二型）
	脚	楦
男结带式鞋	99.3	89.3
男舌式鞋	99.3	88
男高腰鞋	99.3	89.3
女结带式鞋	90.9	81.5
女浅口鞋	90.9	77.5
女高腰鞋	90.9	78.8
童鞋	72.81	67.2

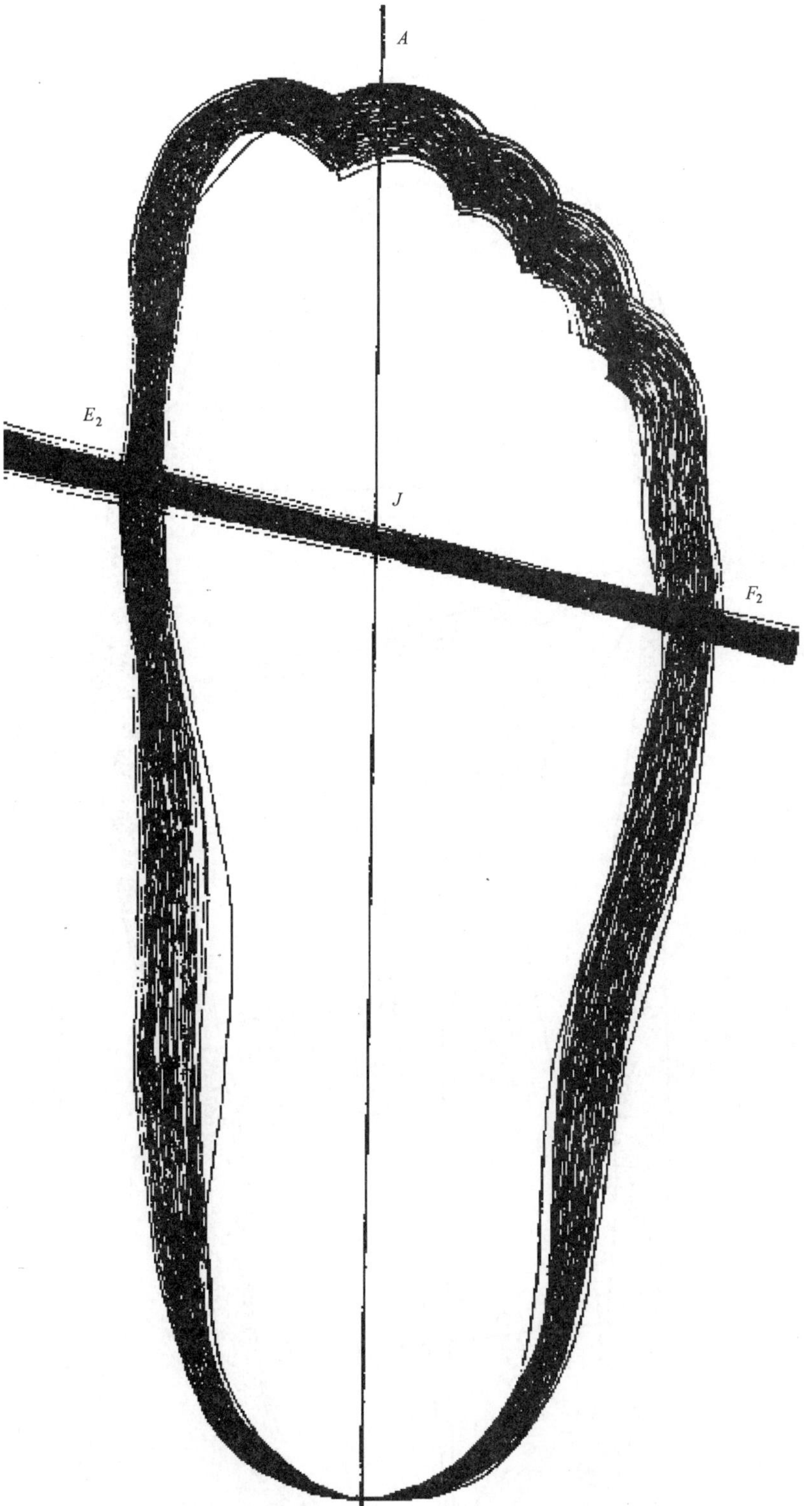

图 3-16　成年男子脚型轮廓重合图

脚长 248～252mm，跖围 243.5～249.5mm

（图 3-16～图 3-19 引自《中国鞋号及鞋楦设计》，轻工业出版社）

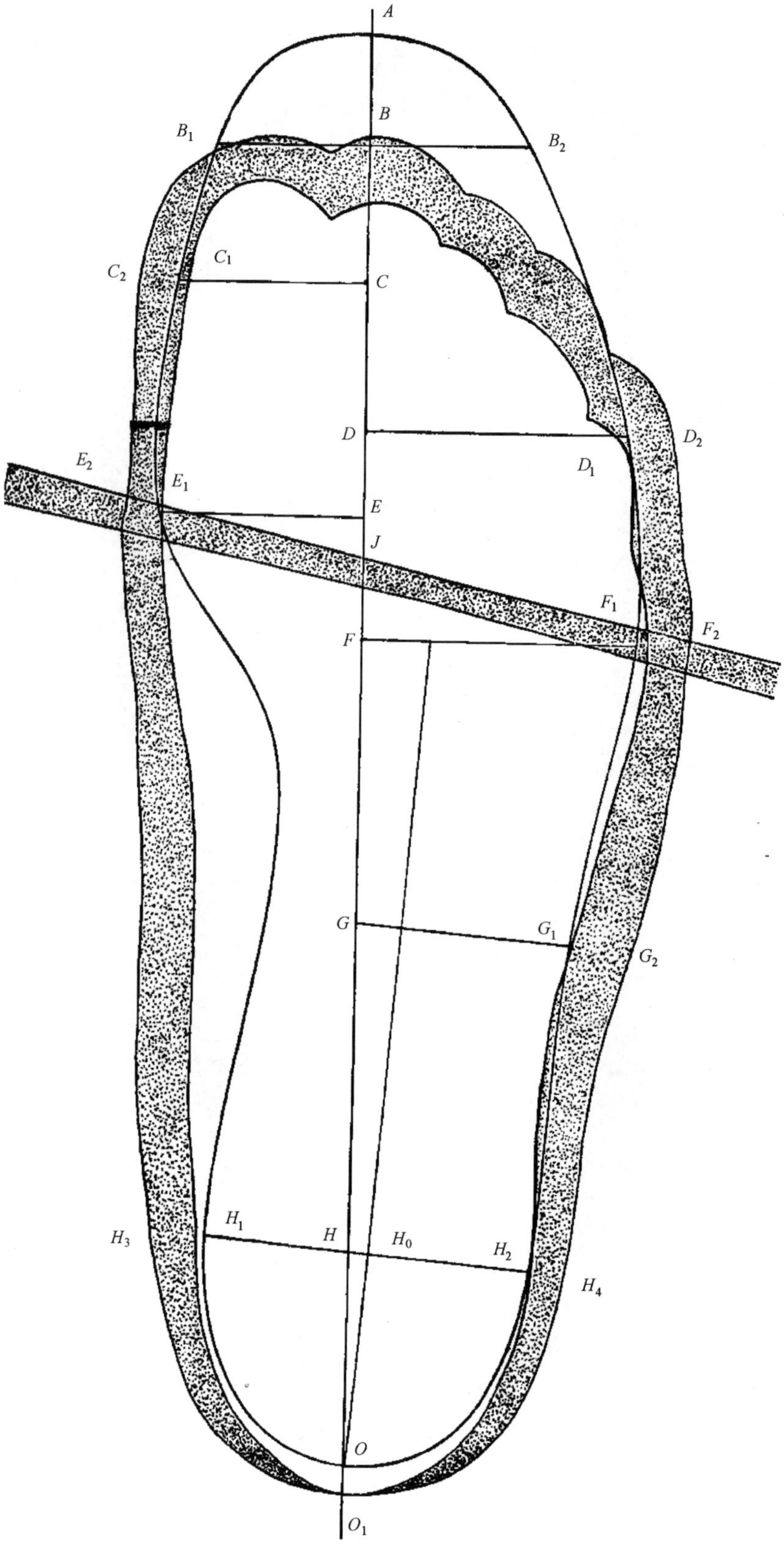

图 3-17　成年男子脚型轮廓重合图与皮鞋楦底样比较

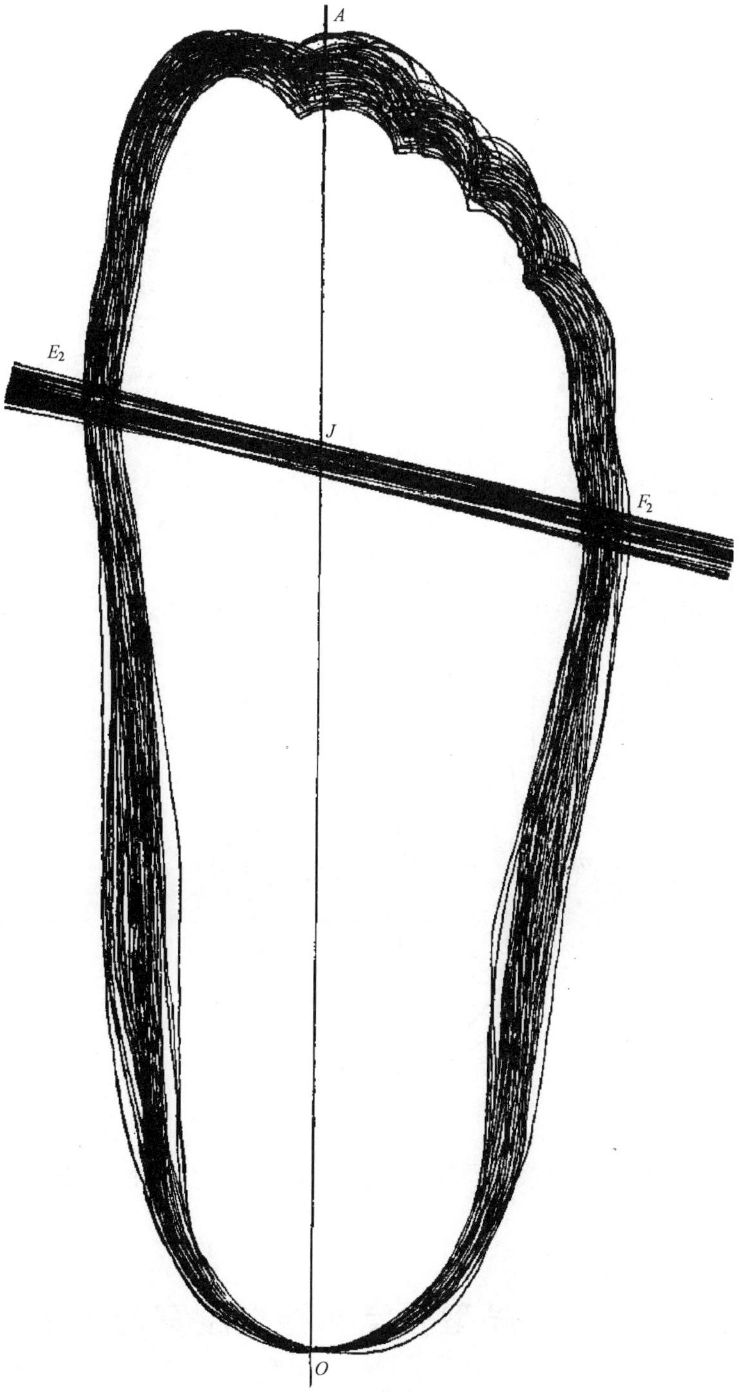

图 3-18　成年女子脚型轮廓重合图

脚长 228 ~ 232mm，蹠围 221.4 ~ 227.4mm

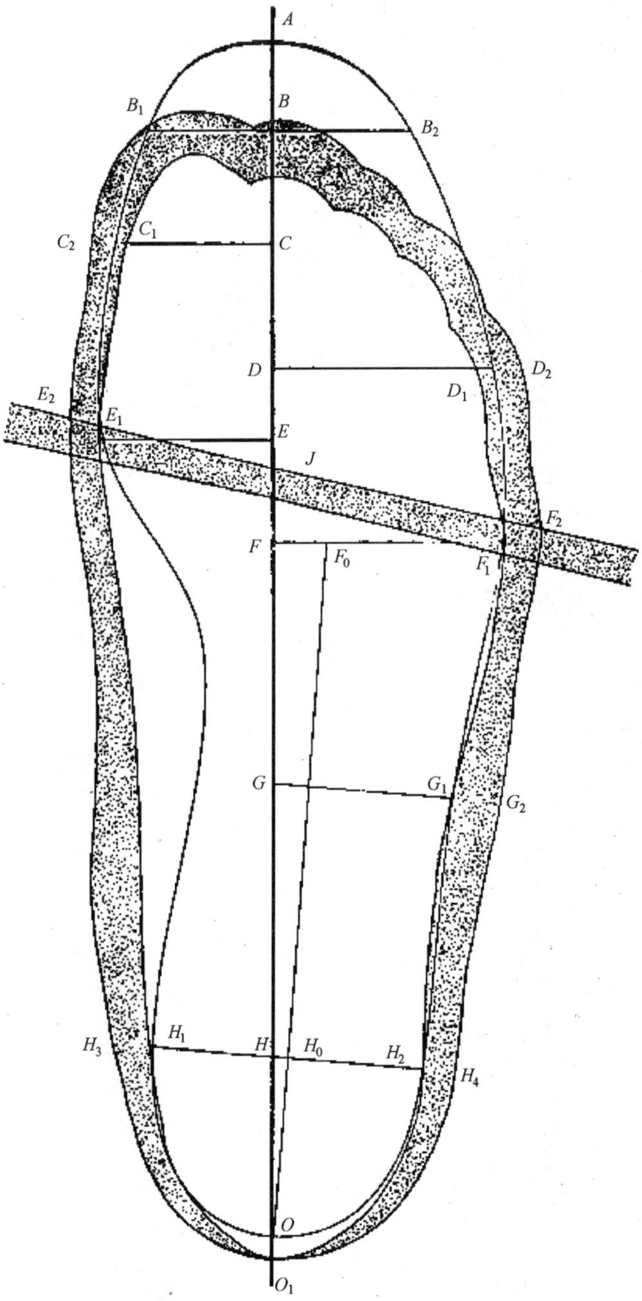

图 3-19　成年女子脚型轮廓重合图与结带楦底样比较

第七节　脚型腰窝和楦型腰窝的关系

皮鞋楦的腰窝楦体设计造型和尺寸十分重要，它控制脚在人行走运动时，前后、里外、上下移动。有效合适的腰窝楦体造型与尺寸，能使鞋服脚、不变形、跟脚，使鞋穿着舒适、鞋形美观。特别是高跟女鞋大头鞋楦的腰窝对控制脚的“前冲”起着最为关键性作用。不同跟高的腰窝尺寸肉体安排需分别处理。平跟的腰窝、结带式的腰窝可较宽些，跟越高腰窝宽应该越窄些，腰窝肉体安排向下些，里腰窝曲线可以设计得弯一些。鞋楦的腰窝就如人体的腰部，它对整个鞋的美观、穿着舒适起着两大主要作用。各种鞋楦的腰窝外宽，由于此部位脚的活动量较小，而且又多是肌肉，因此腰窝外宽也可以小一些，但需保留脚印，肉体应较圆滑，腰窝边距保留量12%。胶鞋腰窝边距保留约3.51%。我国鞋楦标准中有数据可作参考。总之，腰窝尺寸要用最小的有效尺寸达到最佳的舒适感，这是腰窝部位楦体设计的内涵。脚型腰窝和楦型腰窝外宽尺寸对照见表3-6。

表3-6　　脚型腰窝和楦型腰窝外宽尺寸对照表　　单位：mm

品　　种	男250（三型）	女230（二型）
	脚印＋边距＝脚外宽	鞋　　楦
男结带式鞋	39.25＋7.12＝46.37	40.1
男舌式鞋	39.25＋7.12＝46.37	39.48
女结带式鞋	35.93＋6.52＝42.45	35.97
女浅口（跟40）鞋	35.93＋6.52＝42.45	33.6
女高腰（跟40）鞋	35.93＋6.52＝42.45	34.2
童　　鞋	28.69＋5.73＝34.42	30.2

第八节　脚跖心宽和楦跖心宽的关系

脚跖心部位负荷着人体的主要重量，该部位肉体十分圆滑饱满。例如，250号（三型）楦的跖心全宽为67.23mm，而跖心脚印宽为50.41mm。虽然楦型跖心全宽小些，但对节约底部用料有较大意义。但在站立时，跖心部位两侧肌肉要向外膨胀，加上各种鞋的工艺上的要求不同，不允许楦型跖心部位两侧肉体与脚型一样，该部位应保留较多的边距，以保证楦跖心两侧有一定容量。各种鞋除跖心脚印保留外，跖心里边距和跖心外边距的保留量皮鞋、胶鞋和塑料鞋为54%和66%，布鞋为58%和71%。例如250号（三型）脚跖心全宽67.23mm，鞋楦跖心全宽60.5mm。脚跖心宽和鞋楦跖心宽尺寸对照见表3-7。

表3-7　　脚跖心宽和鞋楦跖心宽尺寸对照表　　单位：mm

品　　种	脚印＋边距＋里边距＝脚跖心全宽	鞋楦尺寸
男结带式鞋	50.41＋7.58＋9.24＝67.23	60.5
男舌式鞋	50.41＋7.58＋9.24＝67.23	59.28
女结带式鞋	46.15＋8.45＋6.94＝61.54	54.27
女浅口（跟40）鞋	46.15＋8.45＋6.94＝61.54	51.6
女高腰（跟40）鞋	46.15＋8.45＋6.94＝61.54	52.5
童　　鞋	38.42＋6.44＋5.21＝50.17	45.5

第九节　脚拇趾里宽及小趾外宽与楦拇趾里宽及小趾外宽的关系

如果鞋楦拇趾及小趾部位太窄，会挤疼和磨伤脚趾，造成鞋帮磨破；太宽影响美观，浪费原材料。人在行走运动时，脚拇趾向外有较大的活动量，可以适当地压缩。脚小趾在行走运动时活动量最大，为了穿着舒适，鞋帮也不至于早期破损，在鞋楦设计时拇趾脚印宽保留外，拇趾边距的保留量只需很小，也可不保留。但小趾脚印保留后，小趾边距的保留量要大些，皮鞋楦保留约13.48%。该数据可以参考中国鞋号及鞋楦国家标准数据，同时结合实际，根据品种、原材料、工艺着重考虑穿着感觉后确定该部位的宽度。

脚拇趾里宽及小趾外宽与鞋楦对应部位宽度尺寸对照见表3-8。

表3-8　　脚拇趾里宽及小趾外宽与鞋楦对应部位宽度尺寸对照表　　单位：mm

品　种	拇趾里宽		小趾外宽	
	脚印+边距=脚拇趾里宽	鞋楦拇趾里宽	脚印+边距=脚小趾外宽	鞋楦小趾外宽
男结带式鞋	34.10+4.63=38.73	34.1	49.43+4.29=53.72	50
男舌式鞋	34.10+4.63=38.73	33.6	49.43+4.29=53.72	49.33
女结带式鞋	31.21+4.24=35.45	31.1	45.25+3.93=49.18	45.63
女浅口（跟40）鞋	31.21+4.24=35.45	28.5	45.25+3.93=49.18	44.4
女高腰（跟40）鞋	31.21+4.24=35.45	29	45.25+3.93=49.18	45.2
童　鞋	27.76+2.95=30.71	27.1	39.70+2.98=42.68	39.8

第十节　脚的前跷、后跷高与鞋楦前跷、后跷高

在鞋楦设计前知道脚的前跷与鞋楦前跷及后跷高之间的关系是十分重要的。人脚在不负重悬空自由状态下，由蹠趾部位向前至脚趾自然向上弯曲，与脚底平面成一定的角度，就是脚的自然跷度，根据观测该跷度约为15°，脚的前跷可用两种方式表示：第一是角度；第二是脚的前端点距地面的高度。

鞋楦的前跷是依据脚的自然跷度，并按照皮鞋式样、结构等要求而设计成一定角度，也就是鞋楦前头跷起的高度。虽然鞋底长度大于脚长，由于有了前跷高度，穿着走路时仍很轻快。鞋子前头跷度越高，则鞋子蹠趾关节部位在走路时弯曲变化越小，减轻人脚弯曲鞋子的力量，并且可降低鞋外底前头磨损速度，起到保护缝绱线的作用，同时可减轻鞋帮弯曲部位的褶子，前跷如果过低就要产生鞋前头早期磨损，帮面打褶磨脚等缺点，但是前跷也要适宜，前跷过高则从上述的优点转化为缺点，即为了增高前跷必然使前掌部位凸起过多，前掌凸度太大，在穿着时不舒适，甚至引起足横弓下榻，并且由于脚掌下压而使两侧腰窝鞋帮堆褶。

前跷高度随后跷高度（掌跟高度）的增加而减小，对于不同品种、结构的鞋来说，重型鞋比轻型鞋楦前跷大，因为重型鞋底大多又厚又硬，增加前跷高度可以减轻

走路时人脚弯曲鞋子所用的力量。一般鞋楦的前跷均小于后跷，只有低跟鞋楦或平跟鞋楦的前跷等于或大于后跷，因为这一类型的鞋其基本余量较小，结构较轻软，即使没有掌跟也要保持前头跷起的高度，这样才符合脚的自然姿态，便于走路。

为了确定适宜的前跷高度，对不同前跷的鞋楦的鞋子进行穿着比较，结果是成年人一般鞋楦前跷高度以 15mm 左右为宜，前跷高度大于 18mm 时脚趾感觉向上扳起，不舒适，外观式样也不大方；低于 15mm 的前跷，鞋中帮褶子大而集中，鞋前头磨损也较快，帮面易起褶。

后跷即脚后跟垫起的高度，也就是鞋掌跟的高度，它的作用是人走路时必须把脚后跟抬起才能迈步，一般抬起的高度为 50mm，如果穿着掌跟高度（后跷）为 25mm 的鞋，人体重心发生变化，可减少人体向前移动所必须提起的脚后跟高度，即减少一半，也就是在走路时节省了将近一半的力量。掌跟对鞋子具有不同的功能，它保护着外底后掌部和绱合处免受磨损和破坏，减少外底与地面的接触面积，从而改进了鞋子的导热性能；掌跟防止水分从腰窝和后掌部吸入鞋内；它能使人体重量比较正确的分布于脚的各个部位，提高足弓的弹性，因而使人们走路、劳动比较轻快，除此之外，掌跟使鞋子具有最后固定的形状，对鞋子的外观也有影响。因此，各类鞋楦均应有适宜的后跷（掌跟高度）。

根据医学科学工作者的研究和我们验证的结果，掌跟高度超过 40mm 是不合理的，因为高掌跟使人体的重心大大地向前移了，降低了人体的稳定性，小腿和脚背的肌腱同时被拉伸，而脚趾则处于弯曲状态，另外也增加了脊椎的弯曲，据此理由，为了保护人脚健康和生理功能，鞋楦后跟高度在 30mm 左右穿着感到最舒适。鞋楦底部设计得符合脚后跟增高的要求，同样也可以使高跟鞋穿着舒适。

要说明的是后跷高不等于是后跟高。后跷高是指鞋楦后底部端点至地面的高度。后跟高是指鞋跟的高度。因为鞋楦在鞋的内室和后跟之间还有皮革、中底、半托底的厚度，不同工艺也不一样。例如，跷掌、压掌、全掌的制作工艺对鞋后跟高和后跷高多产生高度的变化，同时对前跷也产生不同的影响。在决定鞋的总体设计时都要注意这些技术问题。

几种鞋楦的前跷，后跷尺寸见表 3-9。

表 3-9　　几种鞋楦的前跷、后跷尺寸　　单位：mm

跷度 / 品种	前跷高度	后跷高度
男圆头鞋楦	15	25
男超长鞋楦	16	25
男高腰靴楦	16	25
男胶鞋鞋楦	15	5
男运动鞋楦	15	10 ~ 15
女结带式鞋楦	13	20
女舌式鞋楦	13	20
女高腰靴楦	10	50

续表

跷 度 品 种	前跷高度	后跷高度
女胶鞋鞋楦	15	5
女运动鞋楦	13	10～15
大童鞋楦	15	20
中童鞋楦	13	20
小童鞋楦	11	15

根据市场的需要和考虑鞋外观美观，前跷可以比标准降低3mm左右，但不能过小。现将经过10多年的实际应用和现在多数鞋厂接受的前跷高度和后跷高尺寸列表如下，见表3-10。

表3-10　　鞋厂惯用的前跷、后跷高尺寸　　单位：mm

	后 跷 高	楦 前 跷 高	成鞋前跷高（约）
男　鞋	25	15	12
	30	14	11
	35	13	10
	40	12	9
	45	11	8
女　鞋	20	13	10
	30	12	9
	40	11	8
	50	10	7
	60	9	6
	70	8	5
	80	7	4

第十一节　脚兜跟围与楦兜跟围和前掌凸度与踵心凸度的关系

一、脚兜跟围与楦跟兜围

兜跟围的尺寸对于高腰靴楦的设计具有十分重要的意义。高腰靴棉鞋楦的兜跟围需大于脚的兜跟围。但太大，穿脱虽方便，行走运动时会不跟脚；过小虽跟脚，但穿脱困难，压脚弯。因此各种高腰鞋楦的兜跟围要恰当处理。根据多年的实际经验，一般皮鞋类高腰靴楦兜跟围比脚兜跟围大40mm为宜；一般皮鞋类男、女棉鞋楦比脚兜跟围大35mm为宜，胶鞋中的轻便靴、工矿靴的楦兜跟围应比脚兜跟围大45～50mm，但设计时要根据品种要求具体分别对待。例如，高腰皮鞋有结带式、拉链式、一脚蹬的不同款式，要分别对待，结合实际进行合理安排楦的兜跟尺寸及该部位的楦体造型。

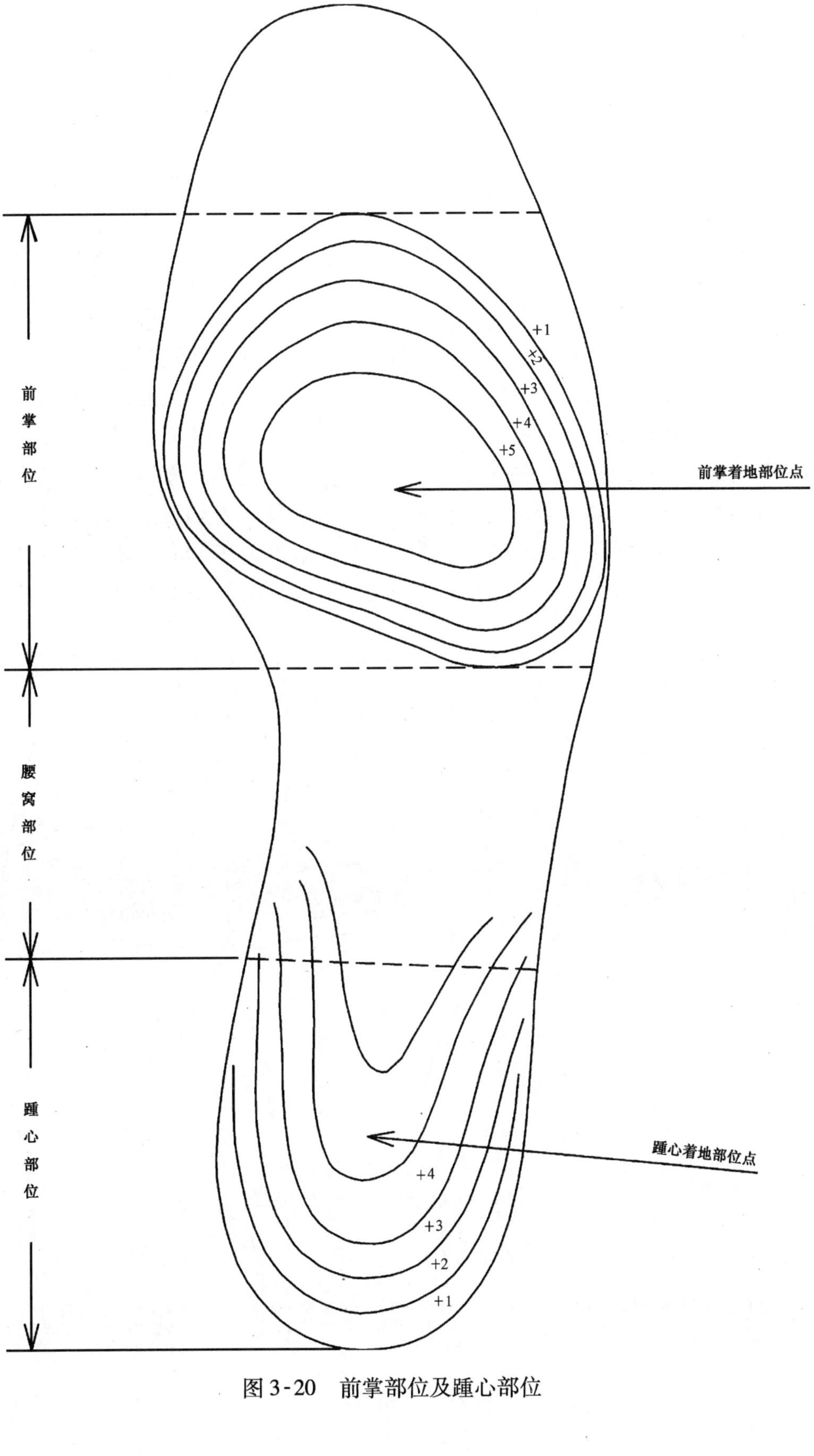

图 3-20　前掌部位及踵心部位

二、前掌凸度与踵心凸度

前掌和踵心是人脚的主要部位，它要受人体重量和劳动时所增加的负荷。因此，鞋底上这两个相应部位的凹度大小和凹度的形状与脚型的凸度大小和凸度的形状是否适应，将直接影响脚的健康、鞋的穿着舒适性和使用寿命。对前掌凸度的大小，制鞋行业中有不同的意见。有的认为凸度要饱满些，可以藏脚，鞋楦上面看起来瘦些，鞋美观；而也有人认为，参考意大利的鞋楦，前掌凸度较小，能使前掌着地平稳，对穿鞋行走运动时起稳定作用，使鞋不向两面晃动，人脚第一蹠趾至第五蹠趾保持自然弓形，脚在运动行进中可减少疲劳感觉。通过总结研究，认为成人各种鞋楦的前掌凸度一般控制在4～6mm之间。高细跟女鞋的前掌凸度约4mm，平跟鞋约5mm，一般男鞋的前掌凸度，中跟4～5mm，平跟约6mm为合适。在设计皮鞋的底部要考虑有三个着地点：前掌两个着地点，踵心部位一个着地点，只有三个点才能使鞋子着地稳定，因此前掌着地部位着地面积要大些（见图3-20）。如前掌过凸，着地面小，就会使鞋不稳定，行走时会左右摇晃，会扭伤脚和穿着不舒服，使人感到疲劳（见图3-21）。前掌着地部位形状呈三角形。踵心凸度女鞋中间号一般控制在3mm左右，男鞋中间号一般控制在4mm左右为宜，踵心部位形状为半圆形。（见图3-22）

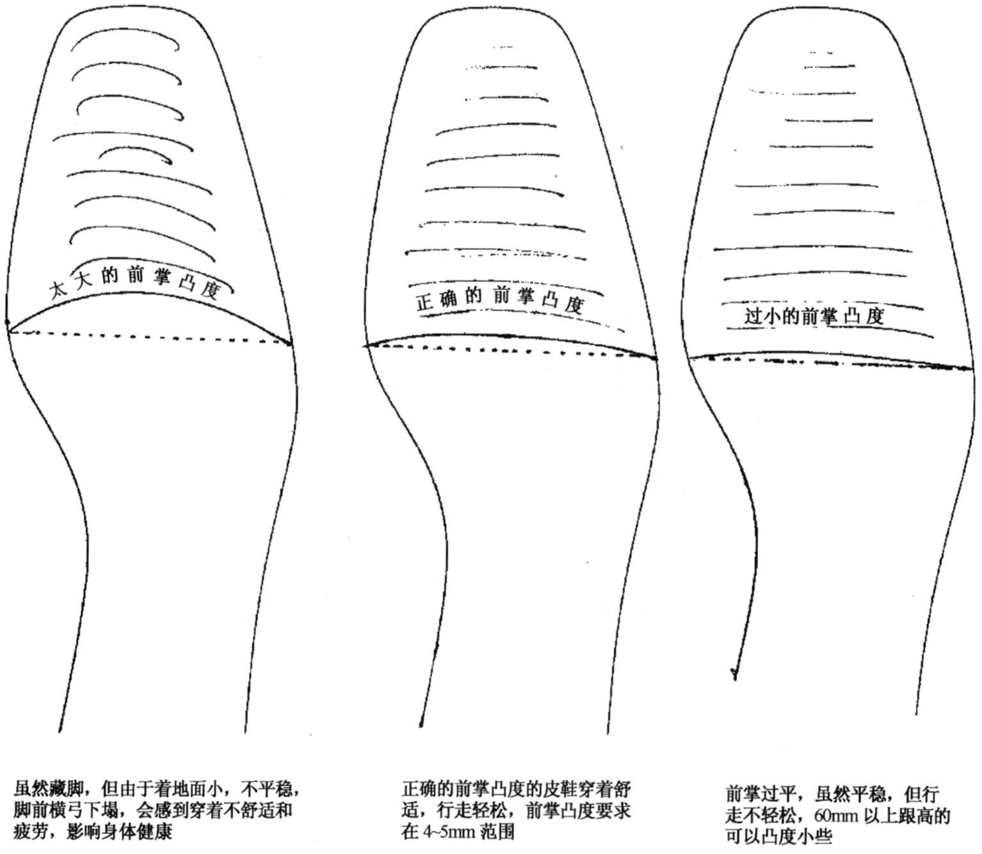

图3-21　前掌凸度

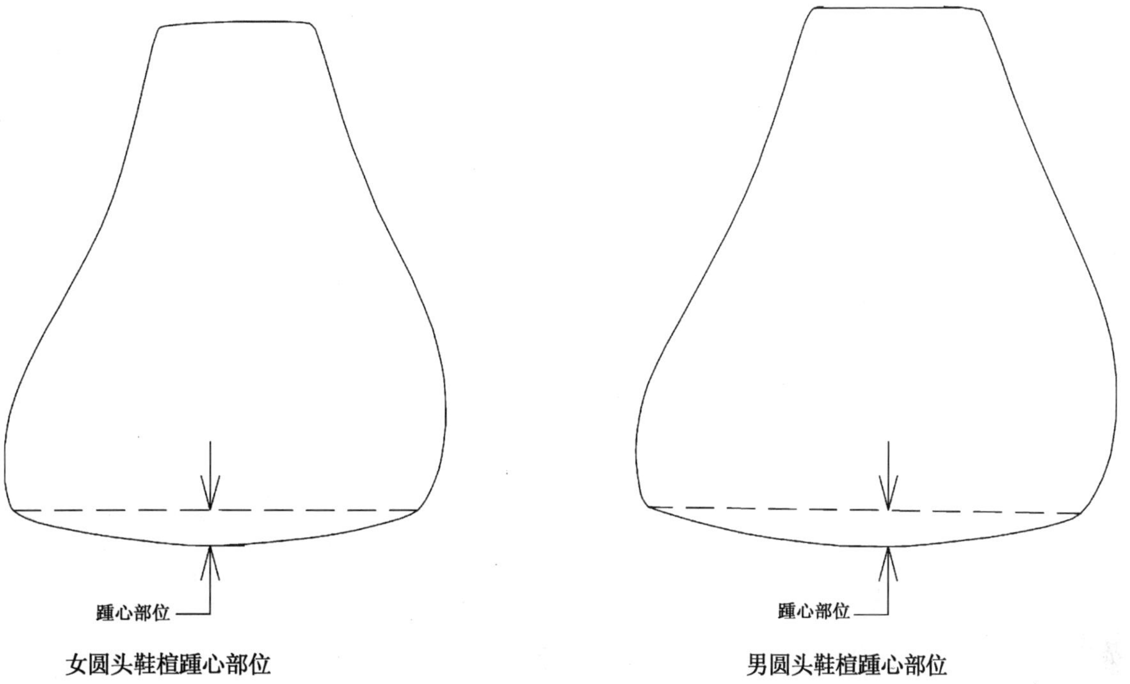

图 3-22 踵心部位横断面

第十二节 脚底心凹度与楦底心凹度的关系

脚底心凹度部位的构造是弓状结构，称为足弓，因此，脚底心呈凹状。当脚站立在平面上时，脚腰部位外侧触地，里侧架空。从脚底掌面压力的分布分析，脚腰底部位虽然触地，但压力比较小，而在第一蹠趾和第五蹠趾部位以及踵心部位压力比较大。当脚站立在柔软的支持物体上时，作用于脚底的压力明显地分散了。除了脚印边缘外，整个脚掌面受到大体相等的压力。这是由于软的支持物，其获得了与脚底面相同的凹凸形状，从而使负荷均匀地分散了。由此可见，合理的鞋楦底面不应该是平的，而应该是与脚底面相符的凹凸形，一双外表优质美观的鞋如果穿着不舒适，它就是一双设计不成功的鞋。鞋要穿着舒适，不感觉疲劳，在鞋楦底面的造型设计要符合脚型规律，使脚在运动状态下，脚掌面、第一蹠趾和第五蹠趾部位、腰窝底部位、踵心部位、整个底部压力要均匀地分布。如果集中在一个部位或压力没有合理分散，那就会感觉不舒适，产生疲劳感觉。

鞋楦底心凹度的设计是否合理十分重要（见图 3-23），它托住脚心，使脚的腰窝也承担一部分负荷，减轻蹠趾部位和踵心部位的负担，使穿着舒适，脚不易疲劳。若楦底心凹度太小，使足弓下塌，减少脚在运动过程中的弹性，足弓内肌肉拉伤，使血管和神经受到损伤，同时使鞋变形，后帮裂口。若楦底心凹度太大，使脚腰窝感到难受，顶伤脚底心肌肉，使鞋前帮口门、跗面压力增加，产生变形，前帮口门裂口。通过研究和多年的实践总结，一般皮鞋底心凹度数据见表 3-11。

鞋楦底心凹度测量方法：

用直尺垂直放在前掌凸度和踵心凸度点上，再观测腰窝部位点距直尺间的距离，即得底心凹度值。见图 3-23。

表 3-11　　常用皮鞋底心凹度数据表　　单位：mm

	后跷高	底心凹度
男鞋	25	6
	30	6.5
	35	7
	40	7.5
	45	8
	50	8.5
女鞋	20	5
	30	5.5
	40	6
	50	6.5
	60	7
	70	7.5
	80	8

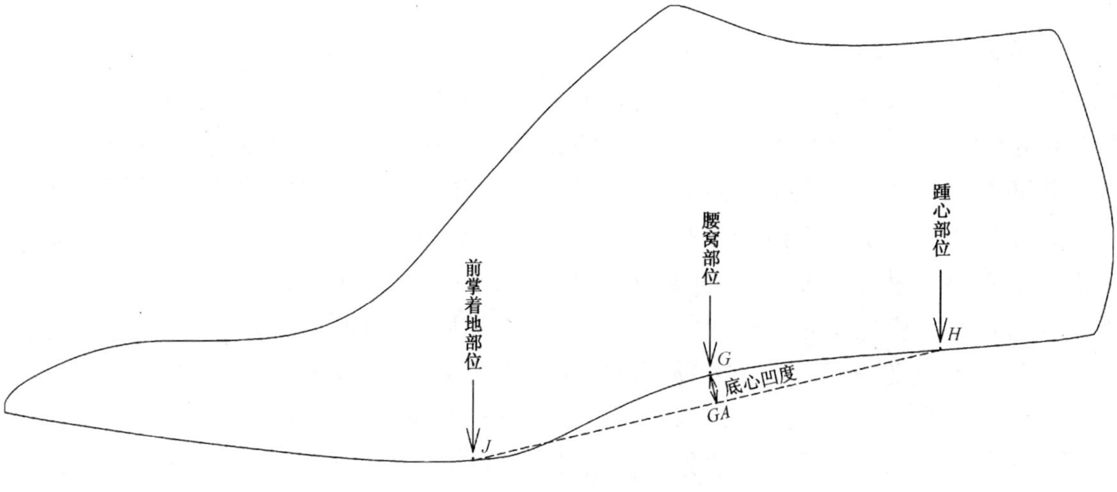

图 3-23　男鞋楦底心凹度

底心凹度图示说明：鞋楦底心凹度部位点就是鞋楦腰窝部位 *G* 点，从 *G* 点向下至 *GA* 点这段距离为底心凹度。从 *H* 点至 *J* 点这条直线虚线是测量底心凹度的基准线，随着后跷高度的变化，底心凹度也有着变化，底心凹度变化举例如下：

男中圆头型 250 号（二型半）后跷高 25mm　底心凹度 6mm　等差 0.09mm
后跷高 30mm　底心凹度 6.5mm　等差 0.09mm
后跷高 35mm　底心凹度 7mm　等差 0.10mm
后跷高 40mm　底心凹度 7.5mm　等差 0.11mm

第十三节　鞋楦超长度

原来国家标准规定，在同号型楦底样各部位点及宽度尺寸的基础上，加在鞋楦前端（脚趾端点部位）向前放出正常放余量再增加的长度，称“超长度”。超长度的规定主要是考虑到有的品种式样造型需要而确定的，超长度的目的第一是为了使鞋楦造型美观，使鞋楦头型、造型有变化，第二是为了在前者的基础上，不影响穿着舒适，所以要加长鞋楦头部长度。超长度和脚穿鞋的型号、肥瘦关系不大，和楦底样长发生直接关系，鞋楦设计者为了适应潮流变化，需要不断变换鞋楦的头型、式样。头型大，放余量可以短一点，头型尖、小，就必须加长，才能不影响穿着舒适。所以超长只是在鞋楦底样的脚趾端点部位以前放余量的加大，这样才能确保脚穿着同样舒适，而且外形美观。超长度以前规定男鞋5mm、女鞋3mm，现代鞋楦设计根据品种和款式要求，可以超长度10～30mm，当然，过大的超长会影响行走，例如走楼梯，太长了就会影响正常行走，对生活带来不便。见图3-24，*B*点至*C*点之间的距离尺寸为超长度。

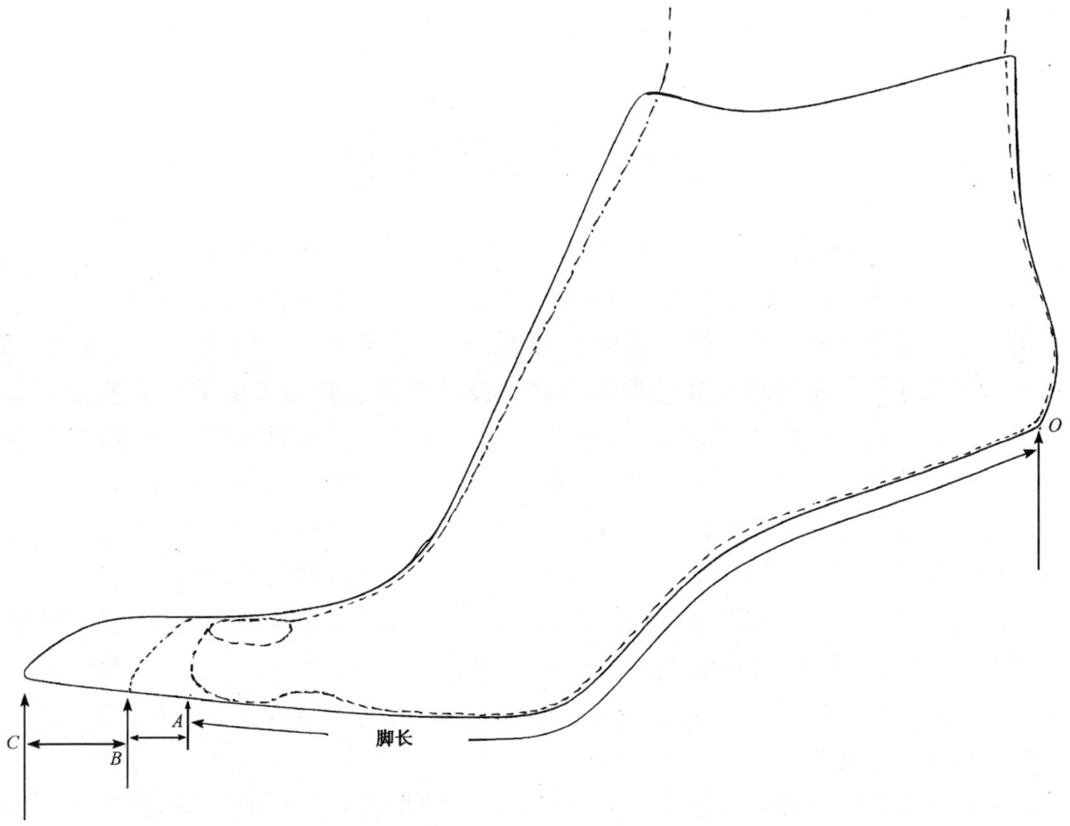

图3-24　鞋楦的超长度

A～*O*—脚长　*A*～*B*—放余量　*B*～*C*—超长度

第四章

鞋楦底样及楦体造型设计

本章主要论述楦底样设计及楦体造型设计，这是本书中最重要的内容。本章从鞋楦设计构思开始，对楦底样设计、鞋楦设计检测曲线卡板设计、楦体造型设计、鞋楦配跟设计、鞋楦配底设计、按鞋配楦设计、鞋楦设计工具等内容进行了全面论述。

第一节　鞋楦设计构思

鞋楦设计是一种独特的造型设计工作，所有设计工作的展开首先离不开构思，也就是制定设计思路，设想好设计什么品种、什么款式，满足什么层面的用户，适应什么市场需求，做什么样款式的鞋，配什么底型，配什么鞋跟，采用什么工艺制鞋，采用什么型号尺寸等技术要求及其他要求，这是设计鞋楦前必须了解清楚的基础工作。根据以上要求，对楦体的造型进行整体构思设计。鞋楦设计构思是以设计者在掌握鞋楦设计基础理论知识、了解脚型规律和脚的运动规律，以及掌握脚、鞋楦和鞋三者之间相关知识为前提，用科学的设计理念和审美的眼光，对鞋楦这个三维几何体的空间立体掌控在相关数据尺寸的基础上，有的放矢地进行楦体造型设计制作。它包括对楦底样板的设计构思，对鞋楦设计检测曲线卡板的设计构思，对该楦体的造型的设计构思，对配什么样底型的设想构思，对配什么跟型才能符合该楦整体效果的设计构思，结合制作工艺及技术要求的设计构思，针对用户提出的要求的构思，以及针对采用什么型号、长度、宽度等。

例如客户提出要求设计两种浅口式鞋楦，第一种是适应时尚流行潮流的浅口式女鞋楦，第二种是适应高级白领阶层的经典浅口式女鞋楦。设计者进行设计构思：第一种浅口女鞋楦的围度就要根据销售市场的实际情况，选择中间号尺寸去适应该市场的要求，楦底样长设计要根据国际流行的超长度，如 2002 ~ 2003 年超长式楦意大利 36 号楦底样长达 280 ~ 300mm，2004 年开始超长度相应的缩短了，流行时尚款式的楦底样长在 265 ~ 275mm；第二种经典类的女鞋相对长度就要再缩短些，一般在 258 ~ 268mm，如果设计流行款式在构思时不考虑流行趋向，就会不适应市场需求。经典类要考虑高雅、精致、舒适、美观；时尚类要迎合潮流，符合流行趋势。结合新底型，新跟型，选用流行新材料，经典女鞋就要选用高档的皮革，例如小牛皮、胎牛皮等，这就需要用不同的构思去指导设计思路。

再如设计运动鞋楦，设计者就要了解该运动鞋楦的用途，如果是生产田径鞋，就要根据田径运动的要求和在该运动状态下的运动规律和脚型规律等来设计田径运动鞋楦；如果是滑雪鞋，就要根据滑雪运动规律去设计滑雪鞋楦，这就需要掌握专业知识和相关技术要求进行设计构思，没有构思就是在盲目设计，就不可能设计出好的鞋楦，因此在构思中有基础知识和技术经验是十分重要的。

设计女凉鞋楦底样时，在构思中就要考虑做什么款式的女凉鞋楦，因为同样 230 号一型半的女凉鞋楦底宽是不一样的，是全空凉鞋，还是后空凉鞋，是头空后满帮，还是腰空女凉鞋，它的底样、宽度、长度，根据款式，要符合实际穿着就会有一定的变化。如全空凉鞋的底样宽度 230 号一型半为 76. 3mm（基本宽度），就要比头空后满帮的宽度约大半个型号的等差宽度，230 号一型半为 74. 3mm（基本宽度）。如设计超长度鞋和全空女凉鞋楦，在构思中就要考虑：它们的前跷就要比一般女单鞋楦的前跷大，因为超长度增长了，前跷就必须随着超长而增加前跷高度。如全空女凉鞋，由于鞋前后没有帮面，对中底的控制帮面不起作用，后身虽然有半托底和钢勾心与中底结合加固定型，一般不会变形，但前跷脱楦后会下降 2 ~ 3mm，所以在设计前的构思中要考虑增加前跷，确保成品鞋有一定的前跷。

设计有仿水台鞋底厚度较厚的鞋楦时，设计师就要考虑构思厚底鞋的前跷必须大于一般鞋的前跷，因为厚底鞋曲挠性能差，如果前跷小，走路就会使脚后身脱离鞋后身底部，造成脚背帮面紧压脚背面，使脚不舒服，行走困难，直接影响起步落步，所以要确保有 15°左右的前跷跷度，这些很关键的问题，在设计构思中要预先考虑到。

设计鞋楦时要考虑配什么跟，采用什么工艺制作鞋，鞋楦设计就要根据跟型和工艺要求进行设计，如压掌工艺、插掌工艺、卷掌工艺等，在设计鞋楦踵心部位前与鞋跟掌面前面结合部位就要根据工艺要求结合鞋跟设计鞋楦，见图 4-1 所示。

配成型底设计鞋楦时，在设计构思中就要考虑到成型底的材料，如 PVC、EVA、PU 及橡胶底等，在制鞋过程中受到烘箱温度后，热胀冷缩率是不一样的，在按底配楦时就要计算好鞋的收缩率，决定鞋楦的楦底样长度。PVC 延伸大，楦底样长比大底短 2 ~ 3mm 就可以了，EVA 和 PU 大底就要比底短 3 ~ 4mm，特别是像大底周围有高边沿条墙的运动鞋、休闲鞋等底型，鞋楦底样长就要比大底短 5 ~ 7mm。

总之，设计构思要考虑到实际情况，根据实际要求，科学合理地考虑构思设计方案，要认真细致，理论联系实际，充分利用自己所学的理论知识，结合自己和他人的实践经验，做好设计前的构思，才能使整个设计工作顺利展开。

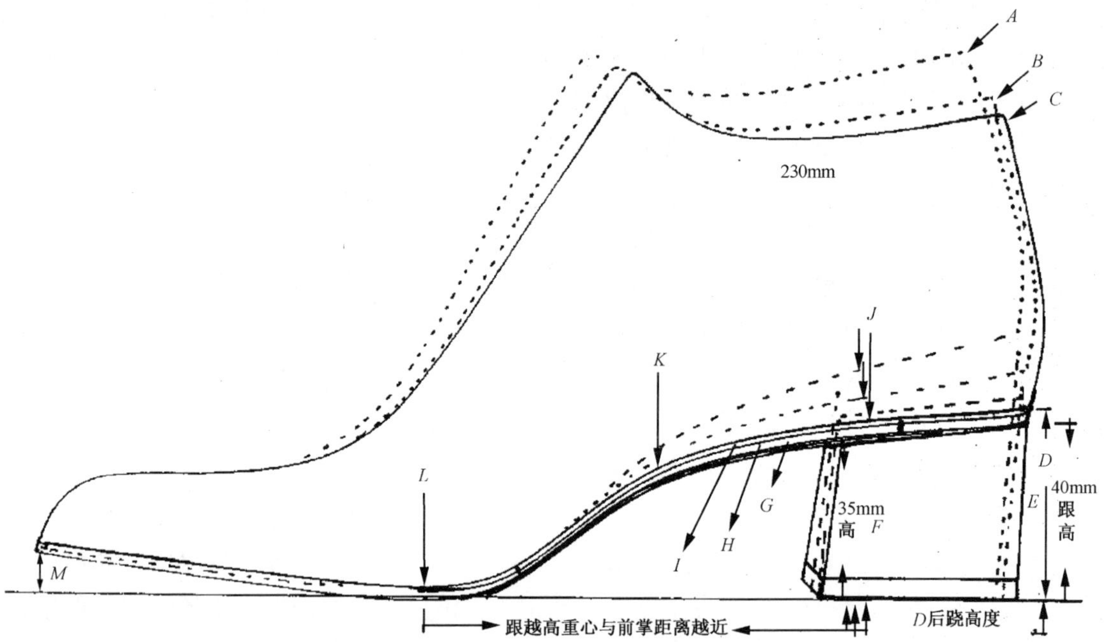

图 4-1　根据工艺要求结合鞋跟设计鞋楦

A—60mm 鞋跟高　B—50mm 鞋跟高　C—40mm 鞋跟高　D—后跷高度　E—鞋跟后身高度　F—鞋跟前身高度
G—钢钩心部位　H—内底部位　I—半内底部位　J—踵心部位　K—腰窝部位
L—前掌着地部位　M—前跷高度

第二节　楦底样设计

一、楦底样设计方法

楦底样设计是鞋楦设计中的基础工作，楦底样设计以健康标准脚的脚印图和脚型尺寸规律为依据。

（一）正常脚型图的分析步骤

1. 划分踵线 OR

划分踵线时，先用尺平分后跟脚印。分踵线的后端在后跟脚印与里轮廓线的一半处，将此处定为 O 点。其前端通过第三脚趾印、靠近第四脚趾印的里边缘处，定为 R 点。直线连接 OR，即为分踵线。见图 4-2。

2. 划轴线 AO_2 及确定脚长 BO_1

轴线前端经过第二趾的趾跟中点，即第二趾里、外边缘标志线的中点，后端经过 O 点。上述两点向前后延伸，前端为 A 点，后端为 O_2 点，AO_2 即为轴线。在脚印的前端，以脚趾部位最前端轮廓线中心为准，作轴线的垂线，与轴线相交于 B 点。若拇指长，则以其为佳，若二趾长，则取其在轴线上的最突点为 B 点。在后端，轴线与里轮廓线的交点定为 O_1 点，BO_1 即为脚长。

3. 划拇指外突点里宽线 CC_1

通过拇指印外突点作 AO_2 的垂线，但初学者对拇指外突点有可能标划的不准确。

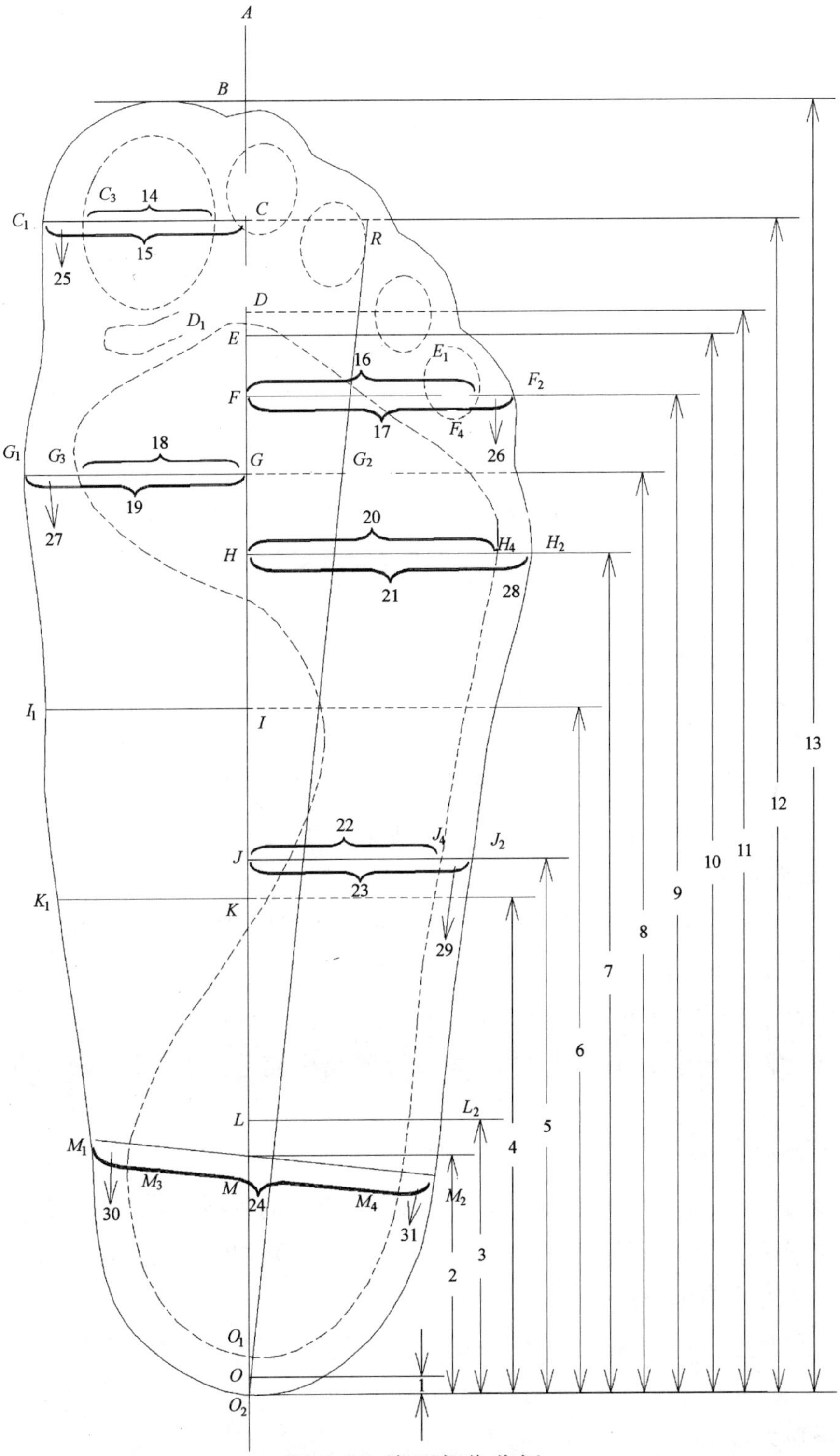

图 4-2　脚型部位分析

1—后跟边距的½　2—踵心部位　3—外踝部位　4—舟上弯点部位　5—腰窝部位　6—前跗骨突点部位
7—第五蹠趾关节部位　8—第一蹠趾关节部位　9—小趾外突点部位　10—小趾端点部位　11—第一、二趾叉点部位
12—拇指外突点部位　13—脚长　14—拇指脚印宽　15—拇指轮廓宽　16—小趾脚印宽　17—小趾轮廓宽
18—第一蹠趾脚印宽　19—第一蹠趾轮廓宽　20—第五蹠趾脚印宽　21—第五蹠趾轮廓宽
22—腰窝脚印宽　23—腰窝轮廓宽　24—踵心全宽　25—拇趾边距　26—小趾边距
27—第一蹠趾边距　28—第五蹠趾边距　29—腰窝边距
30—踵心里边距　31—踵心外边距

也可以采用下述方法：以拇指脚印外突点定为 C_3，过 C_3 作 AO_2 的垂线，与 AO_2 相交于 C 点，并向外延伸，与里轮廓线相交于 C_1 点。C_1C 为拇指外突点里段宽，C_1C_3 为拇指边距宽，CC_3 为拇指外突点脚印宽，CO_1 为拇指外突点部位。

4. 确定第一、二趾叉点位置 DO_1

通过第一、二趾叉点标记的后端定为 D_1，过 D_1 作 AO_2 的垂线，相交于 D 点，DO_1 为第一、二趾叉点位置。

5. 确定小趾端点部位 EO_1

通过小趾端点部位标志点（该点定为 E_1），作 AO_2 的垂线，垂足为 E 点，EO_2 段为小趾端点部位。

6. 划小趾外突点外宽线 FF_2

小趾外突点定为 F_2，过 F_2 作 AO_2 的垂线，相交于 F 点，与小趾外突点脚印交于 F_4 点。F_2F 为小趾外突点外段宽，F_2F_4 为边距，FF_4 为小趾脚印宽。该线的做法也可与拇外突线 CC_1 做法相同。即先将小趾脚印外突点定为 F_4，再与里轮廓交于 F_2。FO_2 为小趾外突点部位。

7. 划第一蹠趾里宽线 GG_1

过第一蹠趾部位标记点 G_1 作 AO_2 的垂线，与 AO_2 相交于 G 点，并延长至分踵线 OR，与 OR 相交于 G_2 点。GG_1 为第一蹠趾里段宽，G_1G_3 为第一蹠趾边距，GG_3 为第一蹠趾脚印宽。GG_2 为轴线与分踵线间距。也可以先定 G_3 点，G_3 为第一蹠趾脚印最突点，做法与拇指外突线相似。GO_2 为第一蹠趾关节部位。

8. 划第五蹠趾外宽线 HH_2

通过第五蹠趾部位标记点 H_2 作 AO_2 的垂线，与轴线相交于 H 点。HH_2 为第五蹠趾外段宽，H_2H_4 为边距。HH_4 为脚印宽，HO_2 为第五蹠趾关节部位。

9. 确定前跗骨突点部位 IO_2

通过前跗骨标记点 I_1 作 AO_2 的垂线，与轴线相交于 I 点，IO_2 段为前跗骨突点部位。

10. 划腰窝外宽线 JJ_2

通过腰窝部位标记点(第五蹠骨粗隆点)J_2 作 AO_2 的垂线,与轴线相交于 J 点,与脚印外边缘交于 J_4 点。JJ_2 为腰窝外宽,J_2J_4 为边距,JJ_4 为脚印宽,JO_2 为腰窝部位。

11. 确定舟上弯点部位 KO_2

通过舟上弯点标记点 K_1 作 AO_2 的垂线，与轴线相交于 K 点，KO_2 段为舟上弯点部位。

12. 确定外踝部位 LO_2

通过外踝骨标记点 L_2 作 AO_2 的垂线，与轴线相交于 L 点，LO_2 段为外踝部位。

13. 划踵心宽度线 M_1M_2

在 AO_2 线上，由 O_1 点取 18% 脚长，定为 M 点，过 M 点作分踵线 OR 的垂线，并向脚印里外轮廓两侧延伸。与里踝轮廓交于 M_1 点，与外踝轮廓交于 M_2 点，与里、外脚印分别交于 M_3 和 M_4 点。M_1M_2 为踵心全宽，M_1M_3、M_2M_4 分别为里、外段边距宽，M_3M_4 为踵心脚印全宽，MO_2 为踵心部位。

划完上述各线段后，用划线板分别测量出各部位点的长度和宽度，以及各宽度的边距和脚印宽。测量所得的数据，分别记在脚型测量表的有关栏内或图纸的该线段上。

楦底样各长度部位、楦底样各特征部位宽度数据及尺寸计算方法举例见表4-1、表4-2及图4-3、图4-4。

表4-1　素头皮鞋楦底样长度尺寸计算方法　单位：mm

楦底样各长度部位	计算方法	250号男素头皮鞋楦底样	230号女素头皮鞋楦底样
楦底样长	脚长+放余量-后容差	250+20-5=265	230+16.5-4.5=242
脚趾端点部位	脚长-后容差	250-5=245	230-4.5=225.5
拇指外突点部位	90%脚长-后容差	225-5=220	207-4.5=202.5
小趾外突点部位	78%脚长-后容差	195-5=190	179.4-4.5=174.9
第一蹠趾部位	72.5%脚长-后容差	181.3-5=176.3	166.8-4.5=162.3
第五蹠趾部位	63.5%脚长-后容差	158.8-5=153.8	146.1-4.5=141.6
腰窝部位	41%脚长-后容差	102.5-5=97.5	94.3-4.5=89.8
踵心部位	18%脚长-后容差	45-5=40	41.4-4.5=36.9

表4-2　楦底样各特征部位宽度尺寸计算方法　单位：mm

楦底样各特征部位宽度	计算公式	250号二型半男素头皮鞋楦底样宽度
拇指里宽	拇指脚印里段+约零边距	33.6+0=33.6
小趾外宽	小趾脚印外宽+13.48%边距	48.75+4.23×13.48%=49.3
第一蹠趾里宽	第一蹠趾脚印里段+10.31%边距	35.22+6.8×10.31%=36
第五蹠趾外宽	第五蹠趾脚印外段+28.79%边距	50.54+5.28×28.79%=52
腰窝外宽	腰窝脚印外宽+11.40%边距	38.71+7.02×11.40%=39.5
踵心全宽	踵心脚印+54.40%里边距+全宽+66.27%外边距	49.72+9.11×54.4%+7.47×66.27%=59.6

（二）复制、仿制、改进、改良设计

在实际工作中还有复制鞋楦和仿制、改进、改良设计鞋楦。复制楦底样以前采用贴楦法：将牛皮纸揉软后，刷好天然胶粘剂（汽油胶）贴在楦底面上，用铅笔沿楦底棱轮廓线进行涂划后揭下，作为楦底样板初稿。现在复制楦底样有两种方法。

第一种就是直接用不干胶贴纸贴在楦底面上，然后用刻刀沿着鞋楦底边棱轮廓线用美工刀刻掉外边多余部分，将已刻成楦底样的不干胶贴纸小心揭下（不能拉伸变形），再贴到优质的牛皮纸上。用美工刀刻下楦底样，再把上面的不干胶贴纸撕掉，留下牛皮纸楦底样板，再和鞋楦核对，如有多余部分，用细砂布磨去多余部位，使楦

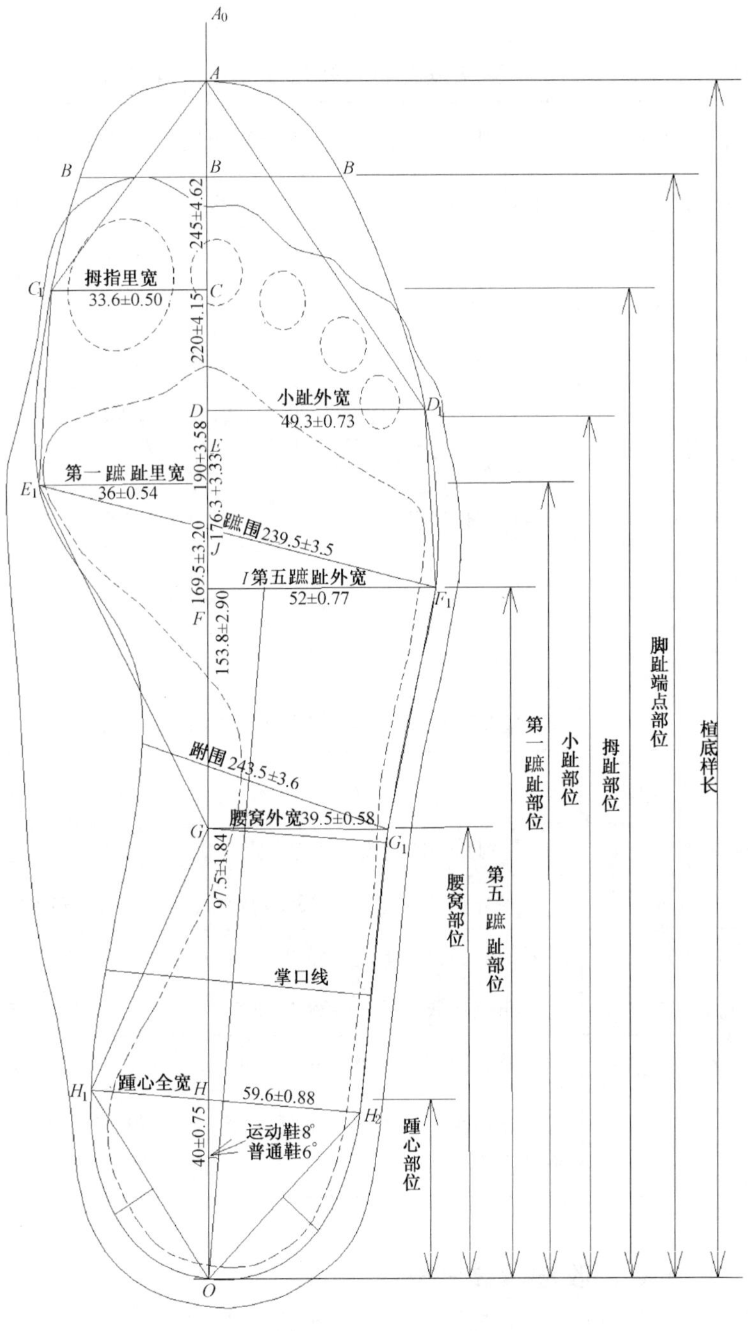

图4-3　男中圆头鞋250号（二型半）楦底样设计图

（25mm后跷高，长度单位：mm）

总前跷29±0.42　前跷18±0.26　底心凹底6±0.06

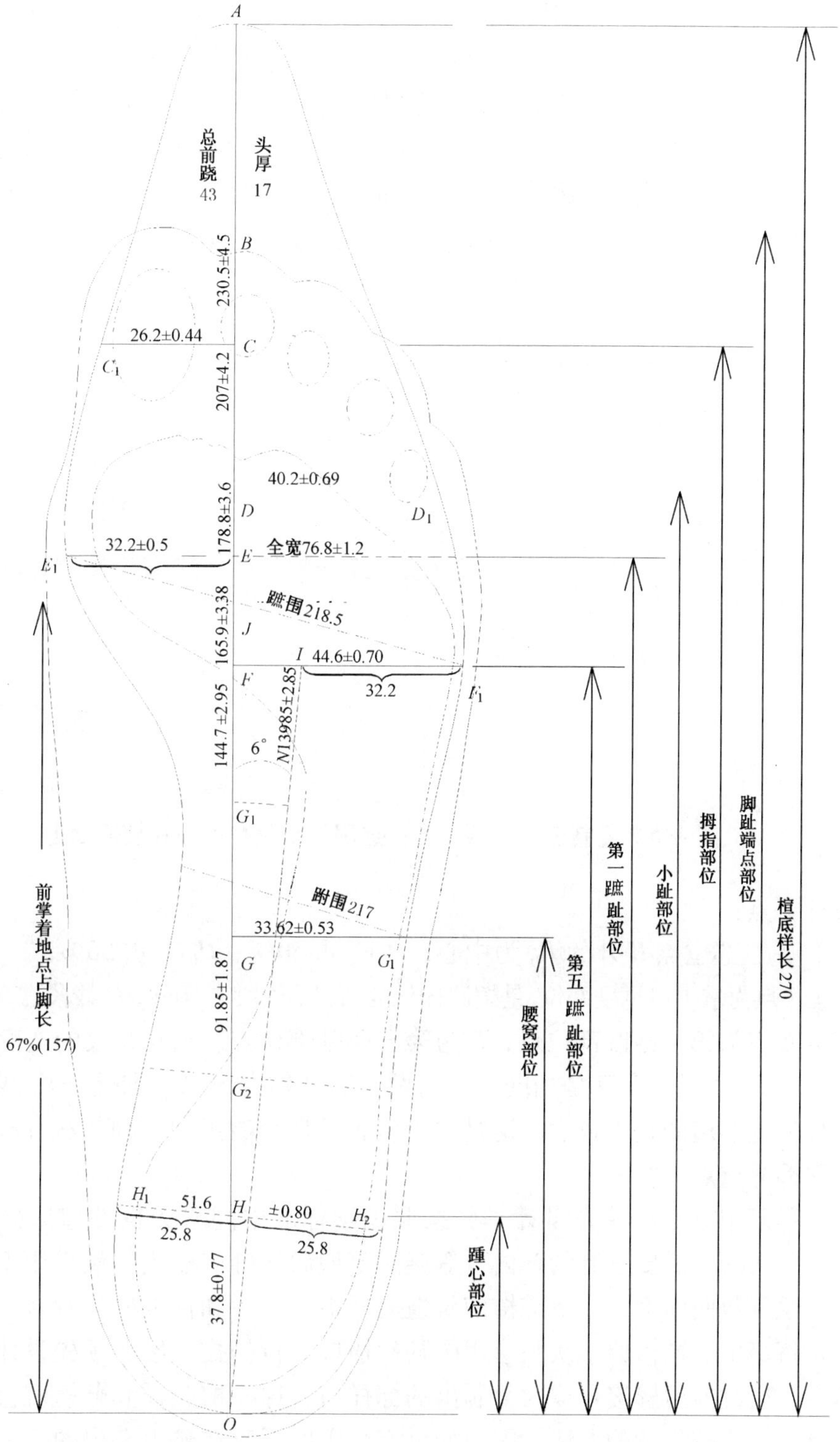

图4-4　女浅口鞋235号（一型半）楦底样设计图

（跟高50mm，长度单位：mm）

底纸样板和实际楦底样板完全相同为止。然后在楦底样板上标上鞋楦样板上的轴线、各部位上的长度部位点、各部位宽度、分踵线、蹠围、跗围等数据尺寸，见图4-5，图4-6，图4-7，图4-8。要注意的是楦底样纸板要底边线条流畅、圆滑、平整，主要数据标记清楚，各部位的长度、宽度尺寸无误，这样就可以获得一个复制的楦底样板。如果要改进、改良，就要按照改进要求，对放余量及各部位进行观察，如有数据和分踵心角度不准的就要进行调整，正常的楦底样板轴线和分踵线的夹角一般是在6°~7°之间，踵心部位以该部位的分踵线和踵心部位全宽度线为基准，在底样后身部位的¼处对折，里外两边的尺寸是完全相同为准确，见图4-9。

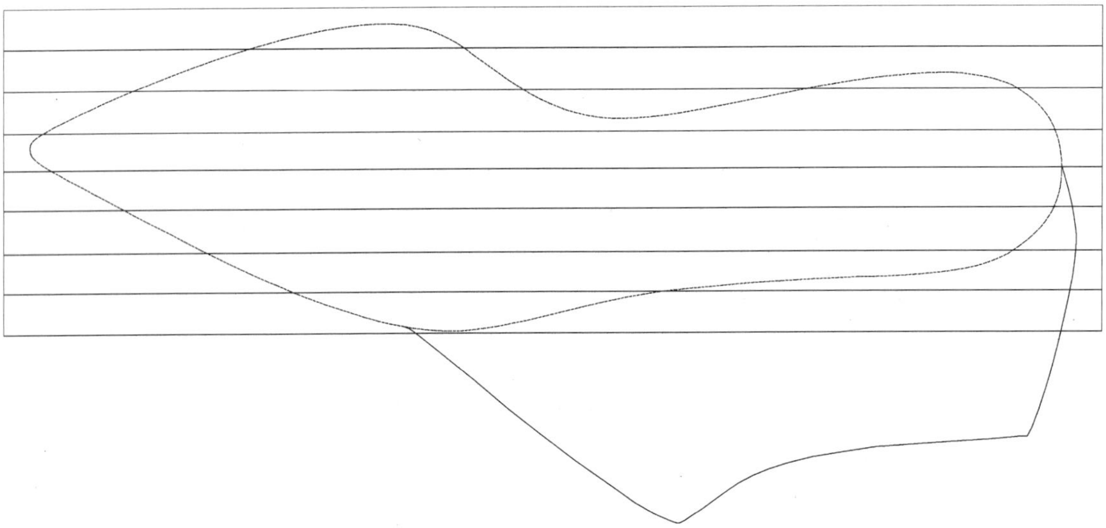

图4-5　复制楦底样第一步：选用不干胶贴纸贴在楦底面上

设计要点：

（1）踵心部位点 H 外的 H_0 为中心，H_1H_0 占50%，H_0H_2 占50%；

（2）I 点为掌中口宽度部位,是楦底样长的¼,I_1I 线段占50%,II_2 线段占50%；

（3）E 点为第一蹠趾部位点，F 为第五蹠趾部位点。E_1E 线段的宽度与 FF_1 线段宽度中的 F_1F_2 线段的宽度是相同的，这两个宽度各占50%，加上 FF_2 线段的宽度尺寸，合计就是鞋楦的基本宽度，这是检验楦底样是否端正的一种方法和标准，是设计师需要掌握的重点内容。

第二种复制方法：首先设计一张按照国家标准中间号数据的楦底样板为基础样板，用原子灰灌入需要复制的鞋内，等凝固定型后从鞋内取出，然后用不干胶贴纸贴在套出的原子灰底面上，取下鞋楦前身楦底样板，然后和标准底样嫁接，校准后为楦底样板。将套出的鞋楦原子灰头形用电脑扫描仪进行扫描，接在预先设计好的相应标准鞋楦上，通过前后嫁接合成为复制出的标样楦，这样楦底样和鞋楦就会相吻合。这一方法是一种比较科学的方法，因为如果完全用原子灰在鞋内套出的不一定准确，除前后主跟包头部位的楦体形状不太会变形外，其他部位由于鞋帮是柔软的，光凭灌套不可能会和原鞋以前的鞋楦造型相同；若选用标准样楦嫁接套出的鞋楦头型，能确保楦体端正，造型美观，又能使头型与原鞋基本一致，即使有些问题，可通过电脑软件进行设计调整，然后用相应功能将设计调整好的鞋楦底样切割出来。

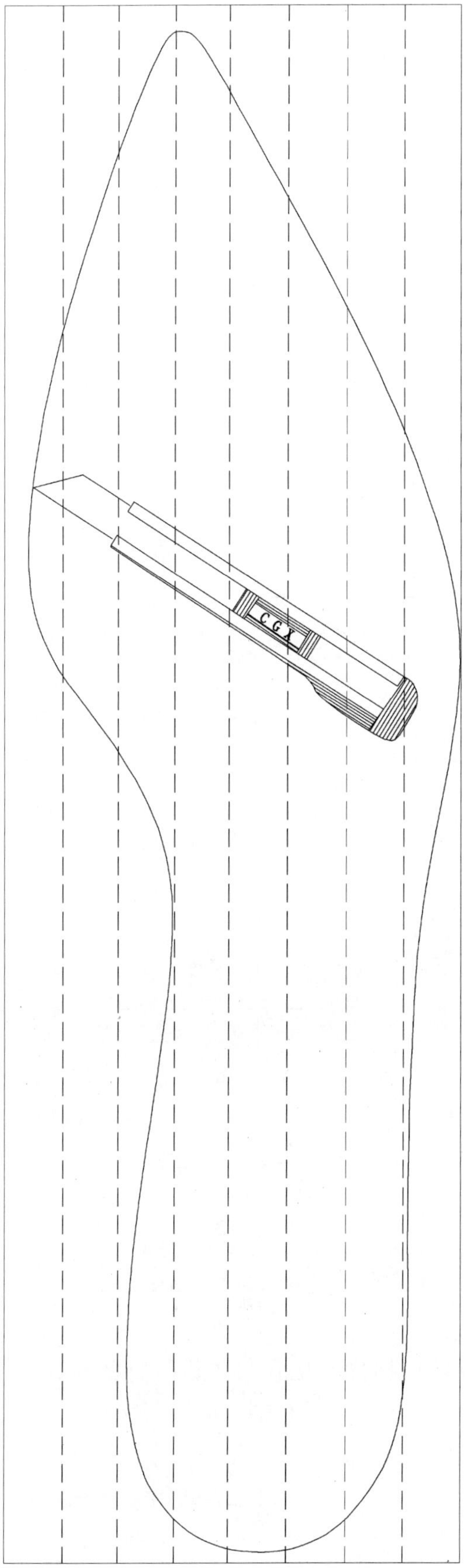

图 4-6　复制楦底样第二步：刻掉多余部分

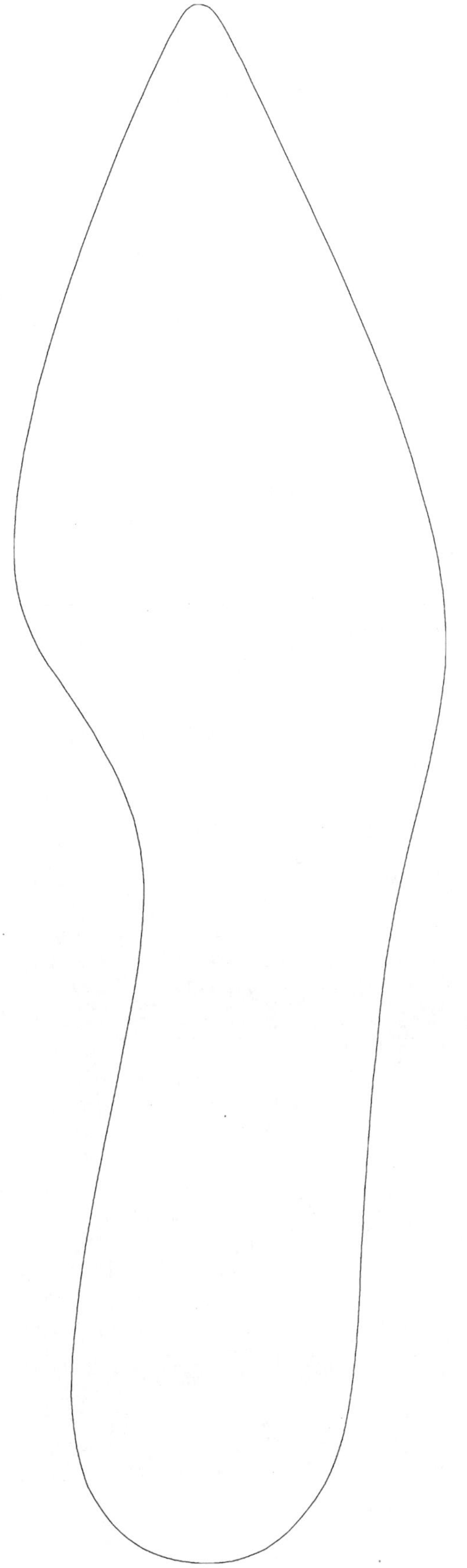

图 4-7　复制楦底样第三步：使楦底牛皮纸样板和实际楦底样板完全相同

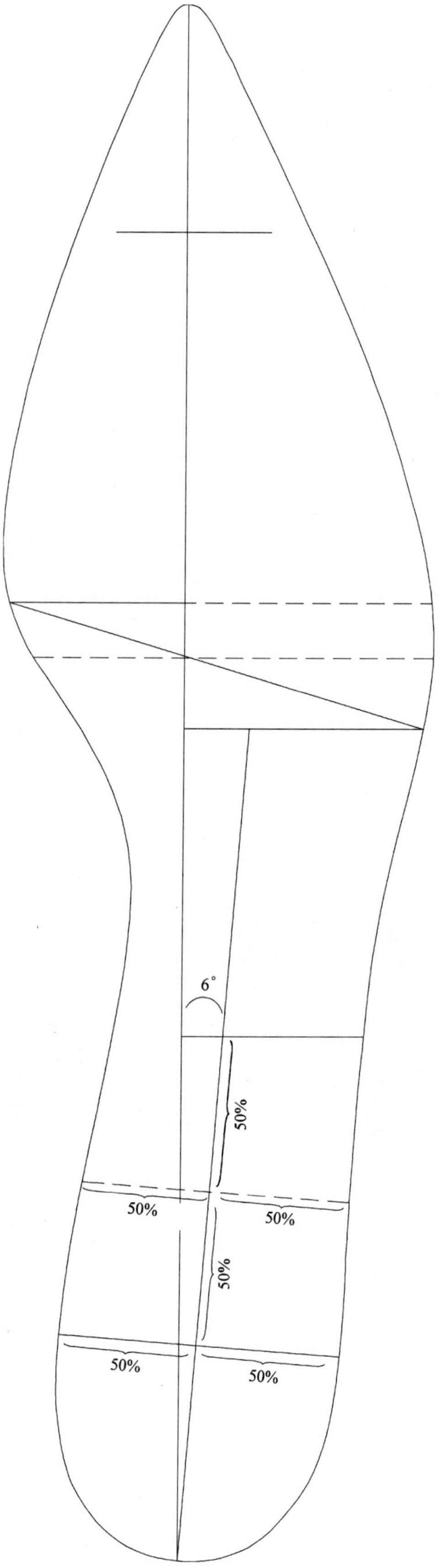

图 4-8　复制楦底样第四步：复制下来的楦底样

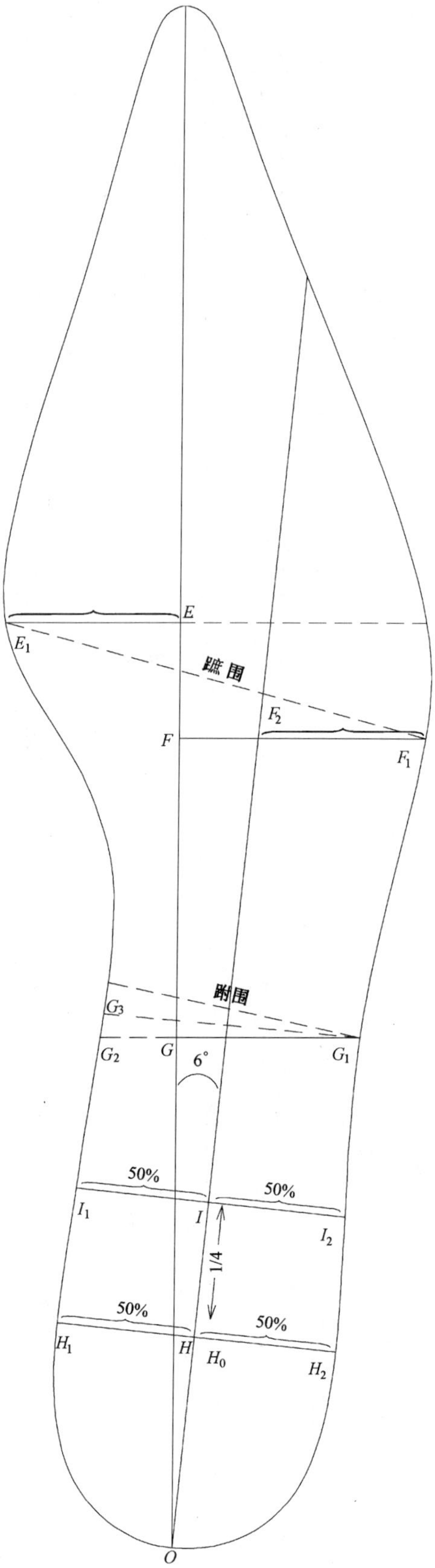

图 4-9　蹠心部位和后身部位楦底样设计

（三）楦底样设计原则

（1）楦底样各部位的数据必须以脚型规律为依据，参照《中国鞋号及鞋楦标准》中的数据尺寸为依据。

（2）楦底样各部位宽度，对一般用鞋来讲必须在脚印和轮廓之间，要小于轮廓线而大于脚印，放余量可根据头型决定。楦底样各部位宽度，还应考虑脚的生理特点：肌肉部分因压缩性大，楦底样宽度可适当小些，而骨骼部分压缩性小，楦底样宽度就适当大些；还要考虑脚的各部位动和静的关系，活动量大的部位楦底样适当放宽些，例如前掌着地部位，基本宽度就不能设计得过窄。活动量小的部位楦底样适当窄一些，例如腰窝部位就可以适当窄些，女高跟鞋楦的楦底样后身和腰窝就不能宽，宽了脚就会向前后移位，造成上下移位，腰窝内里可窄些，就能起到包住脚的作用，当然也不能过窄。这一部位的楦底样全宽，下面提供一组参照数据，测量部位以腰窝部位点为基准点，见图4-9中 G_1G_3 线段。以女式浅口式鞋楦为例，见表4-3，计算方法见表4-1、表4-2。

表4-3　　不同鞋楦后跷高度的楦底样全宽数据　　单位：mm

鞋楦后跷高度	腰窝部位全宽标记	全宽尺寸	等　差
20	图 G_1 至 G_2 线段	48.86	±0.62
30	图 G_1 至 G_2 线段	46.24	±0.62
40	图 G_1 至 G_2 线段	45.62	±0.62
50	图 G_1 至 G_2 线段	45	±0.62
60	图 G_1 至 G_2 线段	44.38	±0.62
70	图 G_1 至 G_2 线段	43.76	±0.62
80	图 G_1 至 G_2 线段	43.14	±0.62
90	图 G_1 至 G_2 线段	42.52	±0.62
100	图 G_1 至 G_2 线段	41.9	±0.62

（3）要考虑到节约原材料以及工艺条件和造型美观的要求。例如，楦底样后身部位如果设计得过宽，会浪费鞋楦塑料原材料，并且制出的鞋穿着不跟脚，造型不美观；例如踵心部位里外尺寸线条不相同，对装鞋楦工艺就带来较大影响，鞋跟位置就会不端正，等于质量问题的出现，因此说楦底样设计是鞋楦设计和制鞋设计的基础。

（四）楦底样设计步骤

（1）选择一张有一定硬度的优质纸板，在纸张中间划一条竖直的线，线段下方设定为起点 O 点，上端点设定为终点 A 点，O 点至 A 点线段是楦底样长度的距离。见图4-10第一步。

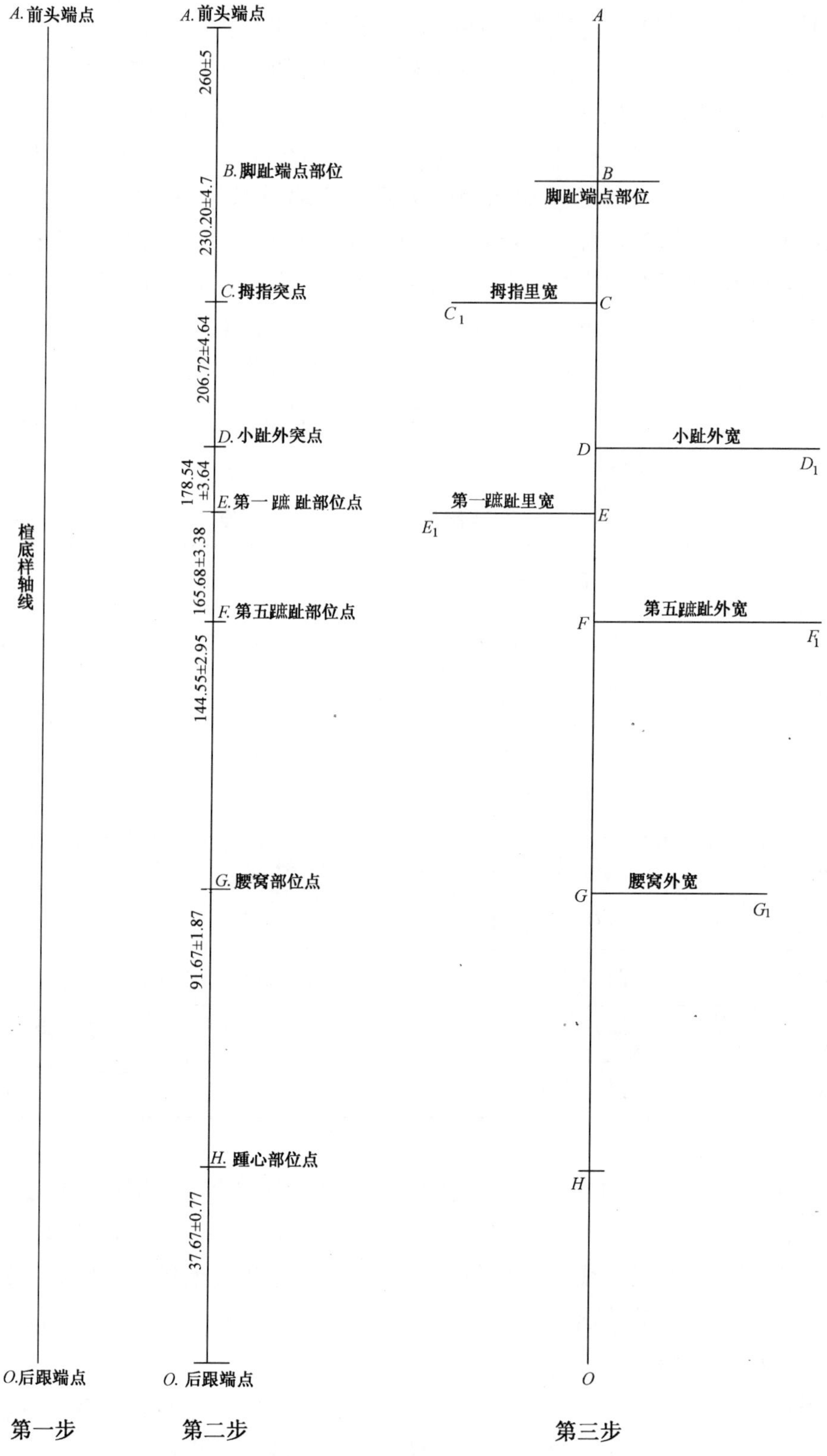

图 4-10　楦底样设计步骤之一（长度单位：mm）

（2）按中间号码的鞋楦尺寸标准中，首先找出脚趾端点部位长度数据，从 O 点开始随着轴线向上测量至该部位点长度处设定为 B 点，为脚趾端点部位。用同上相同的方法分别量取拇指外突点部位点的长度设定为 C 点，量取小趾外突点部位点的长度设定为 D 点，量取第一蹠趾部位的长度点设定为 E 点。量取第五蹠趾部位点的长度点设定为 F 点，量取腰窝部位点的长度设定为 G 点，量取踵心部位点的长度设定为 H 点。见图 4-10 第二步。

（3）划出轴线垂线：在上面设定好各部位点长度点的基础上，在这一步骤中要注意的是有 3 个部位在这一步骤中不要划出轴线垂线，它们分别是前头部端点部位、楦底样后端点 O 点和踵心部位 H 点。作垂线的工具是三角尺，方法如下：将三角尺的一个直角边平行对准轴线，用另一条直角边在通过拇指外突点部位点上作轴线的垂线，该条垂线与中心轴线构成 90°角，按照设定的拇指里宽尺寸，C 点量线段至 C_1 点为拇指里宽点 C_1。用同样的方法在 D 点按照设定的小趾外宽尺寸，D 点量线段至 D_1 点为小趾外宽点 D_1 点；从 E 点按照设定的第一蹠趾部位里宽尺寸，E 点量线段至 E_1 点为第一蹠趾里宽点 E_1 点；从 F 点按照设定的第五蹠趾部位外宽尺寸，F 点量线段至 F_1 点为第五蹠趾外宽点 F_1 点；从 G 点按照设定的腰窝部位外宽尺寸，G 点量线段至 G_1 点为腰窝外宽点 G_1 点。这一步骤完成后进行检查所标的宽度数值是否准确，设定的宽度尺寸是否和标注的完全相同，并要求定点准确。见图 4-10 第三步。

（4）设定分踵线：在第五蹠趾部位外 F_1 点向里 F 方向，截取和第一蹠趾里段 E 至 E_1 线段相同宽度尺寸，取得一个点，这个点设定为 I 点，也就是 F_1 至 I 点的尺寸是要根据第一蹠趾里宽来决定该部位宽度的。例如 23 号一型 50mm 后跷高女式浅口鞋楦第一蹠趾里宽为 30.2mm，那么 F_1 至 I 这一线段的长度同样也是 30.2mm。设定出 I 点后再由该点与后端点 O 点相连成一条直线，I 点至 O 点线段即为分踵线。分踵线是鞋楦后身部位的中心线，以它设定踵心部位中心点 H_0，在鞋楦底样设计中它是一条十分重要的线。见图 4-11 第四步。

（5）划出踵心全宽线：在轴线 H 点的踵心部位外，通过以上方法已划出了分踵线并设定了 H_0 点，该点实为踵心部位中心点，用三角尺划出一条和分踵线成 90°直角的垂线，里端点为 H_1 点，经过基础点 H 点、分踵线、踵心部位点心点 H_0 点至 H_2 的外端点成为踵心部位的全宽 H_1 至 H_2 线段，设定 H_0 中心点是服务于踵心部位全宽为目的，踵心部位的全宽是怎样设计的呢？它以 H_0 为中心向外 50%，向里 50%，里外尺寸相同，如果把分踵线对折，那么踵心部位里外形状尺寸是完全相同一致的，这样以后鞋底鞋跟才会位置端正，不出偏差。踵心部位设计请看图 4-11 第五步。

（6）划出楦底样图外形棱边线：该步骤设计其实是难度最高的工作。楦底样图外形棱边线，就是鞋楦的底部棱轮廓边线，它决定着鞋的造型，上面 5 个步骤都可以划直线和定点定出线段，第六步则最体现水平，楦底样设计其实就是外边的这条轮廓线最为重要。最难设计的就是描画、剪刻、整理。因为楦底轮廓线全部是不规则的曲线，除了踵心部位里外形状相同，其他部位没有相同的线条，要通过反复练习和经验的积累，才能设计出尺寸符合标准要求，造型美观的楦底样板。楦底样随着鞋楦的变化、后跷高度的变化，其造型式样千变万化，见图 4-12。

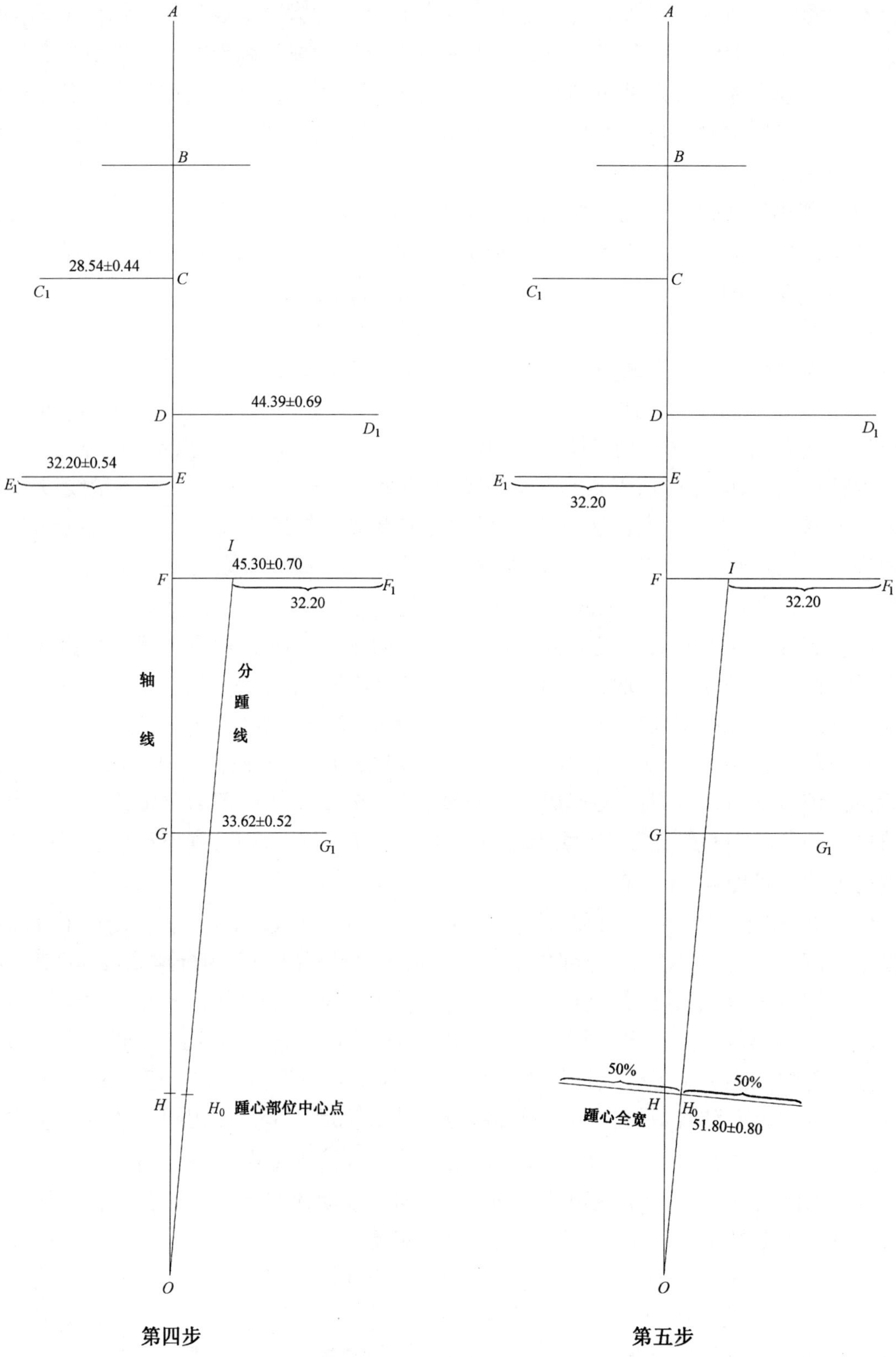

图 4-11　楦底样设计步骤之二（长度单位：mm）

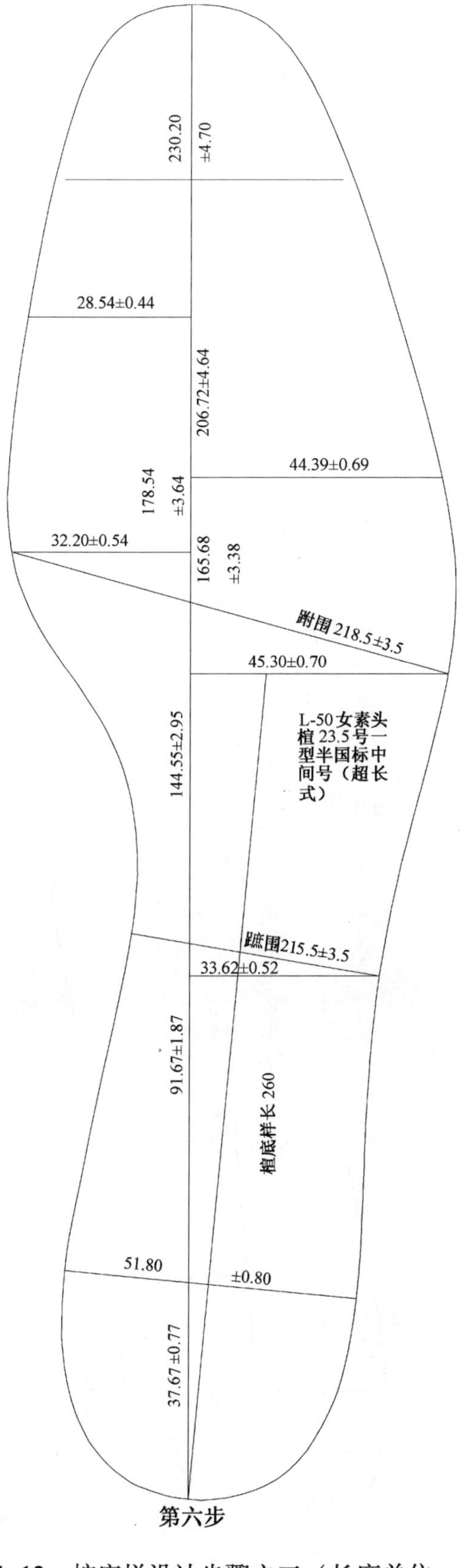

图4-12　楦底样设计步骤之三（长度单位：mm）

(五) 楦底样设计中需要注意的问题

1. 踵心部位、楦底样轮廓线设计

踵心部位承载着人身体的主要体重压力，在行走和运动过程中它上下运动，这一部位的楦底样形状宽度都要符合穿着要求和运动要求，跟高低、品种不同，其数据尺寸变化是较大的，我们要掌握和了解相关的数据资料应用于实际楦底样设计工作之中。例如同样是230号一型半的鞋楦，由于跟高低不一样，数据也就不一样，平跟踵心部位就宽些，20mm 后跷高踵心全宽为 52.6mm，50mm 后跷高踵心全宽为 50.80mm，80mm 后跷高踵心全宽为 50mm。下面以图例介绍楦底样踵心部位的设计，见图4-13、图4-14。

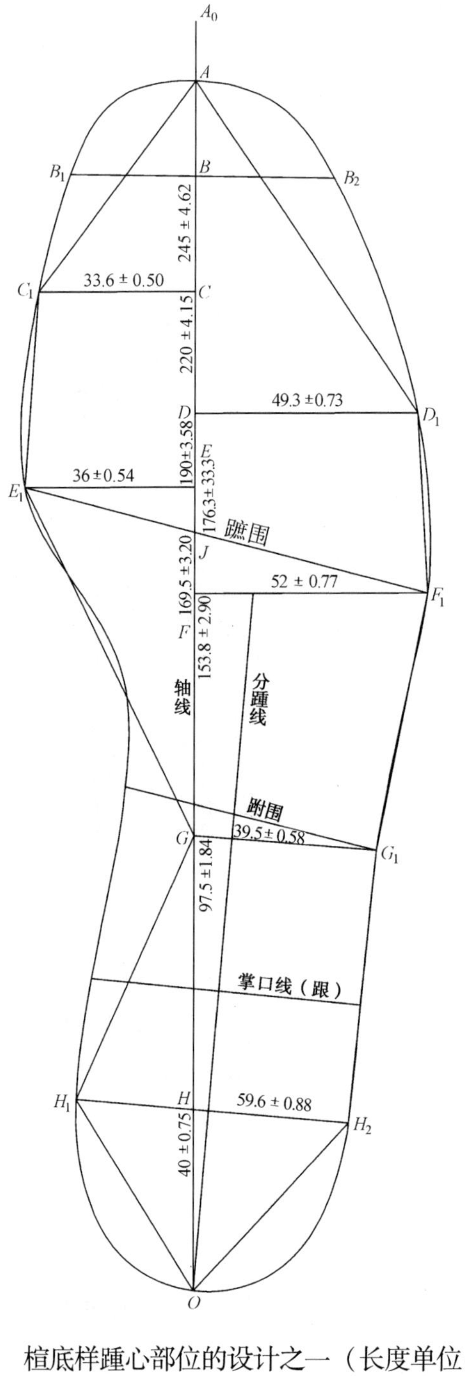

图4-13 楦底样踵心部位的设计之一（长度单位：mm）

踵心部位的楦底样设计：以 H_0 点为中心点，从 O 点至 I 点线段为分踵线作为楦底样后身中心线，从 O 点至 K 点线段为后跟掌口处为后跟部位中心线，K_1K，KK_2 两边尺寸是完全相等的。楦底样踵心部位 H_1 至 H_0 与 H_0 至 H_2 两边尺寸也是完全相等的，从后跟掌口 K 点向 O 点方向线段两边横向都是相等的，但各部位的宽度数据是有变化的，见图 4-14。

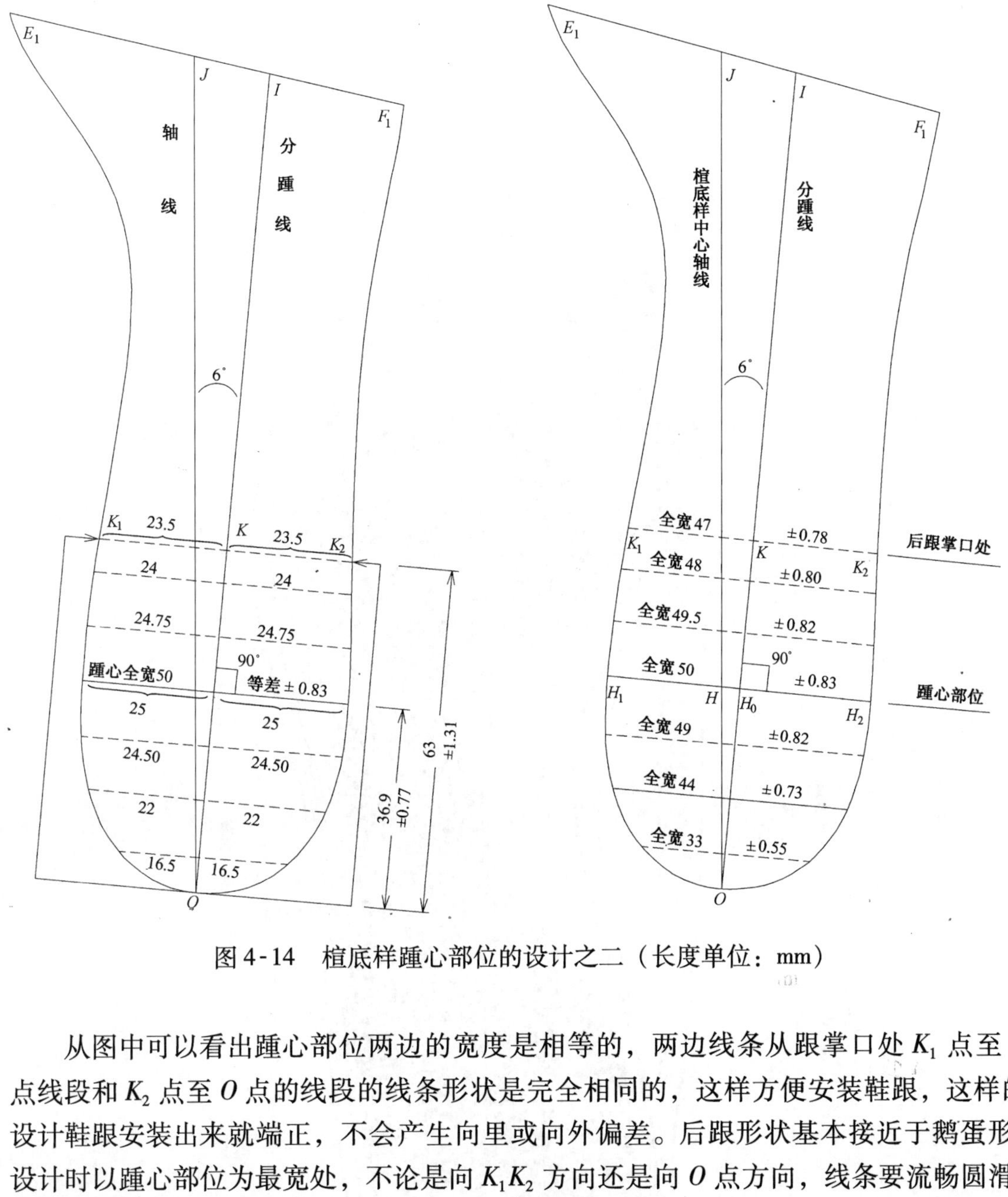

图 4-14　楦底样踵心部位的设计之二（长度单位：mm）

从图中可以看出踵心部位两边的宽度是相等的，两边线条从跟掌口处 K_1 点至 O 点线段和 K_2 点至 O 点的线段的线条形状是完全相同的，这样方便安装鞋跟，这样的设计鞋跟安装出来就端正，不会产生向里或向外偏差。后跟形状基本接近于鹅蛋形，设计时以踵心部位为最宽处，不论是向 K_1K_2 方向还是向 O 点方向，线条要流畅圆滑，呈鹅蛋形状，设计可参考图示的收缩尺寸比例，这样会自然合理，造型也美观，也便于掌握腰窝部位的楦底样设计。

2. 腰窝部位设计

腰窝部位指的是前掌着地部位 J 点向后，后身掌口处 K 点向前这一区域，在楦底样上有腰窝外侧和腰窝内里两部分，见图 4-15 所示。腰窝外侧的实线段 G_1 为中跟楦底样外侧线段，G_{1A} 虚线表示为高跟楦底样线段，它在 G_1 线里面，G_{1B} 虚线表示为平跟楦底样线，它在 G_1 线的外面。腰窝内里也有三条向里弯曲的线条，其中实线 G_2 线表示中跟楦底样腰窝内里线段，G_{2A} 虚线表示为平跟楦底样线段，它处在 G_2 线的外面，G_{2B} 虚线表示为高跟鞋楦底样线段，它处于 G_2 实线里面，整个腰窝部位内里和外侧三条线条主要指的是底样的宽窄，当鞋是平跟时腰窝部位离地面较近，为了保护脚不被地面的硬石块等碰伤脚，腰窝大底就不宜过窄，同时脚穿平跟鞋时体重集中在后身

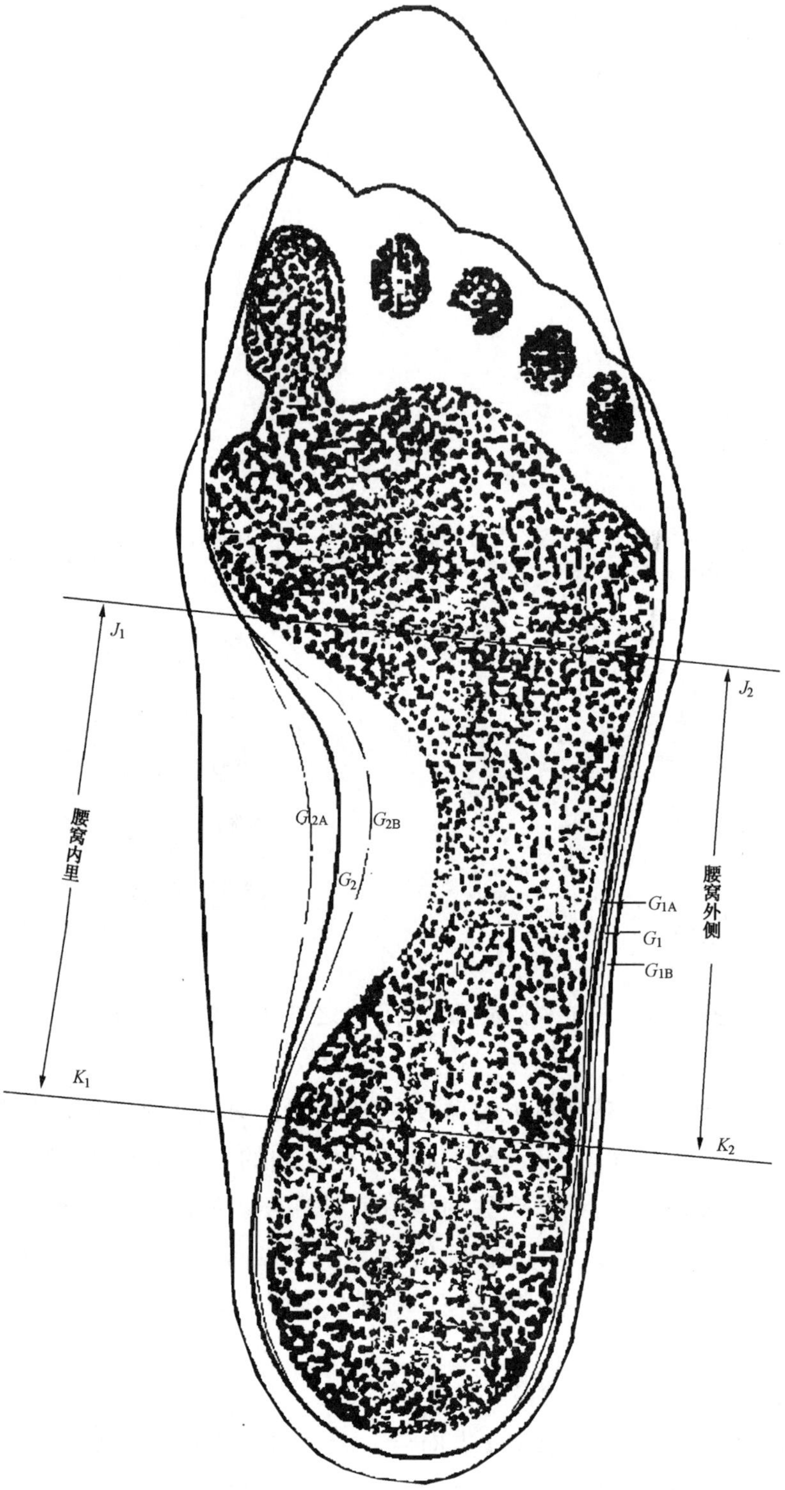

图 4-15　鞋楦底样设计腰窝部位里外图

部位，后身的宽度也不能太窄，所以平跟的后身楦底样设计得较宽些。中跟楦底样随着鞋跟的增高脚重心向前移，为了不使脚在行走中向前有较大的移位，腰窝就得适当控制，就需要减小腰窝内里和外侧的宽度，所以中跟的腰窝部位宽度就比平跟的设计得要窄。特别是高跟女鞋的楦底样腰窝部位必须收缩，特别是腰窝内里的凹度要大些，

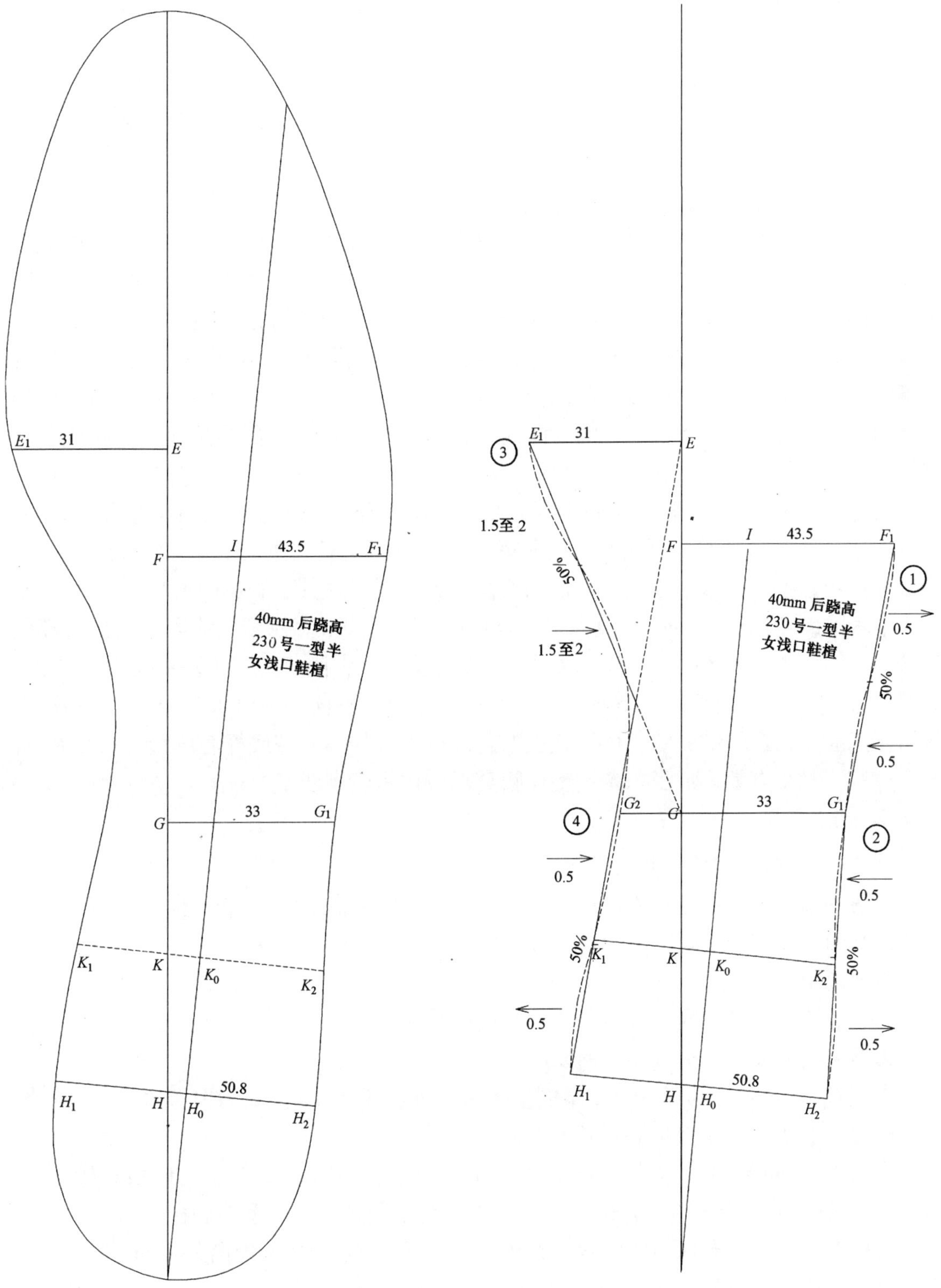

图4-16　楦底样腰窝部位里外侧轮廓线条设计（长度单位：mm）

因为高跟鞋的受力点前移，在行走中前掌的压力比较大，为了减少前掌的压力，鞋楦设计中必须采取三种措施：第一腰窝底心部位增大；第二是楦体两侧肉体要适当向里收缩得窄些；第三就是楦底样设计。高跟的楦底样一定不能宽，腰窝底样内里凹度要明显，使生产的鞋能贴紧脚内里腰窝加上外侧的贴紧和底心凹度的托住，就能使脚在行走过程中的移动量小，使脚穿高跟鞋，由于钢勾心起到托住脚底心的作用，后跟支跟控制脚在鞋内不左右晃动，再加上腰窝部位帮面的紧贴，脚在鞋里的稳定性就有了保障，行走中前后移动得到了有效控制，使脚受力分布均匀，可减轻前掌着地部位的压力，这些措施是确保穿着高跟鞋舒适的主要条件，也是设计高跟鞋的重要内容。

下面介绍一下腰窝部位外侧线条的设计，见图4-16。

①从 G_1 点至 F_1 点划一条直线，以该线段的50%处向上至 F_1 点的中间向外处凸出0.5mm画一条弧线，从 G_1 点随直线向上至50%处向里凹进去0.5mm画一条弧线，上下再连接，在一条上面凸出下面凹进连接自然流畅的曲线为该部位的外侧楦底样轮廓线。②第二线段同样在腰窝外侧，在该部位下方的线段 H_2 点至 G_1 点线段的50%处上下线段，上面 K_2 至 G_1 线段中间向里凹进0.5mm，下面 H_2 至 K_2 线段中间向外凸出0.5mm，上下连接成一条自然流畅的曲线，将从 H_2 直至 F_1 全部连接起来，就成了腰窝外侧的楦底样轮廓线。③第三线段，在腰窝部位内里上方图示 E_1 点向下至 G_2 点划出一条直线，将它分为三段，中间设两个点，从 E_1 向下第一个点的之间向外凸出1.5～2mm绘成一个凸形弧线，再从第一点向第二个点之间向里凹进去1.5～2mm绘成一个凹形的弧线，上下连接形成一个S形的腰窝上方凹形，这其中表述的1.5mm一般为平跟至中跟的腰档凹形，2mm一般为中跟至高跟的腰档凹形。④第四线段，在腰窝部位内里下方图示 H_1 点至 G_2 点线段，先划一条直线，在中间 K_1 点为50%处为中心点，K_1 向上至 G_2 线段向里凹进0.5mm，K_1 向下至 H_1 点线段向外凸出0.5mm，G_2 至 H_1 上下相连接成一条自然的曲线，该线就是腰窝部位下方的一条楦底样轮廓线，最后从 E_1 点经过 G_2 至 H_1 点就形成了一条楦底样腰窝部位内里轮廓线了。

3. 楦底样前身和头部设计

见图4-17楦底样前身和头部轮廓线。

步骤：第一步头部轮廓线设计；第二步 D_1 至 B_2 线段设计；第三步 C_1 至 B_1 线段设计；第四步 E_1 至 C_1 线段设计。

图示说明：

①头部楦底样形状变化按构思的头型式样设计。

②不论头宽头窄可按所示比例设计。

③从 C_1 点向上至 B_1 点划一条虚线，在中间向外0.5mm左右为中、大头型，向外0.8mm左右为尖、小头型楦底样轮廓线。

④从 E_1 点向上到 C_1 点划一条虚线，在 D_2 点处向外2.5mm作一条弧线为尖头、小方头楦底样的轮廓线，向外2mm作一条弧线为中圆头和大头型楦底样轮廓线。

⑤从 D_1 点至 B_2 点划一条虚线，在该线的下方占线段45%处向外1mm作一条实线至 D_1 点和 B_2 点，为中圆头楦底样线，向外2mm为尖头，向外0.5mm为大头楦。

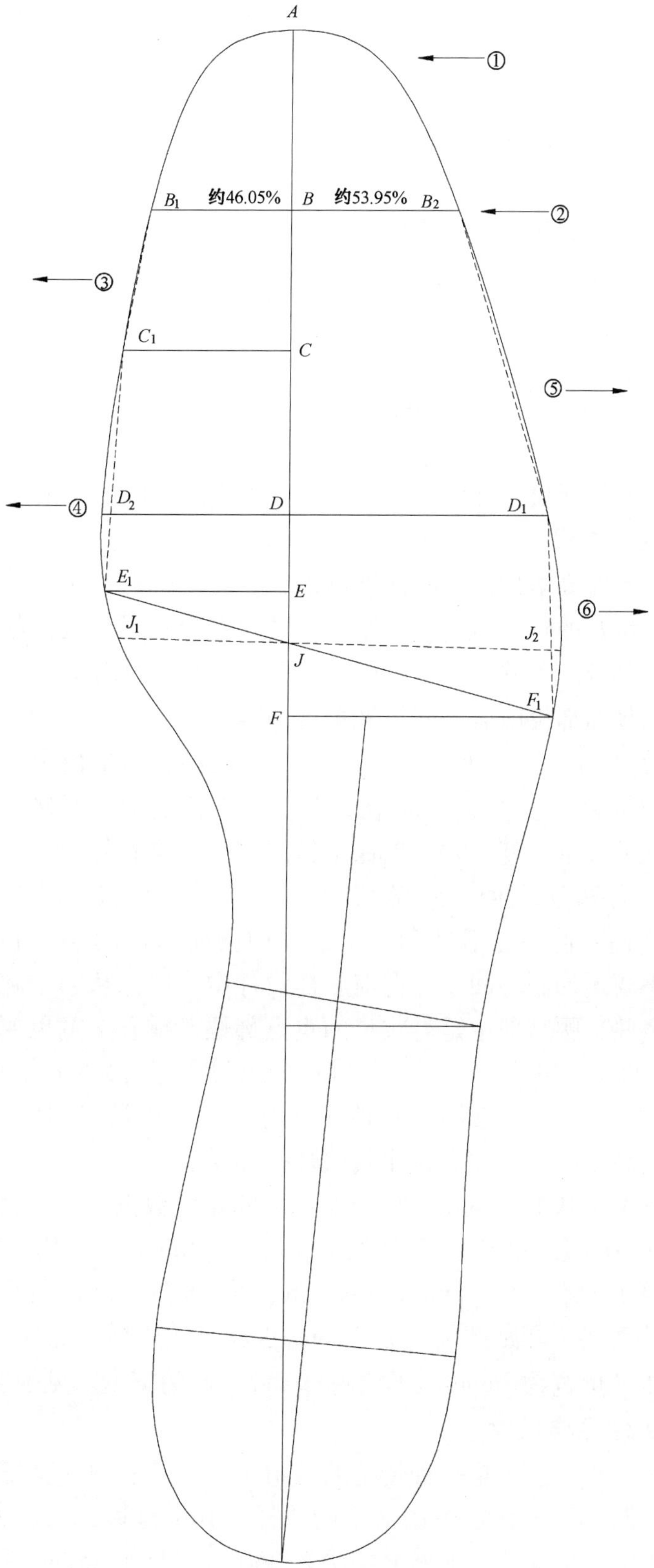

图 4-17　楦底样前身和头型部位轮廓线条设计

以该点为基础，就可以划出该部位底样轮廓线了。

⑥从 F_1 点至 D_1 点划一条直虚线，在该线的 50% 处向外 2mm 向上下作一条弧线为尖头、小方头楦底样轮廓线，向外 1.5mm 处向上下作一条弧线为中圆头和大头楦底样轮廓线。

总之，按照设计方法设计楦底样，需要不断实践才能熟练掌握，绘图的铅笔要尖细，不能用粗笔绘，线条连接应顺畅圆滑，如果绘图中有些不顺的线条要在刀刻中纠正，如果刀刻中有些不顺畅线段，要用细砂布打磨顺畅，使设计出的楦底样符合尺寸要求，周围轮廓线条流畅圆滑，符合设计要求，这样才能算设计了一个完整的楦底样板。

二、常用楦底样板设计介绍

上面介绍了楦底样板设计方法，下面介绍几种常用的楦底样板设计。

（一）女高跟鞋楦底样设计

女高跟鞋由于后跷高增加，底心凹度增加，使整个鞋形产生了曲线美，应该说高跟女鞋是鞋类中最美观的鞋，但由于后跟高度的增高影响，使人体的负重由脚的踵心部位向蹠趾关节和部分趾骨移动，这样就使脚跟骨和跗骨部分肌肉被拉紧收缩，因此在楦底样设计时，腰窝部位前后的底样宽度要收缩得窄些，例如 50mm 后跷高的鞋楦底样腰窝部全宽为 45mm，等差 0.62mm；90mm 后跷高腰窝部位全宽为 42.52mm，请看腰窝部位全宽数据表（表 4-3）。但在蹠趾关节部位的围度要略有增加，基本宽度也不允许小于标准的基本宽度尺寸，确保不挤压脚，要穿着舒适。鞋楦的楦体造型也要适应增加高度后的脚型规律，使高跟鞋的内室尺寸和形状与脚型的肌肉状态相吻合，由于后跟的增高，使脚在活动和行走过程中会向前移动，为了使高跟鞋穿着舒适，在楦体设计中要增加底心凹度，在楦底样设计中，底样从第一蹠趾、第五蹠趾部位向后要设计得窄些，腰窝部位是需收窄的重点部位，踵心全宽也要比平跟、中跟收得窄。例 50mm 后跷高 230 号一型女浅口鞋楦的踵心全宽为 50mm，等差 0.80mm，如果是 90mm 后跷高 230 号一型女浅口鞋楦的踵心全宽应该是 49.18mm，等差 0.82mm 为合适。所以说女高跟鞋楦底样后身比其他鞋楦都要窄。

下面介绍一下关于基本宽度和前掌着地全宽的宽度数据尺寸。例如楦底样中的 E 至 E_1 线段宽度 29.70mm，加 F 至 F_1 线段的宽度 42.20mm，等于基本宽度 71.90mm，J_1 至 J_2 线段为前掌着地部位全宽 71mm，该部位的宽度，通过实际证明它比基本宽度约小 1mm，E_1 至 E_2 线段为第一蹠趾部位全宽 74mm，也就是楦底样最宽处（简称楦底样前掌宽），一般它比基本宽度宽约 2mm，但不能超过 2.40mm 的宽度。见图 4-18 左图。

（二）男女中圆头楦底样设计

中圆头原来称素头，素头是一种传统的鞋楦头型，其实现代鞋楦设计中头型变化是日新月异，称中圆头型也就是头型适中的式样，其中有塌圆头、方圆头、斜圆头、高圆头等中圆大小的头型鞋楦。下面介绍男鞋 250 号二型半 25mm 后跷高男中圆头楦底样设计和女鞋中圆头楦底样设计（该楦底样适合做结带式鞋），见图 4-19、图 4-20。

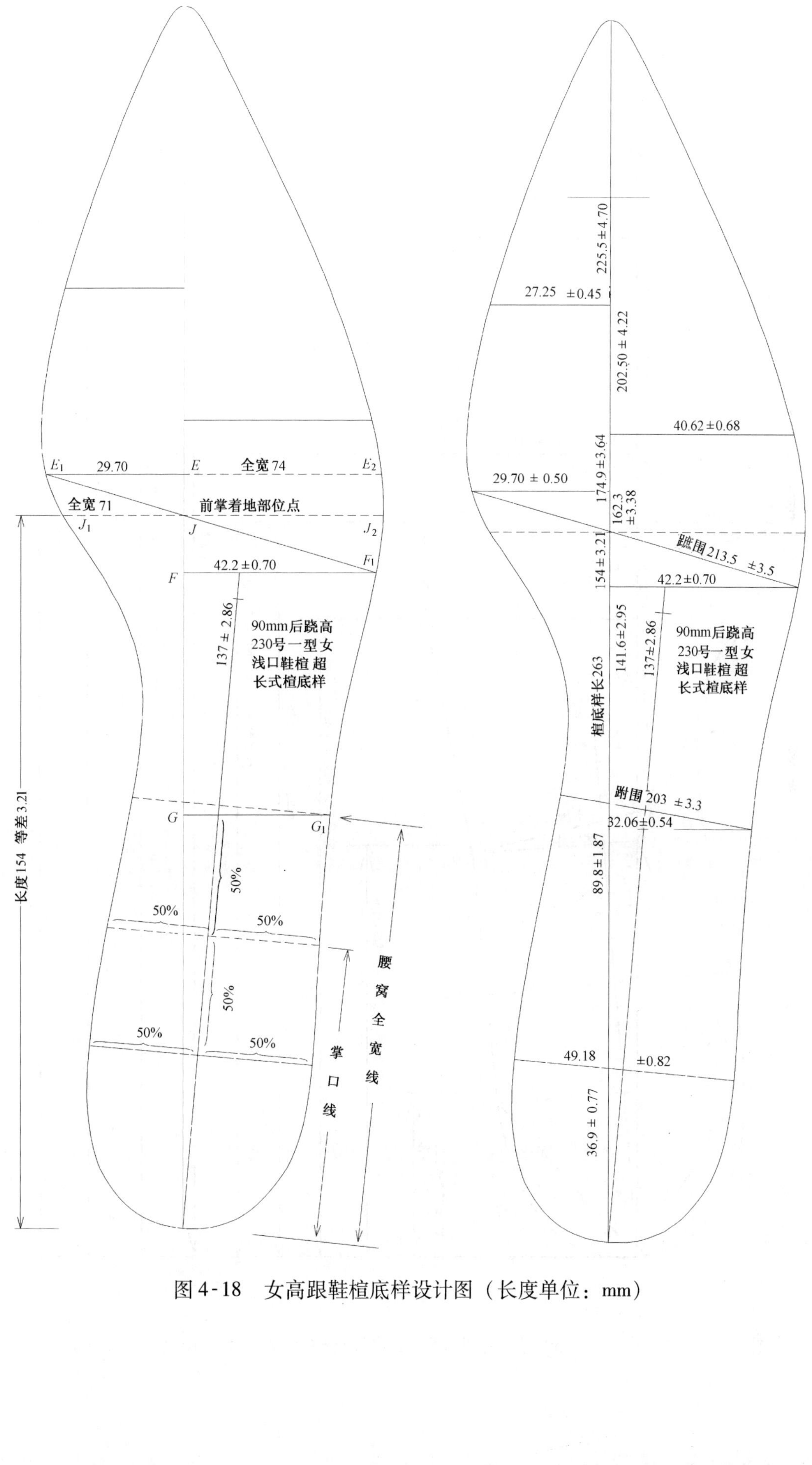

图4-18　女高跟鞋楦底样设计图（长度单位：mm）

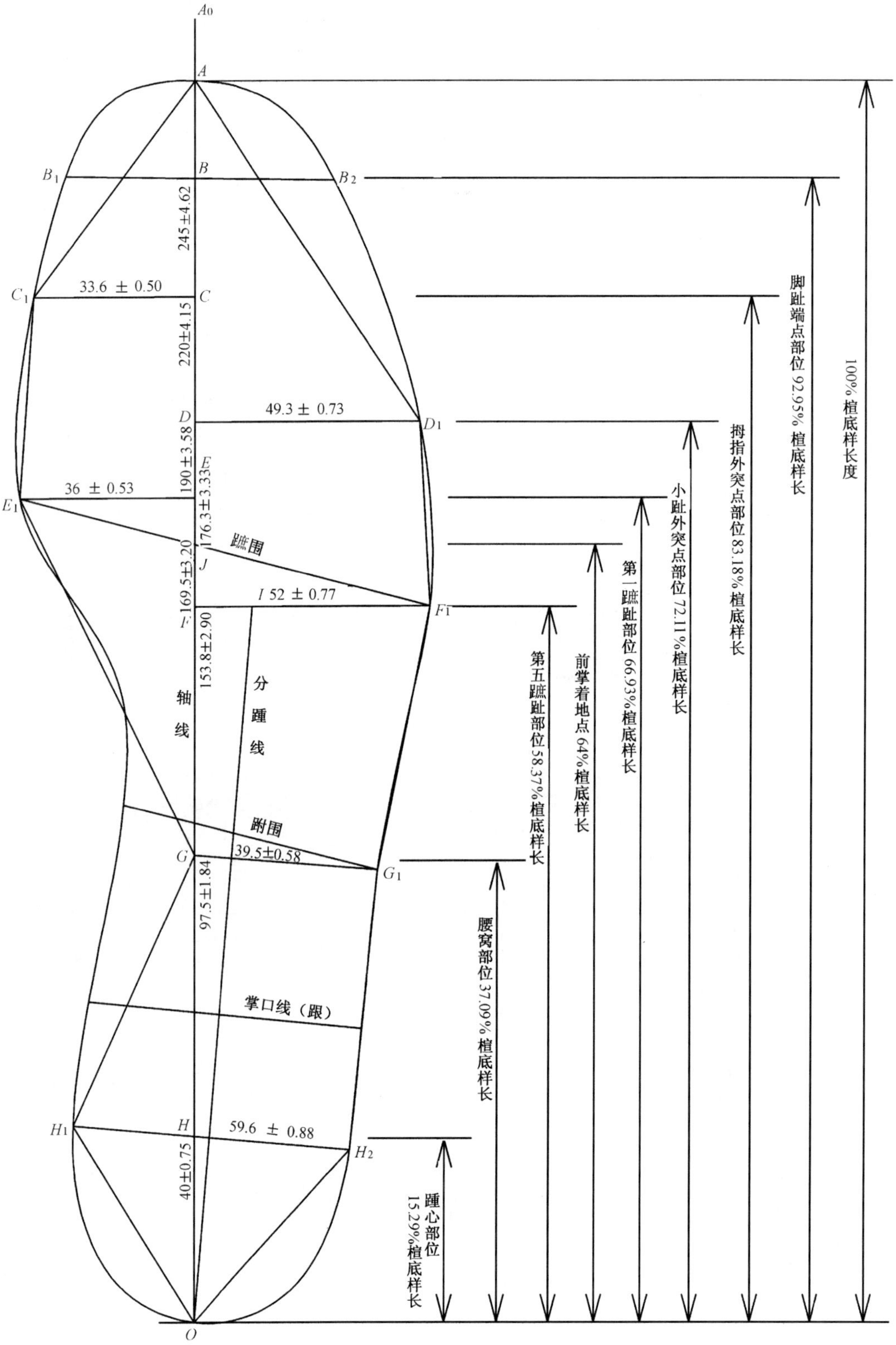

图 4-19　男中圆头鞋 250 号二型半 25mm 后跷高楦底样设计（长度单位：mm）

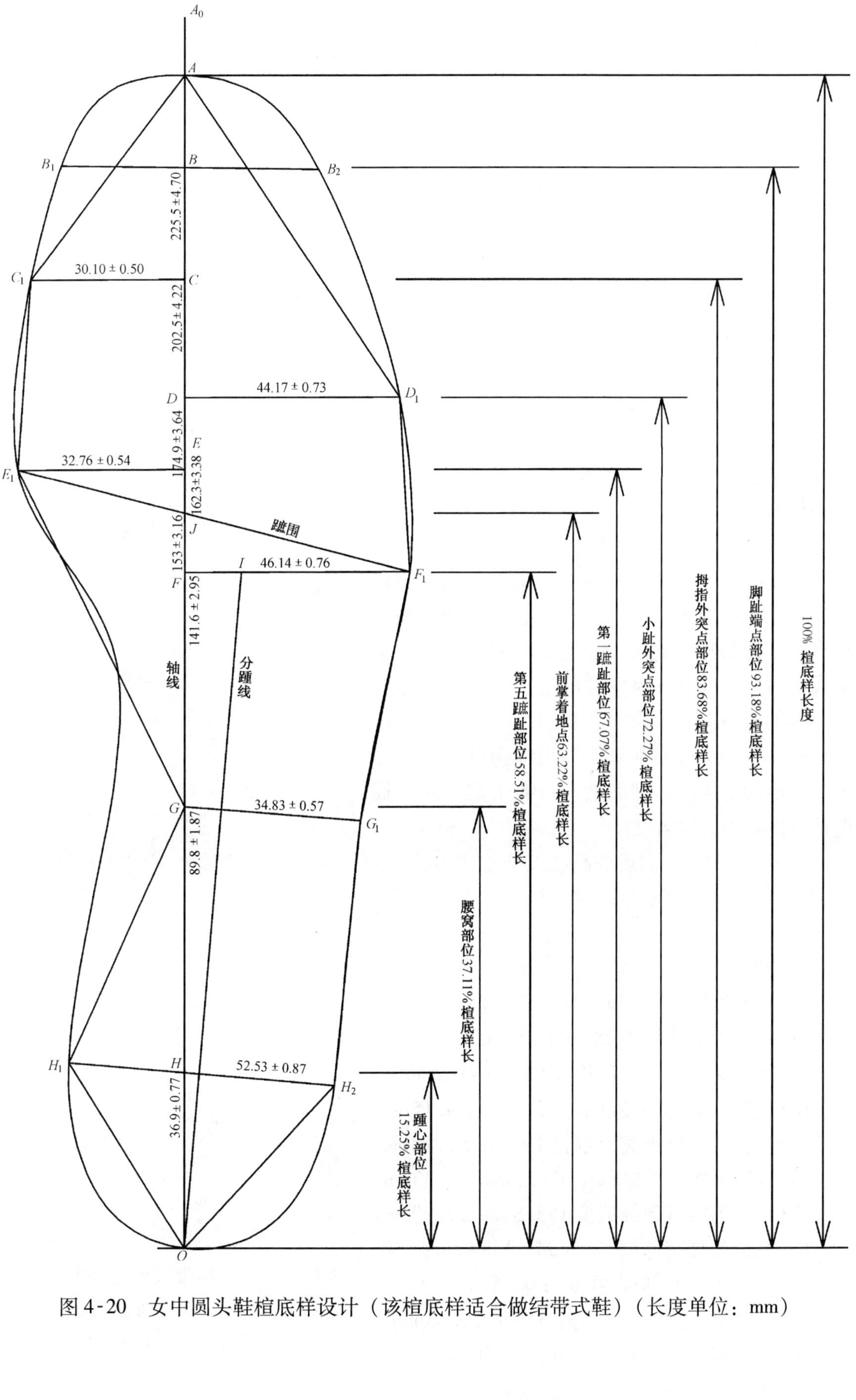

图4-20　女中圆头鞋楦底样设计（该楦底样适合做结带式鞋）（长度单位：mm）

以上两种男女楦底样设计中各部位长度是不变的，凡是250号定点部位，按此为基础级放扩缩加减等差数据，前面已介绍它是按脚的部位长度来确定，也就是说按脚型规律制定的，长度可以变的就是放余量和超长度，它可根据头型变化而决定放多少余量、超长多少。鞋楦底样各部位宽度根据不同品种和跟高不同的变化，各部位的宽度是有变化的，例如结带式（素头）230号一型半40mm后跷高的基本宽度为77.6mm，而浅口式230号一型半40mm后跷高的基本宽度为76.3mm。

例如同样230号一型半女浅口鞋楦的楦底样基本宽度，后跷高不同宽度也不相同，如20mm后跷高基本宽度为78.9mm，80mm后跷高基本宽度为75.1mm。

（三）男舌式鞋楦底样设计（中间号）

男舌式鞋是男鞋中最普及的款式，也是式样变化最多的男鞋，其中有绅士系列、时装系列、休闲系列等。

1. 绅士男鞋楦底样设计和检测曲线卡板设计

绅士鞋一般情况是配西装出席正规场合穿着的皮鞋，要体现出高贵、大方、品质高档，是具有男士气派的经典款式。鞋楦楦体要求端正，头型大小适中，必须确保穿着舒适。它依靠楦型来体现鞋的形体造型，采用高档的皮革材料，通过精致的做工等综合要素来体现出绅士鞋的高档品位，显示绅士风度的神韵魅力。绅士鞋楦底样板设计见图4-21、图4-22。

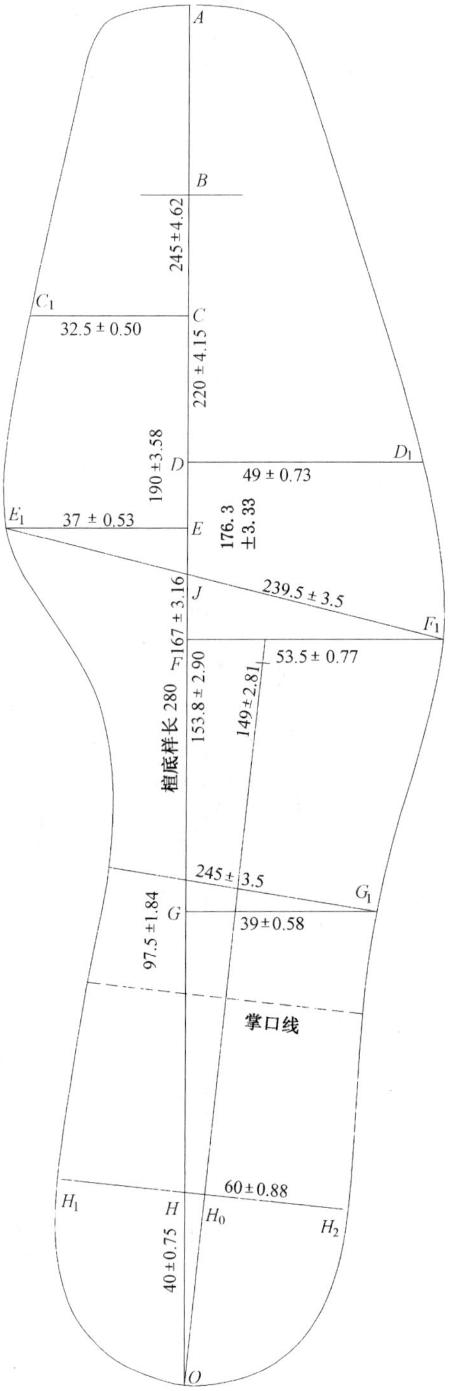

图4-21　超长结带式男鞋250号三型25mm后跷高鞋楦底样设计图（长度单位：mm）

250号三型25mm后跷高超长结带式男鞋：
头型：方圆头型、绅士系列。
特色：美观大方、穿着舒适。
配套服装：适合配套西装穿着。

（1）楦底样长度部位名称及长度尺寸：

AO 线段为楦底样长 280mm ±5mm
BO 线段为脚趾端点部位 245mm ±4.62mm
CO 线段为拇趾外突点部位 220mm ±4.15mm
DO 线段为小趾外突点部位 190mm ±3.58mm
EO 线段为第一蹠趾部位 176.3mm ±3.33mm
FO 线段为第五蹠趾部位 153.8mm ±2.90mm
GO 线段为腰窝部位 97.5mm ±1.84mm
HO 线段为踵心部位 40mm ±0.75mm
AB 线段为放余量加超长度 35mm ±0.63mm
JO 线段为前掌着地 167mm ±3.15mm

（2）楦底样宽度部位名称及宽度尺寸：

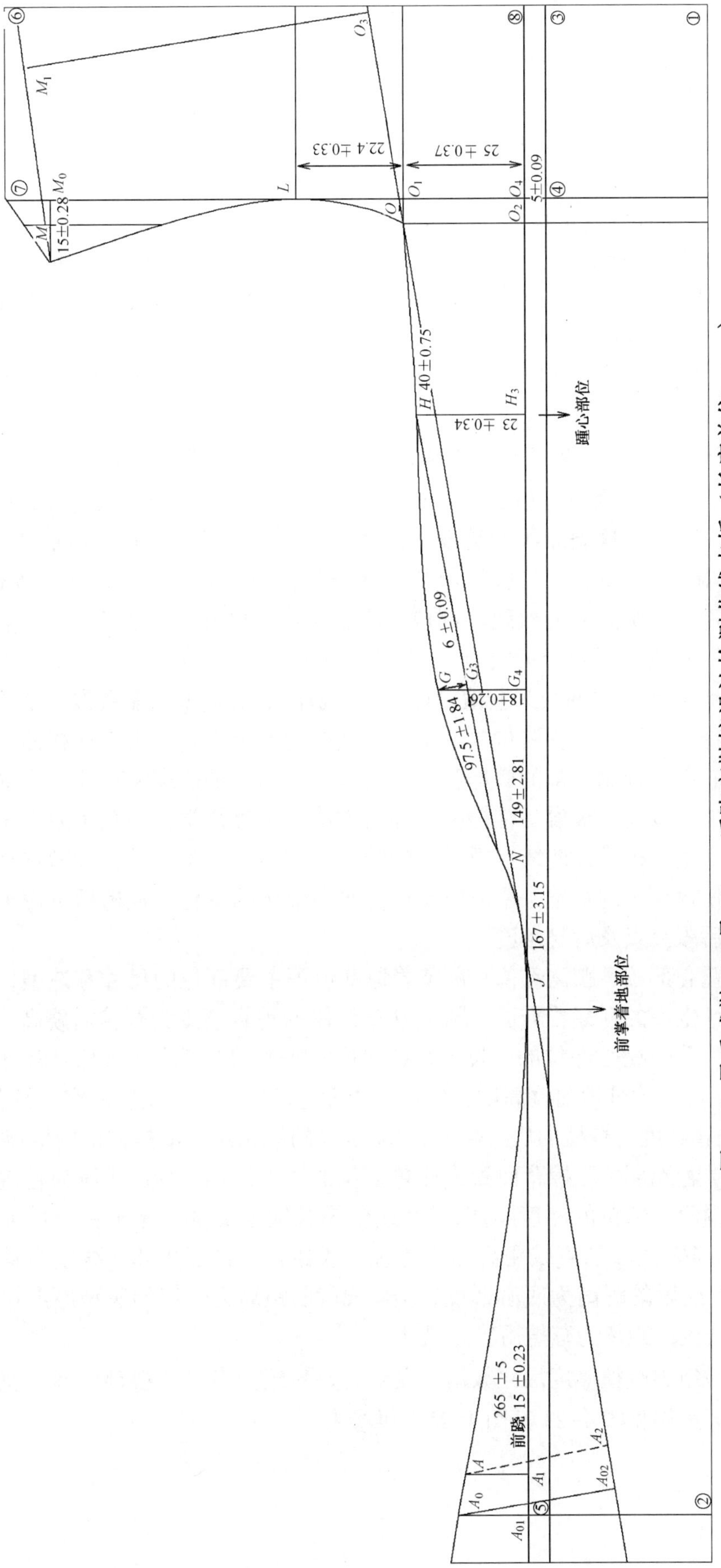

图 4-22　男舌式鞋 250 号 25mm 后跷高鞋楦设计检测曲线卡板（长度单位：mm）

注：国标前跷为18mm，以上设定为15mm。该鞋楦设计检测曲线卡板专利公开号：CN1795778A。

CC_1 线段为拇指里宽 32. 50mm ±0. 50mm

DD_1 线段为小趾外宽 40. 00mm ±0. 73mm

EE_1 线段为第一蹠趾里宽 37mm ±0. 53mm

FF_1 线段为第五蹠趾外宽 53. 50mm ±0. 77mm

GG_1 线段为腰窝外宽 39mm ±0. 58mm

H_1H_2 线段为踵心全宽 60mm ±0. 88mm

EE_1 线段加 FF_1 线段合计宽度为楦底样基本宽度 90. 5mm，等差 1. 3mm

（3）蹠围测量：以 F_1 点开始围绕楦背至 E_1 点再至 F_1 为终点绕一周的蹠围长为 239. 5mm，等差 3. 5mm。

（4）跗围测量：带尺从 G_1 点开始随鞋楦腰窝部位绕一周的围长就是跗围 245mm，等差 3. 5mm。

图 4-22 中①～②的一条直线为卡板的地平面线，③～④～⑤的一条直线为卡板基础线，④～⑦是一条竖直鞋楦曲线卡板定位线段，①～⑥是卡板竖直的后边线段。*A*～*J*～*N*～*G*～*H*～*O* 的这条曲线就是设计检测曲线卡板中的楦底样长度曲线。图中 *A* 点为鞋楦头部端点部位，*J* 点为鞋楦前掌着地部位，*N* 点为鞋楦总前跷着地部位，*G* 点为鞋楦腰窝部位，*H* 点为鞋楦踵心部位，*O* 点为鞋楦底样后端点部位，*L* 点为鞋楦后身突点部位（也就是后容差的突点），*M* 点为鞋楦后身高及统口后身端点部位。由 *O* 点经过 *L* 点到 *M* 点这段曲线为鞋楦设计曲线卡板的后身造型控制线段，是检测后身突点及后容差部位弧度的一种测量检测工具。该曲线卡板主要是由楦底样曲线和后身曲线组成的，它起到控制鞋楦的底部和后身造型的作用，是以脚型规律和脚的主要部位为依据设计的，按此卡板设计鞋楦是一种新方法，十分科学，为鞋楦后身统一打下了良好的基础。用鞋楦设计曲线卡板设计的鞋楦，它参照国家标准，造型选择最佳的线条和形体，使设计出的鞋楦头型适应流行趋向和市场的变化，鞋楦后身用卡板可以控制后容差、后跟突点及后身角度。

底部控制踵心部位、腰窝部位、前掌着地部位等主要部位的尺寸和造型，使鞋服脚合脚，使设计生产的鞋穿着舒适。图中 O_2O 线段的垂直高度为鞋楦后跷高，H_3H 线段的垂直高度为鞋楦踵心部位的高度，G_4G 线段的垂直高度为鞋楦腰窝部位的高度，A_1A 线段的垂直高度为鞋楦前跷高度，O_1L 线段的垂直高度为鞋楦后跟突点部位高度，O_3M_1 线段的垂直高度为鞋楦的后身高度，*AM* 线段的斜长距离就是鞋楦的楦斜长，JJ_3 线段为鞋楦前掌着地部位至楦背面蹠围测量部位的厚度距离，GG_5 线段为鞋楦腰窝部位至楦背面跗围测量部位的厚度距离，*GP* 线段为鞋楦腰窝部位至鞋楦统口前端点部位的高度距离，*MP* 线段的直线距离为鞋楦统口长距离，图示中 A_2A 线段为鞋楦总前跷的距离，G_3G 线段的距离为底心凹度，BB_3 线段的距离为鞋楦的头型厚度尺寸，简称头厚，OO_1 线段的距离为鞋楦后容差尺寸。

表 4-4 是一组男鞋楦厚度尺寸数据，表 4-5 是一组男鞋楦主要部位肉体宽度尺寸数据，鞋楦设计举例见图 4-23 至图 4-25，供参考。

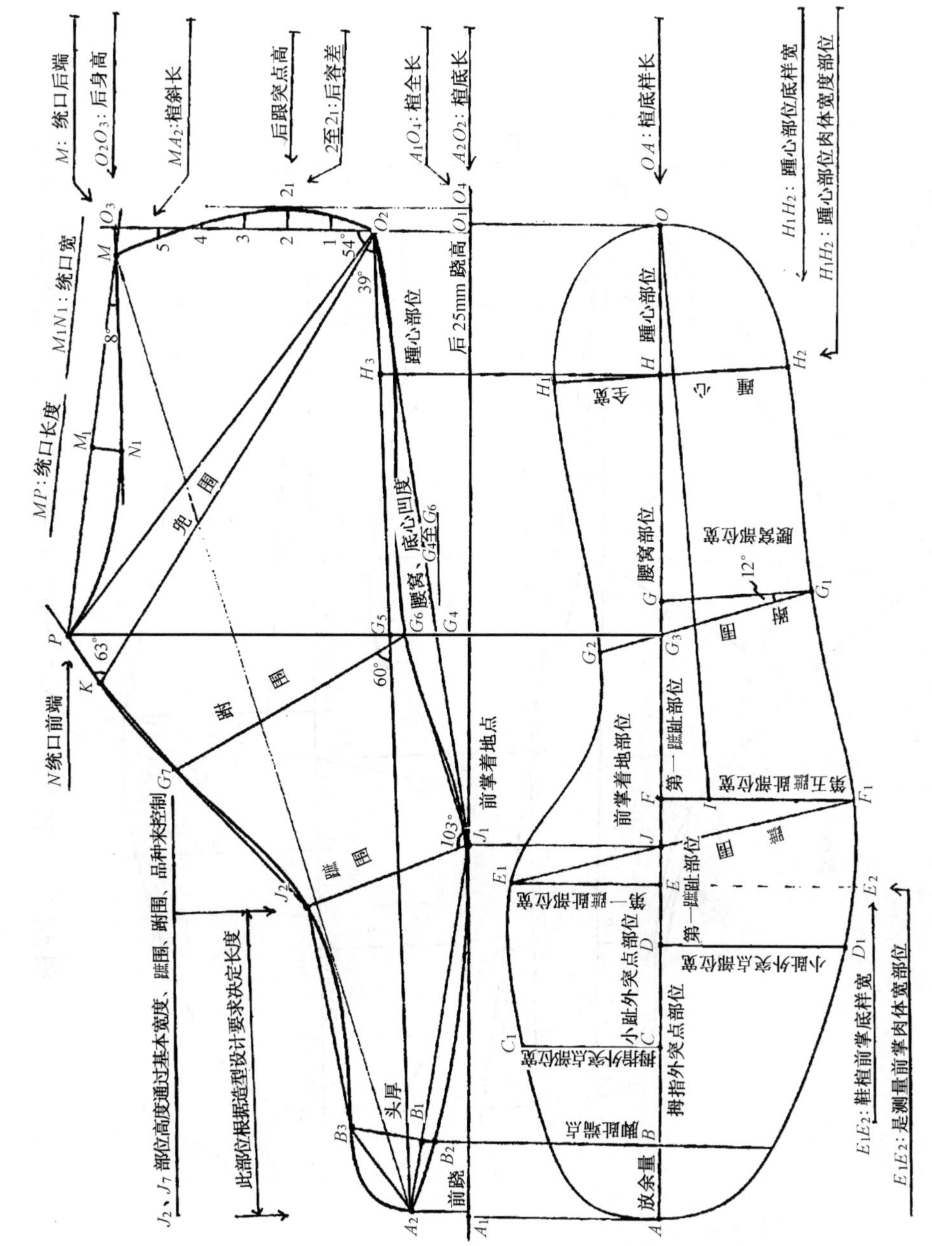

图 4-23　中圆头皮鞋 250 号 25mm 后跷高鞋楦（长度单位：mm）

（图4-23~图4-25引自《中国鞋号及鞋楦设计》，轻工业出版社）

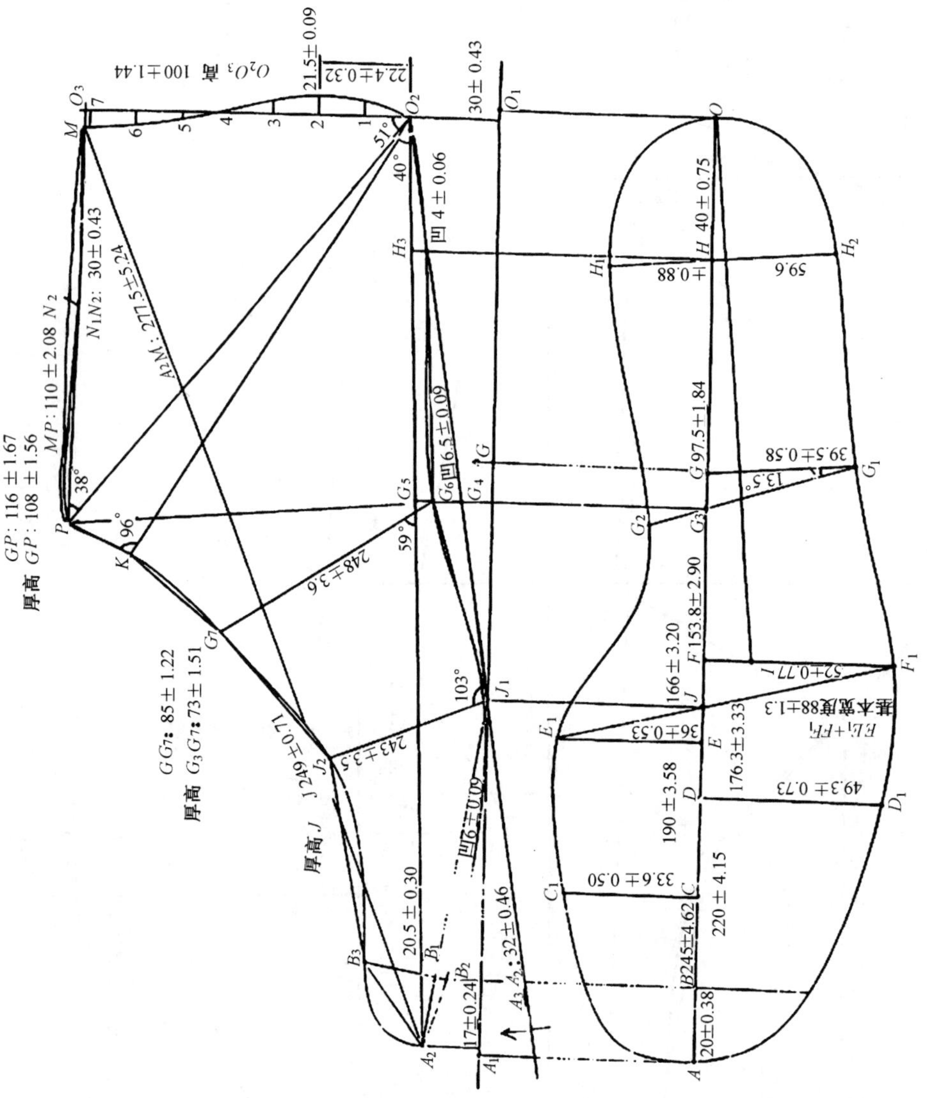

图 4-24　高腰男鞋 250号 30mm 后跷高二型半鞋楦（长度单位：mm）

A—楦底样前端点
B—脚趾端点部位
C—拇指外突点部位
D—小趾外突点部位
E—第一蹠趾部位
F—第五蹠趾部位
G—腰窝部位
H—踵心部位
J—前掌着地部位
O—楦底样后端点
A_1 A_2—前跷
B_1 B_2—脚趾端点部位宽
B B_3—头厚
C C_1—拇指里宽
D D_1—小趾外宽
E E_1—第一蹠趾里宽
F F_1—第五蹠趾外宽
E_1 F_1—测量蹠围部位
G G_1—腰窝外宽
G_1 G_2—测量跗围部位
H_1 H_2—踵心全宽
J_1 J_2—前掌着地部位厚度测量点
G_3 G_7—腰窝部位厚度测量点
G_4 G_6—底心凹度
O_1 O_2—后跷高
O_2 O_3—后跟高
M P—统口长
M_1 M_2—统口宽
A_2 M—楦斜长
A_2 A_3—总前跷
O_2 O_3—后身高
2 2_1—后容差
J J_2—蹠趾部位厚高度
G_3 G_7—跗背部位厚高度测量点
G_3 P—统口前高度测量点

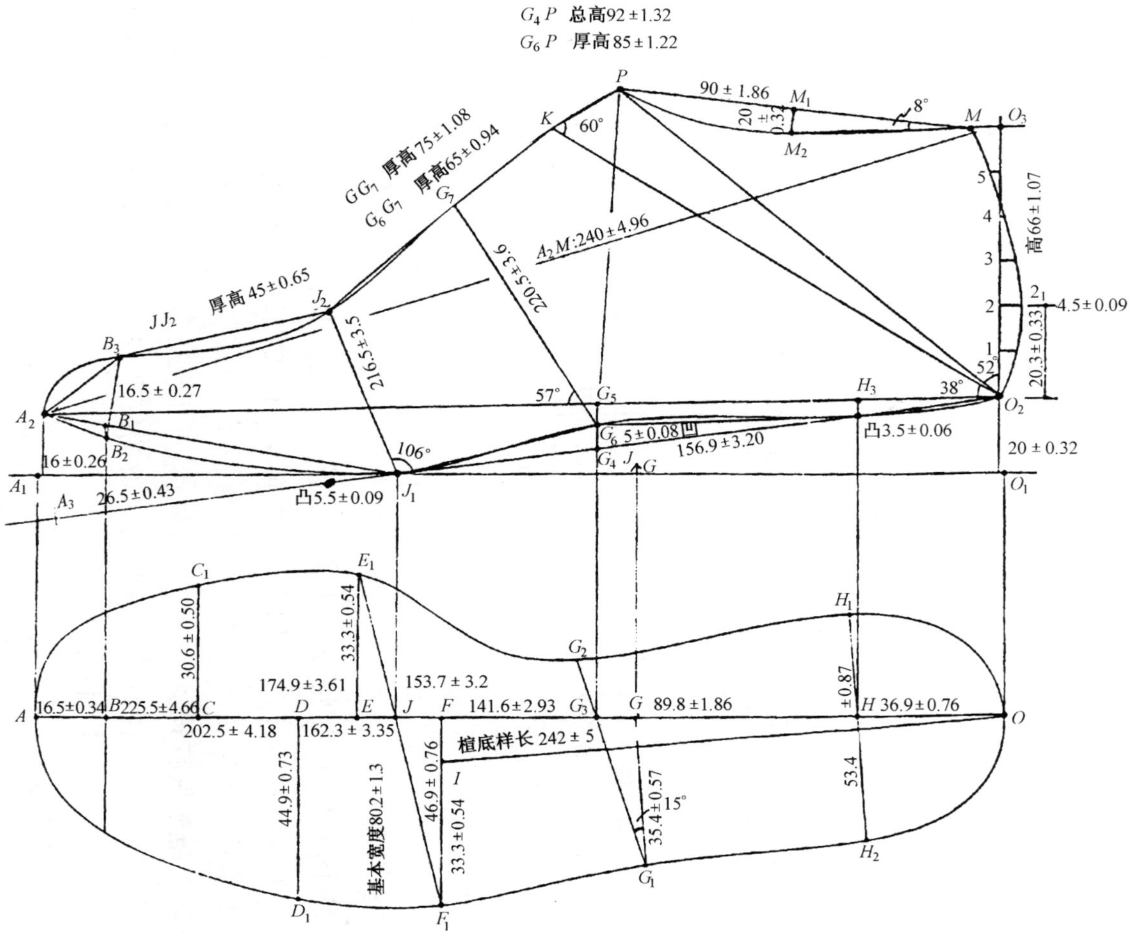

图 4-25　女圆头鞋 230号一型半 20mm 后跷高鞋楦（长度单位：mm）

表 4-4　男鞋 250 号二型半至三型 25mm 后跷高鞋楦主要部位厚度　单位：mm

品　种	部位名称	厚　度	等　差	部位名称	厚　度	等　差
结带式鞋	蹠趾部位 J~ J_2	44~ 45	0.65	跗围部位 G_3~ G_7	74~ 75	1.09
舌式鞋		43~ 44	0.64		73~ 74	1.07
包子鞋		42~ 43	0.62		72~ 73	1.06
结带式鞋	脚趾端点部位 B~ B_3	22~ 23	0.33	统口前端点部位 G_3~ P	89~ 90	1.31
舌式鞋		21~ 22	0.31		87~ 88	1.28
包子鞋		21~ 22	0.31		86~ 87	1.26

表 4-5　男鞋 250 号二型半至三型 25mm 后跷高鞋楦主要部位肉体宽度　单位：mm

品　种	部位名称	宽　度	等　差	部位名称	宽　度	等　差
结带式鞋	踵心肉体全宽（用游标卡尺直接测量）	67~ 68	1.00	前掌着地部位肉体全宽（用游标尺直接测量）	93~ 94	1.38
舌式鞋		66~ 67	0.98		91~ 92	1.35
包子鞋		65~ 66	0.97		89~ 90	1.32

注：以上数据仅供参考。

2. 男超长舌式鞋楦底样设计

250 号 25mm 后跷高三型舌式超长鞋楦的各部位定点部位和结带式完全相同，但楦底样各部位的宽度和结带式不相同，楦底样设计检测曲线卡板和结带式完全相同，但楦体尺寸不相同。

（四）男女时装鞋楦底样设计

时装鞋的概念，就是穿时装时需配套穿着的皮鞋款式，它要求和流行的时装一样，时尚、前卫、新颖、有时代个性。

时装鞋楦设计有以下几个重点：

（1）适应时代流行趋势的变化，鞋楦的头型必须不断变换造型式样，例如大头、中圆头、中方头、小圆头、尖头、小方头、各种超长式等的头型变化。

（2）适应流行的各种鞋底造型变化，随着流行款式的变化，时装鞋的大底有成型底，有加沿条的组合底，有成型底、成型跟结合的组装底等，设计鞋楦要和这些不断变化的大底相配套。

（3）鞋跟的不断变化是时装鞋的一大特点，它使时装鞋多姿多彩。各国鞋类设计师为了适时、创新、体现时尚、展示前卫，在鞋跟的造型设计上大做文章，因此时装鞋楦要注重和跟型相配合，相协调，进行有机的组合，在鞋楦设计上追求造型美观、款式新颖，不断推出千姿百态的流行鞋楦，满足时装的配套。

（4）时装鞋楦的型体随时装的变化而变换造型式样，随着时代的发展、审美爱美的需求，时装鞋新品将不断推出，作为时装鞋灵魂的鞋楦，体形的创新必须围绕着新款的产生变化而变化。例如浅口式、低帮鞋的楦底样的基本宽度、腰窝里外宽度、踵心宽度就不能设计得太宽，而深口的结带式，高帮的楦底样就要比浅口式和低帮鞋的楦底样宽些，如同样 230 号一型 50mm 跟高的女时装鞋楦底样，浅口式基本宽度在 73～75mm 之间，而结带式基本宽度就有 74～76mm。

（5）有一样是不能变的，就是设计的鞋楦必须符合广大消费者的脚型规律，满足消费者对舒适的要求。例如为追求时尚前卫，把楦底样设计得太超长，影响正常行走是不可取的，为了鞋型美观，楦底样不按脚型规律设计或设计得过窄都会影响穿着舒适，失去实用性。时装鞋的设计理念是，要匹配时装，时尚前卫流行，但同时必须舒适美观。

男女时装鞋楦底样板实例如图所示。

图 4-26 为男 255 号舌式时装鞋楦底样板　图 4-27 为女 230 号一型浅口式超长时装鞋楦底样板。

男女时装鞋楦的楦底样曲线检测卡板和绅士经典系列是相同的，可以通用。

（五）男女包子鞋楦底样设计

包子鞋是一种以围盖缝埂工艺制帮的鞋，它也有结带式、深口式、浅口式之分。一般包子鞋口门不太深，也不能太浅，多数以舌式为主，简称包子鞋，还有其他叫法，如“烧卖鞋”、“马克鞋”、“饺子鞋”、“皱头鞋”等。此鞋特色是通过皱褶前帮缝埂前帮，加强了鞋帮主体造型，此类鞋一般选用有一定厚度的软牛皮为帮面材料，高档包子鞋一般选用真皮大底，和经典类不同的是大底要求柔软，中档包子鞋大底一般选用组合底、仿皮软质底。

由于包子鞋类的用料追求柔软，使该鞋具有了一种宽松舒适的感受，穿后同样会感觉到比经典类的鞋舒服，它在正规场合也可以穿着，也可以作为休闲时穿着的鞋，因此包子鞋的楦底样设计和结带式、舌式鞋有不同的外观型体和不同的鞋楦尺寸。例如包子鞋楦底样长在正常的超长度范围就可以了，不能设计得超长；头型一般以中圆头型为主，但也有大头型和方头型的款式，但变化不像时装鞋那样大；鞋楦底样宽度和楦体宽度比结带式和一般舌式鞋要窄些。图 4-28 为男女包子鞋楦底样板图。关于楦体尺寸及造型设计内容在鞋楦楦体造型设计中再详细论述。

（六）女靴楦底样设计

女靴是鞋类产品中主要款式之一，以前称马靴，现代女性流行服饰和时尚前卫离不开女靴。高腰鞋后帮高度在 150mm 以上的鞋筒称低帮女靴，后帮高度在 200mm 左右的鞋筒称中帮女靴，后帮高度在 300mm 左右的鞋筒称高帮女靴，其中分单靴和棉靴，单靴适合于制作流行时尚前卫的单层真皮夹里的女靴，第一是美观，第二是舒适；棉靴适合于北方，以保暖为第一，以舒适为第二，以美观为第三。女靴楦底样设计基本与高腰女鞋相同，单靴一般中间号的肥瘦型号选择一型或一型半，而棉靴一般中间号的肥瘦型号选择一型半或二型为市场产品。

图 4-29 为女靴楦底样设计图，关于女靴楦体设计在后面再做详细论述。

（七）男女全空式凉鞋楦底样设计

男女全空式皮凉鞋在凉鞋的各种品种中是最具有代表性的款式，例如满帮凉鞋楦可以用满帮鞋楦直接设计生产满帮凉鞋，它只是帮面冲孔，帮面中间采用条带式，一

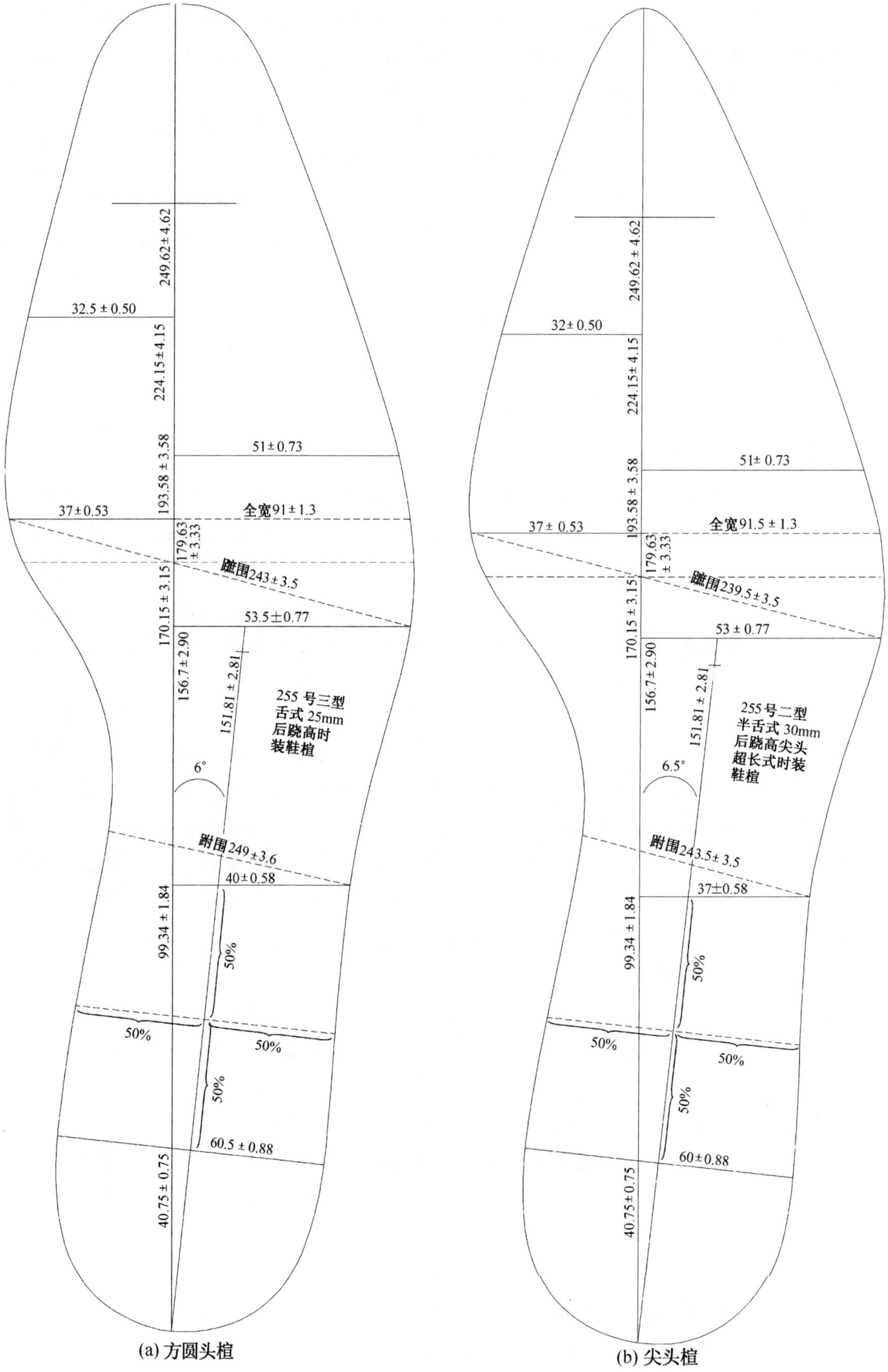

图 4-26　男时装鞋楦底样板图（长度单位：mm）

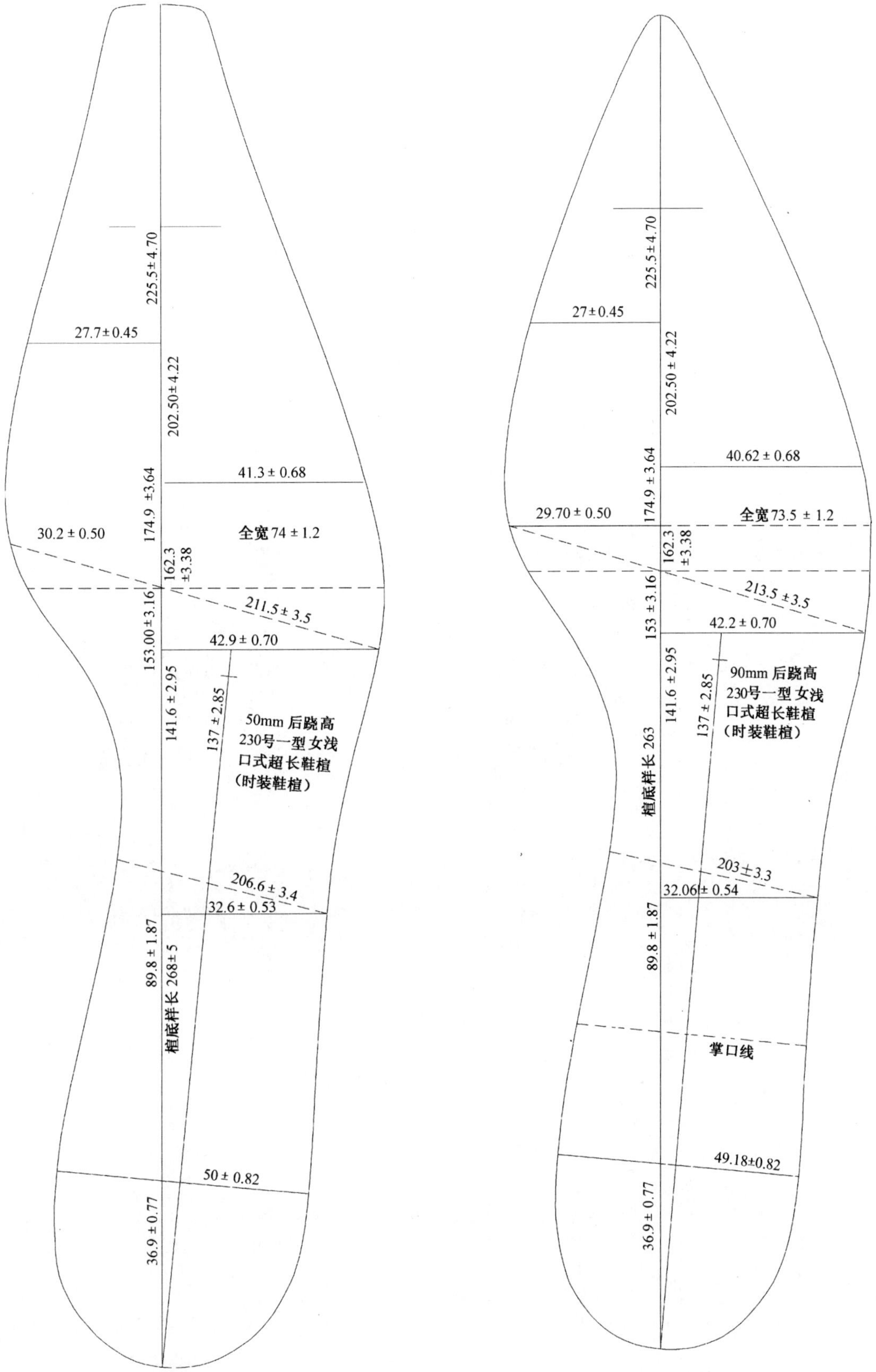

(a)方头楦　　(b) 尖头楦

图 4-27　女时装鞋楦底样板图（长度单位：mm）

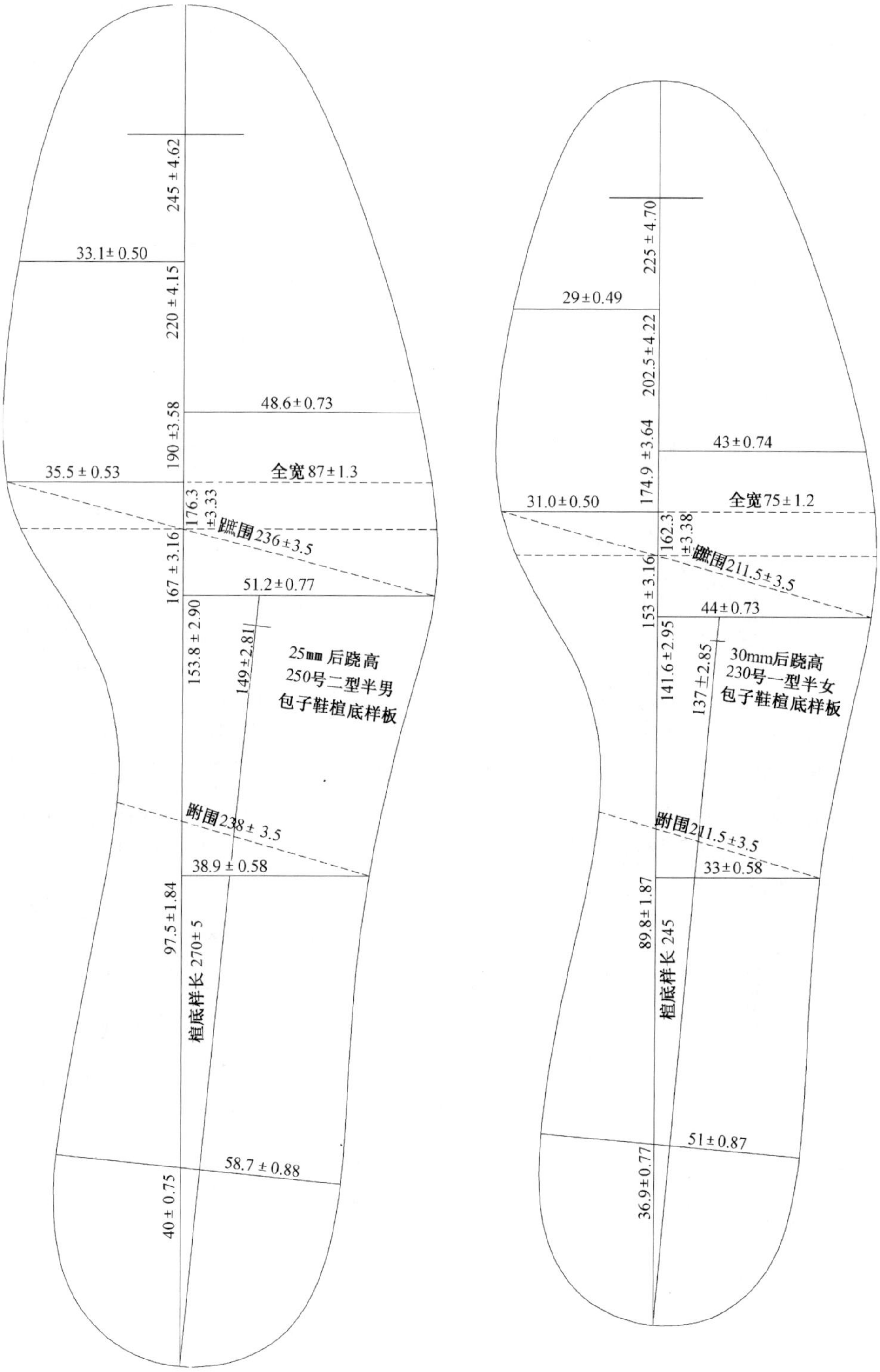

图4-28　男女包子鞋楦底样板设计图（长度单位：mm）

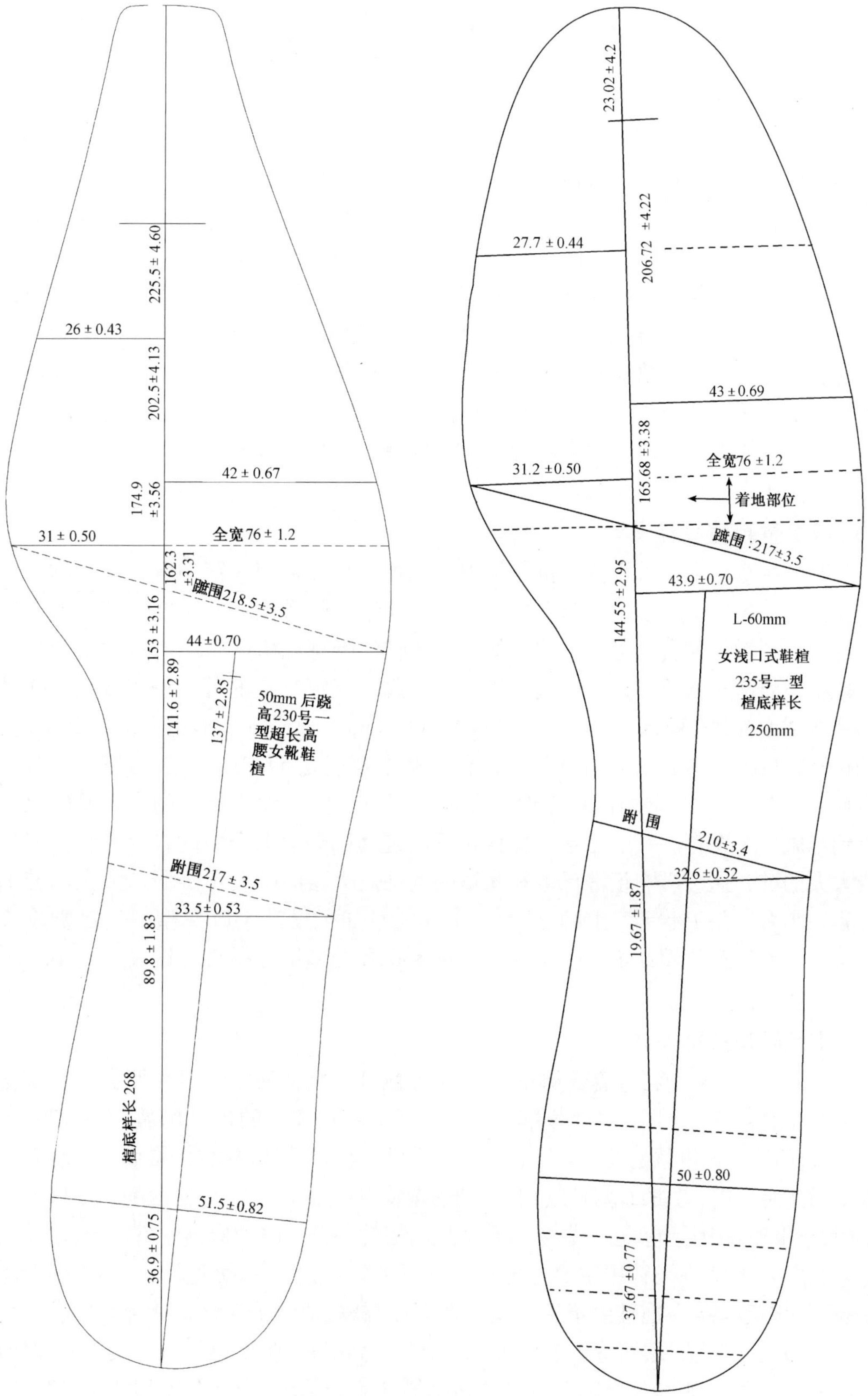

（a）小方头式　　　(b) 圆头式

图 4-29　超长高腰女靴楦底样设计图（长度单位：mm）

般头部和跟部都有帮面，包括后空凉鞋也可以直接用满帮鞋楦，但全空凉鞋由于帮面结构、制作工艺、技术要求、鞋款造型都和满帮鞋不相同，因此鞋楦必须单独设计。全空皮凉鞋是指鞋前头没有包头和帮面，前面脚趾裸露在外面，后跟部位也没有支跟帮面，帮面固定在前掌两侧部位，采用拉带条式帮面，腰窝部位没有帮面，后身在踝骨部踵心部位 H_1H_2 前后部位采用条带作为固定脚的鞋帮，见图 4-30 全空凉鞋图样。前帮的式样有内外对称和不对称的。全空凉鞋的帮面式样随着时代的变化在不断变换式样，但在设计前后空凉皮鞋时，在结构上、式样的布局上，要根据脚型的特征部位要求，而跟高低的变化，鞋楦的楦底样设计和楦体设计为了符合变化的要求和符合运动状态下的脚型规律也应该变化，但原则是舒适美观。男女全空式皮凉鞋楦底样设计需要注意的重点如下：第一，全空式皮凉鞋楦底样的踵心部位和前掌宽度不能比满帮鞋楦的底样窄，要适当放宽些，一般可比满帮鞋加宽半个型号的等差；踵心部位加宽 1mm 左右；前掌宽度加宽 1 ~ 1.5mm，确保脚不在底样外；第二，全空式皮凉鞋楦底样的放余量不能太长，由于前头没有鞋帮，放余量太长会影响鞋的美观。具体请看楦底样设计图 4-30。

（八）男女童鞋楦底样设计

童鞋分大童、中童、小童。童鞋是少年儿童生长发育期间穿的鞋，年龄越小，脚的生长变化就越大，脚越小，脚掌也越宽。随着年龄的增长脚的长度和宽度就会出现岁数越大长度增长就会比宽度大，也就是说童鞋的脚型规律宽度比例从大童到小童鞋尺寸越小，前掌宽就要越大。最重要的是儿童脚不能穿过紧的鞋，例如成人 250 号三型脚基本宽度为 99.3mm，鞋楦基本宽度是 89.3mm，脚与楦基本宽度差为 10mm；儿童 180 号二型脚基本宽度为 72.81mm，鞋楦基本宽度是 67.2mm，脚与楦基本宽度差为 5.61mm。所以对童鞋的楦底样设计尽量不要设计尖头和头型窄的，而要确保儿童脚得到健康生长发育。一般儿童选择鞋时可以选择比脚大半个型的鞋号为宜，但也不要选太大的鞋，这会影响正常行走和儿童的活动。太紧的鞋会不舒服，太大的鞋则会穿着累。小童鞋最好设计大圆头或大方头为宜，如果设计中圆头型，一定要放长余量。确保穿着舒适是设计童鞋的原则。中童 180 号二型楦底样设计图及小童 145 号楦底样设计图见图 4-31。

（九）皮拖鞋楦底样设计

没有后帮、依靠前帮包裹住脚的皮鞋叫皮拖鞋。拖鞋的特点是穿脱方便，宽松轻便，适合在家庭室内穿用。现代家庭中拖鞋已成为不可缺少的生活用品，当人们一天劳动回家，进门第一件事就是换一双轻软舒适的拖鞋。拖鞋品种也很多，帮面式样随着潮流也在不断变换款式。一般有两种结构，分别为前满帮拖鞋和全空拖鞋两种。跟型上又可分平跟、中跟和高跟拖鞋。皮拖鞋是拖鞋中最高档的一种。由于拖鞋是室内鞋，活动范围就在家庭之中，所以在设计中主要考虑穿着方便和穿着舒适，按脚型设计，不必多考虑活动状态下的脚型规律。拖鞋由于后帮没有帮面控制脚，鞋楦底样设计就应该比满帮鞋的楦底样宽，为了穿着方便，跗背也要比一般满帮鞋楦高，包括肥瘦也要比一般肥些，但前帮也不能太肥太大，否则会使脚向前冲。满帮拖鞋产生顶脚趾，全空会使脚趾超出鞋底，因此也要有科学合理的鞋楦设计及楦底样设计。235 号一型半 20mm 后跷高女式皮拖鞋楦底样板和 150 号二型 20mm 后跷高小童皮拖鞋楦底样板见图 4-32。

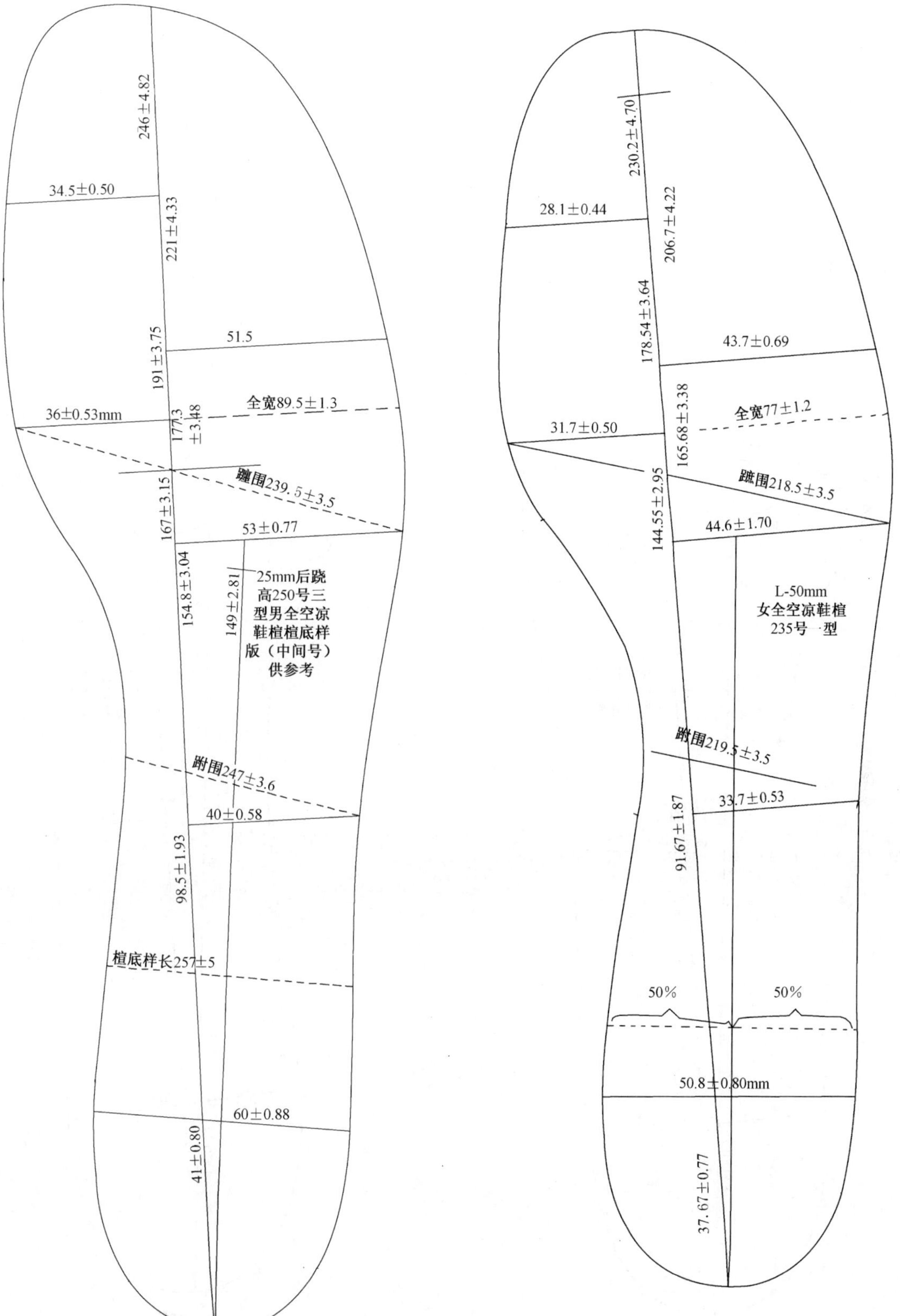

(a) 男凉鞋　　　(b) 女凉鞋

图 4-30　男女全空式凉鞋楦底样设计图（长度单位：mm）

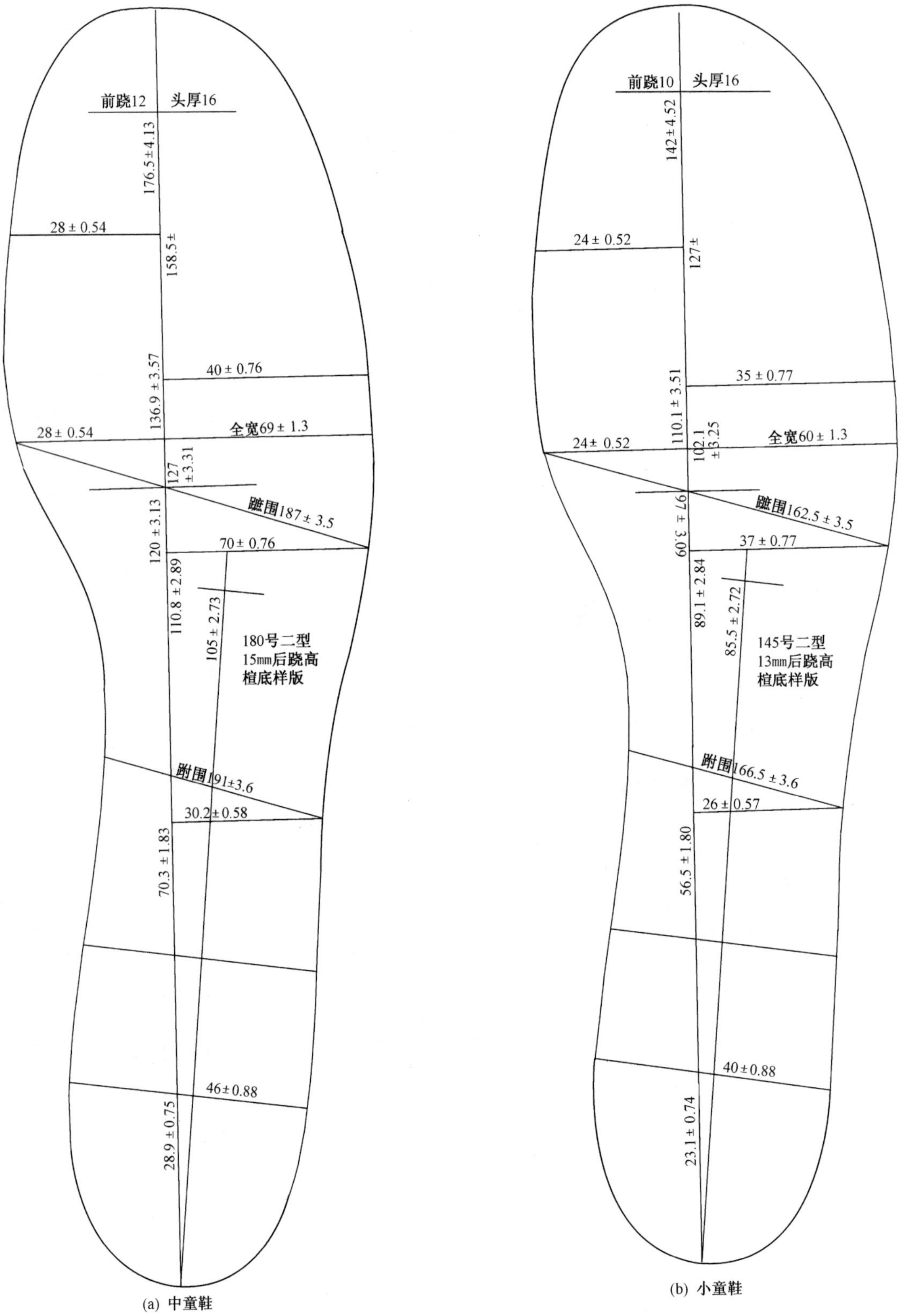

图 4-31　中童小童中圆头型楦底样板图（长度单位：mm）

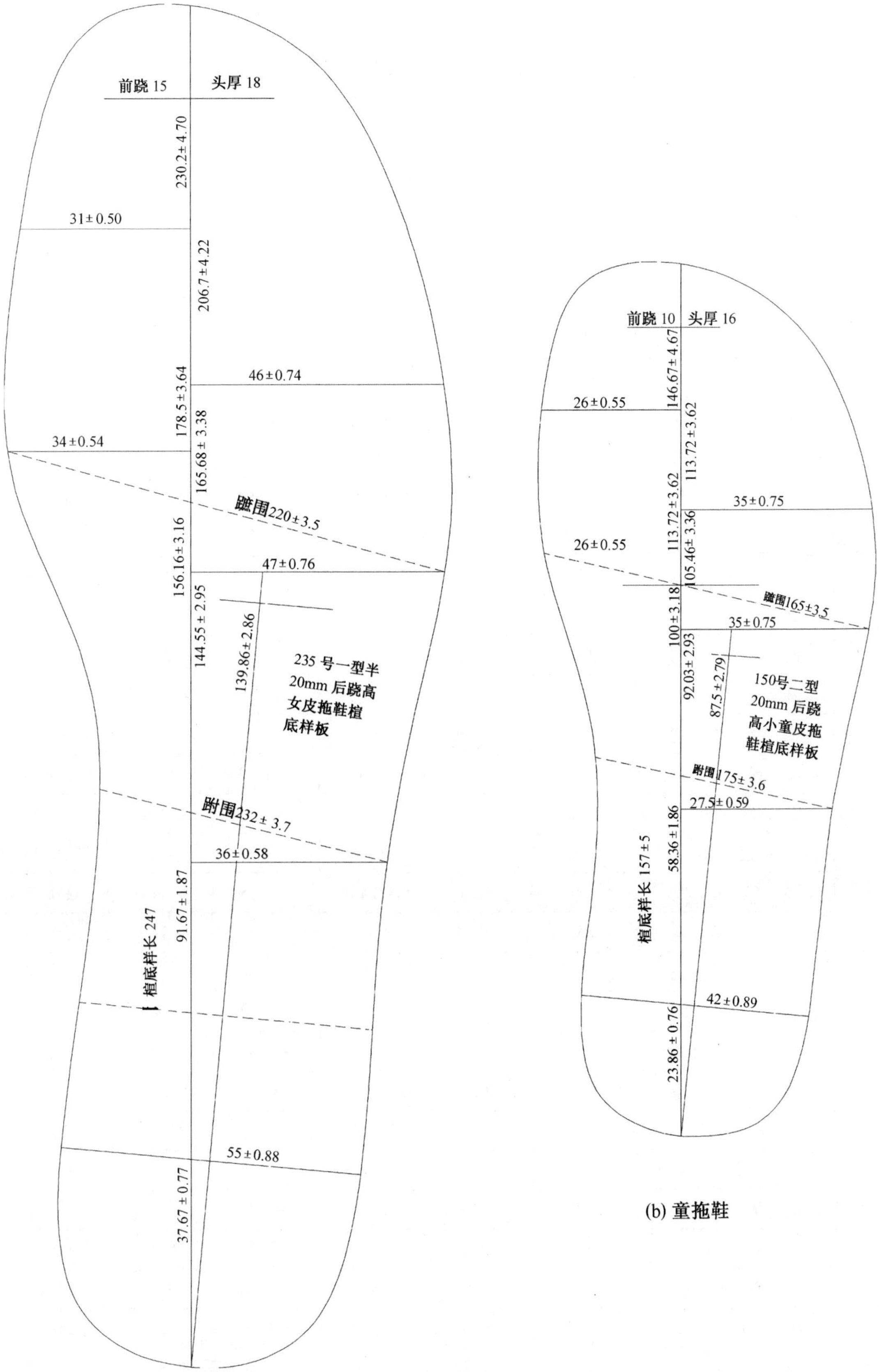

(a) 女拖鞋　　(b) 童拖鞋

图 4-32　女式与儿童皮拖鞋楦底样板图（长度单位：mm）

表 4-6　　包子鞋楦、休闲鞋楦、绅士鞋楦及时装鞋楦中间号数据表　　单位：mm

编号及品名			L－25 男包子鞋楦		L－25 男休闲鞋楦		L－20 女包子鞋楦	
号型			255（二型半）		255（二型半）		235（一型）	
部位名称＼尺寸			尺寸	等差	尺寸	等差	尺寸	等差
长度	楦底样长		275	±5	275	±5	250	±5
	放余量		25.38	±0.46	25.38	±0.46	14.8	±0.30
	脚趾端点部位		249.54	±4.62	249.54	±4.62	230.2	±4.70
	拇指外突点部位		224.15	±4.15	224.15	±4.15	206.72	±4.22
	小趾外突点部位		193.58	±3.58	193.58	±3.58	178.54	±3.64
	第一蹠趾部位		179.63	±3.33	179.63	±3.33	165.68	±3.38
	第五蹠趾部位		156.7	±2.90	156.7	±2.90	144.55	±2.95
	腰窝部位		99.34	±1.84	99.34	±1.84	91.67	±1.87
	踵心部位		40.75	±0.75	40.75	±0.75	37.67	±0.77
	后容差		5	±0.09	5	±0.09	4.5	±0.09
围度	蹠围		238	±3.5	243	±3.5	215	±3.5
	跗围		240	±3.5	247	±3.6	215	±3.5
宽度	基本宽度		86.7	±1.3	88	±1.3	78.9	±1.3
	拇指里宽		33.1	±0.50	33.6	±0.50	30.1	±0.50
	小趾外宽		48.1	±0.73	48.83	±0.73	44.2	±0.73
	第一蹠趾里宽		35.5	±0.53	36.03	±0.53	32.8	±0.54
	第五蹠趾外宽		51.2	±0.77	51.97	±0.77	46.1	±0.76
	腰窝外宽		38	±0.58	38.48	±0.58	34	±0.57
	踵心全宽		58	±0.88	59.58	±0.88	51	±0.85
楦体尺寸	跷高	总前跷	28	±0.42	30	±0.44	26	±0.44
		前跷	15	±0.22	15	±0.22	12	±0.22
		后跷高	25	±0.37	25	±0.37	20	±0.33
	头厚		22	±0.33	22.5	±0.33	18	±0.28
	后跟突点高		22.73	±0.33	22.73	±0.33	20.63	±0.33
	后身高		75	±1.08	75	±1.08	70	±1.08
	前掌凸度		5	±0.09	5.5	±0.09	5	±0.09
	底心凹度		6	±0.09	6	±0.09	5.5	±0.09
	踵心凸度		4	±0.06	4	±0.06	3.5	±0.06
	统口宽		26	±0.39	26.39	±0.39	20	±0.32
	统口长		98	±1.88	100	±1.89	90	±1.84
	楦斜长		269	±4.97	269	±4.97	247	±4.94

续表

编号及品名			L－30 女休闲鞋楦		L－25 男绅士鞋楦		L－30 男绅士鞋楦	
号型 / 尺寸 / 部位名称			235（一型）		255（二型半）		255（二型半）	
			尺寸	等差	尺寸	等差	尺寸	等差
长度	楦底样长		250	±5	280	±5	280	±5
	放余量		19.9	±0.40	30.55	±0.55	30.55	±0.55
	脚趾端点部位		230.1	±4.60	249.45	±4.45	249.45	±4.45
	拇指外突点部位		206.63	±4.13	224	±4.00	224	±4.00
	小趾外突点部位		178.46	±3.56	193.45	±3.45	193.45	±3.45
	第一蹠趾部位		165.61	±3.31	179.51	±3.21	179.51	±3.21
	第五蹠趾部位		144.49	±2.89	156.6	±2.80	156.6	±2.80
	腰窝部位		90.63	±1.83	99.27	±1.77	99.27	±1.77
	踵心部位		37.65	±0.75	40.73	±0.73	40.73	±0.73
	后容差		4.5	±0.09	5.5	±0.09	5.5	±0.09
围度	蹠围		216.5	±3.5	243	±3.5	243	±3.5
	跗围		218.5	±3.5	248	±3.6	248	±3.6
宽度	基本宽度		78.2	±1.3	90	±1.3	90	±1.3
	拇指里宽		29.6	±0.49	34	±0.50	34	±0.50
	小趾外宽		44.2	±0.73	49	±0.73	49	±0.73
	第一蹠趾里宽		32.3	±0.54	37	±0.53	37	±0.53
	第五蹠趾外宽		45.9	±0.76	53	±0.77	53	±0.77
	腰窝外宽		34.4	±0.59	40	±0.58	40	±0.58
	踵心全宽		52.4	±0.89	61	±0.88	61	±0.88
楦体尺寸	跷高	总前跷	30	±0.51	30	±0.43	35	±0.50
		前跷	12	±0.21	16	±0.24	17	±0.25
		后跷高	30	±0.49	25	±0.37	30	±0.44
	头厚		17	±0.27	22	±0.30	22	±0.30
	后跟突点高		20.3	±0.33	22.4	±0.33	22.4	±0.33
	后身高		70	±1.08	75	±1.05	75	±1.05
	前掌凸度		5	±0.09	5.5	±0.09	5.5	±0.09
	底心凹度		5.5	±0.09	6	±0.09	6.5	±0.09
	踵心凸度		3.5	±0.06	4	±0.06	4	±0.06
	统口宽		20	±0.32	26	±0.38	26	±0.38
	统口长		90	±1.84	95	±1.87	95	±1.87
	楦斜长		246.51	±4.92	278	±4.96	277	±4.94

续表

编号及品名		L－20女浅口式时装鞋楦		L－30女浅口式时装鞋楦		L－40女浅口式时装鞋楦	
部位名称 \ 尺寸 \ 号型		235（一型）		235（一型）		235（一型）	
		尺寸	等差	尺寸	等差	尺寸	等差
长度	楦底样长	260	±5	260	±5	260	±5
	放余量	29.8	±0.53	29.8	±0.53	29.8	±0.53
	脚趾端点部位	230.2	±4.70	230.2	±4.70	230.2	±4.70
	拇指外突点部位	206.72	±4.22	206.72	±4.22	206.72	±4.22
	小趾外突点部位	178.54	±3.64	178.54	±3.64	178.54	±3.64
	第一蹠趾部位	165.68	±3.38	165.68	±3.38	165.68	±3.38
	第五蹠趾部位	144.55	±2.95	144.55	±2.95	144.55	±2.95
	腰窝部位	91.67	±1.87	91.67	±1.87	91.67	±1.87
	踵心部位	37.67	±0.77	37.67	±0.77	37.67	±0.77
	后容差	4.5	±0.09	4.5	±0.09	4.5	±0.09
围度	蹠围	213.5	±3.5	214.5	±3.5	215.5	±3.5
	跗围	215.5	±3.5	214.5	±3.5	213.5	±3.5
宽度	基本宽度	76.9	±1.3	76.3	±1.2	74.3	±1.2
	拇指里宽	29.1	±0.49	28.1	±0.44	28.1	±0.45
	小趾外宽	43.5	±0.74	43.7	±0.69	42	±0.68
	第一蹠趾里宽	31.8	±0.54	31.7	±0.50	30.7	±0.50
	第五蹠趾外宽	45.1	±0.76	45.1	±0.76	43.6	±0.70
	腰窝外宽	34.9	±0.59	34.9	±0.59	33.1	±0.53
	踵心全宽	52.6	±0.89	52.6	±0.89	50.8	±0.82
楦体尺寸	跷高 总前跷	27	±0.45	34	±0.54	41	±0.64
	跷高 前跷	13	±0.22	12	±0.21	11	±0.18
	跷高 后跷高	20	±0.33	30	±0.33	40	±0.65
	头厚	16	±0.26	16	±0.26	16	±0.26
	后跟突点高	20.63	±0.33	20.63	±0.33	20.63	±0.33
	后身高	70	±1.07	70	±1.07	70	±1.07
	前掌凸度	45	±0.08	4.5	±0.08	4.5	±0.08
	底心凹度	5	±0.08	5.5	±0.09	6	±0.10
	踵心凸度	3.5	±0.06	3.5	±0.06	3	±0.05
	统口宽	20	±0.33	20	±0.33	20	±0.33
	统口长	88	±1.86	88	±1.86	88	±1.86
	楦斜长	260	±4.97	258	±4.95	256	±4.93

续表

编号及品名			L－50 女浅口式时装鞋楦		L－60 女浅口式时装鞋楦		L－70 女浅口式时装鞋楦	
号型 / 尺寸 / 部位名称			235（一型）		235（一型）		235（一型）	
			尺寸	等差	尺寸	等差	尺寸	等差
长度	楦底样长		260	±5	260	±5	260	±5
	放余量		29.8	±0.53	29.8	±0.53	29.8	±0.53
	脚趾端点部位		230.2	±4.70	230.2	±4.70	230.2	±4.70
	拇指外突点部位		206.72	±4.22	206.72	±4.22	206.72	±4.22
	小趾外突点部位		178.54	±3.64	178.54	±3.64	178.54	±3.64
	第一蹠趾部位		165.68	±3.38	165.68	±3.38	165.68	±3.38
	第五蹠趾部位		144.55	±2.95	144.55	±2.95	144.55	±2.95
	腰窝部位		91.67	±1.87	91.67	±1.87	91.67	±1.87
	踵心部位		37.67	±0.77	37.67	±0.77	37.67	±0.77
	后容差		4.5	±0.09	4.5	±0.09	4.5	±0.09
围度	蹠围		216.5	±3.5	217.5	±3.5	218.5	±3.5
	跗围		212.5	±3.5	211.5	±3.5	210.5	±3.5
宽度	基本宽度		74.3	±1.2	73.1	±1.2	73.1	±1.2
	拇指里宽		28.1	±0.45	27.7	±0.45	27.7	±0.45
	小趾外宽		42	±0.68	41.3	±0.68	41.3	±0.68
	第一蹠趾里宽		30.7	±0.50	30.2	±0.50	30.2	±0.50
	第五蹠趾外宽		43.6	±0.70	42.9	±0.70	42.9	±0.70
	腰窝外宽		33.1	±0.53	32.6	±0.54	32	±0.54
	踵心全宽		50.8	±0.82	50	±0.82	49	±0.82
楦体尺寸	跷高	总前跷	47	±0.76	53	±0.86	59	±0.96
		前跷	10	±0.16	9	±0.15	8	±0.14
		后跷高	50	±0.81	60	±0.97	70	±1.13
	头厚		16	±0.26	16	±0.26	16	±0.26
	后跟突点高		20.63	±0.33	20.63	±0.33	20.63	±0.33
	后身高		70	±1.07	70	±1.07	70	±1.07
	前掌凸度		4.5	±0.08	4.5	±0.08	4.5	±0.08
	底心凹度		6.5	±0.11	7	±0.11	7.5	±0.12
	踵心凸度		3	±0.05	3	±0.05	3	±0.05
	统口宽		20	±0.33	20	±0.33	20	±0.33
	统口长		88	±1.86	88	±1.86	88	±1.86
	楦斜长		254	±4.91	252	±4.90	250	±4.89

续表

编号及品名			L－80 女浅口式时装鞋楦		L－90 女浅口式时装鞋楦		L－100 女浅口式时装鞋楦	
号型 / 尺寸 / 部位名称			235（一型）		235（一型）		235（一型）	
			尺寸	等差	尺寸	等差	尺寸	等差
长度	楦底样长		260	±5	260	±5	260	±5
	放余量		29.8	±0.53	29.8	±0.53	29.8	±0.53
	脚趾端点部位		230.2	±4.70	230.2	±4.70	230.2	±4.70
	拇指外突点部位		206.72	±4.22	206.72	±4.22	206.72	±4.22
	小趾外突点部位		178.54	±3.64	178.54	±3.64	178.54	±3.64
	第一蹠趾部位		165.68	±3.38	165.68	±3.38	165.68	±3.38
	第五蹠趾部位		144.55	±2.95	144.55	±2.95	144.55	±2.95
	腰窝部位		91.67	±1.87	91.67	±1.87	91.67	±1.87
	踵心部位		37.67	±0.77	37.67	±0.77	37.67	±0.77
	后容差		4.5	±0.09	4.5	±0.09	4.5	±0.09
围度	蹠围		219.5	±3.5	220.5	±3.5	221.5	±3.5
	跗围		209.5	±3.4	208.5	±3.4	207.5	±3.4
宽度	基本宽度		73.1	±1.2	72	±1.2	72	±1.2
	拇指里宽		27.7	±0.45	27.25	±0.45	27.25	±0.45
	小趾外宽		41.3	±0.68	40.62	±0.68	40.62	±0.68
	第一蹠趾里宽		30.2	±0.50	30	±0.50	30	±0.50
	第五蹠趾外宽		42.9	±0.70	42	±0.70	42	±0.70
	腰窝外宽		32	±0.54	31.5	±0.54	31.5	±0.54
	踵心全宽		49	±0.84	48	±0.83	48	±0.83
楦体尺寸	跷高	总前跷	65	±1.05	70	±1.14	75	±1.21
		前跷	7	±0.13	6	±0.12	5	±0.11
		后跷高	80	±1.29	90	±1.45	100	±1.61
	头厚		16	±0.26	16	±0.26	16	±0.26
	后跟突点高		20.63	±0.33	20.63	±0.33	20.63	±0.33
	后身高		70	±1.07	70	±1.07	70	±1.07
	前掌凸度		4.5	±0.08	4.5	±0.08	4.5	±0.08
	底心凹度		8	±0.13	8.5	±0.14	9	±0.15
	踵心凸度		3	±0.05	3	±0.05	3	±0.05
	统口宽		20	±0.33	20	±0.33	20	±0.33
	统口长		88	±1.86	88	±1.86	88	±1.86
	楦斜长		249	±4.88	248	±4.87	247	±4.86

三、设计优秀楦底样的条件

楦底样设计要设计得让用户满意，要具备以下条件：

（1）一定要了解和掌握鞋楦底样设计的理论数据尺寸，符合脚型规律和脚的运动规律。

（2）一定要了解和清楚制鞋工艺要求及技术要求。

（3）一定要有丰富的技术知识和实践经验，必须要有过硬的制作技术和操作技能，“三分理论七分技能”。

因为产品要适应市场，让消费者满意，这就要求设计师们要不断学习，有能力去满足不断变换款式品种的要求。

表4-6是各式男女鞋楦中间号各部位尺寸数据表，可供设计时参考。

第三节　鞋楦设计检测曲线卡板技术

一、技术背景

中国制鞋行业已是世界最大的加工制造行业，鞋类出口占全世界总量的60%以上，中国轻工业出口产品中鞋类名列榜首。鞋楦是制鞋的模型样板，它决定鞋的外观造型和款式，直接影响着鞋的穿着是否舒适，而且它又是制鞋的工具。长期以来，在鞋楦、鞋底、鞋跟的设计和检测过程中常用的设计检测工具是铁平台、玻璃板平台、划盘针、千分尺、游标卡尺、三角尺、布带尺、前跷测量器、橡皮泥和三角平行规。

鞋楦是一个不规则的几何体，楦体以曲面为主，以前所用检测工具，只能测量到点的数据，无法掌握和控制楦体曲面造型及数据。鞋楦设计、检测曲线卡板可以解决以上检测工具无法测量的曲线测量难题，使用按照鞋楦标准数据及符合脚型规律要求预先设计好的曲线卡板，在鞋楦、鞋底、鞋跟设计时可以直接按鞋楦设计检测曲线卡板设计鞋楦的底部及后身曲面造型。设计鞋底时，鞋底底面造型也可以直接按照曲线卡板设计（见图4-33）。鞋跟上面的斜坡角度、前后高度可以直接按照曲线卡板设定 $O \sim H$ 的斜度，$O_1 \sim O$、$H_3 \sim H$ 的高度为设计标准。这样使鞋楦、鞋底在生产组合时相互吻合标准，大大提高了制鞋技术水平，提高制鞋标准化程度。包括制鞋用的钢勾心（见图4-34），可以根据卡板的 $O \sim H \sim G \sim N$ 的曲线造型来定型钢勾心的弯曲形状。我国制鞋行业多年来没有考虑和想到使用鞋楦设计检测曲线卡板来用于鞋楦、鞋跟、鞋底、钢勾心的设计和检测，影响了制鞋的标准化、装配化发展进程。原来用不是曲线的检测工具去设计检测一个不规则的几何楦体曲面造型，不能很好地控制鞋楦形体。采用设定数据尺寸，设计成符合曲面造型要求的鞋楦设计检测曲线卡板能帮助设计、检测鞋楦、鞋底、鞋跟，是一种十分实用、可以规范鞋楦设计的好方法，它能提高设计工作者的工作效率、提高产品技术质量水平，使设计的鞋楦、鞋底、鞋跟及钢勾心组装起来的鞋，符合我们的脚型规律，也符合我国的制鞋标准要求，是一项提高鞋类产品设计技术水平、实用而有价值的技术创新。

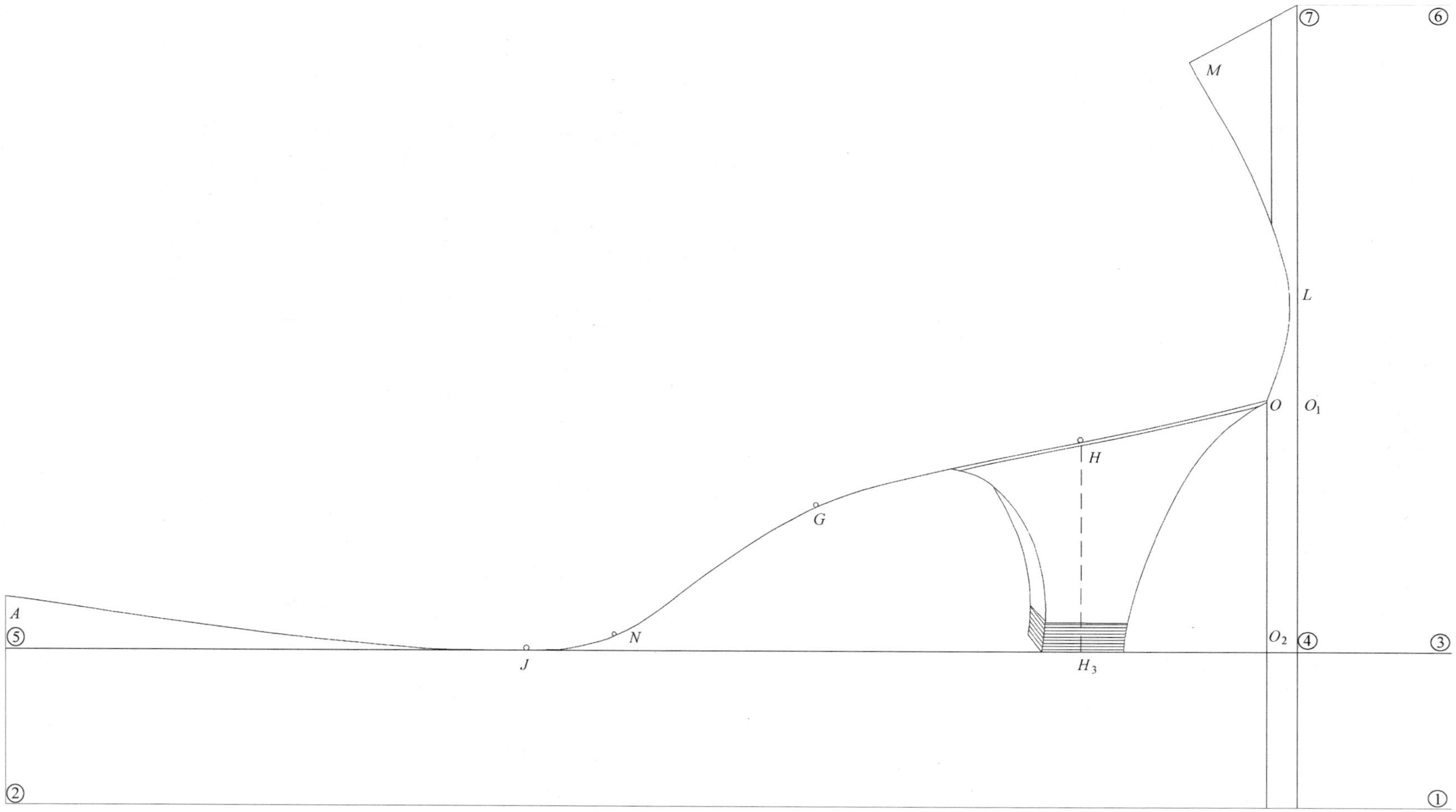

图 4-33 使用鞋楦设计检测曲线卡板设计检测鞋跟(专利公开号:CN1795778A)

注：鞋楦设计检测曲线卡板 OO_2线段中的高度就是鞋跟后身高度；HH_3线段中的高度就是鞋跟踵心部位高度。卡板 OHG 线段可以控制鞋跟上面坡度（上斜度）。按卡板设计的鞋跟就会吻合鞋楦，着地平稳

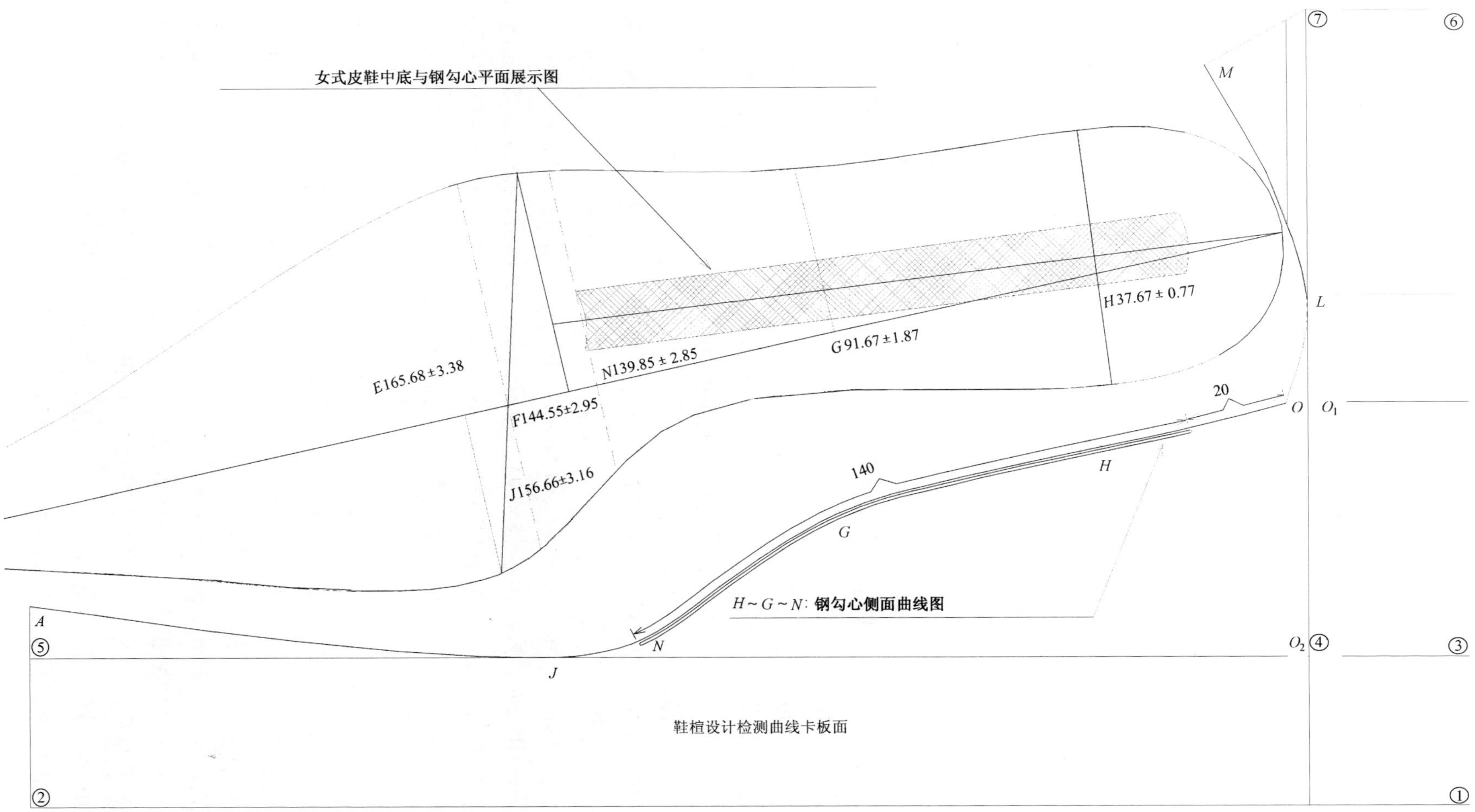

图 4-34 使用鞋楦设计检测曲线卡板设计检测钢勾心(专利公开号：CN1795778A)(长度单位：mm)

注：鞋楦设计检测曲线卡板图示中$O \sim H \sim G \sim N$线段的曲线造型就是钢勾心的侧面形状，按照曲线卡板设定钢勾心形状，吻合鞋楦，符合制鞋技术要求

二、技术特征

鞋是人们生活的必需品，人们要穿到健康卫生、舒适美观的鞋，首先要解决的问题是要设计出符合脚型规律和符合脚运动规律的鞋楦。中国虽然有了统一鞋号及鞋楦国家标准，但由于鞋楦设计通常凭设计者的个人眼光，按照数据手工设计制作，造成同样的数据尺寸，鞋楦造型的楦体形状差别很大。以前鞋楦设计先凭目测设计出楦体毛坯后，再用带尺、游标卡尺、三角尺等去测量鞋楦。这样只能获得几个主要部位的尺寸数据（见国家鞋楦检测标准），对鞋楦曲面无法控制，造成尺寸相同，形状不相同。这一难题一直困扰着鞋楦设计工作者，学习鞋楦设计 3 ~5 年也很难成为一名合格的设计师。笔者就是一位具有 30 多年鞋楦设计技术经验的设计师，在实际中我研究发现，设计鞋楦专用曲线卡板，可以解决三角尺、游标卡尺、带尺等无法替代的难题。鞋楦曲线卡板等于是一把专用的曲线卡尺，像服装设计的样板一样，鞋楦设计、鞋底设计、鞋跟设计、钢勾心定型模具设计，都可以按照设计检测曲线卡板来设计，这样可以方便设计，提高了设计的准确性和标准化程度，改变了以前无法控制楦体曲线造型的落后设计方法。同时在现代制楦的软件应用中，只要首先输入鞋楦设计检测曲线卡板，然后按曲线卡板在计算机上就可以设计校正鞋楦。鞋楦设计检测曲线卡板上设定设计所需要的各部位数据尺寸，有符合设计要求的曲线造型都设定在卡板上，卡板可以分别为男鞋、女鞋，还可以按不同高度的后跟设计卡板。例如：20mm、30mm、40mm、50mm、60mm、70mm、80mm、90mm、100mm 不同后跷高度的曲线卡板。当你想设计多少毫米跟高的鞋楦，你只要选用相应跟高的曲线卡板，就可以设计出符合该跟高要求，满足该跟高数据及技术要求的鞋楦。女鞋楦后跷高有 10mm、15mm、20mm、25mm、30mm、35mm、40mm、45mm、50mm、55mm、60mm、65mm、70mm、75mm、80mm、85mm、90mm、95mm 和 100mm。男鞋楦后跷高从 20mm 开始，25mm、30mm、35mm 至 40mm 为止。童鞋楦从 15mm、20mm、25mm 至 30mm 为止。把以上设计图示鞋楦设计检测曲线卡板提供给鞋楦设计工作者，设计者就像使用曲线卡尺一样，可以根据鞋楦曲线卡板以及提供在卡板上的数据直接进行鞋楦设计和检测鞋楦是否符合数据尺寸要求，是否符合国家鞋楦标准要求，因为该卡板中的主要部位数据是根据中华人民共和国国家标准 GB3293—1982《中国鞋号及鞋楦系列鞋楦尺寸》为依据设计而成的鞋楦设计检测曲线卡板。现在有了鞋楦设计检测曲线卡板，就可以测量楦体曲线的底部及后身部位，创新了设计及检测方法。

设计鞋楦设计及检测曲线卡板，是为了让鞋楦设计工作者在设计鞋楦这个不规则的三维几何体和不规则曲面组成的楦体外观时用设计成曲线的卡板去设计、检测鞋楦，作者认为这是目前最好的方法。作者设计的鞋楦设计检测曲线卡板是以我国统一鞋号、国家鞋楦标准数据为尺寸依据，根据本人在鞋楦这一行业工作 30 多年的实践经验，经过 5 年的研究和实际应用后得出的最后的设计结果。

三、优　　点

鞋楦设计检测曲线卡板的优点是：

（1）该卡板数据符合国家鞋楦标准，能使设计出的鞋楦符合我国统一鞋号标准，能有效地控制脚的特征部位的数据尺寸，使鞋楦底部及后身的造型更美观，使鞋楦能符合中国人的脚型规律，方便了设计，提高了设计工作效率，有效控制楦体尺寸，使生产的鞋穿着后让人感到舒适，起到保健康的作用。

（2）在造型设计方面，采用曲线卡板，结合数据和制鞋技术要求，将曲线和数据有机地结合美化，使用曲线卡板设计的鞋楦造型美观、设计合理。鞋楦底部和后身按曲线卡板设计，鞋楦的头型根据流行趋势进行变化，适应流行款式要求，将有规律的脚型规律、数据和不断变化的市场要求结合应用。鞋楦设计检测曲线卡板的核心技术就是用有规律的鞋楦数据与适应潮流的不断变化的楦体造型结合制作设计的一种鞋楦设计及检测工具。

四、鞋楦设计检测曲线卡板制作方法

为了让重视鞋楦设计的同行看得懂和能制作实施设计鞋楦设计检测曲线卡板，首先请看鞋楦侧面投影图（图4-35）和楦底样板平面设计图（图4-36）。

O 点是鞋楦的后身端点，楦底样后端点，同样也是鞋楦设计检测曲线卡板上的 *O* 点，如图4-37、图4-38 所示。

H 是鞋楦的踵心部位，也是楦底样踵心部位点，同样也是鞋楦设计检测曲线卡板上的 *H* 点。

G 是鞋楦的腰窝部位，也是楦底样腰窝部位点，同样也是鞋楦设计检测曲线卡板上的 *G* 点。

N 是鞋楦的总前跷着地部位，同样是楦底样和鞋楦设计检测曲线卡板上的 *N* 点。

J 是鞋楦的前掌着地部位，同样是楦底样卡板和鞋楦设计检测曲线卡板的 *J* 点。

B 是鞋楦上的脚趾端点部位，同样是楦底样板上的脚趾端点部位，也是鞋楦设计检测曲线卡板上的 *B* 点。

A 是鞋楦上的头型端点部位，也是楦底样板上的头部端点，同样是鞋楦设计检测曲线卡板上的 *A* 点。

L 是鞋楦后跟突点部位，也就是后容差凸出部位，同样是鞋楦设计检测曲线卡板的 *L* 点。

M 是鞋楦的后身高度部位，也就是鞋楦统口的后端点部位，也是鞋楦设计检测曲线卡板的 *M* 点。

以上部位在曲线卡板图4-39、图4-40 中都有具体表示。

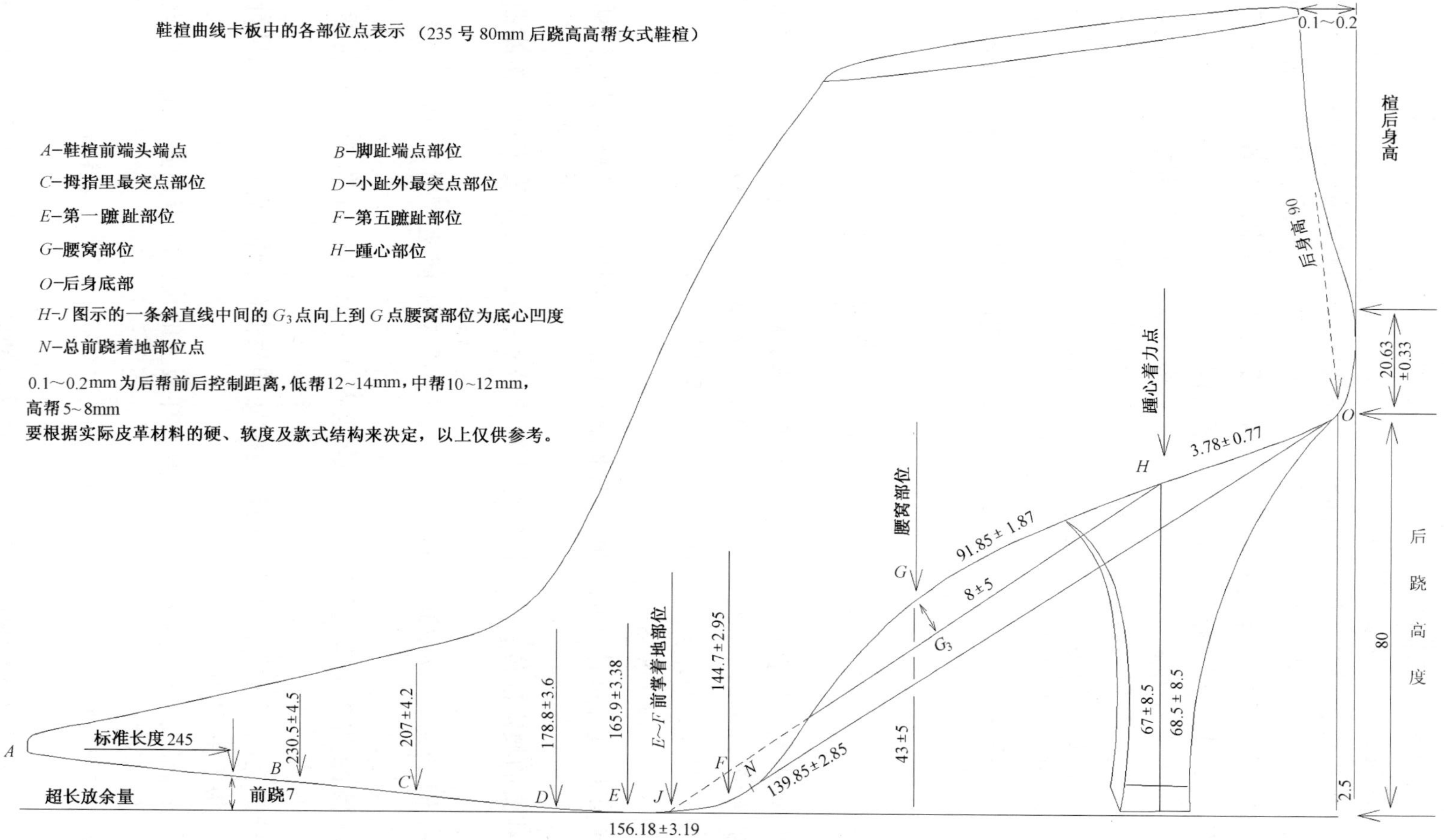

图 4-35　鞋楦侧面投影图（长度单位：mm）

注:国标前跷为10mm，以上设定为7mm。

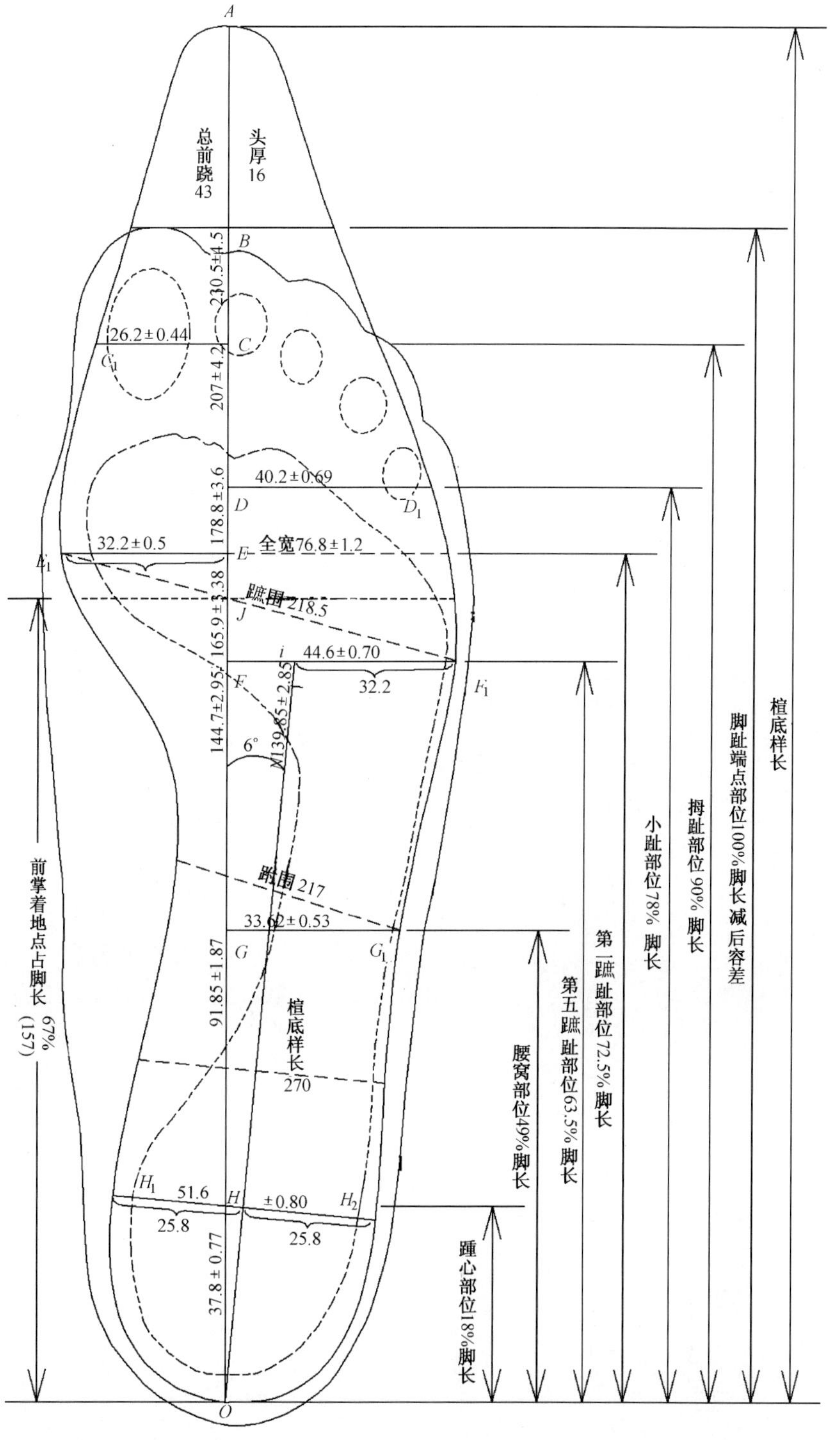

图 4-36　女浅口鞋 235 号一型半跟高 50mm 楦底样板平面设计图（长度单位：mm）

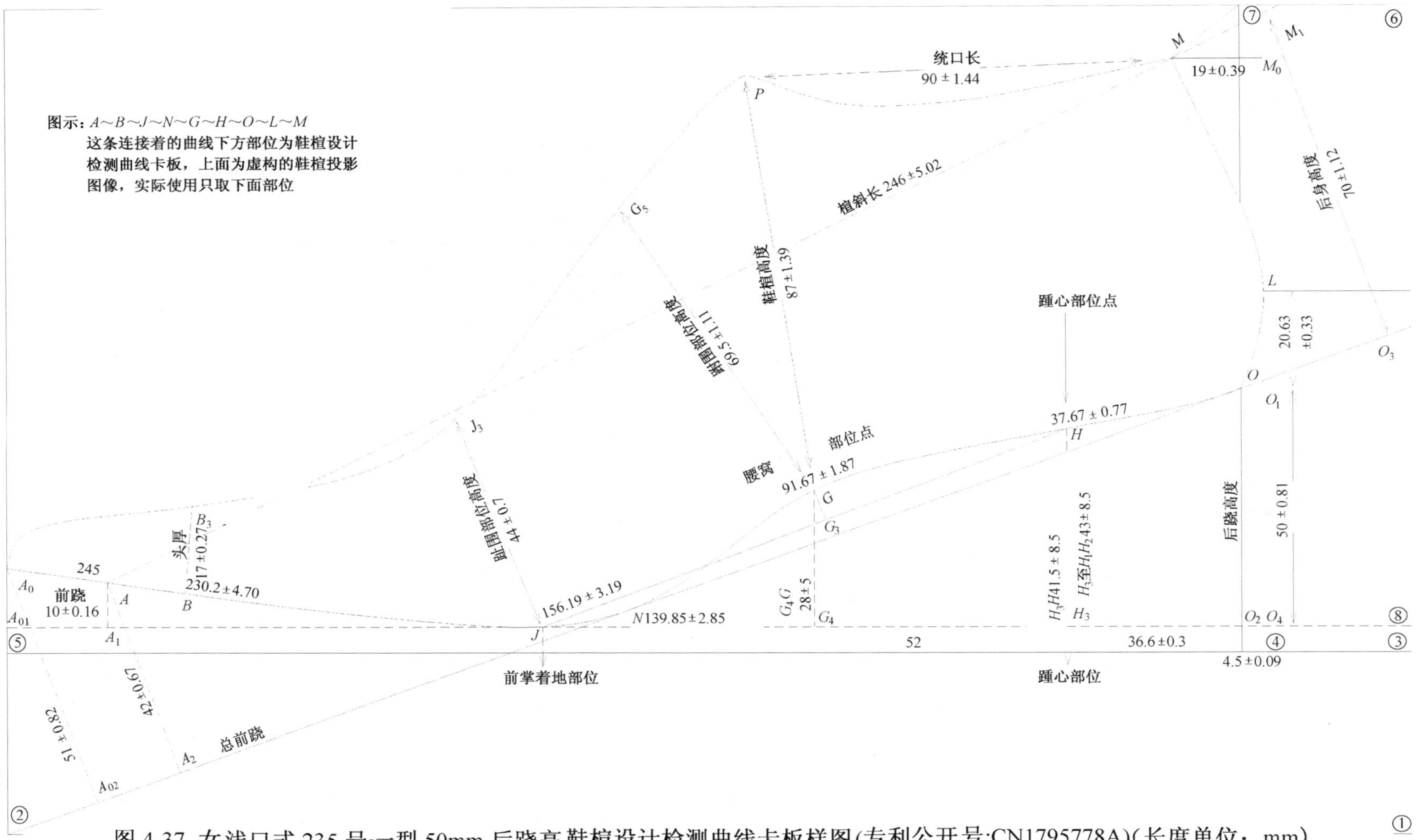

图 4-37 女浅口式 235 号一型 50mm 后跷高鞋楦设计检测曲线卡板样图(专利公开号:CN1795778A)(长度单位：mm)

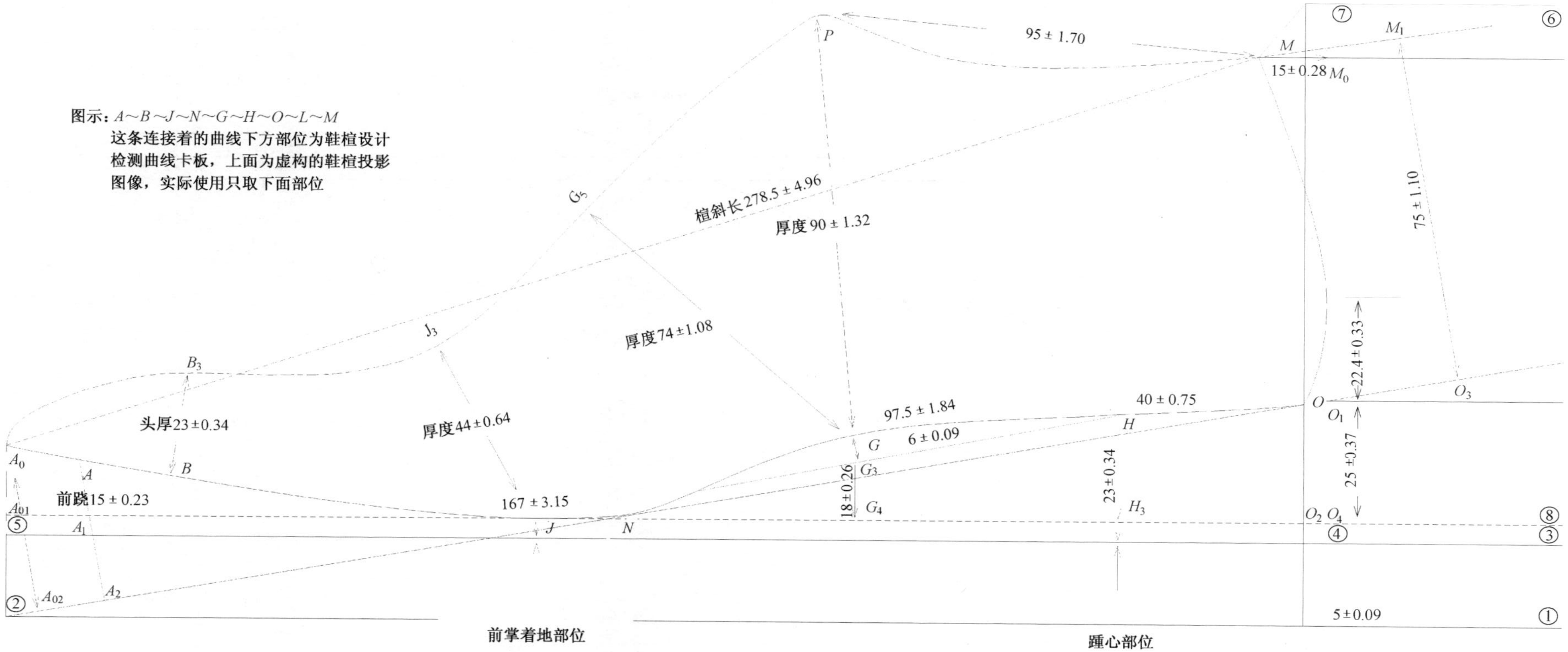

图 4-38　男超长舌式 250 号三型 25mm 后跷高鞋楦设计检测曲线卡板样图(专利公开号:CN1795778A)(长度单位：mm)

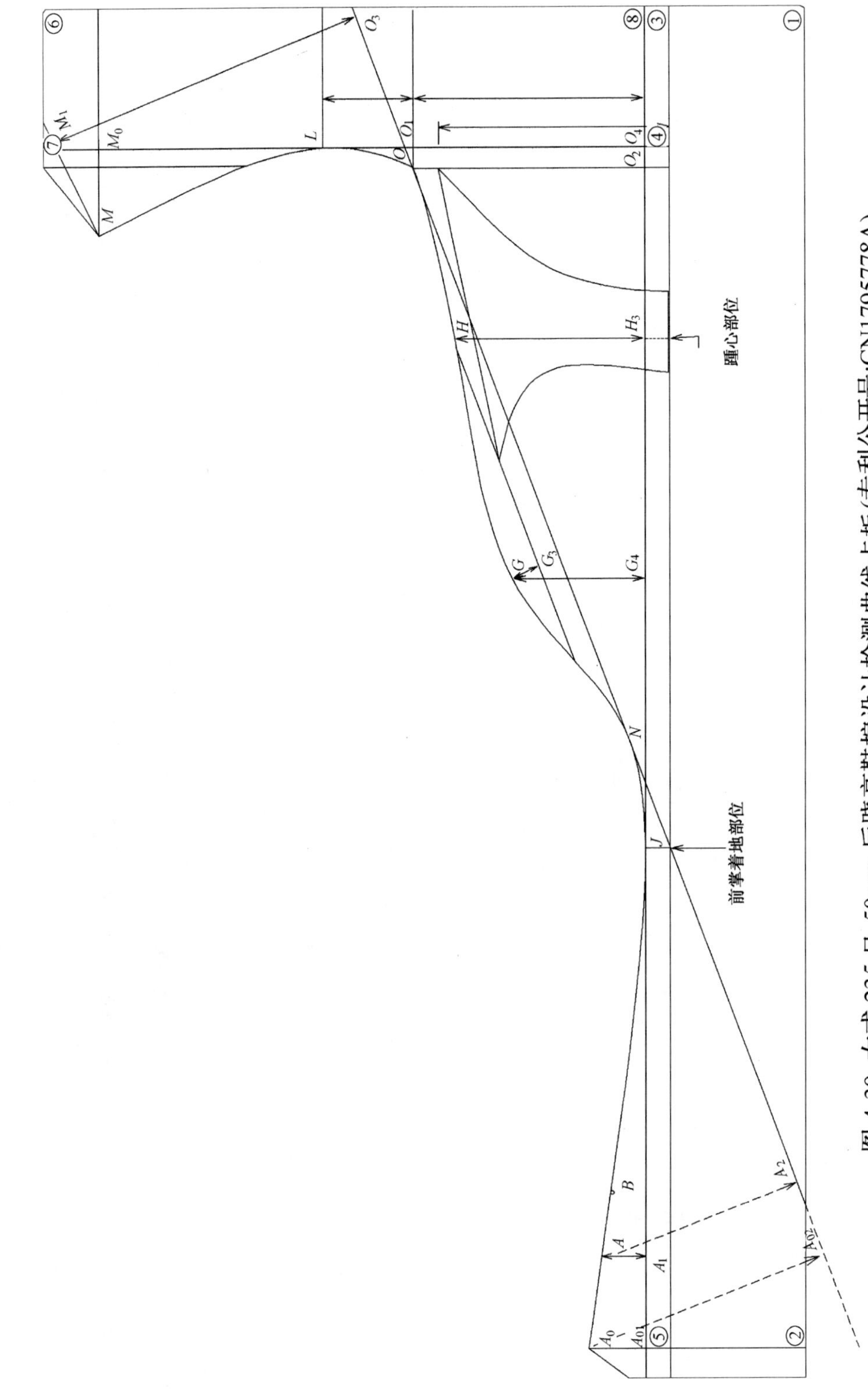

图 4-39 女式 235 号 50mm 后跷高鞋楦设计检测曲线卡板(专利公开号:CN1795778A)

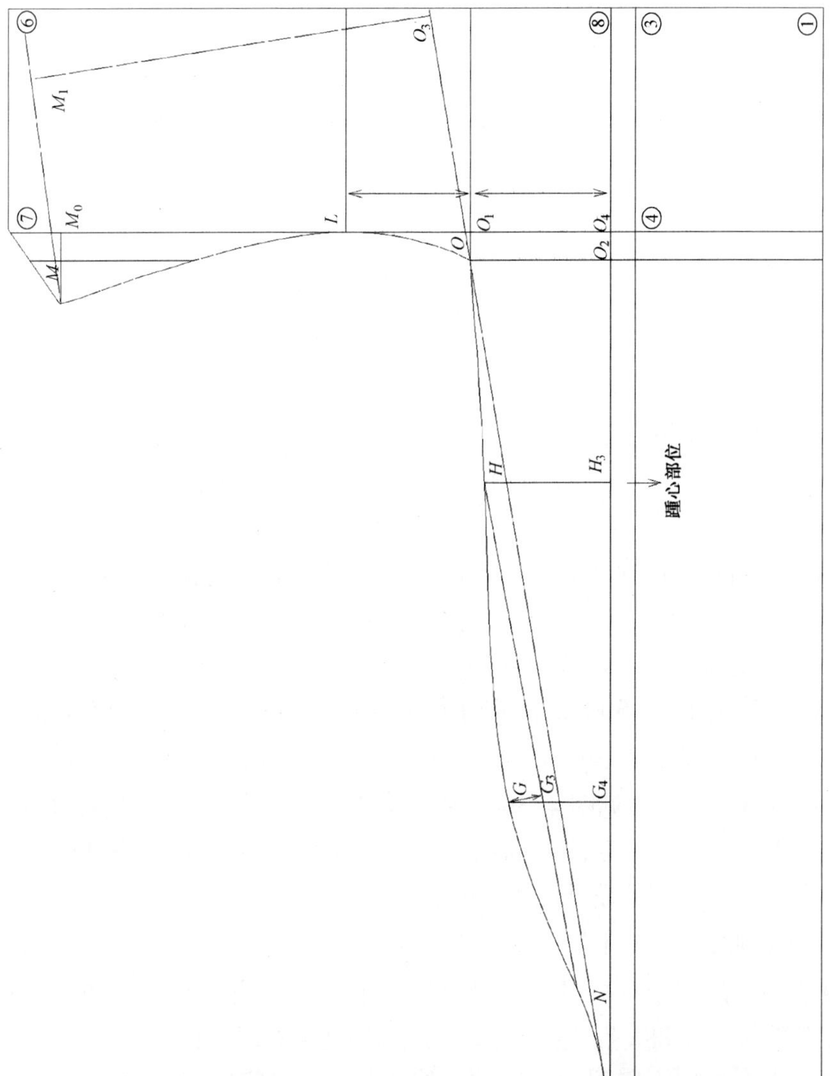

图 4-40　男舌式 250 号 25mm 后跷高鞋楦设计检测曲线卡板（专利公开号：CN1795778A）

根据以上的各部位点，从 A 点开始经过 B、J、N、G、H 到 O 点，再从 O 点向上经过 L 点至 M 点，这一根据脚型规律设计而成的曲线就是鞋楦设计检测卡板的主要曲线，就是鞋楦底样的中心轴线，这条不规则的曲线就是鞋楦的底面中心曲线造型的主要设计依据，根据鞋楦设计理论知识及数据尺寸，随着鞋楦配不同高度的鞋跟，鞋楦设计检测曲线卡板为了适应脚的运动规律，需要根据鞋跟的高度变化设计曲线卡板，由于跟高的变化使鞋楦设计曲线卡板也产生变化，表4-7是235号女鞋楦20～100mm不同跟高的鞋楦设计检测曲线卡板数据表，作为设计曲线卡板，控制曲线卡板的主要依据。

五、鞋楦设计检测曲线卡板的设计步骤及方法（专利公开号：CN1795778A）

鞋楦设计检测曲线卡板可选用三种材料：①优质的牛皮纸板，厚度约1mm，确保不收缩变形；②选用透明的塑料板，厚度在1～2mm，要求平整，不易变形；③选用1.5～2mm的有机玻璃板，透明度要好，一定要平整为最佳。

选用材料长度在280～300mm，宽度在180～200mm，在平面的有机玻璃下方建立一条直线为底平面［见图4-39、图4-40中①～②］，在底平面直线右边端点作垂直于底平面的一条90°直线［见图4-39、图4-40中①～⑥］，再在底平面直线上30mm处作一平行线③～⑤，在其后端点向前30mm处同样作一条垂直直线④～⑦。建立这两条基础线后，就可以开始设计曲线卡板。

126

1. 鞋楦设计检测曲线卡板部位图示解说

（1）图中①点是位于鞋楦设计检测曲线卡板右下方底边角落端点；图中②点在左下方底边角落端点；①和②点连接成的一条直线为卡板底平面线。

（2）图中③点是位于鞋楦设计检测曲线卡板右下方①点上面的一个位置；图中④点是位于卡板右下和③点在同一个水平面上的一个点；图中⑤点是位于鞋楦设计检测曲线卡板左下方②点上面的一个位置。③至④至⑤三点连成一条水平直线，是卡板底平面上方的第一条直线，称基础二号线，和卡板设计鞋跟有关系。

（3）图中在③点向上5mm处设定一个⑧点，在⑤点向上5mm处设定一个 A_{01} 点，⑧点向左至 A_{01} 点连成一条直线，这条直线为鞋楦设计检测曲线卡板的基础一号线，是设定卡板各部高度的基础水平线。

（4）图中⑥点位于鞋楦设计检测曲线卡板右上方角落里，向左平行的⑦点为卡板高度上端点部位，⑥点和⑦点连接成卡板右上方的一条上水平线，它与卡板高度发生直接关系。

（5）图中⑧点向上至⑥点为卡板右边线，它和测量后跷高度和后跟突点有直接关系。

（6）图中④点向上经过 O_4、O_1、L、M_0 至上顶端⑦点的一条竖直线为鞋楦设计检测曲线卡板确定后各部位点高度的基础线，其中 O_4O_1 为鞋楦后跷高度，O_1L 为鞋楦后突点部位高度，该点也是鞋楦后容差部位点，O_3M_1 为鞋楦后身高度。

2. 鞋楦主要部位在鞋楦设计检测曲线卡板上的位置确定说明

（1）卡板所示的 M 点为鞋楦统口后端点部位，MO 的距离就是鞋楦后身高度。

（2）卡板右后中所示的 L 点为鞋楦后容差部位和后身突点部位，LO 的距离就是鞋楦后身突点高度。

（3）卡板右后面中间所示的 O 点为鞋楦后身和楦底样后端点部位，测量鞋楦的各部位长度和高度都是从 O 点开始的，是卡板的核心部位。例如 OO_2 为鞋楦后跷高，OM 点为鞋楦后身高度，O 点向左是鞋楦底各部位的曲线长度。

（4）卡板中所示的 H 点为鞋楦踵心部位点，向下至 H_3 点的高度距离为鞋楦踵心部位后跷高度，OH 的距离为鞋楦踵心部位的曲线长度。

（5）卡板中所示的 G 点为鞋楦腰窝部位点，向下至 G_4 点的高度距离为鞋楦腰窝部位的后跷高度，从 O 点经过 H 点至 G 点的这段曲线距离为鞋楦腰窝部位的曲线长度。

（6）卡板中所示的 N 点为鞋楦总前跷着地部位点，从 O 点开始经过 H、G 至 N 点的曲线距离为鞋楦总前跷部位的曲线长度。

（7）卡板中所示的 J 点为鞋楦前掌着地部位点，从 O 点开始经过 H、G、N 至 J 点的曲线距离为鞋楦前掌着地部位的曲线长度。

（8）卡板中所示的 B 点为鞋楦脚趾端点部位点，也是检测鞋楦头厚的点，从 O 点开始经过 H、G、N、J 至 B 点的曲线距离为鞋楦脚趾端点部位的曲线长度。

（9）卡板中所示的 A 点为鞋楦底样长的前端点部位，就是鞋楦的头型部位，从 O 点开始经过 H、G、N、J、B 至 A 点的曲线距离为鞋楦底样曲线长度的距离，这条曲线也是鞋楦设计检测鞋楦底部造型及尺寸的一条最重要的曲线，可用这曲线来控制和帮助鞋楦设计及对鞋楦底面的检测，它是鞋楦设计检测曲线卡板的核心主线。

（10）卡板中所示的 A_0 为鞋楦的超长度，从 B 点向左前至 A_0 点距离也就是在标准的楦长度 B 点超出的长度，为了造型和款式的变化需要加长的楦底样尺寸 B 点至 A_0 点称鞋楦超长度。

（11）卡板中所示的 G 点至 G_3 点的距离为鞋楦底心凹度，其中 G_3 向右上至 H 点，向左下至 J 点的一条斜直线为测量鞋楦底心凹度的一条基线，这条线和 G_3 点至 G 点成 90°直角，这条线段就是鞋楦底心凹度，曲线卡板可控制该部位的鞋楦底心凹度。

（12）卡板中所示 A 点至 A_1 点的高度为鞋楦前跷高度，包括 A_0 至 A_{01} 的高度，就是加了超长度后的鞋楦前跷高度，都可以用卡板来加以控制，帮助设计鞋楦和检测鞋楦的前跷高度和总前跷高度。

（13）卡板中所示 A 点至 A_2 点的高度为鞋楦总前跷高度，A_0 点至 A_{02} 点的高度为鞋楦加了超长度后的总前跷高度，由 A_{02} 向右至 N 点至 O 点的直线设定目的就是为了鞋楦总前跷高度，它等于把鞋楦放在平面玻璃上一样的方法来检测鞋楦总前跷高度。

（14）卡板中所示 B 点至 M 点斜长距离就是鞋楦的楦斜长度，用卡板就可以直接设计和检测鞋楦的楦斜长度，优点是方便准确。

（15）卡板图上方的 M 点至 M_0 的距离是控制鞋楦统口后身尺寸，M 点至 M_0 的距离决定着鞋楦后身的造型，与鞋是否服脚，鞋是否跟脚，设计的鞋楦制作的鞋是否舒适和该部位有直接关系。鞋楦设计检测曲线卡板可以直接控制该部位的造型，对设计检测鞋楦都起着重要作用。

男女皮鞋中间号标准鞋楦样长度见表4-8。

表 4-7　女式鞋楦设计检测曲线卡板主要部位数据尺寸表（以女式中间号 235 号为例）

单位：mm

O_2O	等差	O_2H_3	等差	H_3G_4	等差	H_3H	等差	G_4G	等差	A_1A	等差	G_3G	等差	O_1L	等差	OM	等差
100	5	34.17		42		84	4.25	53	2.5	5.5		9		20.63		70	
95	5	34.42		43.75		79.75	4.25	50.5	2.5	6		8.5		20.63		70	
90	5	34.67		45.5		75.5	4.25	48	2.5	6		8.5		20.63		70	
85	5	34.92		46.75		71.25	4.25	45.5	2.5	6.5		8		20.63		70	
80	5	35.17		48		67	4.25	43	2.5	6.5		8		20.63		70	
75	5	35.37		49		62.75	4.25	40.5	2.5	7		7.5		20.63		70	
70	5	35.57		50		58.5	4.25	38	2.5	7		7.5		20.63		70	
65	5	35.77		50.75		54.25	4.25	35.5	2.5	7.5		7		20.63		70	
60	5	35.97		51.5		50	4.25	33	2.5	7.5		7		20.63		70	
55	5	36.17		52		45.75	4.25	30.6	2.4	8		6.5		20.63		70	
50	5	36.37		52		41.5	4.25	28.2	2.4	8		6.5		20.63		70	
45	5	36.57		52.8		37.25	4.25	25.8	2.4	8.5		6		20.63		70	
40	5	36.77		53.5		33	4.25	23.4	2.4	8.5		6		20.63		70	
35	5	36.92		53.75		28.75	4.25	21	2.4	9		5.5		20.63		70	
30	5	37.07		54		24.5	4.25	18.6	2.4	9		5.5		20.63		70	
25	5	37.22		54.25		20.25	4.25	16.2	2.4	9.5		5		20.63		70	
20	5	37.37		54.5		16	4.25	13.8	2.4	9.5		5		20.63		70	
15	5	37.62		54.75		11.75	4.25	11.4	2.4	10		4.5		20.63		70	

注：1. O_2O—地面至鞋楦后身端点部位的高度

2. O_2H_3—鞋楦后身端点着地点至踵心部位着地点的距离

3. H_3G_4—踵心部位着地点至腰窝部位着地点的距离

4. H_3H—踵心部位至着地点的后跷高度

5. G_4G—腰窝部位至着地点的后跷高度

6. AA_1—鞋楦前跷高度

7. G_3G—鞋楦底心凹度

8. O_1L—鞋楦后跟突点高度

9. OM—鞋楦后身高度

专利公开号：CN1795778A。

表 4-8　男女皮鞋中间号标准鞋楦样部位长度（以男 250 号、女 230 号为例）　单位：mm

部位点	部位名称	类别	鞋号	部位长度	等差	类别	鞋号	部位长度	等差	备注
A 至 *O* 曲线长度	楦底样长度	男	250	265	±5	女	230	242	±5	根据头型和放余量长度决定楦底样长度
B 至 *O* 曲线长度	脚趾端点部位长度	男	250	245	±4.62	女	230	225.5	±4.66	
A 至 *B* 曲线长度	放余量部位长度	男	250			女	230			根据头型和超长度长短决定放余量长短
C 至 *O* 曲线长度	拇趾外突点部位长度	男	250	220	±4.15	女	230	202.5	±4.18	
D 至 *O* 曲线长度	小趾外突点部位长度	男	250	190	±3.58	女	230	174.9	±3.61	
E 至 *O* 曲线长度	第一蹠趾部位长度	男	250	176.3	±3.33	女	230	162.3	±3.35	是测量蹠围的底部里点
J 至 *O* 曲线长度	前掌着地部位长度	男	250	167.74	±3.16	女	230	154	±3.21	也是测量前掌凸度的部位
F 至 *O* 曲线长度	第五蹠趾部位长度	男	250	153.8	±2.90	女	230	141.6	±2.93	是测量蹠围的底部外点
N 至 *O* 曲线长度	总前跷着地部位长度	男	250	149	±2.81	女	230	137	±2.85	它和总前跷有着直接关系
G 至 *O* 曲线长度	腰窝部位长度	男	250	97.5	±1.84	女	230	89.8	±1.86	也是测量底心凹度的部位
H 至 *O* 曲线长度	踵心部位长度	男	250	40	±0.75	女	230	36.9	±0.76	也是测量踵心凸度的部位

注：专利公开号：CN1795778A。

通过实物曲线卡板、图示、数据表、设计步骤说明等可让鞋楦设计工作者清楚地了解和掌握鞋楦设计检测曲线卡板的制作方法，可进行应用实施。

六、鞋楦设计检测曲线卡板的使用方法

鞋楦设计技术工作者只要掌握和参照鞋楦设计中的国家标准数据尺寸（GB3293—1982）和有以上鞋楦设计检测曲线卡板，就可以在鞋楦设计中用曲线卡板设计鞋楦底部造型和后身造型。只要按曲线卡板把毛坯鞋楦和曲线卡板核对，多余的去掉，缺少的补上，调整到和卡板相吻合，见图4-41，然后再用楦底样板修出鞋楦底样轮廓造型，按鞋楦长度、宽度、高度、厚度等鞋楦国家标准及相关数据，调整鞋楦整体造型和尺寸。鞋楦设计以前以楦底样为设计基础，因为楦底样是平面样板，无法控制鞋楦曲面造型，现在有了鞋楦设计检测曲线卡板为设计基础，它可控制整个鞋楦底部的曲线造型和鞋楦后身高度及后身后容差等曲线造型，规范了鞋楦底部和后身的造型，在设计鞋跟和钢勾心及鞋底造型时，都可以用鞋楦设计检测曲线卡板来控制造型和尺寸，它还可以检测批量鞋楦的楦底部及后身造型是否统一标准，解决了以前不能解决的问题。

鞋楦设计检测曲线卡板为未来鞋楦帮样全面实施三维设计提供了重要技术资料，只要将卡板资料输入电脑，配合鞋楦设计软件，就可以把鞋楦设计得和卡板完全相同，这是鞋业技术创新的重要课题，希望大家共同参与，全面提高中国鞋业设计水平。

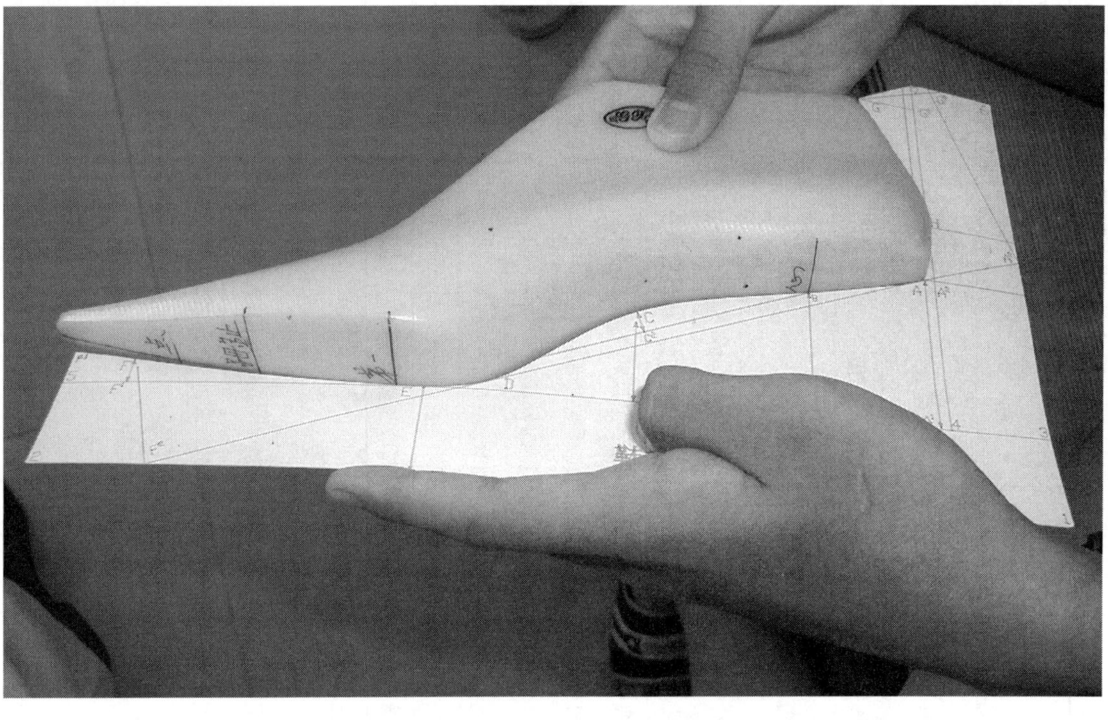

图4-41　使用鞋楦设计检测曲线卡板设计检测鞋楦

（专利公开号：CN1795778A）

检测成品鞋楦请看图4-42、图4-43。

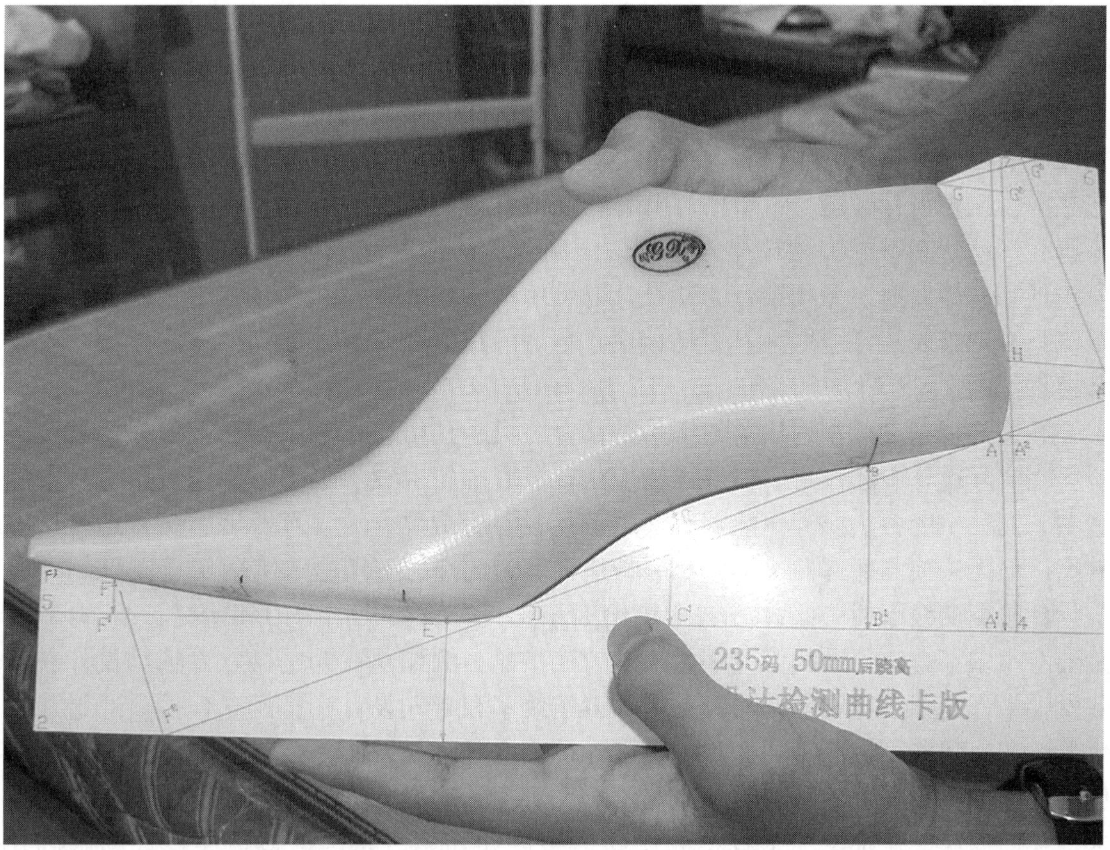

图 4-42　使用鞋楦设计检测曲线卡板检测成品鞋楦

（专利公开号：CN1795778A）

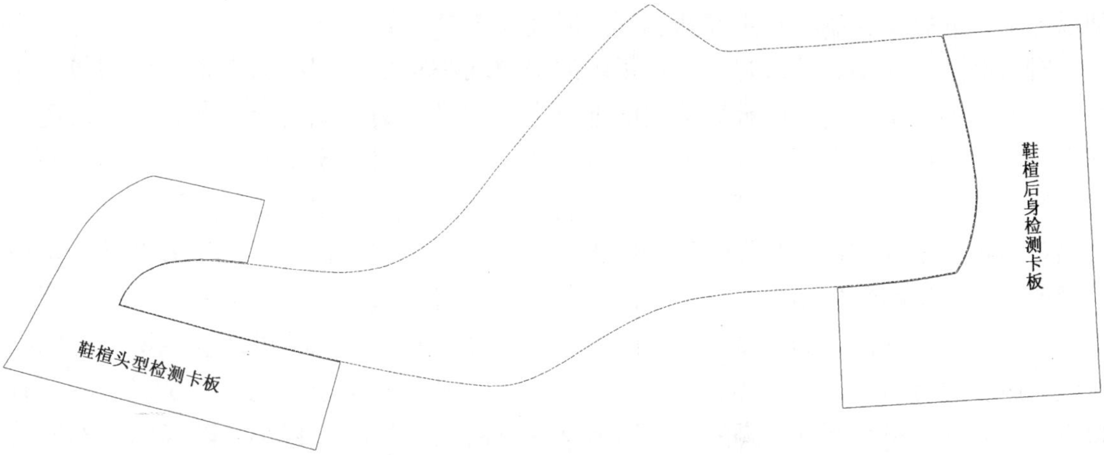

图 4-43　使用鞋楦头型、后身卡板检验样品和成品鞋楦

第四节　楦体造型设计与脚和鞋的关系

在以前的鞋楦设计理论中称楦体造型设计是无法用数据和其他科学办法进行设计

的不规则曲面形体。不规则的曲面造型设计确实有一定的难度，不论是被称为制鞋王国的意大利和欧洲国家，还是美国、日本等经济强国，在他们国家的鞋楦设计中，虽然有了电脑辅助设计软件设备，但他们对鞋楦形体、楦面的曲面设计最终也要凭设计师的经验和眼光，加上灵性、悟性和心灵手巧，同时要对鞋楦设计理论知识及相关数据尺寸有足够的认识和掌握，要结合鞋类市场的流行趋势，要懂得制鞋设计及技术工艺要求。鞋楦设计师能力水平的高低，在于他设计的鞋楦是不是以符合脚型规律和符合脚在运动状态下的脚型规律为基础，正确合理的使用和把握鞋楦的主要数据尺寸，有机地和楦体曲面造型相结合，使设计的鞋楦符合潮流，适应市场需求，同时穿着舒适，只有把美观与舒适融为一体的鞋楦才是好鞋楦，具备这种能力的人才能称得上是鞋楦设计师。

在楦体造型设计中，以前的有关书籍里，只有鞋楦相关的数据和楦底样两方面的资料在实际设计中起作用。楦底样能控制鞋楦底部轮廓线，但不能控制鞋楦底部曲线造型，而鞋楦的各主要部位数据尺寸用带尺、游标卡尺、三角尺等能够测量这些尺寸数据，但无法控制底部曲面形体和后身造型。为此在第三节里笔者将自己设计的“鞋楦设计检测曲线卡板”技术方法介绍给大家。其实只要我们努力和研究，改革创新，是会有很多新方法帮助我们更好的来设计鞋楦的。例如现在的电脑软件辅助设计在实际设计中起到了很重要的作用，在提高工作效率和帮助设计中都起了作用。通过几十年的实践，我深刻体会到要提高鞋楦设计技术水平，需要不断学习，不断研究，不断创新，才能不断提高，才能适应社会发展的需要，才能适应消费市场和消费者的需求。在前面第三章中论述了脚型规律和楦型设计知识，它是楦体造型设计的基础知识，要深刻领会，结合实际加以深化。下面对楦体造型设计结合脚与鞋的关系进行详细论述。

人们需求美观新颖的鞋子，脚需要舒适、穿着行走不感觉累的鞋。鞋需要有能达到以上要求的鞋楦，制楦技术和知识都是以此作为核心。

脚有肥瘦、大小、长短之分，在规范的中国统一鞋号中归纳为五个肥瘦型号，从半型到五型。其实我们一般鞋厂选用的都是中间型号。例如做高档女鞋，为了适应一级市场、一流商场、白领阶层以上的消费群体，鞋厂选用优质柔软的牛皮、羊皮等面料，为了美观，一般选用半型、一型型号的鞋楦为主；为了适应二级、三级市场和扩大销售市场及销售数量，中低档鞋一般选用一型半到二型的鞋楦；工作劳保鞋会选用二型半至三型半的鞋楦作为中间号。高档男鞋一般选用二型至三型的鞋楦；中低档男鞋会选用三型半到四型的肥瘦作为中间号。由于是中间号，就不可能满足所有不同肥瘦度的脚，只有60%～70%的人可以选择到合适的就已算是很好的了。所以市场还有30%～40%的人很难买到合脚的鞋。当前有些厂商推出特大、特小号鞋来满足不同消费者的需求，但也需要有肥型鞋和瘦型鞋才能满足不同肥瘦消费者的需求。在德国、日本已有专门按脚做鞋的专业公司，但成本会较高。在我国，一般大众消费者还不能承受起如此高价位的定做鞋，只有制鞋工业和我们的设计技术更进步，有能力来解决技术、降低制造成本的时候，才可以满足广大消费者不同脚型的需求。那么当前我们更有责任和义务把中间号设计得更符合脚型规律和脚的运动规律，我们需要进一步提高设计水平，改进设计方法和手段，在原来的理论基础上不断提升，在原来的设计操作方法上不断改进提高，创新设计思路，改良设计方法，提高操作技能。为此我在本书中增加了很多新内容，下面介绍楦体肉体宽度的有关中间号的尺寸和造型设计方法。

一、踵心部位里外楦体造型设计及肉体安排

以前的相关书籍中一般都介绍踵心部位的踵心凸度及踵心部位的宽。本书前一节中重点介绍了鞋楦设计检测曲线卡板，卡板对踵心部位的纵向和鞋楦后身进行了控制，对鞋楦投影面的造型起到了关键性作用。而踵心部位的横向、里外侧面的造型和肉体安排，直接关系到穿着舒适性和鞋的外观是否美观等重要问题，同时关系到脚和人体的健康，因为踵心部位着地部位点处于生殖腺神经反射区，内侧为踝骨部位，下方为髋关节部位，向下有尿道、阴道、子宫、前列腺的神经反射区，还有骶骨，外侧髋关节，有生殖腺、膝等神经反射区，同时还有直肠、肛门、下腹部有关的神经反射区。踵心部位的鞋楦设计要尽量接近脚形为宜，适当加以控制，不要太紧，也不能太松。在日本、美国、意大利鞋业中十分重视鞋楦后身的设计，他们把脚和人体的健康放在首位，对鞋楦后身标准化、后身设计都在进行研究。我国是从 20 世纪 80 年代开始对鞋楦后身标准化进行研究的，鞋楦后身标准化的标准至今还没有正式出台，在第五章中将对后身标准化重点论述。

踵心部位承受着人体的主要重量和劳动、运动时的负荷压力。从脚型规律来分析，踵心部位里外踝骨处的脚肉体宽稍大于脚的轮廓和脚的宽度，按照男士 250 号中间号尺码的脚在静态时测量该部位肉体宽的平均宽度在 63～65mm，230 号女士中间号的踵心两侧肉体宽度在 52～54mm，而在人站立和行走运动过程中该部位两侧肌肉宽度向外膨胀，增加到男士 65～68mm 宽，女士 55～58mm 宽，而且制鞋工艺中后帮踵心部位两侧和后面都有坚硬的支跟做内衬。楦体踵心部位的肉体与脚踵心部位的造型基本接近，在保留一定的边距基础上，来保证鞋踵心两侧有一定的容量适当加以控制，这样才能使踵心部位既不受挤压，又不会太松后产生左右移动，控制行走中向前没有过大的移位。例如男楦 250 号二型半至三型 25mm 后跷高的鞋楦，踵心两侧肉体宽度设计为 66～67mm，等差 1mm 为适中的肥瘦度；女楦 230 号中间号一型至一型半 50mm 后跷高该部位的两侧肉体宽度设计为 56～57mm，等差 0.91mm 为适中的肥瘦度。以上数据是本人通过 10 多年的试验和实际应用得出的经验数据，供设计师参考。

关于踵心部位两侧楦体的造型设计见图 4-44、图 4-45、图 4-46、图 4-47、图 4-48 及其中的相关数据（以中间号男 250 号、女 230 号为例）。

内外侧美观的曲线造型和其中的数据尺寸科学合理地组合出踵心部位里侧与外侧的鞋楦整体造型，它最终达到的设计目的是鞋的美观和穿着的舒适。

鞋楦踵心部位两侧的造型设计及肉体肥瘦度的安排，以及肉体宽度、高度的数据尺寸是鞋楦造型设计中的具体内容，它直接关系到穿着是否合脚、是否舒适、尺寸是否合适。由于不同品种、不同帮样结构、不同制造工艺要求，使该部位的数据尺寸以及形体都会产生变化，例如图示的是女浅口鞋楦的踵心横断面的造型设计及相关数据尺寸，如果是深口鞋和结带式或其他鞋，则同样尺码、同样型号的肉体设计安排就会不相同，肉体高度会增加 1～2mm；而且在 H_6 至 H_7 的宽度也会增加 1～2mm；例如 H_4、

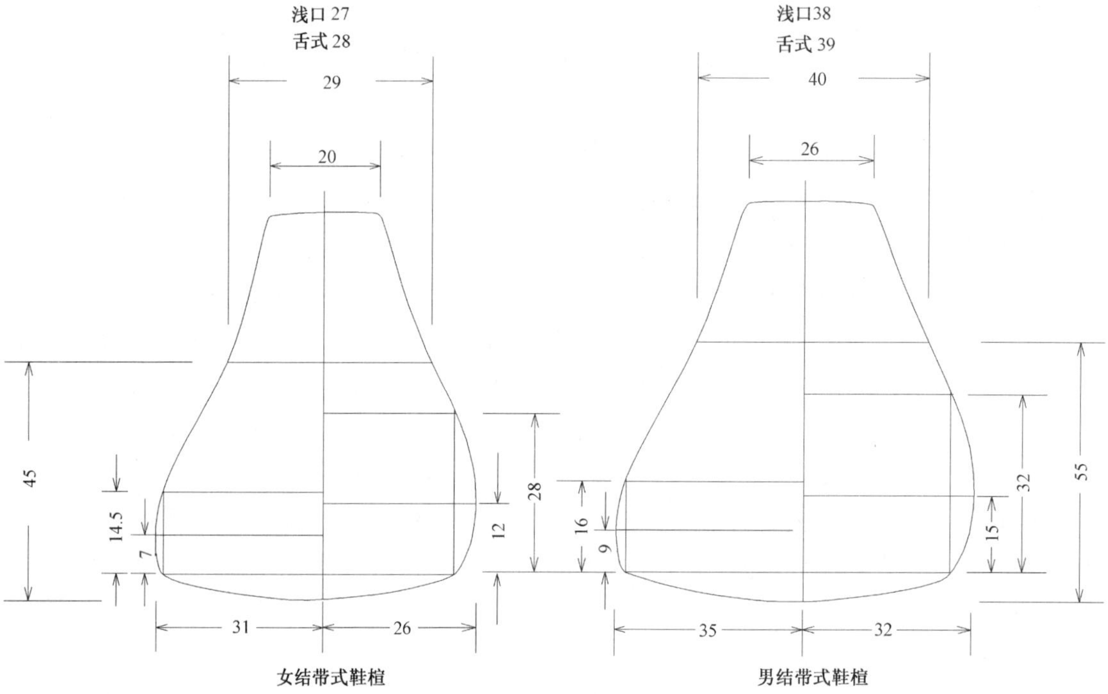

图 4-44　男 250 号、女 230 号中间号鞋楦踵心部位横断面尺寸（单位：mm）

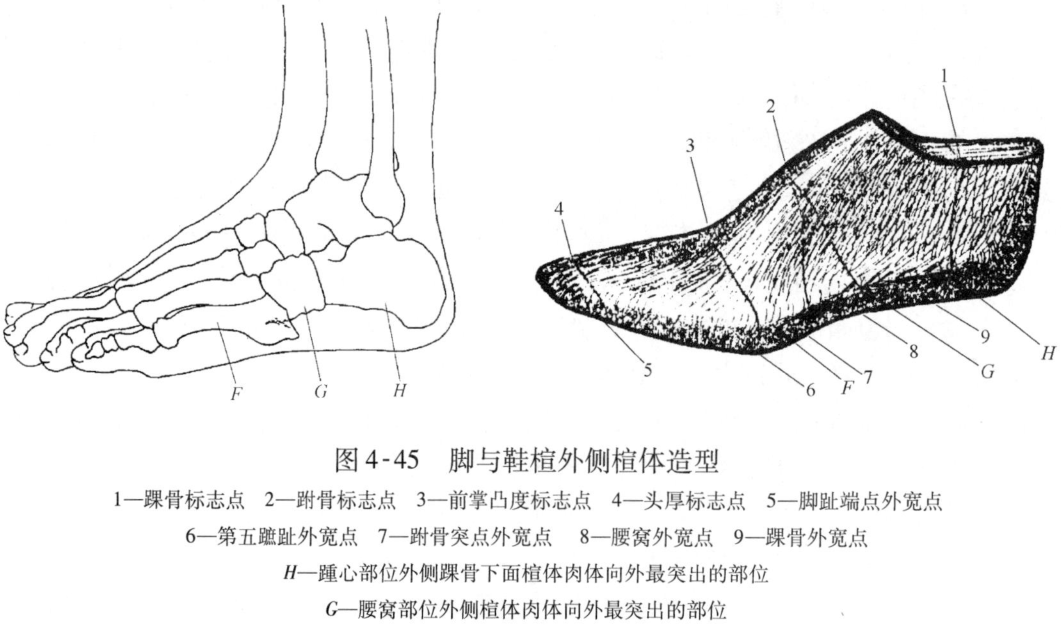

图 4-45　脚与鞋楦外侧楦体造型

1—踝骨标志点　2—跗骨标志点　3—前掌凸度标志点　4—头厚标志点　5—脚趾端点外宽点
6—第五蹠趾外宽点　7—跗骨突点外宽点　8—腰窝外宽点　9—踝骨外宽点
H—踵心部位外侧踝骨下面楦体肉体向外最突出的部位
G—腰窝部位外侧楦体肉体向外最突出的部位
F—第五蹠趾部位外侧楦体肉体向外最突出的部位

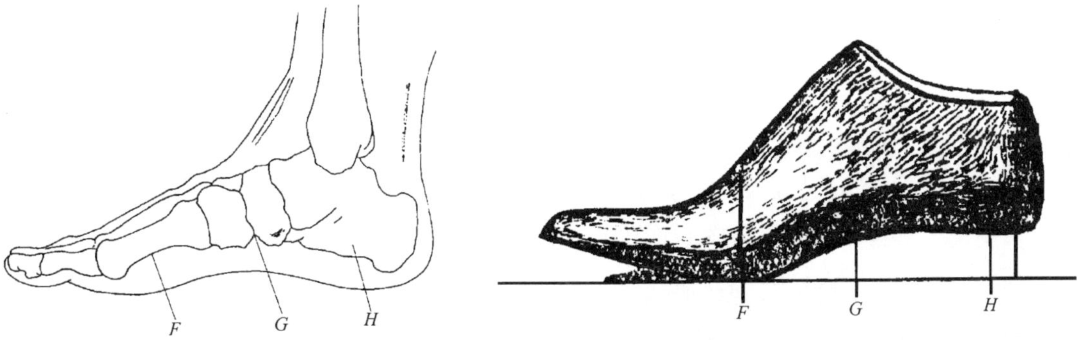

图 4-46　脚与鞋楦内侧楦体造型

H—踵心部位内侧踝骨下面楦体肉体向外最突出的部位

G—腰窝部位内侧里怀处楦体肉体向外最突出的部位

F—第五蹠趾部位内侧蹠趾骨突出部位楦体肉体向外最突出的部位

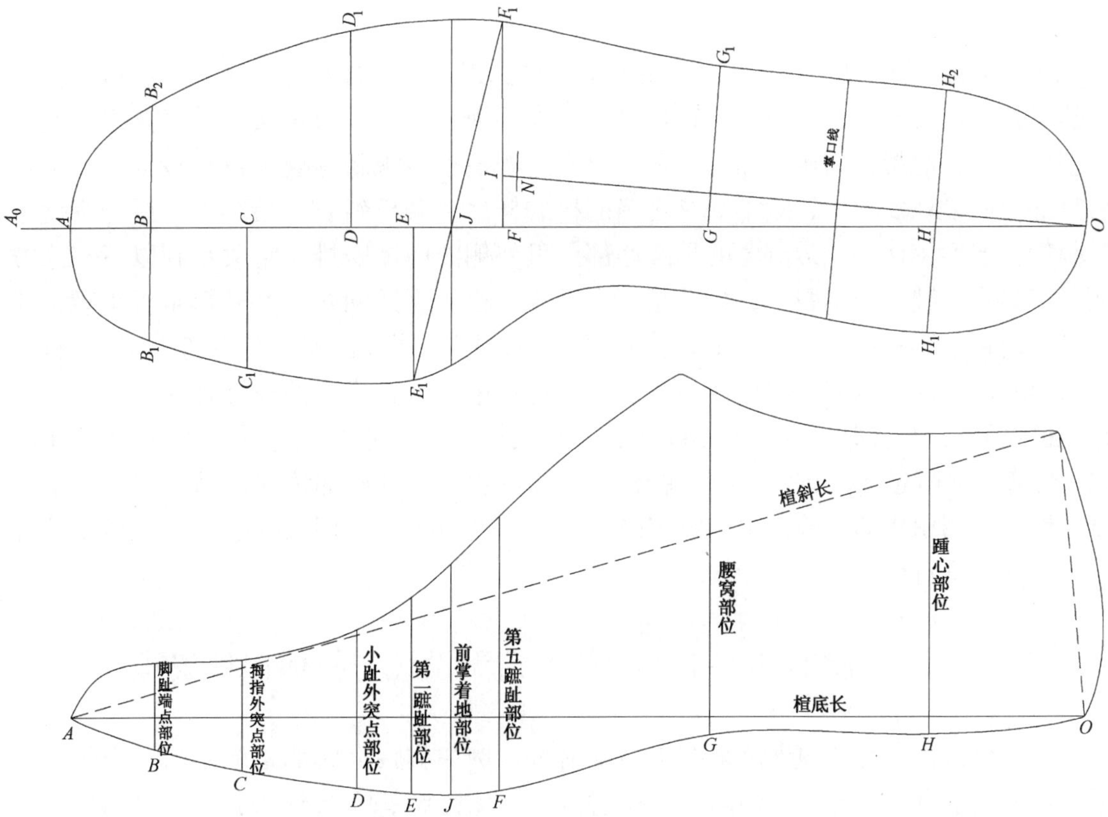

图 4-47　鞋楦横断面在楦底样和投影样板上的部位点图

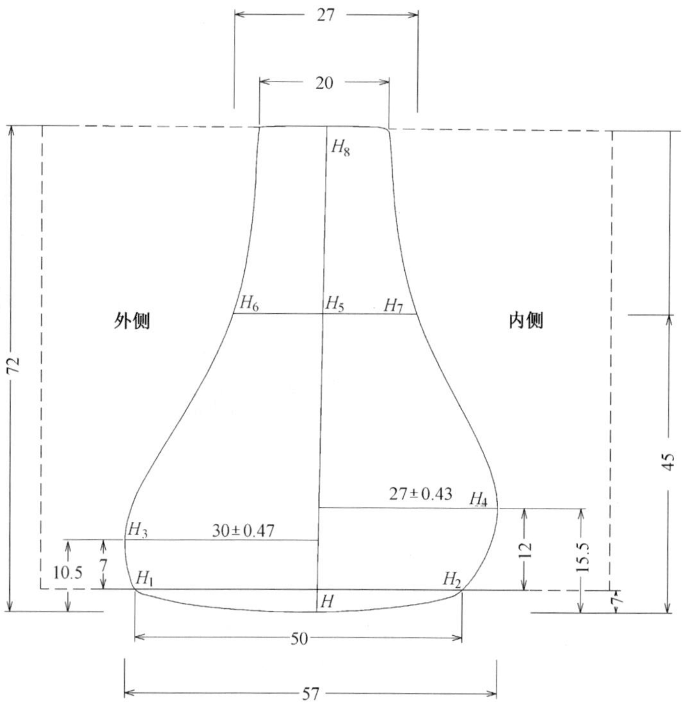

图 4-48　女 235 号一型半 50mm 后跷高浅口式鞋楦
踵心部位横断面造型设计及尺寸图（单位：mm）
图中虚线部分为鞋楦设计检测踵心部位里外侧的曲线卡板

H_3 部位，如果是采用注塑成型工艺就不会这样圆滑，会增加高度，两侧平直些来满足注塑工艺制作技术要求。因此，鞋楦设计一定要因地制宜，根据实际技术要求、制作工艺要求、鞋的帮样结构、穿着舒适要求、造型追求美观新颖要求进行设计。在鞋楦后身部位的设计要求中，除了要有正确的楦底样后身及楦斜长、后容差、后身突度来控制后身造型设计外，最重要的是踵心部位里外侧的肉体安排，它关系到以下三个方面：①脚穿入鞋内服不服脚，穿后是否太紧或太松的舒适问题；②外形是否美观，线条是否流畅；③和鞋跟、鞋底的装配是否协调，尺寸是否匹配，是否符合工艺要求。鞋楦踵心部位内外侧的造型设计在我们鞋楦行业中去认真研究的设计师很少，其实它是鞋楦设计的重要部位，因为该部位承受着人体的主要重量，它直接关系到人体健康、穿着是否舒适等关键性问题。鞋楦设计师们要认识到该部位在鞋楦造型设计中的重要性，要用积累的经验知识、审美眼光、灵巧的双手、合理的数据尺寸、科学的观念，不断提升对该部位的设计技术水平。

二、鞋楦腰窝部位里外两侧的造型设计与楦体肉体安排

脚腰窝部位底部和内外侧都有神经反射区，例如脚腰窝底部是横结肠、小肠、输尿管、肛门、直肠、乙状结肠的神经反射区，外侧是脾、降结肠、肘部、内侧胃、十二指肠、膀胱的神经反射区，还是腰椎、胸椎椎神经反射区，腰背上面外侧是上身淋巴腺、肩胛骨神经反射区，内侧为下身淋巴腺、腹股沟神经反射区，上面为肋骨、横隔膜神经反射区。因此腰窝部位不论是底部或两侧和背面的楦体造型设计都要符合脚

型规律和脚的运动规律，腰窝各部的造型和尺寸不能过紧和压脚。笔者设计的鞋楦设计检测曲线卡板和本节下面介绍的数据尺寸及腰窝横断面图都是为了控制腰窝部位的造型而设定的。

脚的腰窝部位位于第一蹠趾部位向后至里踝骨下方，沿足弓里怀上方有一条随着腰窝里怀底型上方突出的肉体称腰窝里怀肉体。鞋楦该部位同样需要有这样的安排才能满足脚穿入鞋内的要求，它的饱满程度也要根据品种和款式设计。例如结带式鞋楦，该部位的楦体肉体就要饱满些，使脚穿入鞋时不受鞋帮挤压，肉体安排越接近脚越好，若肉体过瘦会影响穿着，会造成脚外移，使鞋变形，肉体过小，就容纳不下脚的肉体，造成穿着困难和穿着不舒适，如果楦体肉体接近脚的肉体形状，能使富有弹性的皮鞋帮面托住脚的腰窝，不但穿着舒适，而且还可以减轻蹠趾部位和踵心部位的压力。

在脚的第五蹠趾部位向后沿脚底外侧轮廓线上面（女士 6～8mm，男士 8～10mm 的高度）为外侧腰窝部位肉体高度，该肉体向后直到鞋楦后身部位，根据款式，肉体有高低之分。女士平跟肉体饱满些，而且安排得上些，约 8mm，中跟适中，约 7mm，高跟安排下些，约在 6mm；男士结带式安排在上些，为 9～10mm，舌式下些，在 8～9mm。腰窝外侧的楦体肉体高度要比里怀腰窝肉体安排小而且低，因为脚型楦体相应部位需要饱满些，所以使这一部位肉体设计得要靠下一些。在模压鞋楦的里腰窝肉体设计有所不同，必须要清晰明显的表现出楦底轮廓"子口"，否则就容易因子口不严密而跑胶。

关于腰窝部位里怀和外侧的楦体造型设计见图 4-44、图 4-45、图 4-46、图 4-47、图 4-49 及其中的相关数据尺寸，供大家参考，以中间号为例（男 250 号、女 230 号）。

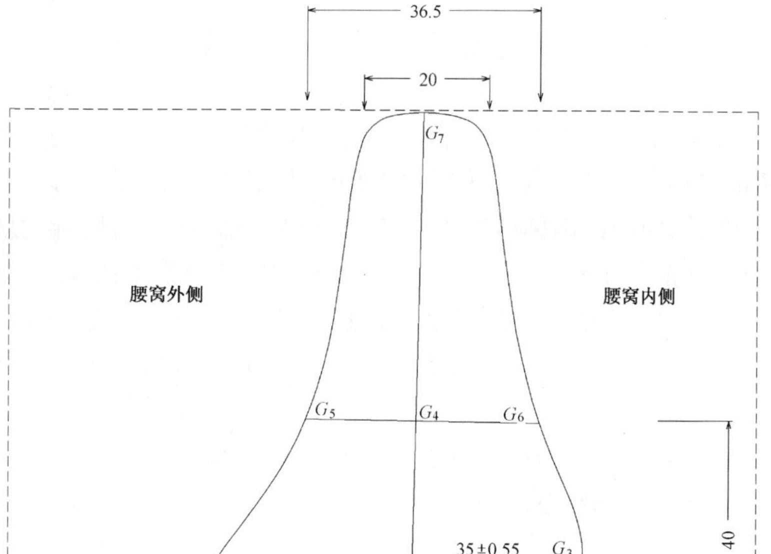

图 4-49　女 235 号一型半 50mm 后跟高浅口式鞋楦腰窝部位横断面造型设计及尺寸图（单位：mm）

图中虚线部分为鞋楦设计检测腰窝部位里外侧的曲线卡板

关于男女鞋楦腰窝部位肉体宽度的具体尺寸，在第五章鞋楦后身标准化技术研究中有详细数据说明。

腰窝部位内外侧楦体曲线造型内涵：①符合穿着要求，达到穿着舒适，符合脚型规律和脚运动规律；②在舒适和符合脚型规律的基础上追求外观造型美化。

鞋楦腰窝部位内外侧的肉体安排，为了让读者直接了解和看到实际造型和相关数据尺寸，作者用实楦横断面图来表示该部位的造型设计。图中 G_3 为腰窝部位内侧的肉体最向外突出部位点，在平面上向上测量高度为 18 ~ 19mm，从底边轮廓子口向上测量高度为 15mm，但不同的跟高和不同帮面结构的鞋该部位不一样，例如平面就要安排低下些，浅口鞋也要安排低下些，深口鞋和结带式鞋就需安排向上些，同时内外两侧肉体必须增加得宽些并饱满圆滑，一般内外侧可各向外增加出 1 ~ 2mm 的肉体宽度，但浅口鞋就不能设计得太高太饱满，因为浅口鞋楦的穿着是否合脚舒适和鞋楦统口下面内外两侧肉体安排得是否美观、尺寸是否合理发生直接关系，浅口鞋的鞋帮口门部位是鞋楦设计的关键部位，腰窝部位内外两侧肉体对于浅口鞋来讲不宜安排得高和宽，当然也不能过瘦过窄，以不影响穿着舒适为宜。关于腰窝部位外侧 G_2 点的肉体安排，浅口鞋楦是从平面上向上测量该部位高度为 8. 5 ~ 9. 5mm，从该部位底边轮廓子口向上测量该部位向外突出的最高点为 5 ~ 6mm。该部位的肉体设计不宜过肥和向上，但要像图中一样保持有一定的饱满度和美观流畅的曲线造型，这十分重要。深口鞋和结带式鞋楦的该部位肉体安排就必须比浅口鞋饱满，要有一定的容纳量，一般可以增加出 1 ~ 2mm 的肥宽度，才能确保脚穿入鞋内感到合脚舒适，不压脚跗面和两侧。

三、鞋楦第一、第五蹠趾部位里外两侧面的楦体造型设计

在楦底样设计中已经得知蹠趾部位宽度小于脚型宽度，所以在设计第一蹠趾部位楦体肉体时，从楦体内第一蹠趾底边子口定点部位 E_1 点向上在高度男楦 15 ~ 16mm、女楦 13 ~ 14mm 处向后、向前的肉体必须十分饱满，该部位肉体超出底样轮廓线尺寸一般男楦 2. 5mm 左右，女楦 2mm 左右，只有有了足够的肉体才能容纳脚相应部位的肉体。

楦体的第五蹠趾部位外侧，在该部位 F_1 定点向上在高度男楦 7 ~ 8mm、女楦 5 ~ 6mm 处向后、向前的肉体必须有一定的饱满度，第五蹠趾部位的突出肉体超出底样轮廓线 1 ~ 1. 5mm，这部位突出的肉体不能太多，但必须设计得圆滑饱满些，能容纳第五蹠趾部位因楦底样宽度控制减少，而脚的肉体向上增加的厚度，让该部位的小趾感到舒适，同时符合该部位的脚型。

四、前掌着地部位的楦体设计

该部位点是脚前掌主要受力部位，要求前掌有一定的凸度，但不要超过 6mm，一般在 4 ~ 5mm，着地面积尽量大些，着地处需平些，这样使前掌受力面积增加，使脚底受力面增大，并使脚站立、行走平稳，起到保护足横弓不下塌，使脚行走时舒适健康。该部位设计得是否合理，直接关系到脚的健康和舒适，因为脚的这一部位是肾、脾、胃、胰、肾上腺、腹腔神经丛的神经反射区，设计得科学合理，可以起到保健康的作用，如果设计不符合该部位的脚型规律，例如凸度太大，着地受力分布不均，就

会对身体的以上部位造成伤害，所以鞋楦设计不但要重视设计美观、穿着舒适，更重要的是要考虑到保护身体的健康，这是鞋楦设计的新观念和新理论，要求鞋类设计师站在对人们身体健康负责任的角度上去重视和研究关于保护脚健康的新课题。

该部位的设计要点是要了解该部位脚的造型结构和脚在站立、行走、运动时的受力情况。一般情况下人体在运动和行走中，前掌受力会达到人体重量的1/3左右，由于受重力和弯曲的影响，使足横弓、内外纵弓和结构附着的韧带产生拉力、压力，第一蹠蹁骨部位、第五蹠骨部位受到帮面的挤压和自身的扩展收缩、弯曲变化的影响，都会造成不舒适或影响脚和人体的健康。因此，具有正确的前掌凸度和该部位合适的宽度、高度是十分重要的。在前面内容中对以上的前掌凸度和宽度、高度都有明确的数据尺寸，在后面一章中将对鞋楦具体肉体宽度有明确的数据尺寸供大家参考和共同进行研究。

前掌着地部位点中间号数据：男楦250号，该部位是从楦底样后端O点向前沿着轴线量，曲线长度为166.87mm，等差为3.16mm；女楦230号，该部位同样也是从楦底样后端O点沿着轴线量，曲线长度为153mm，等差为3.12mm。前掌着地部位点位于第一蹠趾部位和第五蹠趾部位里外连接到楦底样轴线处，由此向前为前掌着地受力部位，该部位同时也是半托底中心长度的主要参考部位，是鞋楦后身标准化中的鞋楦前后分界线。因此，该部位是鞋楦设计中的最重要部位。在国家鞋楦标准数据中没有明确的具体数据尺寸，但根据意大利、德国、法国、英国、日本、美国等国家的鞋楦资料，都可看出他们十分重视该部位的设计技术要求，他们都有具体的尺寸数据，虽然有差距，但基本在该部位的前后，没有太大区别。例如意大利等欧洲国家的鞋向前2~3mm，因为欧洲人的脚型比我国人民的脚型瘦长，长一点是十分正常的；日本的鞋基本和我们在相同的部位。因为太前或太后都会影响穿着舒适，不准确的前掌着地部位会造成鞋变形和伤害脚。

美国鞋号、法国鞋号习惯采用标准楦底样长的64%定为前掌着地部位及趾围测量部位。

前掌着地部位鞋楦设计见图4-50及图4-51。

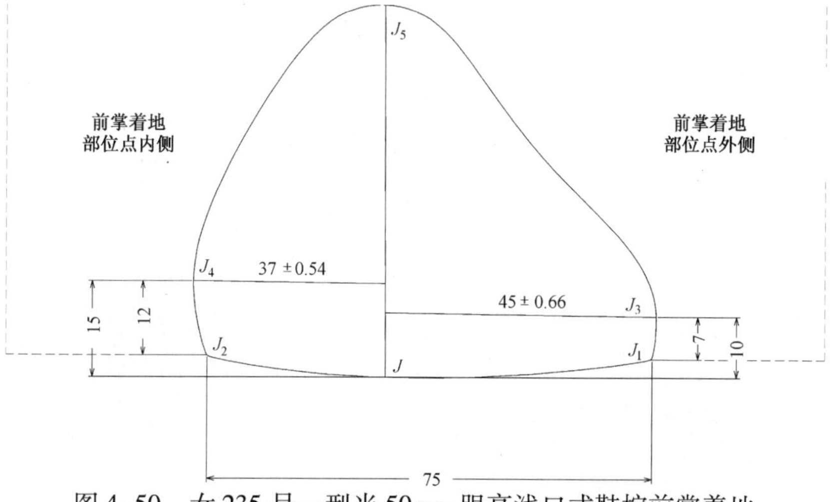

图4-50　女235号一型半50mm跟高浅口式鞋楦前掌着地部位横断面垂直造型设计及尺寸图（单位：mm）

图中虚线部分为鞋楦设计检测前掌着地部位里外侧的曲线卡板

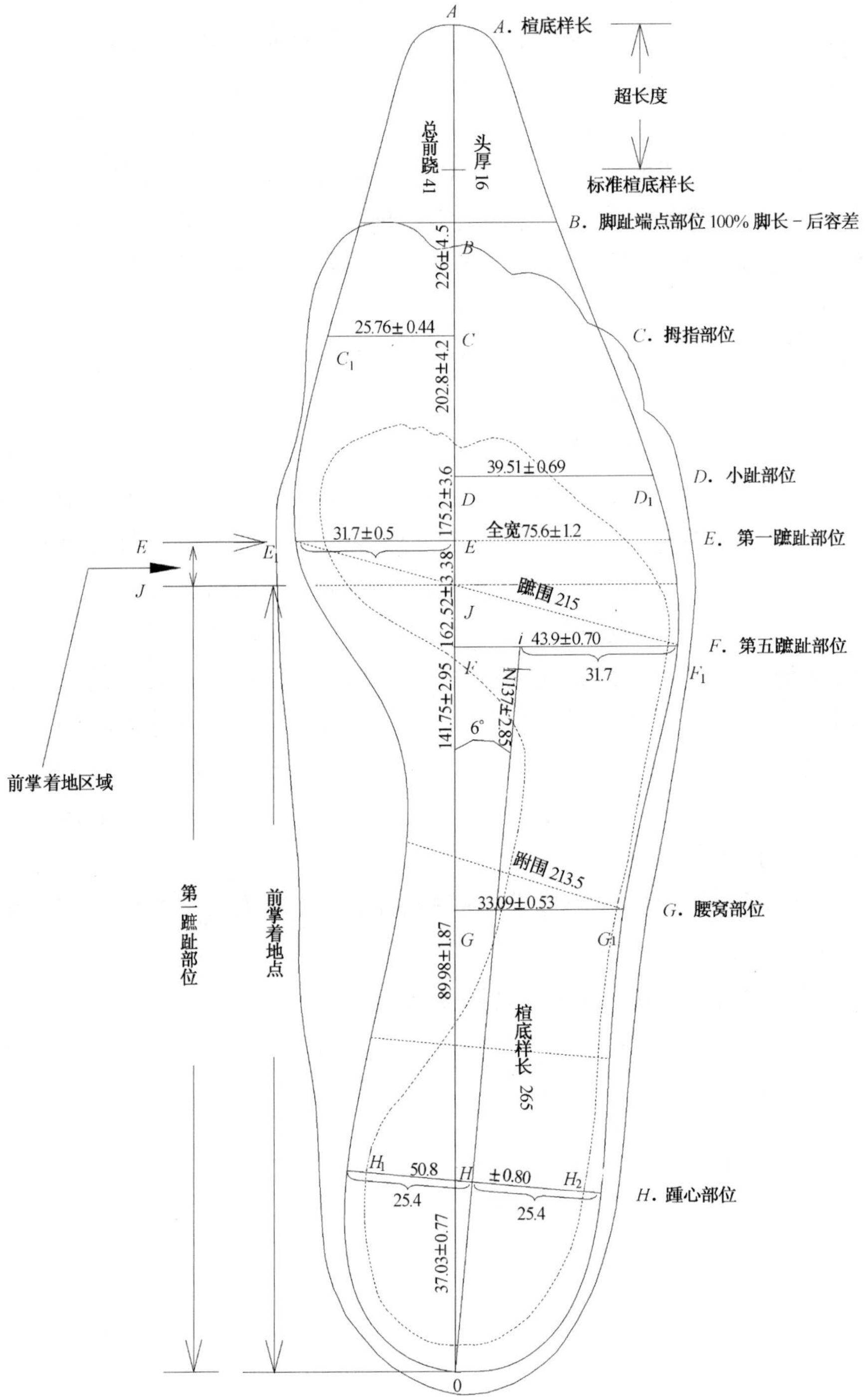

图 4-51　女 230 号一型半 50mm 跟高浅口式鞋楦
前掌着地部位、腰窝部位、踵心
部位肉体测量定点方法图

前掌着地部位点位于第一、第五蹠趾两部位交叉处（测量蹠围相同部位），由该点向前至第一蹠趾部位为前掌着地区域，同时也是鞋楦前身最宽的部位，是鞋楦设计的重要部位。

在鞋楦设计中，前掌着地部位内外两侧的楦体肉体安排为：浅口鞋楦的 J_4 部位肉体高度在平面上测量为 14～15mm，从鞋楦底边轮廓子口向上测量为 11～12mm。该部位鞋楦肉体要设计得饱满圆滑，有足够的肉体才能容纳脚的相应部位肉体，其中要注意的是浅口鞋安排需下些，如果肉体太向上，会使浅口鞋鞋帮沿口向外裂开，使脚在行走中向上移动，影响穿着的舒适性，使鞋不跟脚；但结带式鞋该部位肉体设计就应该比浅口楦向上些，也要更饱满些，因为结带式鞋帮口门深，如果安排得和浅口一样，就会造成穿着困难、压脚等质量问题。结带式鞋 J_4 部位肉体高度必须向上 1～2mm，同时还需加宽 1～2mm，该部位上方的肉体必须比浅口鞋楦肉体安排得高些和饱满。线条造型要自然、圆滑、流畅，和前后融为一体。前掌着地部位外侧 J_3 部位的肉体是最向外突出的高度，女浅口鞋楦中间号楦从平面上向上测量高度为 9～10mm，从鞋楦底边子口轮廓向上测量为 6～7mm，该部位是第五蹠趾向前的部位，是脚趾骨外侧部位，虽然突出的肉体不能太多，要比内侧的小些并安排向下些，但一定要圆滑饱满，要有足够的容纳脚相应部位的肉体，因为在楦底样设计中，底样是在脚印与脚轮廓线之间进行设计的，脚趾外侧适当减少的宽度肉体会增加到厚度，所以该部位的肉体要确保脚的容纳量。结带式鞋由于鞋帮口门深，该部位向上的肉体安排一定要比浅口鞋饱满圆滑，肉体宽度也要相应的加宽 1～2mm 为宜。

（1）鞋楦前掌着地部位肉体宽度测量部位 J 的部位定点方法：

女浅口鞋楦前掌着地部位点占标准楦底样长的 63.8%。例：230 号浅口式标准楦底样长度为 240mm，计算方法为：240mm×63.8%=153.12mm，等差为 3.19mm。

（2）鞋楦腰窝部位肉体宽度测量部位 G 的部位定点方法：

腰窝部位全宽处占标准楦底样长的 37.5%。例：女 230 号浅口式标准楦底样长度为 240mm，计算方法为：240mm×37.5%=90mm，等差为 1.87mm。

（3）鞋楦踵心部位肉体宽度测量部位 H 的部位定点方法：

踵心部位全宽处占标准楦底样长的 15.4%。例：女 230 号浅口式标准楦底样长度为 240mm，计算方法为：240mm×15.4%=36.96mm，等差为 0.77mm。

（备注：定点方法和楦底样设计中的 H 部位、G 部位、J 部位定点方法相同。）

五、关于拇指部位和小趾部位两侧肉体宽度及头厚的设计技术要求

拇指部位和部位两侧的肉体宽度，原则上不允许小于脚印轮廓线，如果过窄，穿着时会不舒服。如果设计尖头和小型较窄的鞋楦，只能增加放余量和超长度，鞋楦肉体宽度不要小于该两部位标准宽度一个号的等差数据尺寸为宜。如果太窄或凸度过大、前跷过跷或过小、厚度不够等都会影响穿着舒适和伤害脚的健康，因为拇指部位是颈椎、头部、小脑脑干、三叉神经、甲状腺等的神经反射区，第二关节脚底部有眼、斜方肌的神经反射区，第三趾关节脚底部有支气管及肺的神经反射区，第四趾节脚底部有耳、斜方肌的神经反射区，第五趾节外侧是肩部的神经反射区。因此鞋楦在设计这些部位时一定要考虑符合脚型规律和脚的运动规律，不要让脚有过大的挤压或形体受到改变。例如前掌及前头的底部跷度太跷，超过正常前跷 15.0mm 以上，就会

不同程度的影响脚和身体的舒适和健康；反之，前跷过小则行走困难，消耗脚力，使脚容易疲劳，也会影响脚和身体的舒适和健康。要设计前跷大的鞋，只能在放余量和超长度上作造型变化。

头厚一般只允许高于脚趾厚度,绝不允许小于脚趾厚度,这些在鞋楦设计中都要了解掌握具体数据尺寸及造型设计要求。鞋楦前身的造型美观新颖,必须结合科学合理的鞋楦数据尺寸和符合制鞋技术及工艺款式等要求,这样才能真正设计出高水平的鞋楦。

六、鞋楦造型设计中要重视的几个方面

（1）正确的鞋楦主要部位着力点的设计见图4-52。

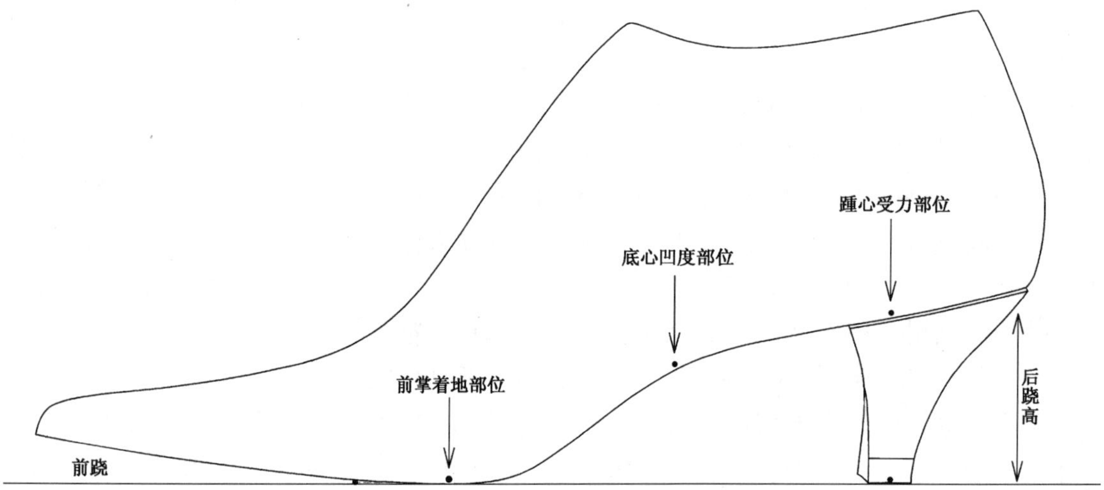

图4-52　正确的鞋楦主要部位设计

（2）前跷过低、着地点太向前以及后跟太向前，受力不准的错误鞋楦设计见图4-53。

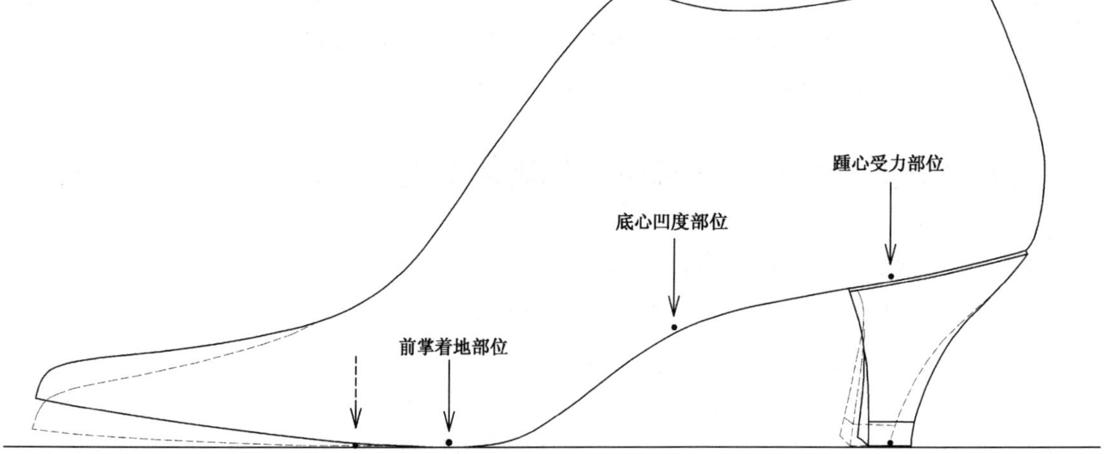

图4-53　鞋楦前跷过低、着地点太向前以及后跟太向前，受力不准（虚线表示错误状态）

图示说明：①鞋楦前跷过低，使脚前底部磨损加快；由于前跷低，使背面增长，

穿着后帮面易起褶变形；②着地点太向前，当脚前掌受力时会出现敞口；起步脚向前行走时会使后帮向下滑落，影响行走；③后跟过向前，容易掉跟、断跟，影响美观，穿着容易出问题。

（3）前跷过大、着地点落得太后以及后跟太向后，踵心受力不准的错误鞋楦设计见图4-54。

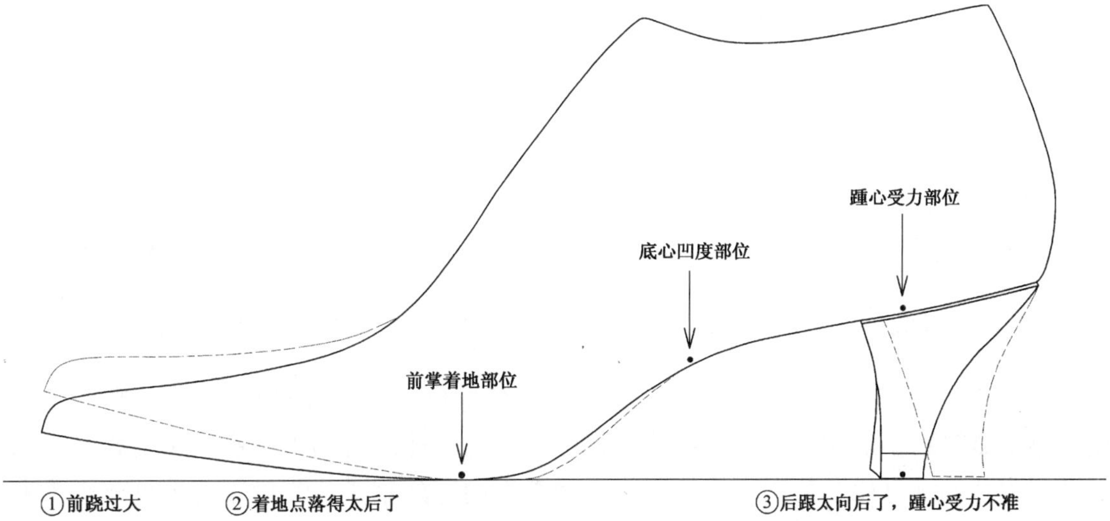

图4-54　鞋楦前跷过大、着地点落得太后以及后跟太向后，踵心受力不准（虚线表示错误状态）

图示说明：①鞋楦前跷过大，影响外观，走路不稳，会使脚趾骨疼痛，使脚蹠趾横弓下塌，易使鞋口门产生裂口等质量问题；②着地点落得太后，会使鞋楦着地部位的肉体也太向后，使脚弓下塌，造成穿着不舒服，严重时会拉伤脚韧带，影响脚的健康；③后跟太向后，影响美观，使踵心受力，偏离踵心着地踵心位置，鞋跟容易出问题。

（4）底心凹度不够及后跟着地不稳，处于后空状态的错误鞋楦设计见图4-55。

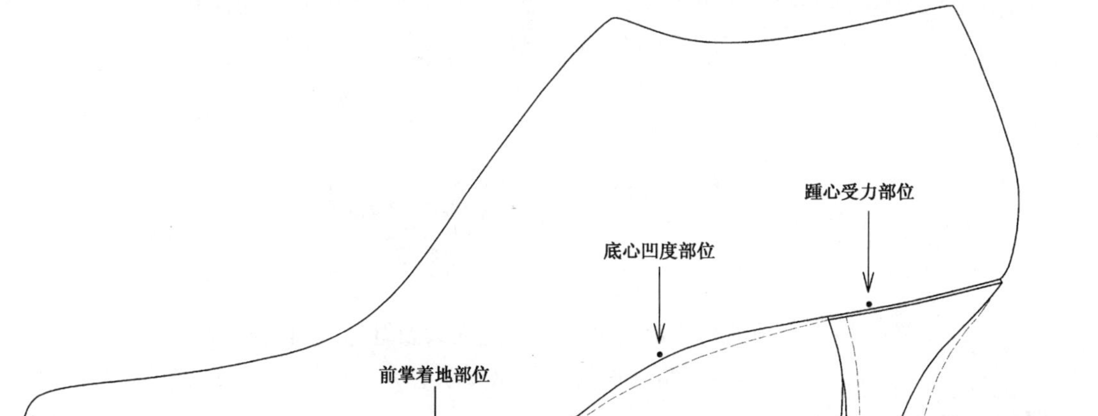

图4-55　鞋楦底心凹度不够及后跟着地不稳，处于后空状态（虚线表示错误状态）

图示说明：①鞋楦底心凹度不够，使足弓下塌，使脚在运动过程中的弹性减少，足弓内肌肉拉伤，使血管和神经受到损伤；使鞋出现敞口变形，使脚穿着后感到疲劳和不舒服；②后跟着地不稳，受力不在跟掌面中心位置，处于后空状态，属于质量问题。

（5）底心凹度太凹及后跟着地不平稳，处于前空状态的错误鞋楦设计见图4-56。

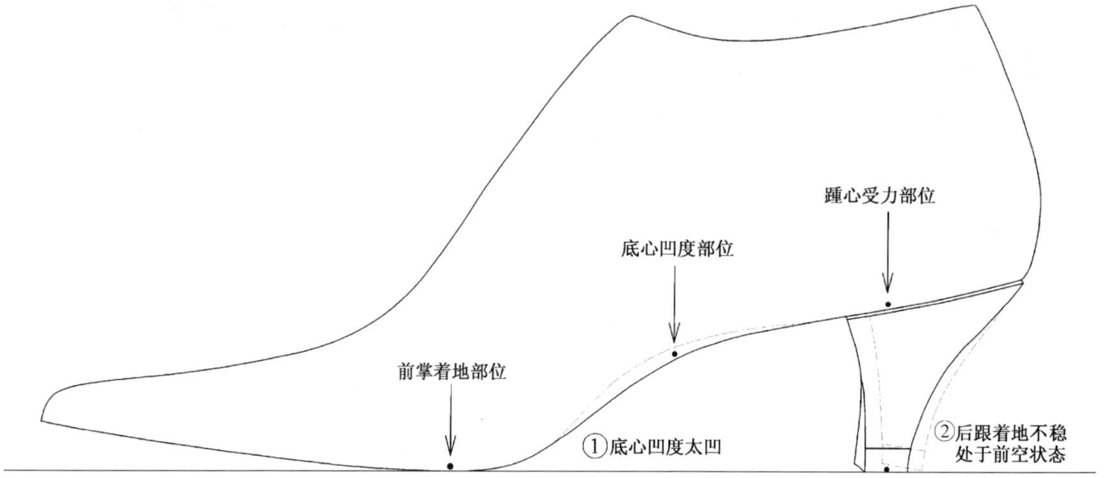

图4-56　鞋楦底心凹度太凹及后跟着地不平稳，处于前空状态（虚线表示错误状态）

图示说明：①鞋楦底心凹度太凹，使脚腰窝部位的中底和鞋垫顶着脚腰窝部位，使脚感到难受、不舒服，严重的会顶伤脚底心肌肉；使脚背向上抬高，使前帮压在脚上磨压脚背而不舒服，使脚不能处于正常状态下而感到难受；②后跟着地处于前空状态，使行走不稳，是属于质量问题。

（6）鞋楦后身底部、鞋跟倾斜度太大及鞋楦统口后身太向后倾的错误鞋楦设计见图4-57。

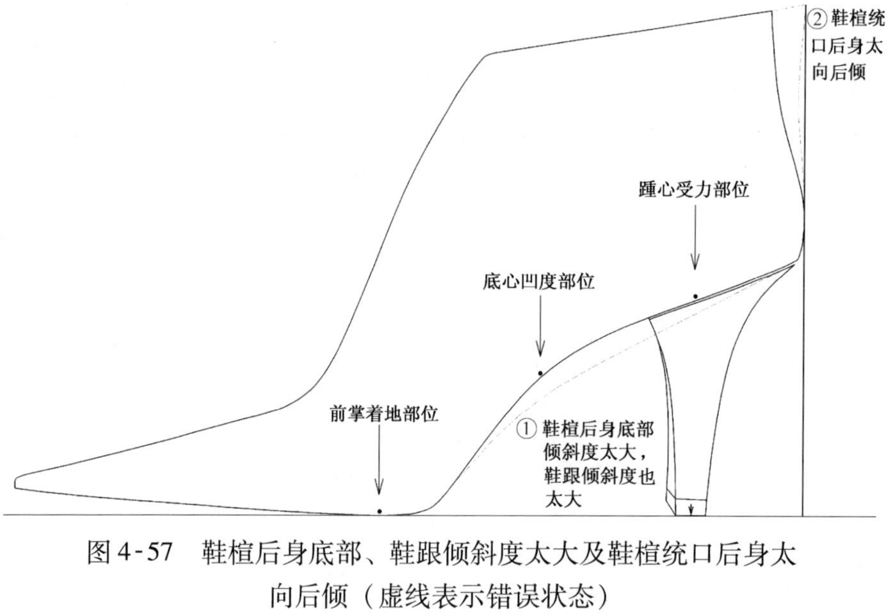

图4-57　鞋楦后身底部、鞋跟倾斜度太大及鞋楦统口后身太向后倾（虚线表示错误状态）

图示说明：①鞋楦后身底部倾斜度太大，鞋跟倾斜度也太大了，造成脚在鞋内足弓下塌，脚在行走中会向前滑移，使脚不能在鞋内处于正常稳定状态，易拉伤足弓，使脚受伤，不舒适，鞋易变形，行走疲劳等，是鞋楦设计中必须要注意的一个重点问题；②鞋楦统口后身太向后倾斜，会造成穿着不跟脚，脚在行走中上移，使鞋靴统口产生向后过大倾斜而影响穿着舒适和外观美观。

（7）鞋楦后身底部太凹，使鞋跟斜坡太平及统口后身太向前倾的错误鞋楦设计见

图 4-58。

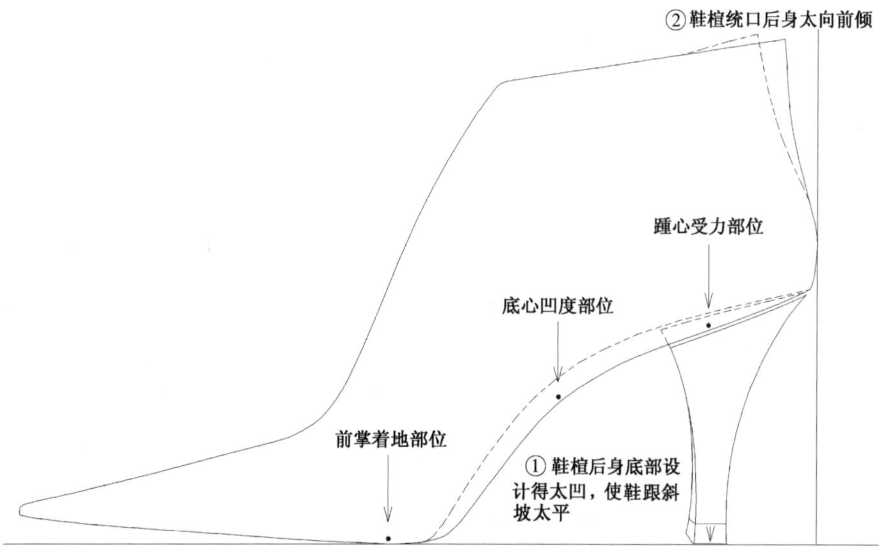

图 4-58　鞋楦后身底部太凹，使鞋跟斜坡太平及统口后身太向前倾（虚线表示错误状态）

图示说明：①鞋楦后身底部设计得太凹，使底心凹度部位和踵心部位顶压脚，使脚不舒服，同时使鞋跟斜坡过平，脚踵心部位明显受顶而难受；②鞋楦统口后身太向前倾斜，会造成穿、脱鞋困难，鞋后帮容易变形和起褶。

（8）鞋楦蹠围、跗围背面设计得过高或过低的错误鞋楦设计见图 4-59。

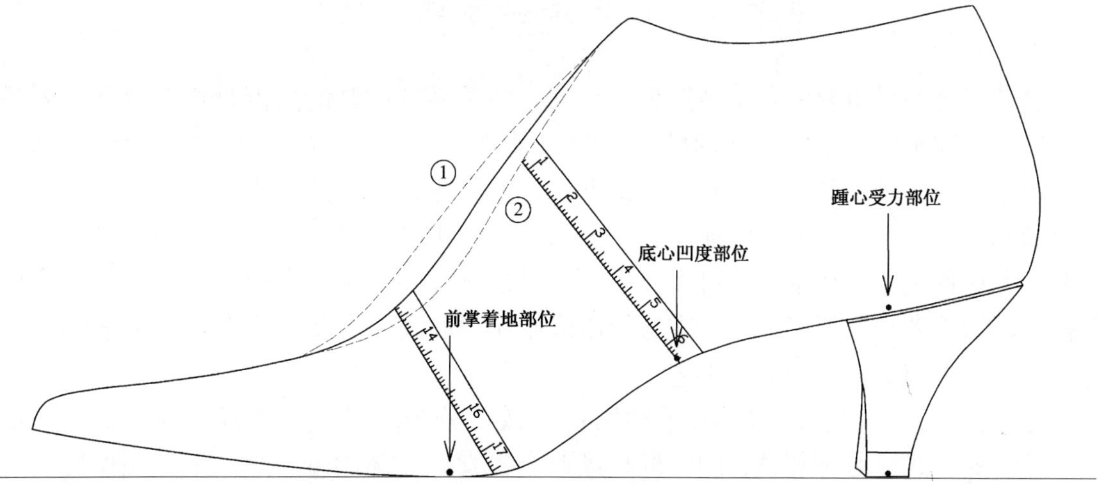

图 4-59　鞋楦蹠围、跗围背面设计得过高或过低（虚线表示错误状态）

图示说明：①鞋楦脚背外的一条虚线为鞋楦蹠围、跗围背面设计得太高，会使脚穿入鞋内后向前移位，使后身空位，造成鞋不跟脚，穿着脱落。由于脚前移，使第一、第五蹠趾部位挤脚，鞋变形走样，同时增大了蹠围无效尺寸；②鞋楦脚背内一条虚线是蹠围至跗围部位设计得过低的一种情况，这样会压伤脚背，严重影响穿着，造成穿着不舒适，蹠围、跗围尺寸会不够，特别是深口门的舌式鞋和结带式鞋楦，是不允许设计得这么低的。

（9）鞋楦统口前端至跗背设计得过高或过低的错误鞋楦设计见图4-60。

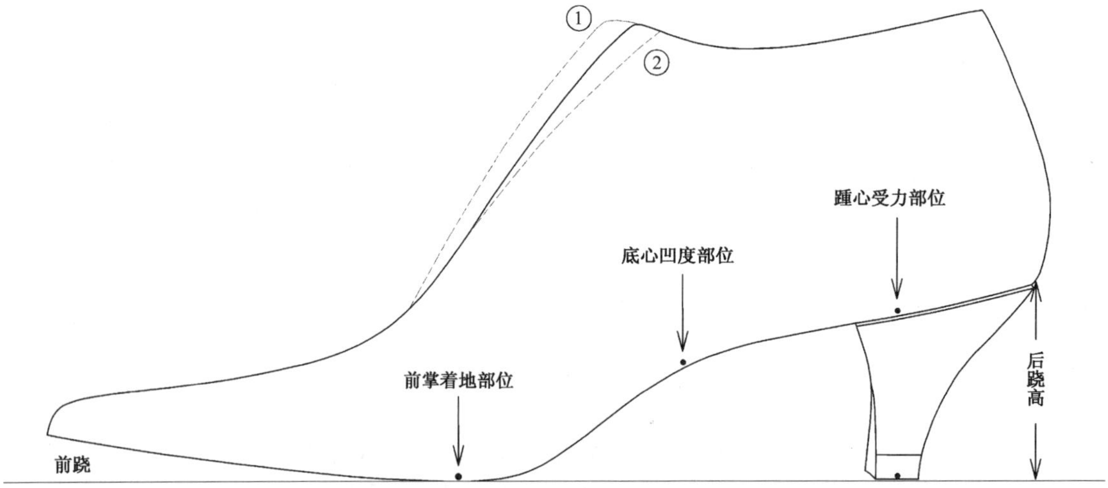

图4-60 鞋楦统口前端至跗背设计得过高或过低（虚线表示错误状态）

图示说明：①上面一条虚线表示鞋楦统口前端至跗背设计得过高，会使鞋舌头和脚背敞开，不贴脚，影响外观质量，使脚起步抬脚时失控，向上移位；②下面一条虚线表示鞋楦统口前端至跗背设计得过低，使鞋口门低、口门小，脚穿入鞋内困难，鞋压脚背。

第五节 楦体造型设计的重点

鞋楦设计中最重要的是楦体造型与设计，它关系到成鞋的造型是否美观和穿着是否舒适。不同结构、不同式样的鞋，楦型的设计要求也不一样，就是同一品种的鞋，如果由于制作成型工艺不同，对鞋楦造型设计的要求也会有所差别。有的品种的鞋楦可以通用，但有的鞋楦就不能通用，这是因为制鞋工艺条件的要求。例如缝制鞋和胶粘鞋工艺中使用的鞋楦基本上可以通用，但是模压和注塑工艺中使用的鞋楦就不可以一样，因为前者是绷帮工艺后再进行缝制或胶粘，后者通常是采用套帮工艺或粘贴工艺后再进行模压或注塑的成型工艺。

鞋的品种式样较多，例如按帮样结构大致可分为结带式、舌式、浅口式、橡筋式、拉链式，式样有时装鞋、绅士鞋、经典高档女鞋、休闲鞋、包子鞋、工作鞋、运动鞋，高帮、中低帮、低帮等等帮面和底部、品种式样不同的鞋。如果从工艺方面来讲，有缝制、注塑、注胶、注 PU、胶粘、模压等等制作工艺，由于工艺要求不同，在楦体造型设计上有着较大的区别。

还有用途不同，需求不同楦体的造型也不一样。下面针对鞋楦设计与造型方面需要注意的重点关键问题进行论述。

一、楦体的前跷和后跷的造型设计

关于楦体的前跷和后跷的造型设计需要掌握的经验和知识，在第一章和第三章中谈到，人脚的本身就有一定的自然前后跷高，介绍了相关前跷参考尺寸数据，在本章第三节介绍的鞋楦设计检测曲线卡板直接关系到前跷和后跷，其对控制前后跷的造型、前后跷的角度起到了关键作用。为什么要设定这些数据和曲线卡板来控制鞋楦？因为未来的鞋楦造型设计要求更科学合理，会有规范的部分和不断变化的部分组合成鞋楦造型设计的核心。规范部分是为解决脚的舒适问题，不断变化的部分是为了适应市场和潮流的需求，头型、跟型、帮面款式需要不断适应市场和潮流的变化。例如鞋楦的前跷造型设计，脚趾端点部位按照接近标准前跷不超过 3 ~ 4mm，就不会影响脚的舒适性。反之，不按照脚型规律和脚在运动状态的脚型规律或增加了后跟高度后的脚型动态规律去设计，就会使脚不舒服，严重的还会伤害到脚。比如说如果 40mm 后跟高的鞋楦标准前跷为 14mm，它是根据脚的自然跷度和通过多年的实际研究得出的结论，这种合适的跷高使穿着这种鞋后走路轻快，脚不易疲劳，还可以减轻外底前端的磨损和曲挠及帮面折皱、减少围条或沿条开裂等问题，若将鞋楦前跷设计成 10 ~ 11mm 或 16 ~ 17mm，还不会影响穿着舒适，但如果把前跷设计得太低，如只有 1 ~ 5mm，或太高，如超过 20mm，都会产生不良影响。太低，最严重的有三大缺陷：①影响外观质量，前跷太低造成上帮长度增加，行走、曲挠后趾围至脚趾端点这一段帮面会产生折皱，鞋穿后一走路就会出现折皱，而且无法去掉这些折皱、越穿越皱；②前跷太低，鞋头接近地面，容易和地面相碰撞，使鞋头碰伤、碰坏，鞋头经常撞击地面，使前帮开裂脱胶，影响鞋穿着使用寿命；③前跷太低会造成行走困难，由于前跷过低，失去了脚在起步落步中需要的跷度和转换的角度，即正常的前跷，由于鞋头前面已着地，起步时只能依靠脚后身向上抬起才能向前移位，造成了行走困难，使脚容易疲劳，容易使鞋变形。所以鞋需要设计正确的前跷。鞋楦没有合理正确的前跷，就是双不合格的鞋楦。如果前跷设计得太高，不符合穿鞋中的脚的运动规律和穿着要求，同样也有三大常见的缺陷：①前跷太高会使脚不能处于自然状态下，使脚趾向上翻，使脚趾骨关节上压得过紧，下拉得松开，在脚趾向前着地用力时，更压得紧和拉得更开，造成直接伤害趾关节，如果长时间处于这种状态下，脚就会受到伤害，趾骨会产生不舒适、疲劳，严重的会疼痛，影响健康；②前跷太高会造成鞋前帮面长度缩短，当脚下踏用力时，力量会集中到鞋口门处，如果是女浅口鞋就会口门沿口裂开，严重影响鞋的质量和穿着使用寿命，同时由于长帮短，造成下帮长，当前掌着地受力时，腰窝部位里外靠大底部的帮面就会起皱，影响鞋的外观美观；③前跷太高会使人的踵心后移，如果是平跟鞋就会使人身体重心后仰，影响向前行进；如果是高跟鞋前跷太高，会使前掌着地面积减少，出现站立起来不稳现象。因此鞋楦造型设计时楦体上的前跷要正确，尺寸数据要符合脚型规律和脚的运动规律，这十分重要，也是楦体设计的重点。

关于鞋楦后跷高度同样需要正确和科学合理的设计，设计不准确，同样会带来很多问题。例如后跷部位太向下弯，也会出现三大缺陷：①由于后跷部位太向下弯，使只有脚后跟端点处受力，踵心部位得不到正常承受人身重量，使脚跟部产生疲劳；

②由于后跷部位太向下弯，受力在后，踵心部位没有受力，使鞋跟后部受力过大，磨损会集中在底面后部，影响鞋跟掌口部位的牢度；③由于后跷部位太向下弯，造成鞋楦踵心部位的凸度减小，使脚的重心部位受到地面顶压，踵心部位感到不舒服，严重的会感到难受。所以不能把后跷设计得向下弯。相反，如果后跷设计得向上翻同样也会出现三大缺陷：①由于后跷太向上翻，使后跷高度增加，后跟前后高度反差太大，影响鞋跟的外观美观；②由于后跷太向上翻，造成鞋跟后部有空隙，踵心部位受力过度集中，会使脚腰窝部位足弓下塌，产生拉伤脚弓韧带，顶痛脚踵心部位；③由于后跷太向上翻，使鞋跟后面不受力，受力集中到掌口部位，严重时会出现后跟和后帮脚裂开等质量问题。所以控制后跷高度，设计正确的后跟跷度也十分重要。

二、统口后端处的楦体设计

在楦体设计中，统口后端处的楦体设计要用楦斜长或鞋楦设计检测曲线卡板来控制向前向后的后身弧度，该部位在曲线卡板设计中称 M 部位点，这个部位就是鞋的后

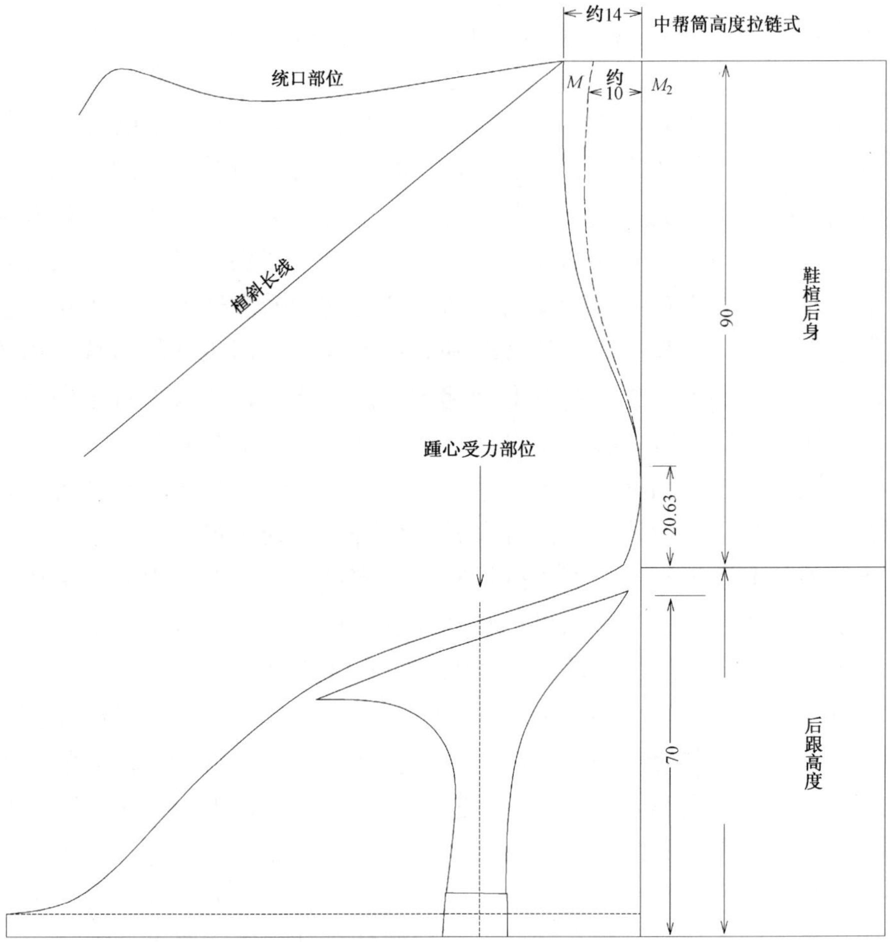

图 4-61　鞋楦统口后端点 M 点至直线 M_2 的距离（单位：mm）

说明：后跷高度 50mm 的鞋楦在加上后跟高度的条件下测量女高帮鞋楦 M 至 M_2 距离为：中帮拉链式的距离为 10 ~ 12mm，高筒女靴的距离为 5 ~ 8mm，低帮靴 12 ~ 14mm

帮口门部位，是低帮鞋的后帮高度部位。当脚穿入正常合适的鞋时，如果脚用力向前移紧，后面可以插入一只中指为合适，在 5 ~ 10mm 为宜。统口后身端点楦体设计前后要符合实际穿着要求，例如女浅口鞋楦 230 号一型半 50mm 后跷高楦底样长 240mm 的楦斜长一般控制在 233 ~ 238mm 为合适，如果鞋楦后跟填上鞋跟高度，用三角尺靠住后容差突点部位，三角尺和统口后端点之间的距离为：女低帮单鞋 14mm 左右；高帮 5 ~ 8mm；高筒、中筒、低筒靴的尺寸则有所不同。而且结构工艺不同尺寸也不相同，例如结带式、女高帮皮鞋、拉链式中帮女靴、整筒高帮女靴的鞋楦统口尺寸和造型都不一样。见图 4-61 鞋楦统口后端点距离图。

三、皮鞋楦造型设计特点

皮鞋楦在楦体肉体安排上，既要考虑它的造型美观，又要注意它的穿着舒适。

（1）楦底部前掌凸度比胶鞋楦和布鞋楦要饱满 1 ~ 1. 5mm。

（2）从前掌着地部位向前至头部凸度慢慢变小，到头部时凸度在 1mm 左右，头底部凸度一般不超过 2mm 为宜。

（3）蹠趾部位必须呈饱满状态，而且着地面积尽量要大些，呈三角形为合适。

（4）帮脚部位开始可设计得饱满些。

（5）底心凹度比其他鞋楦要大些。

（6）踵心、腰窝横向底部的饱满凸度在 3mm 左右。

（7）鞋楦的头厚原则上要求不能低于脚的拇趾厚度。

（8）后跟凸度应比其他鞋楦的凸度大些。

（9）皮鞋的后跟高由于花色品种多样化、个性化，从 10mm 后跷高至 100mm 后跷高，根据不同高度设计好鞋楦的整体造型是鞋楦设计中最有技术难度的工作。

四、舌式鞋楦设计

舌式又称为套式、船式和睡装式。由于舌式鞋的口门比结带式开得大，而且口门帮面高度也比结带式的要低，前帮也较短，穿着时脚背面有一部分肉体露出在鞋的外面，再加上它不结鞋带，因此鞋楦的肥瘦度相应要比深口结带式中圆头型鞋楦减小半个型（蹠围减小 3. 5mm），基本宽度也要减小 1. 3mm，如果成鞋后要加入 2 ~ 3mm 厚的鞋垫，那么就不要减小蹠围、跗围，只有这样才能符合实际穿着要求。

在楦长度方面，由于男舌式前帮和结带式鞋楦没有多大差别，所以楦底样长度基本相同，因为口门深浅和长度关系不大，它主要与蹠围、跗围以及楦背肥瘦有直接关系。舌式鞋楦口门处的肉体可以安排得比结带式的瘦些，特别是女高跟舌式和浅口式。统口两侧也不能肥，要设计得比结带式的瘦 1 ~ 2mm 的肉体肥度，而肉体安排也应该比结带式的小些，这样在穿着时更为合脚。例如：女 235 号一型半 50mm 后跷高结带式鞋楦腰窝两侧肉体宽为 63mm，而浅口式两侧肉体宽度 61mm 就可以了，舌式约在 62mm。但是踵心部位的肉体不能过小，不然会容纳不下脚踵心部位的肉体，一般女 235 号一型半 50mm 后跷高结带式为 57mm，舌式为 56. 5mm，浅口式也为 56. 5mm。如果踵心肉体宽度不够，就容易造成鞋帮上口敞口毛病。男女舌式鞋楦和女浅口鞋楦由于统口两侧要设计得瘦些，凹度也十分明显，由此减少了鞋帮口门尺寸，所以鞋楦后跟弧线弯度应大于结带式鞋楦突度，同时楦斜长也应该增加 1 ~ 3mm，这样就可以确保鞋口门的尺寸符合实际穿着要求。

五、女中跟和高跟鞋楦造型设计要点

高跟和中跟皮鞋款式品种比较多，可分为舌式、耳式、结带式、浅口式等等。按季节变化，品种有高腰棉鞋、女马靴、女单鞋和各式凉鞋等。高跟和中跟鞋楦的特点是前跷高度和后跷高度相互合理的安排，使之能够相互协调，这是高跟和中跟鞋楦的关键。如果前跷过高、后跷较低，容易造成穿鞋后人体向后倾斜，使人的重心后移，影响起步行走；相反，后跟过高，前跷过低又会造成脚的前掌着力部位与鞋的对应部位向前移动，造成鞋变形，走路起步由于没有前跷而不能使脚趾关节弯曲前移，造成起步向前困难，同时由于前跷过小的原因，增长了鞋上面的长度，在脚向前行走弯曲时鞋上面就会产生曲折纹，使帮面变形，这种问题当鞋处于静态观赏时看不出，但只要穿到脚上一走路时问题就会十分明显。关于前跷跷度参考数据，本书第三章第十节已有具体介绍。按照标准后跟高 30mm 时，前跷在 14 ~ 17mm 为宜；后跟高 40mm 时，前跷在 13 ~ 16mm 为宜；后跟高在 60mm 时，前跷在 12 ~ 15mm 为宜。一般不要小于或大于 3mm，如果前跷过低或过高，都会影响穿着舒适和身体健康。

女高跟鞋的楦底样长度可以根据头型、造型要求来决定，但不要短于标准长度，否则会影响穿着舒适性；也不要过分超长，如果太超长，会造成走路困难。但是鞋楦蹠围随着跟高的增加而增加，相反，基本宽度却相应的缩小或保持不变。由于基本宽度的相应缩小或不变，所以在鞋楦蹠围部位的肉体安排要显得厚实、饱满。当然也不能完全增加厚度，一定要符合增加高度后的脚型规律，并能满足实际穿着舒适的要求。

方头式的高跟鞋楦基本宽度要比圆头式鞋楦宽度小 1 ~ 2mm 为宜。女式中圆头型鞋楦是最普遍的头型，可以做舌式、结带式、浅口式等款式，但浅口、舌式鞋楦的蹠围要比结带式减小半个型号为宜。主要减瘦的肉体部位是口门处和口门两侧，这一点在意大利鞋楦设计中是特别重视的鞋楦造型设计要点。

根据女高跟和中跟鞋楦的特点，鞋楦里腰窝弯度曲线要比平跟弯凹得多一些。笔者的经验是跟高增加 10mm，腰窝内侧凹度进去 1mm 左右为宜。例如：230 号 50mm 跟高腰窝底部全宽 44mm 左右，那么 60mm 跟高腰窝底部就可以设计成 43mm 左右。这样设计一是可以增加肉体曲线造型的线条美观，二是因为高跟和中跟鞋楦都有钢勾心和半托底，随着跟的高度增加必须加大底心凹度，以使能托住脚底心，不让足弓下塌，确保穿着舒适和脚的健康，同时起到分担因鞋跟增高而增加的前掌和踵心部位所承担的重量负荷的功能，并使鞋楦设计更符合穿着要求，更加舒适，楦体造型更加美观。

六、各种凉鞋楦的造型设计要求

男女凉鞋楦花色品种繁多，以前是帮面式样变化较大，而现代设计则是在整体造型设计上的变化，而且鞋底的变化也十分大。

现代凉鞋设计中有休闲凉鞋、运动鞋风格的凉鞋、脚印底舒适类凉鞋等。这些鞋的变化首先是在底型上的变化，然后是在结构和帮面的变化。结合各种新颖的成型凉鞋底来设计凉鞋楦是鞋楦造型设计的一项主要工作。在凉鞋的帮面结构变化中有很多类型，例如男女满帮凉鞋、前后不空式、前后空式、前满后空式和前后中空满头满跟式等。凉鞋的特点是：一般的式样中，外腰窝处没有帮面，穿着时这个部位的肉体由于没有帮面的包托而脚向外膨胀，因此在第一和第五蹠趾部位以后的帮面条带处容易勒脚。为了解决这个问题，在设计凉鞋楦底样时，要适当增加宽度，里腰窝弯凹度曲线要比满帮鞋楦的该部位放直一些，外腰窝肉体宽度也要适当加宽些；在楦体造型上，第一和第五蹠趾关节向后的肉体应安排得比满帮结带鞋更加饱满才能适应凉鞋的穿着要求。增加蹠围、跗围肥度在2～3.5mm内为宜。

关于满帮凉鞋楦，一般可以通用满帮鞋楦，但由于夏天脚会受季节天热的影响而增加肥度，所以满帮凉鞋楦不宜选择舌式和浅口式满帮鞋楦做满帮凉鞋楦，一般要求满帮凉鞋楦的后身肉体肥度要和结带式基本相同为宜，原则上不能比满帮鞋的肥度瘦。

关于前后空皮凉鞋楦，又分为前绊带和后绊带两种，由于结构形式不同，鞋楦的尺寸和楦体造型也要有所不同。对于前绊带结构的凉鞋楦，后跟弧度线弯度应适当加大，后身肉体要比结带式鞋楦少，头厚不要太厚，要设计得适当低些，这样脚才不会向前移位，一般的鞋的头端点至后身高端点的楦斜长度和楦底样长基本相同。为了使帮面少于满帮鞋的凉鞋能够同样“跟脚”，后绊带的皮凉鞋楦蹠围长和楦底样基本宽度比前绊带凉鞋楦缩小半型为宜，鞋楦后身的腰窝部位、踵心部位的肉体宽度也不需太肥，原因是后面有绊带，穿着中前后移位、左右移动会小。适当减瘦鞋楦后身肉体宽度，有利于穿着舒适，也能使脚在行走中更稳健，但不要比满帮鞋楦瘦。

前空后不空凉鞋楦与后空皮凉鞋楦基本相似，一般没有大的区别，但在后跟上的弧度可以略直一些，这是考虑前空后不空鞋多数是浅口式，后跟弧度直些可以起到鞋后帮“跟脚”的作用。

七、男结带式鞋楦的造型设计

以前鞋楦设计中结带式的款式以三节头帮面式样为代表，同时还有结带的外耳式、内耳式、青年式等鞋的款式。按现代设计来讲，一般结带式用于经典类鞋款和职业皮鞋、工作皮鞋的设计。当然，流行式当中也有很多是采用结带式的款式，结带式不等于是传统式，而是一种帮样结构。在鞋楦头型造型以及超长度方面，可以根据头型来决定。例如设计尖头款式，就必须增加超长度才能确保脚趾部位的宽度和厚度，才能确保穿着舒适，同时使楦体头型较窄的款式显得线条美观。相反，设计一些头型宽大、较厚的鞋楦时，一般按标准放余量就可以了。如果想增加前身长度，提升造型美观，则适当增加超长度也是十分必要的。总之，造型设计要结合实际，讲究实用性，一定要确保舒适和美观。

八、高帮高腰鞋楦的造型设计

高帮高腰鞋楦有单鞋、棉鞋楦之分。高帮高腰鞋楦的长度和宽度与结带式鞋楦和一般的中圆头型鞋楦的长度宽度基本相同，但棉鞋、马靴的蹠围、跗围应适当的加大半个型。楦体后身适当加高，一般女高帮楦的统口后身高度为90～95mm，男高帮楦为95～100mm。

生产中有用毛皮或人造毛皮做鞋夹里的棉鞋，由于毛里，脱楦后鞋室内腔尺寸比毡里更要小些，因此毛里棉鞋要比一般毡里棉鞋楦体蹠围、跗围和基本宽度要适当增加，增加半个型号（3.5mm）的肥度围度，增加1.2～1.3mm基本宽度尺寸，要考虑到穿棉鞋的人一般都会加入棉鞋垫，冬天穿的袜子也都比较厚，所以增加围度和宽度是十分必要的。

第六节　制作标样楦造型设计技术方法

标样楦就是鞋楦的母样板，是生产鞋楦的第一手资料。以前完全靠手工来进行设计制作，设计好后，将母样楦安装在鞋楦机上，靠母样复制、扩缩级放成套和批量鞋楦。

制作标样楦是鞋楦设计师主要的技术工作。在世界上制鞋最先进的国家如意大利、德国、英国、法国、日本、美国，都还离不开手工制作标样楦这门专业造型设计技术。

标样楦造型设计师要掌握制鞋技术知识，对鞋的款式品种、流行式样都要了解。同时还要掌握鞋楦理论知识，特别是对脚型规律和运动状态下的脚型规律的了解十分重要。对具体数据尺寸不但要了解，还要能灵活应用。鞋楦设计师需要对鞋和楦的制作设计经验加以积累，有超越一般人的审美眼光和辨别、判断能力、形象思维能力，且心灵手巧，能根据市场、客户的要求，结合自己的能力水平，用大脑的想像思维、两眼的观察判断去指挥灵巧的双手，制作出符合市场、用户、脚型规律、穿着要求的母样标准鞋楦，作为种子样板。有了样楦和标样楦底样板，才可以设计鞋和生产鞋。

本书所讲的理论知识最终是服务于鞋楦造型设计的，世界最先进的鞋楦设计软件如法国力克ROMANS　CAD以及意大利NEWLAST的EASYLAST　CAD等都是辅助鞋楦设计的技术，最终还没有离开手工制作技能技术。虽然现在制楦都是采用电脑仿型刻楦设备、红外线鞋楦扫描机、激光扫描机等，但再先进的生产条件，还是需要标样楦的手工制作设计。设计鞋帮样的样品楦和生产批量鞋楦的款式造型要依靠鞋楦标样楦，而且母样板的好坏关系着鞋款式造型式样的好坏，因此制鞋业内人士称“鞋楦是制鞋的灵魂”是十分准确的论述。设计造型、制作标样楦是制楦企业的关键性技术工作，它决定着制鞋企业的命运。因为如果一个鞋厂没有使用一流技术水准的鞋楦，该鞋厂是不可能生产出一流品质款式皮鞋的，可以这样说：如果一个鞋厂的领导不重视鞋楦设计人员，对鞋楦不精通，那么这个鞋厂就只能生产低档皮鞋，它不可能生产品牌、名牌皮鞋，这个鞋厂也肯定不会有好的发展前途。

以前鞋楦造型设计程序是：砍三角木楦毛坯—粗砍毛坯楦—细砍楦坯—粗刨鞋

楦—细刨鞋楦—粗锉鞋楦—细锉鞋楦—砂轮光鞋楦—手工细砂鞋楦—镶铁边—打写型号、尺码、长度、围度等。

现代鞋楦造型设计程序是：

（1）掌握了解要设计鞋楦的要求及相关资料和设想构思，然后设定数据尺寸、型号、款式、头型、跟高，制定书面的设计技术要求资料文件。

（2）设计楦底样板，确定楦底样长度、蹠围、跗围、基本宽度、后跷高度、头厚、前掌着地部位、踵心部位等主要部位的数据尺寸。设计楦底样，设计检测曲线卡板、鞋楦后身曲线卡板等样板，为鞋楦造型设计做技术样板的准备工作。

（3）选择设计粗坯样楦。

（4）选择设计粗样楦。

（5）在电脑软件存档标样楦中找同品种类型的楦型。

（6）根据设计要求对电脑中选定的标样楦进行简单修改，设定所需的数据尺寸。

（7）将调整数据后的标样楦转换到电脑数控刻楦机中，铣出需要的粗样楦。

（8）将铣刻的粗样楦，根据楦底样板、楦底样曲线卡板、后身曲线卡板及资料中的数据尺寸要求进行核对，进行粗抛、粗锉标样楦的设计工作。

（9）进行细抛、细锉楦体，确定鞋楦造型式样和具体数据尺寸，和卡板核对，测量数据尺寸，观察整体造型。

（10）用手工细砂布、细锉刀对楦体进行粗细整理，调整形体，使鞋楦端正、数据正确，线条流畅、圆滑和顺、外观美观。这一步需要眼力、双手的技巧，将大脑的想像融入在楦体造型之中，使鞋楦造型有品位并符合设计要求，与楦底样、曲线卡板吻合一致，与鞋跟、鞋底相配。

（11）在制作完成的标样楦上，测定测量部位点，注明长度、围度、宽度、高度等重要数据，包括书写尺码、型号、编号等数据尺寸。

（12）将设计好的标样楦用电脑扫描机进行扫描，输入电脑。

（13）将扫描机中的数字鞋楦转换到电脑数控刻楦机中。

（14）用鞋样级放软件对按标样楦设计的楦底样曲线卡板及后身曲线卡板进行级放。

（15）编写鞋楦排样楦级放的施工单及技术要求。

（16）编写批量生产鞋楦施工单及批量生产技术要求。

（17）对生产的排样鞋楦按鞋楦检测标准进行质量检测。

（18）对生产中的质量及技术问题进行过程监控、监督、检查、指导和控制。

（19）对批量成品鞋楦产品的质量技术进行检测和质量技术把关工作，确保优质鞋楦出厂。

第七节　来鞋复制鞋楦技术方法

在中国鞋厂的开发新品中，有很多鞋厂由于自己缺少开发创新思路而是在市场选择鞋后买回工厂，要求鞋楦厂按鞋复制鞋楦。这项技术有一定的难度，需要鞋楦设计师有一定的仿形能力。因为同样的复样差距却是很大的，现在鞋楦厂都采用原子灰或石胶进行灌注套板的方法来进行复制鞋楦，虽然可以把鞋内室头部灌满，定型后拿出来进行电脑数控扫描，通过电脑软件将相近的鞋楦在电脑中组合为复制样楦，但其实不一定会准确。因为灌注到相同体积是容易的，但要达到准确相同的形状是有一定难度的，要做到和原样基本相同是需要有一套科学办法，并要有一定的眼力和判断观察能力、制作技能和经验，这是十分重要的。

下面介绍一下来鞋复制鞋楦方法。

1. 技术准备

在技术准备中最重要的是建立标样楦的资料数据库。为了服务好来鞋复制技术工作，首先要设计出成系列、分品种的标准样楦，当套板灌注出鞋楦头部原子灰头型后，需要有造型端正、尺寸中间、数据符合标准、外观造型美观的样板楦和套出的头部样在电脑软件中进行组合、修改、调整。有存档陈列在数据库内的标准美观样楦是一项十分重要的技术准备工作。

要想快速准确复样鞋楦，不但要有鞋楦资料库，还要建立楦底样资料库，因为复制鞋楦第一步是灌注鞋头型，第二步是复制楦底样。复制楦底样板时如果全部依靠手工从鞋内复制出和原鞋一样的楦底样，需要一定的技术水平 。如果有存档的各种标准的楦底样板为基础，就会比什么都没准备的一切从头开始要快得多、方便得多、复制准确得多。标准的楦底样板是平时技术积累的总结，它造型端正、数据准确，一般都是中间号样板。当设计师有标准楦底样板时，就可以直接找到同品种、同跟高的楦底样放入鞋内进行观察，可以根据来鞋的内托底与标准底样进行比较，对缺的地方补加，多的去掉，决定后身底样板后与套出的头型相接，设计出第一稿楦底样初稿，然后放入鞋内观察后再进行调整修改。这样就可以很快并较准确地复制出楦底样板，为后面的复制楦工作服务。

2. 调整、修正复样的楦底样板及鞋楦样板

当有了第一手资料的标样楦、楦底样板和套出的原子灰鞋楦头型样，就要考虑以下问题：

（1）鞋的帮面一般都是采用柔软的皮革，灌注入的原子灰只能将有坚硬包头的头型部位灌注套版得和原样相同，后面的除底部相同外上面的肉体部分就不可能和原样一样。如果随便拿一只鞋楦在电脑中连接，仿出的鞋楦就会和原样有较大的差距，需要进行电脑修改，也还需要手工修改。如果技术、眼光、经验好的设计师还可以调整、修改到基本接近原样，但这会有一定的工作量并需要较长时间才能制作好该鞋楦。如有造型美观、楦体端正、数据标准的样楦为连接的后身样楦，就可以直接在电脑鞋楦设计软件中完成，如果还需要手工修整，也会大大减少工作量并提高复样的准确性和工作效率。

（2）楦底样设计也是同样的道理。如果平时有准备设计好的标楦底样板，并且造型和线条美观、角度准确、底样端正、数据标准，那么和套出的头型相接后进行修改、调整就会快速准确、方便、提高工作效率。可以这样说：一个鞋楦厂，如果建立了好标准鞋楦、标准楦底样数据库，那么他就可以减少50%以上的设计人员，同时复制的成功率和水平也一定比多50%设计人员而没有技术资料数据库的要好得多。意大利最好的鞋楦公司罗迈尔奥最大的优势就是他有世界上最好的鞋楦资料样楦库和资料库，将最好的技术延续下去，不断改进改良，由于基础好，所以一直保持领先地位。

（3）工作需要认真仔细，方法需要科学合理，在复样的楦底样板制作中，经常会

出现复制的鞋楦比原样鞋短的问题，其根源是在楦底样板的复制中。要知道当成品鞋制作完工后要拔脱掉鞋楦，当鞋楦从鞋头拔出后，鞋就会有一定的收缩率。底部有鞋底和托底撑着，上部的帮面除包头和后身支跟有坚硬物支撑外，帮面是柔软的皮革，完全靠定型的作用才使帮面有和鞋楦相同的外观造型，问题是脱楦后的收缩会使前跷增加，因此鞋的内室尺寸就会缩短 1 ~ 1.5mm。一般人以为完全根据复样复制的不会有问题，其实已经短了 1mm 左右的长度，因此在复制的时候一定要考虑到这一因素。

还有，在复制调整楦体造型中要考虑到：脱楦后的鞋楦第一蹠趾和第五蹠趾部位两侧面的肉体形状和鞋楦撑在鞋内时是有一定差别的。拔脱鞋楦后，一是皮革的收缩率，二是里面没有了鞋楦撑紧着，两侧肯定没有原来饱满，再加上原子灰灌注的时候是液体，然后再变成固体的，它会受到帮面的限制，所以不可能像硬质的塑料鞋楦一样撑紧鞋帮面，肯定不可能和鞋楦一样，它只能灌满鞋内，不能确保和原来的造型一样。如果没有标准的后身标样楦和楦底样板，要调整到与原样一样必须要经过设计水平较高的设计师精心设计才能复制好。

复制出一个和原样相同的标样鞋楦必须做到以下几点：

（1）灌注原子灰头型，在灌注过程中工作要细致，一定要在鞋内均匀喷涂脱模剂，灌注到位，灌注好后要端正地倾斜放好刚灌的鞋，以防液体原子灰向后流，造成灌注不到位。

（2）复制楦底样长度要选用有一定硬度的纸条，插入鞋内后用手指压贴紧前掌凹下部位，使纸条紧靠原底样，同时要向前顶紧，不让尺寸减小，然后在楦底样后端点定好长度点，在鞋内取出测量好的纸条加上 1mm 左右弥补鞋脱楦的收缩率，作为楦底样长度尺寸，为复制楦底样的正式长度。

（3）选择好接后身的标准楦。根据原来的跟高去掉托底、半托底及帮面厚度，计算出鞋楦的后跷高度、底心凹度；测量原鞋踵心部位、腰窝部位、前掌着地部位的外形宽度尺寸，减掉鞋面夹里及支跟的厚度，计算出鞋楦这三个部位的肉体宽度；找到造型、跟高、肉体宽度相同的标样楦，与设计好的楦底样核对，查看是否有差距并进行修正；应用电脑软件调整鞋楦的相关数据尺寸，将所有尺寸调整到和原样鞋的实测数据基本相同，再在电脑软件的辅助下前后相接，调整、处理前后结合部位的尺寸和肉体，使前后吻合，线条和顺、圆滑、流畅，造型调整到和原样的造型基本一致，增补上因鞋收缩变形而少掉或去掉的肉体，确定后输入电脑数控刻楦机复制出初稿样楦；再进行手工调整、修正标样楦。如果以上工作认真仔细，方法科学合理，那么后面的工作就会十分顺利。

（4）提高复样操作技能，提高复制的正确性。在复样中楦底样一定要制作得和原样吻合，线条要流畅，子口光滑平整。操作的工具要符合设计要求，例如要有粗抛盘和细抛盘，抛盘一般要求基本和刻楦机的仿形轮差不多大，不能用太大的抛盘砂抛标样楦，不然抛出的楦型会不符合设计要求的鞋楦凹凸形。砂布要有粗细之分，当余量多时可用粗砂抛，当余量小时就要用细砂布抛。抛的手势、方法一定要做到脑里想手里抛，眼睛认真仔细观察，判断哪里抛多些、哪里抛少些、哪里不能抛、哪里需要补楦机补、哪里需要手工补，这些都要十分清楚。双手要灵活，想怎样抛就抛哪里。抛时要注意线条，注意是否顺畅、圆滑，是否符合预想的要求。抛后就用锉刀来锉改调整鞋楦，用锉刀的目的是解决抛车没办法抛好的，这就要依靠锉刀来达到目的。细锉是解决粗锉解决不了的方面，例如线条的圆滑、流畅的程度，美观的线条等就要用掌握在设计师手中的细锉来完成，达到造型要求。最后再分别用粗砂布、细砂布进行手工砂磨鞋楦，手工使用粗砂布是要解决锉刀不能解决的方面。例如要使凹凸形状更自然更圆滑，线条更流畅，就要用粗砂布来达到目的。当粗砂基本成型，达到要求后，就要用细砂布来磨光滑楦体，特别是鞋楦头型如较窄的小方头、尖头楦，最后就需要用细砂布来整理调整好头的造型，使制作的鞋楦更完美，复样更逼真。

鞋楦设计制作是一项操作技术性很强的工作，要求设计工作者平时要虚心好学、刻苦勤奋、博学众长、视野宽广、多问多做、善于总结、不断练习，掌握操作技能，不但要有复制技能，更需要有不断设计新款的能力。鞋楦设计师要树立创新的设计理念，需要系统的思考能力和逻辑分析能力相结合，需要有很强的感受力、判断识别能力，要具备以下四个方面的能力特点：①具有新颖性和创见性思路和理念；②具有发散思维和聚合思维能力，能有机地结合立体思维能力；③具有创造性想像和参与现实定向的有机统一的能力；④具有设计灵感，有主动性和创新性的思维和行为能力。这是现代鞋楦造型设计师需要具备的创造性思维能力，是成为顶级设计大师的必要条件。

第八节　鞋楦对鞋穿着性的影响

鞋楦是制鞋的模型、工具，事关鞋的穿着舒适性和脚的健康，并直接关系到鞋的外观造型美观。因此鞋楦设计必须做到以下三个方面：①鞋楦设计必须考虑穿着舒适；②鞋楦设计必须考虑鞋的新颖美观；③鞋楦设计必须考虑脚和人体的健康。

下面论述关于鞋楦对鞋穿着性的影响。

一、鞋楦设计对鞋穿着性的影响

鞋穿着性要点见图4-62。

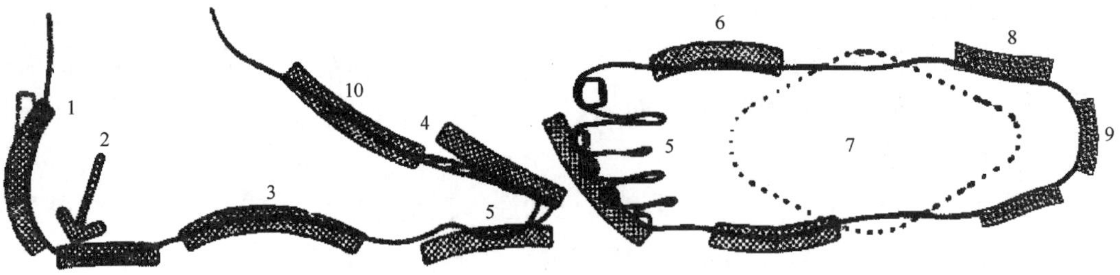

图4-62　鞋穿着性要点

1—后跟周围有否空隙，脚能否伸进　2—后跟重心是否正常　3—足弓和腰裆是否合适　4—脚背是否受压而伸不进　5—脚趾是否舒适　6—鞋肥度是否太小，使脚不能松动　7—沿口是否开裂　8—里外踝骨部位是否受压力过紧或过松　9—后跟部位是否受压力感到过紧或过松　10—跗背是否压得太紧或太松

（一）鞋楦后身设计对鞋穿着性的影响

穿鞋时后跟周围有无空隙，或者是否啃脚。人的脚后跟弧度（从跟骨开始到跟腱的曲线）比较小，鞋的后跟弧和脚的形状吻合的程度如果比其他部分少，就会较为松弛，鞋就容易不跟脚，步行较难，也容易疲劳。相反，如果后跟弧度过大，由于啃脚，脚也容易受伤，是长茧或起泡的原因，必须十分注意。所以鞋楦的楦斜长、后容差、后身弧度要符合脚型规律和符合该部位要求的造型，并有准确的数据尺寸。

（二）鞋楦肥度对鞋穿着性的影响

鞋的肥度是大还是小，如果鞋的肥度比脚小，或者比脚大，踏地前进时脚的力量不能正确地传到鞋上，这是招致疲劳的原因。

此外，步行中，脚踏地时，脚趾的宽度比两脚直立时稍许增大，所以，鞋的肥度如果太小，会引起拇趾、无名指、小趾等部分向外侧或内侧弯曲得很厉害，或者严重地使脚趾重叠而引起脚的变形。因此要有正确的基本宽度和鞋楦肉体宽度。

（三）鞋楦头部设计对鞋穿着性的影响

脚尖是否碰鞋帮或顶鞋头。步行中，脚要在鞋中前后滑动，因此，鞋头部分至少需留有7~10mm的空隙。如果勉强穿鞋头窄小的鞋，鞋帮会导致胫骨的疲劳。此外，鞋头高度不足，脚尖顶鞋帮很厉害时，会使脚趾盖受伤、内出血，或者使脚趾盖变形，这应予以充分注意。因此鞋楦必须要有一定的放余量和鞋楦头厚度，并且楦头厚度不小于脚趾厚度。

（四）鞋楦蹠围和跗围设计对鞋穿着性的影响

脚面是否受挤压，这部分是否啃脚。从跟骨到蹠骨，鞋帮部分勒脚太紧时，妨碍脚的血液循环，使脚感到非常疲惫。特别是脚的这一部分在步行中起重要的弹簧作用，所以，必须注意不损坏这种功能。合适的蹠围和跗围是使脚穿鞋后舒适的保证，因此鞋楦蹠围、跗围数据尺寸及肉体安排一定要根据目标市场消费者的普遍要求和脚型规律确定。

（五）鞋楦踵心部位设计对鞋穿着性的影响

后跟的重心是否在正常位置上。鞋跟，从机能来看，是为使体重分散到脚底各部而设，但步行时，由于脚要前后移动，落到脚后跟的重心区域和鞋跟的重心区域偏离的现象不少，成为所谓“鞋跟后移”现象，很难走路。特别是靠后的鞋跟，即使在正常状态下也容易出现这样状态，所以不推荐。鞋楦设计时一定要让鞋楦踵心部位设计在鞋跟的踵心受力部位上，这十分重要。

（六）鞋楦底心凹度部位设计对鞋穿着性的影响

足弓和鞋的腰裆曲线是否合适，在“脚-楦-鞋的关系”一章中已经作了说明，足弓部分集中着许多肌肉、血管、神经，所以，鞋的腰裆部分的尺寸、形状要很合脚，既不太紧，也不太松，最好是步行中保持不即不离的状态，所以要有合适的鞋楦底心凹度，不能太凹，也不能太平，一定要根据脚型规律设计。

尺寸不合脚的时候，脚会疲劳，此外，鞋的这一部分还会出现难看的折皱。鞋太松了脚会感觉疲劳，太紧了会使脚产生麻木。因此，在鞋底中加入弧度支撑物中底、半托底、钢勾心必须要有一定的强度，特别是钢勾心一定要符合国家标准。

（七）鞋楦前掌着力部位设计对鞋穿着性的影响

沿口不随合鞋帮呈裂开状态时，不仅鞋很难穿，也明显地损害美观。沿口的变形，有鞋本身加工不当和选鞋不合适两种情况，不论哪一方面原因，沿口都集中表现了鞋的缺陷部位，沿口的开裂和鞋楦设计有关，例如前掌着力点过后的鞋楦就容易使鞋裂口。

综合以上各点，可以说所谓合脚的鞋，是指跖围吻合，脚趾在鞋中能自由活动（长度有余量），腰裆支撑牢固并很好贴合足弓，后跟也十分稳定的鞋。

二、非正常脚型的鞋楦（需量身定做）

非正常脚型大致分为“肥脚”和“瘦脚”两种，前者又称脚趾短的肉脚。

（一）脚趾短的肉脚

这种类型的脚，多用尺寸稍大的鞋，虽然如此，鞋的肥度还会比脚的跖围小，因此，脚在鞋的前部不能完全落下，脚趾球部压下鞋的腰裆，会成为沿口裂开的原因。此外，由于脚趾短，脚趾着力位置也发生偏移，以致鞋头上翘［见图4-63（a）］。

这种类型的脚多数是平足底，由于足弓低、脚肉满出，多使沿口向里外侧裂开，但由于脚本身有很好的缩紧性能，所以，看起来好像很难穿的鞋，穿着者本身并不在意的情况也是有的。这些情况作为鞋楦设计师也应该要了解，如果要满足这些脚，则鞋楦必须增加一定肥度。

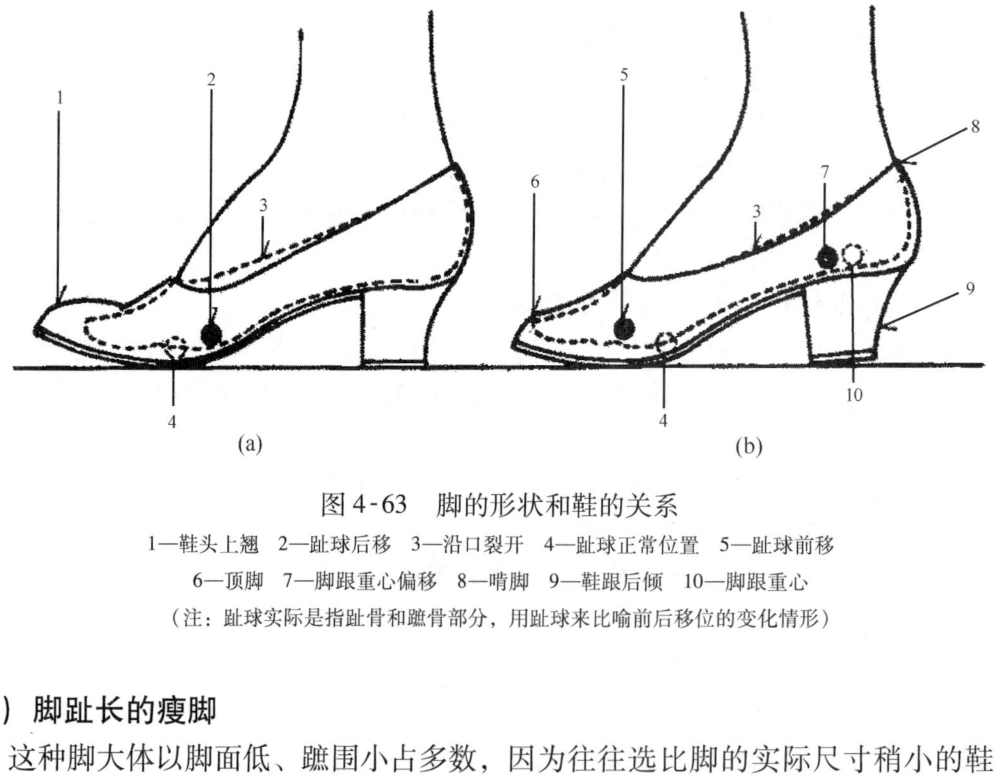

图4-63　脚的形状和鞋的关系

1—鞋头上翘　2—趾球后移　3—沿口裂开　4—趾球正常位置　5—趾球前移
6—顶脚　7—脚跟重心偏移　8—啃脚　9—鞋跟后倾　10—脚跟重心

（注：趾球实际是指趾骨和跖骨部分，用趾球来比喻前后移位的变化情形）

（二）脚趾长的瘦脚

这种脚大体以脚面低、跖围小占多数，因为往往选比脚的实际尺寸稍小的鞋，产生顶脚尖伤脚的情况也不少［见图4-63（b）］。如果要满足这类脚型，则鞋楦趾围、跗围部位肉体就应该设计得低些，型号尺寸也要根据脚来决定。

如脚趾受伤，侵入霉菌，最坏的情况会导致切断脚趾，因此，必须特别慎重地设计鞋楦。鞋的跖围后部，横向也可能有所增大（当然，这样会引起鞋的变形，并不理想），而鞋头部分由于插入了内包头，几乎是不可能伸长其长度，这种脚型的要推荐和设计型号瘦的楦生产的鞋。楦蹠围与脚蹠围的关系见表3-2。

还有，和“肉脚”恰好相反的情况，趾球位置前移，后跟的一部分踏在腰裆上，脚跟重心区域偏离鞋跟重心区域，形成鞋后跟向后甩的状态，使沿口裂开，末端向前挤压到脚上，要尽量给顾客选择合适楦型生产的鞋。

瘦脚不能很紧缩，鞋的瘦紧部位直接挨着骨骼，而使穿用者感到剧烈的疼痛，所以选鞋时须十分注意，鞋楦要重新调整。

三、鞋楦端正情况的检查

通常，平稳性不好的鞋，不能叫做优质鞋。鞋楦或鞋放在平面上应立即静止不动，这种属平稳性好的鞋楦和鞋。设计时要求鞋楦前掌着地部位面积要大，要求鞋楦有三个受力点为平稳的基本条件（见图4-64、图4-65）。

从侧面看，要注意以下几点：

①外底触地点前掌着地部位点向前触地面积要大些为宜，踵心部位的跟底面要平整着地。

②鞋的翘头是否合适本来应该用穿鞋时趾端的位置来测量，为求方便，也可用鞋的前头测定，现在大多使用尺寸7～15mm，但必须根据鞋跟高度、鞋头放余量、外底材质及其厚度和其他若干因素来规定，绝不能无条件地乱套数据。

③鞋跟高度、后跟到腰裆的角度是否适当。鞋楦底部后端点向前至腰窝部位的凹度和角度设计得是否适当，直接关系到鞋楦和跟的配合以及底心凹度的大小，该角度根据鞋跟高低来决定凹度参照国家标准的数据尺寸，不可设计得角度过大或过小，鞋跟越高，由于角度的错误引起的损害越大，一定要十分注意。按鞋楦标准的底心凹度设计较为准确。

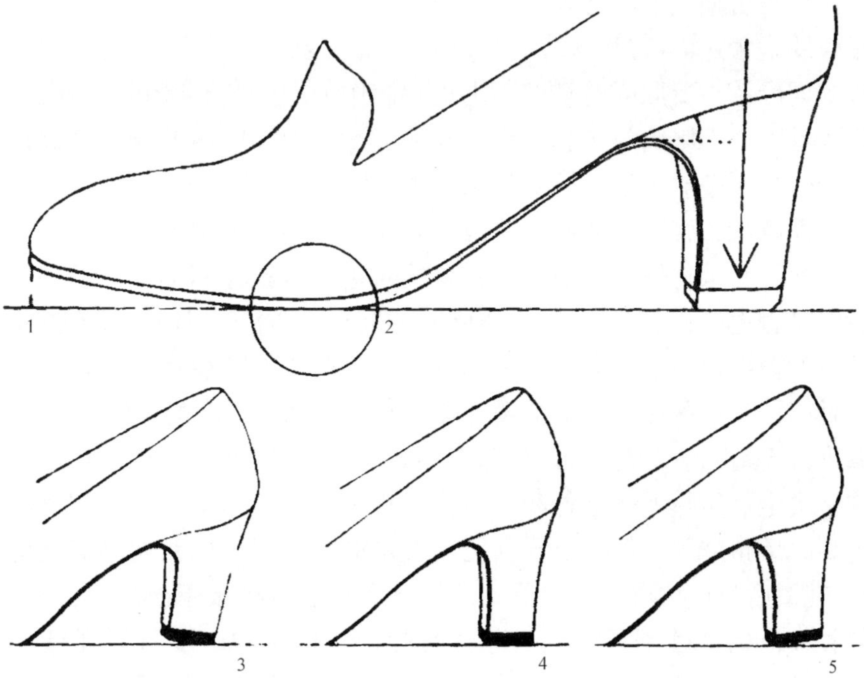

图4-64　鞋放在平面上侧视检查

1—跷头合适　2—接地部位合适，踵心在掌面内　3—鞋跟前倾　4—正常状态　5—鞋跟后倾

图 4-65　鞋放在平面上正视检查

1—正视，鞋底内外侧应一样高　2—后视，鞋跟不应向左右倾斜

3—沿口不应低于踝部（沿口高低要结合

材料、工艺和鞋的品种款式而定）

④掌面和平面之间有无缝隙，是否完全贴合。

⑤鞋跟是否后倾，后倾容易掉跟。

⑥鞋跟是否前倾，前倾比后倾更糟。

⑦踵心位置是否偏到掌心之外。

⑧后跟弧线是否过大或过小。

产生以上问题的主要原因是鞋楦不端正和制作工艺技术不到位。

从正面查看时，把眼睛放到和外底相同的高度，看外底内外侧的跷起尺寸是否差别较大，是否保持平衡。看鞋楦是否端正，也应同样去观察。

从鞋的后面查看，鞋跟是否向内侧或外侧倾斜。如果鞋跟的前后左右有倾斜，会带来很大的危险，必须特别仔细地检查，要绝对避免鞋跟倾斜的鞋。此外，还要顺便查看一下后缝是否歪曲，这是一个十分重要的问题。要在设计中注意底心凹度的设计，踵心部位的设计是否端正直接关系到鞋后身和前头的平稳和端正，这是鞋楦设计中的重点。鞋楦设计检测曲线卡板的设计主要是确保底心凹度的正确。

后帮高度是否适当。对此，可以测量后缝的鞋内直线高度。这个尺寸须由脚和鞋整体的匀称来决定。实际上，是各制造厂自行规定的，其原则是，鞋跟越低，后帮越深；鞋跟越高，后帮越浅，但一定要满足穿着要求。23 号鞋后帮内室高度应该控制在 52 ~ 53mm，鞋楦后身设计得向前向后、肉体高低都会影响穿着舒适。

脚的踝骨部位的高度是否恰当。穿鞋时的踝骨位置的高度可以在鞋内用直线测量。外踝骨的高低很重要，要根据脚的尺寸决定。由于触及踝骨的鞋使脚疼痛而不能穿用，所以，后帮较深的或是沿口较硬的鞋，有必要仔细测量其尺寸。此外，由于脚的踝骨高度因人而异，所以比较好的方法是测量顾客的脚，从测得的资料来决定一般鞋的尺寸。鞋楦踝骨部位的肉体安排多少和高低直接关系到对应部位穿着的舒适。如果皮料较硬，鞋楦该部位的肉体就应该适当加肥；如果皮料较柔软，就不能设计得过肥。

四、鞋的变形

排入鞋楦时鞋的形状和拔出鞋楦以后的形状的变化，称为“鞋的变形”。有轻微的变形也有相当严重的变形，但因鞋楦本身扭曲变形时制成的鞋，不能称为变形。如果鞋厂选用S型和V型弹簧鞋楦生产鞋，变形就会大大减小。

变形有两种原因，一种是穿用前出现的变形，另一种是使用过后出现的变形。两者的根本区别是：前者是因鞋楦以及部件加工或装配中制鞋技术所引起，而后者则是因鞋楦或鞋跟设计中的错误或选鞋失败所致。

尤其是鞋的沿口，无论鞋的哪一部位稍有牵强或不合适，沿口就会敏感地发生变形的情况。

（一）穿用前发生的变形

1. 变形的主要原因

穿用前发生的变形有各种各样的原因，主要有以下几点：

（1）由于用平面状材料制造球面状物品（例如鞋楦的表面形状），所以，使用方法错误时，材料的复原性（回复到原来的平面状的性质）发挥作用，出楦后发生变形。

（2）买进不符合鞋楦的现成部件装配鞋的时候，一定会变形，例如跟和鞋楦不配、底和鞋楦不配、样板和鞋楦不符合，成鞋后就会变形。

（3）由于受热、受潮或其他原因，部件发生伸缩时，伴随此运动，鞋也会变形。此外，鞋尚未完全干燥或未达到定型时间就拔出鞋楦造成的变形，是其一例。

（4）外力也能引起变形，但排除外力后，再次排入用过的鞋楦并进行热处理，仍然可以修复成原来的形状。

2. 变形的实际状态

变形是在不同的鞋上以各种各样形态表现出来的，这里就以男外耳式鞋和女舌式鞋为例，说明一般变形的实际情况。

（1）男外耳式鞋　从正上方俯视的变形状态，见图4-66。

图（a）虚线表示正常、鞋楦统口处于端正状态，实线表示变形状态。

图（b）箭头表示鞋帮变形方向。

变形原因：鞋楦本身不端正和脱楦后鞋再变形两种情况。

变形情况：

①内外鞋耳都向内侧偏移；

②内鞋耳向后方偏移；因此，鞋带形成斜向歪扭状态；

③紧靠鞋耳的沿口部分鼓起，特别是内侧沿口鼓得厉害；

④鞋舌受到内侧鞋耳的压迫移向外方；

⑤沿口后端张开成圆形，穿着不跟脚；

⑥最厉害的时候，沿口的前部或后部都鼓起，中间部分的内外侧都瘪进，整个鞋帮歪成扁圆葫芦状。

从图示可以了解到鞋的变形与鞋的口门形状和鞋楦形状，以及制鞋定型的好坏有直接关系。其中鞋楦是基础，鞋楦不但头型要端正，最重要的是鞋楦整体都要端正，符合穿着舒适、外形美观的要求。

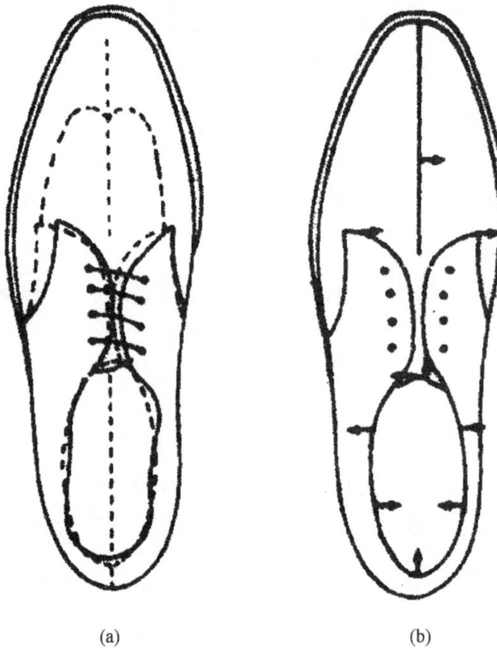

图 4-66　从正上方俯视的变形状态

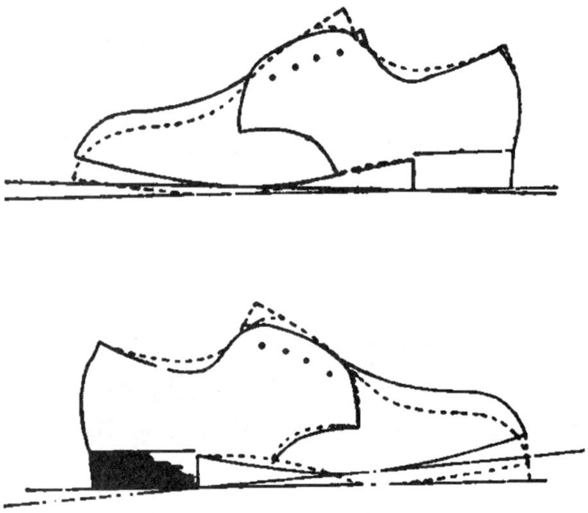

图 4-67　侧视的变形状态

侧视的变形状态见图 4-67。

①沿口的最后端倒向前方；

②沿口的内外侧部分下塌；因此，内外鞋耳及鞋舌均下塌；

③鞋头上翘；因此，前帮从鞋耳到鞋头的部位抬起，两块鞋面前后形成波浪形的凹凸状态；

④从跟座到前掌的底面下弯，形成曲线状；

⑤前掌上抬；因此，前掌的接地点将向前方或后方移动。

从前方或后方看鞋的变形状态见图 4-68。

①两帮的中央部分偏高，其内外侧瘪进，成为瘦瘪样子；

②内鞋耳呈直立状，外鞋耳成水平状；由此引起的鞋带的歪扭状态；

③趾球部位底面的空档左右不匀称，造成鞋底卷曲。

(2) 女鞋（浅口鞋）　从正上方俯视的时候，沿口的变形见图 4-69。

①正常形状；

②后跟部位张成圆形，中腰向中间瘪进；

③装主跟的部位，全部向中间瘪进，前端向内外两侧张开；

④前两种②和③缺陷同时发生，沿口全部向内侧偏移；

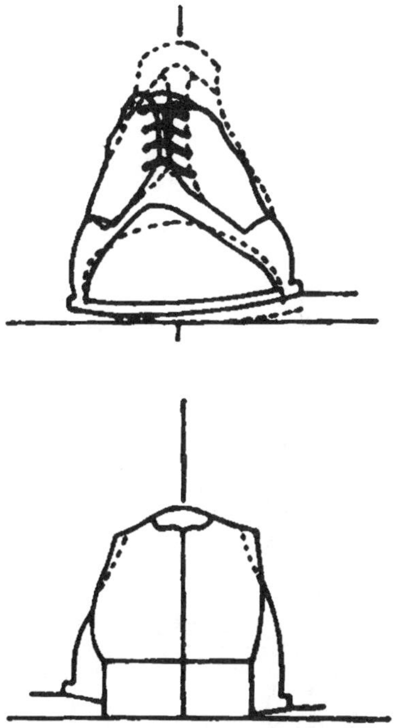

图 4-68　从前方或后方看鞋的变形状态

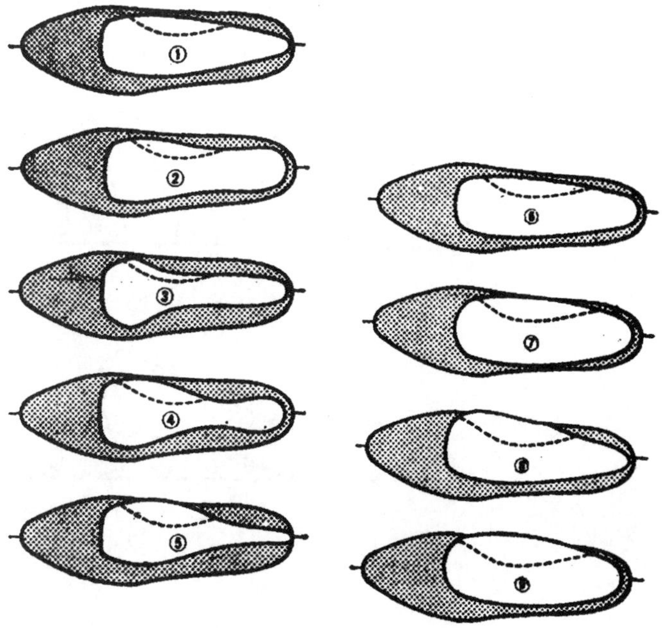

图 4-69　沿口的变形

⑤后跟部位收缩成极窄的形状，沿口前部张开，以这样的形状向内侧偏移；

以上是内侧和外侧以同样形状变形的例子，还有失去内外侧匀称的变形，可以指出以下几种：

⑥沿口整个失去紧凑，成为张开状态；

⑦变得更为极端的情况；

⑧不仅整个张开。而且内侧或者外侧更为严重，成为波浪状态；

⑨在⑧的变形基础上，沿口完全偏向内侧。

这样的沿口变形依其程度有多种多样，随着上述编号的顺序，质量越来越差。

从侧面和前方、后方看鞋的变形状态，见图 4-70：

①正常状态；

②前掌踏地部位的前端抬起，前部沿口向内外侧裂开，且前后帮的外侧瘦瘪，其截面形状由(a)变成(b)；

③浅口鞋中最常见的变形是腰裆下陷，沿口内侧整个裂开大口，该种缺陷如和②缺陷同时发生，沿口则成波浪形，而且沿口最后端前倾使后缝变得难看。从前方看时，鞋的底面由(c)形容易扭曲成(d)形；

④上述缺陷集中的鞋，如将鞋跟在平面上放平时，整个底部全抬起来，鞋底的着地部及其以前的部位都有扭曲，后缝也成为扭向内侧的状态参见图 4-71。

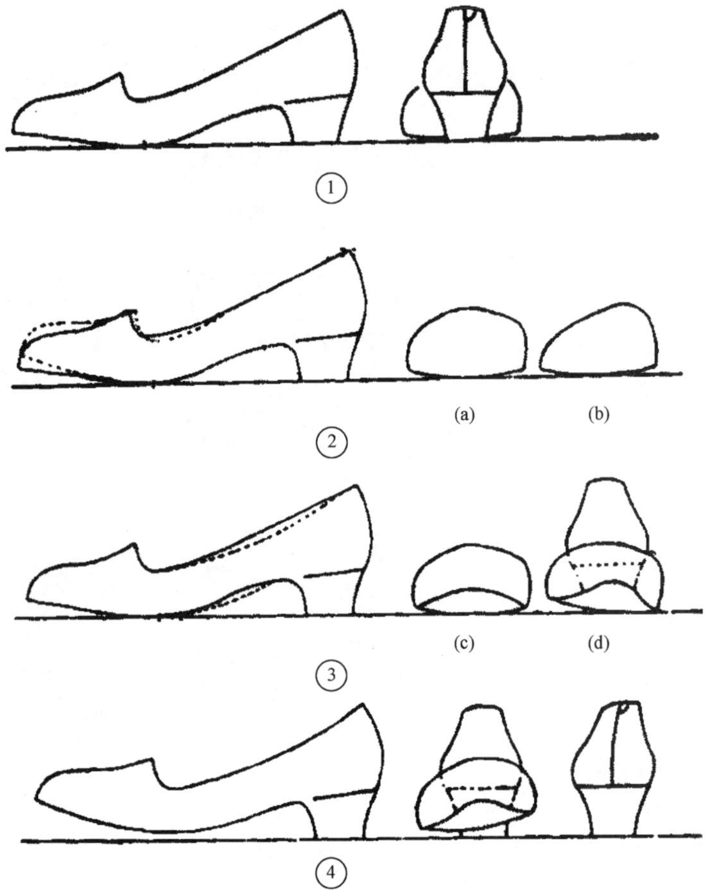

图 4-70　从侧面和前方、后方看鞋的变形状态

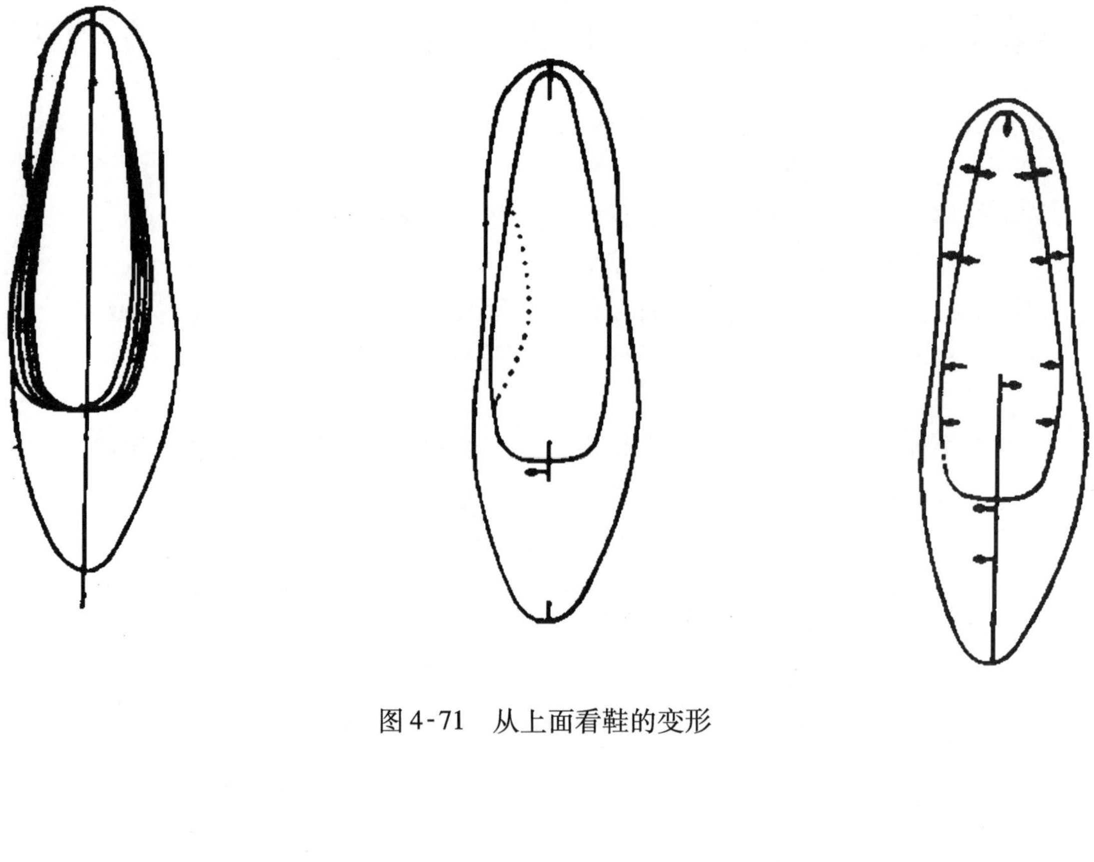

图 4-71　从上面看鞋的变形

（二）穿用后出现的变形

做工非常优良的鞋，一穿到脚上也有立即变形的情况。这种变形有两个原因：

1．鞋楦或鞋的设计有错误

这种情况，就是在鞋楦的楦体设计中后身部位和鞋楦两侧的造型设计及肉体安排脱离了穿着要求，没有掌握脚的运动规律，使用了无视脚的实际情况而设计的鞋楦或鞋跟制造的鞋，经穿用后发生变形的情况。

2．选择鞋楦和选鞋不当

脚的形状细分的话相当地多，大体分为以下三项：

①脚底面的弯曲情况；②足弓对脚长的比例；③足弓的肥瘦。

选择适合脚型运动规律的鞋楦和制作符合舒适要求的鞋最为重要。所以，穿用与脚型完全不同的鞋的时候，无论怎样好的鞋也绝不会合脚。这种情况下，不完全是鞋的责任，是不重视鞋楦技术，在设计鞋楦时没有研究脚型规律和运动状态下脚型规律盲目选用鞋楦的结果。即使选用最高档皮革材料做成鞋，也会立即失去其价值。另外，如果鞋的质地太软，鞋就一定会变形，相反，鞋很坚固的时候，脚会损伤，因而招致最坏事态的发生。所以在鞋的设计中，首先搞好鞋楦的设计，同时要对跟、底、辅料的配合到位加以关注，要做到数据尺寸把握准确，楦体要端正，再配合美观的外观造型，才能为设计好鞋打下基础。

以下提供一组设计合理、外观造型美观、穿着舒适的女式鞋楦设计图见图4-72～图4-85。

图4-72　头型设计得端正的鞋楦

图4-73　口门里外两侧设计合理的舌式女鞋楦

图4-74　外侧造型美观的女鞋楦

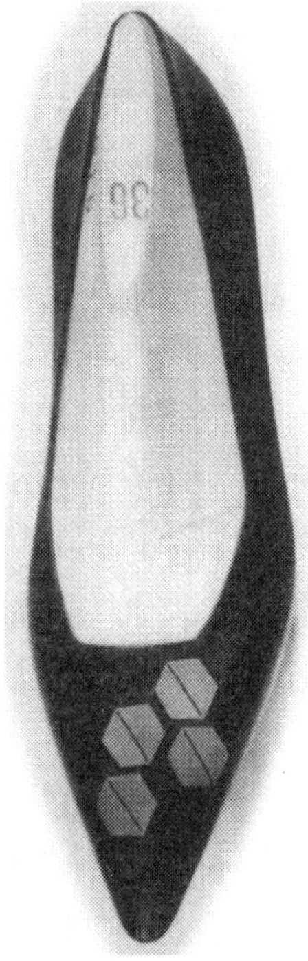

图4-75　口门端正的浅口尖头楦

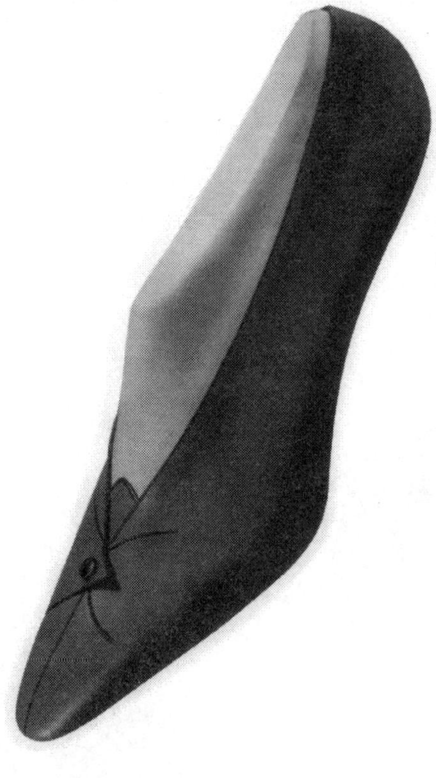

图4-76　第五蹠趾设计得
穿着舒适的鞋楦

图 4-77 设计得穿着舒适、口门美观的小圆塌头楦

图 4-78 女式中方圆头楦

图 4-79　适合做结带式的女小圆头鞋楦

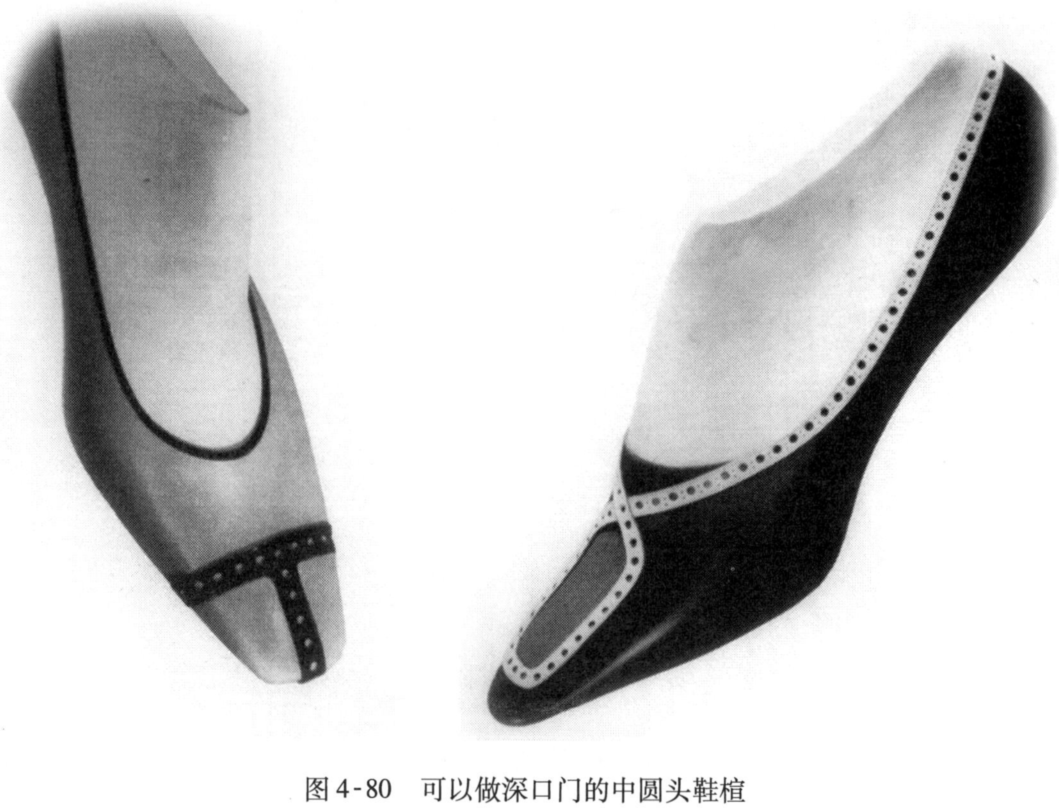

图 4-80　可以做深口门的中圆头鞋楦

图 4-81　头型端正的女浅口鞋楦

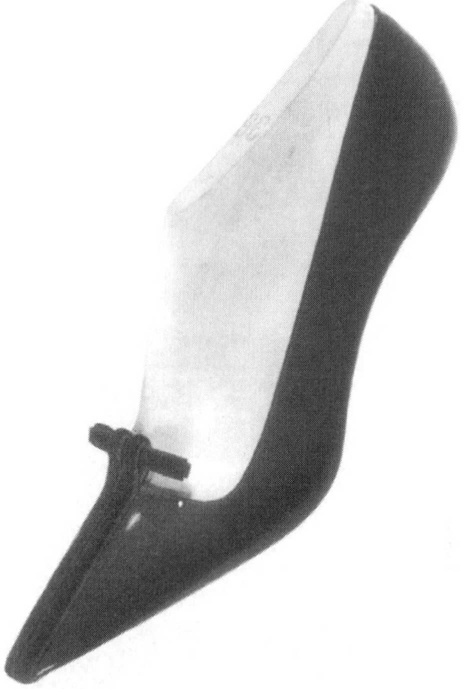

图 4-82　设计合理的超长小方头楦

图 4-83　造型美观、穿着舒适的浅口女鞋楦

图 4-84　美观新颖的深口式鞋楦

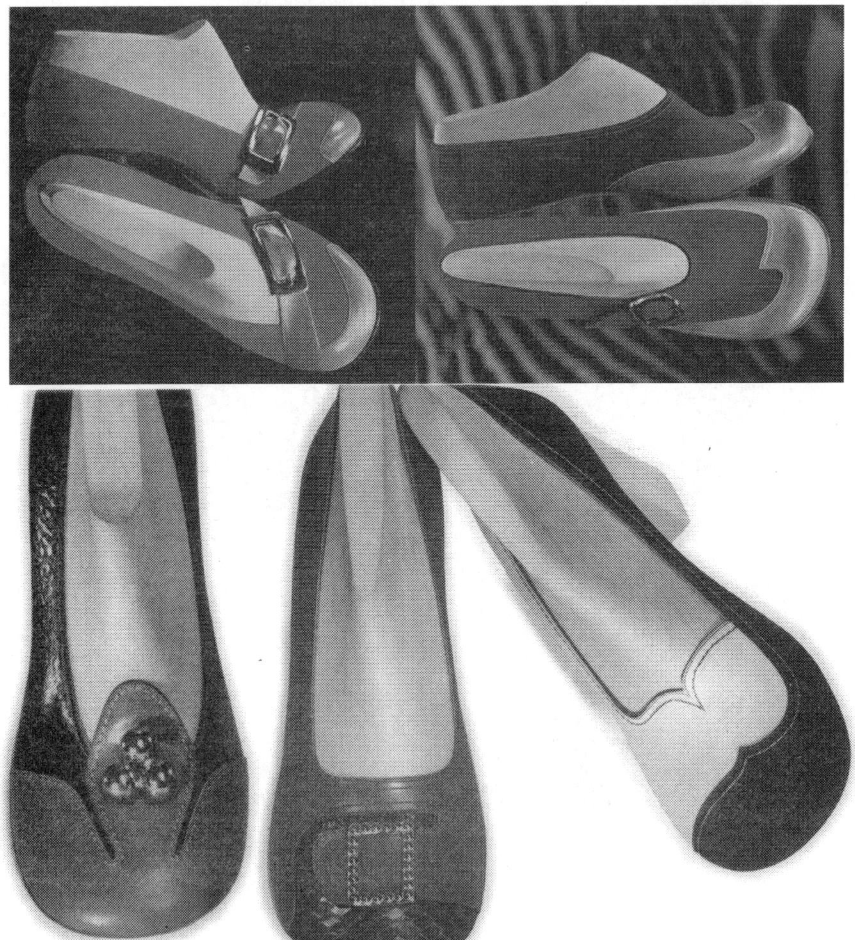

图 4-85　穿着舒适的女式大圆头楦

第五章

鞋楦后身标准化研究

第一节　鞋楦后身标准化的意义

一、鞋楦后身标准化的意义

为了提高制鞋工业现代化水平，对不同后跟高男女单皮鞋楦后身进行标准化研究。皮鞋产品花色品种多样，款式变化迅速，加上它本身构型的特点，即全部由曲线和曲面组成，无一直线和平面可言，给实现自动化生产和鞋楦设计带来实际困难。在劳务成本很高的欧美制鞋发达国家，在“时间就是金钱”的当今世界，为了加强市场竞争，为了更快更好地推出新颖款式的皮鞋，各鞋厂充分利用它的分工细密、社会化大生产的特点，以及科技发达、交通便利等有利条件，和皮鞋部件厂密切合作，在自然形成的个别部件标准化、系列化的基础上，进而形成了事实上的“鞋楦后身标准化”，促使更多的部件尺寸标准化、系列化，使皮鞋生产实现了装配化。然而，尽管如此，这些“后身标准化”的鞋楦只是在企业之间“相约成俗”而未形成完整的国家标准加以实施。

要做强中国鞋业，提高现代制鞋工业技术水平，就必须走装配化道路。而要更高水平的实现装配化，必须提高部件标准化、系列化技术水平。众所周知，部件标准化、系列化的基础是楦型。然而，我们不可能将所有的楦型都统一起来，否则，制鞋业多变的特点就无从体现，产品也就无法满足人们多样化的要求。进一步的分析研究表明，鞋的变化主要在前身，而后身则基本不变。这一发现是十分重要的，也是本项研究的基础。根据后身基本不变的原则，我们只要统一了鞋楦后身，就有可能使皮鞋的主要零部件诸如内底、勾心、半托底、主跟、鞋跟等实现标准化，现代化高水准的皮鞋生产装配化才有可能真正实现。

30多年来，我国制鞋行业虽对“统一鞋号及其鞋楦尺寸系列标准”和各种鞋楦

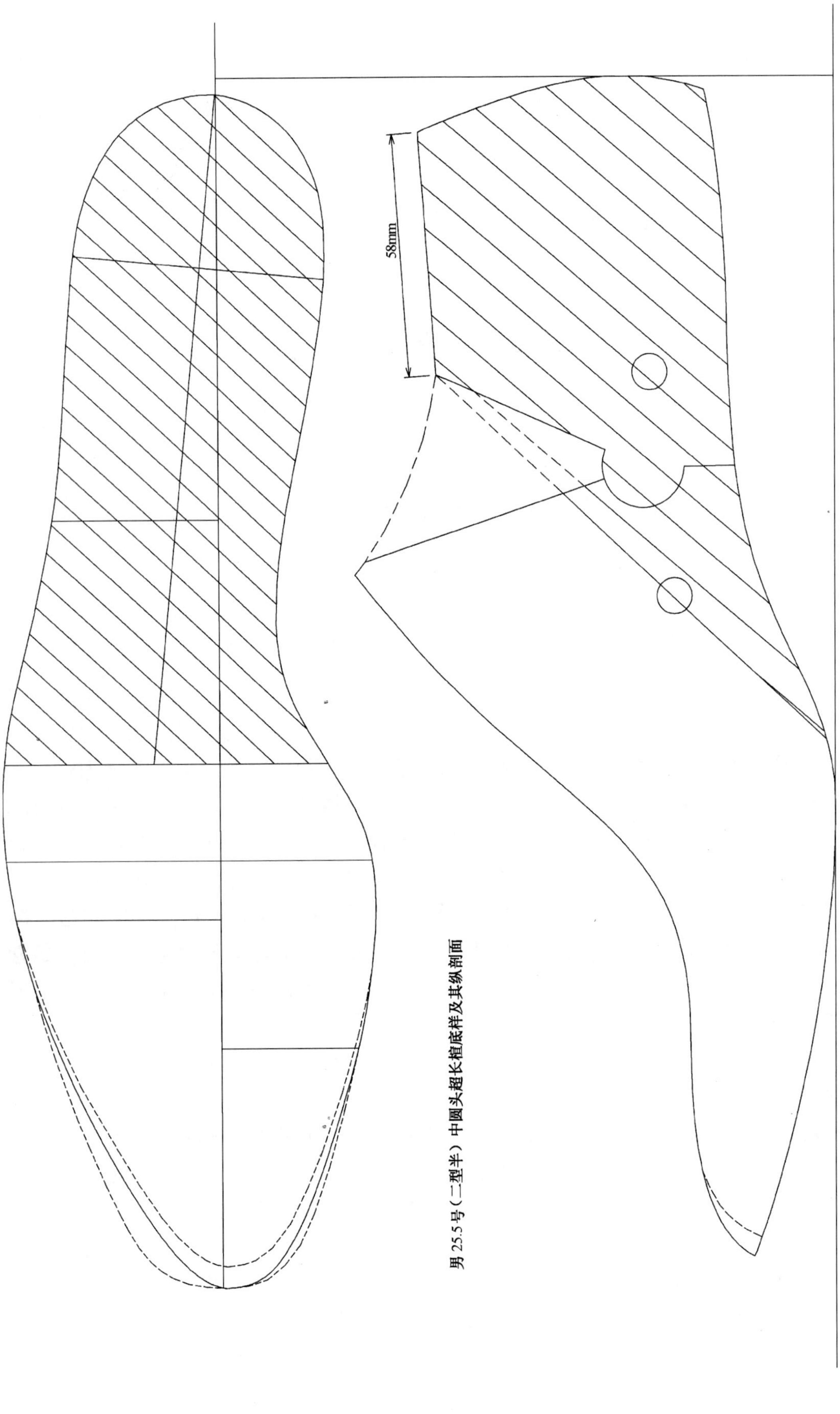

图 5-1　鞋楦后身标准化示意图（阴影部分）

进行了许多研究，但对鞋楦后身如何实现标准化没有进行过认真的探讨和研究，这样就不可能搞好皮鞋部件标准化和实现部件生产商品化，也不可能真正做到皮鞋底部生产装配化。近年来，随着生产的发展，为了有效地提高生产效率，制鞋企业将一些零部件加工成成型部件，使之在本厂范围内具有一定的通用性，因而使皮鞋底部生产实现装配化。但是，这种装配化还是以鞋楦后身标准化为基础，因此成型的部件也只能在本厂使用，不可能做到标准化和商品化。由于当前制鞋行业的特点是要适应市场的个性化消费需求，鞋楦品种多、变化大，带来制造成本高，要解决这一问题，就必须提高标准化程度。

对男女皮鞋楦后身标准化方面进行探讨和研究，使之逐步成为制鞋行业中的一项标准，并在此基础上，实现皮鞋部分部件标准化、商品化，为提高我国皮鞋生产工艺装配化技术水平打下基础。

二、研 究 范 围

研究后跟高为 25 ~40mm 男中圆头皮鞋、男结带式皮鞋和男舌式皮鞋楦后身标准化及后跟 20 ~60mm 女结带式皮鞋楦和女舌式皮鞋楦后身标准化，而鞋楦的头式和前跷等可根据市场需要和工艺要求而任意变化。

三、鞋楦后身标准化的定义

鞋楦后身标准化的目的是使皮鞋部分部件（如半托底、勾心、鞋跟、主跟），能做到标准化和商品化。因此，在确定鞋楦后身标准化时，在保证上述需要外，应尽可能让鞋楦非标准部分多一些，以满足不同地区、不同风格的鞋厂的变化需要。因此，从鞋楦底部第五跖趾部位到鞋楦统口后端点前约 58mm 处之间为后身标准化部分是适宜的（见图 5-1）。

第二节　鞋楦后身标准的确定

为方便起见，在研究中男鞋以 255 号（二型半）超长中圆头楦型为标样，女鞋以 235 号（一型）超长中圆头楦型为标样。

一、后跟高为 25 ~40mm 男单皮鞋楦纵断面的确定

1. 楦底轴线的确定

根据以前研究曾做过的脚掌面压力分布试验——鞋内底各部位受力传感试验，测量了后跟高为 25 ~40mm 男皮鞋内底 90 个受力点的受力分布情况（见图 5-2、图 5-3、图 5-4 及表 5-1）。

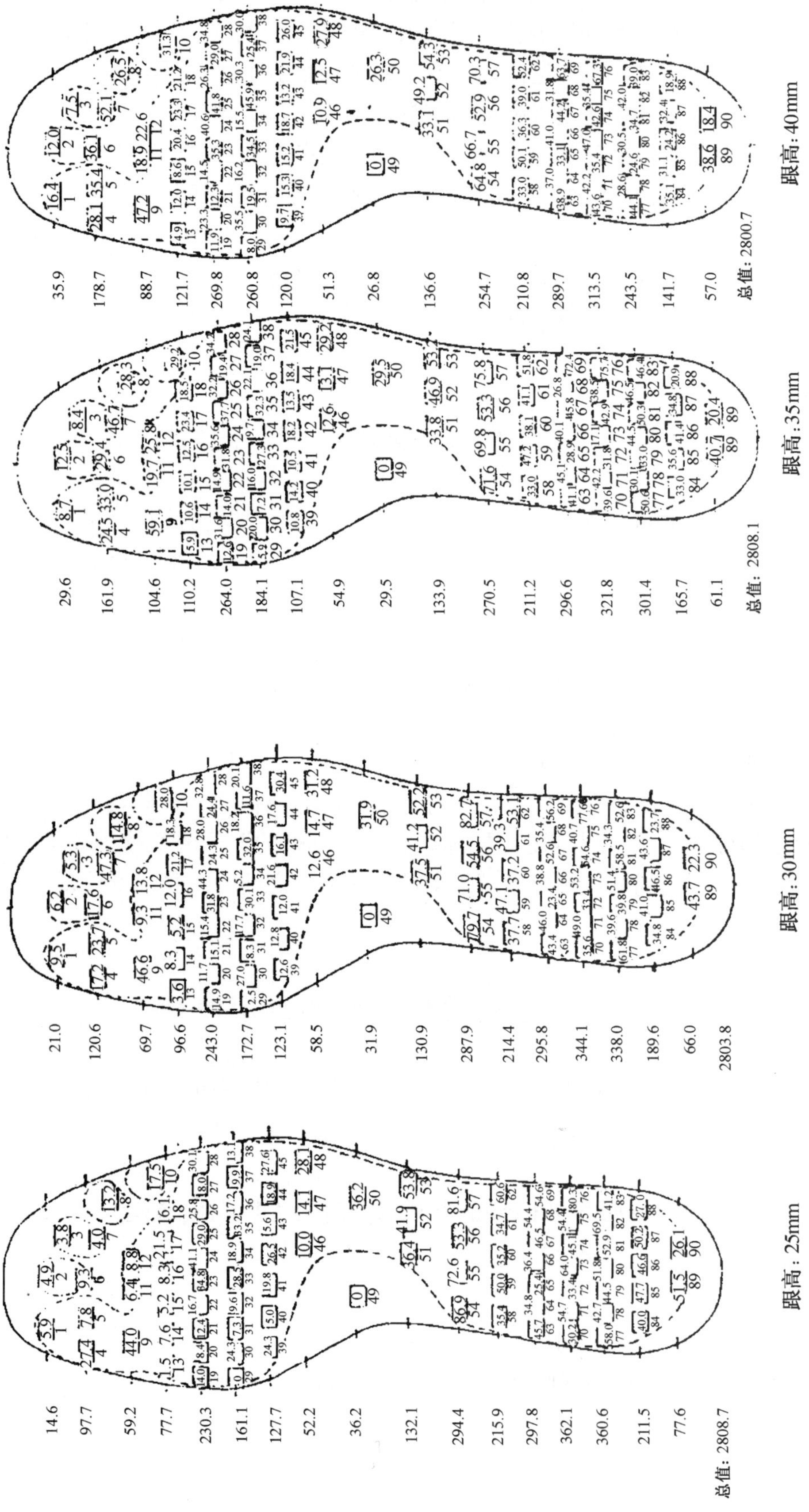

图 5-2 各种不同跟高男皮鞋内底各测力点力值分布（静立状态）

（图 5-2～图 5-4 引自《中国鞋号及鞋楦设计》，轻工业出版社）

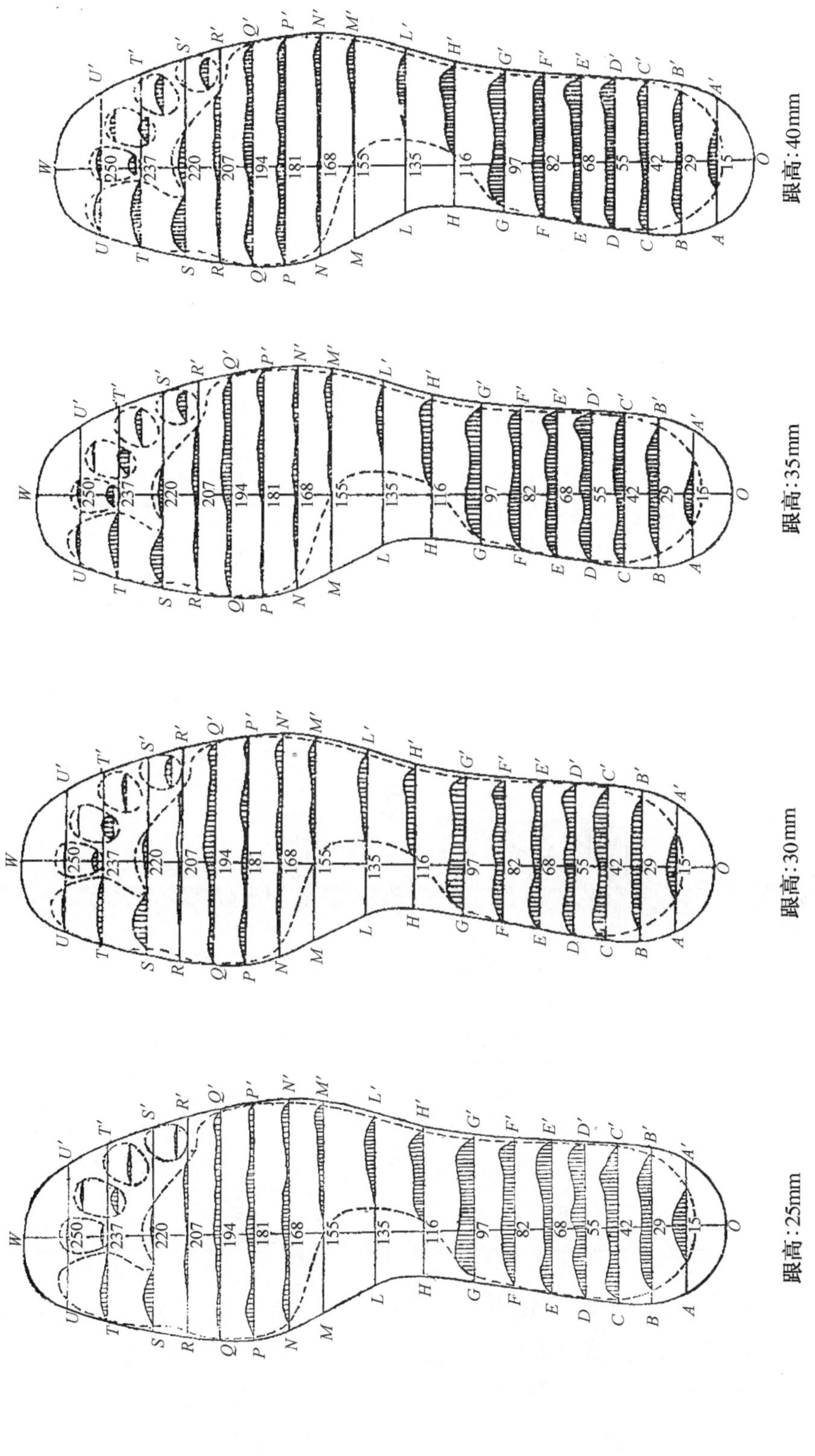

图 5-3　各种不同后跟的男鞋内底脚掌面纬向力值分布曲线　（静立状态）

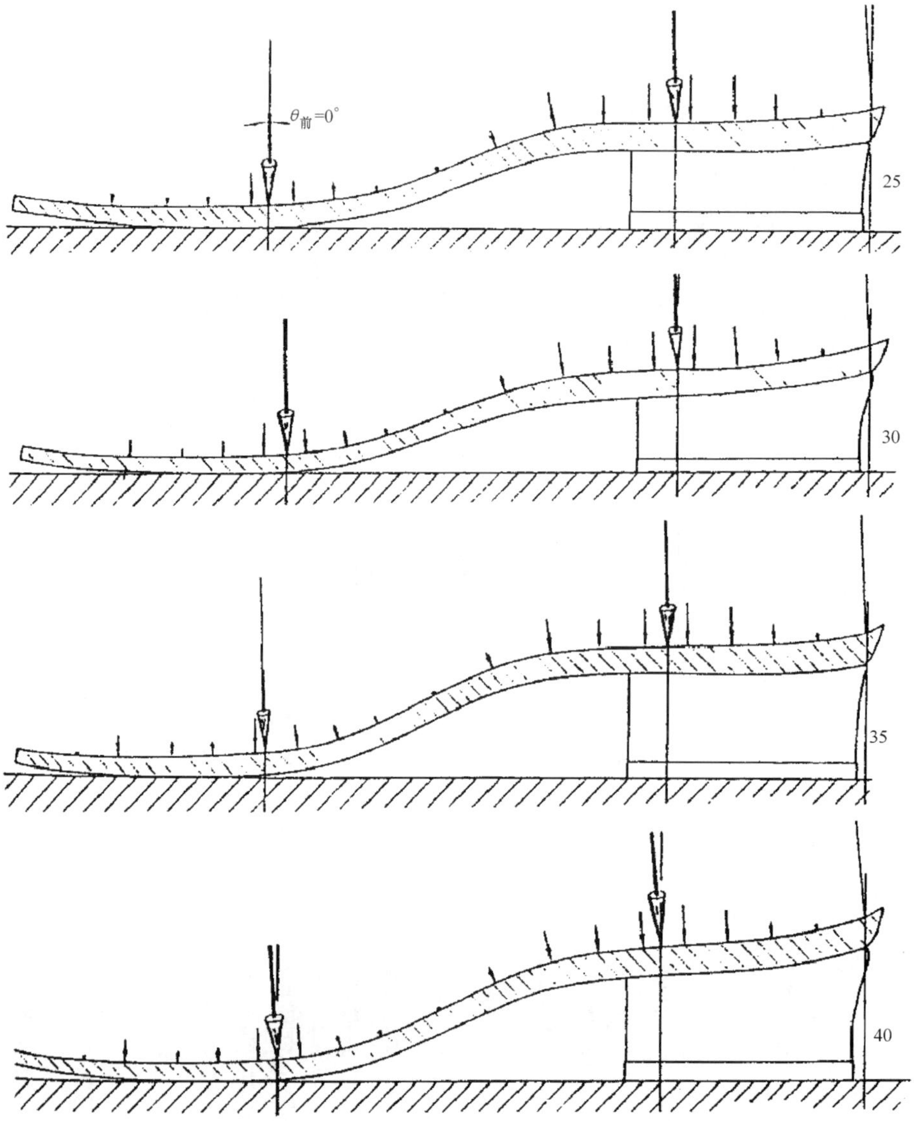

图 5-4　不同后跟高男皮鞋楦底轴线受力分布情况

表 5-1　　　　后跟高 25 ~ 40mm 男皮鞋内底各部位受力百分率情况

后跟高/mm	后跟部位受力/%	前掌部位受力/%	脚趾部位受力/%	脚心部位受力/%
25	64.8	24.6	4.6	6.0
30	61.9	26.2	6.1	5.8
35	58.0	28.3	7.9	5.8
40	53.9	31.5	8.8	5.8

我们分析了上述试验及数据,发现脚心部分受力偏小点。当然,每个人的足弓有高有低,对于同一鞋楦底部造型,其感受不会一样,但是合理的鞋楦底部造型,能使大多数人既感到脚心被微微托住而又不感到难受。为此,我们设计了多种楦底轴线和鞋楦底部造型,进行反复的分析对比,试穿试验。通过人体感觉实验和 X 光片的对比分析(见图 5-5),我们确定了后跟高分别为 25、30、35、40mm 的男皮鞋楦底轴线（见图 5-6、图 5-7、图 5-8、图 5-9)。255 号二型半超长中圆头皮鞋楦底样及楦体有关数据见表 5-2。

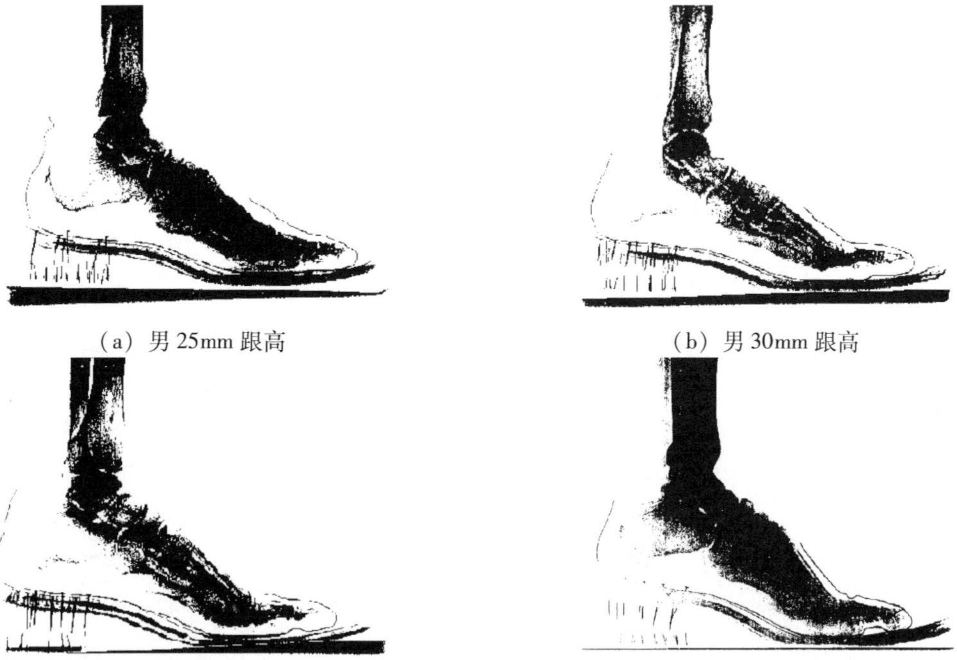

（a）男 25mm 跟高　（b）男 30mm 跟高

（c）男 35mm 跟高　（d）男 40mm 跟高

图 5-5　男性脚部 X 光片

由于鞋楦后身标准是从第五蹠趾部位以后，因此，第五蹠趾部位以前的数据，（见表 5-3）仅供参考。各地区、各鞋厂可根据鞋楦造型及工艺需要，也可以设计各种不同前跷高的鞋楦（见图 5-10）。

2. 后跟弧线的确定

鞋楦后跟弧线是否合理，以及鞋楦后跟两侧肉体安装是否恰当，关系到成鞋是否跟脚或卡不卡脚后跟，也与成鞋造型美观有关。但是，人脚后跟弧线有差异，因此，确定合理的后跟弧线也是重要的。我们通过控制鞋楦楦斜长、楦底长和后身高来控制鞋楦后跟弧线的上下端点，用后容差大小来控制鞋楦后跟凸度大小，并通过做鞋试穿和拍摄 X 光照片，设计了后跟高 25 ~ 40mm 男单皮鞋楦的后跟弧线。255 号二型半各种不同后跟高楦斜长、楦底长及后跟凸度（即后容差），见表 5-2，其坐标见图 5-11。

3. 鞋楦结构和统口线的确定

对于一般鞋楦，其统口线是圆滑曲线。供机械化、装配化生产用的鞋楦，都应该采用塑料铰接弹簧鞋楦（简称塑料弹簧楦）。这种楦的主要优点有三：一是尺寸稳定性好，鞋楦尺寸基本不受气候及外界条件变化的影响；二是适于机械化、装配化生产需要；三是皮鞋出楦容易，皮鞋“口门”不会出现撕裂现象，鞋不变形。

但要实现上述要求，弹簧楦在加工中必须控制楦底锯口长度，销钉眼位置，V 型槽的夹角以及符合要求的五金配件。通过试验，结果是 255 号超长中圆头鞋楦的锯口长度以 88mm 为宜，楦底样长每变化 5mm，其锯口长度变化 1.5mm。销钉眼位置控制在 20mm 处，而 V 型槽夹角为 43°（见图 5-12）。

由于弹簧楦的加工是在专用设备上进行，只要按上述尺寸及要求定尺和加工，统口的长度约为 58mm。所以，我们规定统口线长度为 58mm。

统口的后端点由楦斜长和后身高确定。根据工艺需要及设计方便，我们规定统口线与楦底线平行，这样就可确定统口的前端点。

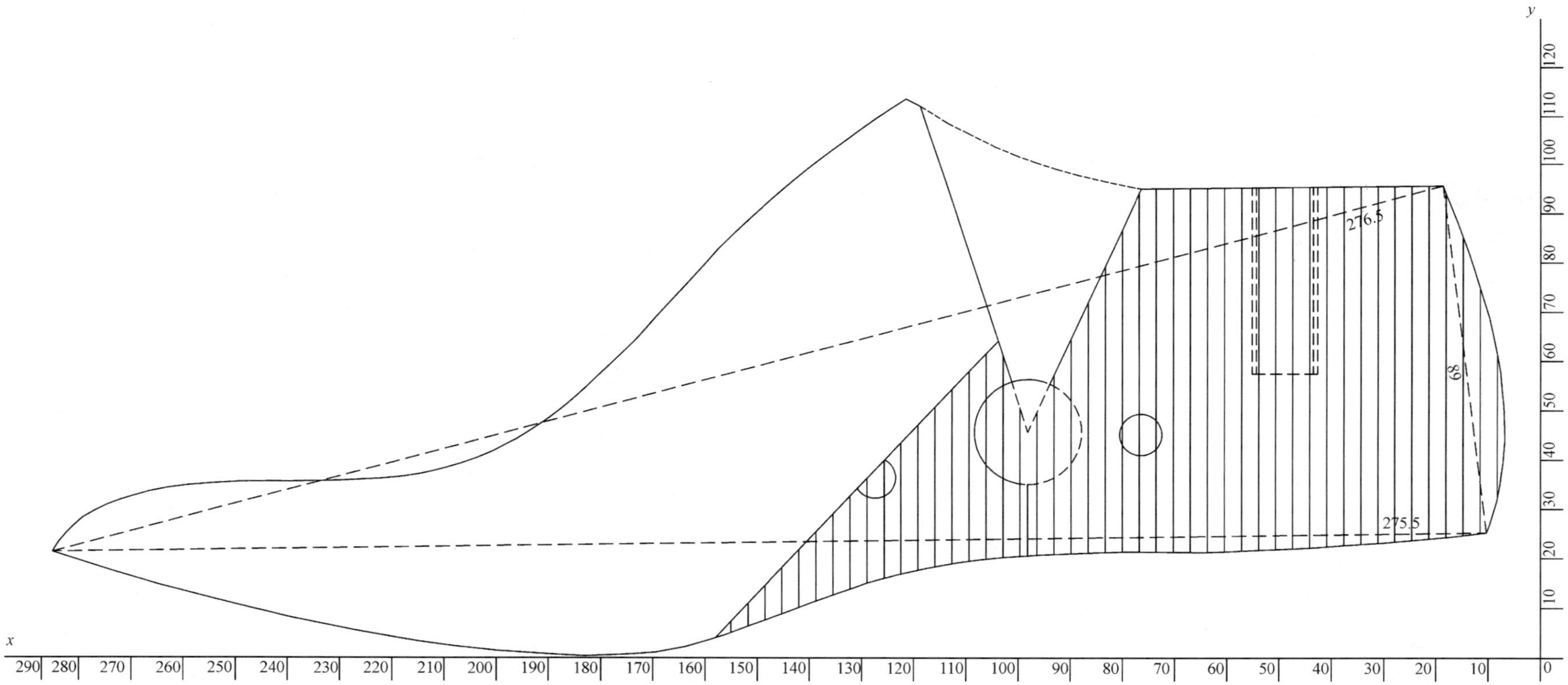

图 5-6　男 255 号二型半 25mm 跟高超长中圆头楦楦底轴线（单位：mm）

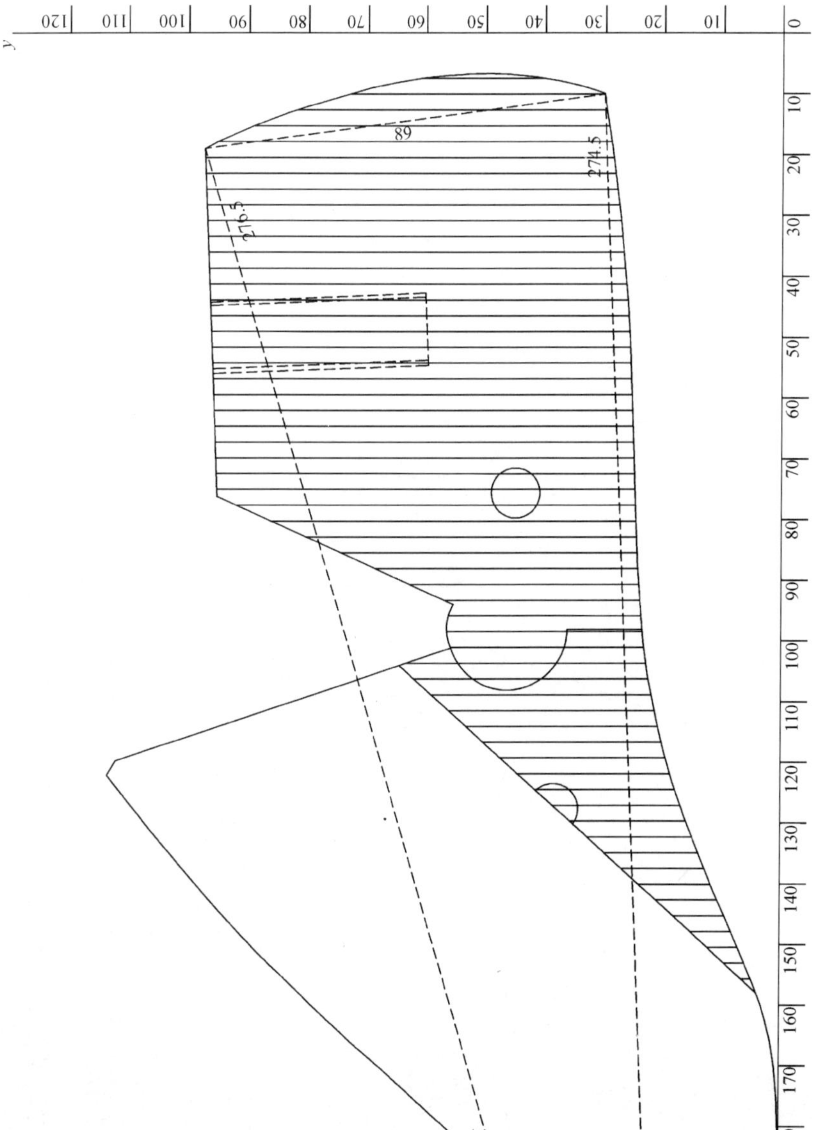

图 5-7　男 255 号二型半 30mm 跟高超长中圆头楦底轴线（单位：mm）

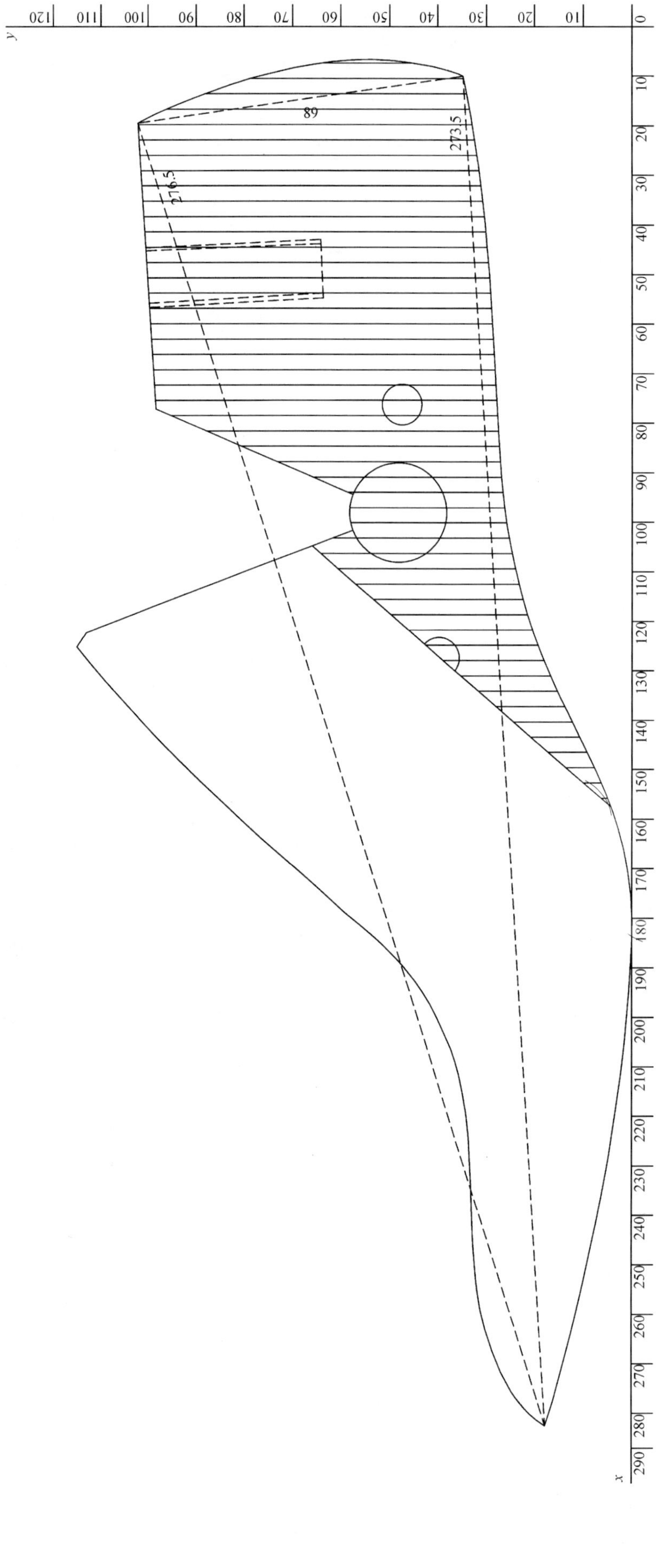

图 5-8　男 255 号二型半 35mm 跟高超长中圆头楦楦底轴线（单位：mm）

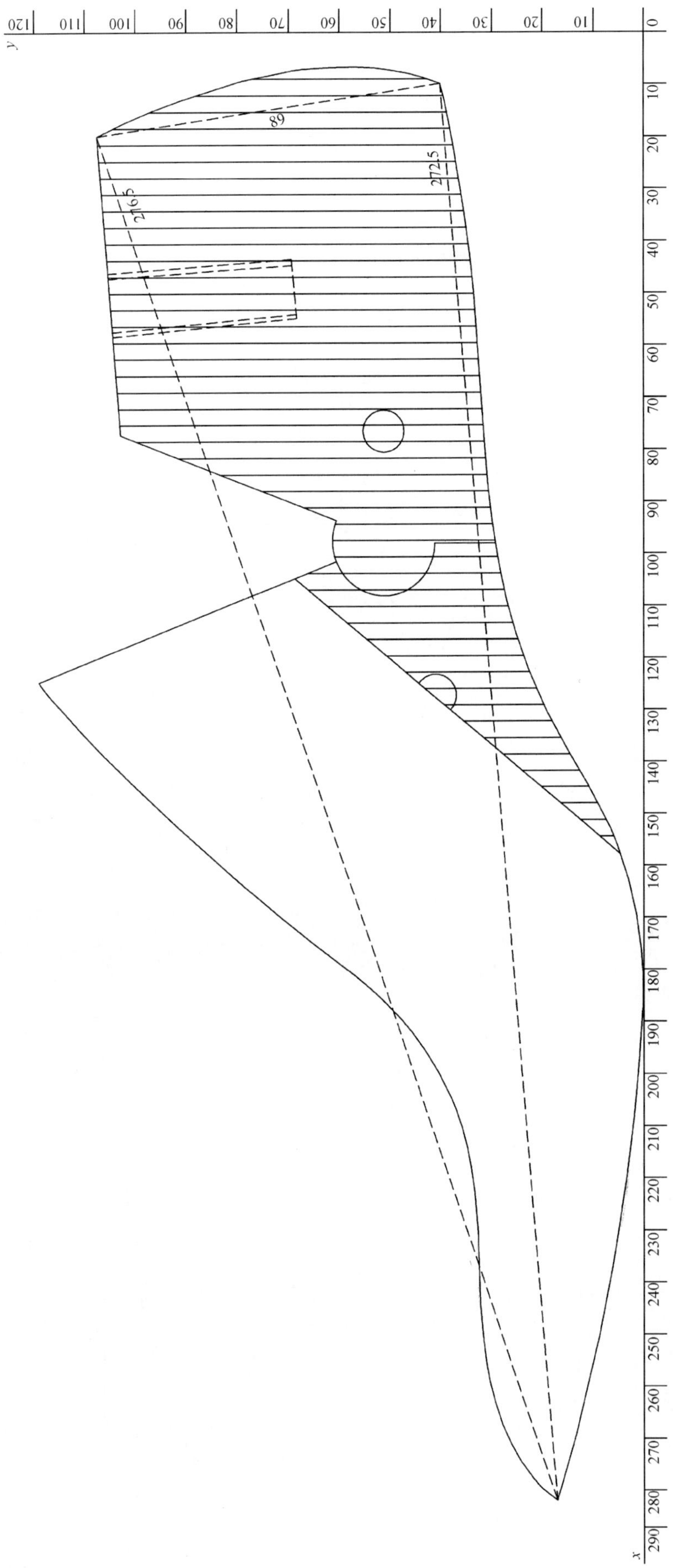

图 5-9 男 255 号二型半 40mm 跟高超长中圆头楦楦底轴线（单位：mm）

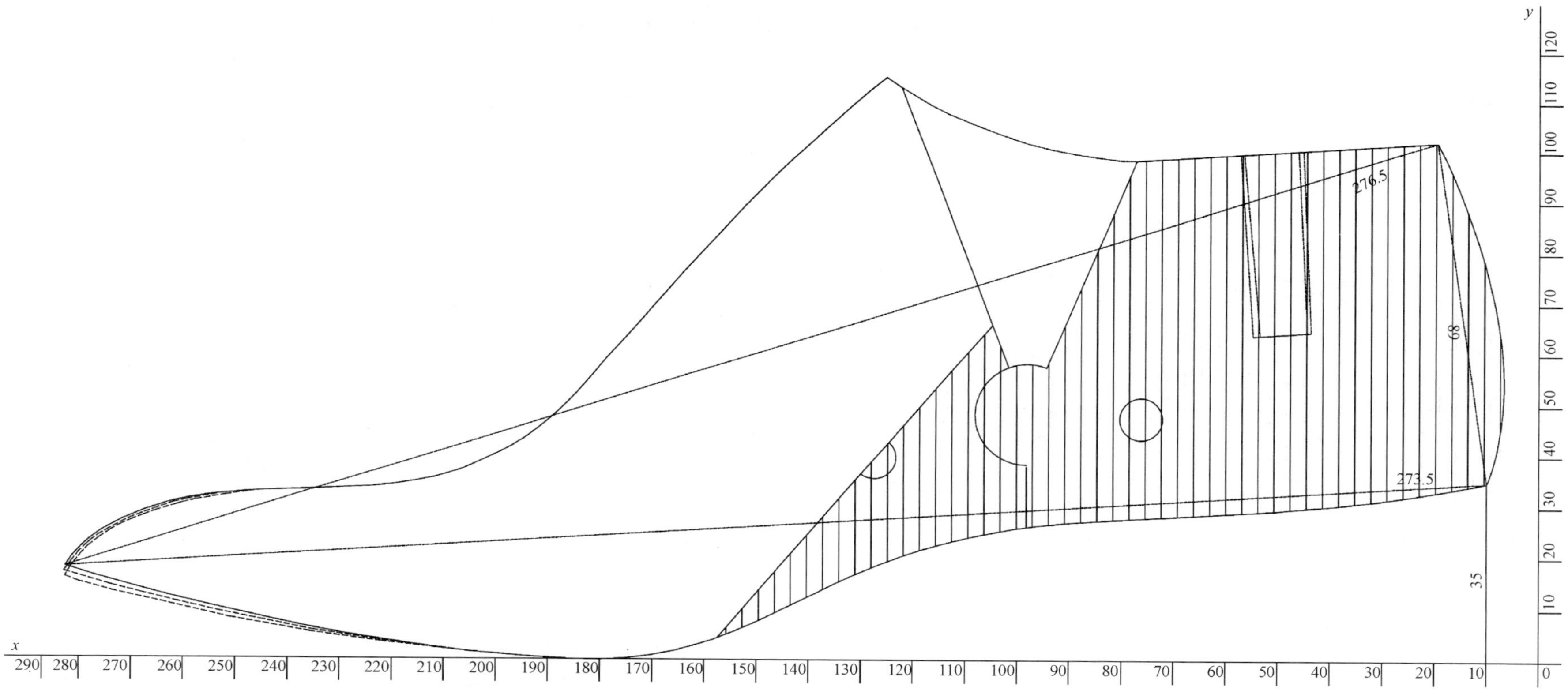

图5-10　男 255 号二型半35mm跟高超长中圆头楦后身标准化而前跷各不相同的鞋楦纵断面（单位：mm）

表 5-2　男 255 号二型半超长中圆头型皮鞋楦楦底样及楦体尺寸

单位：mm

尺寸 部位名称 / 后跟高	楦底样长	后容差	脚趾端点部位	拇指外突点部位	小趾外突点部位	第一蹠趾部位	第五蹠趾部位	腰窝部位	踵心部位	放余量	楦蹠围	楦跗围	基本宽度	拇指里宽	小趾外宽	第一蹠趾里宽
20	280	5	250	224.5	193.9	179.9	156.9	99.6	40.9	30	243	247	89.3	33.1	50	36.5
25	280	4.5	250.5	225	194.4	180.4	157.4	100.1	41.4	29.5	243	245.5	89.0	32.8	49.8	36.4
30	280	4.5	250.5	225	194.4	180.4	157.4	100.1	41.4	29.5	243	244	89.0	32.8	49.8	36.4
35	280	4	251	225.5	194.9	180.9	157.9	100.6	41.9	29	243	242.5	88.4	32.3	48.9	36.2
40	280	4	251	225.5	194.9	180.9	157.9	100.6	41.9	29	243	241	88.4	32.3	48.9	36.2

尺寸 部位名称 / 后跟高	第五蹠趾外宽	腰窝外宽	踵心全宽	楦底样长	楦斜长	楦底长	后身高	后容差	后跟突点高	前掌凸度	腰窝凹度	踵心凸度	前跷	统口长	楦背长	
20	52.8	39.5	60.5	280	276.5	276.5	68	5	22	5.5	6.5	4	19～21	105	86	
25	52.6	39.4	60.1	280	276.5	275.5	68	4.5	21	5.5	7	4	18～20	105	86	
30	52.6	39.4	60.1	280	276.5	274.5	68	4.5	20	5.5	7.5	4	17～19	105	86	
35	52.2	39.3	59.6	280	276.5	273.5	68	4	19	5.5	8	4	16～18	105	86	
40	52.2	39.3	59.6	280	276.5	272.5	68	4	18	5.5	8.5	4	15～17	105	86	

表 5-3　男 255 号二型半 25～40mm 跟高超长中圆头型皮鞋楦的楦底轴线坐标数据　单位：mm

后跟高 25mm 楦底轴线	x	300	290	280	270	260	250	240	230	220	210	200	190	184	182	180	170	160	150	140	130	120	110	100	90	80	70	60	50	40	30	20	10
		295	285.1	275	265	255	245	235	225	215	205	195	185	183	181	175	165	155	145	135	125	115	105	95	85	75	65	55	45	35	25	15	5
	y			18.4	15.2	12.2	9.6	7.3	5.3	3.7	2.1	1.1	0		0	0.1	0.7	2.8	6.4	10.2	13.8	16.4	18.4	19.7	20.3	20.6	20.8	21.1	21.5	22	22.8	23.8	25
			20	16.8	13.5	10.9	8.3	6.3	4.4	2.8	1.5	0.5	0			0.2	1.5	4.6	8.4	12.1	15.2	17.5	19.4	20.1	20.5	20.7	20.9	21.3	21.7	22.4	23.3	24.3	
后跟高 30mm 楦底轴线	x	300	290	280	270	260	250	240	230	220	210	200	190	184	182	180	170	160	150	140	130	120	110	100	90	80	70	60	50	40	30	20	10
		295	283.9	275	265	255	245	235	225	215	205	195	185	183	181	175	165	155	145	135	125	115	105	95	85	75	65	55	45	35	25	15	5
	y			17.8	14.7	11.8	9.2	7	5.1	3.5	2.1	1.1	0			0.1	0.9	3	6.9	11.3	15.4	18.7	21.1	22.6	23.5	24.1	24.5	24.9	25.4	26.1	27.2	28.4	30
			19	16.2	13.1	10.5	8	6	4.2	2.7	1.5	0.5	0	0		0.3	1.7	4.9	9.2	13.4	17.2	20	21.9	23.2	24	24.4	24.7	25.2	25.7	26.7	27.8	29.1	
后跟高 35mm 楦底轴线	x	300	290	280	270	260	250	240	230	220	210	200	190	184	182	180	170	160	150	140	130	120	110	100	90	80	70	60	50	40	30	20	10
		295	282.6	275	265	255	245	235	225	215	205	195	185	183	181	175	165	155	145	135	125	115	105	95	85	75	65	55	45	35	25	15	5
	y			17.2	14.2	11.4	8.6	6.7	4.9	3.3	2	1.1	0	0		0.1	1.1	3.2	7.4	12.4	17.1	21	23.8	25.7	26.9	27.6	28.3	28.7	29.3	30.2	31.8	33	35
			18	15.6	12.8	10.2	7.8	5.7	4	2.6	1.5	0.5	0			0.4	1.9	5.2	9.9	14.7	19.2	22.5	24.7	26.5	27.4	28	28.5	29.1	29.7	31	32.3	33.9	
后跟高 40mm 楦底轴线	x	300	290	280	270	260	250	240	230	220	210	200	190	184	182	180	170	160	150	140	130	120	110	100	90	80	70	60	50	40	30	20	10
		295	281.2	275	265	255	245	235	225	215	205	195	185	183	181	175	165	155	145	135	125	115	105	95	85	75	65	55	45	35	25	15	5
	y			16	13.6	11	8.5	6.4	4.7	3.2	2	1	0			0.2	1.3	3.4	7.9	13.4	18.7	23.3	26.5	28.7	30.2	31.1	32	32.6	33.3	34.3	36	37.6	40
			17	15.1	12.2	9.7	7.4	5.5	3.9	2.5	1.4	0.5	0			0.5	2.1	5.5	10.7	16.1	21.1	25	27.6	29.7	30.8	31.6	32.3	33	33.7	35.3	36.8	38.8	

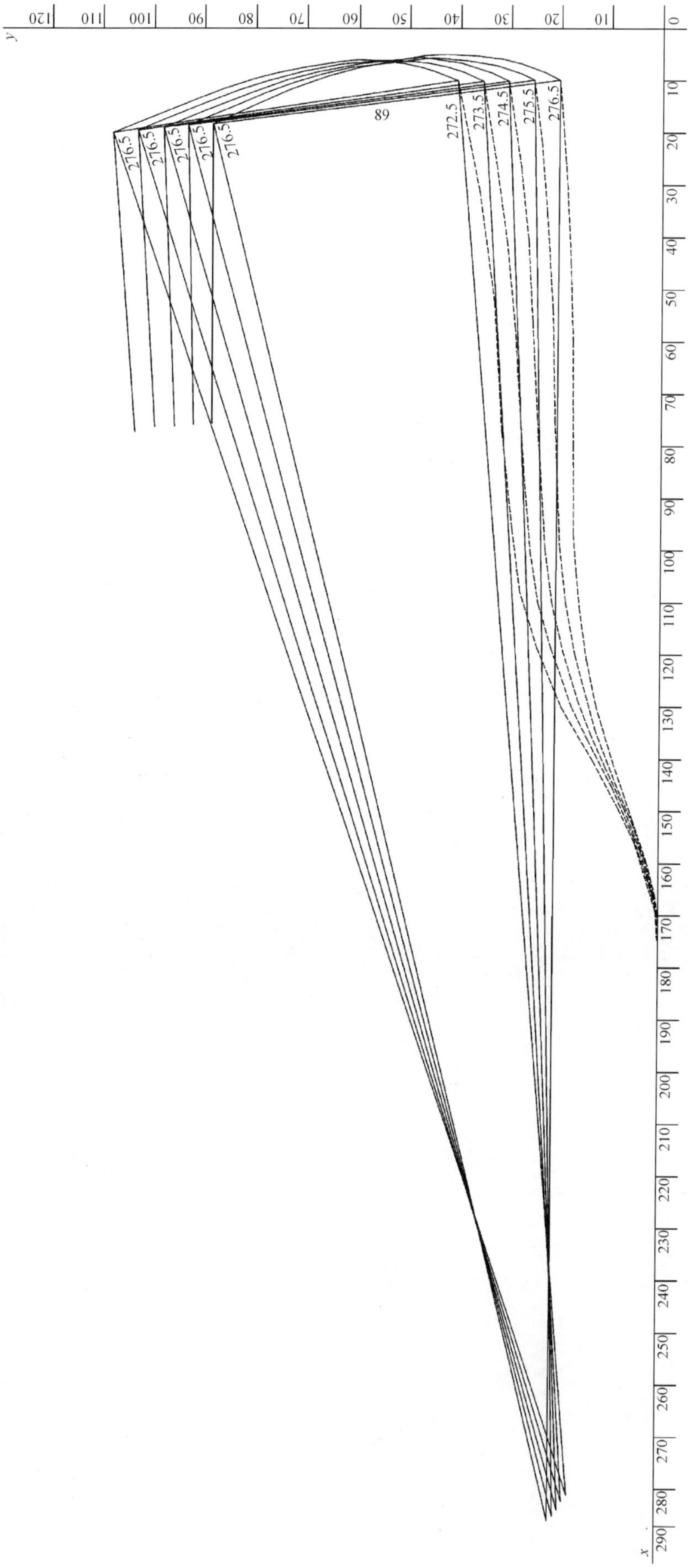

图 5-11　男 255 号二型半各种后跟高楦斜长、楦底长、后跟曲线（单位：mm）

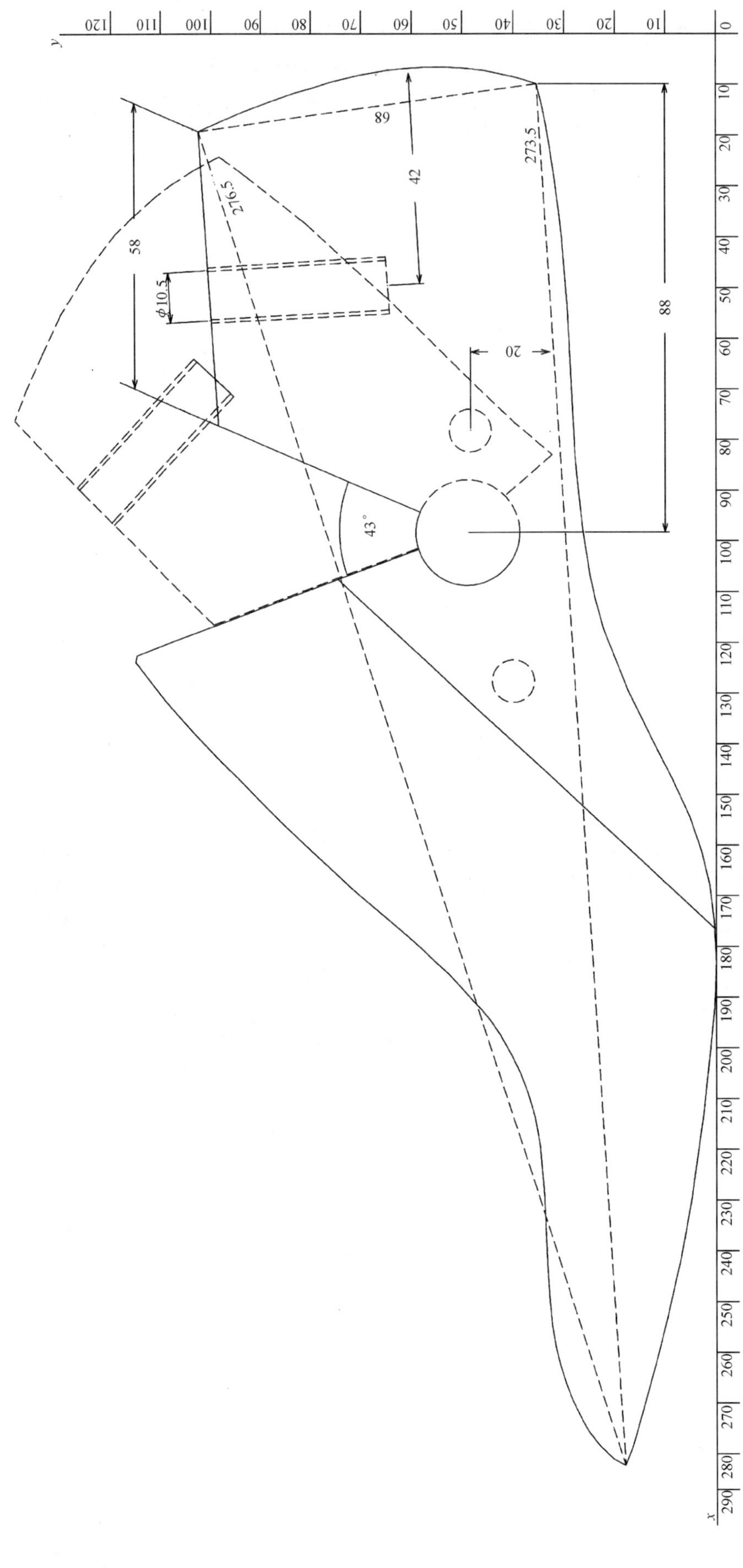

图 5-12 男 255 号二型半 35mm 跟高超长中圆头楦（单位：mm）

二、男单皮鞋鞋楦横断面的确定

根据鞋楦后身标准化的定义，鞋楦是第五蹠趾部位以后至统口后端点前58mm处实现标准化，因此，在研究鞋楦横断面时，只需研究腰窝部位及踵心部位的横断面。其余脚趾端点部位，拇趾外突点部位，小趾外突点部位，第一蹠趾部位、第五蹠趾部位的横断面（见图5-13），只供参考。各地区、各鞋厂根据市场需要，本地区、本厂风格，以及品种的差异，可自行设计，但总的原则仍应该是在合脚舒适的基础上尽可能做到造型美观。

研究和控制腰窝部位及踵心部位横断面，主要要考虑脚在不同后跟高时，腰窝部位和踵心部位受力是如何变化的，然后在鞋楦里外踝肉体安装时，做到合脚舒适，造型美观和皮鞋后帮不敞口。由于研究的男皮鞋后跟高是25～40mm，跟高差距不大，所以腰窝部位和踵心部位受力变化也不太大（见表5-1）。虽然如此，从表中仍可看出，随着后跟高度的加高，踵心部位及腰窝部位的受力逐渐减少。这就告诉我们，在设计不同后跟高男皮鞋时，后跟较低的鞋楦，踵心部位及腰窝部位两侧肉体应多于后跟高的鞋楦。

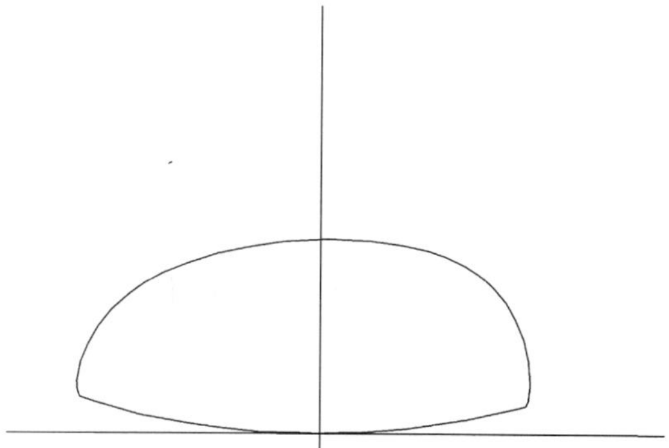

图5-13（a）　脚趾端点部位横断面坐标

图5-14、图5-15为后跟高35mm腰窝部位横断面和踵心部位横断面坐标。

应该说明一点：由于塑料铰接弹簧鞋楦要装外径为ϕ12（男鞋）套筒（内径ϕ10.5），为保证楦统口处有足够强度和鞋楦统口造型需要，我们确定男鞋统口宽为25mm。

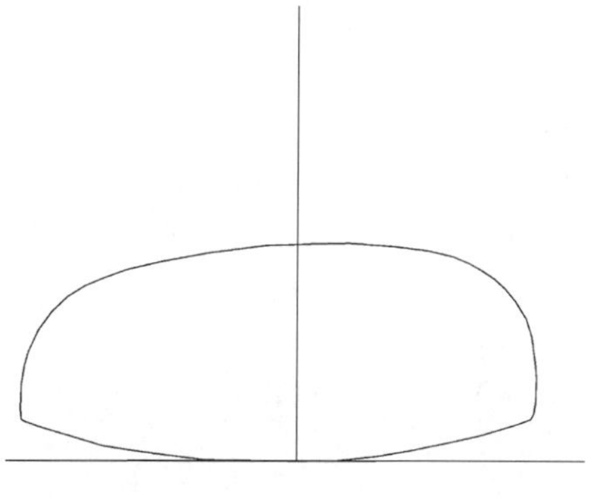

图5-13(b)　拇指突点部位横断面坐标

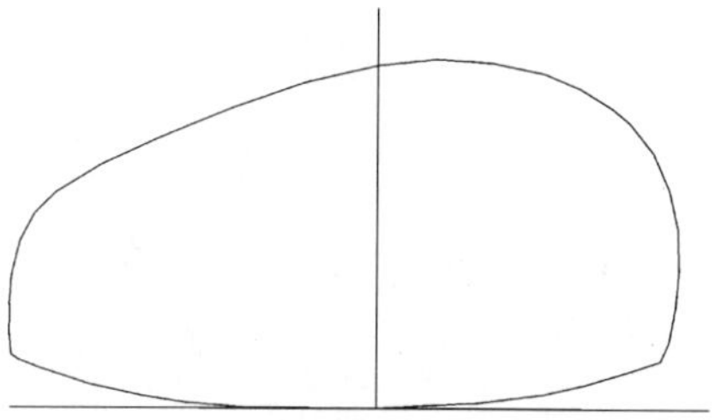

图5-13(c)　小趾突点部位横断面坐标

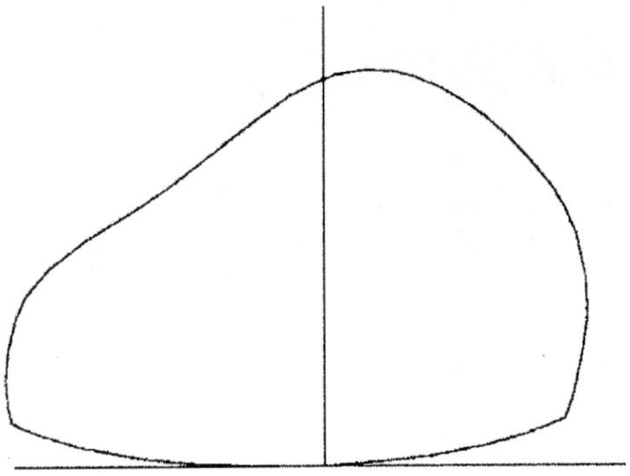

图 5-13(d)　第一蹠趾部位横断面坐标

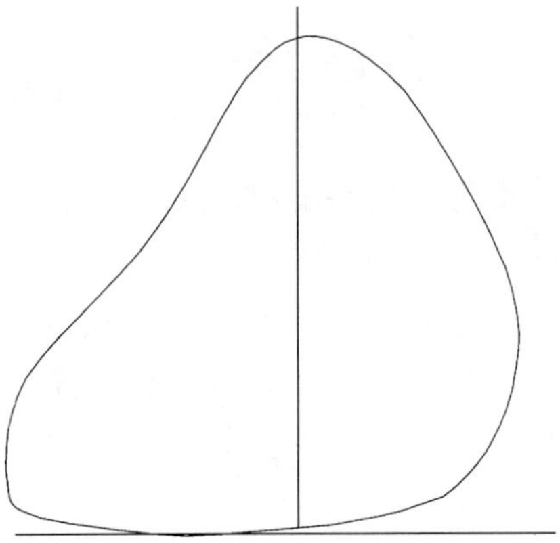

图 5-13（e）　第五蹠趾部位横断面坐标

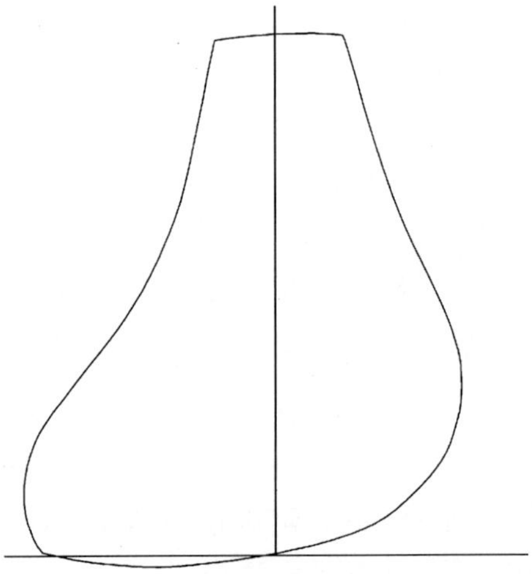

图 5-14　腰窝部位横断面坐标

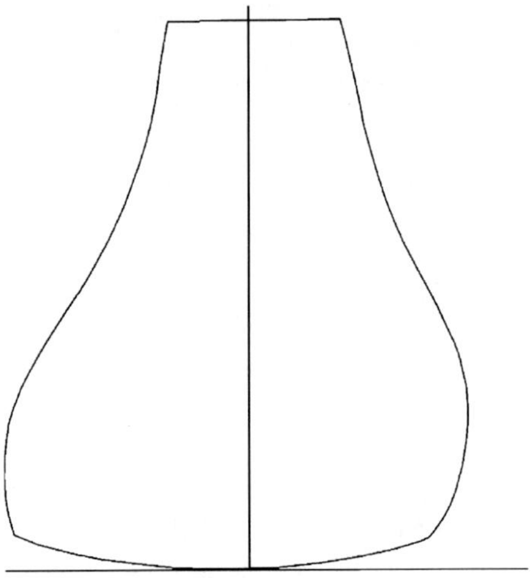

图 5-15　踵心部位横断面坐标

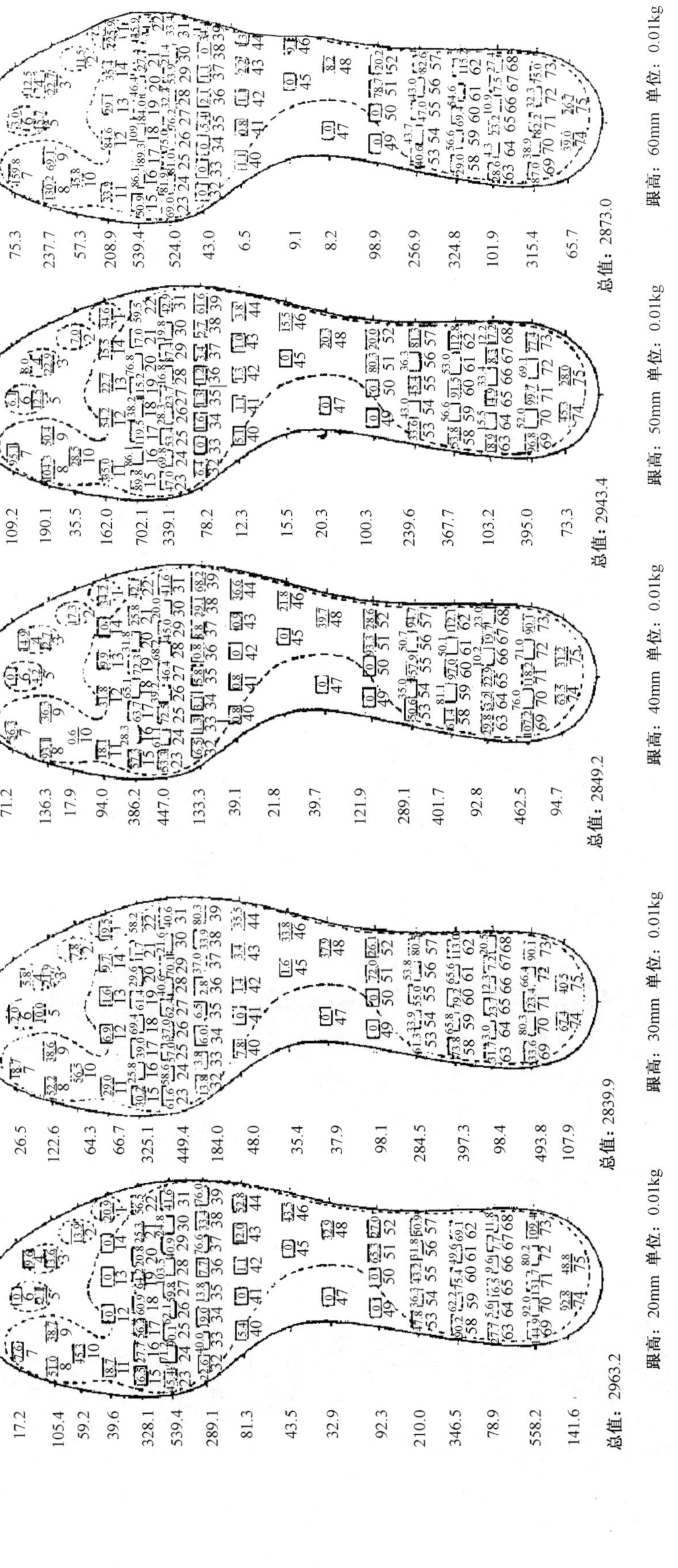

图 5-16　各种不同后跟高女单皮鞋内底各测点力值分布情况（静立状态）

（图 5-16~图 5-18 引自《中国鞋号及鞋楦设计》，轻工业出版社）

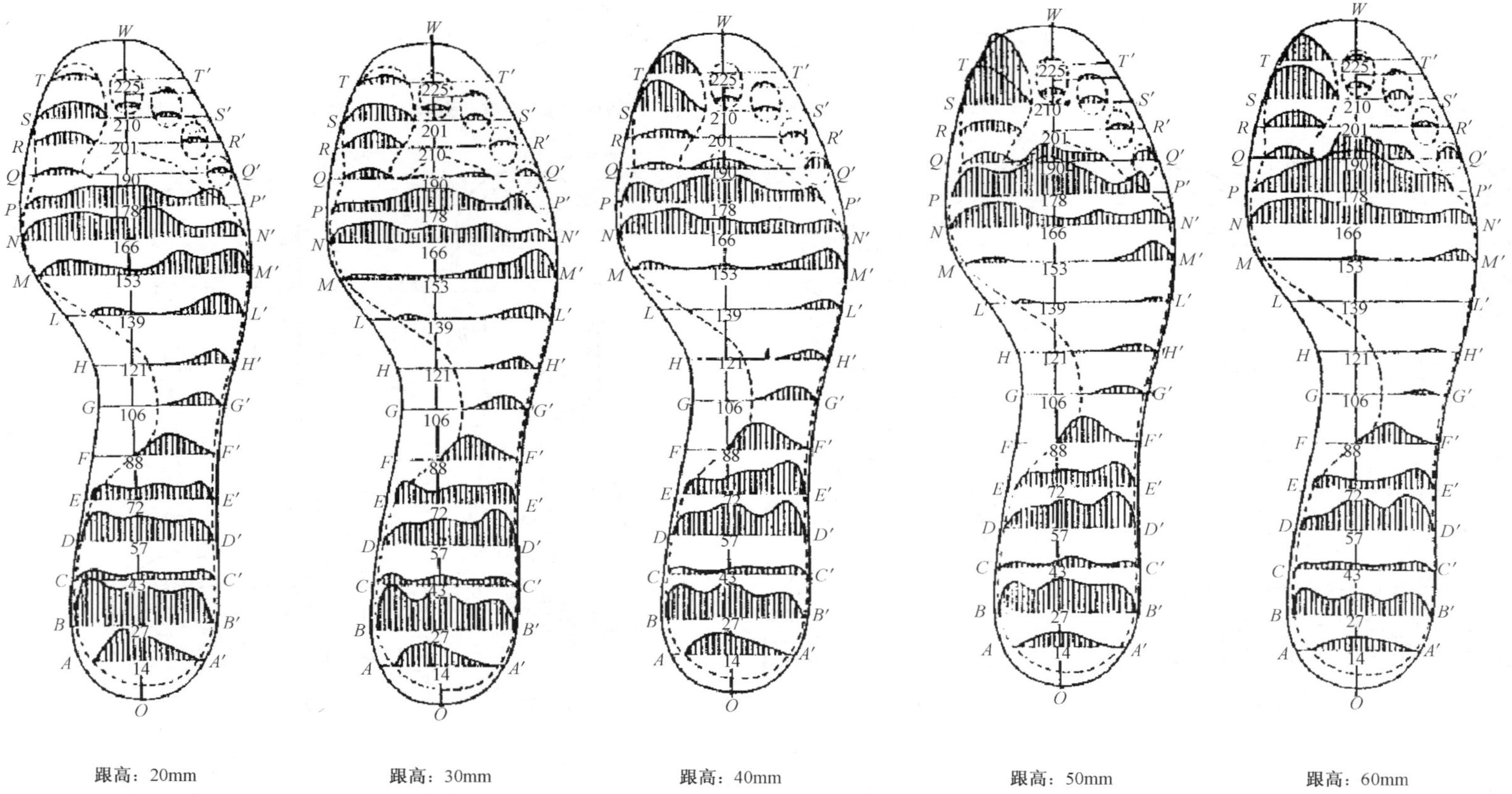

图 5-17　各种不同后跟高女皮鞋内底脚掌面纬向力值的分布曲线（静立状态）

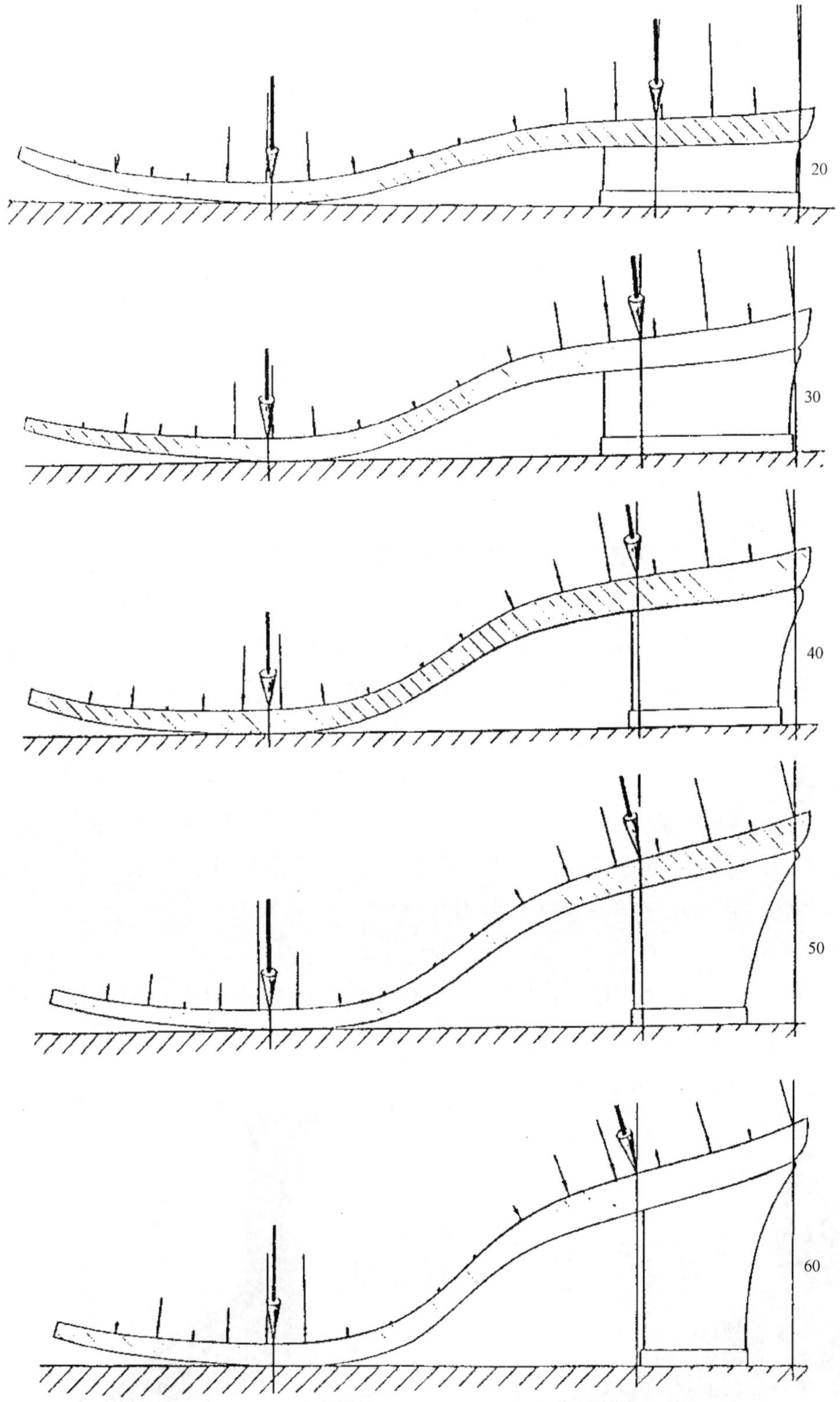

图 5-18　各种不同后跟高女皮鞋楦底轴线受力分布情况

三、女单皮鞋楦纵断面的确定

1. 楦底轴线的确定

根据曾做过后跟高为20～60mm女皮鞋内底75个受力点的压力分布试验，其受力分布情况见图5-16、图5-17、图5-18及表5-4。

表5-4　后跟高为20～60mm女皮鞋内底各部位受力百分率情况

后跟高/mm	后跟部位受力/%	前掌部位受力/%	脚趾部位受力/%	脚心部位受力/%
20	48.1	42	6.8	2.6
30	52.1	37.1	8.2	2.6
40	51.3	37.4	9.1	2.2
50	43.5	42.8	12.6	1.2
60	40.5	45.1	13.8	0.6

从图5-16、图5-17、图5-18及表5-4，我们可以看出，脚心受力较小，鞋的腰窝部位没有托住脚心，为此，我们在反复对比试验中，通过X光片的分析（见图5-19），设计了后跟高为20～60mm女皮鞋的楦底轴线和鞋楦底部造型。如图5-20、图5-21、图5-22、图5-23、图5-24。235号一型超长中圆头皮鞋楦底样及楦体尺寸有关数据见表5-5，坐标数据见表5-6。

2. 后跟弧线

女鞋后跟弧线的确定也和男鞋一样，通过控制楦斜长、楦底样长和后身高来控制后跟弧线的上下端点，用后容差大小来控制鞋楦后跟突度尺寸，并通过实际穿着试验和X光片检查，最后确定各种跟高女鞋弧线尺寸，见图5-25。

3. 楦结构和锯口

和男鞋楦一样，通过试验，我们认为235号超长中圆头型楦的锯口长度80mm为宜，楦底样长每变化5mm，其锯口长度变化1.5mm，而V型槽夹角为43°（见图5-26），统口宽女鞋楦为21mm。

（a）20mm跟高

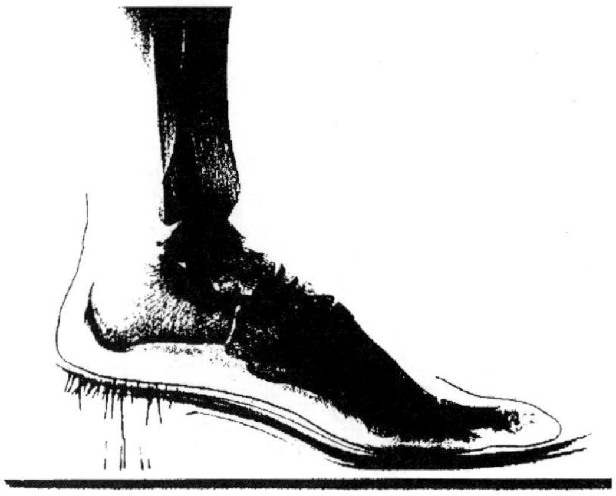

（b）30mm跟高

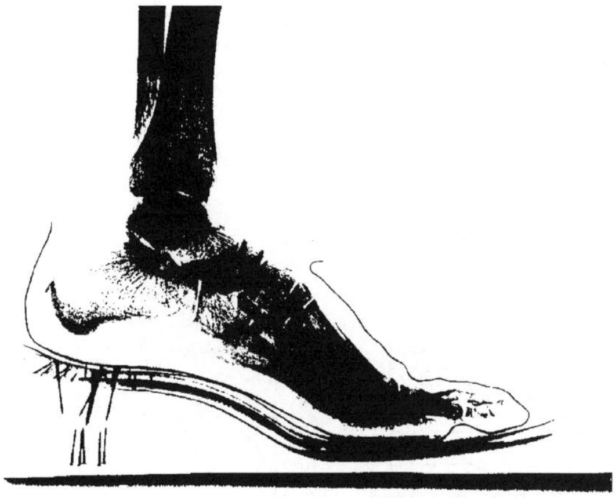

（c）40mm 跟高

（d）50mm 跟高

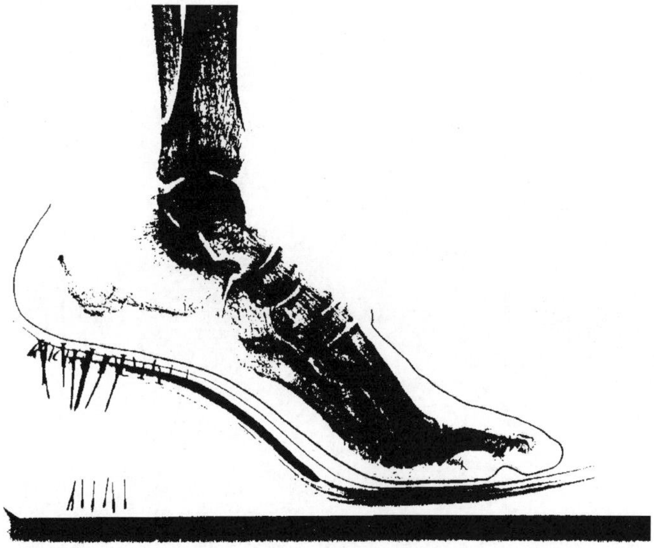

（e）60mm 跟高

图 5-19　女性脚部 X 光片

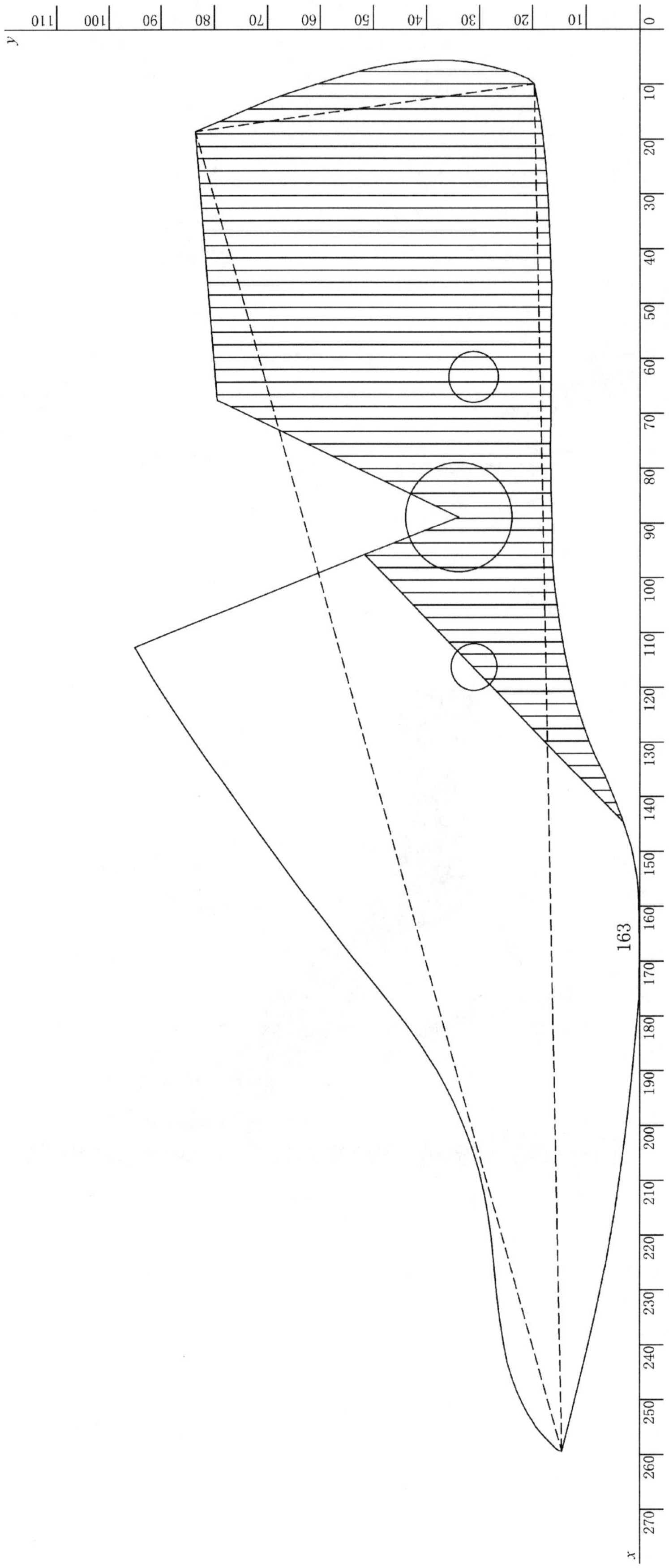

图 5-20 女 235 号 20mm 跟高超长舌式鞋楦底轴线（单位：mm）

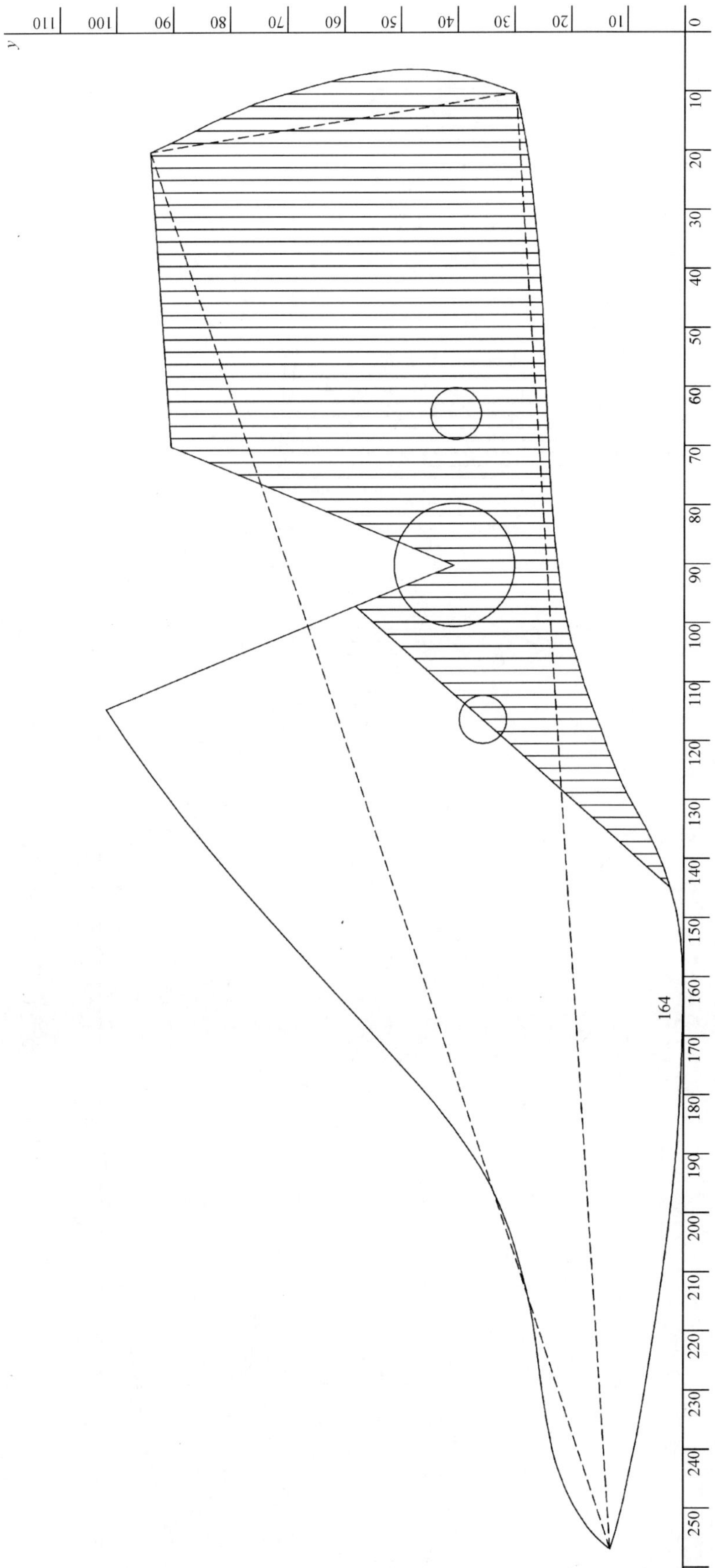

图 5-21　女 235 号 30mm 跟高超长舌式鞋楦楦底轴线（单位：mm）

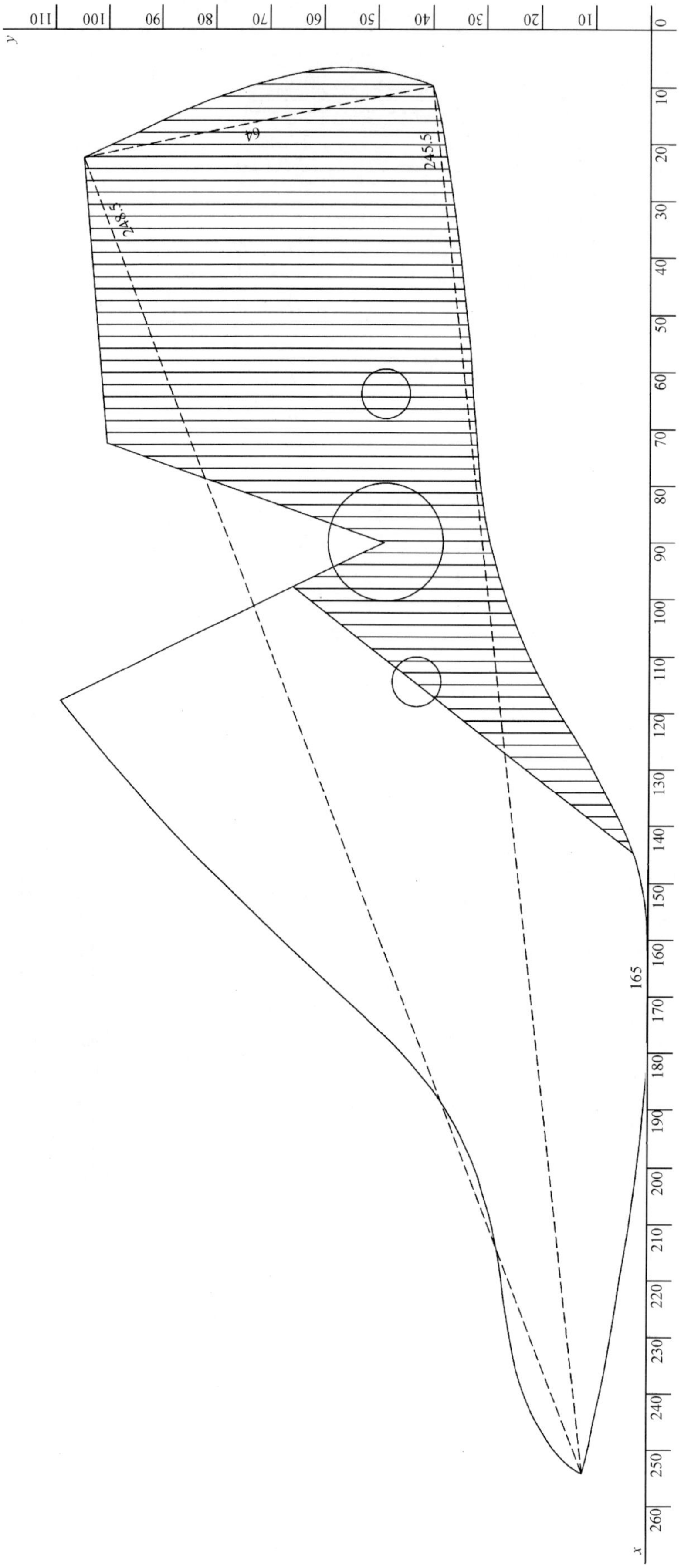

图 5-22　女 235 号 40mm 跟高超长舌式鞋楦楦底轴线（单位：mm）

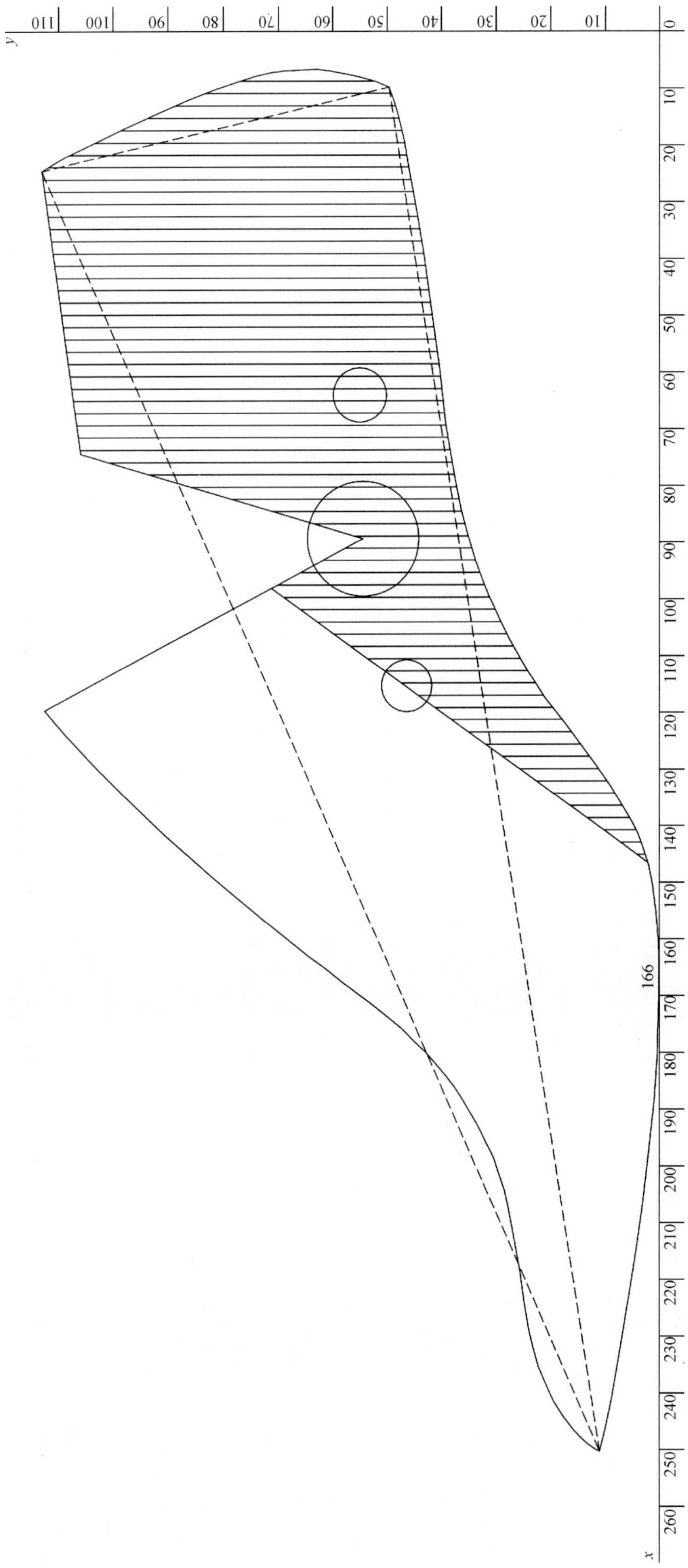

图 5-23　女 235 号 50mm 跟高超长舌式鞋楦底轴线（单位：mm）

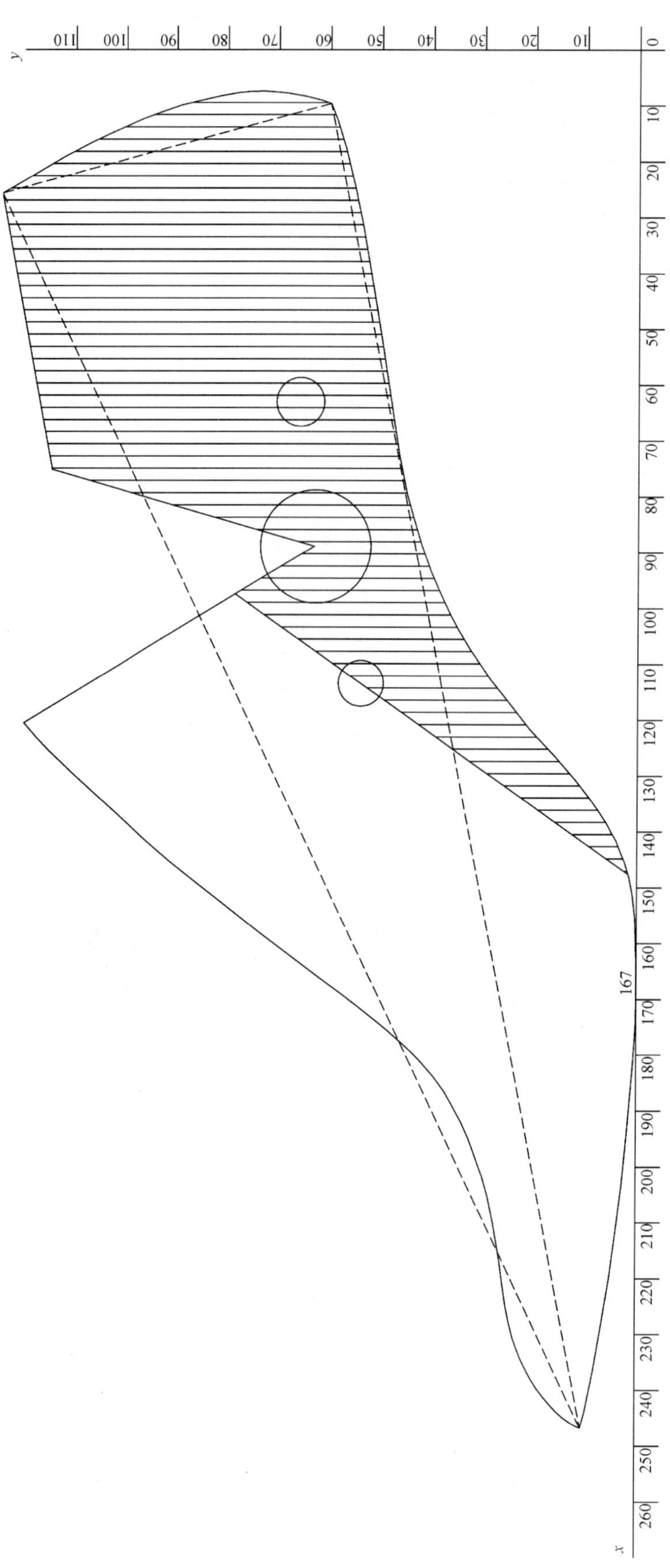

图 5-24 女 235 号 60mm 跟高超长舌式鞋楦底轴线（单位：mm）

表 5-5　　女 235 号一型超长中圆头型皮鞋楦楦底样及楦体尺寸　　单位：mm

尺寸 部位名称 / 后跟高	楦底样长	后容差	脚趾端点部位	拇指外突点部位	小趾外突点部位	第一蹠趾部位	第五蹠趾部位	腰窝部位	踵心部位	放余量	楦蹠围	楦跗围	基本宽度	拇指里宽	小趾外宽	第一蹠趾里宽
20	252	4. 5	230. 5	207	178. 8	165. 9	144. 7	91. 9	37. 8	21. 5	218. 5	222. 5	75. 6	28. 7	42. 7	31. 3
30	252	4	231	207. 5	179. 3	166. 4	145. 2	92. 4	38. 3	21	218. 5	220. 5	75. 6	28. 7	42. 7	31. 3
40	252	3. 5	231. 5	208	179. 8	166. 9	145. 7	92. 9	38. 8	20. 5	218. 5	218. 5	73. 5	27. 5	41. 1	30. 3
50	252	3	232	208. 5	180. 3	167. 4	146. 2	93. 4	39. 3	20	218. 5	216. 5	73. 5	27. 5	41. 1	30. 3
60	252	2. 5	232. 5	209	180. 8	167. 9	146. 7	93. 9	39. 8	19. 5	218. 5	214. 5	72. 4	26. 7	40. 3	30

尺寸 部位名称 / 后跟高	第五蹠趾外宽	腰窝外宽	踵心全宽	楦底样长	楦斜长	楦底长	后身高	后容差	后跟突点高	前掌凸度	腰窝凹度	踵心凸度	前跷			
20	44. 3	33. 7	51. 7	252	250. 5	249. 5	64	4. 5	20	4	6. 5	3	13 ~ 15			
30	44. 3	33. 7	51. 7	252	249. 5	247. 5	64	4	18	4	7	3	12 ~ 14			
40	43	32. 8	50	252	248. 5	245. 5	64	3. 5	16	4	7. 5	3	11 ~ 13			
50	43	32. 8	50	252	247. 5	243. 5	64	3	14	4	8	3	10 ~ 12			
60	42. 4	32. 5	49. 2	252	246. 5	241. 5	64	2. 5	12	4	8. 5	3	9 ~ 11			

表 5-6　女 235 号 20~60mm 跟高超长中圆头型皮鞋楦的楦底轴线坐标数据　单位：mm

后跟高 20mm 楦底轴线	x	300	290	280	270	259.5	250	240	230	220	210	200	190	180	170		160	150	140	130	120	110	100	90	80	70	60	50	40	30	20	10
		295	285	275	265	255	245	235	225	215	205	195	185	175	165	163	155	145	135	125	115	105	95	85	75	65	55	45	35	25	15	5
	y					19	11	9	7.1	5.4	3.7	2.2	0.9	0.3	0.1	0	0.2	1	3.9	8.9	11.8	14	15.8	16.3	16.5	16.5	16.5	16.5	16.8	17.5	18.3	20
						13.2	10.4	8	6.2	4.5	3	1.5	0.5	0.2	0.1		0.4	2.3	6.1	10.9	13	15	16	16.5	16.5	16.5	16.5	16.5	17	17.8	19	
后跟高 30mm 楦底轴线	x	300	290	280	270	257	250	240	230	220	210	200	190	180	170		160	150	140	130	120	110	100	90	80	70	60	50	40	30	20	10
		295	285	275	265	255	245	235	225	215	205	195	185	175	165	164	155	145	135	125	115	105	95	85	75	65	55	45	35	25	15	5
	y					13	11.6	8.8	6.9	5.3	3.5	2	0.8	0.3	0.1	0	0.2	1	4.1	9.6	13.9	18	20.8	22.5	23.4	24	24.5	25	25.3	26.3	27.8	30
						12.5	10.1	7.8	6	4.3	2.8	1.4	0.4	0.2	0.1		0.4	2.3	6.5	12.1	16.2	19.6	21.3	23	23.8	24.3	24.6	25.3	26.2	27.2	28.7	
后跟高 40mm 楦底轴线	x	300	290	280	270	260	250	240	230	220	210	200	190	180	170		160	150	140	130	120	110	100	90	80	70	60	50	40	30	20	10
		295	285	275	265	254	245	235	225	215	205	195	185	175	165		155	145	135	125	115	105	95	85	75	65	55	45	35	25	15	5
	y						11.3	8.6	6.3	5.2	3.4	2.1	0.7	0.2	0.1		0.3	1.1	4.3	10.3	16	22	25.8	28.3	30.3	31.5	32.5	33.5	34.6	35.8	37.3	40
						12	9.9	7.6	5.9	4.2	2.3	1.3	0.3	0.2	0		0.5	2.4	6.9	13.3	19.4	24.2	27.4	29.5	31.1	32.1	32.7	34.1	35.4	36.6	38.4	
后跟高 50mm 楦底轴线	x	300	290	280	270	260	250	240	230	220	210	200	190	180	170		160	150	140	130	120	110	100	90	80	70	60	50	40	30	20	10
		295	285	275	265	250.5	245	235	225	215	205	195	185	175	166	165	155	145	135	125	115	105	95	85	75	65	55	45	35	25	15	5
	y						10.8	8.4	6.5	5.1	3.3	2	0.6	0.2	0.1		0.3	1.1	4.5	11	18.1	26	30.8	34.9	37.2	39	40.5	42	43.5	45.1	46.8	50
						11	9.7	7.4	5.8	4.1	2.6	1.2	0.2	0.1	0	0.1	0.5	2.4	7.3	14.5	22.6	28.8	33.1	36	38.4	39.9	40.8	42.9	44.6	46	48.1	
后跟高 60mm 楦底轴线	x	300	290	280	270	260	246.5	240	230	220	210	200	190	180	170		160	150	140	130	120	110	100	90	80	70	60	50	40	30	20	10
		295	285	275	265	255	245	235	225	215	205	195	185	175	167	165	155	145	135	125	115	105	95	85	75	65	55	45	35	25	15	5
	y						10	8.2	6.3	5	3.2	1.9	0.5	0.2	0.1		0.4	1.2	4.3	11.7	20.2	30	35.8	41.1	44.1	46.5	48.5	50.5	52.4	54.3	56.3	60
							9.5	7.2	5.7	4	2.5	1.1	0.2	0.1	0	0.1	0.6	2.5	7.7	15.7	25.8	33.4	38.8	47.5	45.7	47.3	48.9	51.7	53.8	55.4	57.8	

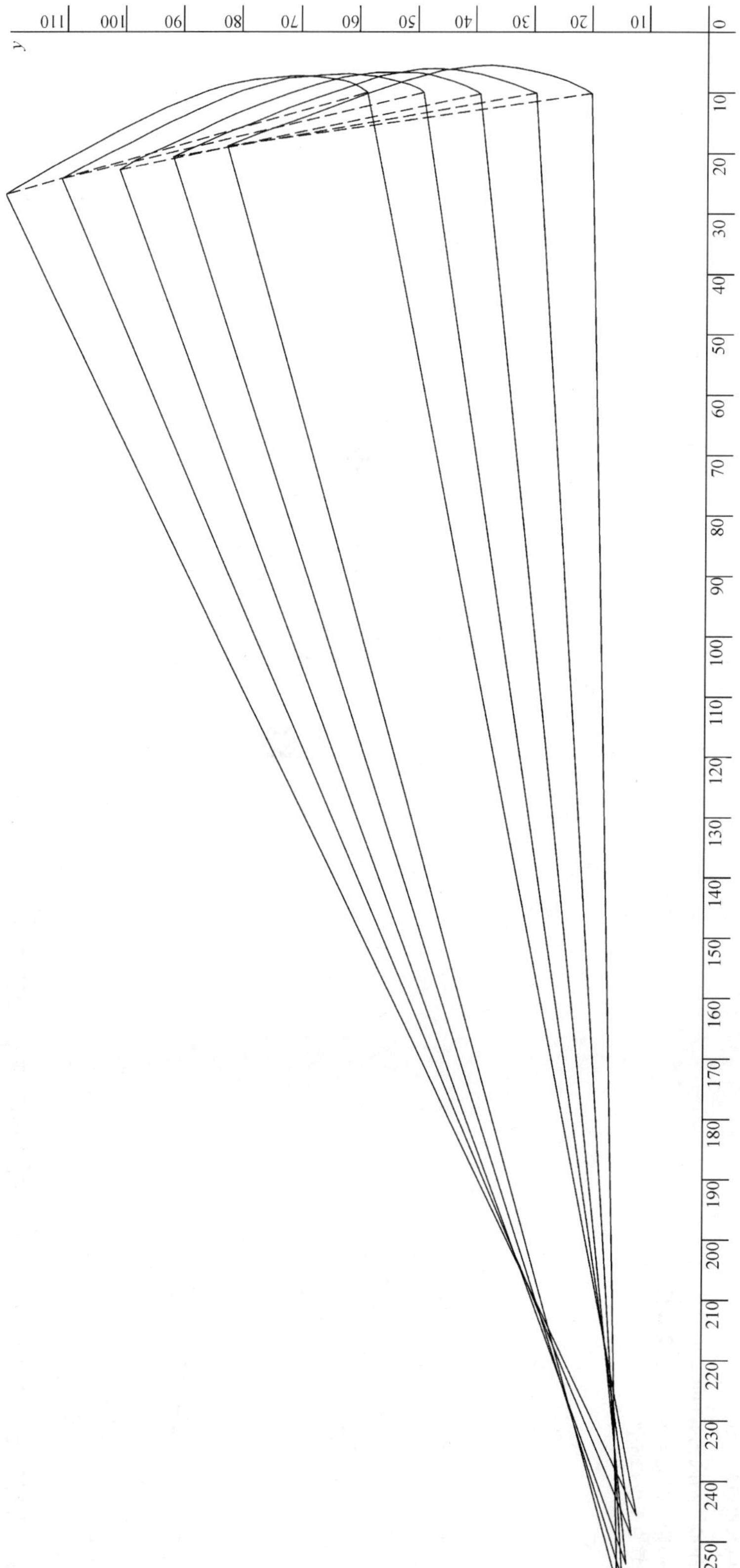

图 5-25　女 235 号各种后跟高楦斜长、楦底长、后跟曲线（单位：mm）

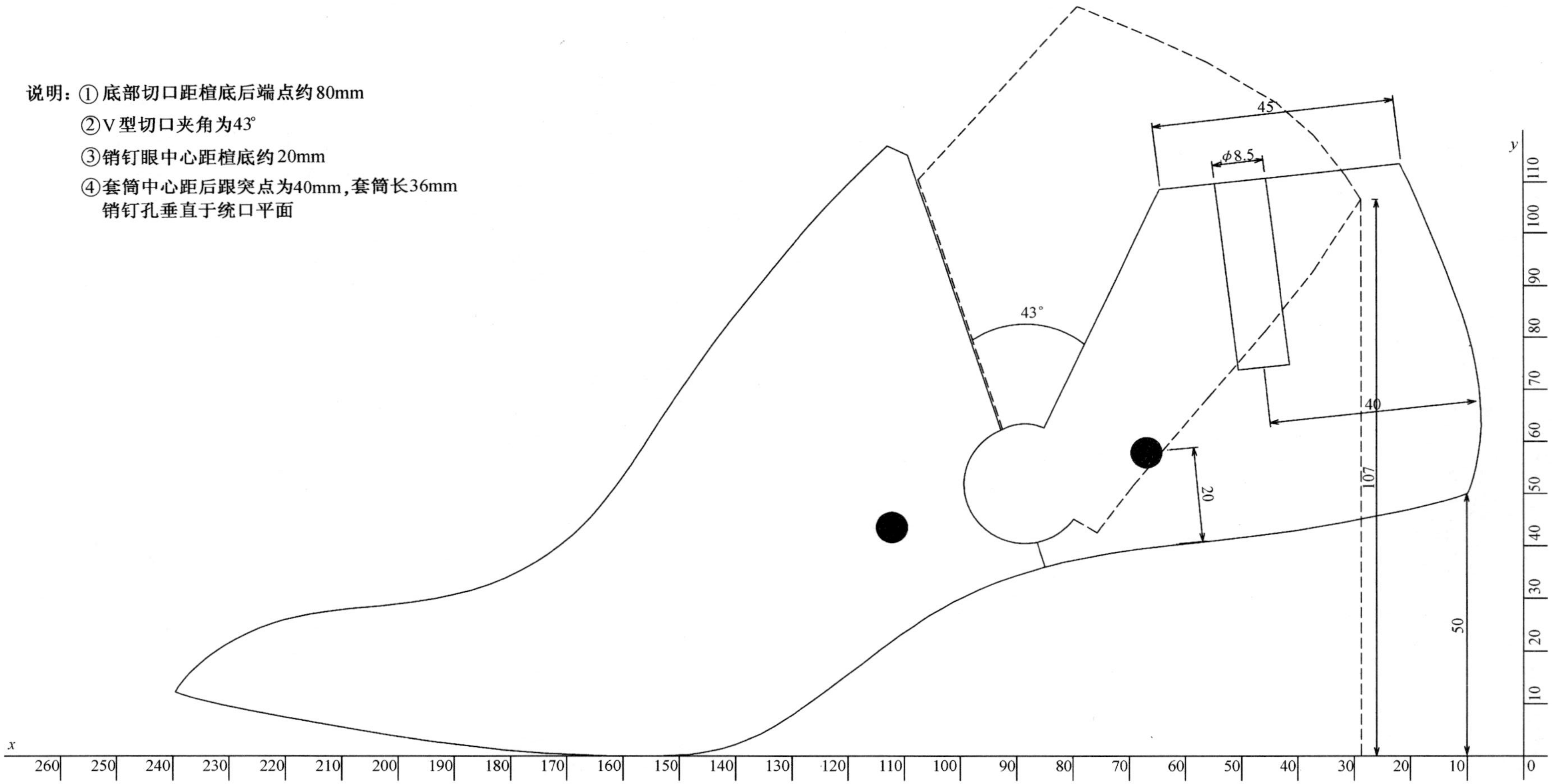

图 5-26　铰接弹簧楦结构的说明（女单鞋楦）

说明：①底部切口距楦底后端点约80mm

②V型切口夹角为43°

③销钉眼中心距楦底约20mm

④套筒中心距后跟突点为40mm，套筒长36mm
销钉孔垂直于统口平面

四、50mm 跟高女单鞋楦横断面的确定

女鞋跟高差别较大，因而受力情况差别比较大。图 5-27 为楦体几个主要部位的横断面图。图 5-28、图 5-29 分别为腰窝部位和踵心部位横断面图。

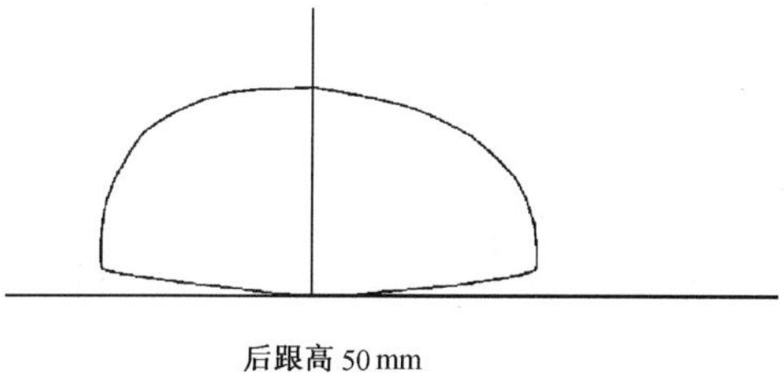

图 5-27（a） 脚趾端点部位横断面坐标

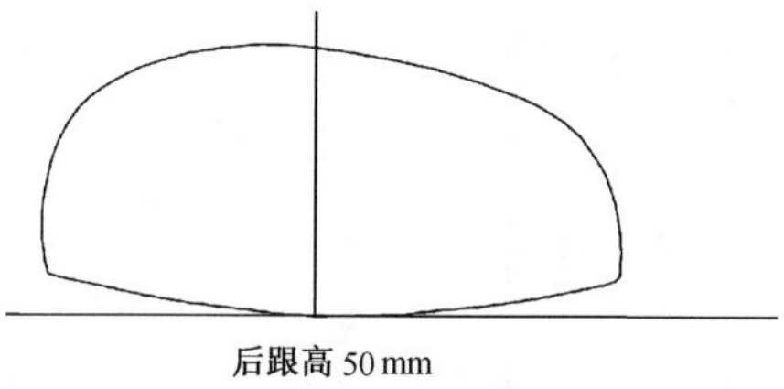

图 5-27（b） 拇指突点部位横断面坐标

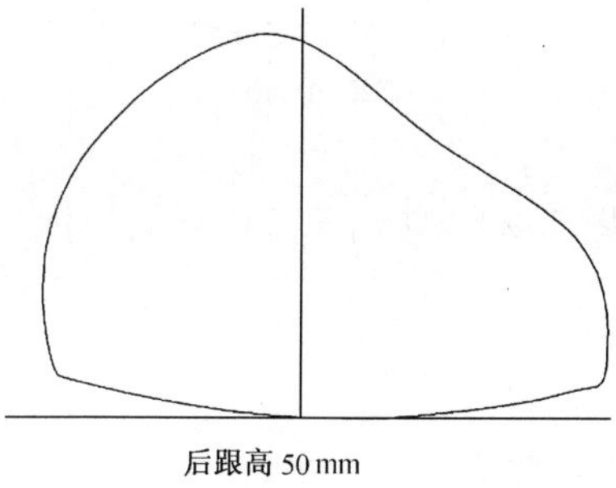

图 5-27（c） 小趾突点部位横断面坐标

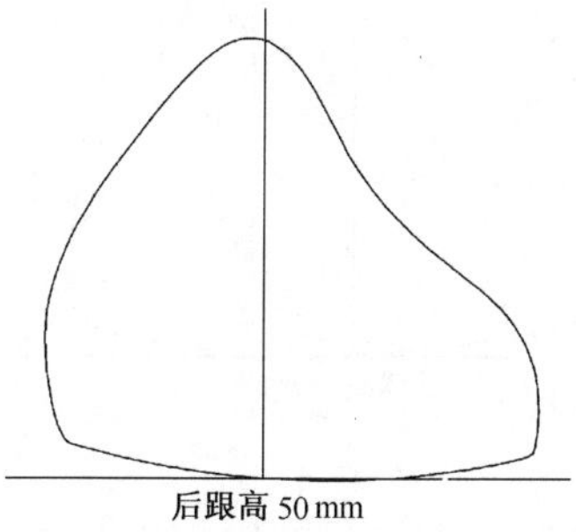

图 5-27（d） 第一蹠趾部位横断面坐标

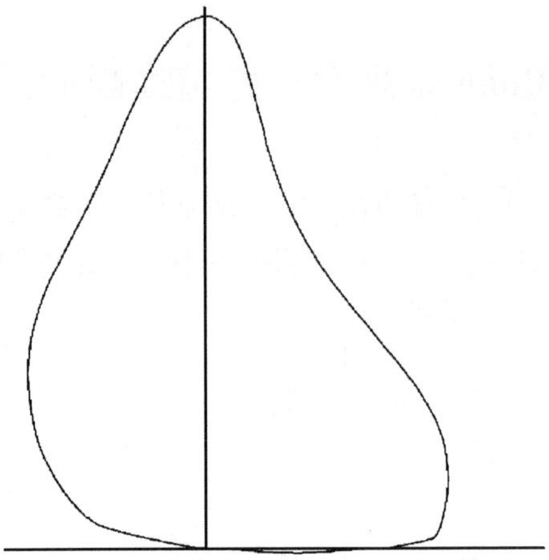

图 5-27（e） 第五蹠趾部位横断面坐标

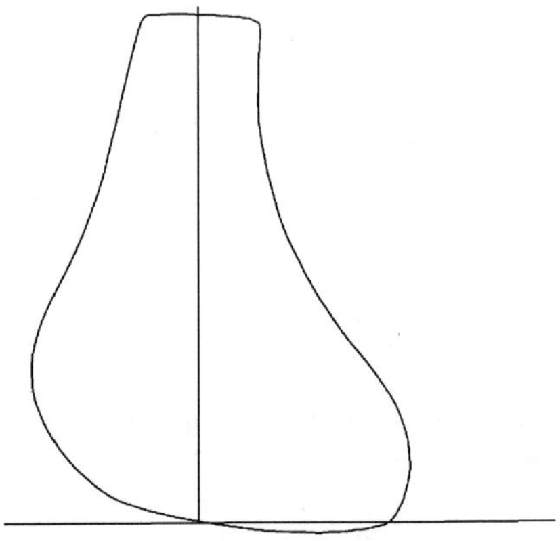

图 5-28 腰窝部位横断面坐标

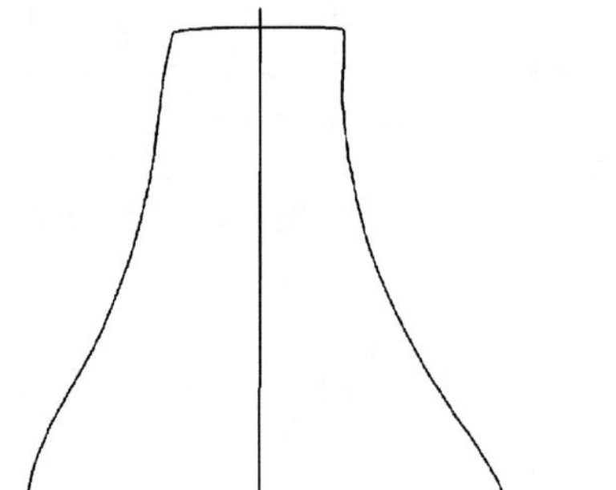

图 5-29 踵心部位横断面坐标

鞋楦主要部位的横断面中的踵心部位肉体宽度、腰窝部位肉体宽度、前掌着地部位肉体宽度见图5-30、图5-31及表5-7、表5-8。

表5-7　男255号二型半中圆头型鞋楦后身标准化参考数据表　单位：mm

尺寸 部位名称 后跟高	前掌着地部位肉体宽度			腰窝部位肉体宽度			踵心部位肉体宽度		
	A	B	C	A	B	C	A	B	C
20	94	93	91	75	74	72	68	67	66
25	94	93	91	75	74	72	68	67	66
30	93.5	92.5	91.5	74.5	73.5	72.5	67.5	66.5	65.5
35	93	92	90	74	73	71	67	66	65
40	93	92	90	74	73	71	67	66	65

注：A为结带式鞋；B为舌式鞋；C为包子鞋。

表5-8　女235号一型中圆头型鞋楦后身标准化参考数据表　单位：mm

尺寸 部位名称 后跟高	前掌着地部位肉体宽度			腰窝部位肉体宽度			踵心部位肉体宽度		
	A	B	C	A	B	C	A	B	C
20	82	81	80	63	62	61	59	58.5	58
25	82	81	80	63	62	61	59	58.5	58
30	82	81	80	63	62	61	59	58.5	58
35	82	81	80	63	62	61	59	58.5	58
40	82	81	80	63	62	61	59	58.5	58
45	82	81	80	63	62	61	59	58.5	58
50	81	80	79	62	61	60	58	57.5	57
55	81	80	79	62	61	60	58	57.5	57
60	81	80	79	62	61	60	58	57.5	57
65	81	80	79	62	61	60	58	57.5	57
70	81	80	79	62	61	60	58	57.5	57
75	81	80	79	62	61	60	58	57.5	57
80	80	79	78	61	60	59	57.5	57	56.5
85	80	79	78	61	60	59	57.5	57	56.5
90	80	79	78	61	60	59	57.5	57	56.5
95	80	79	78	61	60	59	57.5	57	56.5
100	80	79	78	61	60	59	57.5	57	56.5

注：A为结带式鞋；B为舌式鞋；C为浅口式鞋。

鞋楦前掌着地部位底样全宽、腰窝部位底样全宽、踵心部位鞋楦底样全宽数据见表5-9及表5-10。

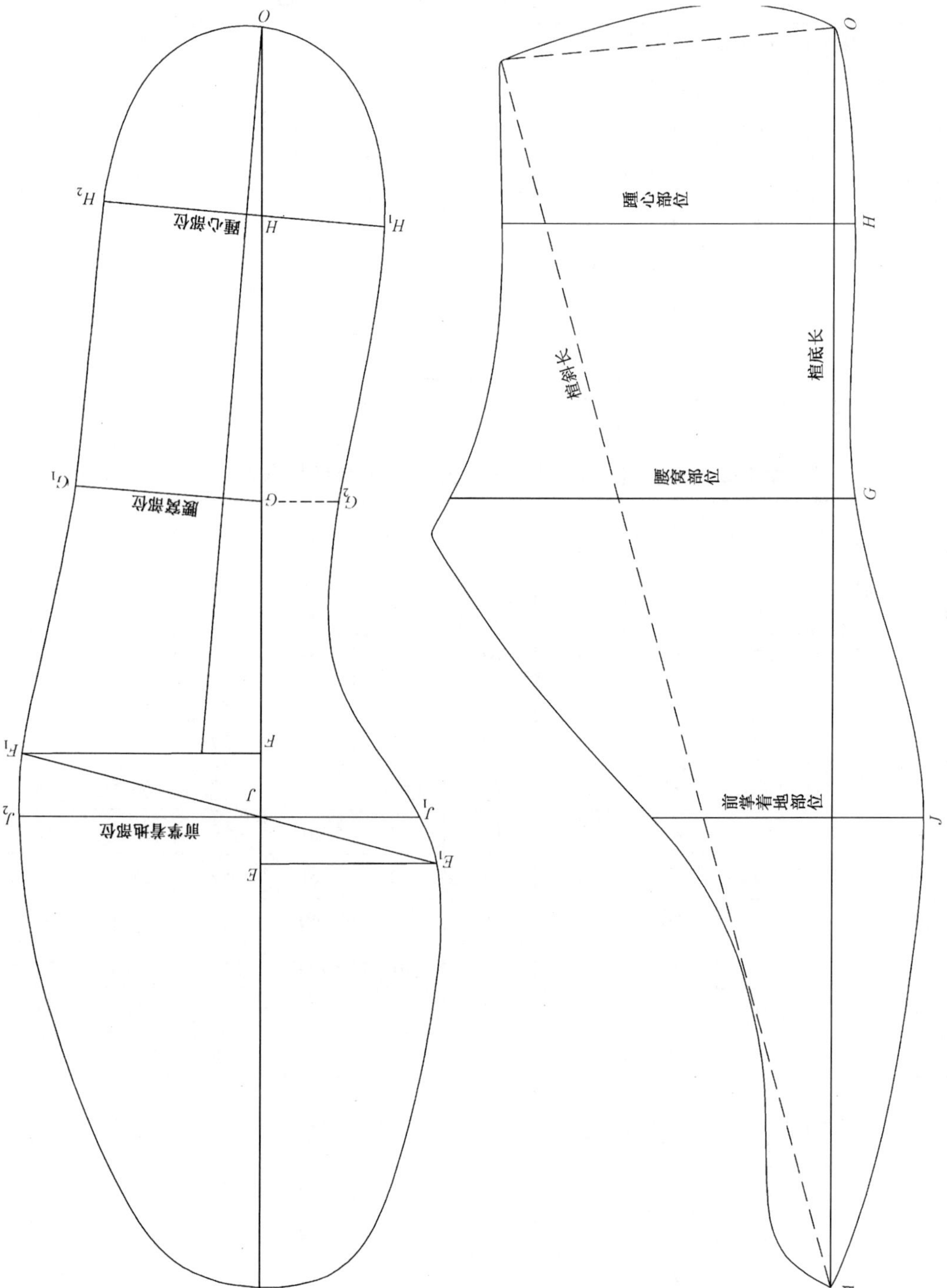

图 5-30 鞋楦后身主要部位肉体宽度测量部位点

J_1J_2－前掌着地全宽部位　　G_1G_2－腰窝全宽部位　　H_1H_2－跖心全宽部位

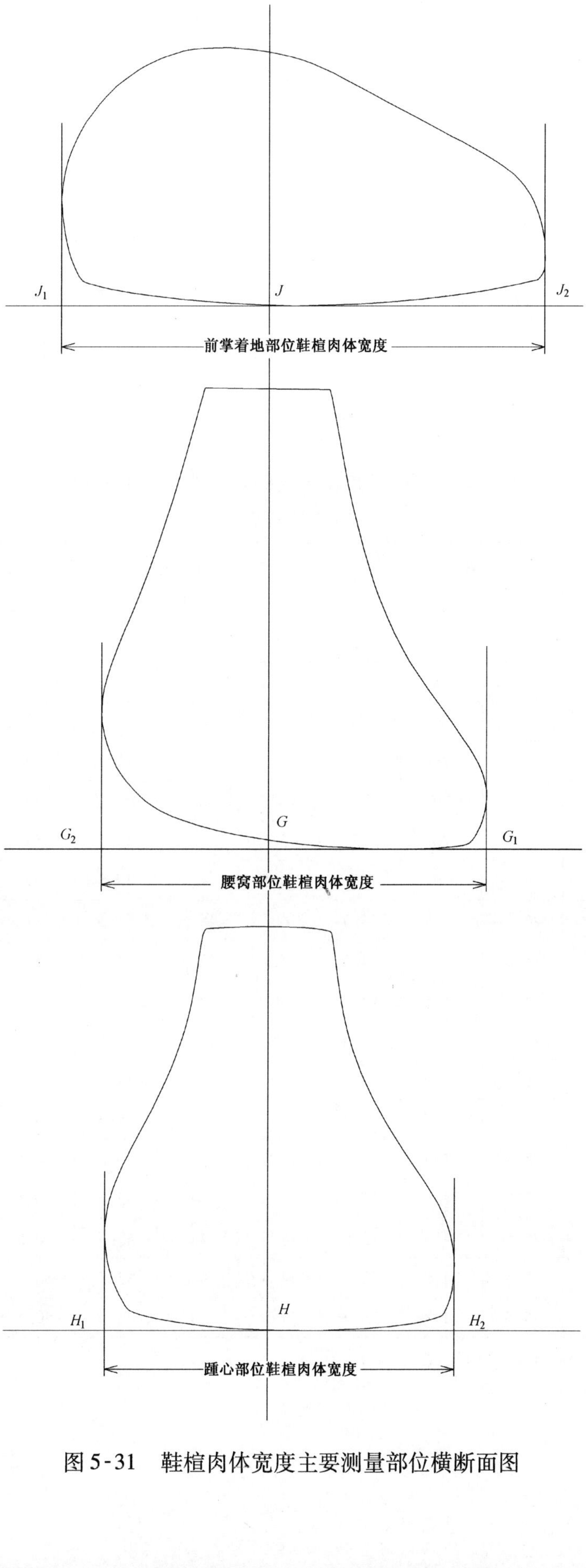

图 5-31　鞋楦肉体宽度主要测量部位横断面图

表 5-9　男 255 号二型半鞋楦后身标准化中的楦底样主要部位宽度数据表

单位：mm

尺寸 / 部位名称 / 后跟高	前掌着地部位底样全宽度			腰窝部位底样全宽度			踵心部位底样全宽度		
	A	B	C	A	B	C	A	B	C
20	88	87	86	55	54	53	60.5	60	59
25	88	87	86	55	54	53	60	59.5	58.5
30	87	86.5	85	54.5	53.5	52.5	60	59.5	58.5
35	87	86.5	85	54	53	52	59.5	59	58
40	86	85	84	54	53	52	59.5	59	58

注：A 为结带式鞋；B 为舌式鞋；C 为包子鞋。

表 5-10　女 235 号一型鞋楦后身标准化中的楦底样主要部位宽度数据表

单位：mm

尺寸 / 部位名称 / 后跟高	前掌着地部位底样全宽度			腰窝部位底样全宽度			踵心部位底样全宽度		
	A	B	C	A	B	C	A	B	C
20	77	76	75	46.5	46	45.5	52	51.5	51
25	77	76	75	46.5	46	45.5	52	51.5	51
30	77	76	75	46.5	46	45.5	52	51.5	51
35	77	76	75	46.5	46	45.5	52	51.5	51
40	77	76	75	46.5	46	45.5	52	51.5	51
45	77	76	75	46.5	46	45.5	52	51.5	51
50	76.5	75.5	74.5	46	45.5	44.5	51	50.5	50
55	76.5	75.5	74.5	46	45.5	44.5	51	50.5	50
60	76.5	75.5	74.5	46	45.5	44.5	51	50.5	50
65	76.5	75.5	74.5	46	45.5	44.5	51	50.5	50
70	76.5	75.5	74.5	46	45.5	44.5	51	50.5	50
75	76.5	75.5	74.5	46	45.5	44.5	51	50.5	50
80	75.5	74.5	73.5	44.5	44	43.5	50.5	50	49
85	75.5	74.5	73.5	44.5	44	43.5	50.5	50	49
90	75.5	74.5	73.5	44.5	44	43.5	50.5	50	49
95	75.5	74.5	73.5	44.5	44	43.5	50.5	50	49
100	75.5	74.5	73.5	44.5	44	43.5	50.5	50	49

注：A 为结带式鞋；B 为舌式鞋；C 为浅口式鞋。

第三节　鞋楦底样、中底样、半托底样板的后身统一

为了适应现代制鞋工艺要求和制鞋装配化生产，鞋楦底样、中底样、半托底样板很有必要后部统一。以鞋楦的后身底样的统一为基础，同一品种、同一跟高的鞋楦后身部位从基本宽度部位开始至腰窝部位全宽到踵心部位全宽的宽度曲线统一规格尺寸。首先是设计符合统一技术要求的鞋楦底样为基本样板，有了符合统一要求的楦底样才能设计制作鞋楦、中底样、半托底样。例如有了符合统一要求的鞋楦底样，只要在此基础上，长度、宽度减掉0.5mm就可以作为中底样板，同时也就可以设计得出半托底样板的长度宽度。当掌握了楦底样、中底样、半托底样的统一尺寸规格后，就可以反复使用这些样板，如果有变化就在第一蹠趾、第五蹠趾部位向前去变换头部造型式样，后身只要按标准要求，符合脚型规律要求为基础，就可以使用统一后身的底部样板，这样可以规范制作技术，减少浪费，节约时间和成本，是提升产品质量，提高工作效率的一项技术进步工作。鞋楦后身部位统一的技术要求在制鞋发达国家早已实行，例如在意大利的名牌鞋厂，采用鞋楦后身统一技术，在同类产品、同品种及同后跷高的鞋楦后身底样板、中底样板、半托底样板都有预先设计好的固定样板，它不但规范制鞋技术，提高装配化水平，同时对钢勾心的定位鞋跟的上口宽度都可以固定起来，这是标准化程度的提升，应该提倡和积极去应用。例如女浅口皮鞋楦230号50mm后跷高、一型肥瘦度，不管它是尖头、圆头、方头等前身造型式样，它后身从第一蹠趾部位向后就可以固定如下的各部位宽度：第一蹠趾部位宽30.2mm，第五蹠趾部位宽42.9mm，腰窝外宽32.6mm，全宽45mm，踵心全宽50mm，50mm后跷高、一型的浅口式鞋楦就可以固定使用以上统一样板，统一数据。这就是后身统一技术，见图5-32及部位说明。

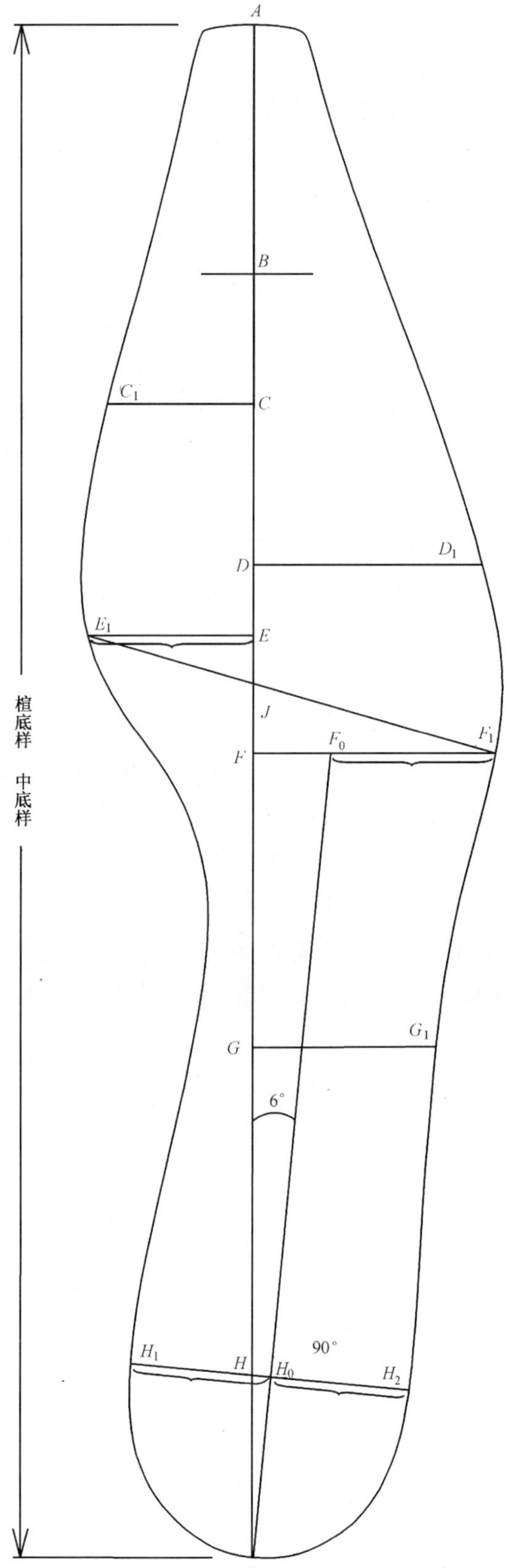

(a) 楦底样

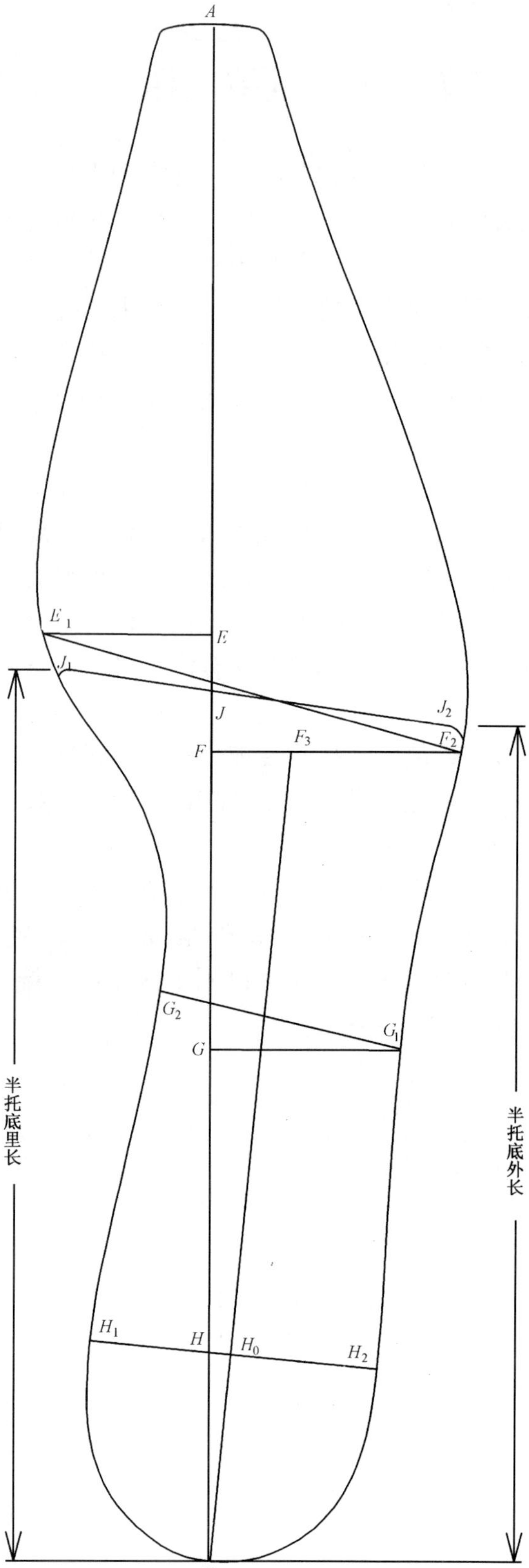

(b) 后身统一的半托底样图

图 5-32 鞋楦底样统一图

图示说明：

楦底样部位名称（适用于中底样板设计）：

A. 楦底样前端点部位

B. 脚趾端点部位，测量头厚度部位点

C. 拇指外突点部位

D. 小趾外突点部位

E. 第一蹠趾部位

J. 前掌着地部位

F. 第五蹠趾部位

F_0. 分踵线定位点

G. 腰窝部位

H. 踵心部位

H_0. 踵心部位中心点

O. 楦底样板后身终点

$A \sim O$ 为楦底样轴线全长

$C \sim C_1$ 为拇指里宽度

$D \sim D_1$ 为小趾外宽度

$E \sim E_1$ 为第一蹠趾里宽度

$E_1 \sim J \sim F_1$ 为蹠围测量部位

$F \sim F_1$ 为第五蹠趾外宽度

$F_0 \sim O$ 为分踵线段距离

$G \sim G_1$ 为腰窝部位外宽度

$H_1 \sim H_2$ 为踵心部全宽度

$O \sim A$ 为楦底样长

统一的楦底样后身（中底和半托底后身部位）：

①楦底样图中的 $J \sim O$ 线段为半托底样板的轴线中段点至后跟终点线段。

②$F_3 \sim O$ 为半托板样板中的一条分踵线线段，也是半托板样板的中心线，钢勾心定位线。

③J_1 为半托底样板里怀长度定位点，在第一蹠趾部位向后约 5mm 处，J_2 为半托底样板外侧长度定位点，约在第五蹠趾部位向前 5mm 处。

④$G_1 \sim G_2$ 为半托底样板的全宽度，它可以控制中底和半托的该部位宽度尺寸。

⑤$H_1 \sim H_2$ 为半托底样板的全宽度，它可以控制中底和半托的该部位宽度尺寸。

凡是同品种、同跟高、同型号的鞋楦、楦底样后身、中底样后身、半托底就可以统一固定数据尺寸，固定形状，制作成统一的样板（可留存反复使用）。

第六章

运动鞋鞋楦设计

现代服装与鞋式的运动化已是时装流行款式的一大特点，在众多的鞋类产品中，运动鞋已成为当今鞋类中的主要产品。运动鞋从 20 世纪 80 年代正式开始流行于世界鞋类市场，至今已普及到世界各国，特别是美国，有 70% 的人穿着运动鞋。我国的青少年也特别喜爱运动鞋。国际上运动鞋鞋号主要有法国鞋号、英国鞋号、美国鞋号、日本鞋号，中国鞋号还没有明确的运动鞋楦尺寸标准，只是一些大的品牌有自己对运动鞋设计的尺寸要求。鞋号方面基本参照原来的鞋号，但在具体数据上有着各自的要求，例如耐克，根据销售的不同国家和地区，鞋楦尺寸有所变化。男 255 号（法国鞋号 41 号），销亚洲地区鞋的楦底样长不变，鞋楦底宽度达到 87 ~ 89mm；而在欧洲地区，楦底样长度为 265 ~ 267mm，鞋楦底宽度就只有 85 ~ 86mm。在美国，随着美国人追求自由舒适理念的普及，运动鞋的鞋楦底宽随着要求舒适的消费者呼声，销售的鞋类产品宽度随之增加；80 年代至 90 年代，美国男运动鞋的鞋楦底宽在 85 ~ 87mm，进入 2000 年以来，鞋楦底宽度尺寸则增加到了 87 ~ 90mm。

中国已成为世界上运动鞋制鞋大国，产量约占全世界的 1/3，很多著名品牌的生产基地都在中国，中国的广东东莞、福建泉州已成为世界运动鞋的主要产地。同时中国又是一个运动鞋需求大国，是世界运动鞋的主要销售国之一。但关于运动鞋的国家鞋楦标准至今还没有制定出来。在鞋厂的生产中，外销产品根据客商来样复制、仿制生产，真正按照自己研究的鞋楦数据设计的确实很少；内销产品生产厂家参照外销款式、数据，用与内销皮鞋和胶鞋一样的长度、围度在生产。其实，在国际上，很多发达国家例如意大利、美国等也没有正式的国家标准，但一些大的品牌商有自己的产品研究开发机构，他们有自己研究的一些技术和鞋楦数据尺寸，他们在鞋楦造型方面也随着款式的变化在不断改进、改良，特别在大底设计方面，真是千姿百态，不断创新，设计师们不断推出新造型、新款式，材料有 PVC、TDV、SBS、TPR、EVA、TR_4，颜色有单色、双色、三色等多种色料的大底。在帮面方面，从真皮到各种现代新材料，例如超纤面料在运动鞋上的广泛应用,各种化纤面料及复合材料，布面、合成革的应用等。

随着人们对鞋舒适性越发重视，对款式造型的要求不断变化，运动鞋楦成为运动鞋制造中的重点。要设计造型美观，穿着舒适，符合脚运动规律的运动鞋，必须研究好鞋楦。运动鞋楦设计要符合脚的解剖学与运动规律特点要求，特别是满足在运动状态下脚的规律是运动鞋设计的技术核心。例如，平时一般生活中穿着的运动鞋，就要根据正常行走、跑步、活动的规律去研究和决定鞋楦的主要数据，专业运动鞋就要考虑这些体育运动的规律，如网球鞋、篮球鞋、排球鞋等，就要在设计中控制好鞋的放余量、前掌宽度、趾围、腰围、腰窝部位宽度、踵心部位宽度以及前掌着地部位、底心凹度、踵心凸度的造型，有的要符合脚的形状，有的部位为了促进脚在运动状态下的稳定性、舒适性，就需要适当加以控制，保持脚在运动中在鞋里不出现过大的上下、前后移位，这就要有科学合理的鞋楦有效形体做保证。同时又不能压迫脚或使脚感到不舒适，好的运动鞋要使脚骨骼处于正常运动状态下不受伤害，要使肌肉、皮肤、韧带不被拉伤、压迫及摩擦，在脚前进、前冲、后退、左右扭转活动时要起到保护、协助脚的作用，从而提高运动效果，在运动中发挥出最佳运动状态，可以说，好的运动鞋是提高运动员成绩的关键体育用品，这一点越来越得到世界体育界和名牌运动鞋厂的重视。因此说运动鞋不但是美化人们生活、舒适人们的一双鞋，也是人们参加各种活动，运动中保护脚，帮助脚，健身、保健的必需品。所以在鞋楦设计中首先要研究世界各国不同的脚型规律和脚的运动规律，专业鞋要研究体育项目的运动规律，作为我们设计鞋楦的参考依据，同时要总结世界上的著名品牌和名品鞋厂多年来的一些成功经验，收集相关数据尺寸，进行总结、研究，吸收正确有用的技术知识，改进不成熟和不足的部分，充入设计新思维，利用现代设计新技术，注入新的审美创新理念，充分利用各种新材料，满足运动鞋的新要求、消费者的新需求，在鞋楦设计、大底设计、帮面设计及整体结构设计、工艺设计等方面重视科学性，追求实用性的内在技术要求及数据尺寸，不断在外观造型上追求美观，重视造型线条、形状、色彩，讲究整体效果。

第一节　运动鞋的功能特点

什么叫运动鞋？凡是专门为人处于运动状态下穿着、有针对性设计的鞋可称运动鞋。例如专业体育运动员穿的鞋，一般人穿着参加体育运动的鞋，休闲旅游、骑车、登山穿的鞋等都可以称为运动鞋。

运动鞋需要具有以下功能特点。

一、美观舒适

美观舒适，时尚迎合潮流是运动鞋能流行的主要原因，而今运动鞋已渗透到了社会的各个阶层。在欧美等国家，每个人都有运动鞋，我国穿着运动鞋的人占30%～40%，特别是年轻人基本人人喜欢穿运动鞋，热爱运动、追求美观、要求舒适、热爱时尚、追随潮流、向往休闲是使青年人喜欢运动鞋的主要原因。

二、卫生健康

讲究卫生健康标志着社会的进步，是物质文明和精神文明得到深化的社会发展的主要体现。健康幸福从脚开始，脚是一个人身体健康的基础，它像大厦的基础一样重要，人身主要部位和器官都有和脚相连接的反射神经，如果运动鞋楦和鞋的设计制造不符合保护人体健康的要求，使用不透气、不透水的材料或有毒的胶粘化工材料，就会造成污染和伤害脚的卫生和健康。人在运动时的脚汗液分泌超过平常的分泌量，例如运动员每天分泌约20g（一般情况下为7～9g），主要部位是足底部，脚汗液滞留在鞋内，就会直接影响鞋内室的卫生，使脚感到不舒适。如果采用透气性好的帮面和鞋垫材料或在鞋帮上设计透气孔和透气功能，就能帮助鞋建立吸、排气循环，使鞋内室的水汽借助脚起步、落步的运动力不断进行与大气交换。为了具有透气、透水的这些功能特点，在鞋楦设计、鞋的造型设计、结构功能设计中要有创新的设计方法来提高吸汗、透气性，另外还要考虑保暖、降温、抗菌、防臭等功能特性。

运动鞋要富有弹性，如果鞋具有良好的弹跳性，可以帮助弹跳运动中提高弹跳高度和节省体力能量的消耗，起到蓄能的作用，减少长时间运动所造成的疲劳感，提高运动效能，辅助提高运动员的成绩等作用。

运动鞋具有减震性能也十分重要，运动鞋底和鞋垫等在设计中具有减震性能尤为重要，同时还要在结构上采取措施，例如采用空气鞋垫来加强减震功能，减震可以吸收过剩的能量，防止其对人体产生的危害，起到保护作用。

三、轻型安全

轻型安全是未来消费者追求的穿着要求。运动中人的体能消耗较大，足部是人体的承重部位，鞋的重量会增加人体全身负重量，重量直接在脚上，因此对人体所负重量产生很大影响。鞋重量每增加1g，相当于背部增加负荷6g左右。为了减轻体重以外的额外负荷，运动员的服装和运动鞋必须力求“轻型”。因此国际上对专业运动鞋在设计和选用材料上追求轻型，有些国家要求运动鞋重量不得超过1.3g/cm^3。

关于安全，首先要考虑的是抗扭伤，在运动状态下和行走活动过程中体态很复杂，骨骼、肌肉、韧带和神经需要随时协调。例如起步行走时，脚后跟总是先着地（见图6-1），这时脚会本能地内倾；而当脚离地时，有时会来不及调整复原，这种滞后易对脚肌肉、骨骼造成损伤，如果运动鞋的大底后身中心部着地不平稳，就很容易扭伤脚。

在运动鞋设计中要注意以下三个方面：

（1）运动鞋楦后身设计不能过肥，否则脚在鞋内失控，就会左右移位，造成脚的扭伤。

（2）一定要选择优质、硬度符合要求的支跟材料，它能起到保护脚、不扭伤的作用。

（3）大底跟着地部位要平稳，着地面积要超出楦底样踵心部位宽度，确保人体在运动状态下着地平稳，脚不左右摇晃，使脚在运动中不轻易扭伤。

在运动鞋设计和研究方面，我国还没有专门研究的部门，重视体育运动，就必须重视对运动鞋的研究，这是一件利国利民的大事，我国国家体育总局、体育科研所和运动鞋制造企业，要积极主动，推进我国运动鞋的研究，让中国运动员穿上适合自己脚型规律和符合中国人脚运动规律的运动鞋。

第二节　运动鞋楦底样设计

运动鞋楦底样设计的基本数据参照网球鞋与普通长球鞋楦国家标准中的一些主要数据，根据运动鞋的特点做适当的修改调整。楦底样各部位点按国标不变，宽度、高度数据按照运动鞋要求设计，楦底样各部位数据在脚印以外、脚轮廓线以内。考虑成型后的成鞋造型，脚内外腰窝部位的楦底样宽度尺寸比网球鞋楦底的内怀要凹些，缩进约2mm，底样宽在54～57mm内，在大底设计中，同样要重视腰窝部位的设计，运动鞋的鞋垫设计要基本接近脚的底心凹度部位的形状，这一点是当前意大利设计师重视的重点部位。运动鞋夹里一般多采用优质的复合海绵材料，也有采用真皮夹里，因此腰窝部位和踵心部位的尺寸可以小于皮鞋，例如255号三型皮鞋楦踵心部位全宽为60～61mm，运动鞋可以减掉3mm左右，踵心全宽在57～59mm范围就可以了，腰窝部位的肉体宽度同样需要缩进2～3mm。为什么可以缩小？因为运动鞋内里有比皮鞋柔软的复合海绵材料，紧靠包裹住脚，它有如下优点：踵心全宽部位和腰窝全宽部位加底心凹度部位多紧贴住脚，包在脚后身，占50%以上的部位，起到了稳定脚的作用，使脚在运动状态下不会左右扭转。脚在运动中向前冲击时得到控制，使脚在鞋里不能随便向前、向上移位，真正起到了“跟脚”的作用，大大提高了鞋楦的有效尺寸，减掉了多余尺寸，有效地服务于脚，使脚在运动中不容易扭伤、拉伤，减少了运动中脚的疲劳，这一点是运动鞋的设计特点、优点，优于皮鞋。但运动鞋的后身外形尺寸及大底会大于皮鞋，因为运动鞋的大底造型后身必须有一定宽度才能满足它的工艺要求。因此运动鞋穿着要比皮鞋、胶鞋舒服，但运动鞋楦的基本宽度和前掌全宽不能减小，由于后身得到了有效的控制，前掌就可以让脚适当得到舒展，运动过程中脚的前掌在人向前起步和跑步时，身重前移，前掌受力，当前掌受力，脚的横弓就下塌，脚掌向两侧扩展，因此前掌不能加以大的控制，前掌凸度不能超过5mm，这能使脚在行走和运动中不受到挤压影响，确保脚有良好的舒适感受，使在运动中的脚不容易疲劳和受伤，充分提高运动效果。当然这部位的尺寸不能过大，需控制在脚印以外，脚轮廓线以内为宜。中国运动鞋中号楦底样板见图6-1、图6-2、日本运动鞋楦底样板见图6-3、美国运动鞋楦中间号底样板见图6-4、图6-5、法国运动鞋楦中间号底样板见图6-6、英国运动鞋中间号尺寸鞋楦投影图见图6-7，英国运动鞋楦中间号底样板见图6-8，德国运动鞋楦中间号底样板见图6-9，及英国男25mm后跷高运动鞋楦中间号数据尺寸见表6-1。

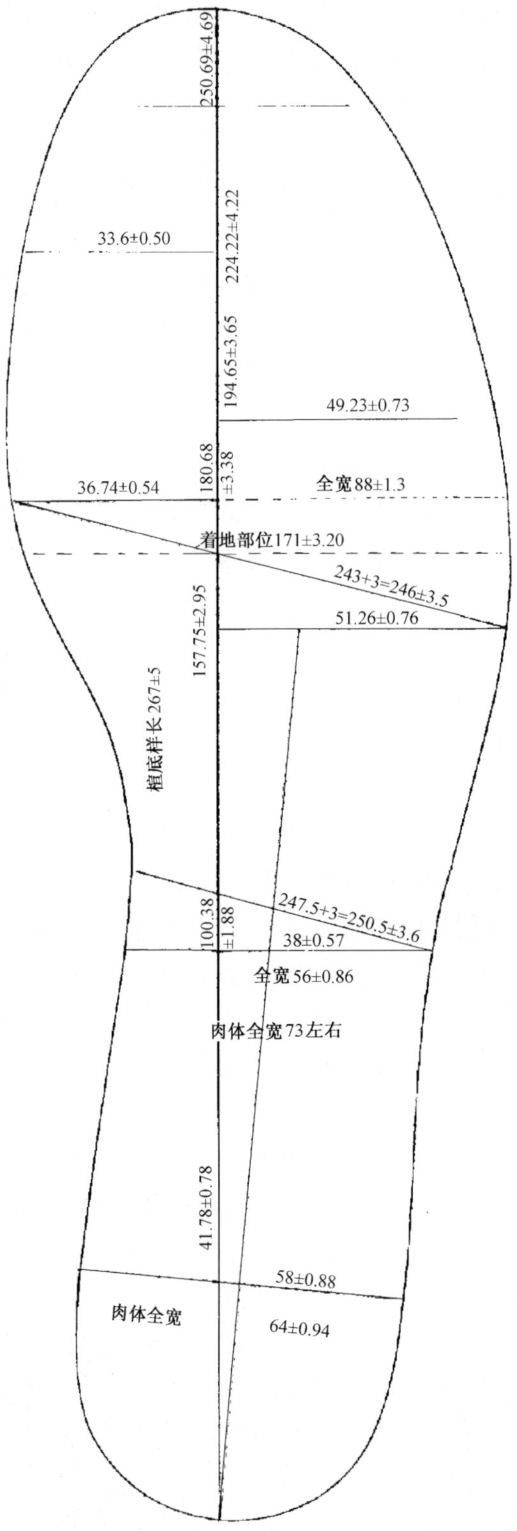

图6-1　男255号（二型半）15mm高帮
篮球鞋楦楦底样（单位：mm）

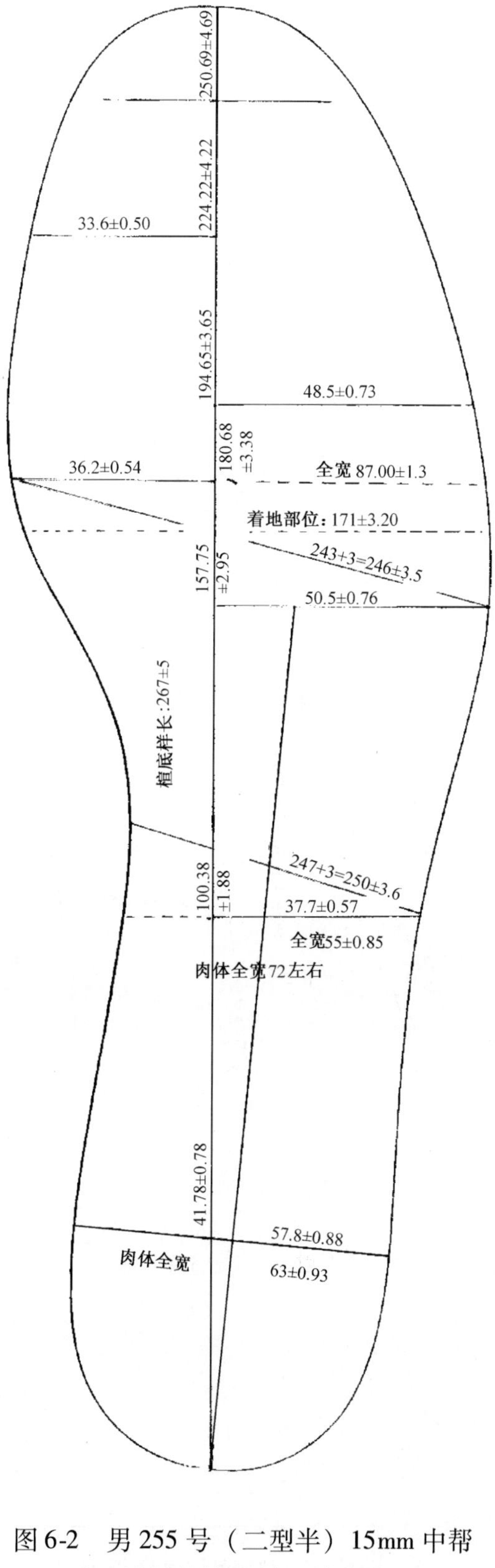

图 6-2　男 255 号（二型半）15mm 中帮网球运动鞋楦楦底样（单位：mm）

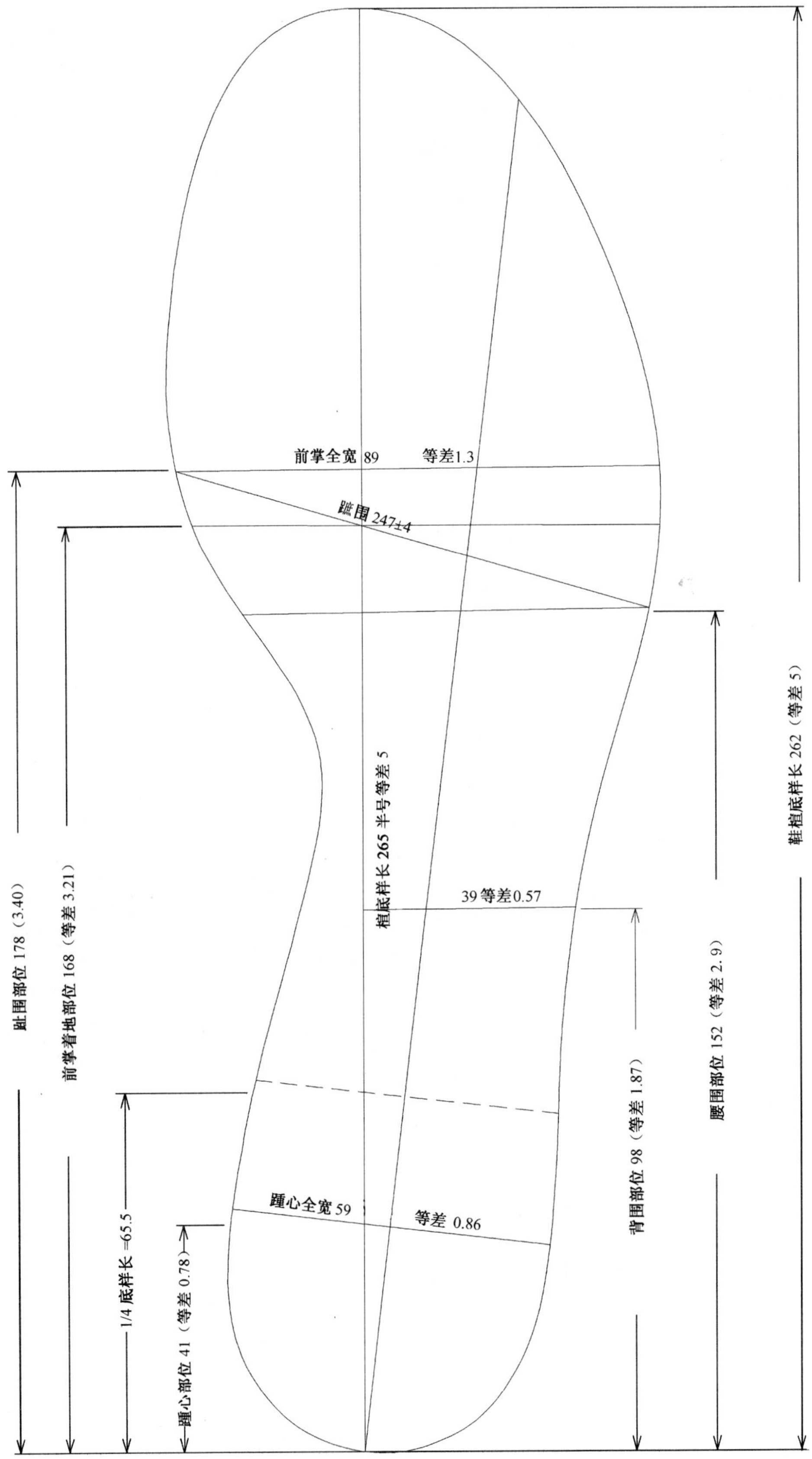

图 6-3　日本运动鞋楦 25 号中间号底样板图（单位：mm）

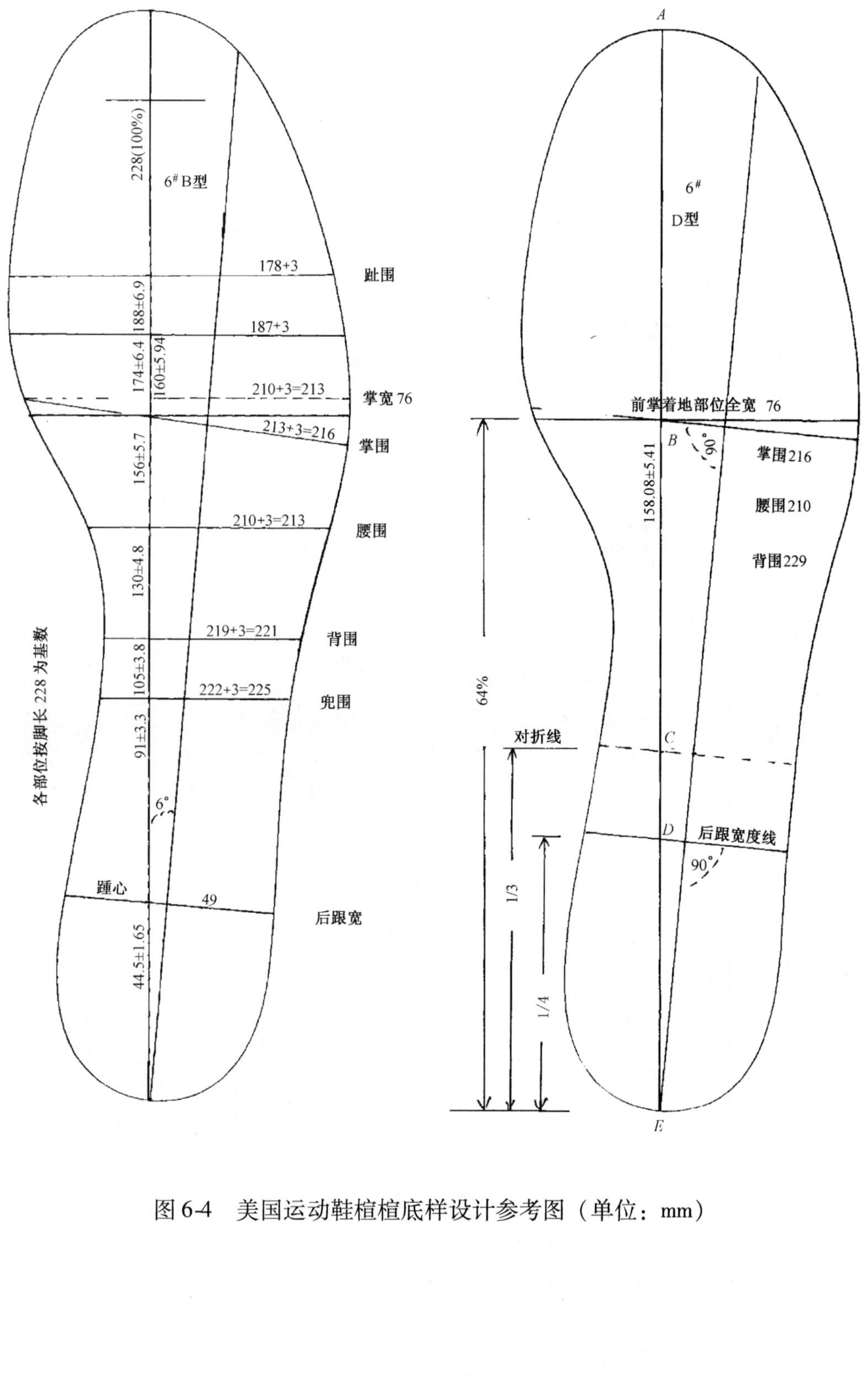

图 6-4　美国运动鞋楦楦底样设计参考图（单位：mm）

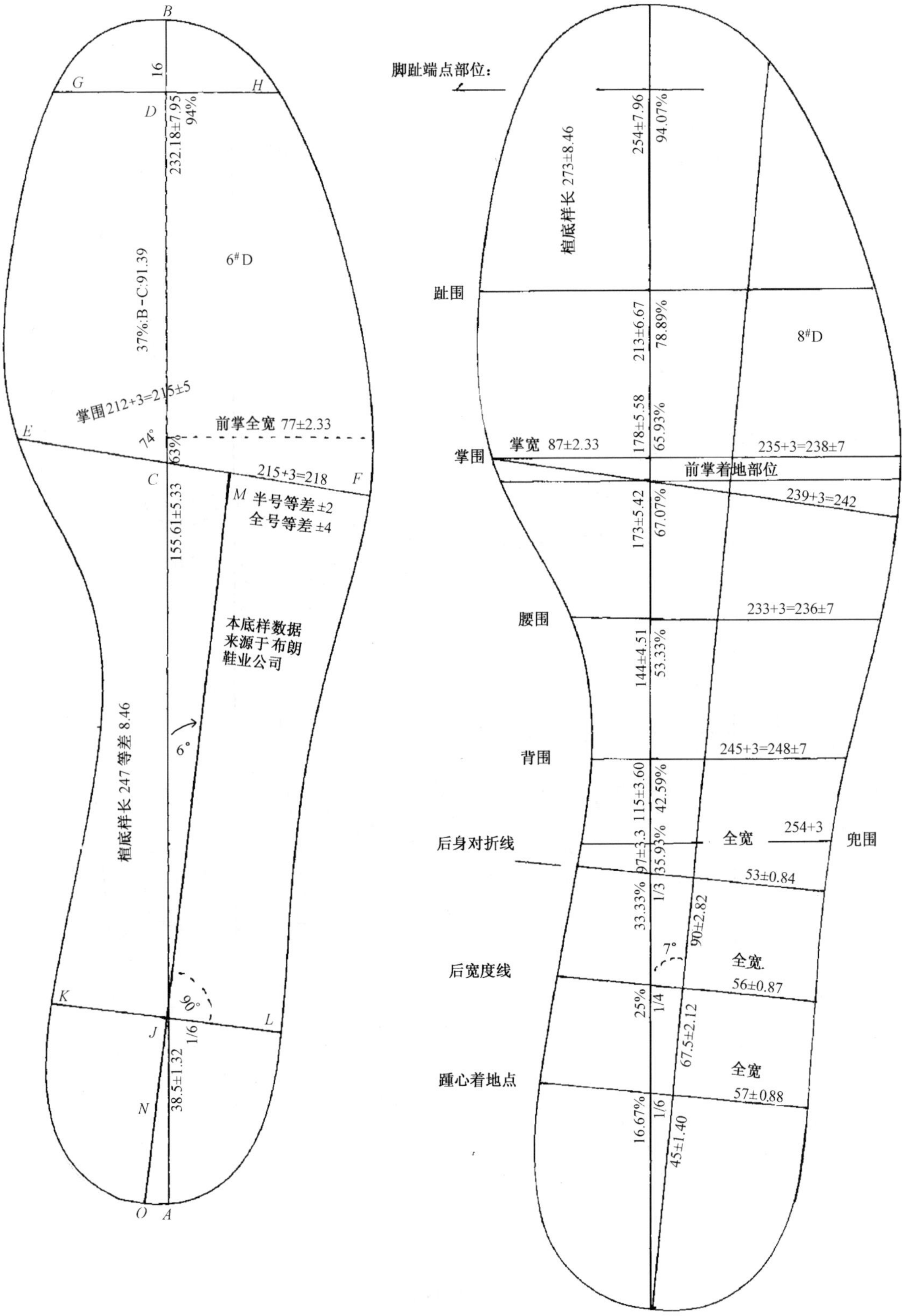

图6-5　美国楦底样设计参考图（单位：mm）

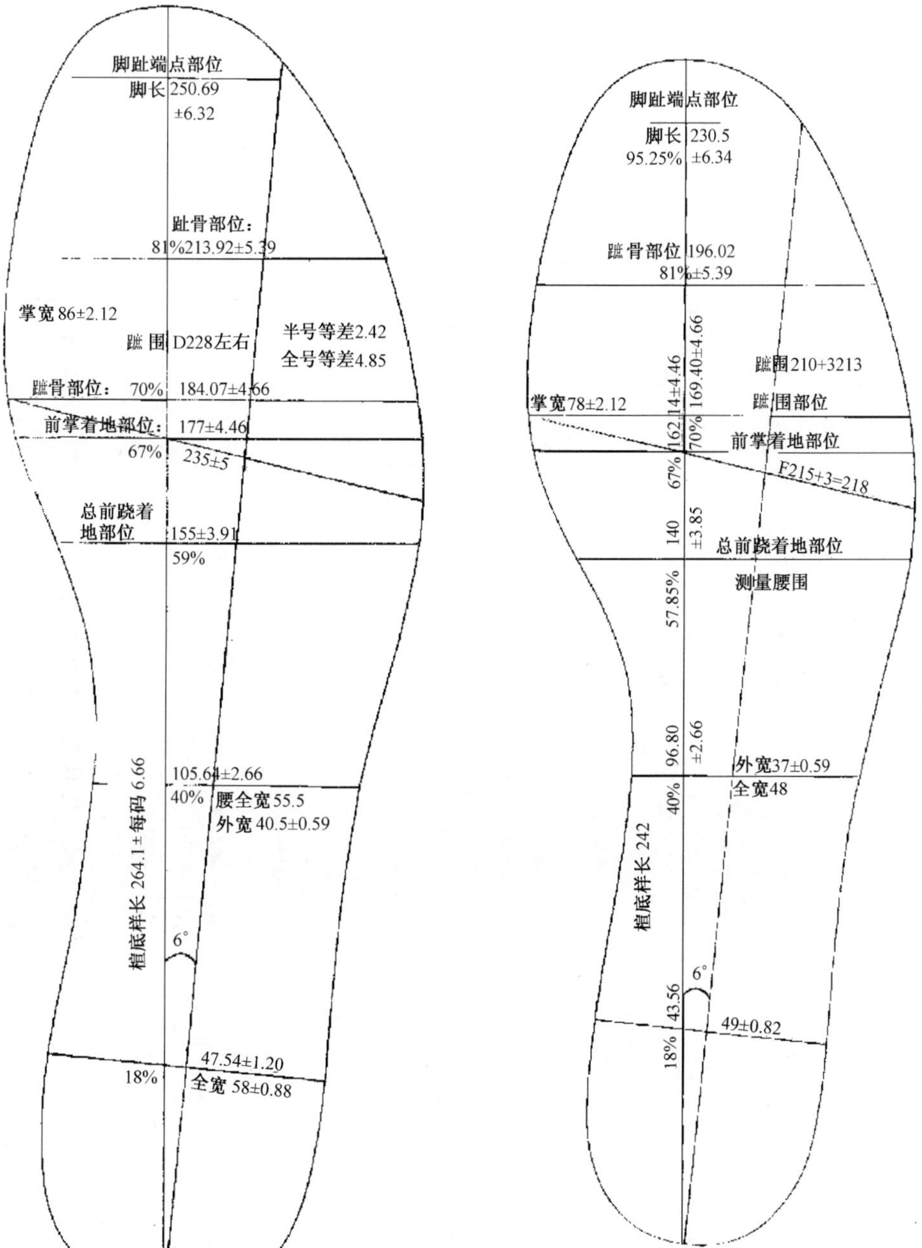

图 6-6　法国 41 号男运动鞋楦和 37 号女运动鞋鞋楦楦底样设计参考图（单位：mm）

适用于柔软真皮（全粒面）高档男运动鞋

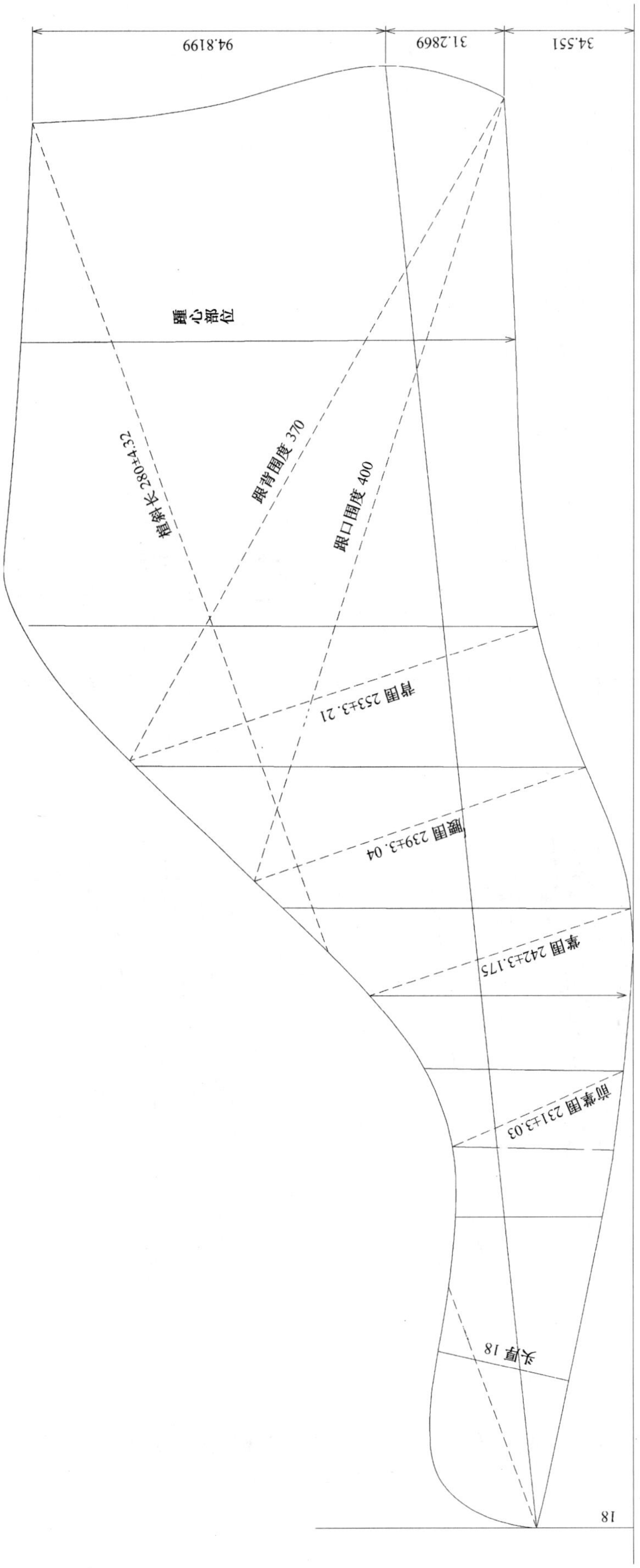

图 6-7　英国 7 号运动鞋中间号尺寸鞋楦投影图（单位：mm）

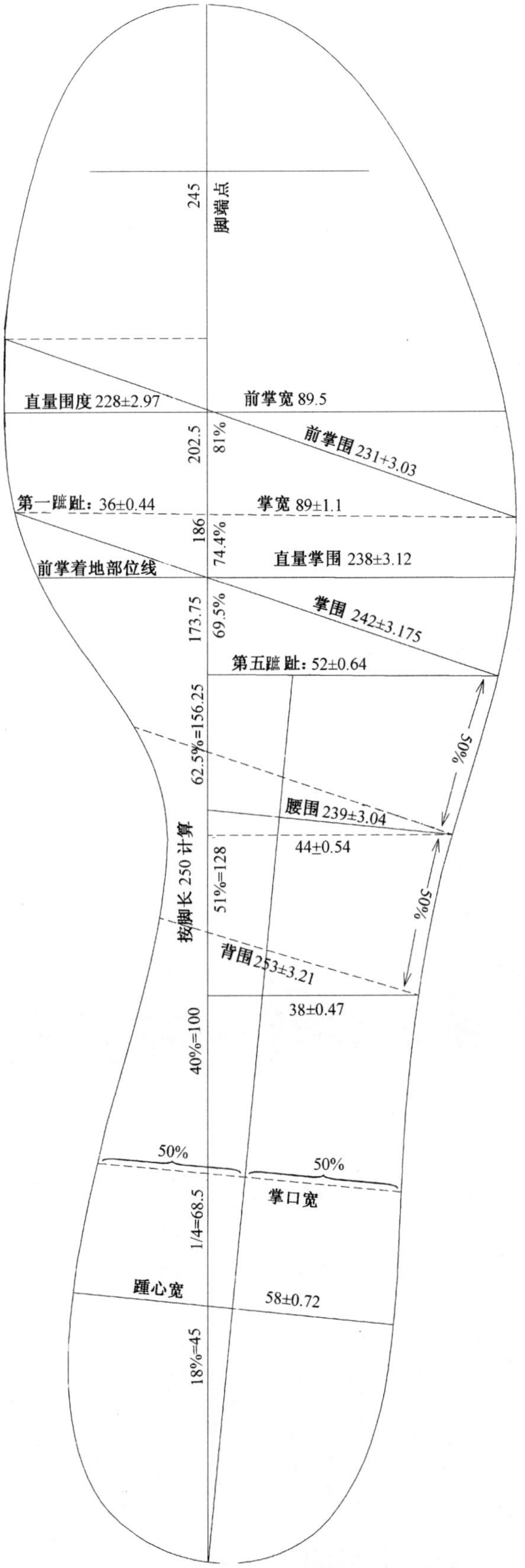

鞋楦各部位长度
按脚长 250mm 为基础
计算公式
脚长 × 部位系数（%）= 部位长度尺寸
例：250 × 69.5% = 173.45
173.75 为前掌着地部位点
长度号差：8.46
长度半号差：4.23
围度号差：6.35
围度半号差：3.175
英国 7 号楦底样长度 274
前掌围斜量：231 ± 3.03
掌围斜量：242 ± 3.175
腰围斜量：239 ± 3.04
背围斜量：253 ± 3.21

图 6-8　英国运动鞋楦中间号（7 号）底样板（单位：mm）

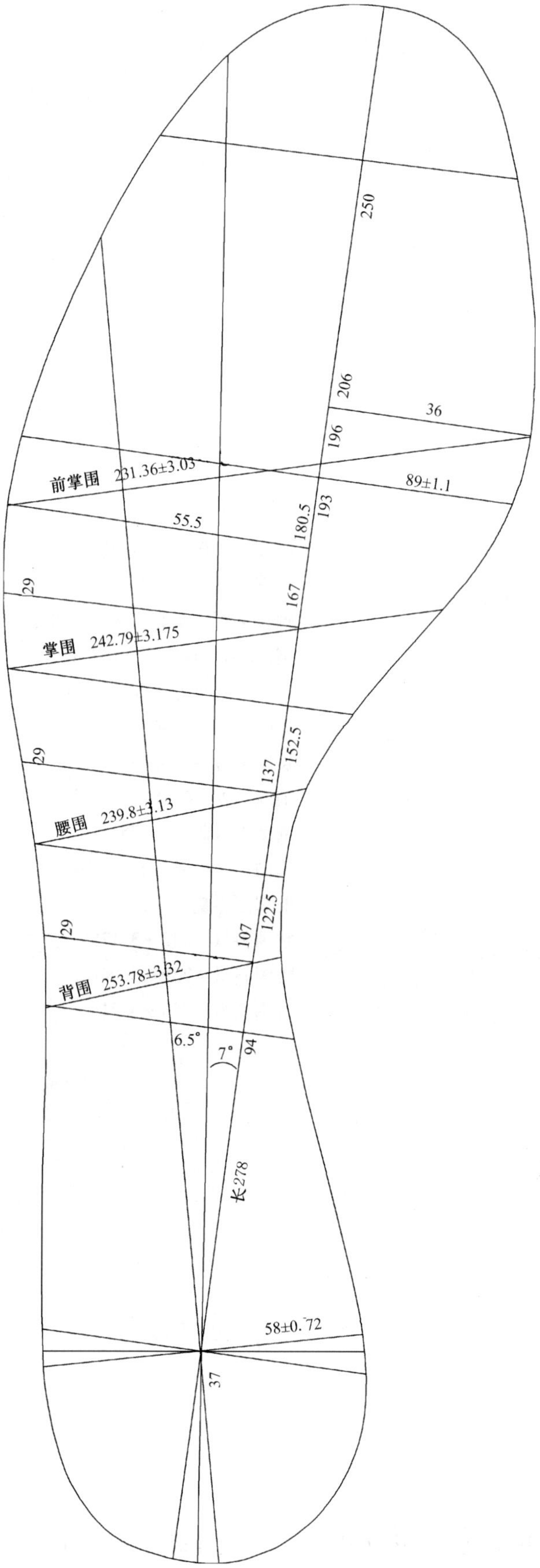

图 6-9　德国运动鞋楦中间号（7 号）底样板（单位：mm）

表 6-1　　运动鞋楦中间号数据表　　单位：mm

编号及品名			L-15 学生高帮运动鞋楦		L-15 大童高帮运动鞋楦		L-15 小童高帮运动鞋楦	
号型 / 尺寸 / 部位名称			215（二型）		180（二型）		145（二型）	
			尺寸 mm	等差 mm	尺寸 mm	等差 mm	尺寸 mm	等差 mm
长度	楦底样长		227	±5	192	±5	157	±5
	放余量		15.5	±0.34	15	±0.39	14.5	±0.46
	脚趾端点部位		211.5	±4.66	177	±4.61	142.5	±4.54
	拇趾外突点部位		190	±4.19	159	±4.14	128	±4.08
	小趾外突点部位		164.2	±3.62	137.4	±3.58	110.6	±3.52
	第一蹠趾部位		152.4	±3.36	127.5	±3.32	102.6	±3.27
	第五蹠趾部位		133	±2.93	111.3	±2.90	89.6	±2.85
	腰窝部位		84.7	±1.87	70.8	±1.84	57	±1.82
	踵心部位		35.2	±0.78	29.4	±0.77	23.6	±0.75
	后容差		4	±0.09	3.5	±0.08	3	±0.08
围度	蹠围		211.5+3	±3.5	187+3	±3.5	162+3	±3.5
	跗围		208.5+3	±3.5	184+3	±3.5	159+3	±3.5
宽度	基本宽度		76.5	±1.3	67	±1.25	58	±1.25
	拇趾里宽		30.5	±0.50	27.5	±0.51	24	±0.52
	小趾外宽		44	±0.73	38.5	±0.72	35	±0.76
	第一蹠趾里宽		31.5	±0.52	28	±0.52	24	±0.52
	第五蹠趾外宽		45	±0.74	39	±0.73	34	±0.73
	腰窝外宽		34	±0.56	29	±0.54	25	±0.54
	踵心全宽		48.5	±0.80	43	±0.80	37	±0.80
楦体尺寸	跷高	总前跷	21	±0.35	19	±0.36	17	±0.37
		前跷	13	±0.22	11	±0.21	9	±0.19
		后跷高	15	±0.25	15	±0.28	15	±0.32
	头厚		17+3	±0.28	16+3	±0.30	15+3	±0.32
	后跟突点高		19.5+3	±0.32	17+3	±0.32	14.3+3	±0.31
	后身高		75	±1.24	72	±1.35	68	±1.47
	前掌凸度		4.5	±0.07	4	±0.08	3.5	±0.08
	底心凹度		4	±0.07	3	±0.07	3	±0.07
	踵心凸度		3.5	±0.06	3	±0.07	3	±0.07
	统口宽		23	±0.40	21	±0.40	19	±0.43
	统口长		80	±1.76	70	±1.82	68	±2.17
	楦斜长		232	±5.11	198	±5.16	164	±5.22
增加	鞋内垫厚度		3		3		3	

续表

编号及品名			L-15 学生高帮运动鞋楦		L-15 大童高帮运动鞋楦		L-15 小童高帮运动鞋楦	
部位名称 / 尺寸 / 号型			215（二型）		180（二型）		145（二型）	
			尺寸	等差	尺寸	等差	尺寸	等差
长度	楦底样长		227	±5	192	±5	157	±5
	放余量		15.5	±0.34	15	±0.39	14.5	±0.46
	脚趾端点部位		211.5	±4.66	177	±4.61	142.5	±4.54
	拇趾外突点部位		190	±4.19	159	±4.14	128	±4.08
	小趾外突点部位		164.2	±3.62	137.4	±3.58	110.6	±3.52
	第一蹠趾部位		152.4	±3.36	127.5	±3.32	102.6	±3.27
	第五蹠趾部位		133	±2.93	111.3	±2.90	89.6	±2.85
	腰窝部位		84.7	±1.87	70.8	±1.84	57	±1.82
	踵心部位		35.2	±0.78	29.4	±0.77	23.6	±0.75
	后容差		4	±0.09	3.5	±0.08	3	±0.08
围度	蹠围		212.5+3	±3.5	188+3	±3.5	163+3	±3.5
	跗围		213.5+3	±3.5	189+3	±3.5	164+3	±3.5
宽度	基本宽度		77.5	±1.39	67.5	±1.26	58.5	±1.26
	拇趾里宽		31	±0.51	28	±0.51	24.5	±0.52
	小趾外宽		44.5	±0.74	39.5	±0.73	35.5	±0.75
	第一蹠趾里宽		32	±0.53	28	±0.53	24	±0.52
	第五蹠趾外宽		45.5	±0.75	39.5	±0.74	34.5	±0.74
	腰窝外宽		34	±0.56	29	±0.54	25	±0.54
	踵心全宽		48	±0.79	43.5	±0.81	37	±0.79
楦体尺寸	跷高	总前跷	21	±0.35	19	±0.35	17	±0.37
		前跷	13	±0.21	11	±0.20	9	±0.19
		后跷高	15	±0.25	15	±0.30	15	±0.32
	头厚		17+3	±0.28	16+3	±0.30	15+3	±0.32
	后跟突点高		19.5+3	±0.32	17+3	±0.32	14.3+3	±0.31
	后身高		100	±1.65	95	±1.77	80	±1.72
	前掌凸度		4.5	±0.07	4	±0.07	3.5	±0.08
	底心凹度		4	±0.07	3	±0.06	3	±0.06
	踵心凸度		3.5	±0.06	3	±0.06	3	±0.06
	统口宽		23	±0.38	21	±0.39	19	±0.41
	统口长		80	±1.76	70	±1.82	68	±2.09
	楦斜长		243	±5.33	208	±5.42	173	±5.50
增加	鞋内垫厚度		3		3		3	

续表

编号及品名			L-10 中帮女运动鞋楦		L-15 中帮女运动鞋楦		L-20 中帮女运动鞋楦	
号型			235（一型半）		235（一型半）		235（一型半）	
部位名称 \ 尺寸			尺寸	等差	尺寸	等差	尺寸	等差
长度	楦底样长		247	±5	247	±5	247	±5
	放余量		15.82	±0.32	15.82	±0.32	15.82	±0.32
	脚趾端点部位		231.18	±4.68	231.18	±4.68	231.18	±4.68
	拇指外突点部位		207.7	±4.20	207.7	±4.20	207.7	±4.20
	小趾外突点部位		179.53	±3.63	179.53	±3.63	179.53	±3.63
	第一蹠趾部位		166.67	±3.37	166.67	±3.37	166.67	±3.37
	第五蹠趾部位		145.55	±2.95	145.55	±2.95	145.55	±2.95
	腰窝部位		92.68	±1.88	92.68	±1.88	±92.68	±1.88
	踵心部位		38.68	±0.78	38.68	±0.78	38.68	±0.78
	后容差		4.5	±0.09	4.5	±0.09	4.5	±0.09
围度	蹠围		216.5+3	±3.5	216+3	±3.5	216+3	±3.5
	跗围		215+3	±3.5	214+3	±3.5	213+3	±3.5
宽度	基本宽度		78	±1.26	78	±1.26	78	±1.26
	拇趾里宽		31	±0.50	31	±0.50	31	±0.50
	小趾外宽		45	±0.71	45	±0.71	45	±0.71
	第一蹠趾里宽		32	±0.52	32	±0.52	32	±0.52
	第五蹠趾外宽		46	±0.75	46	±0.75	46	±0.75
	腰窝外宽		34.5	±0.55	34	±0.55	33.5	±0.54
	踵心全宽		50	±0.81	49.5	±0.80	49	±0.78
楦体尺寸	跷高	总前跷	19	±0.31	22	±0.37	25	±0.41
		前跷	16	±0.26	15	±0.24	14	±0.23
		后跷高	10	±0.16	15	±0.24	20	±0.32
	头厚		19+3	±0.31	19+3	±0.31	19+3	±0.31
	后跟突点高		20.3+3	±0.33	20.3+3	±0.33	20.3+3	±0.33
	后身高		80	±1.30	80	±1.30	80	±1.30
	前掌凸度		4.5	±0.07	4.5	±0.07	4.5	±0.07
	底心凹度		4	±0.06	4.5	±0.07	5	±0.08
	踵心凸度		3.5	±0.06	3.5	±0.06	3.5	±0.06
	统口宽		25	±0.41	25	±0.41	25	±0.41
	统口长		85	±1.72	85	±1.72	85	±1.72
	楦斜长		249	±5.04	248	±5.02	247	±5.00
增加	鞋内垫厚度		3		3		3	

续表

编号及品名			L-10 高帮女运动鞋楦		L-15 高帮女运动鞋楦		L-20 高帮女运动鞋楦	
部位名称 \ 尺寸 \ 号型			235（一型半）		235（一型半）		235（一型半）	
			尺寸	等差	尺寸	等差	尺寸	等差
长度	楦底样长		247	±5	247	±5	247	±5
	放余量		15.82	±0.32	15.82	±0.32	15.82	±0.32
	脚趾端点部位		231.18	±4.68	231.18	±4.68	231.18	±4.68
	拇指外突点部位		207.7	±4.20	207.7	±4.20	207.7	±4.20
	小趾外突点部位		179.53	±3.63	179.53	±3.63	179.53	±3.63
	第一蹠趾部位		166.67	±3.37	166.67	±3.37	166.67	±3.37
	第五蹠趾部位		145.55	±2.95	145.55	±2.95	145.55	±2.95
	腰窝部位		92.68	±1.88	92.68	±1.88	92.68	±1.88
	踵心部位		38.68	±0.78	38.68	±0.78	38.68	±0.78
	后容差		4.5	±0.09	4.5	±0.09	4.5	±0.09
围度	蹠围		217+3	±3.5	217+3	±3.5	217+3	±3.5
	跗围		219+3	±3.5	218+3	±3.5	217+3	±3.5
宽度	基本宽度		79	±1.27	79	±1.27	79	±1.27
	拇趾里宽		31.5	±0.51	31.5	±0.51	31.5	±0.51
	小趾外宽		45.5	±0.73	45.5	±0.73	45.5	±0.73
	第一蹠趾里宽		32.5	±0.52	32.5	±0.52	32.5	±0.52
	第五蹠趾外宽		46.5	±0.75	46.5	±0.75	46.5	±0.75
	腰窝外宽		34.5	±0.55	34	±0.55	33.5	±0.54
	踵心全宽		50	±0.80	49.5	±0.79	49	±0.79
楦体尺寸	跷高	总前跷	19	±0.33	22	±0.38	25	±0.43
		前跷	16	±0.26	15	±0.24	14	±0.22
		后跷高	10	±0.17	15	±0.24	20	±0.32
	头厚		20+3	±0.32	20+3	±0.32	20+3	±0.32
	后跟突点高		20.3+3	±0.33	20.3+3	±0.33	20.3+3	±0.33
	后身高		110	±1.75	110	±1.75	110	±1.75
	前掌凸度		4.5	±0.07	4.5	±0.07	4.5	±0.07
	底心凹度		4	±0.06	4.5	±0.07	5	±0.08
	踵心凸度		3.5	±0.06	3.5	±0.06	3.5	±0.06
	统口宽		25	±0.41	25	±0.41	25	±0.41
	统口长		85	±1.72	85	±1.72	85	±1.72
	楦斜长		262	±5.30	261	±5.28	260	±5.26
增加	鞋内垫厚度		3		3		3	

备注：以上数据可以设计网球鞋、田径鞋、篮球鞋及旅游鞋等一般运动类鞋鞋设计。蹠围、跗围增加3mm是考虑到鞋内垫的厚度，因脱楦后要再加入鞋垫。

续表

编号及品名			L-10 中帮男运动鞋楦		L-15 中帮男运动鞋楦		L-20 中帮男运动鞋楦	
号型 / 尺寸 / 部位名称			255（三型）		255（三型半）		255（三型）	
			尺寸	等差	尺寸	等差	尺寸	等差
长度	楦底样长		267	±5	267	±5	267	±5
	放余量		16.31	±0.31	16.31	±0.31	16.31	±0.31
	脚趾端点部位		250.69	±4.69	250.69	±4.69	250.69	±4.69
	拇指外突点部位		225.22	±4.22	225.22	±4.22	225.22	±4.22
	小趾外突点部位		194.65	±3.65	194.65	±3.65	194.65	±3.65
	第一蹠趾部位		180.68	±3.38	180.68	±3.38	180.68	±3.38
	第五蹠趾部位		157.75	±2.95	157.75	±2.95	157.75	±2.95
	腰窝部位		100.38	±1.88	100.38	±1.88	100.38	±1.88
	踵心部位		41.78	±0.78	41.78	±0.78	41.78	±0.78
	后容差		5	±0.09	5	±0.09	5	±0.09
围度	蹠围		243+3	±3.5	243+3	±3.5	243+3	±3.5
	跗围		242+3	±3.5	241+3	±3.5	240+3	±3.5
宽度	基本宽度		87.5	±1.3	87.5	±1.3	87.5	±1.3
	拇趾里宽		35	±0.50	35	±0.50	35	±0.50
	小趾外宽		50.5	±0.73	50.5	±0.73	50.5	±0.73
	第一蹠趾里宽		36	±0.52	36	±0.52	36	±0.52
	第五蹠趾外宽		51.5	±0.74	51.5	±0.74	51.5	±0.74
	腰窝外宽		38.5	±0.55	38.5	±0.55	38.5	±0.55
	踵心全宽		57.8	±0.83	57.8	±0.83	57.8	±0.83
楦体尺寸	跷高	总前跷	25	±0.36	28	±0.40	31	±0.45
		前跷	18	±0.26	17	±0.25	16	±0.23
		后跷高	10	±0.14	15	±0.22	20	±0.29
	头厚		24+3	±0.35	24+3	±0.35	24+3	±0.35
	后跟突点高		22.4+3	±0.32	22.4+3	±0.32	22.4+3	±0.32
	后身高		90	±1.30	90	±1.30	90	±1.30
	前掌凸度		5	±0.07	5	±0.07	5	±0.07
	底心凹度		4.5	±0.06	5	±0.07	5.5	±0.08
	踵心凸度		4	±0.06	4	±0.06	4	±0.06
	统口宽		26	±0.38	26	±0.38	26	±0.38
	统口长		90	±1.69	90	±1.69	90	±1.69
	楦斜长		270	±5.06	269	±5.04	268	±5.02
增加	鞋内垫厚度		3		3		3	

备注：以上数据适用于网球鞋、田径鞋、旅游鞋等运动类鞋鞋楦的设计。

续表

编号及品名			L-10 高帮男运动鞋楦		L-15 高帮男运动鞋楦		L-20 高帮男运动鞋楦	
部位名称 尺寸 号型			255（三型）		255（三型）		255（三型）	
			尺寸	等差	尺寸	等差	尺寸	等差
长度	楦底样长		267	±5	267	±5	267	±5
	放余量		16.31	±0.31	16.31	±0.31	16.31	±0.31
	脚趾端点部位		250.69	±4.69	250.69	±4.69	250.69	±4.69
	拇指外突点部位		225.22	±4.22	225.22	±4.22	225.22	±4.22
	小趾外突点部位		194.65	±3.65	194.65	±3.65	194.65	±3.65
	第一蹠趾部位		180.68	±3.38	180.68	±3.38	180.68	±3.38
	第五蹠趾部位		157.75	±2.95	157.75	±2.95	157.75	±2.95
	腰窝部位		100.38	±1.88	100.38	±1.88	100.38	±1.88
	踵心部位		41.78	±0.78	41.78	±0.78	41.78	±0.78
	后容差		5	±0.09	5	±0.09	5	±0.09
围度	蹠围		244+3	±3.5	244+3	±3.5	244+3	±3.5
	跗围		246+3	±3.5	245+3	±3.5	244+3	±3.5
宽度	基本宽度		88.5	±1.3	88.5	±1.3	88.5	±1.3
	拇趾里宽		35.5	±0.51	35.5	±0.51	35.5	±0.51
	小趾外宽		51	±0.73	51	±0.73	51	±0.73
	第一蹠趾里宽		36.5	±0.53	36.5	±0.53	36.5	±0.53
	第五蹠趾外宽		52	±0.75	52	±0.75	52	±0.75
	腰窝外宽		38.5	±0.55	38.5	±0.55	38.5	±0.55
	踵心全宽		58	±0.84	58	±0.84	58	±0.84
楦体尺寸	跷高	总前跷	25	±0.36	28	±0.40	31	±0.45
		前跷	18	±0.26	17	±0.25	16	±0.23
		后跷高	10	±0.14	15	±0.22	20	±0.29
	头厚		25+3	±0.36	25+3	±0.36	25+3	±0.36
	后跟突点高		22.4+3	±0.32	22.4+3	±0.32	22.4+3	±0.32
	后身高		120	±1.70	120	±1.70	120	±1.70
	前掌凸度		5	±0.07	5	±0.07	5	±0.07
	底心凹度		4.5	±0.06	5	±0.07	5.5	±0.08
	踵心凸度		4	±0.06	4	±0.06	4	±0.06
	统口宽		26	±0.38	26	±0.38	26	±0.38
	统口长		90	±1.69	90	±1.69	90	±1.69
	楦斜长		283	±5.30	282	±5.28	281	±5.26
增加	鞋内垫厚度		3		3		3	

备注：以上为高帮篮球鞋楦，同时也适用设计一般的高帮运动类鞋的鞋楦设计。

第三节　运动鞋楦体造型设计

1. 前跷与后跷高设计

运动鞋的前跷可以比皮鞋楦的低，高于胶鞋楦的前跷，在鞋楦后跷高度10mm时，中间号255号前跷为15mm左右。保证后跷有一定高度，是使脚舒适和行走轻便的有效措施。后跷是指脚后跟垫起的高度，也是鞋的掌跟高度，有不少人称它为后跟高，其实后跷高是指鞋楦的后面向上跷起的高度，它与后跟高中间还有中底、托底的厚等尺寸,因此后跷高不等于后跟高。人在行走时必须先把脚后跟抬起来才能向前迈步,一般抬起的高度约为50mm,如果穿着后跟高有25mm的鞋,人在起步时就可以节省一半的起步力量,使行走轻快,减少疲劳。脚后身的抬高,还能使人体的重量比较合理地分布于脚的各个部位,提高脚弓的弹性以及固定鞋形,增加鞋的线条美。因此一双好的运动鞋必须设计合理的鞋楦后跷高度,运动鞋的后跷高度一般为10~20mm。

2. 前掌凸度和踵心凸度的设计

运动鞋楦的前掌凸度为5mm，不得超过6mm，脚前掌横弓在自然状态下是弓型，当向前迈进行走受力时横弓展面，经研究和总结经验，确定脚前掌凸度不能过大，超过6mm会使脚横弓下塌，容易使脚在运动中产生疲劳和受伤，穿着不舒服，反之凸度过平，着地面积过大，虽能起到稳定作用，但行走时消耗相应会增大。运动鞋楦的踵心凸度为3~4mm，该部位的凸度可以尽量符合脚底形状，使穿着鞋后跟部位受的压力均匀。该两个部位的设计要结合生产工艺要求以及考虑帮面用料等因素，因此在设计运动鞋的前掌凸度和踵心凸度时一定要掌握和控制好这两个部位的凸度数据尺寸，设计好该部位的形体。

3. 底心凹度的设计

运动鞋鞋楦的腰窝部位的设计要小于皮鞋楦的腰窝部位全宽，底心凹度要结合成型鞋垫同时设计，从原则上讲应该和皮鞋楦的底心凹度相同为正确，但运动鞋是成鞋后再加入鞋垫，运动鞋垫一般多设计成符合脚型底心部位的造型。运动鞋楦男鞋255号中间号的底心凹度设计为5.5mm，不要超过7mm，小于5mm；女鞋235号中间号底心凹度设计为5mm，不要超过6.5mm，小于4.5mm，这样成鞋在穿着时能分担人运动中脚底心这部位的负荷，使足弓不会有拉伤和承受过大的压力，可以减轻脚的疲劳感，提高舒适感，增强脚的运动能力。

4. 前掌着地点的设计

该部位就是脚前掌主要着力点的位置，该位置的具体部位是第一蹠趾点和第五蹠趾点的连线与脚底轴线的交点处（为前掌着地部位点），从这点可以向前到第一蹠趾部的轴线定点部位，人们正常的脚的前掌着地也就在这一范围里。男255号的前掌着地点是从楦底样后端点至着地部位点，长度为171mm，等差3.2mm；女235号的前掌着地点是从楦底样后端点至着地部位点，长度为157.3mm，等差约3mm。鞋楦的前掌凸度部位的测量点也定在该部位。

5. 头厚设计

经测量调查研究得知，我国男子的拇趾厚度平均为21mm（250号二型半），加上余量部分该号码、型号的运动鞋楦头厚定为26mm，鞋楦设计时另外要增加约3mm的鞋垫厚度，合计约在29mm。该楦头厚数据中包括留有脚的一定活动余量，设计头厚的原则是头厚不能设计得低于脚的拇趾平均高度，这样可以保证脚趾不摩擦受伤，确保脚趾部位的穿着舒适。

6. 鞋楦的统口设计

运动鞋楦的统口长度、高度、宽度的设计及数据的制定是根据该鞋的特点为依据。运动鞋一般以中帮鞋较普遍，同时多数运动鞋以结带式为主，口门设计比较深，因此运动鞋的统口设计要比低帮皮鞋楦高，例如皮鞋统口高度一般在70～75mm，运动鞋就需要在85～95mm，高帮的要达到110～120mm，统口宽度男式的约26mm，女式的约24mm，统口长度由于运动鞋口门深都超过皮鞋，统口高度又高，这就决定着统口的长度要比皮鞋楦短，男中帮运动鞋楦统口长一般255号为85mm左右，女式的一般235号为80mm左右，学生鞋215号为75mm左右，大童180号为70mm，小童14.5号为68mm。以上数据的制定是由运动鞋帮面结构、制作工艺、外观造型设计要求所决定的，运动鞋楦统口两侧的肉体安排不能和皮鞋楦一样线条过于明显，需设计平直一些，不要太饱满，造成不包脚，使脚在鞋里失控，在行走和活动中产生上下移位、前后移位，一般随着底部宽度向上先侧棱直立一些，然后再向上至统口成自然的收缩弧型的统口两侧面，统口两侧肉体不能小于统口宽度。

7. 运动鞋楦体其他主要部位的肉体设计安排

运动鞋的肉体设计安排和皮鞋楦、胶鞋楦、布鞋楦型有如下明显差别：

（1）鞋楦楦底基本宽度为二型半的数据，该楦体的蹠围尺寸是三型数据。因为运动鞋是成型脱楦后再加入3mm厚的活动内垫，实际鞋内容量是二型半的数据尺寸，同时考虑到该鞋是成型底后再套帮黏合的工艺特点，以及成鞋的美观挺拔，故楦体周边在套入外底和大底黏合的部分设计要棱直些，以有利于黏合，这样处理符合运动鞋的制作工艺，外型也美观。

（2）运动鞋楦的基本宽度不能缩小，在基本宽度部位前部的前掌部位要保持一定的宽度，根据运动鞋销量最大的美国市场情况，过窄的运动鞋很难销售。而确保合理宽度，穿着舒适的运动鞋的销量每年在增长，所以前掌宽度不要小于中间号鞋楦尺寸。例如255号二型半基本宽度为86.7～88mm，前掌宽度为87～90mm，但腰窝两侧的肉体比一般鞋楦窄约5%。

上述两点是出于这样的考虑：脚在穿上鞋后处在静态时与处在运动状态时的感受是不一样的，舒适程度是取决于在运动状态下人对鞋穿着的一种感觉。例如，前掌是脚首先着地、受力的部位，在受力时掌面向内外两侧扩展，导致脚两侧肉体与两侧鞋帮内夹里面紧贴以及在运动中产生摩擦，前掌宽度过宽会造成前掌失控，反之过窄使脚易受损伤并使鞋变形，脚就不能处于正常自然的状态。长时间穿着这种鞋会使脚变形，宽度过大，增大无效尺寸，影响鞋的外观造型，同时浪费材料。因此该部位的宽度应该在脚印与轮廓线之间。本书提供的有关运动鞋数据尺寸就是在此基础上制定的，供大家参考（见表6-2）。腰窝部位的肉体安排为什么要求设计比一般鞋稍窄些呢？是由于前掌已保持有了一定宽度与高度（厚度），满足了脚的舒适感，同时又给了脚一定的活动范围。人体在向前行走运动时，脚底前掌面、踵心部分连续前冲和向后下落，造成在这一过程中脚在鞋内不停地前后、上下移动，通常男士为6～7mm，女士为5～6mm左右的活动量，适当有效地加以控制，就十分重要，腰窝部位处于中间位置，控制好这一部分就可以减少前后移动的量，这也意味着脚在运动中的受荷减少，提高有效的运动效率。根据鞋的造型设计略减腰窝基本宽度是十分必要的。我们应该注意到，阿迪达斯、耐克等著名品牌的职业运动鞋，在腰窝及后身的设计中是重点考虑在运动状态下的脚型规律的。他们十分重视腰窝及踵心部分的有效控制，使鞋“跟脚”舒适，所以深受世界运动员的喜爱。因此，运动鞋楦腰窝底心凹度基本和皮鞋接近。例如255号15mm后跷高，底心凹度为5mm，而皮鞋是6mm。因为运动鞋内垫一般多设计成脚型鞋垫。其实加入鞋垫后底心凹度大于了皮鞋楦。但该部位两侧肉体就没有皮鞋楦那样丰满，凹凸也没有皮鞋楦那样明显，设计得要平直一些。这一部分的设计同时要结合帮面设计要求以及工艺结构要求，原则上是要求外形美观，穿着舒适，适应运动要求。

表6-2　　英国7号男25mm后跷高运动鞋楦中间号尺寸数据　　单位：mm

部位名称	数据等差	部位名称	数据等差
楦底样长	274±4.23	背围部位外宽	38±0.47
楦斜长	280±4.29	踵心部位全宽	58±0.72
脚趾端点部位长	245±3.78	直量掌围	234±3.07
前掌宽部位长	202.50±3.13	掌围斜量	242±3.175
第一趾骨掌宽部位长	186±2.87	腰围	239±3.04
前掌着地部位直量掌围部位长	173.75±2.68	背围	253±3.21
第五趾骨部位长	156.25±2.41	统口长	90±1.39
腰围部位长	128±1.98	统口宽	28±0.38
背围部位长	100±1.54	后身高度	90±1.18
掌口部位长	楦底样长的1/4	后跷高	25±0.33
踵心部位长	45±0.69	头厚	24±0.34
前掌宽度	89.5±1.11	前掌凸度	5±0.07
掌宽	89±1.1	踵心凸度	4±0.05
第一趾骨部位宽	36±0.44	底心凹度	6±0.08
第五趾骨部位宽	52±0.64	前跷	18±0.24
腰围部位外宽	44±0.54	后跟突点高	23±0.30
跟口围度	400±5.25	总前跷高	35±0.46
跟背围度	370±4.85	前掌部位肉体宽度	92±1.14
掌围部位厚度	42±0.55	背围部位肉体宽度	69±0.85
腰围部位厚度	60±0.79	踵心部位肉体宽度	65±0.80
背围部位厚度	75±0.98		

（3）运动鞋楦的后容差设计基本接近皮鞋楦的后容差设计。男 255 号二型半为 5mm，女 235 号一型半为 4.5mm，学生鞋 215 号二型为 4mm，大童鞋 180 号二型为 3.5mm，小童鞋 145 号二型为 3mm。因为运动鞋的设计制作中要求支跟材质不能差于皮鞋的用料要求，以确保运动鞋后身外面美观，中间有坚硬优质的支跟，里边有柔软优质夹里，根据运动鞋的设计技术要求，它的后容差和皮鞋楦相同。

（4）运动鞋楦的统口长度短于其他鞋楦，原因是运动鞋的前帮及口门比其他鞋深长，后帮高度也高于其他低帮鞋。例如，它的统口高度男 255 号中帮鞋在 95mm 左右，女 235 号 中帮鞋在 85mm 左右。学生鞋 215 号中帮鞋在 80mm 左右，大童鞋 180 号中帮鞋在 75mm 左右，小童鞋 145 号中帮鞋在 71mm 左右。由于后身高度的增加以及运动前帮及口门的深长特点，鞋楦的统口长度就不能过长。为了适应设计技术要求，运动鞋统口长度男 255 号中帮楦为 85mm 左右，女 235 号中帮楦为 80mm 左右，学生楦 215 号为 75mm 左右，大童鞋 180 号中帮楦为 70mm 左右，小童鞋 145 号中帮楦为 68mm 左右。以上数据，是作者积累的经验技术总结。在设计中根据具体要求应该做些合理调整。另外统口后端点要用楦斜长来加以控制，不能无原则的向前或往后。从楦体造型设计来说，后容差、楦斜长的控制在穿着效果上比楦底样长的控制更为重要。因为鞋楦的总鞋长关系到鞋的上身长度，关系到鞋的容量，关系到鞋穿着是否跟脚服脚。因此我们重视该部位的设计。男 255 号在楦后身高度是 95mm，楦底样长为 267mm 等的条件下楦鞋长为 273mm 左右；女 235 号后楦后身高度是 85mm，楦底样长 247mm 等的条件下楦鞋长为 257mm（以上数据仅供参考）。

第四节　男、女、童运动鞋分型设计

运动鞋楦进行男、女、童等分型设计是现代制鞋的重要观念，根据男、女、童脚型的规律及脚型特点的差别，分别设计出符合市场要求，适应消费需求的中间型号是十分重要的一项技术工作。

根据我国广大消费者的脚型规律，综合我国南北、东西地区不同，职业类型不同，所居城市不同的人的脚型的差别可知，脚型规律的最大值和最小值相差是很大的。我们在决定数据尺寸时只能按中国统一鞋号中的鞋楦系列中的平均值为依据，也就是所谓的“中间号”。

例如鞋楦型号有一型至四型，通过多年的实践和使用了解到，中间号二型半、三型的围度穿着者最多。这就可以确定自己目标市场的中间号。如果北方销售三型最合适，就采用三型为中间号；如果南方销售，二型半的销量最大，就可以决定采用二型半作为中间号。在全国范围内，如果你的目标是一级市场，就要通过实际了解和掌握后决定男的中间型号是什么，女的中间型号是什么，学生鞋的中间型号是什么，大童、小童选择什么型号做中间号。这些都十分重要，它关系到鞋的销售量，直接关系到经济效益。所以我们在设计中应分别设计中间号的型号。例如男运动鞋楦中间号数据选择了二型半，女运动鞋楦中间号数据选择了一型半，学生鞋选择了二型。但在实际应用选择中间号时一定要根据自己已有的市场需求来确定中间号的型号尺寸。

以上是笔者对运动鞋楦造型设计的一些经验和体会。可以肯定，随着制鞋业的迅速发展，运动鞋也和其他鞋类产品一样，会不断更新换代。我们要紧跟国际鞋业的发展要求，做强中国鞋业。这需要我们虚心好学，不断研究学习，不断实践，不断创新，不断总结，加强我国的体育类各种专业项目的运动鞋设计研究。只有如此才能提高我国运动鞋楦的设计水平。

脚型轮廓与脚印宽度以内鞋楦主要部位尺寸见图6-10，运动鞋各部位宽度参考数据见表6-3。

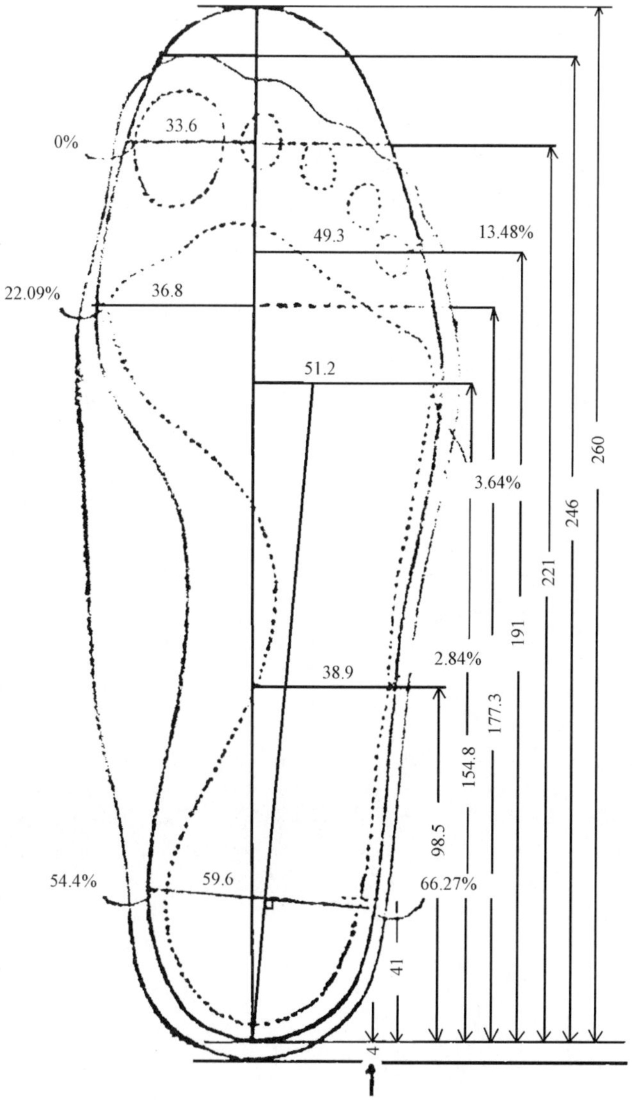

图6-10　脚型轮廓与脚印宽度以内鞋楦主要部位尺寸（单位：mm）

表6-3　运动鞋各部位宽度参考数据（以250号二型半为例）　单位：mm

部位名称	脚的轮廓	脚印宽度	边距	保留边距比例	楦型宽度
拇指里段宽	38. 18	33. 62	4. 56	0	33. 6
小趾外段宽	52. 96	48. 73	4. 23	0. 1348	49. 3
第一蹠趾里宽	42. 1	35. 3	6. 79	0. 2208	36. 8

续表

<table>
<tr><td colspan="2">部位名称</td><td>脚的轮廓</td><td>脚印宽度</td><td>边距</td><td>保留边距比例</td><td>楦型宽度</td></tr>
<tr><td colspan="2">第五蹠趾外宽</td><td>55. 8</td><td>50. 48</td><td>5. 28</td><td>0. 1364</td><td>51. 2</td></tr>
<tr><td colspan="2">腰窝外宽</td><td>45. 72</td><td>38. 7</td><td>7. 02</td><td>0. 0284</td><td>38. 9</td></tr>
<tr><td rowspan="2">踵心全宽</td><td>里段</td><td rowspan="2">66. 28</td><td rowspan="2">49. 7</td><td>9. 1</td><td>0. 544</td><td rowspan="2">59. 6</td></tr>
<tr><td>外段</td><td>7. 47</td><td>0. 6627</td></tr>
</table>

运动鞋楦的腰高部位、踵心全宽及该两部位的肉体宽度，在鞋楦设计中应该小于皮鞋楦和胶鞋楦的宽度，这一点就是运动鞋和其它鞋的区别。结合此表鞋楦前掌各部位宽在数据表作了切实的调整。前面已论述过，不再作说明了。

第七章

世界鞋号及国际标准

第一节　概　　述

一、各国鞋号表示方法

世界各国鞋号的表示方法，因国家不同也有各自使用的独特的表示方式，但大体上可以分为英国鞋号、与其相似的美国鞋号和法国鞋号三种。其中，英国鞋号和日本的“文”颇为相似，是带有古典神秘色彩的尺度，据说起源于1324年，爱德华二世使人用排列大麦粒测量脚长的故事。那时，一号大脚长度是由39粒大麦组成，即为13in长（约33cm），鞋号便作为13，以下每个鞋号间隔一个大麦粒（约1/3in），作为12、11、10，一直到1。相当于3的鞋号，又作为13号，以相同间隔再到此为止0。婴儿鞋之外，还设有1/6in间隔的半号，成人鞋中也有比13号更大的14、15号等，总之，英国鞋号的起点，是放在婴儿鞋的0号上。这种测量方式人们已经评价为历史的古董了。

美国鞋号和英国鞋号大同小异，只是相当于起点位置的婴儿鞋0号，向后跟错1/12in，因此每个鞋号均错1/12in。肥度的表示方法，英国鞋号用1、2、3……或者用A、B、C……的标记，而美国鞋号则用AAAA、AAA、AA、A、B、C、D、E、EE、EEE、EEEE分类标记表示。

和它们相比,法国鞋号用2/3in的间距,以后跟起点0,测得的鞋楦尺码用1、2、3……等数字表示,肥度方面,迄今也用1、2、3……表示,最近又兼用A、B、C……。

欧洲各国用法国鞋号、英国鞋号,或者两者兼用的较多,俄罗斯则以法国鞋号为主体。

二、国际标准鞋号的制定

上面所说的现行鞋号的表示方式，有互相矛盾、不完备和不合理的地方，随着贸易的扩大，深感由于鞋楦鞋号和穿用鞋号、测量鞋号不同等原因，极难正确地换算，造成麻烦，因此，希望有国际统一的鞋号表示方式的呼声高涨，从1961年前后开始了具体的活动。

1961年10月，在西班牙马德里开幕的欧洲经济合作组织（OEEC）皮革、毛皮委员会上，开始正式提出对鞋的鞋号标准化的要求，并以“鞋号表示方式的标准化和统一”为标题被采纳。此后，以该委员会为中心，从英国靴鞋协会（SATRA）总部、法国皮革技术中心、瑞典的厄勒布鲁等处提出的研究论文中得到的资料为原始方案，1966年，在欧洲经济共同体（EEC.6国联盟）及欧洲自由贸易组织（EFTA.7国联盟）的13个国家组成的工业技术调整委员会上，继续进行研究，以欧洲鞋码为名进行了讨论。这一年，该委员会为开始动手标准化工作，又建立了小组委员会，欧洲各国制鞋业团体的代表和研究机关代表聚集到现场，方案的起草，是在巴黎和日内瓦召开的小组委员会的会议上进行的，除前述研究机关的资料之外，还对西班牙、美国实施的脚型调查资料也进行了斟酌。

这一活动从整个欧洲扩展到包括日本、美国、加拿大、澳大利亚等国家加盟的经济合作发展组织（CECD），进而于1971年，又扩大到全世界各国参加的国际标准化机构（ISO），并改称国际标准鞋号，一直到现在。

这个小组委员会称为“鞋的鞋号、名称及表示方式委员会”，有41个成员国，由参加审议的P会员国16个及观察员O成员国25个组成。P成员国有南非、联邦德国、加拿大、法国、匈牙利、印度、伊朗、意大利、波兰、葡萄牙、罗马尼亚、英国、瑞典、瑞士、原捷克斯洛伐克、前苏联。O成员国有日本、澳大利亚、奥地利、比利时、巴西、保加利亚、智利、哥伦比亚、古巴、丹麦、西班牙、美国、芬兰、希腊、爱尔兰、以色列、挪威、新西兰、荷兰、秘鲁、菲律宾、阿联酋、泰国、土耳其、原南斯拉夫等国。这一委员会的审议项目有：根据脚的尺寸决定的鞋的鞋号及其名称和表示方式的标准化，单位和等差值一定的鞋号，检验方式的标准化，脚型测量方式的标准化，用词的统一等。

1971年在巴黎，1972年在伦敦，1974年在柏林，分别为制定国际标准鞋号召开了审议会。迄今为止，虽然已开过四次，现在有关长度的表示方式，仅仅决定了如“5mm间隔和7.5mm间隔并用”的系列（见国际标准ISO 3355“鞋号 长度分级制”中的长度表）。鞋厂采用哪一种间隔都可以，一般鞋考虑用5mm间隔，工作鞋和运动鞋等特殊用途的鞋用7.5mm间隔。关于肥度表示方法的最后方案也已制定。此外，在柏林会议上，做出了为统一脚型测量方法而设置小组委员的决议，原西德、加拿大、法国、伊朗、罗马尼亚、原捷克斯洛伐克、原苏联等7国为委员制定了草案。这是国际标准鞋号方式的基本点，日本先于世界各国实行的赤脚尺寸的米制表示法，采用5mm间隔的方式，和国际标准所设想的体系完全一致，值得注目。

1973年开始，先后制定了制鞋的国际标准鞋号及相关标准，例如ISO 2816“以世界鞋号（Mondopoint）命名鞋号制的基本特点”、ISO 3355“鞋号 长度分级制”［用于世界鞋号制（Mondopoint System）］、ISO/TR 3836“鞋号 宽度分级制”［用于世界鞋号制（Mondopoint System）］、ISO 3844“鞋号 标志方法”等14项和鞋相关的国际标准。

以下提供世界主要鞋号对照表（表7-1）及国际皮鞋鞋号中间尺码长度表（表7-2）供参考。

表 7-1　　世界主要鞋号对照表　　长度单位：mm

英国鞋号		4	4.5	5	5.5	6	6.5	7	7.5	8	8.5	9	9.5	10	10.5	11	11.5	12	12.5	13
标准长度		244	248	252	256	260	265	269	273	277	282	286	290	295	299	303	307	311	316	320
法国鞋号		34	35	36	37	38	39	40	41	42	43	44	45	46	47	48				
标准长度		227	233	240	247	253	260	267	273	280	287	293	300	307	313	320				
		221	228	235	242	248	255	262	268	276	280	288	295	302	308	315				
美国鞋号		4.5	5	5.5	6	6.5	7	7.5	8	8.5	9	9.5	10	10.5	11	11.5	12	12.5	13	
标准长度		244	248	252	256	260	265	269	273	277	282	286	290	295	299	303	307	311	316	
中国鞋号		220	225	230	235	240	245	250	255	260	265	270	275	280						
标准长度	大头型	230	235	240	245	250	255	260	265	270	275	280	285	290						
	中头型	232	237	242	247	252	257	男 265 女 262	270	275	280	285	290	295						
	小头型	235	240	245	250	255	260	男 270 女 265	275	280	285	290	295	300						
日本鞋号		22	22.5	23	23.5	24	24.5	25	25.5	26	26.5	27	27.5	28						
标准长度		230	235	240	245	250	255	260	265	270	275	280	285	290						
		232	237	242	247	252	男 260 女 257	265	270	275	280	285	290	295						
		237	242	247	252	257	男 265 女 262	270	275	280	285	290	295	300						

注：等差：为美国鞋号 8.46mm（半号 4.23mm）；英国鞋号 8.46mm（半号 4.23mm;）法国鞋号 6.67mm（半号 3.33mm）；中国鞋号 10mm（半号 5mm）；日本鞋号 10mm（半号 5mm）。

以上为标准长度范围的尺寸，超长式不在其中。

表 7-2　　国际皮鞋鞋号中间尺码长度表　　单位：mm

男士					女士				
编号	国家（地区）	中间号码	长度	等差	编号	国家（地区）	中间号码	长度	等差
1	美国标准鞋号	8	271 ★273	8.46	1	美国标准鞋号	6	241 ★244	8.46
2	美国波士顿鞋号	8	282 ★286	8.46	2	美国波士顿鞋号	6	252 ★256	8.46
3	美国惯用鞋号	8	268 ★265	8.46	3	美国惯用鞋号	6	238 ★235	8.46
4	英国鞋号	8	★277	8.46	4	英国鞋号	6	★256	8.46
5	法国鞋号	41	268 ★273	6.67	5	法国鞋号	36	235 ★240	6.67
6	国际鞋号Ⅰ	25.5	★267	7.5	6	国际鞋号Ⅰ	23.0	★237	7.5

续表

男	士				女	士			
编号	国家（地区）	中间号码	长度	等差	编号	国家（地区）	中间号码	长度	等差
7	国际鞋号Ⅱ	25.5	★270	5	7	国际鞋号Ⅱ	23	★240	5
8	中国鞋号	255	270 ★275	5	8	中国鞋号	230	240 ★245	5
9	日本鞋号	25.5	270 ★275	5	9	日本鞋号	23	240 ★245	5
10	捷克鞋号	25.5	255 ★260	5	10	捷克鞋号	23	230 ★235	5
11	中国台湾鞋号	88	260 ★270	5	11	中国台湾鞋号	76	240 ★245	5
以上鞋号为中间号码尺寸，鞋楦长度根据鞋楦不同的头型、地区差别、品种、款式以及造型设计的要求、鞋楦放余量等会有一定的变化，所以长度会出现同一鞋号长度不一样长。									

注：★为标准鞋号长度。

部分国际标准内容如下。

国际标准 **ISO 2816—1973**

以世界鞋号（Mondopoint）命名的鞋号制的基本特点

0 引言

本国际标准论述以世界鞋号（Mondopoint）命名的鞋号制的基本特点。

本标准仅限于鞋类标志方法，这种标志表示鞋所适合的一般正常脚的尺寸。

关于鞋类系列的一些问题（例如号差、鞋楦分级）可作为今后制定的国际标准的主题。

1 适用范围

本国际标准规定了建立一种鞋号制的基本特点，该鞋号制无限定地适用于任何类型的鞋。

2 定义

2.1 鞋的尺寸 即鞋的测量数值。这种尺寸的鞋完全适穿于符合测量数值的脚。

2.2 脚长 即最长脚趾的端点所接触的垂直线与后跟突点所接触的垂直线之间的水平距离。受测者要直立（使体重平均分布于双脚），穿着与靴鞋类型相适合的袜子进行测量。

2.3 脚围 即被测脚的周长。用软尺松紧适度地在第一和第五蹠骨分别与第一和第五趾骨后节的关节处（即蹠趾关节），按上述测量长度同样的条件进行测量。

2.4 脚宽 即按测量长度同样的条件测得的脚围在水平面的投影，代表接触第一和第五蹠趾关节的两条垂直线之间的水平距离（见下图）。

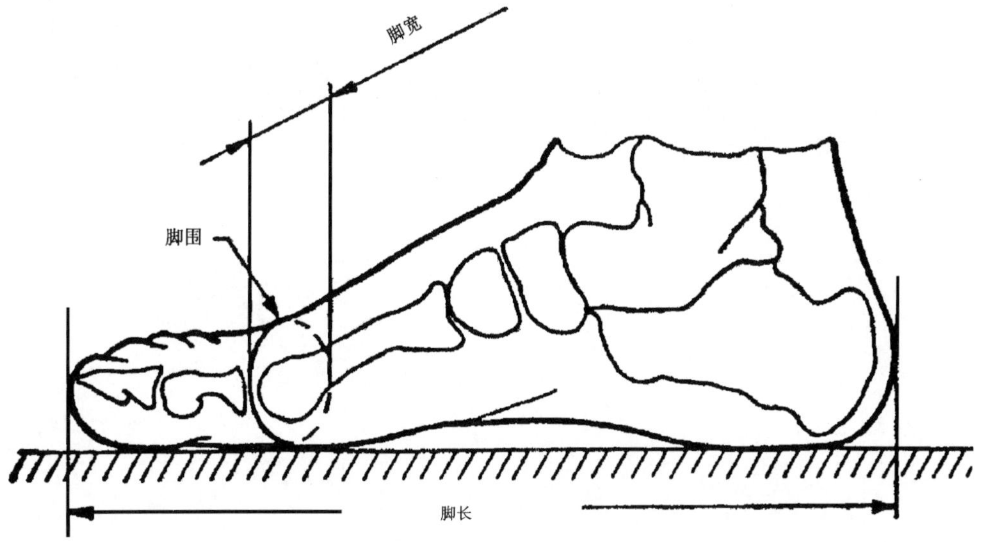

2.5 一般正常脚 根据统计结果和解剖学研究而定义的脚。

3 鞋号制的基本特点

3.1 在脚型测量中仅用国际单位制（S.I），在此基础上制定鞋号。

3.2 鞋号制以下列两项测量数值为基础：

a. 脚长

b. 脚宽

注：上述规定并不排除在制鞋的各个阶段使用脚围。

4 确定鞋号的方法

每个鞋号都根据对应的正常脚的一般尺寸确定。

5 尺寸测量值的表示方法

对应于脚长和脚宽的测量值必须用毫米（mm）表示

注：本规定并不排除用代号作为表示脚宽的辅助方法。这种代号作为今后制定的国际标准的主题。

国际标准　　ISO 3355—1975

鞋号　长度分级制

［用于世界鞋号制（Mondopoint System）］

1　适用范围

本国际标准制定一种在世界鞋号制（Mondopoint System）中使用的长度分级制，以解决符合 ISO 2816 的靴鞋尺寸系列的问题。*

本长度分级制适用于所有类型的靴鞋。

2　参考资料

ISO　2816 以世界鞋号（Mondopoint）命名的鞋号制的基本特点。

3　长度号差

世界鞋号制是以长度号差 5mm 或 7.5mm 为基础。分级的起点是 0。

4　长度的表示方法

鞋号标志中的长度必须始终以毫米（mm）整数值表示。必要时修约之。**

5　长度表

长度表具体说明世界鞋号制中自 105 ~ 300mm 之间的所有长度。

* 宽度分级制问题是技术报告的主题。

** 按照 ISO 2816 鞋号表示方法，除长度外，还应包括宽度。

长 度 表

号差 5mm 系列	号差 7.5mm 系列☆
……	……
105	105
110	
	112
115	
120	120
125	
	127
130	
135	135
140	
	142
145	
150	150
155	
	157
160	
165	165
170	
	172
175	
180	180
185	
	187
190	
195	195
200	
	202
205	
210	210
215	
	217
220	
225	225
230	
	232
235	
240	240
245	
	247
250	
255	255
260	
	262
265	
270	270
275	
	277
280	
285	285
290	
	292
295	
300	300
……	……

☆ 例：127.5 舍去 0.5 以 127 取代。

国际标准　　ISO/TR 3836—1978

鞋号　宽度分级制

［用于世界鞋号制（Mondopoint System）］

0　引言

ISO/TC137 技术委员会已经建立了一套新的靴鞋标志和鞋号制作为工作项目的一部分，目的在于使鞋号的表示方法在国际上统一起来。

这个称做世界鞋号制（Mondopoint System）的新鞋号制是按照人脚制定的，使用国际单位制的计量单位。

建立该鞋号制所依据的两个基本特点是脚的长度和宽度（按 ISO 2816 定义）。

在确定与这两种测量值相关的鞋号系列时，为了照顾消费者和制造者双方的需要，ISO/TC 137 仅制定了长度号差。长度以 5mm 或 7.5mm 的倍数表示（ISO 3355）。

另一方面，在研究了能否用同样方法制定宽度分级的可能性以后，得出的结论是目前还不可能达到国际级的统一，因为考虑到以下事实。

由于人种的差异，各国人脚尺寸的统计分布不同。

这种差异可能是不同国家间分级制不同的原因。

由于目前条件下还不可能制定出一项国际标准，因此本委员会认为制定本技术报告是适时的。

1. 范围

本技术报告阐明将来靴鞋宽度分级制标准化时必须考虑的基本条件，以供世界鞋号制采用。

2. 适用范围

本技术报告所述鞋宽度无例外地适用于所有靴鞋。

3. 参考资料

ISO 2816 以世界鞋号（Mondopoint）命名的鞋号制的基本特点

ISO 3355 鞋号长度分级制［用于世界鞋号制（Mondopoint System）］

4. 基本条件

建立国际的宽度分级制取决于成功的实现下列条件。

4.1　按 ISO 2816* 规定，宽度必须用毫米整数值表示。

4.2　每个 ISO 成员团体须在可能的情况下根据本国不同人口类别（男、女、童）制定出标准宽度分级制。由于长度分级的两种系列（号差 5mm 和 7.5mm）已经确定，因此每一种长度分级系列须与其宽度分级系列相结合。

4.3　宽度分级系列须按下述原则建立

4.3.1　采用合理规定的号差

同一长度的两个相邻宽度之间的号差（宽度差）。

同一宽度的两个相邻长度之间的号差（分级）。

4.3.2　确定每一种宽度的中间值。

4.4　采用的宽度差必须是 1mm 的倍数。

4.5 由于各国人脚长度和宽度分布的椭圆长轴似乎各不相同，生产者可以自由地选择所愿采用的宽度。

4.6 涉及4.2条所述的各种国家标准（即使在起草阶段）均须提交ISO/TC 137，以便争取为国际标准的分级表。

众所周知：有关制定各类鞋宽度分级的研究，不应推迟世界鞋号制（Mondopoint System）在各国的应用。

注：此规定并不排除用代号作为表示宽度的辅助方法，这种代号可以作为今后制定的国际标准的主题。

国际标准　　　　　　　　　　　　　　　　　　**ISO 3844—1977**

鞋号　标志方法

1. 适用范围

本国际标准规定了世界鞋号制（Mondopoint System）中鞋号标志方法。

该鞋号标志方法无限定地适用于所有类型的靴鞋。

2. 参考资料

ISO 2816 以世界鞋号（Mondopoint）命名的鞋号制的基本特点。

3. 定义

长度和宽度的定义见 ISO 2816。

4. 标志方法

4.1　标志内容

鞋号标志应包括脚的长度和宽度，以毫米整数值表示（不注明单位）。长度和宽度顺次排列并以短横线或斜线分隔。

注：按照 ISO 2816，允许用代号作为表示脚宽的辅助方法。这种代号可作为今后制定的国际标准的主题。

所用字体至少应有 3mm 高。为了避免混淆，还应与其他可能的标记清楚地隔开（例如使用连续封闭的长方形或椭圆形分隔线等）。

例：260/94　　215—82　　270-103

4.2　标志的位置

4.2.1　在鞋上

在配成双的每一只鞋上都要在清晰可见的部位标明鞋号。

4.2.2　在包装上

使用盒子或其他形式的包装时，须在包装的外面也标明鞋号。

4.3　标志的形式

标志的形式及其采用的方法（冲压、打印、粘签等）由制鞋者选择，但鞋上的标志须在必要时间内保持清晰可见。

第二节　日本鞋号与鞋楦

过去按每个特定的人制造一双双鞋的时候，直接测量脚的形状和尺寸，制出很合脚的鞋就够了，当时，不一定需要刻有长度单位和数值的刻度尺，用线绳看看尺寸就可以了。但是，现在制鞋工厂以非特定的多数人为对象进行大规模生产，然后拿到零售店，现在已完全进入了卖“成鞋”的时代。

一、脚型资料的重要性

有关日本人的脚型资料，除已经公开的二战前军用鞋资料以外，可以说几乎是“皆无”或很少一点，从20世纪80年代至90年代，日本鞋业中有人开始重视对脚型和脚型规律研究，例如，日本财团法人鞋类设计暨技术研究中心的财务房男先生等设计师多年来重视着对脚型的研究工作，并进行了深入的研究。但这些终究是一部分企业和私人进行的研究，也不是行业内的谁都可以应用的，而且，这些资料究竟有多大程度的可靠性也需要行业认可和进行技术鉴定。没有正确的脚型资料就不能考虑作为制鞋基础的鞋楦。

此外，“成鞋”当然也需要正确表示每双的型号和尺码，如果没有表示，或者表示有错误，或尺寸根本不正确，那么要想给顾客挑选一双合脚的鞋就要很费事。由于鞋和其他服饰相比,是允许误差范围极小的商品，因此，要求相当高精度的“表示”，例如，基本宽度半码之间女鞋楦为1.1～1.2mm，男鞋楦为1.3～1.4mm的等差。

另一方面，从生产效率和库存方面来说，希望配号比例尽可能的少，但又能符合更多人的脚型，为此，必须准备合理的尺寸表。这种尺寸表的前提是调查生活在市场上的销售对象的脚型，在用统计方法掌握实际情况的基础上，将它们分为比较相近的几组，先制成切实的分类表。除去特殊形状的脚，特别大和特别小的脚以外，表中要包括所有正常的脚。

这样制成的“脚的尺寸表”，才能成为生产“成鞋”的出发点。正确的配号比例和形态分类等的所有依据，都可以从这张表中求得。因此，如果将这张表综合为理想的形式，可以说是正确性地迈出了制造消费者满意的鞋的第一步，生产上也可以在各方面减少浪费。

二、日本人脚的形状和尺寸

1. 脚的形状

脚型中最重要的部位是：

①脚掌：要调查脚底轮廓，掌面曲线以及有关联的脚印。

②脚趾的状态（张开还是合拢）。

③趾部、蹠骨部、跟骨部长度的比例。

④从跟骨后端到内弓、外弓各个前端的长度。

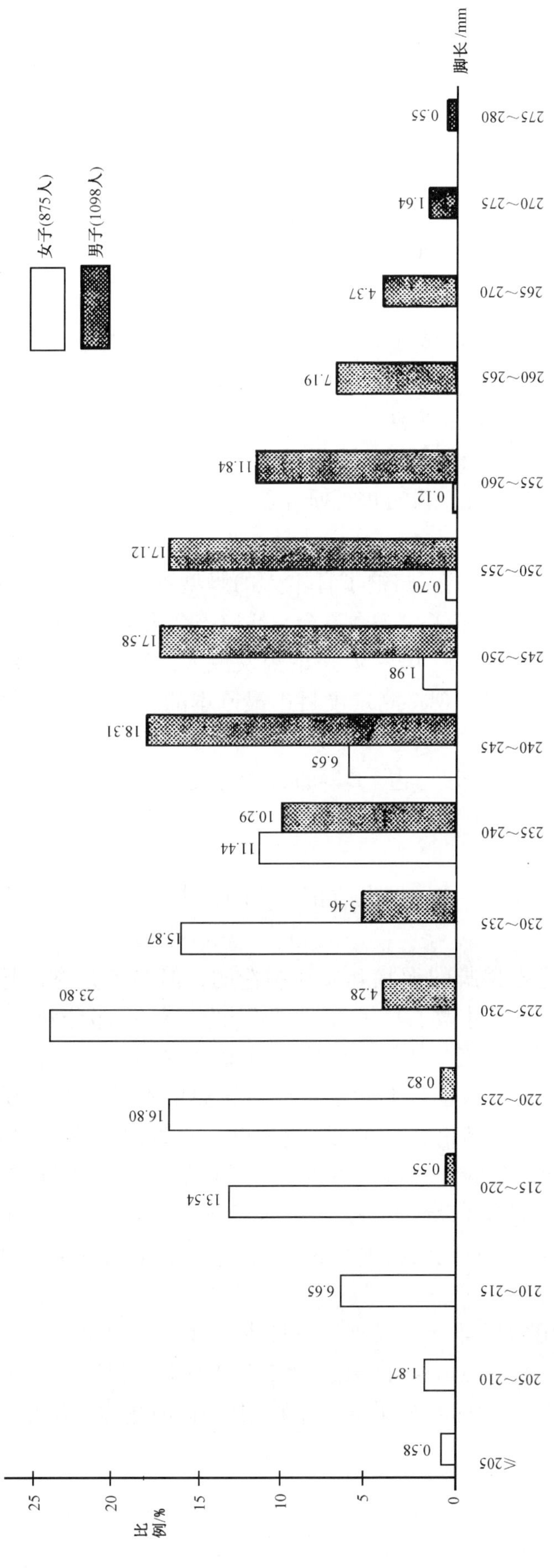
女子(875人)
男子(1098人)
比例/%
脚长/mm
0
5
10
15
20
25
≤205
205~210
210~215
215~220
220~225
225~230
230~235
235~240
240~245
245~250
250~255
255~260
260~265
265~270
270~275
275~280
0.58
1.87
6.65
13.54
0.55
16.80
0.82
23.80
4.28
15.87
5.46
11.44
10.29
6.65
18.31
1.98
17.58
0.70
17.12
0.12
11.84
7.19
4.37
1.64
0.55

图 7-1　脚长比例分布图

⑤内弓的拱形。

⑥脚背横断面的曲拱形弓（横弓）。

⑦脚后跟背面的曲线（后跟弧线）等。

调查很多脚的上述项目的结果，对全体人员都认为大致相同的项目不需要分类，对于能大体分为两个以上的类型的项目，就应该进行分类，加以明显区别，然后，也希望鞋能按类型分别制造并加表示。现在，关于日本的脚型，仅仅依靠零售店店员的按脚选鞋的技术，制造方面几乎未予考虑。

2. 脚的尺寸

关于脚的尺寸，一般是测量脚长和蹠围，并用数字或记号表示在鞋上。制造鞋楦时，还必须精密地测量跗围、兜跟围长及后跟宽等部位。问题在于测定方法，世界至今还没有统一的脚型和鞋楦测量方法，各国各地方法各不相同。

在这一点上，日本现在依旧继承着定做鞋时代的测量方法，对于“成鞋”的鞋号构成或分类起作用的方法，几乎没有进行研究。

3. 脚长和肥度的分布

日本靴鞋综合研究会（JIF）归纳了日本人的脚型资料，以此为基础，为了制造标准鞋楦，于1970年1月设置了尺码委员会，并以该会为中心，使用全协会的力量进行脚型测量。那次测量的对象是18～50岁的男女成人，其中男子1098人，女子875人，1976年得出了综合结果。现将测定项目中最基本的“脚长”和“肥度”的分布比例列于图7-1及表7-3、表7-4中。

男脚235～260mm的5个尺寸占75.14%，中心尺寸为245mm，占18.31%。

女脚215～240mm的5个尺寸占81.45%，中心尺寸为230mm，占23.80%。

三、鞋楦形状和尺寸

如前所述，鞋楦是根据脚的形状和尺寸制造的，但绝不是脚的原尺寸，而是按人们穿着感舒适的形状和尺寸做了一些“改变”的，有的部分比脚大，有的部分比脚小，各部分这样的“改变”极为困难，但又非常重要。此外，由于鞋的制法、种类、式样、使用的材料也是变化的，所以，如果不是对鞋楦反反复复地多次实验和修正，是不容易找到结论的。现在，尚未确立根据脚型资料设计鞋楦的方法，设计师们都在根据自己的经验和直感，各以自己的风格来制造鞋楦，这是实际情况。当然，只有根据理论确立设计方法，才是今后研究的首要任务。日本正在把国内一些研究中心和鞋厂的经验总结资料进行汇总整合，制定日本统一的鞋号及鞋楦标准。

现在，在日本公用的标准鞋楦尺寸——日本工业标准（JIS）中，有下述几种：即：《皮鞋的标准鞋楦尺寸》（JIS-S-5031，1962年9月1日制订，1971年10月1日修订），《胶底布鞋及全胶鞋的标准金属楦尺寸》。其中同时规定了鞋楦和金属楦的测定方法，介绍如下：

表 7-3 日本人脚长度分布比例表

男子（1098 人）	长度 mm	≤220	220 ~ 225	225 ~ 230	230 ~ 235	235 ~ 240	240 ~ 245	245 ~ 250	250 ~ 255	255 ~ 260	260 ~ 265	265 ~ 270	270 ~ 275	275 ~ 280
	实际数/人	6	9	47	60	113	201	193	188	130	79	48	18	6
	比例/%	0. 55	0. 82	4. 28	5. 46	10. 29	18. 31	17. 58	17. 12	11. 84	7. 19	4. 37	1. 64	0. 55
女子（875 人）	长度 mm	≤205	205 ~ 210	210 ~ 215	215 ~ 220	220 ~ 225	225 ~ 230	230 ~ 235	235 ~ 240	240 ~ 245	245 ~ 250	250 ~ 255	255 ~ 260	
	实际数/人	5	16	57	116	144	204	136	98	57	17	6	1	
	比例/%	0. 58	1. 87	6. 65	13. 54	16. 80	23. 80	15. 87	11. 44	6. 65	1. 98	0. 70	0. 12	

注：男女均取左右脚中较长的一只，每隔 5mm 为一档。

表 7-4　日本人脚肥度的分布比例表

肥度/mm	男子				女子			
	右		左		右		左	
	实际数/人	比例/%	实际数/人	比例/%	实际数/人	比例/%	实际数/人	比例/%
≤89	3	0.3	4	0.4	6	0.7	5	0.6
89～91	4	0.4	8	0.7	14	1.6	11	1.3
91～93	23	2.1	25	2.3	43	5.0	46	5.4
93～95	44	4.0	48	4.4	71	8.3	88	10.3
95～97	96	8.7	116	10.6	122	14.2	116	13.5
97～99	176	16.0	187	17.0	147	17.1	157	18.3
99～101	213	19.4	216	19.7	163	19.0	150	17.5
101～103	201	18.3	210	19.1	106	12.4	129	15.0
103～105	160	14.6	146	13.3	89	10.4	75	8.7
105～107	97	8.8	73	6.6	56	6.5	51	5.9
107～109	44	4.0	46	4.2	27	3.1	18	2.1
109～111	27	2.5	11	1.0	12	1.4	7	0.8
111～113	7	0.6	4	0.4	0	0	3	0.3
>113	3	0.3	3	0.3	2	0.2	1	0.1

日本工业标准 JIS-S-5031-1971
日本皮鞋的标准鞋楦尺寸

1．适用范围

本标准对应 JIS-S-5029（皮鞋的标准公称尺寸）来规定本鞋楦尺寸。

2．鞋楦长度

鞋楦长度如表 7-5，尺寸允许误差为 ±1.5mm，小数点以下第一位按 JIS-Z-8401（数值取舍法）取舍。

3．鞋楦肥度的测定方法

鞋楦肥度的测定方法，如图 7-2 所示，在楦底面上引 *AB*、*A′C* 线，以其接触点 *B*、*C* 作为踏地围长尺寸的测定点，右楦如图 7-2（b），使用软尺，从右楦外侧定点 *C* 开始，通过底面到达 *B* 点，再从 *B* 点绕楦体跗面回到 *C* 点，测定其长度，并规定软尺的刻度边须向脚趾前方，楦底边棱不能使软尺浮起，测定其最短距离。

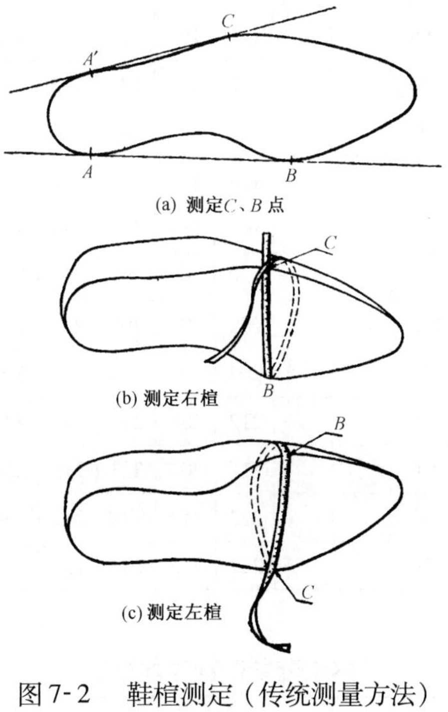

图 7-2　鞋楦测定（传统测量方法）

表 7-5（1）　　**日本皮鞋鞋楦尺寸数据表**　　单位：mm

分类	鞋号	长度			肥度											
					C		D		E		EE		EEE		EEEE	
		凉鞋	大圆头鞋	中圆头鞋	脚	楦	脚	楦	脚	楦	脚	楦	脚	楦	脚	楦
婴儿鞋	12	127	130	135					119	137	125	143	131	149		
	12½	132	135	140					124	140	130	146	136	152		
	13	137	140	145					129	143	135	149	141	155		
	13½	142	145	150					134	146	140	152	146	158		

续表

分类		鞋号	长度			肥度											
						C		D		E		EE		EEE		EEEE	
			凉鞋	大圆头鞋	中圆头鞋	脚	楦	脚	楦	脚	楦	脚	楦	脚	楦	脚	楦
童鞋	小尺码	14	147	150	155					139	152	145	158	151	164		
		14½	152	155	160					144	155	150	161	156	167		
		15	157	160	165					149	158	155	164	161	170		
		15½	162	165	170			148	158	154	164	160	170	166	176		
	中尺码	16	167	170	175			153	161	159	167	165	173	171	179		
		16½	172	175	180			158	164	164	170	170	176	176	182		
		17	177	180	185			163	167	169	173	175	179	181	185		
		17½	182	185	190			168	170	174	176	180	182	186	188		
		18	187	190	195			173	173	179	179	185	185	191	191		
	大尺码	18½	192	195	200			178	179	184	185	190	191	196	197		
		19	197	200	205			183	182	189	188	195	194	201	200		
		19½	202	205	210			188	185	194	191	200	197	206	203		
		20	207	210	215			193	188	199	194	205	200	211	206		
		20½	212	215	220			198	191	204	197	210	203	216	209		
		21	217	220	225			203	194	209	200	215	206	221	212		
	过渡尺码	21½	222	225	230			207	203	213	209	219	215	225	221		
		22	227	230	235			212	206	218	212	224	218	230	224		
		22½	232	235	240			217	209	223	215	229	221	235	227		
		23	237	240	245			222	212	228	218	234	224	240	230		
		23½	242	245	250			227	215	233	221	239	227	245	233		

表 7-5（2）　日本皮鞋鞋楦鞋号数据表　单位：mm

分类	鞋号	长度			肥度											
					C		D		E		EE		EEE		EEEE	
		凉鞋	满帮鞋	运动鞋	脚	楦	脚	楦	脚	楦	脚	楦	脚	楦	脚	楦
男鞋	23	237	240～245★～250	238～240★～245			223	215	230	221	236	227	242	233	249	239
	23½	242	245～250★～255	243～245★～250			227	218	233	224	239	230	246	236	253	242
	24	247	250～255★～260	248～250★～255			230	221	236	227	242	233	249	239	256	245
	24½	252	255～260★～265	253～255★～260			233	224	239	230	246	236	253	242	259	248
	25	257	260～265★～270	258～260★～265			236	227	242	233	249	239	256	245	262	251
	25½	262	265～270★～275	263～265★～270			240	230	246	236	253	242	259	248	265	254
	26	267	270～275★～280	268～270★～275			243	233	249	239	256	245	262	251	268	257

续表

分类	鞋号	长度			肥度											
					C		D		E		EE		EEE		EEEE	
		凉鞋	满帮鞋	运动鞋	脚	楦	脚	楦	脚	楦	脚	楦	脚	楦	脚	楦
男鞋	26½	272	275～280★～285	273～275★～280			246	236	253	242	259	248	265	254	271	260
	27	277	280～285★～290	278～280★～285			250	239	256	245	262	251	268	257	274	263
	27½	282	285～290★～295	283～285★～290			253	242	259	248	265	254	271	260	277	266
	28	287	290～295★～300	288～290★～295			256	245	262	251	268	257	274	263	280	269
	28½	292	295～300★～305	293～295★～300			259	248	265	254	271	260	277	266	283	272
	29	297	300～305★～310	298～300★～305			262	251	268	257	274	263	280	269	286	275
女鞋	21	217	220～222★～225	218～220★～225	203	194	210	200	216	206	221	212				
	21½	222	225～227★～230	223～225★～230	206	197	213	203	220	209	226	215				
	22	227	230～232★～235	228～230★～235	209	200	217	206	223	212	230	218				
	22½	232	235～237★～240	233～235★～240	213	203	220	209	226	215	233	221				
	23	237	240～242★～245	238～240★～245	217	206	223	212	230	218	236	224				
	23½	242	245～247★～250	243～245★～250	220	209	227	215	233	221	239	227				
	24	247	250～252★～255	248～250★～255	223	212	230	218	236	224	242	230				
	24½	252	255～257★～260	253～255★～260	226	215	233	221	239	227	245	233				
	25	257	260～262★～265	258～260★～265	230	218	236	224	242	230	248	236				
	25½	262	265～267★～270	263～265★～270	233	221	239	227	245	233	251	239				
	26	267	270～272★～275	268～270★～275	236	224	242	230	248	236	254	242				
	26½	272	275～277★～280	273～275★～280	239	227	245	233	251	239	257	245				
	27	277	280～282★～285	278～280★～285	242	230	248	236	254	242	260	248				

注：①女鞋楦中间号 23 号楦底样长 242mm，等差 5mm；男鞋楦中间号 25 号楦底样长 265mm，测量蹠围按标准长度为依据。

②日本鞋号长度每号等差 10mm，半号 5mm；围长等差 6mm，半号等差 3mm；也有采用小鞋号每号等差 7mm，半号 3.5mm；还有大鞋号每号等差 8mm，半号 4mm 的使用方法。

③关于放余量的超长度，设计师可以根据设计要求增长超长长度，测量部位按标准鞋楦不变。

日本工业标准 JIS-S-5034-1972
胶底布鞋及全胶鞋标准金属楦尺寸

1. 适用范围

本标准对应 JIS-S-5033（胶底布鞋及全胶鞋标准尺寸）来规定本金属楦尺寸。

2. 金属楦尺寸

标准金属楦尺寸如表 7-6、表 7-7，尺寸间隔为 5mm，尺寸不得低于表中数值，肥度的允许误差，胶底布鞋金属楦为 ±4mm，全胶鞋金属楦为 ±5mm。

表 7-6 胶底布鞋的标准金属楦尺寸 单位：mm

分类	鞋号	长度	肥度					
			E		EE		EEE	
			脚	金属楦	脚	金属楦	脚	金属楦
童鞋楦	12	130	135	143	141	151	147	159
	12½	135	140	146	146	154	152	162
	13	140	145	150	151	158	157	166
	13½	145	150	154	156	162	162	170
	14	150	155	157	161	165	167	173
	14½	155	160	160	166	168	172	176
	15	160	165	164	171	172	177	180
	15½	165	170	168	176	176	182	184
	16	170	175	171	181	179	187	187
	16½	175	180	174	186	182	192	190
	17	180	185	178	191	186	197	194
	17½	185	190	182	196	190	202	198
	18	190	195	185	201	193	207	201
	18½	195	200	188	206	196	212	204
	19	200	205	192	211	200	217	208
	19½	205	210	196	216	204	222	212
	20	210	215	199	221	207	227	215
	20½	215	220	202	226	210	233	218
	21	220	224	206	230	214	236	222
	21½	225	227	210	233	218	239	226
	22	230	230	213	236	221	242	229
	22½	235	233	216	239	224	246	232
男鞋楦	22	230	230	213	236	221	242	229
	22½	235	233	216	239	224	246	232
	23	240	236	220	242	228	249	236
	23½	245	239	224	246	232	253	240
	24	250	242	227	249	235	256	243
	24½	255	246	230	253	238	259	246
	25	260	249	234	256	242	262	250
	25½	265	253	238	259	246	265	254
	26	270	256	241	262	249	268	257
	26½	275	259	244	265	252	271	260
	27	280	262	247	268	255	274	263
	27½	285	265	250	271	258	277	266
	28	290	268	253	274	261	280	269

续表

分类	鞋号	长度	肥度							
			D		E		EE		EEE	
			脚	金属楦	脚	金属楦	脚	金属楦	脚	金属楦
少女鞋楦	16	170	169	163	175	171	181	179	187	187
	16½	175	174	166	180	174	186	182	192	190
	17	180	179	170	185	178	191	186	197	194
	17½	185	184	174	190	182	196	190	202	198
	18	190	189	177	195	185	201	193	207	201
	18½	195	194	180	200	188	206	196	212	204
	19	200	199	184	205	192	211	200	217	208
	19½	205	204	188	210	196	216	204	222	212
妇女鞋楦	20	210	210	191	216	199	221	207		
	20½	215	213	194	220	202	226	210		
	21	220	217	198	223	206	230	214		
	21½	225	220	202	226	210	233	218		
	22	230	223	205	230	213	236	221		
	22½	235	226	208	233	216	239	224		
	23	240	230	212	236	220	242	228		
	23½	245	233	216	239	224	245	232		
	24	250	236	219	242	227	248	235		
	24½	225	239	222	245	230	251	238		
	25	260	242	225	248	233	254	241		
	25½	265	245	228	251	236	257	244		
	26	270	248	231	254	239	260	247		

表 7-7　　全胶鞋的标准金属楦尺寸　　单位：mm

分类	长度	肥度					
		E		EE		EEE	
		脚	金属楦	脚	金属楦	脚	金属楦
童鞋楦	130	135	154	141	164	147	174
	135	140	157	146	167	152	177
	140	145	160	151	170	157	180
	145	150	163	156	173	162	183
	150	155	166	161	176	167	186
	155	160	169	166	179	172	189
	160	165	172	171	182	177	192

续表

分类	长度	肥度					
		E		EE		EEE	
		脚	金属楦	脚	金属楦	脚	金属楦
童鞋楦	165	170	175	176	185	182	195
	170	175	178	181	188	187	198
	175	180	182	186	192	192	202
	180	185	186	191	196	197	206
	185	190	190	196	200	202	210
	190	195	194	201	204	207	214
	195	200	198	206	208	212	218
	200	205	202	211	212	217	222
	205	210	206	216	216	222	226
	210	215	210	221	220	227	230
	215	220	214	226	224	233	234
	220	224	218	230	228	236	238
	225	227	222	233	232	239	242
	230	230	226	236	236	242	246
	235	233	230	239	240	246	250
男鞋楦	230	230	226	236	236	242	246
	235	233	230	239	240	246	250
	240	236	234	242	244	249	254
	245	239	238	246	248	253	258
	250	242	242	249	252	256	262
	255	246	246	253	256	259	266
	260	249	250	256	260	262	270
	265	253	254	259	264	264	274
	270	256	258	262	268	268	278
	275	259	261	265	271	271	281
	280	262	264	268	274	274	284
	285	265	267	271	277	277	287
	290	268	270	274	280	280	290

续表

分类	长度	肥度							
		D		E		EE		EEE	
		脚	金属楦	脚	金属楦	脚	金属楦	脚	金属楦
少女鞋楦	170	169	167	175	177	181	187	187	197
	175	174	171	180	181	186	191	192	201
	180	179	175	185	185	191	195	197	205
	185	184	179	190	189	196	199	202	209
	190	189	183	195	193	201	203	207	213
	195	194	187	200	197	206	207	212	217
	200	199	191	205	201	211	211	217	221
	205	204	195	210	205	216	215	222	225
妇女鞋楦	210	210	199	216	209	221	219		
	215	213	203	220	213	226	223		
	220	217	207	223	217	230	227		
	225	220	211	226	221	233	231		
	230	223	215	230	225	236	235		
	235	226	219	133	229	139	239		
	240	230	223	236	233	242	243		
	245	233	227	239	237	245	247		
	250	236	231	242	241	248	251		
	255	239	234	245	244	251	254		
	260	242	237	248	247	254	257		
	265	245	240	251	250	257	260		
	270	248	243	254	253	260	263		

注：表中的“脚”，指 JIS-S-5033 规定的附表的围长，是为参考而列入的。

3. 金属楦尺寸的测定方法

金属楦尺寸的测定方法如图 7-3。

（1）楦长的测定方法　长度测定依下列方法：

①表示尺码的尺寸测定，指从后跟末端部 B 开始到放脚实际尺寸的前端 G 的底面曲线长度，不包括鞋头余量；

②尺码的上靠尺寸，称鞋头余量，鞋头余量可随意；

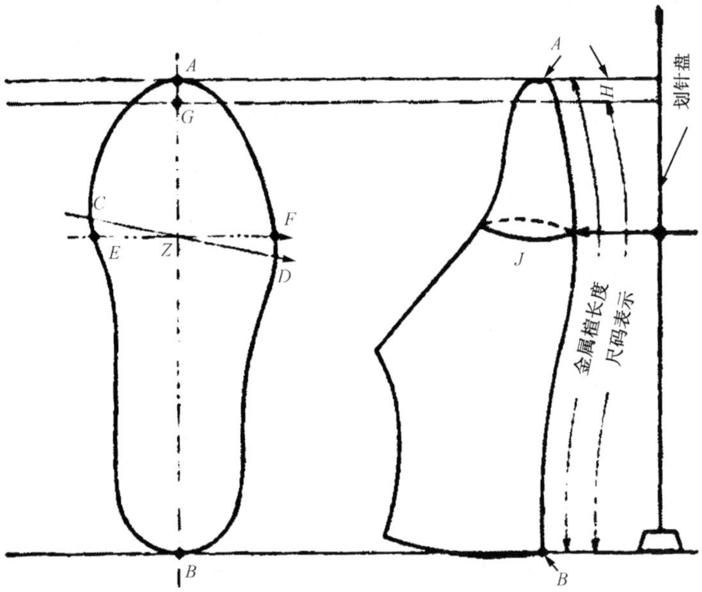

图 7-3 金属楦测定方法

A—楦头部 *B*—后跟末端 *AB*—金属楦底面曲线长度 *C*—和拇趾跟对应的位置
D—和小趾跟对应的位置 *CD*—*C*、*D* 两点连线 *Z*—*AB* 和 *CD* 交点 *EF*—过 *Z* 点到 *AB* 之垂线
E—*EF* 线在拇指处交点 *F*—*EF* 线在小趾处交点 *G*—放脚尺寸的顶端 *GB*—放脚尺寸
H—鞋头余量 *J*—通过 *E*、*F* 围绕一周的尺寸（肥度）

③金属楦的长度，指从楦头部 *A* 开始到后跟末端 *B* 的底面曲线长度（包括鞋头余量的长度）*AB*。

（2）围长测定方法　围长的测定依下列方法：

①在金属楦的最长线（连接 *AB* 的底面曲线）和 *C* 点、*D* 点连线 *CD* 的交点 *Z* 上，引 *EF* 线垂直于长线 *AB*，*Z* 点是从后跟末端测量，在表列尺寸的（68 ± 2）% 的位置；

②按楦头前端 *A* 点和后跟后端 *B* 点，上下垂直夹住，使金属楦能旋转的程度加以固定，通过 *EF* 点的线的周围尺寸，用划针盘划线，并用卷尺测定划线的长度。

四、日本鞋号和国际鞋号

古来作为日本鞋履尺寸长期沿用下来的单位，是“文”。

它是以宽永通宝钱币的一文钱（直径约 2.4cm）为单位的。据说过去人们在家中缝制“布袜”的时候，测定脚长不是用尺，而是把一文钱币排列起来测量的，一直到 1959 年 1 月开始实行米制单位为止，除去皮鞋外，布袜、胶鞋、塑料鞋等一切鞋类，几乎都用“文”数来表示其尺寸。该“文”数也表示消费者的脚的尺寸，所以这个表示法可以算是脚的实长。

可是，只有皮鞋按鞋楦尺寸，确切地说，仅仅用卷尺测得的鞋楦楦底的实长来表示。例如底长 7 寸 8 分，称为七八，8 寸 8 分称八八，用这样大小的鞋楦制成的各种鞋类，都用这个数字表示，但是这种表示法是鞋楦的尺寸，到底适合“几文”长的脚穿用，还只有依赖零售店的选鞋技术。

就这样，在实行米制之前，日本的服装（包括鞋和身上穿着的商品）所有的尺寸表示方法仅仅依习惯分为“成品尺寸”（商品本身的尺寸，在鞋上相当于鞋楦尺寸）和“裸体尺寸”（身体的尺寸，在鞋上相当赤脚尺寸）两种。这两种方法被杂乱地使用，曾处于非常烦琐的状况。但是，由于世界各国对表示尺码的考虑，已逐步移到消费者方面，所以，日本工业技术院对于服装用尺码，也采用了穿着者容易懂得的裸体尺寸来表示，并对各行各业做了指导。因此，制鞋业在更换成米制的同时，也决定采用脚的尺寸，并一直沿用到现在，鞋跟高度，是以整理后的后跟部最高点到地面的垂直高度（包括掌面高度）来表示。

日本现行公用标准鞋号，根据 JIS 的标准，有《皮鞋的公称尺寸》（JIS-S-5029，1962 年 9 月 1 日制定，1971 年 10 月 1 日修订）和《胶底布鞋及全胶鞋公称尺寸》（JIS-S-5033，1965 年 7 月 1 日制定，1972 年 3 月 1 日修订）。虽然两者都是鞋，但两者之间还有若干差别。下面介绍日本工业标准规定的鞋的公称尺寸。

日本工业标准 JIS-S-5029-1971
皮鞋的公称尺寸

1. 适用范围

本标准是关于一般步行用皮鞋公称尺寸的规定。

2. 用词的意义

本标准中主要用词的意义如下：

（1）长度　长度是指人直立在平坦地面，两脚平衡地支撑体重的姿势下，从前后夹住脚，用厘米尺测量从后跟末端到最长的脚趾前端的距离。

长度的区分，以 5mm 为等差，5mm 用 1/2 来表示。

（2）肥度　肥度是以测定长度时相同的姿势与长度对应的脚的着地部分拇趾跟和小趾跟周围的尺寸，以毫米为单位，肥度的区分用记号 C、D、E、EE、EEE、EEEE 表示。

3. 分类

皮鞋依用途按表 7-8 分类：

表 7-8　皮鞋的分类与用途

分类		用途
婴儿鞋		主要用于 2 岁以下
童鞋	小尺码	主要用于 3 岁以下
	中尺码	主要用于 4 ~ 5 岁
	大尺码	主要用于 10 岁以下
	过渡尺码	主要用于 11 岁以上
男鞋		主要用于一般成年男子
女鞋		主要用于一般成年女子

4. 公称尺寸

皮鞋的公称尺寸，用长度和肥度表示，与长度相对应的肥度如表 7-9 所示。

表 7-9　　皮鞋的公称尺寸　　单位：mm

分类		鞋号	肥度					
			C	D	E	EE	EEE	EEEE
婴儿鞋		12			119	125	131	
		12½			124	130	136	
		13			129	135	141	
		13½			134	140	146	
儿童鞋	小尺码	14			139	145	151	
		14½			144	150	156	
		15			149	155	161	
	中尺码	15½		148	154	160	166	
		16		153	159	165	171	
		16½		158	164	170	176	
		17		163	169	175	181	
		17½		168	174	180	186	
	大尺码	18		173	179	185	191	
		18½		178	184	190	196	
		19		183	189	195	201	
		19½		188	194	200	206	
		20		193	199	205	211	
		20½		198	204	210	216	
		21		203	209	215	221	
	过渡尺码	21½		207	213	219	225	
		22		212	218	224	230	
		22½		217	223	229	235	
		23		222	228	234	240	
		23½		227	233	239	245	
男鞋		23		223	230	236	242	249
		23½		227	233	239	246	253
		24		230	236	242	249	256
		24½		233	239	246	253	259
		25		236	242	249	256	262
		25½		240	246	253	259	265
		26		243	249	256	262	268
		26½		246	253	259	265	271

续表

分类	鞋号	肥度					
		C	D	E	EE	EEE	EEEE
男鞋	27		250	256	262	268	274
	27½		253	259	265	271	277
	28		256	262	268	274	280
	28½		259	265	271	277	283
	29		262	268	274	280	286
女鞋	21	203	210	216	221		
	21½	206	213	220	226		
	22	209	217	223	230		
	22½	213	220	226	233		
	23	217	223	230	236		
	23½	220	227	233	239		
	24	223	230	236	242		
	24½	226	233	239	245		
	25	230	236	242	248		
	25½	233	239	245	251		
	26	236	242	248	254		
	26½	239	245	251	257		
	27	242	248	254	260		

5. *表示方法*

按以下方法表示皮鞋公称尺寸。

（1）采用长度、肥度合起来的表示方法。

（2）表示的字体，原则上用黑体字，可以有倾斜，肥度标记用大写英文字母放在尺码的右端或下端。

例如：24½E、24½EE、24½EEE、24½EEEE

（3）标记尺寸的位置，应在外底、内底或后帮鞋里上。

（4）鞋号标记，应该容易看而不易磨耗。

参考：

（1）鞋跟高度　鞋跟高度可以不直接标记在皮鞋上，只要交易方便，不妨标记在鞋盒或袋子上。

鞋跟的高度，是将皮鞋放在平面上，从平面到后端子口（后帮与鞋跟的连接面）的高度。

（2）脚的适应性的史密司-伊文思效果（Smith Evans Effect）史密司-伊文思效果，是经济合作发展组织人国际鞋号标准化委员会，为实现国际尺码标准化而进行的各种实验过程中确认的一种现象，是国际鞋号标准化委员会的史密司夫人和伊文思夫人进行实验的结果。当史密司夫人和伊文思夫人在试穿某一式样的鞋时，史密司夫人认为5号较适合，伊文思夫人则认为5½号适合，接着，两人又穿同一鞋楦制成的不同式样的鞋时，史密司夫人反而认为5½号适合，而伊文思夫人则认为5号适合。由此，国际鞋号标准化委员会将这种脚和鞋的适应性称为史密司-伊文思效果。这个效果说明鞋号并不是人体的记号，而应是关于脚和鞋的适应性的一个标记。该现象启示人们买鞋时不仅要讲出自己穿的鞋号，还有必要实际地穿一穿。

关于皮鞋的鞋号，各种制鞋厂有所不同一事已再三指出，其原因之一，可以说有史密司-伊文思效果。

日本工业标准　JIS-S-5033-1972
胶底布鞋用语全胶鞋公称尺寸

1. 适用范围

本标准是关于一般使用的胶底布鞋及全胶鞋公称尺寸的规定，但不适用于下列特殊用途的鞋。

（1）套在鞋上穿的鞋（称鞋套）。

（2）胶底布鞋中的劳保鞋、系带芭蕾舞鞋、防寒鞋、轻型登山鞋及其他运动用的特殊布鞋。

（3）全胶鞋中的插秧袜、插秧长靴、水田鞋、煤矿鞋、系带浅帮鞋、浅口鞋、长统靴、劳保鞋、高统靴、水中用靴、沼泽靴、圆筒靴、渔业用靴、滑雪靴及防寒靴。

2. 用词的意义

本标准中的主要用词的意义如下：

（1）长度　长度是指人直立在平坦地面，两脚平衡地支撑体重的姿势下，从前后夹住脚，用厘米尺测量从后跟末端到最长的脚趾前端的距离。长度的区分，以5mm为等差，5mm用½来表示。

（2）肥度　肥度是以测定长度时的相同姿势，测定与长度相应的脚的着地部分的拇趾跟和小趾跟周围的尺寸，以毫米为单位。肥度的区分用 *D*、*E*、*EE*、*EEE* 表示。

3. 公称尺寸

胶底布鞋及全胶鞋的公称尺寸，用长度和肥度表示，与长度相对应的肥度，如表7-10。

4. 表示方法

胶底布鞋和全胶鞋的公称尺寸表示法如下：

（1）长度、肥度合起来用阿拉伯数字和英文大写字母表示，肥度标记放在尺码的右端或下方。

例如：24. 5E、23. 0D、18. 0EE

（2）标记尺寸的位置在外底、内底或后帮上，用明显易看、不易磨耗的方法标记。

表 7-10　　胶底布鞋及全胶鞋公称尺寸　　单位：mm

分　类	鞋　号	肥　度		
		E	EE	EEE
童　鞋	13	135	141	147
	13½	140	146	152
	14	145	151	157
	14½	150	156	162
	15	155	161	167
	15½	160	166	172
	16	165	171	177
	16½	170	176	182
	17	175	181	187
	17½	180	186	192
	18	185	191	197
	18½	190	196	202
	19	195	201	207
	19½	200	206	212
	20	205	211	217
	20½	210	216	222
	21	215	221	227
	21½	220	226	233
	22	224	230	236
	22½	227	233	239
	23	230	236	242
	23½	233	239	246
男　鞋	23	230	236	242
	23½	233	239	246
	24	236	242	249
	24½	239	246	253
	25	242	249	256
	25½	246	253	259
	26	249	256	262

续表

分　类	鞋　号	肥　度		
		E	EE	EEE
男鞋	26½	253	259	265
	27	256	262	268
	27½	259	265	271
	28	262	268	274
	28½	265	271	277
	29	268	274	280

分　类	鞋　号	肥　度			
		D	E	EE	EEE
少女鞋	17	169	175	181	187
	17½	174	180	186	192
	18	179	185	191	197
	18½	184	190	196	202
	19	189	195	201	207
	19½	194	200	206	212
	20	199	205	211	217
	20½	204	210	216	222
妇女鞋	21	210	216	221	
	21½	213	220	226	
	22	217	223	230	
	22½	220	226	233	
	23	223	230	236	
	23½	226	233	239	
	24	230	236	242	
	24½	233	239	245	
	25	236	242	248	
	25½	239	245	251	
	26	242	248	254	
	26½	245	251	257	
	27	248	254	260	

五、日本新版脚型资料、楦底样设计及鞋楦测量方法

1. 日本新版脚型与楦底样设计研究资料（见图 7-4）
2. 日本鞋楦底样图纸设计（见图 7-5、表 7-11）
3. 日本鞋楦测量方法（见图 7-6）

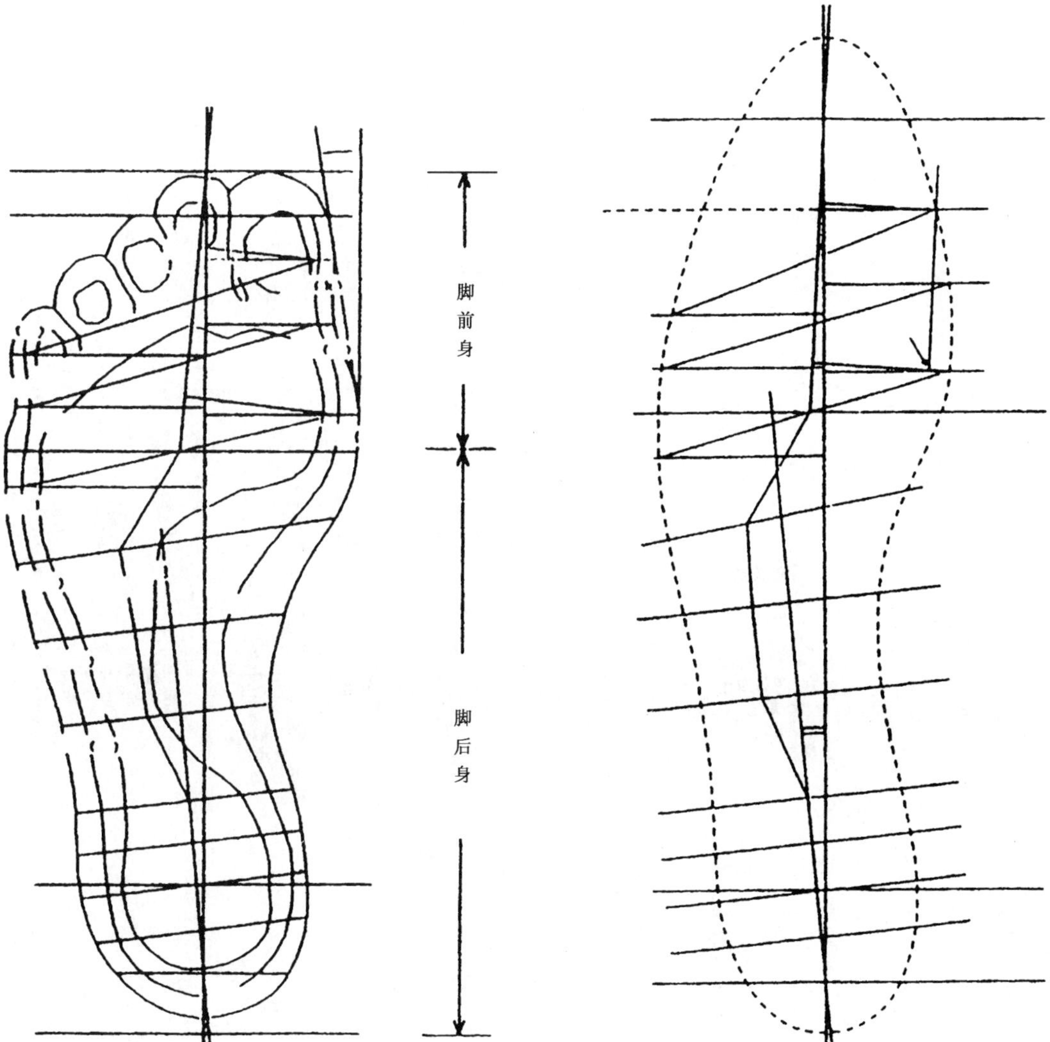

图 7-4　日本新版脚型与楦底样设计研究资料

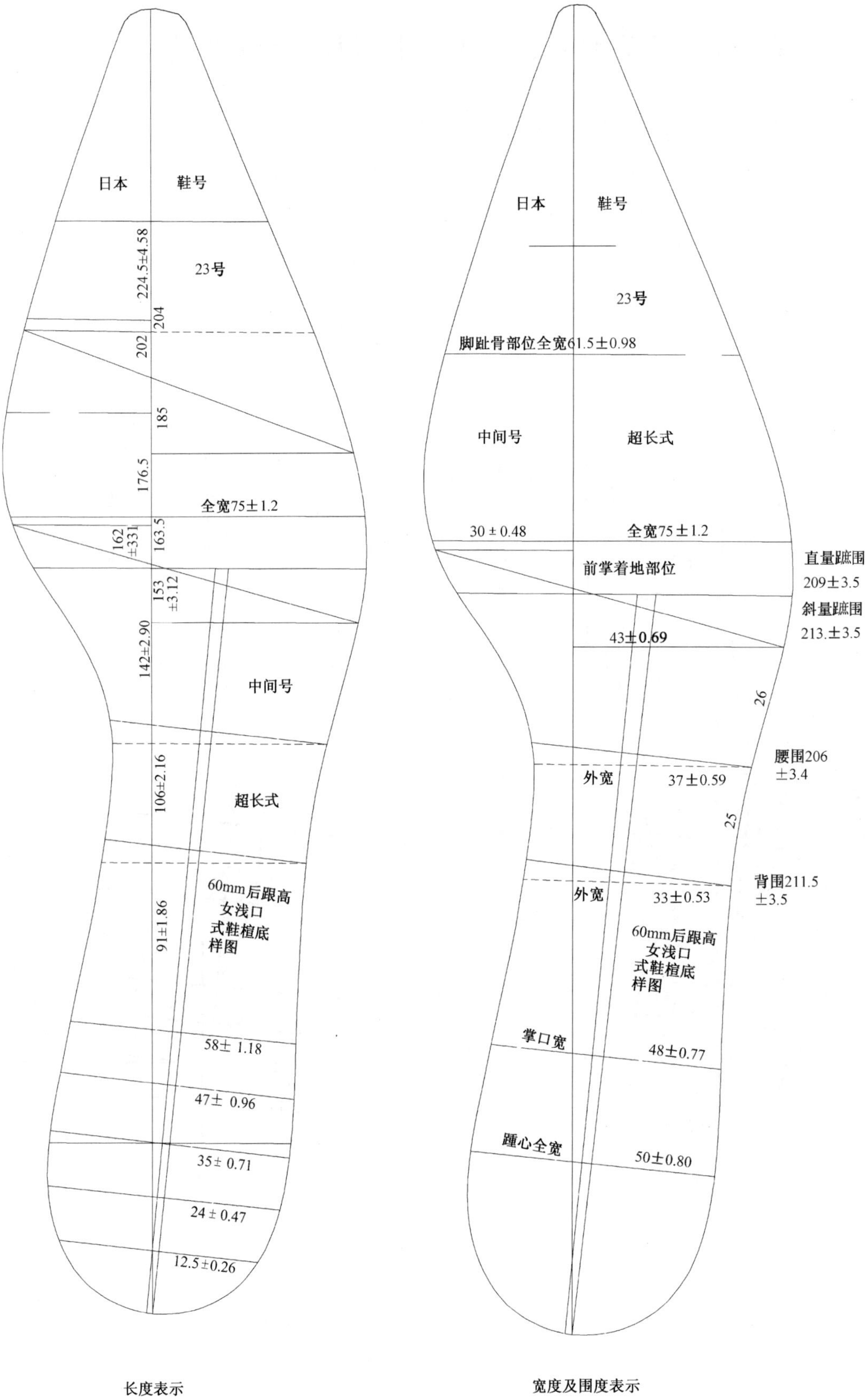

图7-5　日本鞋楦底样设计图（长度单位：mm）

表 7-11　日本 23 号妇女浅口式 60mm 后跟高尖头超长式中间号（D 型）鞋楦主要数据表　单位：mm

编　号	部位名称	尺　寸	等　差
1	楦底样长	273	±5
2	放余量	14.5	±0.30
3	超长度	19.5	±0.40
4	后容差	4.50	±0.09
5	跖围	213.5	±3.5
6	腰围	206	±3.4
7	背围	211.5	±3.5
8	脚趾骨部位全宽	61.5	±0.98
9	前掌宽度	75	±1.2
10	前掌肉体宽度	77.5	±1.27
11	腰围外宽	37	±0.59
12	腰围部位肉体宽	64	±1.05
13	背围外宽	33	±0.53
14	背围部位肉体宽	63	±1.03
15	踵心部位宽度	50	±0.80
16	踵心部位肉体宽度	56	±0.90
17	第一跖趾里宽	30	±0.48
18	第五跖趾外宽	43	±0.69
19	总前跷着地部位	140	±2.86
20	总前跷高度	55	±0.90
21	前跷高度	10	±0.16
22	后跷高度	60	±0.98
23	头厚度	17	±0.28
24	后身高度	68	±1.11
25	前掌凸度	4.5	±0.07
26	底心凹度	7	±0.11
27	踵心凸度	3	±0.05
28	统口长度	92	±1.51
29	统口宽度	20	±0.32
30	楦斜长	271	±5.5

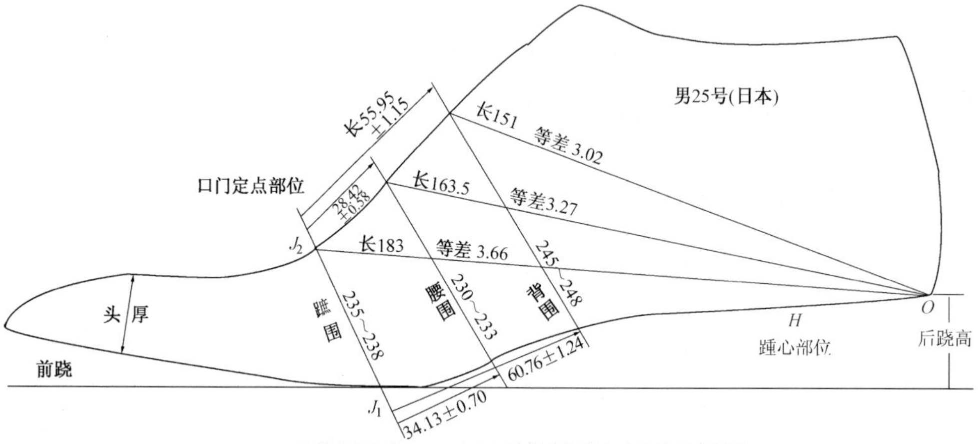

(a)

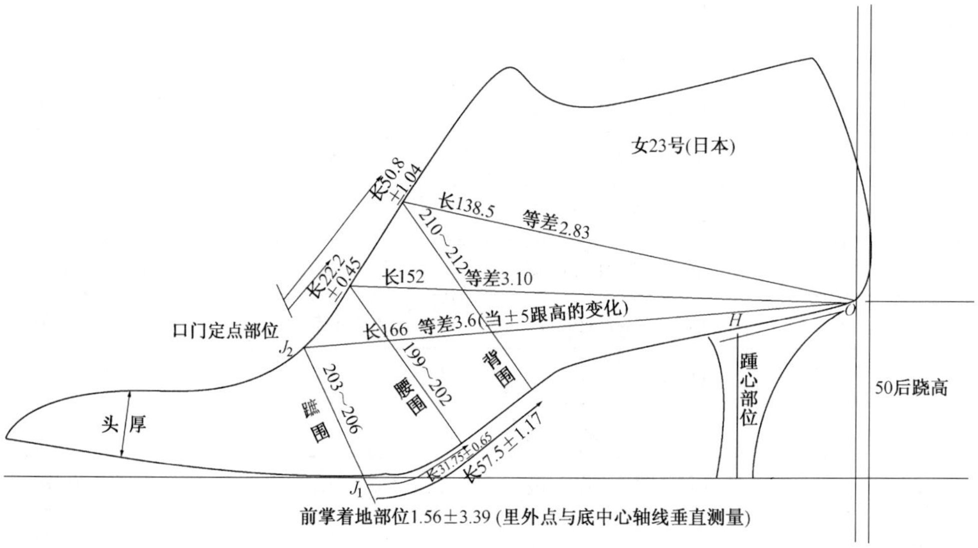

(b)

图 7-6 日本鞋楦测量方法（单位：mm）

（a）男鞋 （b）女鞋

第三节　美国鞋号与鞋楦

一、美国鞋号与鞋楦的特点

美国鞋号与英国鞋号的楦底样长度都是英寸制，它的标记方法与英国鞋号基本相同，楦底样长度号差为$\frac{1}{3}$in，等于每号之间号差为 8. 46mm，半号间等差 4. 23mm；肥瘦号差为$\frac{1}{4}$in，等于蹠围号差为 6. 35mm；肥瘦型差为$\frac{1}{2}$in，即 12. 7mm；宽度等差为$\frac{3}{32}$in，即 2. 38mm。在实际使用中有所差距：肥瘦号差 6mm，半号差 3mm，也有采用长度号差 8 ~9mm 制，半号长度等差为 4 ~5mm。

美国鞋号以 $3\frac{11}{12}$in 为基数开始记号，儿童鞋波士顿尺码 1 号 $=3\frac{11}{12}+\frac{1}{3}=4\frac{1}{4}$in，即 108mm，由 1 ~13 号，成人鞋号从儿童 13 号为基数开始记号，鞋号范围也是由 1 ~13 号，中间安排有半号。例如 1、$1\frac{1}{2}$、2、$2\frac{1}{2}$、3、$3\frac{1}{2}$、4、$4\frac{1}{2}$、5、$5\frac{1}{2}$、6、$6\frac{1}{2}$、7、$7\frac{1}{2}$、8、$8\frac{1}{2}$、9、$9\frac{1}{2}$、10、$10\frac{1}{2}$、11、$11\frac{1}{2}$、12、$12\frac{1}{2}$、13。

美国鞋号地区性差异较大，现在美国通常使用的鞋号有：美国标准鞋号、美国惯用鞋号、美国波士顿鞋号。

美国鞋号和鞋楦数据尺寸一般是按美国一些著名鞋业公司所研究和常用的数据和测量方法在鞋业中惯用。

美国鞋号标准鞋号见表 7-12，美国惯用鞋号见表 7-13，美国波士顿鞋号见表 7-14。

表 7-12　　**美国标准鞋号**　　单位：mm

款　式	男士		妇女		青年		少女		大童		中童	
	中间号	楦底样长	中间号	楦底样长	中间号	楦底样长	中间号	楦底样长	中间号	楦底样长	中间号	楦底样长
全空凉鞋	8	268	$6\frac{1}{2}$	243	$3\frac{1}{2}$	230	$13\frac{1}{2}$	192	13	201	9	168
满帮大头型	8	269. 23	$6\frac{1}{2}$	244	$3\frac{1}{2}$	231	$13\frac{1}{2}$	193	13	202	9	169
满帮中头型	8	273	$6\frac{1}{2}$	248	$3\frac{1}{2}$	235	$13\frac{1}{2}$	197	13	206	9	172
满帮小头型	8	278	$6\frac{1}{2}$	252	$3\frac{1}{2}$	239	$13\frac{1}{2}$	201	13	210	9	176
超长式鞋	8	282	$6\frac{1}{2}$	256	$3\frac{1}{2}$	244	$13\frac{1}{2}$	206				
运动鞋	8	278	$6\frac{1}{2}$	253	$3\frac{1}{2}$	240	$13\frac{1}{2}$	202	13	211	9	177

表 7-13　美国惯用鞋号

（习惯用于妇女类鞋楦的楦底样长）

单位：mm

中间号	款　式	楦底样长
8	全空凉鞋	256
8	满帮大头型	260
8	满帮中头型	265
8	满帮小头型	269
8	超长式鞋	273
8	运动鞋	270
1	婴儿鞋	88

表 7-14　美国波士顿鞋号　单位：mm

中间号	款　式	楦底样长
8	全空凉鞋	273
8	满帮大头型	274
8	满帮中头型	278
8	满帮小头型	282
8	超长式鞋	287
8	运动鞋	283
1	婴儿鞋	109

美国鞋号主要部位表示见图 7-7，美国新版楦底样设计图及数据见图 7-8。女楦等差数据如下。

		肥度				全号
围　度	蹠　围					8.47mm
	腰　围	A −6.35mm	AA −6.35mm	AAA −4.76mm	AAAA −4.76mm	
	背　围	C +6.35mm	D +6.35mm	E +4.76mm	EE +4.76mm	EEE +4.76mm
基本宽度		1.59mm				2.12mm
着地点到跟部		3.18mm				12.7mm
蹠围到背围		1.59mm				11.11mm
头厚		0.4mm				0.4mm
底心凹度部位						3.97mm

注：半号等差为全号的一半，例如：全号长度等差为 8.47mm，半号即为 4.23mm。

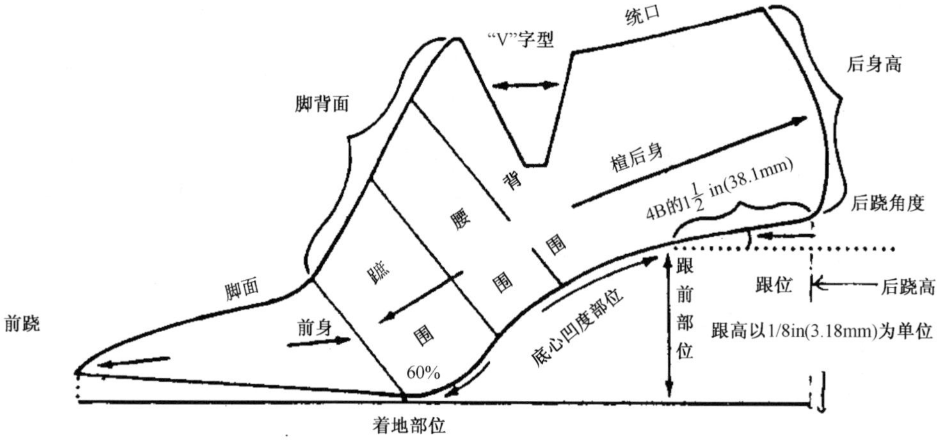

图 7-7　美国鞋号主要部位表示图

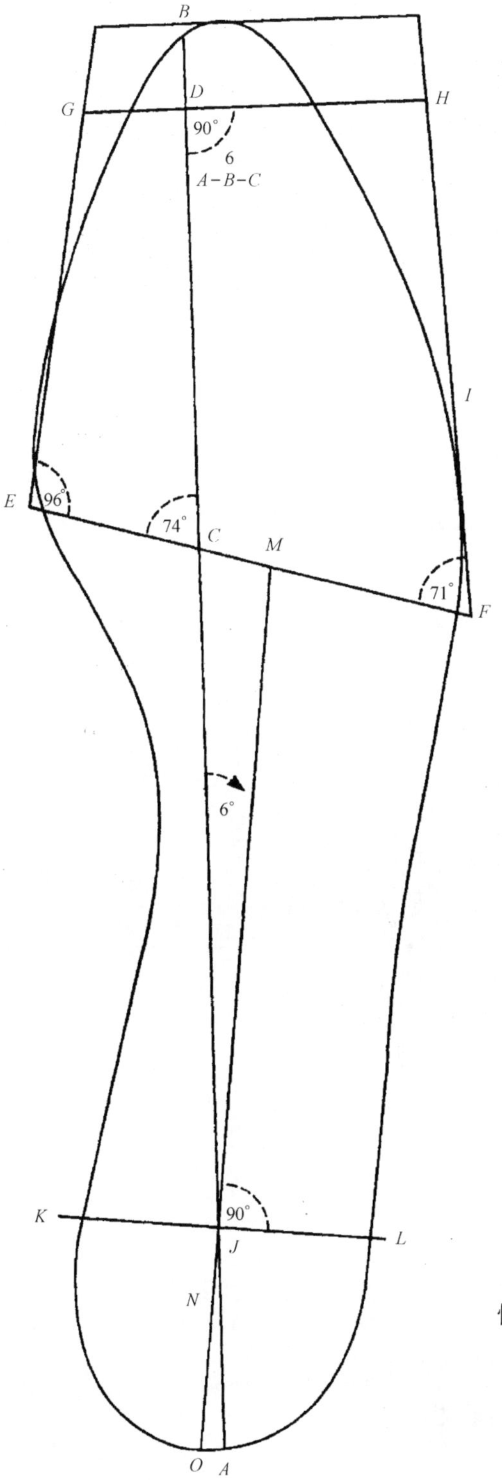

楦号 02460G

鞋号 6B

跖围 = 203.5mm

$AB = 246$mm

$BD = 15$mm

$BC = 91$mm（AB 的 37%）

$AC = 155$mm（AB 的 63%）

$\angle BCE = 74°$

$CE = 30.5$mm（跖围的 15%）

$CF = 47$mm（跖围的 23%）

$\angle CEG = 96°$

$\angle CFH = 71°$

$HI = 46$mm（AD 的 20%）

$JA = 38.5$ mm（AD 的 1/6）

$\angle CJM = 6°$

JL 及 $JK = 27$mm（EE 的 1/3 + 1）

DA = 楦底样长 246mm − 放余量 15mm = 231mm

CE = 跖围 203.5mm × 15% = 30.5 mm 第一跖趾

CF = 跖围 203.5mm × 23% = 46.8mm 第五跖趾

BC = 楦底样长 246mm × 37% = 91mm

楦底前身长度

这张 AK-64 楦的底样展开图对于稳定一个鞋楦的准确性十分有用。

图 7-8　美国新版楦底样设计图及数据

美国标准鞋号 6B 女鞋中底规格见图 7-9，美国女鞋楦底样图及数据尺寸见图 7-10。不同类型楦底样长及围度数据见表 7-15，不同类型鞋的肥度见表 7-16。

测量方法：测量着地点，传统测量按楦底样长的 2/3，也有采用按楦底样长的 64% 定点测量。

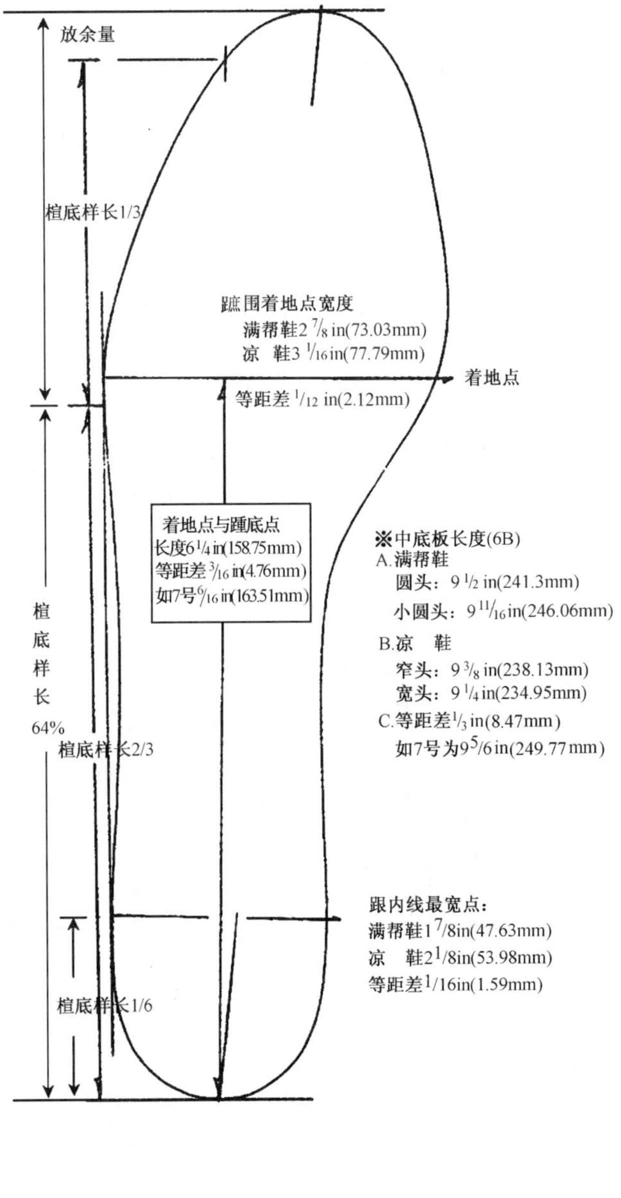

图 7-9 美国标准鞋号 6B 号女鞋中底规格长宽等距参考图（佩雷斯测量标准）

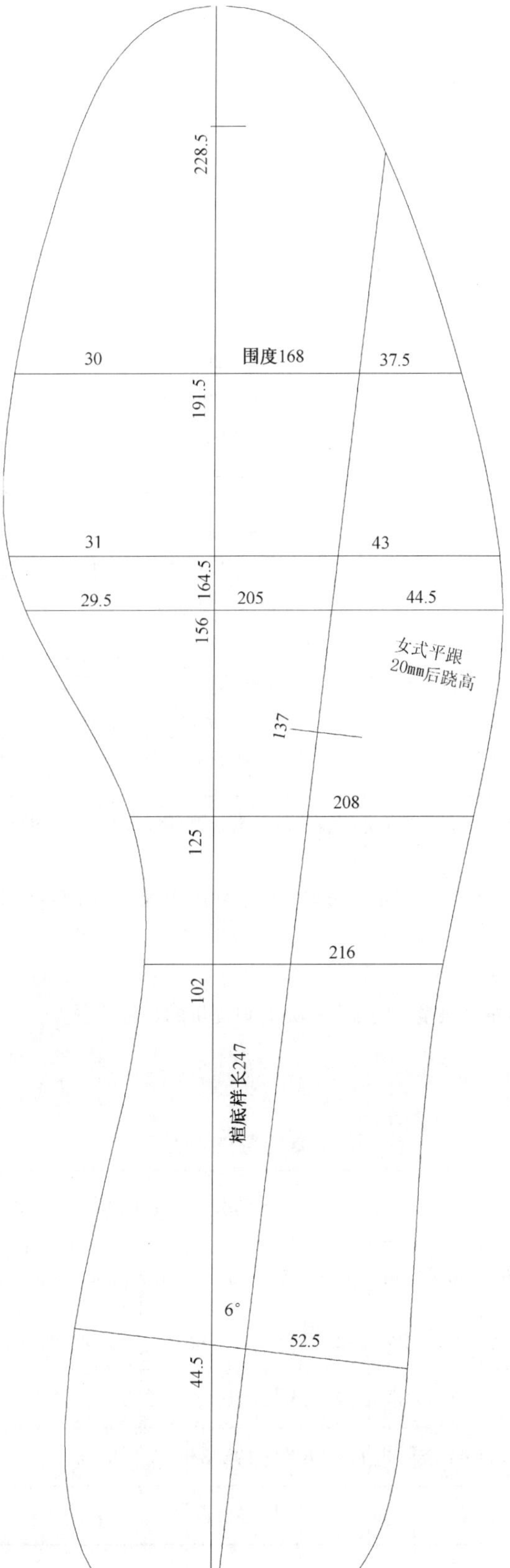

图 7-10　6 号美国女鞋楦底样图
及数据尺寸（单位：mm）

表 7-15　　不同头型楦底样长及围度数据　　单位：mm

头　型	楦底样长	围　度	半号差
大圆头型 中圆头型	238 239（一般做凉鞋）	蹠围 197 腰围 190.50（瘦型） 背围 209.55	3.17（3.18） 3.18 3.18
中圆头型 小圆头型	244	蹠围 203.20 腰围 196.85（一般） 背围 215.90	3.17（3.18） 3.18 3.18
小圆头型 （超长式）	248	蹠围 209.55 腰围 203.20 （一般） 背围 222.25	3.17（3.18） 3.18 3.18
		蹠围 215.90 腰围 209.55 （肥型） 背围 228.60	3.17（3.18） 3.17（3.18） 3.17（3.18）

注：①也有选用长度 246mm 的，总前跷随前跷的变化而变化，但 6 号楦的总前跷着地部位在从鞋楦后端向前曲线长度 137mm 处。

②以上围度中的蹠围、腰围及背围的数据与楦底样图中的数据不同是因为测量点部位不一样，所以不相同。

③美国鞋号围度等差为 6.35mm，半号等差分别为 3.17mm 和 3.18mm。

④以上测量按美国鞋楦书测量，图中数据是客户提供的一种数据。

表 7-16　　不同类型鞋的肥度

鞋的类型 / 肥度单位 / 鞋号	皮鞋		便鞋		运动鞋		登山鞋		工作鞋		凉鞋		包子鞋	
	in	mm	in	mm	in	mm	in	mm	in	mm	in	mm	in	mm
男鞋 8 号	$9\frac{1}{2}$	241.3	$9\frac{9}{16}$	242.89	$9\frac{5}{8}$	244.48	$9\frac{11}{16}$	246.06	$9\frac{3}{4}$	247.65	$9\frac{3}{8}$	238.13	$9\frac{1}{4}$	234.95
男童鞋 4 号	$8\frac{9}{16}$	217.49	$8\frac{5}{8}$	219.08	$8\frac{11}{16}$	220.66	$8\frac{3}{4}$	222.25			$8\frac{7}{16}$	214.31	$8\frac{5}{16}$	211.14
女童鞋 13 号	$7\frac{5}{8}$	193.68	$7\frac{11}{16}$	195.26	$7\frac{3}{4}$	196.85	$7\frac{13}{16}$	198.44			$7\frac{1}{2}$	190.5	$7\frac{3}{8}$	187.33
女鞋 6 号					$8\frac{11}{16}$	220.66								

美国惯用测量法见图 7-11，美国、法国标准鞋楦尺寸表见表 7-17，美国楦的围度标准见表 7-18，蹠围、腰围、背围部位数据见表 7-19。

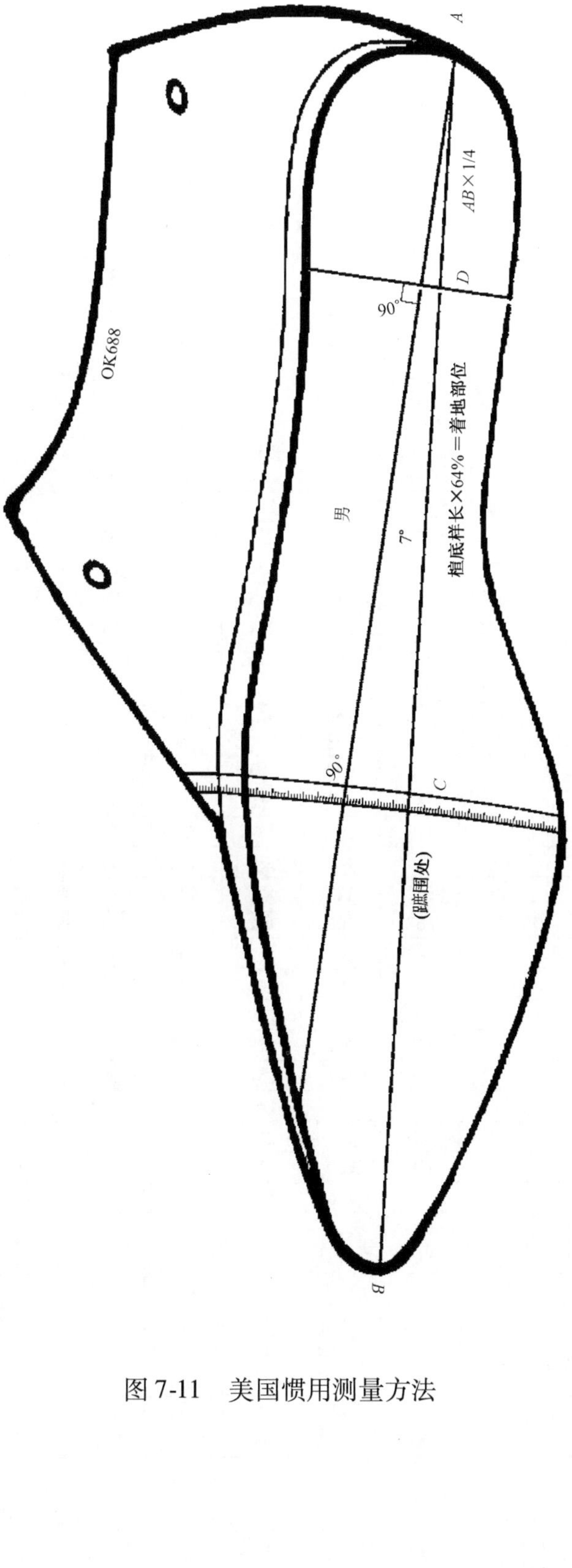

图 7-11　美国惯用测量方法

表 7-17　　美国、法国标准鞋楦尺寸表　　单位：mm

美国鞋号			中底长度/mm					法国鞋号	中底长度		
	男鞋、童鞋、婴儿鞋	妇女、少女、女童	凉鞋	满帮鞋、运动鞋					凉鞋	满帮鞋	运动鞋
男士	12		302	304	307	309	312				
男士	11½		298	300	303	304	308	46	297	302	307
男士	11		293	295	298	300	303				
男士	10½		289	291	294	296	299	45	290	295	300
男士	10		285	287	290	292	295	44	283	288	293
男士	9½	11	281	283	286	288	291				
男士	9	10½	277	278	282	283	287	43	277	282	287
男士	8½	10	272	274	277	279	282				
男士	8	9½	268	270	273	275	278	42	270	275	280
男士	7½	9	264	266	269	271	274	41	263	268	273
男士	7	8½	260	262	265	266	270				
男士	6½	8	255	257	260	262	265	40	257	262	267
男士	6	妇女······7½	251	253	256	258	261	39	250	255	260
青年	5½	7	247	249	252	254	257				
青年	5	6½	243	245	248	250	253	38	243	248	253
青年	4½	6	239	240	244	245	249	37	237	242	247
青年	4	5½	234	236	239	241	244				
青年	3½	5	230	232	235	237	240	36	230	235	240
青年	3	4½	226	228	231	233	236				
青年	2½	4	222	223	227	229	232	35	223	228	233
青年	2	3½	217	219	222	224	227	34	217	222	227
大童	1½	3	213	215	218	220	223				
大童	1	2½	209	211	214	216	219	33	210	215	220
大童	13½	2	205	207	210	212	215				
大童	13	1½	201	202	206	207	211	32	203	208	213
大童	12½	1	196	198	201	203	206	31	197	202	207
大童	12	少女······13½	192	194	197	199	202	30	190	195	200
大童	11½	13	188	190	193	195	198				
大童	11	12½	184	185	189	190	194	29	183	188	193
中童	10½	12	179	181	184	186	189				
中童	10	11½	175	177	180	182	185	28	177	182	187
中童	9½	11	171	173	176	178	181	27	170	175	180
中童	9	10½	167	168	172	173	177				
中童	8½		162	164	167	169	172	26	163	168	173
中童	8		158	160	163	165	168	25	157	162	167
中童	7½		154	156	159	161	164				
中童	7		150	152	155	157	160	24	150	155	160
婴儿	6½		146	147	151	152	156	23	143	148	153
婴儿	5½		137	139	142	144	147	22	137	142	147
婴儿	5		133	135	138	140	143				
婴儿	4½		129	130	134	135	139	21	130	135	140
婴儿	4		124	126	129	131	134	20	123	128	133
婴儿	3½		120	122	125	127	130				
婴儿	3		116	118	121	123	126	19	117	122	127
婴儿	2½		112	113	117	118	122	18	110	115	120
婴儿	2		107	109	112	114	117				
婴儿	1½		103	105	108	110	113	17	103	108	113
婴儿	1		99	101	104	106	109	16	97	102	107
婴儿	½		95	96	100	101	105				
婴儿	0		90	92	95	97	100	15	89	94	99

注：号差为 8.46mm，半号差为 4.23mm。

美国尺寸与英国尺寸的区别：男鞋—青年—男童—中童之尺寸比英国鞋号大 1/2（即美国鞋号 9 号 = 英国鞋号8½号）；妇女—少女之尺寸比英国尺寸大 1½（即美国鞋号 6 号 = 英国鞋号 4½号）。妇女：11 ~ 8 号，少女：8 ~ 3 号，女孩：3 ~ 10 号。

表 7-18（1）　　通用的婴幼儿鞋楦尺寸标准

肥度	鞋号	5	5 1/2	6	6 1/2	7	7 1/2	8
A	蹠围/in	4 7/8	4 31/32	5 1/16	5 5/32	5 1/4	5 11/32	5 7/16
	（mm）	(123.83)	(126.21)	(128.59)	(130.97)	(133.35)	(135.73)	(138.11)
	腰围/in	4 7/8	4 31/32	5 1/16	5 5/32	5 1/4	5 11/32	5 7/16
	（mm）	(123.83)	(126.21)	(128.59)	(130.97)	(133.35)	(135.73)	(138.11)
	背围/in	5 1/4	5 11/32	5 7/16	5 17/32	5 5/8	5 23/32	5 13/16
	（mm）	(133.35)	(135.75)	(138.11)	(140.49)	(142.88)	(145.26)	(147.64)
B	蹠围/in	5 1/8	5 7/32	5 5/16	5 13/32	5 1/2	5 19/32	5 11/16
	（mm）	(130.18)	(132.56)	(134.94)	(134.32)	(139.70)	(142.08)	(144.46)
	腰围/in	5 1/8	5 7/32	5 5/16	5 13/32	5 1/2	5 19/32	5 11/16
	（mm）	(130.18)	(132.56)	(134.94)	(137.32)	(139.70)	(142.08)	(144.46)
	背围/in	5 1/2	5 19/32	5 11/16	5 25/32	5 7/8	5 31/32	5 1/16
	（mm）	(139.70)	(142.08)	(144.46)	(146.84)	(149.23)	(151.61)	(153.99)
C	蹠围/in	5 3/8	5 15/32	5 9/16	5 21/32	5 3/4	5 27/32	5 15/16
	（mm）	(136.53)	(138.91)	(141.29)	(143.67)	(146.05)	(148.43)	(150.81)
	腰围/in	5 3/8	5 15/32	5 9/16	5 21/32	5 3/4	5 27/32	5 15/16
	（mm）	(136.53)	(138.91)	(141.29)	(143.67)	(146.05)	(148.43)	(150.81)
	背围/in	5 3/4	5 27/32	5 15/16	6 1/32	6 1/8	6 7/32	6 5/16
	（mm）	(146.05)	(148.43)	(150.81)	(153.19)	(155.58)	(157.96)	(160.34)
D	蹠围/in	5 5/8	5 23/32	5 13/16	5 29/32	6	6 3/32	6 3/16
	（mm）	(142.88)	(145.26)	(147.64)	(150.02)	(152.40)	(154.78)	(157.16)
	腰围/in	5 5/8	5 23/32	5 13/16	5 29/32	6	6 3/32	6 3/16
	（mm）	(142.88)	(145.26)	(147.64)	(150.02)	(152.40)	(154.78)	(157.16)
	背围/in	6	6 3/32	6 3/16	6 9/32	6 3/8	6 15/32	6 9/16
	（mm）	(152.40)	(154.78)	(157.16)	(159.54)	(161.93)	(164.31)	(166.69)
E	蹠围/in	5 13/16	5 29/32	6	6 3/32	6 3/16	6 9/32	6 3/8
	（mm）	(147.64)	(150.02)	(152.40)	(154.78)	(157.16)	(159.54)	(161.93)
	腰围/in	5 13/16	5 29/32	6	6 3/32	6 3/16	6 9/32	6 3/8
	（mm）	(147.64)	(150.02)	(152.40)	(154.78)	(157.16)	(159.54)	(161.93)
	背围/in	6 3/16	6 9/32	6 3/8	6 15/32	6 9/16	6 21/32	6 3/4
	（mm）	(157.16)	(159.54)	(161.93)	(164.31)	(166.69)	(169.07)	(171.45)
EE	蹠围/in	6	6 3/32	6 3/16	6 9/32	6 3/8	6 15/32	6 9/16
	（mm）	(152.40)	(154.78)	(157.16)	(159.54)	(161.93)	(164.31)	(166.69)
	腰围/in	6	6 3/32	6 3/16	6 9/32	6 3/8	6 15/32	6 9/16
	（mm）	(152.40)	(154.78)	(157.16)	(159.54)	(161.93)	(164.31)	(166.69)
	背围/in	6 3/8	6 15/32	6 9/16	6 21/32	6 3/4	6 27/32	6 15/16
	（mm）	(161.93)	(164.31)	(166.96)	(169.07)	(171.45)	(173.83)	(176.21)
EEE	蹠围/in	6 3/16	6 9/32	6 3/8	6 15/32	6 9/16	6 21/32	6 3/4
	（mm）	(157.16)	(159.54)	(161.93)	(164.31)	(166.69)	(169.07)	(171.45)
	腰围/in	6 3/16	6 9/32	6 3/8	6 15/32	6 9/16	6 21/32	6 3/4
	（mm）	(157.16)	(159.54)	(161.93)	(164.31)	(166.69)	(169.07)	(171.45)
	背围/in	6 9/16	6 21/32	6 3/4	6 27/32	6 15/16	7 1/32	7 1/8
	（mm）	(166.69)	(169.07)	(171.45)	(173.83)	(176.21)	(178.59)	(180.98)

表 7-18（2）　　通用的小童鞋楦尺寸标准

肥度	鞋号	8½	9	9½	10	10½	11	11½	12
A	蹠围/in	5 15/32	5 9/16	5 21/32	5¾	5 27/32	5 15/16	6 1/32	6⅛
	（mm）	（138.91）	（141.29）	（143.67）	（146.05）	（148.43）	（150.81）	（153.19）	（155.58）
	腰围/in	5 13/32	5½	5 19/32	5 11/16	5 25/32	5⅞	5 31/32	6 1/16
	（mm）	（137.32）	（139.70）	（142.08）	（144.46）	（146.84）	（149.23）	（151.61）	（153.99）
	背围/in	5 27/32	5 15/16	6 1/32	6⅛	6 7/32	6 5/16	6 13/32	6½
	（mm）	（148.43）	（150.81）	（153.19）	（155.58）	（157.96）	（160.34）	（162.72）	（165.10）
B	蹠围/in	5 23/32	5 13/16	5 29/32	6	6 3/32	6 3/16	6 9/32	6⅜
	（mm）	（145.26）	（147.64）	（150.02）	（152.40）	（154.78）	（157.16）	（159.54）	（161.93）
	腰围/in	5 21/32	5¾	5 27/32	5 15/16	6 1/32	6⅛	6 7/32	6 5/16
	（mm）	（143.67）	（146.05）	（148.43）	（150.81）	（153.19）	（155.58）	（157.96）	（160.34）
	背围/in	6 3/32	6 3/16	6 9/32	6⅜	6 15/32	6 9/16	6 21/32	6¾
	（mm）	（154.78）	（157.16）	（159.54）	（161.93）	（164.31）	（166.69）	（169.07）	（171.45）
C	蹠围/in	5 31/32	6 1/16	6 5/32	6¼	6 11/32	6 7/16	6 17/32	6⅝
	（mm）	（151.61）	（153.99）	（156.37）	（158.75）	（161.13）	（163.51）	（165.89）	（168.28）
	腰围/in	5 29/32	6	6 3/32	6 3/16	6 9/32	6⅜	6 15/32	6 9/16
	（mm）	（150.02）	（152.40）	（154.78）	（157.16）	（159.54）	（161.93）	（164.31）	（166.69）
	背围/in	6 11/32	6 7/16	6 17/32	6⅝	6 23/32	6 13/16	6 29/32	7
	（mm）	（161.13）	（163.51）	（165.89）	（168.28）	（170.66）	（173.04）	（175.42）	（177.80）
D	蹠围/in	6 7/32	6 5/16	6 13/32	6½	6 19/32	6 11/16	6 25/32	6⅞
	（mm）	（157.96）	（160.34）	（162.72）	（165.10）	（167.48）	（169.86）	（172.24）	（174.63）
	腰围/in	6 5/32	6¼	6 11/32	6 7/16	6 17/32	6⅝	6 23/32	6 13/16
	（mm）	（156.37）	（158.75）	（161.13）	（163.51）	（165.89）	（168.28）	（170.66）	（173.04）
	背围/in	6 19/32	6 11/16	6 25/16	6⅞	6 31/32	7 1/16	7 5/32	7¼
	（mm）	（167.48）	（169.86）	（172.24）	（174.63）	（177.01）	（179.39）	（181.77）	（184.15）
E	蹠围/in	6 13/32	6½	6 19/32	6 11/16	6 25/32	6⅞	6 31/32	7 1/16
	（mm）	（162.72）	（165.10）	（167.48）	（169.86）	（172.24）	（174.63）	（177.01）	（179.39）
	腰围/in	6 11/32	6 7/16	6 17/32	6⅝	6 23/32	6 13/16	6 29/32	7
	（mm）	（161.13）	（163.51）	（165.89）	（168.28）	（170.66）	（173.04）	（175.42）	（177.80）
	背围/in	6 25/32	6⅞	6 31/32	7 1/16	7 5/32	7¼	7 11/32	7 7/16
	（mm）	（172.24）	（174.63）	（177.01）	（179.39）	（181.77）	（184.15）	（186.53）	（188.91）
EE	蹠围/in	6 19/32	6 11/16	6 25/32	6⅞	6 31/32	7 1/16	7 5/32	7¼
	（mm）	（167.48）	（169.86）	（172.24）	（174.63）	（177.01）	（179.39）	（181.77）	（184.15）
	腰围/in	6 17/32	6⅝	6 23/32	6 13/16	6 29/32	7	7 3/32	7 3/16
	（mm）	（165.89）	（168.28）	（170.66）	（173.04）	（175.42）	（177.80）	（180.18）	（182.56）
	背围/in	6 31/32	7 1/16	7 5/32	7¼	7 11/32	7 7/16	7 17/32	7⅝
	（mm）	（177.01）	（179.39）	（181.77）	（184.15）	（186.53）	（188.91）	（191.29）	（193.68）
EEE	蹠围/in	6 25/32	6⅞	6 31/32	7 1/16	7 5/32	7¼	7 11/32	7 7/16
	（mm）	（172.24）	（174.63）	（177.01）	（179.39）	（181.77）	（184.15）	（186.53）	（188.91）
	腰围/in	6 23/32	6 13/16	6 29/32	7	7 3/32	7 3/16	7 9/32	7⅜
	（mm）	（170.66）	（173.04）	（175.42）	（177.80）	（180.18）	（182.56）	（184.94）	（187.33）
	背围/in	7 5/32	7¼	7 11/32	7 7/16	7 17/32	7⅝	7 23/32	7 13/16
	（mm）	（181.77）	（184.15）	（186.53）	（188.91）	（191.29）	（193.68）	（196.06）	（198.44）

表 7-18（3）　　通用的大男童鞋楦尺寸标准

肥度	鞋号	$12\frac{1}{2}$	13	$13\frac{1}{2}$	1	$1\frac{1}{2}$	2	$2\frac{1}{2}$	3	$3\frac{1}{2}$	4
A	跖围/in	$6\frac{7}{16}$	$6\frac{9}{16}$	$6\frac{11}{16}$	$6\frac{13}{16}$	$6\frac{15}{16}$	$7\frac{1}{16}$	$7\frac{3}{16}$	$7\frac{5}{16}$	$7\frac{7}{16}$	$\frac{9}{16}$
	（mm）	（163.51）	（166.69）	（169.86）	（173.04）	（176.21）	（179.39）	（182.56）	（185.74）	（188.91）	（192.09）
	腰围/in	$6\frac{3}{8}$	$6\frac{1}{2}$	$6\frac{5}{8}$	$6\frac{3}{4}$	$6\frac{7}{8}$	7	$7\frac{1}{8}$	$7\frac{1}{4}$	$7\frac{3}{8}$	$7\frac{1}{2}$
	（mm）	（161.93）	（165.10）	（168.28）	（171.45）	（174.63）	（177.80）	（180.98）	（184.15）	（187.33）	（190.50）
	背围/in	$6\frac{13}{16}$	$6\frac{15}{16}$	$7\frac{1}{16}$	$7\frac{3}{16}$	$7\frac{5}{16}$	$7\frac{7}{16}$	$7\frac{9}{16}$	$7\frac{11}{16}$	$7\frac{13}{16}$	$7\frac{15}{16}$
	（mm）	（173.04）	（176.21）	（179.39）	（182.56）	（185.74）	（188.91）	（192.09）	（195.26）	（198.44）	（201.61）
B	跖围/in	$6\frac{11}{16}$	$6\frac{13}{16}$	$6\frac{15}{16}$	$7\frac{1}{16}$	$7\frac{3}{16}$	$7\frac{5}{16}$	$7\frac{7}{16}$	$7\frac{9}{16}$	$7\frac{11}{16}$	$7\frac{13}{16}$
	（mm）	（169.86）	（173.04）	（176.21）	（179.39）	（182.56）	（185.74）	（188.91）	（192.09）	（195.26）	（198.44）
	腰围/in	$6\frac{5}{8}$	$6\frac{3}{4}$	$6\frac{7}{8}$	7	$7\frac{1}{8}$	$7\frac{1}{4}$	$7\frac{3}{8}$	$7\frac{1}{2}$	$7\frac{5}{8}$	$7\frac{3}{4}$
	（mm）	（168.28）	（171.45）	（174.63）	（177.80）	（180.98）	（184.15）	（187.33）	（190.50）	（193.68）	（196.85）
	背围/in	$7\frac{1}{16}$	$7\frac{3}{16}$	$7\frac{5}{16}$	$7\frac{7}{16}$	$7\frac{9}{16}$	$7\frac{11}{16}$	$7\frac{13}{16}$	$7\frac{15}{16}$	$8\frac{1}{16}$	$8\frac{3}{16}$
	（mm）	（179.39）	（182.56）	（185.74）	（188.91）	（192.09）	（195.26）	（198.44）	（201.61）	（204.79）	（207.96）
C	跖围/in	$6\frac{15}{16}$	$7\frac{1}{16}$	$7\frac{3}{16}$	$7\frac{5}{16}$	$7\frac{7}{16}$	$7\frac{9}{16}$	$7\frac{11}{16}$	$7\frac{13}{16}$	$7\frac{15}{16}$	$8\frac{1}{16}$
	（mm）	（176.21）	（179.39）	（182.56）	（185.74）	（188.91）	（192.09）	（195.26）	（198.44）	（201.61）	（204.79）
	腰围/in	$6\frac{7}{8}$	7	$7\frac{1}{8}$	$7\frac{1}{4}$	$7\frac{3}{8}$	$7\frac{1}{2}$	$7\frac{5}{8}$	$7\frac{3}{4}$	$7\frac{7}{8}$	8
	（mm）	（174.63）	（177.80）	（180.98）	（184.15）	（187.33）	（190.50）	（193.68）	（196.85）	（200.03）	（203.20）
	背围/in	$7\frac{5}{16}$	$7\frac{7}{16}$	$7\frac{9}{16}$	$7\frac{11}{16}$	$7\frac{13}{16}$	$7\frac{15}{16}$	$8\frac{1}{16}$	$8\frac{3}{16}$	$8\frac{5}{16}$	$8\frac{7}{16}$
	（mm）	（185.74）	（188.91）	（192.09）	（195.26）	（198.44）	（201.61）	（204.79）	（207.96）	（211.14）	（214.31）
D	跖围/in	$7\frac{3}{16}$	$7\frac{5}{16}$	$7\frac{7}{16}$	$7\frac{9}{16}$	$7\frac{11}{16}$	$7\frac{13}{16}$	$7\frac{15}{16}$	$8\frac{1}{16}$	$8\frac{3}{16}$	$8\frac{5}{16}$
	（mm）	（182.56）	（185.74）	（188.91）	（192.09）	（195.26）	（198.44）	（201.61）	（204.79）	207.96	211.14
	腰围/in	$7\frac{1}{8}$	$7\frac{1}{4}$	$7\frac{3}{8}$	$7\frac{1}{2}$	$7\frac{5}{8}$	$7\frac{3}{4}$	$7\frac{7}{8}$	8	$8\frac{1}{8}$	$8\frac{1}{4}$
	（mm）	（180.98）	（184.15）	（187.33）	（190.50）	（193.68）	（196.85）	（200.03）	（203.20）	（206.38）	（209.55）
	背围/in	$7\frac{9}{16}$	$7\frac{11}{16}$	$7\frac{13}{16}$	$7\frac{15}{16}$	$8\frac{1}{16}$	$8\frac{3}{16}$	$8\frac{5}{16}$	$8\frac{7}{16}$	$8\frac{9}{16}$	$8\frac{11}{16}$
	（mm）	（192.09）	（195.26）	（198.44）	（201.61）	（204.79）	（207.96）	（211.14）	（214.31）	（217.49）	（220.66）
E	跖围/in	$7\frac{3}{8}$	$7\frac{1}{2}$	$7\frac{5}{8}$	$7\frac{3}{4}$	$7\frac{7}{8}$	8	$8\frac{1}{8}$	$8\frac{1}{4}$	$8\frac{3}{8}$	$8\frac{1}{2}$
	（mm）	（187.33）	（190.50）	（193.68）	（196.85）	（200.03）	（203.20）	（206.38）	（209.55）	（212.73）	（215.90）
	腰围/in	$7\frac{5}{16}$	$7\frac{7}{16}$	$7\frac{9}{16}$	$7\frac{11}{16}$	$7\frac{13}{16}$	$7\frac{15}{16}$	$8\frac{1}{16}$	$8\frac{3}{16}$	$8\frac{5}{16}$	$8\frac{7}{16}$
	（mm）	（185.74）	（188.91）	（192.09）	（195.26）	（198.44）	（201.61）	（204.79）	（207.96）	（211.14）	（214.31）
	背围/in	$7\frac{3}{4}$	$7\frac{7}{8}$	8	$8\frac{1}{8}$	$8\frac{1}{4}$	$8\frac{3}{8}$	$8\frac{1}{2}$	$8\frac{5}{8}$	$8\frac{3}{4}$	$8\frac{7}{8}$
	（mm）	（196.85）	（200.03）	（203.20）	（206.38）	（209.55）	（212.73）	（215.90）	（219.08）	（222.25）	（225.43）
EE	跖围/in	$7\frac{9}{16}$	$7\frac{11}{16}$	$7\frac{13}{16}$	$7\frac{15}{16}$	$8\frac{1}{16}$	$8\frac{3}{16}$	$8\frac{5}{16}$	$8\frac{7}{16}$	$8\frac{9}{16}$	$8\frac{11}{16}$
	（mm）	（192.09）	（195.26）	（198.44）	（201.61）	（204.79）	（207.96）	（211.14）	（214.31）	（217.49）	（220.66）
	腰围/in	$7\frac{1}{2}$	$7\frac{5}{8}$	$7\frac{3}{4}$	$7\frac{7}{8}$	8	$8\frac{1}{8}$	$8\frac{1}{4}$	$8\frac{3}{8}$	$8\frac{1}{2}$	$8\frac{5}{8}$
	（mm）	（190.50）	（193.68）	（196.85）	（200.03）	（203.20）	（206.38）	（209.55）	（212.73）	（215.90）	（219.08）
	背围/in	$7\frac{15}{16}$	$8\frac{1}{16}$	$8\frac{3}{16}$	$8\frac{5}{16}$	$8\frac{7}{16}$	$8\frac{9}{16}$	$8\frac{11}{16}$	$8\frac{13}{16}$	$8\frac{15}{16}$	$9\frac{1}{16}$
	（mm）	（201.61）	（204.79）	（207.96）	（211.14）	（214.31）	（217.49）	（220.66）	（223.84）	（227.01）	（230.19）
EEE	跖围/in	$7\frac{3}{4}$	$7\frac{7}{8}$	8	$8\frac{1}{8}$	$8\frac{1}{4}$	$8\frac{3}{8}$	$8\frac{1}{2}$	$8\frac{5}{8}$	$8\frac{3}{4}$	$8\frac{7}{8}$
	（mm）	（196.85）	（200.03）	（203.20）	（206.38）	（209.55）	（212.73）	（215.90）	（219.08）	（222.25）	（225.43）
	腰围/in	$7\frac{11}{16}$	$7\frac{13}{16}$	$7\frac{15}{16}$	$8\frac{1}{16}$	$8\frac{3}{16}$	$8\frac{5}{16}$	$8\frac{7}{16}$	$8\frac{9}{16}$	$8\frac{11}{16}$	$8\frac{13}{16}$
	（mm）	（195.26）	（198.44）	（201.61）	（204.79）	（207.96）	（211.14）	（214.31）	（217.49）	（220.66）	（223.84）
	背围/in	$8\frac{1}{8}$	$8\frac{1}{4}$	$8\frac{3}{8}$	$8\frac{1}{2}$	$8\frac{5}{8}$	$8\frac{3}{4}$	$8\frac{7}{8}$	9	$9\frac{1}{8}$	$9\frac{1}{4}$
	（mm）	（206.38）	（209.55）	（212.73）	（215.90）	（219.08）	（222.25）	（225.43）	（222.60）	（231.78）	（234.95）

表7-18（4）　　通用的大女童鞋楦尺寸标准

肥度	鞋号	$12\frac{1}{2}$	13	$13\frac{1}{2}$	1	$1\frac{1}{2}$	2	$2\frac{1}{2}$	3	$3\frac{1}{2}$	4
AA	蹠围/in	$5\frac{15}{16}$	$6\frac{1}{16}$	$6\frac{3}{16}$	$6\frac{5}{16}$	$6\frac{7}{16}$	$6\frac{9}{16}$	$6\frac{11}{16}$	$6\frac{13}{16}$	$6\frac{15}{16}$	$7\frac{1}{16}$
	（mm）	(150.81)	(153.99)	(157.16)	(160.34)	(163.51)	(166.69)	(169.86)	(173.04)	(176.21)	(179.39)
	腰围/in	$5\frac{7}{8}$	6	$6\frac{1}{8}$	$6\frac{1}{4}$	$6\frac{3}{8}$	$6\frac{1}{2}$	$6\frac{5}{8}$	$6\frac{3}{4}$	$6\frac{7}{8}$	7
	（mm）	(149.23)	(152.40)	(155.58)	(158.75)	(161.93)	(165.10)	(168.28)	(171.45)	(174.63)	(177.80)
	背围/in	$6\frac{1}{4}$	$6\frac{3}{8}$	$6\frac{1}{2}$	$6\frac{5}{8}$	$6\frac{3}{4}$	$6\frac{7}{8}$	7	$7\frac{1}{8}$	$7\frac{1}{4}$	$7\frac{3}{8}$
	（mm）	(158.75)	(161.93)	(165.10)	(168.28)	(171.45)	(174.63)	(177.80)	(180.98)	(184.15)	(187.33)
A	蹠围/in	$6\frac{3}{16}$	$6\frac{5}{16}$	$6\frac{7}{16}$	$6\frac{9}{16}$	$6\frac{11}{16}$	$6\frac{13}{16}$	$6\frac{15}{16}$	$7\frac{1}{16}$	$7\frac{3}{16}$	$7\frac{5}{16}$
	（mm）	(157.16)	(160.34)	(163.51)	(166.69)	(169.86)	(173.04)	(176.21)	(179.39)	(182.56)	(185.74)
	腰围/in	$6\frac{1}{8}$	$6\frac{1}{4}$	$6\frac{3}{8}$	$6\frac{1}{2}$	$6\frac{5}{8}$	$6\frac{3}{4}$	$6\frac{7}{8}$	7	$7\frac{1}{8}$	$7\frac{1}{4}$
	（mm）	(155.58)	(158.75)	(161.93)	(165.10)	(168.28)	(171.45)	(174.63)	(177.80)	(180.98)	(184.15)
	背围/in	$6\frac{1}{2}$	$6\frac{5}{8}$	$6\frac{3}{4}$	$6\frac{7}{8}$	7	$7\frac{1}{8}$	$7\frac{1}{4}$	$7\frac{3}{8}$	$7\frac{1}{2}$	$7\frac{5}{8}$
	（mm）	(165.10)	(168.28)	(171.45)	(174.63)	(177.80)	(180.98)	(184.15)	(187.33)	(190.50)	(193.68)
B	蹠围/in	$6\frac{7}{16}$	$6\frac{9}{16}$	$6\frac{11}{16}$	$6\frac{13}{16}$	$6\frac{15}{16}$	$7\frac{1}{16}$	$7\frac{3}{16}$	$7\frac{5}{16}$	$7\frac{7}{16}$	$7\frac{9}{16}$
	（mm）	(163.51)	(166.69)	(169.86)	(173.04)	(176.21)	(179.39)	(182.56)	(185.74)	(188.91)	(192.09)
	腰围/in	$6\frac{3}{8}$	$6\frac{1}{2}$	$6\frac{5}{8}$	$6\frac{3}{4}$	$6\frac{7}{8}$	7	$7\frac{1}{8}$	$7\frac{1}{4}$	$7\frac{3}{8}$	$7\frac{1}{2}$
	（mm）	(161.93)	(165.10)	(168.28)	(171.45)	(174.63)	(177.80)	(180.98)	(184.15)	(187.33)	(190.50)
	背围/in	$6\frac{3}{4}$	$6\frac{7}{8}$	7	$7\frac{1}{8}$	$7\frac{1}{4}$	$7\frac{3}{8}$	$7\frac{1}{2}$	$7\frac{5}{8}$	$7\frac{3}{4}$	$7\frac{7}{8}$
	（mm）	(171.45)	(174.63)	(177.80)	(180.98)	(184.15)	(187.33)	(190.50)	(193.68)	(196.85)	(200.03)
C	蹠围/in	$6\frac{11}{16}$	$6\frac{13}{16}$	$6\frac{15}{16}$	$7\frac{1}{16}$	$7\frac{3}{16}$	$7\frac{5}{16}$	$7\frac{7}{16}$	$7\frac{9}{16}$	$7\frac{11}{16}$	$7\frac{13}{16}$
	（mm）	(169.86)	(173.04)	(176.21)	(179.39)	(182.56)	(185.74)	(188.91)	(192.09)	(195.26)	(198.44)
	腰围/in	$6\frac{5}{8}$	$6\frac{3}{4}$	$6\frac{7}{8}$	7	$7\frac{1}{8}$	$7\frac{1}{4}$	$7\frac{3}{8}$	$7\frac{1}{2}$	$7\frac{5}{8}$	$7\frac{3}{4}$
	（mm）	(168.28)	(171.45)	(174.63)	(177.80)	(180.98)	(184.15)	(187.33)	(190.50)	(193.68)	(196.85)
	背围/in	7	$7\frac{1}{8}$	$7\frac{1}{4}$	$7\frac{3}{8}$	$7\frac{1}{2}$	$7\frac{5}{8}$	$7\frac{3}{4}$	$7\frac{7}{8}$	8	$8\frac{1}{8}$
	（mm）	(177.80)	(180.98)	(184.15)	(187.33)	(190.50)	(193.68)	(196.85)	(200.03)	(203.20)	(206.38)
D	蹠围/in	$6\frac{15}{16}$	$7\frac{1}{16}$	$7\frac{3}{16}$	$7\frac{5}{16}$	$7\frac{7}{16}$	$7\frac{9}{16}$	$7\frac{11}{16}$	$7\frac{13}{16}$	$7\frac{15}{16}$	$8\frac{1}{16}$
	（mm）	(176.21)	(179.39)	(182.56)	(185.74)	(188.91)	(192.09)	(195.26)	(198.44)	(201.61)	(204.79)
	腰围/in	$6\frac{7}{8}$	7	$7\frac{1}{8}$	$7\frac{1}{4}$	$7\frac{3}{8}$	$7\frac{1}{2}$	$7\frac{5}{8}$	$7\frac{3}{4}$	$7\frac{7}{8}$	8
	（mm）	(174.63)	(177.80)	(180.98)	(184.15)	(187.33)	(190.50)	(193.68)	(196.85)	(200.03)	(203.20)
	背围/in	$7\frac{1}{4}$	$7\frac{3}{8}$	$7\frac{1}{2}$	$7\frac{5}{8}$	$7\frac{3}{4}$	$7\frac{7}{8}$	8	$8\frac{1}{8}$	$8\frac{1}{4}$	$8\frac{3}{8}$
	（mm）	(184.15)	(187.33)	(190.50)	(193.68)	(196.85)	(200.03)	(203.20)	(206.38)	(209.55)	(212.73)
E	蹠围/in	$7\frac{1}{8}$	$7\frac{1}{4}$	$7\frac{3}{8}$	$7\frac{1}{2}$	$7\frac{5}{8}$	$7\frac{3}{4}$	$7\frac{7}{8}$	8	$8\frac{1}{8}$	$8\frac{1}{4}$
	（mm）	(180.98)	(184.15)	(187.33)	(190.50)	(193.68)	(196.85)	(200.03)	(203.20)	(206.38)	(209.55)
	腰围/in	$7\frac{1}{16}$	$7\frac{3}{16}$	$7\frac{5}{16}$	$7\frac{7}{16}$	$7\frac{9}{16}$	$7\frac{11}{16}$	$7\frac{13}{16}$	$7\frac{15}{16}$	$8\frac{1}{16}$	$8\frac{3}{16}$
	（mm）	(179.39)	(182.56)	(185.74)	(188.91)	(192.09)	(195.26)	(198.44)	(201.61)	(204.79)	(207.96)
	背围/in	$7\frac{7}{16}$	$7\frac{9}{16}$	$7\frac{11}{16}$	$7\frac{13}{16}$	$7\frac{15}{16}$	$8\frac{1}{16}$	$8\frac{3}{16}$	$8\frac{5}{16}$	$8\frac{7}{16}$	$8\frac{9}{16}$
	（mm）	(188.91)	(192.09)	(195.26)	(198.44)	(201.61)	(204.79)	(207.96)	(211.14)	(214.31)	(217.49)
EE	蹠围/in	$7\frac{5}{16}$	$7\frac{7}{16}$	$7\frac{9}{16}$	$7\frac{11}{16}$	$7\frac{13}{16}$	$7\frac{15}{16}$	$8\frac{1}{16}$	$8\frac{3}{16}$	$8\frac{5}{16}$	$8\frac{7}{16}$
	（mm）	(185.74)	(188.91)	(192.09)	(195.26)	(198.44)	(201.61)	(204.79)	(207.96)	(211.14)	(214.31)
	腰围/in	$7\frac{1}{4}$	$7\frac{3}{8}$	$7\frac{1}{2}$	$7\frac{5}{8}$	$7\frac{3}{4}$	$7\frac{7}{8}$	8	$8\frac{1}{8}$	$8\frac{1}{4}$	$8\frac{3}{8}$
	（mm）	(184.15)	(187.33)	(190.50)	(193.68)	(196.85)	(200.03)	(203.20)	(206.38)	(209.55)	(212.73)
	背围/in	$7\frac{5}{8}$	$7\frac{3}{4}$	$7\frac{7}{8}$	8	$8\frac{1}{8}$	$8\frac{1}{4}$	$8\frac{3}{8}$	$8\frac{1}{2}$	$8\frac{5}{8}$	$8\frac{3}{4}$
	（mm）	(193.68)	(196.85)	(200.03)	(203.20)	(206.38)	(209.55)	(212.73)	(215.90)	(219.08)	(222.25)

表 7-18（5）　　通用的中人鞋楦尺寸标准

肥度	鞋号	$3\frac{1}{2}$	4	$4\frac{1}{2}$	5	$5\frac{1}{2}$	6
A	蹠围/in	$7\frac{3}{8}$	$7\frac{1}{2}$	$7\frac{5}{8}$	$7\frac{3}{4}$	$7\frac{7}{8}$	8
	(mm)	(187.33)	(190.50)	(193.68)	(196.85)	(200.03)	(203.20)
	腰围/in	$7\frac{3}{8}$	$7\frac{1}{2}$	$7\frac{5}{8}$	$7\frac{3}{4}$	$7\frac{7}{8}$	8
	(mm)	(187.33)	(190.50)	(193.68)	(196.85)	(200.03)	(203.20)
	背围/in	$7\frac{11}{16}$	$7\frac{13}{16}$	$7\frac{15}{16}$	$8\frac{1}{16}$	$8\frac{3}{16}$	$8\frac{5}{16}$
	(mm)	(195.26)	(198.44)	(201.61)	(204.79)	(207.96)	(211.14)
B	蹠围/in	$7\frac{5}{8}$	$7\frac{3}{4}$	$7\frac{7}{8}$	8	$8\frac{1}{8}$	$8\frac{1}{4}$
	(mm)	(193.68)	(196.85)	(200.03)	(203.20)	(206.38)	(209.55)
	腰围/in	$7\frac{5}{8}$	$7\frac{3}{4}$	$7\frac{7}{8}$	8	$8\frac{1}{8}$	$8\frac{1}{4}$
	(mm)	(193.68)	(196.85)	(200.03)	(203.20)	(206.38)	(209.55)
	背围/in	$7\frac{15}{16}$	$8\frac{1}{16}$	$8\frac{3}{16}$	$8\frac{5}{16}$	$8\frac{7}{16}$	$8\frac{9}{16}$
	(mm)	(201.61)	(204.79)	(207.96)	(211.14)	(214.31)	(217.49)
C	蹠围/in	$7\frac{7}{8}$	8	$8\frac{1}{8}$	$8\frac{1}{4}$	$8\frac{3}{8}$	$8\frac{1}{2}$
	(mm)	(200.03)	(203.20)	(206.38)	(209.55)	(212.73)	(215.90)
	腰围/in	$7\frac{7}{8}$	8	$8\frac{1}{8}$	$8\frac{1}{4}$	$8\frac{3}{8}$	$8\frac{1}{2}$
	(mm)	(200.03)	(203.20)	(206.38)	(209.55)	(212.73)	(215.90)
	背围/in	$8\frac{3}{16}$	$8\frac{5}{16}$	$8\frac{7}{16}$	$8\frac{9}{16}$	$8\frac{11}{16}$	$8\frac{13}{16}$
	(mm)	(207.96)	(211.14)	(214.31)	(217.49)	(220.66)	(223.84)
D	蹠围/in	$8\frac{1}{8}$	$8\frac{1}{4}$	$8\frac{3}{8}$	$8\frac{1}{2}$	$8\frac{5}{8}$	$8\frac{3}{4}$
	(mm)	(206.38)	(209.55)	(212.73)	(215.90)	(219.08)	(222.25)
	腰围/in	$8\frac{1}{8}$	$8\frac{1}{4}$	$8\frac{3}{8}$	$8\frac{1}{2}$	$8\frac{5}{8}$	$8\frac{3}{4}$
	(mm)	(206.38)	(209.55)	(212.73)	(215.90)	(219.08)	(222.25)
	背围/in	$8\frac{7}{16}$	$8\frac{9}{16}$	$8\frac{11}{16}$	$8\frac{13}{16}$	$8\frac{15}{16}$	$9\frac{1}{16}$
	(mm)	(214.31)	(217.49)	(220.66)	(223.84)	(227.01)	(230.19)
E	蹠围/in	$8\frac{3}{8}$	$8\frac{1}{2}$	$8\frac{5}{8}$	$8\frac{3}{4}$	$8\frac{7}{8}$	9
	(mm)	(212.73)	(215.90)	(219.08)	(222.25)	(225.43)	(228.60)
	腰围/in	$8\frac{3}{8}$	$8\frac{1}{2}$	$8\frac{5}{8}$	$8\frac{3}{4}$	$8\frac{7}{8}$	9
	(mm)	(212.73)	(215.90)	(219.08)	(222.25)	(225.43)	(228.60)
	背围/in	$8\frac{11}{16}$	$8\frac{13}{16}$	$8\frac{15}{16}$	$9\frac{1}{16}$	$9\frac{3}{16}$	$9\frac{5}{16}$
	(mm)	(220.66)	(223.84)	(227.01)	(230.19)	(233.36)	(236.54)
EE	蹠围/in	$8\frac{5}{8}$	$8\frac{3}{4}$	$8\frac{7}{8}$	9	$9\frac{1}{8}$	$9\frac{1}{4}$
	(mm)	(219.08)	(222.25)	(225.43)	(228.60)	(231.78)	(234.95)
	腰围/in	$8\frac{5}{8}$	$8\frac{3}{4}$	$8\frac{7}{8}$	9	$9\frac{1}{8}$	$9\frac{1}{4}$
	(mm)	(219.08)	(222.25)	(225.43)	(228.60)	(231.78)	(234.95)
	背围/in	$8\frac{15}{16}$	$9\frac{1}{16}$	$9\frac{3}{16}$	$9\frac{5}{16}$	$9\frac{7}{16}$	$9\frac{9}{16}$
	(mm)	(227.01)	(230.19)	(233.36)	(236.54)	(239.71)	(242.89)

表 7-18（6）　　通用的女鞋鞋楦尺寸标准

肥度	鞋号	3	3 1/2	4	4 1/2	5	5 1/2	6	6 1/2	7	7 1/2	8	8 1/2	9	9 1/2	10
AAAA	蹠围/in	6 7/16	6 9/16	6 11/16	6 13/16	6 15/16	7 1/16	7 3/16	7 5/16	7 7/16	7 9/16	7 11/16	7 13/16	7 15/16	8 1/16	8 3/16
	(mm)	(163.51)	(166.69)	(169.86)	(173.04)	(176.21)	(179.39)	(182.56)	(185.74)	(188.91)	(192.09)	(195.26)	(198.44)	(201.61)	(204.79)	(207.96)
	腰围/in	6 3/8	6 1/2	6 5/8	6 3/4	6 7/8	7	7 1/8	7 1/4	7 3/8	7 1/2	7 5/8	7 3/4	7 7/8	8	8 1/8
	(mm)	(161.93)	(165.10)	(168.28)	(171.45)	(174.63)	(177.80)	(180.98)	(184.15)	(187.33)	(190.50)	(193.68)	(196.85)	(200.03)	(203.20)	206.38
	背围/in	6 7/8	7	7 1/8	7 1/4	7 3/8	7 1/2	7 5/8	7 3/4	7 7/8	8	8 1/8	8 1/4	8 3/8	8 1/2	8 5/8
	(mm)	(174.63)	(177.80)	(180.98)	(184.15)	(187.33)	(190.50)	(193.68)	(196.85)	(200.03)	(203.20)	(206.38)	(209.55)	(212.73)	(215.90)	(219.08)
AAA	蹠围/in	6 5/8	6 3/4	6 7/8	7	7 1/8	7 1/4	7 3/8	7 1/2	7 5/8	7 3/4	7 7/8	8	8 1/8	8 1/4	8 3/8
	(mm)	(168.28)	(171.45)	(174.63)	(177.80)	(180.98)	(184.15)	(187.33)	(190.50)	(193.68)	(196.85)	(200.03)	(203.20)	(206.38)	(209.55)	(212.73)
	腰围/in	6 9/16	6 11/16	6 13/16	6 15/16	7 1/16	7 3/16	7 5/16	7 7/16	7 9/16	7 11/16	7 13/16	7 15/16	8 1/16	8 3/16	8 5/16
	(mm)	(166.69)	(169.86)	(173.04)	(176.21)	(179.39)	(182.56)	(185.74)	(188.91)	(192.09)	(195.26)	(198.44)	(201.61)	(204.79)	(207.96)	(211.14)
	背围/in	7 1/16	7 3/16	7 5/16	7 7/16	7 9/16	7 11/16	7 13/16	7 15/16	8 1/16	8 3/16	8 5/16	8 7/16	8 9/16	8 11/16	8 13/16
	(mm)	(179.39)	(182.56)	(185.74)	(188.91)	(192.09)	(195.26)	(198.44)	(201.61)	(204.79)	(207.96)	(211.14)	(214.31)	(217.49)	(220.66)	(223.84)
AA	蹠围/in	6 13/16	6 15/16	7 1/16	7 3/16	7 5/16	7 7/16	7 9/16	7 11/16	7 13/16	7 15/16	8 1/16	8 3/16	8 5/16	8 7/16	8 9/16
	(mm)	(173.04)	(176.21)	(179.39)	(182.56)	(185.74)	(188.91)	(192.09)	(195.26)	(198.44)	(201.61)	(204.79)	(207.96)	(211.14)	(214.31)	(217.49)
	腰围/in	6 3/4	6 7/8	7	7 1/8	7 1/4	7 3/8	7 1/2	7 5/8	7 3/4	7 7/8	8	8 1/8	8 1/4	8 3/8	8 1/2
	(mm)	(171.45)	(174.63)	(177.80)	(180.98)	(184.15)	(187.33)	(190.50)	(193.68)	(196.85)	(200.03)	(203.20)	(206.38)	(209.55)	(212.73)	(215.90)
	背围/in	7 1/4	7 3/8	7 1/2	7 5/8	7 3/4	7 7/8	8	8 1/8	8 1/4	8 3/8	8 1/2	8 5/8	8 3/4	8 7/8	9
	(mm)	(184.15)	(187.33)	(190.50)	(193.68)	(196.85)	(200.03)	(203.20)	(206.38)	(209.55)	(212.73)	(215.90)	(219.08)	(222.25)	(225.43)	(228.60)
A	蹠围/in	7 1/16	7 3/16	7 5/16	7 7/16	7 9/16	7 11/16	7 13/16	7 15/16	8 1/16	8 3/16	8 5/16	8 7/16	8 9/16	8 11/16	8 13/16
	(mm)	(179.39)	(182.56)	(185.74)	(188.91)	(192.09)	(195.26)	(198.44)	(201.61)	(204.79)	(207.96)	(211.14)	(214.31)	(217.49)	(220.66)	(223.84)
	腰围/in	7	7 1/8	7 1/4	7 3/8	7 1/2	7 5/8	7 3/4	7 7/8	8	8 1/8	8 1/4	8 3/8	8 1/2	8 5/8	8 3/4
	(mm)	(177.80)	(180.98)	(184.15)	(187.33)	(190.50)	(193.68)	(196.85)	(200.03)	(203.20)	(206.38)	(209.55)	(212.73)	(215.90)	(219.08)	(222.25)
	背围/in	7 1/2	7 5/8	7 3/4	7 7/8	8	8 1/8	8 1/4	8 3/8	8 1/2	8 5/8	8 3/4	8 7/8	9	9 1/8	9 1/4
	(mm)	(190.50)	(193.68)	(196.85)	(200.03)	(203.20)	(206.38)	(209.55)	(212.73)	(215.90)	(219.08)	(222.25)	(225.43)	(228.60)	(231.78)	(234.95)
B	蹠围/in	7 5/16	7 7/16	7 9/16	7 11/16	7 13/16	7 15/16	8 1/16	8 3/16	8 5/16	8 7/16	8 9/16	8 11/16	8 13/16	8 15/16	9 1/16
	(mm)	(185.74)	(188.91)	(192.09)	(195.26)	(198.44)	(201.61)	(204.79)	(207.96)	(211.14)	(214.31)	(217.49)	(220.66)	(223.84)	(227.01)	(230.19)
	腰围/in	7 1/4	7 3/8	7 1/2	7 5/8	7 3/4	7 7/8	8	8 1/8	8 1/4	8 3/8	8 1/2	8 5/8	8 3/4	8 7/8	9
	(mm)	(184.15)	(187.33)	(190.50)	(193.68)	(196.85)	(200.03)	(203.20)	(206.38)	(209.55)	(212.73)	(215.90)	(219.08)	(222.25)	(225.43)	(228.60)
	背围/in	7 3/4	7 7/8	8	8 1/8	8 1/4	8 3/8	8 1/2	8 5/8	8 3/4	8 7/8	9	9 1/8	9 1/4	9 3/8	9 1/2
	(mm)	(196.85)	(200.03)	(203.20)	(206.38)	(209.55)	(212.73)	(215.90)	(219.08)	(222.25)	(225.43)	(228.60)	(231.78)	(234.95)	(238.13)	(241.30)
C	蹠围/in	7 9/16	7 11/16	7 13/16	7 15/16	8 1/16	8 3/16	8 5/16	8 7/16	8 9/16	8 11/16	8 13/16	8 15/16	9 1/16	9 3/16	9 5/16
	(mm)	(192.09)	(195.26)	(198.44)	(201.61)	(204.79)	(207.96)	(211.14)	(214.31)	(217.49)	(220.66)	(223.84)	(227.01)	(230.19)	(233.36)	(236.54)
	腰围/in	7 1/2	7 5/8	7 3/4	7 7/8	8	8 1/8	8 1/4	8 3/8	8 1/2	8 5/8	8 3/4	8 7/8	9	9 1/8	9 1/4
	(mm)	(190.50)	(193.68)	(196.85)	(200.03)	(203.20)	(206.38)	(209.55)	(212.73)	(215.90)	(219.08)	(222.25)	(225.43)	(228.60)	(231.78)	(234.95)
	背围/in	8	8 1/8	8 1/4	8 3/8	8 1/2	8 5/8	8 3/4	8 7/8	9	9 1/8	9 1/4	9 3/8	9 1/2	9 5/8	9 3/4
	(mm)	(203.20)	(206.38)	(209.55)	(212.73)	(215.90)	(219.08)	(222.25)	(225.43)	(228.60)	(231.78)	(234.95)	(238.13)	(241.30)	(244.48)	(247.65)
D	蹠围/in	7 13/16	7 15/16	8 1/16	8 3/16	8 5/16	8 7/16	8 9/16	8 11/16	8 13/16	8 15/16	9 1/16	9 3/16	9 5/16	9 7/16	9 9/16
	(mm)	(198.44)	(201.61)	(204.79)	(207.96)	(211.14)	(214.31)	(217.49)	(220.66)	(223.84)	(227.01)	(230.19)	(233.36)	(236.54)	(239.71)	(242.89)
	腰围/in	7 3/4	7 7/8	8	8 1/8	8 1/4	8 3/8	8 1/2	8 5/8	8 3/4	8 7/8	9	9 1/8	9 1/4	9 3/8	9 1/2
	(mm)	(196.85)	(200.03)	(203.20)	(206.38)	(209.55)	(212.73)	(215.90)	(219.08)	(222.25)	(225.43)	(228.60)	(231.78)	(234.95)	(238.13)	(241.30)
	背围/in	8 1/4	8 3/8	8 1/2	8 5/8	8 3/4	8 7/8	9	9 1/8	9 1/4	9 3/8	9 1/2	9 5/8	9 3/4	9 7/8	10
	(mm)	(209.55)	(212.73)	(215.90)	(219.08)	(222.25)	(225.43)	(228.60)	(231.78)	(234.95)	(238.13)	(241.30)	(244.48)	(247.65)	(250.83)	(254.00)
E	蹠围/in	8	8 1/8	8 1/4	8 3/8	8 1/2	8 5/8	8 3/4	8 7/8	9	9 1/8	9 1/4	9 3/8	9 1/2	9 5/8	9 3/4
	(mm)	(203.20)	(206.38)	(209.55)	(212.73)	(215.90)	(219.08)	(222.25)	(225.43)	(228.60)	(231.78)	(234.95)	(238.13)	(241.30)	(244.48)	(247.65)
	腰围/in	7 15/16	8 1/16	8 3/16	8 5/16	8 7/16	8 9/16	8 11/16	8 13/16	8 15/16	9 1/16	9 3/16	9 5/16	9 7/16	9 9/16	9 11/16
	(mm)	(201.61)	(204.79)	(207.96)	(211.14)	(214.31)	(217.49)	(220.66)	(223.84)	(227.01)	(230.19)	(233.36)	(236.54)	(239.71)	(242.89)	(246.06)
	背围/in	8 7/16	8 9/16	8 11/16	8 13/16	8 15/16	9 1/16	9 3/16	9 5/16	9 7/16	9 9/16	9 11/16	9 13/16	9 15/16	10 1/16	10 3/16
	(mm)	(214.31)	(217.49)	(220.66)	(223.84)	(227.01)	(230.19)	(233.36)	(236.54)	(239.71)	(242.89)	(246.06)	(249.24)	(252.41)	(255.59)	(258.76)
EE	蹠围/in	8 3/16	8 5/16	8 7/16	8 9/16	8 11/16	8 13/16	8 15/16	9 1/16	9 3/16	9 5/16	9 7/16	9 9/16	9 11/16	9 13/16	9 15/16
	(mm)	(207.96)	(211.14)	(214.31)	(217.49)	(220.66)	(223.84)	(227.01)	(230.19)	(233.36)	(236.54)	(239.71)	(242.89)	(246.06)	(249.24)	(252.41)
	腰围/in	8 1/8	8 1/4	8 3/8	8 1/2	8 5/8	8 3/4	8 7/8	9	9 1/8	9 1/4	9 3/8	9 1/2	9 5/8	9 3/4	9 7/8
	(mm)	(206.38)	(209.55)	(212.73)	(215.90)	(219.08)	(222.25)	(225.43)	(228.60)	(231.78)	(234.95)	(238.13)	(241.30)	(244.48)	(247.65)	(250.83)
	背围/in	8 5/8	8 3/4	8 7/8	9	9 1/8	9 1/4	9 3/8	9 1/2	9 5/8	9 3/4	9 7/8	10	10 1/8	10 1/4	10 3/8
	(mm)	(219.08)	(222.25)	(225.43)	(228.60)	(237.78)	(234.95)	(258.13)	(241.30)	(244.48)	(247.65)	(250.83)	(254.00)	(257.18)	(260.35)	(263.53)

表 7-18（7） 通用的男鞋鞋楦尺寸标准

肥度	尺寸	6	6½	7	7½	8	8½	9	9½	10	10½	11	11½	12	12½	13
AA	跖围/in	7¾	7⅞	8	8⅛	8¼	8⅜	8½	8⅝	8¾	8⅞	9	9⅛	9¼	9⅜	9½
	(mm)	(196.85)	(200.03)	(203.20)	(206.38)	(209.55)	(212.73)	(215.90)	(219.08)	(222.25)	(225.43)	(228.60)	(231.78)	(234.95)	(238.13)	(241.30)
	腰围/in	7 11/16	7 13/16	7 15/16	8 1/16	8 3/16	8 5/16	8 7/16	8 9/16	8 11/16	8 13/16	8 15/16	9 1/16	9 3/16	9 5/16	9 7/16
	(mm)	(195.26)	(198.44)	(201.61)	(204.79)	(207.96)	(211.14)	(214.31)	(217.49)	(220.66)	(223.84)	(227.01)	(230.19)	(233.36)	(236.54)	(239.71)
	背围/in	8 1/16	8 3/16	8 5/16	8 7/16	8 9/16	8 11/16	8 13/16	8 15/16	9 1/16	9 3/16	9 5/16	9 7/16	9 9/16	9 11/16	9 13/16
	(mm)	(204.79)	(207.96)	(211.14)	(214.31)	(217.49)	(220.66)	(223.84)	(227.01)	(230.19)	(233.36)	(236.54)	(239.71)	(242.89)	(246.06)	(249.24)
A	跖围/in	8	8⅛	8¼	8⅜	8½	8⅝	8¾	8⅞	9	9⅛	9¼	9⅜	9½	9⅝	9¾
	(mm)	(203.20)	(206.38)	(209.55)	(212.73)	(215.90)	(219.08)	(222.25)	(225.43)	(228.60)	(231.78)	(234.95)	(238.13)	(241.30)	(244.48)	(247.65)
	腰围/in	7 15/16	8 1/16	8 3/16	8 5/16	8 7/16	8 9/16	8 11/16	8 13/16	8 15/16	9 1/16	9 3/16	9 5/16	9 7/16	9 9/16	9 11/16
	(mm)	(201.61)	(204.79)	(207.96)	(211.14)	(214.31)	(217.49)	(220.66)	(223.84)	(227.01)	(230.19)	(233.36)	(236.54)	(239.71)	(242.89)	(246.06)
	背围/in	8 5/16	8 7/16	8 9/16	8 11/16	8 13/16	8 15/16	9 1/16	9 3/16	9 5/16	9 7/16	9 9/16	9 11/16	9 13/16	9 15/16	10 1/16
	(mm)	(211.14)	(214.31)	(217.49)	(220.66)	(223.84)	(227.01)	(230.19)	(233.36)	(236.54)	(239.71)	(242.89)	(246.06)	(249.24)	(252.41)	(255.59)
B	跖围/in	8¼	8⅜	8½	8⅝	8¾	8⅞	9	9⅛	9¼	9⅜	9½	9⅝	9¾	9⅞	10
	(mm)	(209.55)	(212.73)	(215.90)	(219.08)	(222.25)	(225.43)	(228.60)	(231.78)	(234.95)	(238.13)	(241.30)	(244.48)	(247.65)	(250.83)	(254.00)
	腰围/in	8 3/16	8 5/16	8 7/16	8 9/16	8 11/16	8 13/16	8 15/16	9 1/16	9 3/16	9 5/16	9 7/16	9 9/16	9 11/16	9 13/16	9 15/16
	(mm)	(207.96)	(211.14)	(214.31)	(217.49)	(220.66)	(223.84)	(227.01)	(230.19)	(233.36)	(236.54)	(239.71)	(242.89)	(246.06)	(249.24)	(252.41)
	背围/in	8 9/16	8 11/16	8 13/16	8 15/16	9 1/16	9 3/16	9 5/16	9 7/16	9 9/16	9 11/16	9 13/16	9 15/16	10 1/16	10 3/16	10 5/16
	(mm)	(217.49)	(220.66)	(223.84)	(227.01)	(230.19)	(233.36)	(236.54)	(239.71)	(242.89)	(246.06)	(249.24)	(252.41)	(255.59)	(258.76)	(261.94)
C	跖围/in	8½	8⅝	8¾	8⅞	9	9⅛	9¼	9⅜	9½	9⅝	9¾	9⅞	10	10⅛	10¼
	(mm)	(215.90)	(219.08)	(222.25)	(225.43)	(228.60)	(231.78)	(234.95)	(238.13)	(241.30)	(244.48)	(247.65)	(250.83)	(254.00)	(257.18)	(260.35)
	腰围/in	8 7/16	8 9/16	8 11/16	8 13/16	8 15/16	9 1/16	9 3/16	9 5/16	9 7/16	9 9/16	9 11/16	9 13/16	9 15/16	10 1/16	10 3/16
	(mm)	(214.31)	(217.49)	(220.66)	(223.84)	(227.01)	(230.19)	(233.36)	(236.54)	(239.71)	(242.89)	(246.06)	(249.24)	(252.41)	(255.59)	(258.76)
	背围/in	8 13/16	8 15/16	9 1/16	9 3/16	9 5/16	9 7/16	9 9/16	9 11/16	9 13/16	9 15/16	10 1/16	10 3/16	10 5/16	10 7/16	10 9/16
	(mm)	(223.84)	(227.01)	(230.19)	(233.36)	(236.54)	(239.71)	(242.89)	(246.06)	(249.24)	(252.41)	(255.59)	(258.76)	(261.94)	(265.11)	(268.29)

续表

肥度	尺寸	6	6 1/2	7	7 1/2	8	8 1/2	9	9 1/2	10	10 1/2	11	11 1/2	12	12 1/2	13
D	蹠围/in	8 3/4	8 7/8	9	9 1/8	9 1/4	9 3/8	9 1/2	9 5/8	9 3/4	9 7/8	10	10 1/8	10 1/4	10 3/8	10 1/2
	(mm)	(222.25)	(225.43)	(228.60)	(231.78)	(234.95)	(238.13)	(241.30)	(244.48)	(247.65)	(250.83)	(254.00)	(257.18)	(260.35)	(263.53)	(266.70)
	腰围/in	8 11/16	8 13/16	8 15/16	9 1/16	9 3/16	9 5/16	9 7/16	9 9/16	9 11/16	9 13/16	9 15/16	10 1/16	10 3/16	10 5/16	10 7/16
	(mm)	(220.66)	(223.84)	(227.01)	(230.19)	(233.36)	(236.54)	(239.71)	(242.89)	(246.06)	(249.24)	(252.41)	(255.59)	(258.76)	(261.94)	(265.11)
	背围/in	9 1/16	9 3/16	9 5/16	9 2/16	9 9/16	9 11/16	9 13/16	9 15/16	10 1/16	10 3/16	10 5/16	10 7/16	10 9/16	10 11/16	10 13/16
	(mm)	(230.19)	(233.36)	(236.54)	(239.71)	(242.89)	(246.06)	(249.24)	(252.41)	(255.59)	(258.76)	(261.94)	(265.11)	(268.29)	(271.46)	(274.64)
E	蹠围/in	8 15/16	9 1/16	9 3/16	9 5/16	9 7/16	9 9/16	9 11/16	9 13/16	9 15/16	10 1/16	10 3/16	10 5/16	10 7/16	10 9/16	10 11/16
	(mm)	(227.01)	(230.19)	(233.36)	(236.54)	(239.71)	(242.89)	(246.06)	(249.24)	(252.41)	(255.59)	(258.76)	(261.94)	(265.11)	(268.29)	(271.46)
	腰围/in	8 7/8	9	9 1/8	9 1/4	9 3/8	9 1/2	9 5/8	9 3/4	9 7/8	10	10 1/8	10 1/4	10 3/8	10 1/2	10 5/8
	(mm)	(225.43)	(228.60)	(231.78)	(234.95)	(238.13)	(241.30)	(244.48)	(247.65)	(250.83)	(254.00)	(257.18)	(260.35)	(263.53)	(266.70)	(269.88)
	背围/in	9 1/4	9 3/8	9 1/2	9 5/8	9 3/4	9 7/8	10	10 1/8	10 1/4	10 3/8	10 1/2	10 5/8	10 3/4	10 7/8	11
	(mm)	(234.95)	(238.13)	(241.30)	(244.48)	(247.65)	(250.83)	(254.00)	(257.18)	(260.35)	(263.53)	(266.70)	(269.88)	(273.05)	(276.23)	(279.40)
EE	蹠围/in	9 1/8	9 1/4	9 3/8	9 1/2	9 5/8	9 3/4	9 7/8	10	10 1/8	10 1/4	10 3/8	10 1/2	10 5/8	10 3/4	10 7/8
	(mm)	(231.78)	(234.95)	(238.13)	(241.30)	(244.48)	(247.65)	(250.83)	(254.00)	(257.18)	(260.35)	(263.53)	(266.70)	(269.88)	(273.05)	(276.23)
	腰围/in	9 1/16	9 3/16	9 5/16	9 7/16	9 9/16	9 11/16	9 13/16	9 15/16	10 1/16	10 3/16	10 5/16	10 7/16	10 9/16	10 11/16	10 13/16
	(mm)	(230.19)	(233.36)	(236.54)	(239.71)	(242.89)	(246.06)	(249.24)	(252.41)	(255.59)	(258.76)	(261.94)	(256.11)	(268.29)	(271.46)	(274.64)
	背围/in	9 7/16	9 9/16	9 11/16	9 13/16	9 15/16	10 1/16	10 3/16	10 5/16	10 7/16	10 9/16	10 11/16	10 13/16	10 15/16	11 1/16	11 3/16
	(mm)	(239.71)	(242.89)	(246.06)	(249.24)	(252.41)	(255.59)	(258.76)	(261.94)	(256.11)	(268.29)	(271.46)	(274.64)	(277.81)	(280.99)	(284.16)

注：1. A、B、C、D 表示肥度。

2. 蹠围等差分别为 3.18mm、3.17mm。例如：8 号蹠围（228.60 + 3.18）mm 等于 8 1/2 号的蹠围为 231.78mm 再加 3.17mm 等于 9 号的蹠围 234.95mm。

表 7-19 **量蹠围、腰围、背围部位数据表** 单位：mm

部位名称＼鞋号			6	6½	7	7½	8	8½	9	9½	10	10½	11	11½	12	12½	13	等差
男鞋	蹠围		64%	64%	64%	64%	64%	64%	64%	64%	64%	64%	64%	64%	64%	64%	64%	
			163. 84	166. 4	169. 6	172. 16	174. 72	177. 28	180. 48	183. 04	185. 6	188. 16	190. 72	193. 92	196. 48	199. 04	201. 6	±2. 56
	腰围	上	24	25. 25	26. 5	27. 75	29	30. 25	31. 5	32. 75	34	35. 25	36. 5	37. 75	39	40. 25	41. 5	±2. 5
		下	30	31. 25	32. 5	33. 75	35	36. 25	37. 5	38. 75	40	41. 25	42. 5	43. 75	45	46. 25	47. 5	±2. 5
	背围	上	54. 2	55. 05	55. 9	56. 75	57. 6	58. 45	59. 3	60. 15	61	61. 85	62. 7	63. 55	64. 4	65. 25	66. 1	±1. 7
		下	58. 5	59. 35	60. 2	61. 05	61. 9	62. 75	63. 6	64. 45	65. 3	66. 15	67	67. 85	68. 7	69. 55	70. 4	±1. 7
	楦头厚		20	20. 25	20. 5	20. 75	21	21. 25	21. 5	21. 75	22	22. 25	22. 5	22. 75	23	23. 25	23. 5	±0. 25
	皮鞋楦底样长		256	260	265	269	273	277	282	286	290	294	298	303	307	311	315	±8. 46
	运动鞋楦底样长		261	265	270	274	278	282	287	291	295	299	303	308	312	316	320	±8. 46
	凉鞋楦底样长		251	255	260	264	268	272	277	281	285	289	293	298	302	306	310	±8. 46
部位名称＼鞋号			4	4½	5	5½	6	6½	7	7½	8	8½	9	9½	10	10½	11	等差
女鞋	蹠围		64%	64%	64%	64%	64%	64%	64%	64%	64%	64%	64%	64%	64%	64%	64%	
			145. 28	147. 84	150. 4	152. 96	156. 16	158. 72	161. 28	163. 84	166. 4	169. 6	172. 16	174. 72	177. 28	180. 48	183. 04	±2. 56
	腰围	上	19. 3	20. 1	20. 9	21. 7	22. 50 ±1.6	23. 3	24. 1	24. 9	25. 7	26. 5	27. 3	28. 1	28. 9	29. 7	30. 5	±1. 6
		下	25. 3	26. 1	26. 9	27. 7	28. 50 ±1.6	29. 3	30. 1	30. 9	31. 7	32. 5	33. 3	34. 1	34. 9	35. 7	36. 5	±1. 6
	背围	上	47. 4	48. 25	49. 1	49. 95	50. 80 ±1.7	51. 65	52. 5	53. 35	54. 2	55. 05	55. 9	56. 75	57. 6	58. 45	59. 3	±1. 7
		下	51. 4	52. 25	53. 1	53. 95	54. 80 ±1.7	55. 65	56. 5	57. 35	58. 2	59. 05	59. 9	60. 75	61. 6	62. 45	63. 3	±1. 7
	楦头厚		16. 5	16. 75	17	17. 25	17. 5	17. 75	18	18. 25	18. 5	18. 75	19	19. 25	19. 5	19. 75	20	±0. 25
	皮鞋楦底样长		227	231	235	239	244	248	252	256	260	265	269	273	277	282	286	±8. 46
	运动鞋楦底样长		232	236	240	244	249	253	257	261	265	270	274	278	282	287	291	±8. 46
	凉鞋楦底样长		222	226	230	234	239	243	247	251	255	260	264	268	272	277	281	±8. 46

注：以上蹠围测量部位的确定是选用皮鞋楦中间号长度为依据。例如男鞋 8 号中间号楦底样长 273mm ×64% =174. 72mm，以此为基数，女鞋中间号 6½楦底样长 248mm ×64% =158. 72mm，以此为基数。

美国标准鞋楦尺寸见表7-20，鞋号对照见图7-12，不同尺寸对照见图7-13，美国鞋号相关数据见表7-21、表7-22，美国鞋号测量方法见图7-14、图7-15。

表7-20　　　　美国标准鞋楦尺寸表

尺寸		中底长度					蹠围									
		凉鞋	满帮鞋、运动鞋				AAAA	AAA	AA	A	B	C	D	E	EE	EEE
婴幼儿	5	133	134	138	139	143				128.83	130.18	136.53	142.88	147.64	152.4	157.16
	5½	137	138	142	143	147				126.21	132.56	138.91	145.26	150.02	154.78	159.54
	6	142	143	147	148	152				128.59	134.94	141.29	147.64	152.4	157.16	161.93
	6½	146	147	151	152	156				130.97	137.32	143.67	150.02	154.78	159.54	164.31
	7	150	151	155	156	160				133.35	139.7	146.05	152.4	157.16	161.93	166.69
	7½	154	155	159	160	164				135.73	142.08	148.43	154.78	159.54	164.31	169.07
	8	159	160	164	165	169				138.11	144.46	150.81	157.16	161.93	166.69	171.45
小童	8½	163	164	168	169	173				138.91	145.26	151.61	157.96	162.72	167.48	172.24
	9	167	168	172	173	177				141.29	147.64	153.99	160.34	165.1	169.86	174.63
	9½	171	172	176	177	181				143.67	150.02	156.37	162.72	167.48	172.24	177.01
	10	176	177	181	182	186				146.05	152.4	158.75	165.1	169.86	174.63	179.39
	10½	180	181	185	186	190				148.43	154.78	161.13	167.48	172.24	177.01	181.77
	11	184	185	189	190	194				150.81	157.16	163.51	169.86	174.63	179.39	184.15
	11½	188	189	193	194	198				153.19	159.54	165.89	172.24	177.01	181.77	186.53
	12	192	193	197	198	202				155.58	161.93	168.28	174.63	179.39	184.15	188.91
大女童	12½	184	185	189	190	194			150.81	157.16	163.51	169.86	176.21	180.98	185.74	
	13	188	189	193	194	198			153.99	160.34	166.69	173.04	179.39	184.15	188.91	
	13½	192	193	197	198	202			157.16	163.51	169.86	176.21	182.56	187.33	192.09	
	1	197	198	202	203	207			160.34	166.69	173.04	179.39	185.74	190.5	195.26	
	1½	201	202	206	207	211			163.51	169.86	176.21	182.56	188.91	193.68	198.44	
	2	205	206	210	211	215			166.69	173.04	179.39	185.74	192.09	196.85	201.61	
	2½	209	210	214	215	219			169.86	176.21	182.56	188.91	195.26	200.03	204.79	
	3	214	215	219	220	224			173.04	179.39	185.74	192.09	198.44	203.2	207.96	
	3½	218	219	223	224	228			176.21	182.56	188.91	195.26	201.61	206.38	211.14	
	4	222	223	227	228	232			179.39	185.74	192.09	198.44	204.79	209.55	214.31	
大男童	12½	197	198	202	203	207				163.51	169.86	176.21	182.56	187.33	192.09	196.85
	13	201	202	206	207	211				166.69	173.04	179.39	185.74	190.5	195.26	200.03
	13½	205	206	210	211	215				169.86	176.21	182.56	188.91	193.68	198.44	203.2
	1	209	210	214	215	219				173.04	179.39	185.74	192.09	196.85	201.61	206.38
	1½	214	215	219	220	224				176.21	182.56	188.91	195.26	200.03	204.79	209.55
	2	218	219	223	224	228				179.39	185.74	192.09	198.44	203.2	207.96	212.73
	2½	222	223	227	228	232				182.56	188.91	195.26	201.61	206.38	211.14	215.9
	3	226	227	231	232	236				185.74	192.09	198.44	204.79	209.55	214.31	219.08
	3½	231	232	236	237	241				188.91	195.26	201.61	207.96	212.73	217.49	222.25
	4	235	236	240	241	245				192.09	198.44	204.79	211.14	215.9	220.66	225.43

续表

尺寸		中底长度					跖围									
		凉鞋	满帮鞋、运动鞋				AAAA	AAA	AA	A	B	C	D	E	EE	EEE
男青年	3½	231	232	236	237	241				187.33	193.68	200.03	206.38	212.73	219.08	
	4	235	236	240	241	245				190.5	196.85	203.2	209.55	215.9	222.25	
	4½	239	240	244	245	249				193.68	200.03	206.38	212.73	219.08	225.43	
	5	243	244	248	249	253				196.85	203.2	209.55	215.9	222.25	228.6	
	5½	247	248	252	253	257				200.03	206.38	212.73	219.08	225.43	231.78	
	6	252	253	257	258	262				203.2	209.55	215.9	222.25	228.6	234.95	
女鞋	3	214	215	219	220	224	163.51	168.28	173.04	179.39	185.74	192.09	198.44	203.2	207.96	
	3½	218	219	223	224	228	166.69	171.45	176.21	182.56	188.91	195.26	201.61	206.38	211.14	
	4	222	223	227	228	232	169.86	174.63	179.39	185.74	192.09	198.44	204.79	209.55	214.31	
	4½	226	227	231	232	236	173.04	177.8	182.56	188.91	195.26	201.61	207.96	212.73	217.49	
	5	231	232	236	237	241	176.21	180.98	185.74	192.09	198.44	204.79	211.14	215.9	220.66	
	5½	235	236	240	241	245	179.39	184.15	188.91	195.26	201.61	207.96	214.31	219.08	223.84	
	6	239	240	244	245	249	182.56	187.33	192.09	198.44	204.79	211.14	217.49	222.25	227.01	
	6½	243	244	248	249	253	185.74	190.5	195.26	201.61	207.96	214.31	220.66	225.43	230.19	
	7	247	248	252	253	257	188.91	193.68	198.44	204.79	211.14	217.49	223.84	228.6	233.36	
	7½	252	253	257	258	262	192.09	196.85	201.61	207.96	214.31	220.66	227.01	231.78	236.54	
	8	256	257	261	262	266	195.26	200.03	204.79	211.14	217.49	223.84	230.19	234.95	239.71	
	8½	260	261	265	266	270	198.44	203.2	207.96	214.31	220.66	227.01	233.36	238.13	242.89	
	9	264	265	269	270	274	201.61	206.38	211.14	217.49	223.84	230.19	236.54	241.3	246.06	
	9½	269	270	274	275	279	204.79	209.55	214.31	220.66	227.01	233.36	239.71	244.48	249.24	
	10	273	274	278	279	283	207.96	212.73	217.49	223.84	230.19	236.54	242.89	247.65	252.41	
男鞋	6	251	253	256	257	261			196.85	203.2	209.55	215.9	222.25	227.01	231.78	
	6½	255	257	260	261	265			200.03	206.38	212.73	219.08	225.43	230.19	234.95	
	7	260	262	265	266	270			203.2	209.55	215.9	222.25	228.6	233.36	238.13	
	7½	264	266	269	270	274			206.38	212.73	219.08	225.43	231.78	236.54	241.3	
	8	268	270	273	274	278			209.55	215.9	222.25	228.6	234.95	239.71	244.48	
	8½	272	274	277	278	282			212.73	219.08	225.43	231.78	238.13	242.89	247.65	
	9	276	278	281	282	286			215.9	222.25	228.6	234.95	241.3	246.06	250.83	
	9½	281	283	286	287	291			219.08	225.43	231.78	238.13	244.48	249.24	254	
	10	285	287	290	291	295			222.25	228.6	234.95	241.3	247.65	252.41	257.18	
	10½	289	291	294	295	299			225.43	231.78	238.13	244.48	250.83	255.59	260.35	
	11	293	295	298	299	303			228.6	234.95	241.3	247.65	254	258.76	263.53	
	11½	298	300	303	304	308			231.78	238.13	244.48	250.83	257.18	261.94	266.7	
	12	302	304	307	308	312			234.95	241.3	247.65	254	260.35	265.11	269.88	
	12½	306	308	311	312	316			238.13	244.48	250.83	257.18	263.53	268.29	273.05	
	13	310	312	315	316	320			241.3	247.65	254	260.35	266.7	271.46	276.23	

注：1. 号差为8.46mm，半号差为4.23mm。

2. 美国鞋号与英国鞋号的区别：男鞋-青年-男童-中童的鞋号比英国鞋号大½（即美国鞋号9号=英国鞋号8½号）；妇女-少女的鞋号比英国鞋号大1½（即美国鞋号6号=英国鞋号4½号），跖围等差分别为3.18mm、3.17mm。例如：8号跖围（228.60±3.18）mm等于8½号的跖围，为231.78mm，再加3.17mm，等于9号的跖围234.95mm。以上数据仅供参考。

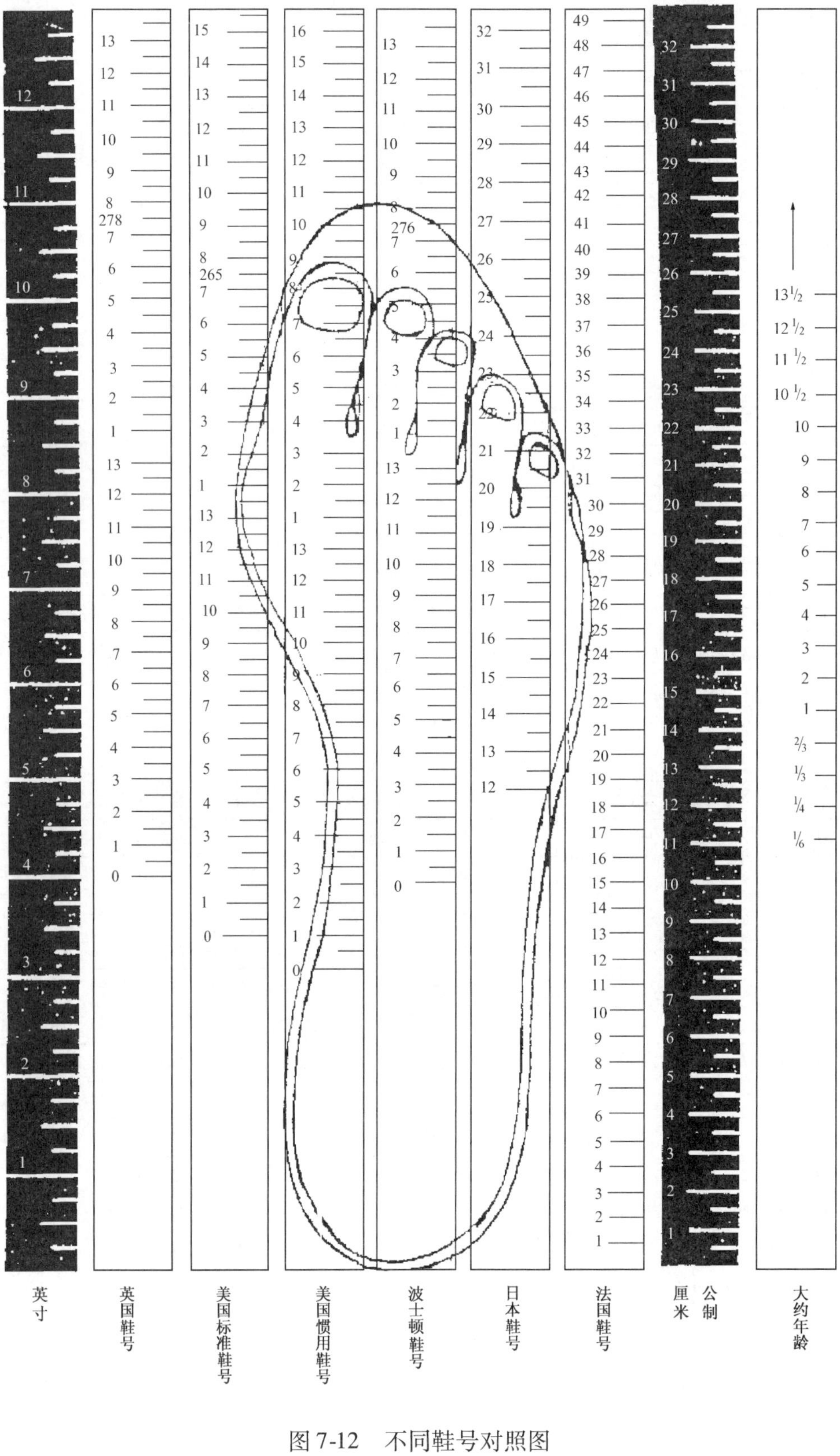

图 7-12　不同鞋号对照图

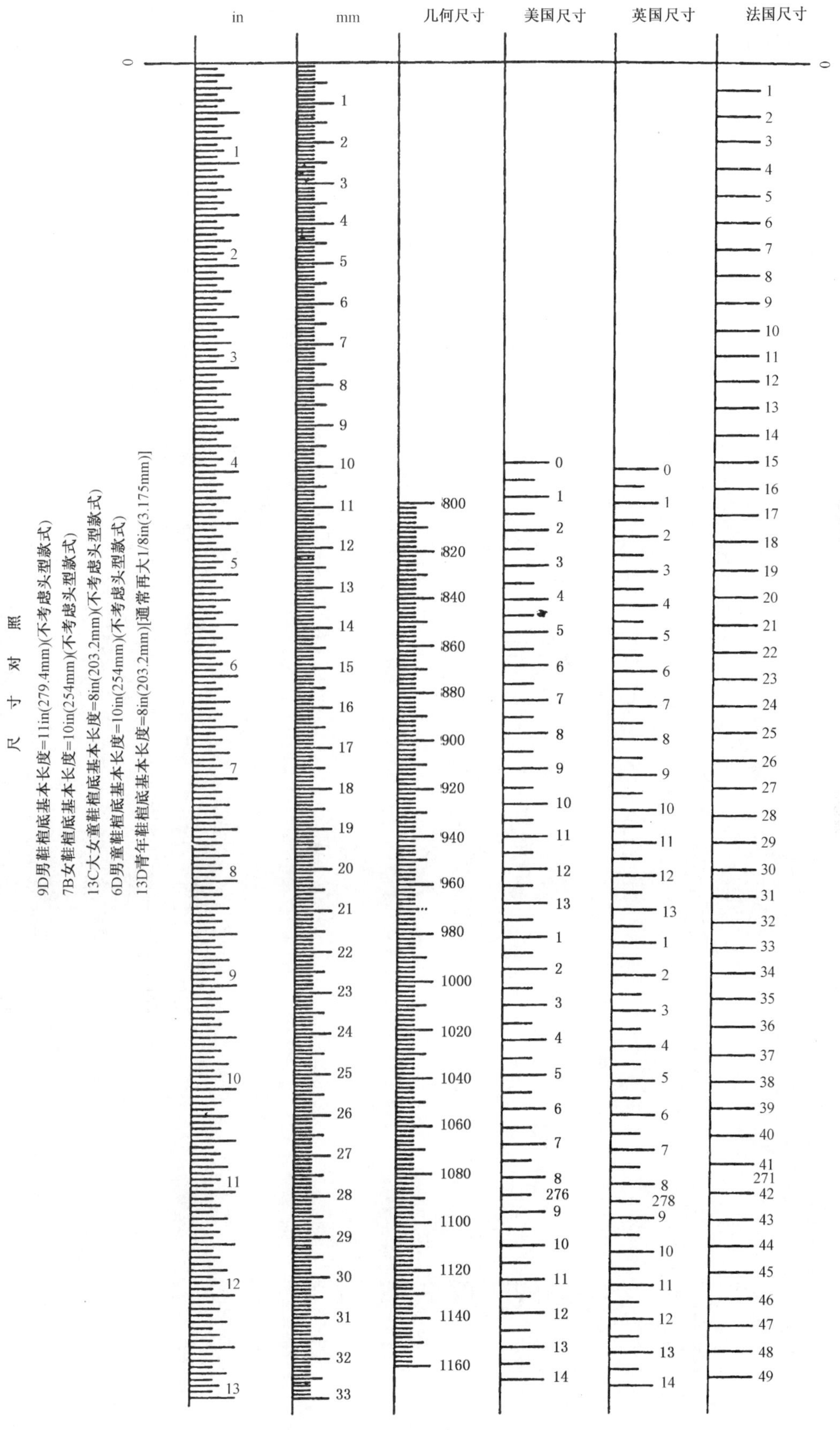

图 7-13　不同尺寸对照图

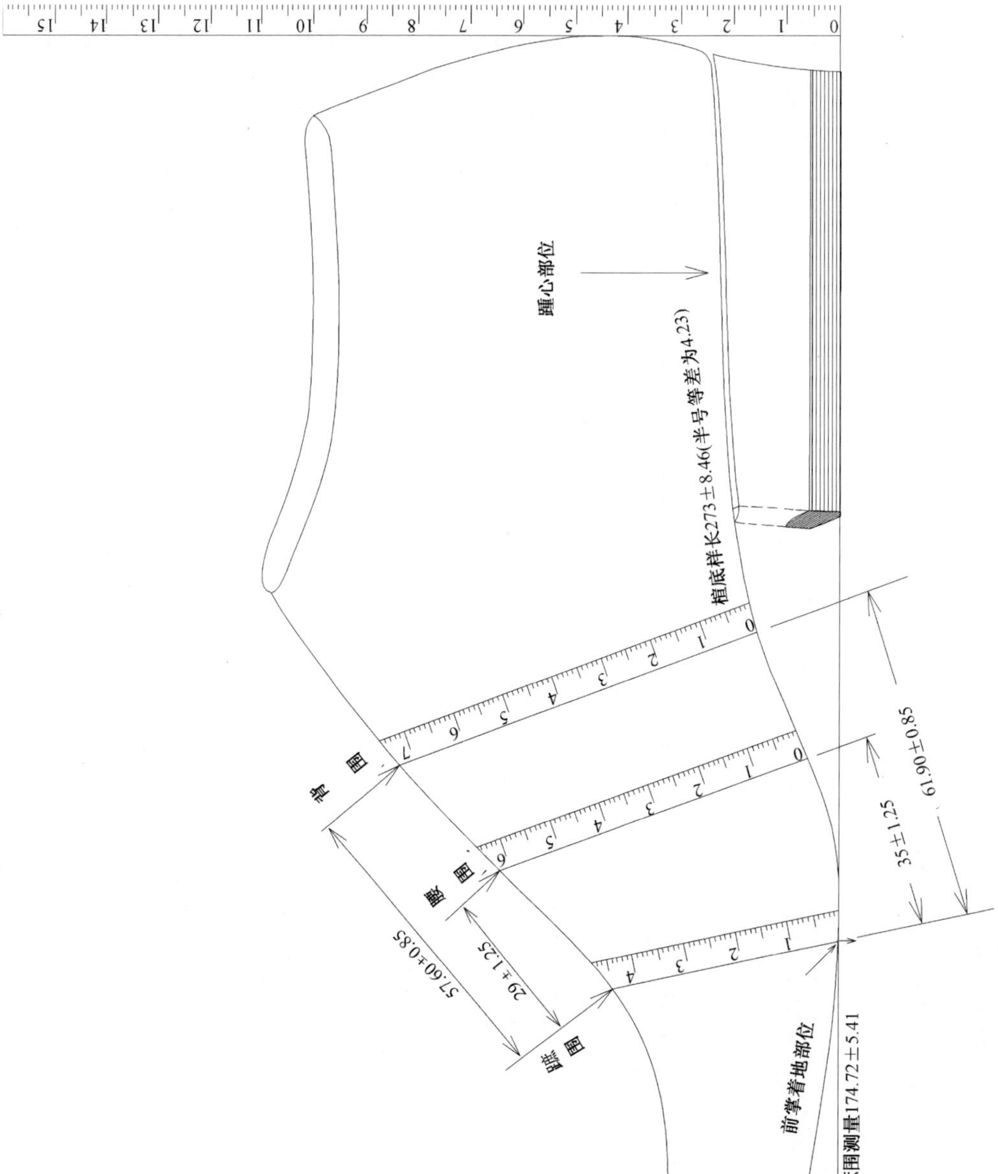

图 7-14　美国鞋号 8 号男鞋跖围、腰围、背围测量方法（单位：mm）

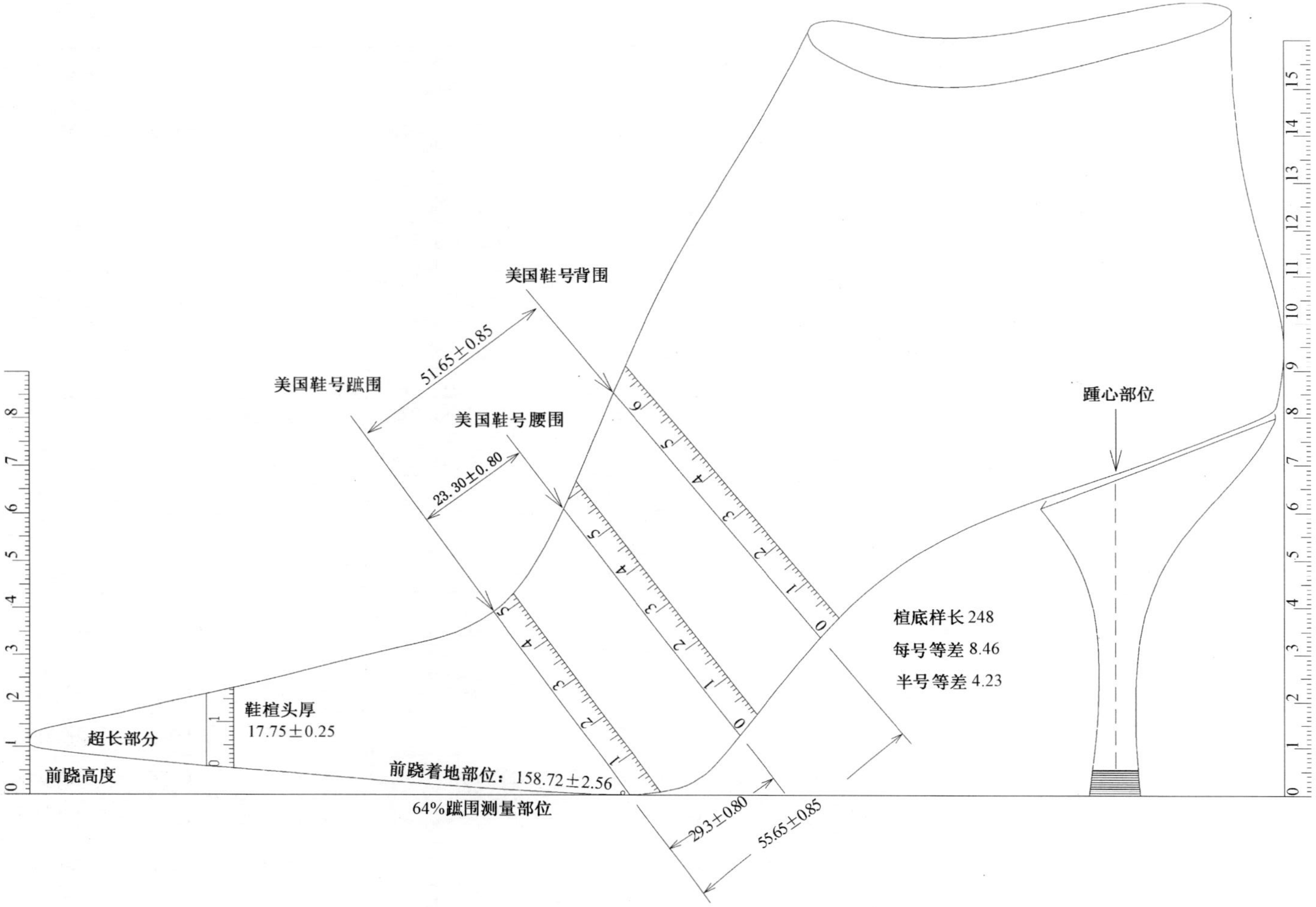

图 7-15　美国鞋号6 ½号女鞋跖围、腰围、背围测量方法（单位：mm）

表 7-21 　　**美国鞋号相关数据表** 　　单位：mm

部位尺寸＼鞋号	4D	7D	9D	10D	13C	13D	4D	6B	7B	8B	8D	9D	10D	备注
楦底长	125.00	153.00	171.00	179.00	203.00	203.00	235.00	239.00	247.00	256.00	270.00	278.00	287.00	±5
楦掌宽	55～58	60～63	63～66	64～67	69～73	69～73	78～81	78～81	80～84	82～86	90～94	92～96	94～98	每级±2
裸掌围	140.00	152.00	162.00	167	176.00	183.00	210.00	205.00	212.00	219.00	235.00	242.00	248.00	可+2
裸腰围	140.00	152.00	162.00	167	175.00	181.00	210.00	203.00	210.00	217.00	233.00	240.00	246.00	可+4
裸背围	150.00	162.00	172.00	177	186.00	193.00	220.00	216.00	223.00	230.00	245.00	252.00	258.00	可±4
脚背至后跟围	197～205	222～230	248～256	252.76～260.76	276～286	283～292	330～338	324～332	333.5～342.5	343～351	368～381	377.5～390	387～400	
后跟宽	38.00	42.00	44.00	45.50	47.00	50.00	54.00	50.00	51.60	53.20	63.00	64.60	66.20	可±2
楦底后跟宽量点	23.96	28.70	31.86	33.44	38.18	38.18	44.50	44.50	46.08	47.66	50.80	52.38	53.96	
后弧宽	43.00	46.00	49.00	50.50	52.00	54.00	60.00	57.00	58.60	61.20	72.00	73.60	75.20	可±2
掌围点	83.00	99.50	110.50	115.50	130.00	130.00	152.00	156.00	161.00	166.00	173.00	178.00	183.00	
腰围点上	12.70	17.50	18.50	19.00	20.60	20.60	22.50	22.50	24.10	25.70	29.00	31.50	34.00	
腰围点下	14.70	19.50	20.50	21.00	22.60	22.60	28.50	28.50	30.10	31.70	35.00	37.50	40.00	
脚背点上	30.16	34.96	38.16	39.76	44.56	44.56	50.80	50.80	52.50	54.20	57.60	59.30	61.00	
脚背点下	30.16	34.96	38.16	39.76	44.56	44.56	54.80	54.80	56.50	58.20	61.90	63.60	65.30	
脚小趾围度点总长的80%脚小趾围度	127～140	130～146	133.5～151	135～153	142.8～165	142.8～165	175～190.5	160～190.5	165.5～195.5	171～201.5	197～215	202.5～221.5	208～227	
脚拇指厚度点总长的92%～94%	114.30	139.68	156.60	165.06	190.5	190.50	224.28	228.00	236.00	244.00	254	262.00	270.00	
脚拇指厚度	14.00	14.00	14.80	15.20	15.5	16.40	18.00	17.50	18.00	18.50	21.20	21.70	22.20	

注：楦底长度会随着头型的不同而增加长度。

表 7-22　　美国鞋号 8 号鞋楦数据测量表　　单位：mm

品　种	楦底样长	楦宽度	楦踵心部宽	蹠　围	跗　围
休闲凉鞋	266	96	67	239	242
大头凉鞋	265	95	66	238	241
成型底凉鞋	267	95	66	239	242
组合底凉鞋	268	94	63	239	242
大圆头皮鞋	268	92	62	241	245
便　鞋	269	90	62	243	246
登山鞋	269	91	62	246	246
运动鞋	270	89	58	245	247
包子鞋	270	88	59	236	239
一般皮鞋	271	92	61	241	245
工作鞋	272	89	62	247	247
小圆头皮鞋楦	273	91	61	241	245
小方头皮鞋楦	274	92	61	241	245
尖方头皮鞋楦	275	91	61	241	245
尖头皮鞋楦	276	92	62	241	245
超长方头皮鞋楦	277	91	61	241	245
超长尖头皮鞋楦	278	92	62	241	245

注：①以上数据按中国测量方法量围。

②长度级差 8.46mm，半号级差 4.23mm；蹠围级差 6.35mm，半号级差 3.175mm。

二、美国鞋楦检测方法（6B）

从跟底向上 2 1/16 in（52.39mm）处用带尺测量，根据图 7-16、表 7-23 中的跟高来调置卡尺，置卡尺于 2 1/16 in（52.39mm）标识处，此时在鞋楦前部与卡尺出现交点，则在该点用卡钳测头厚。美国鞋楦主要部位测量图见图 7-17，检测及测量方法见图 7-18。

表 7-23　　不同跟高的卡尺调置

跟　高		卡尺调置		跟　高		卡尺调置	
in	mm	in	mm	in	mm	in	mm
4/8	12.7	2 7/8	73.025	16/8	50.8	2 1/4	57.15
5/8	15.875	2 7/8	73.025	17/8	53.975	2 1/8	53.975

续表

跟高		卡尺调置		跟高		卡尺调置	
in	mm	in	mm	in	mm	in	mm
6/8	19.05	2 4/5	71.4375	18/8	57.15	2	50.8
7/8	22.225	2 3/4	69.85	19/8	60.325	2	49.2125
8/8	25.4	2 3/4	69.85	20/8	63.5	1 4/5	46.0375
9/8	28.575	2 2/3	68.2625	21/8	66.675	1 3/4	44.45
10/8	31.75	25/8	66.675	22/8	69.85	1 2/3	42.8625
11/8	34.925	2 5/8	66.675	23/8	73.025	1 5/8	41.275
12/8	38.1	2 4/7	65.0875	24/8	76.2	1 4/7	39.6875
13/8	41.275	2 4/7	65.0875	25/8	79.375	1 4/9	36.5125
14/8	44.45	2 1/2	63.5	26/8	82.55	1 3/8	34.925
15/8	47.625	2 3/8	60.325				

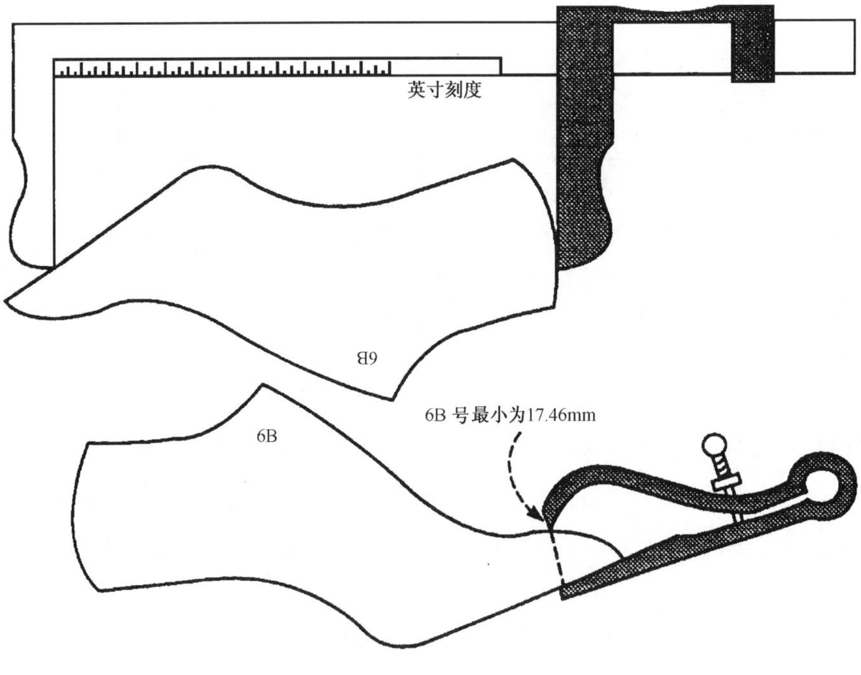

图 7-16　美国鞋楦检测方法（6B）

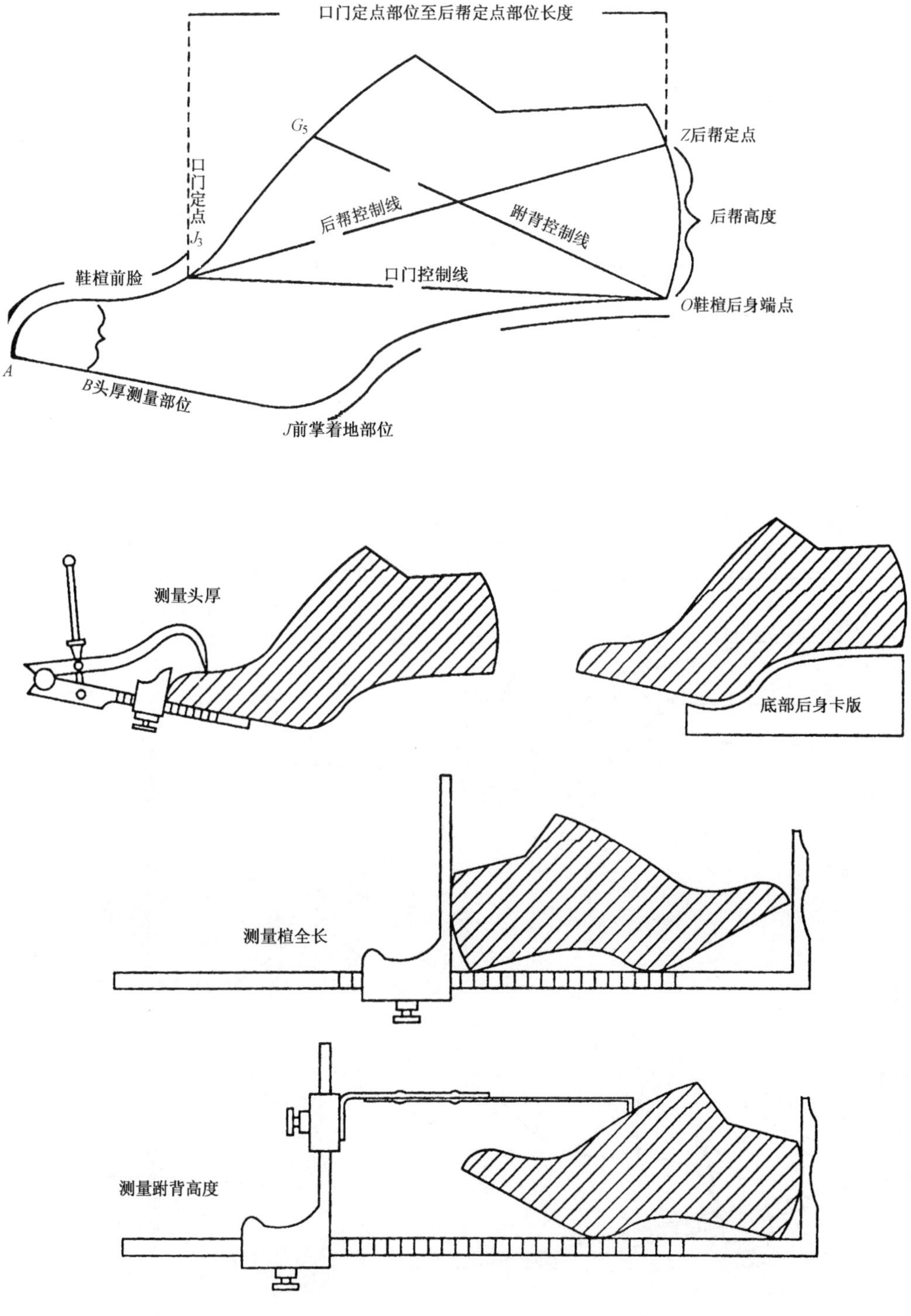

图 7-17　美国鞋楦主要部位测量示意图

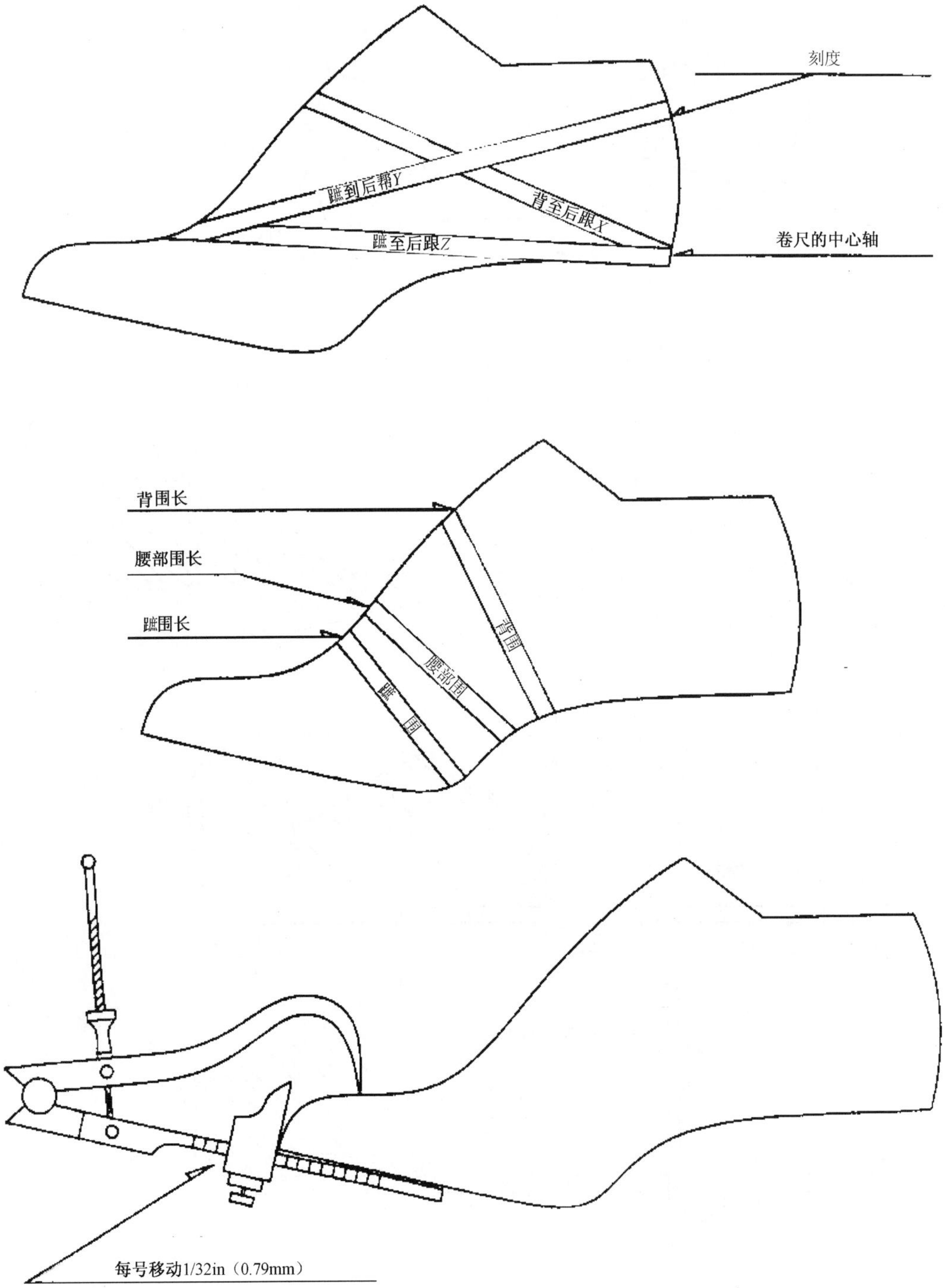

图 7-18　检测及测量方法

三、美国鞋楦的插跟角度与鞋跟高

鞋楦的插跟角度必须与已存在的鞋跟模型相一致，见图 7-19。以下是布朗鞋业公司使用的插跟角度标准一览，见表 7-24。

表 7-24　　　　美国鞋楦的插跟角度与鞋跟高数据

跟高		插跟角度/(°)	跟高		插跟角度/(°)
in	mm		in	mm	
0/8	0	0	12/8	38.1	10
1/8	3.175	0	13/8	41.275	11
2/8	6.35	0	14/8	44.45	12
3/8	9.525	0	15/8	47.625	14
4/8	12.7	1	16/8	50.8	16
5/8	15.875	2	17/8	53.975	17
6/8	19.05	3	18/8	57.15	18
7/8	22.225	5	19/8	60.325	19
8/8	25.4	6	20/8	63.5	21
9/8	28.575	7	21/8	66.675	22
10/8	31.75	8	22/8	69.85	25
11/8	34.925	9	23/8	73.025	26

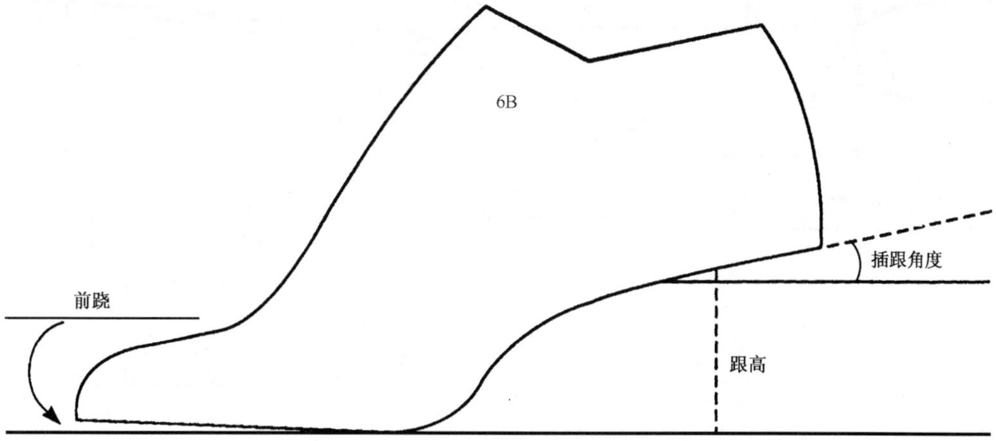

图 7-19　美国鞋楦的插跟角度与鞋跟高

鞋跟设计图见图 7-20，图 7-21。

男中圆头中间鞋号男单美国标准鞋楦及尺寸见图 7-22。特点是腰窝部位比中国鞋窄而且围度瘦，造型有很大差别。

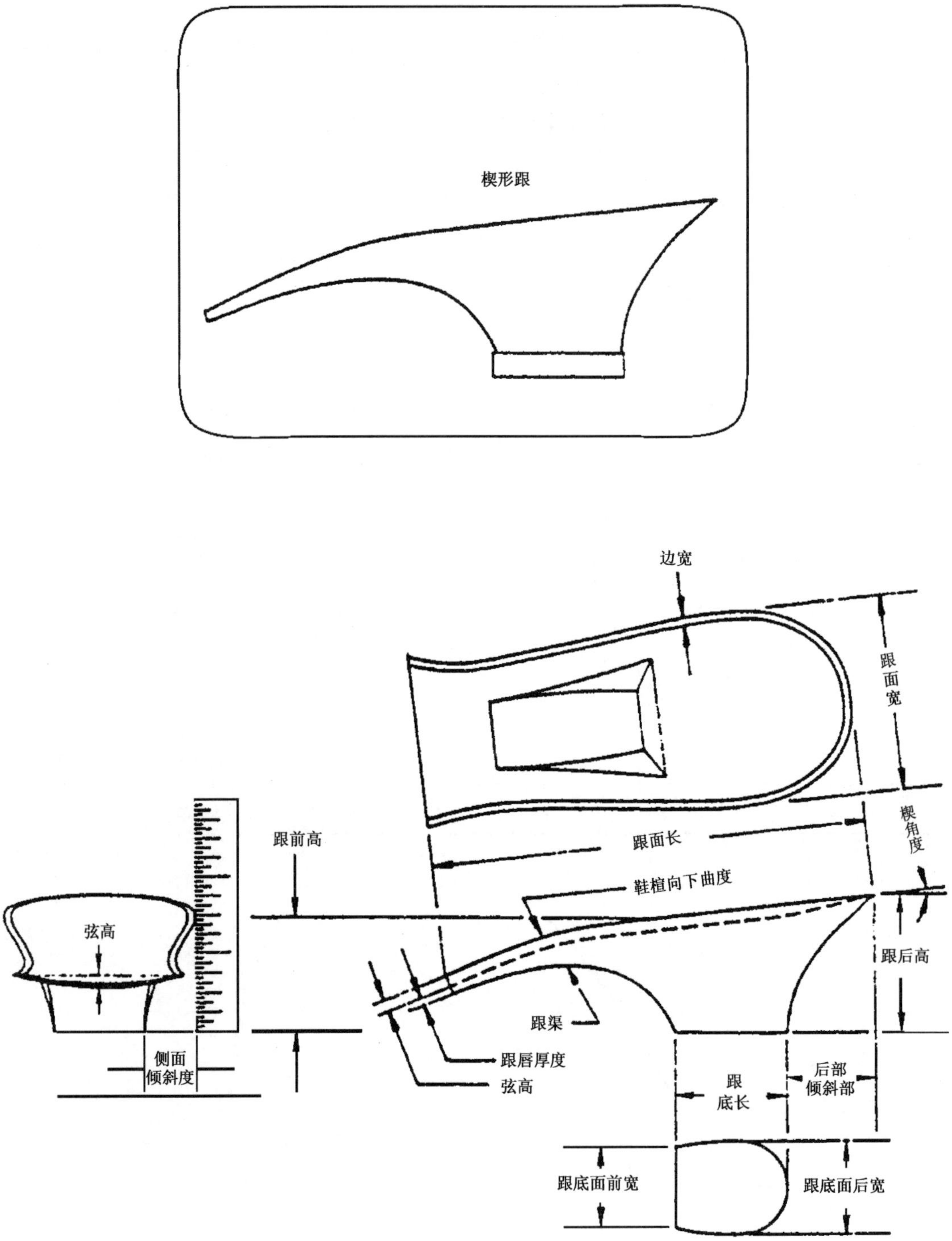

图 7-20　鞋跟设计图（一）

弦高 = 位于跟面中央 $\frac{1}{32}$in（0.79mm）

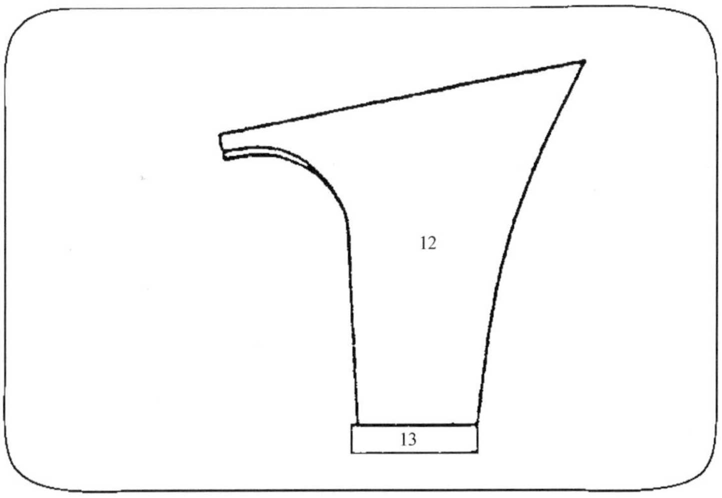

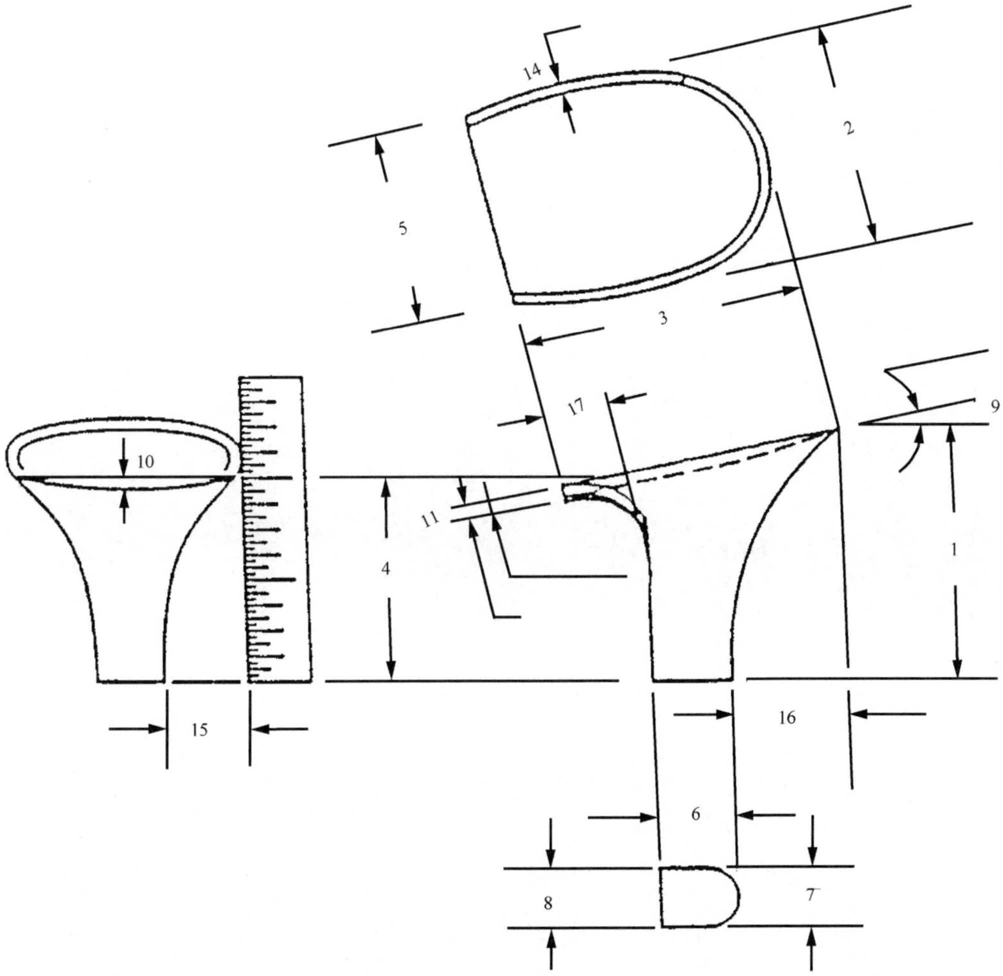

图 7-21 鞋跟设计图（二）

1—跟高　2—跟面宽　3—跟面长　4—跟口高　5—跟口宽　6—跟底面长　7—跟底面后宽　8—跟底面前宽　9—跟面倾斜度　10—跟面凹度　11—跟楦间距　12—跟侧面　13—跟底出面　14—包跟皮厚度　15—跟底面与跟口宽差距　16—跟底后端点与跟口面后端点差距　17—跟口超出长度

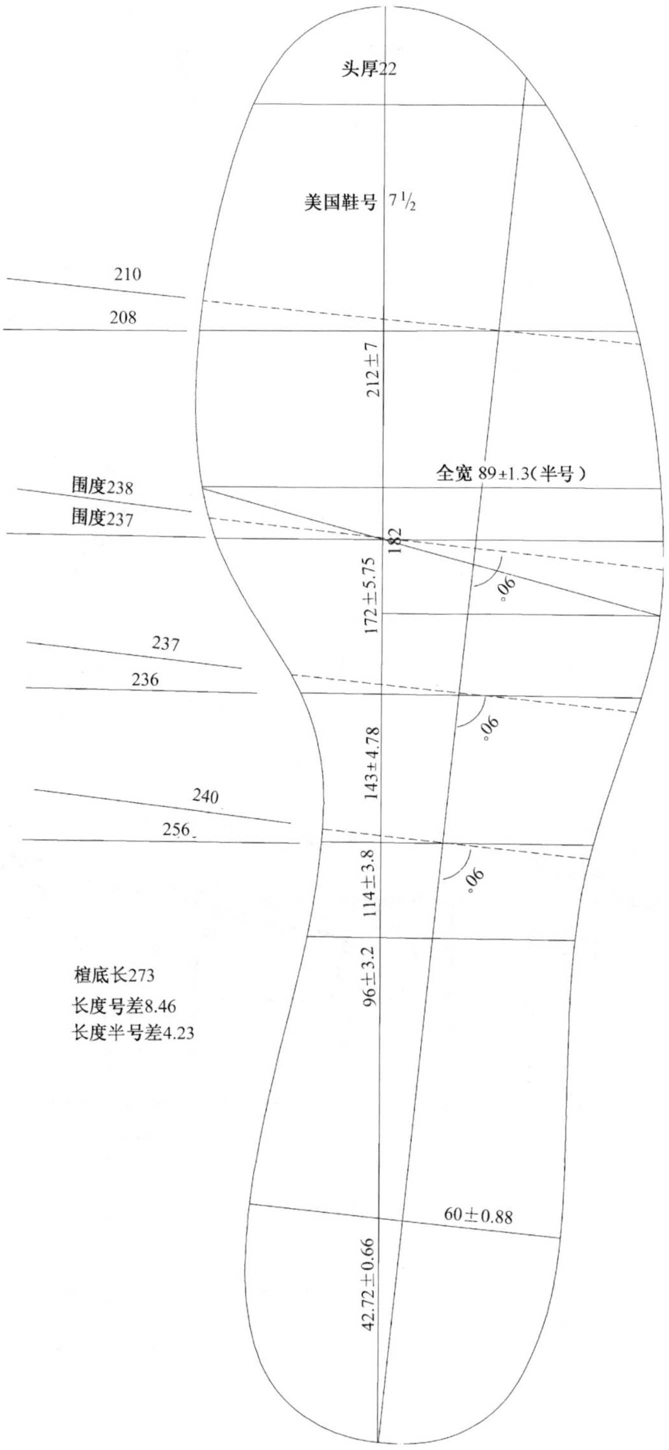

图 7-22　男中圆头中间鞋号男单美国标准鞋楦
（长度单位：mm）

第四节　法国鞋号与鞋楦

一、法国鞋号的特点

法国鞋号是欧洲大陆普遍使用的鞋号，例如意大利、西班牙、德国等国家都采用法国鞋号，它也是普及世界各国的主要鞋号之一，历史上最早普及的鞋号也是英国鞋号和法国鞋号。它的鞋楦底样长度等差为2/3cm，等于6.67mm，半号等差为3.33mm和3.34mm，也有采用号差6.66mm，半号差3.33mm的方法。法国鞋号是以100mm开始记号，鞋号由儿童16号即楦底样长106.67mm开始，到47号或更大尺寸鞋号长度，47号以上为特大号，鞋号分档如表7-25。

表7-25　法国鞋号分档表

年龄		鞋号
婴儿	2~18个月	15~23
小童	2~4½岁 5~7½岁	24~26 27~29
中童	8~10岁	30~33
大童	10½~14岁	34~39
成年	女士	34~42
	男士	38~48

1. 法国鞋号与鞋楦底样长度计算公式

法国鞋号楦底样长度采用厘米制计算。

鞋号×2/3=鞋楦底样长（指楦底样曲线长度，cm）

例如：鞋号36号×2/3=24cm

2. 法国鞋号与英国鞋号鞋楦底样长换算

（1）先求出英国鞋楦底样长的长度（in）；

（2）将英国鞋楦底样长度换算成厘米单位（1in=25.4mm）；

（3）以厘米数求出法国鞋楦底样长度［长度（cm）×3/2）］。

例如：英国鞋号8号为法国鞋号的几号？

解：（1）英国鞋号8号鞋楦底样长度是11in

（2）11×2.54 =27.94cm（换算为279.4mm）

（3）27.94×3/2 = 42法国鞋号

答：英国鞋号8号等于法国鞋号42号。

例如：法国鞋号36号等于英国鞋号的几号？

解：（1）36×2/3 =24cm（240mm）

（2）24cm÷2.54 =9.45in

（3）（9.45－4）×3=16.35

（4）16.35 - 13 = 3 号

答：法国鞋号 36 号等于英国鞋号的 3 号。

英国鞋号成人 5 号的鞋楦底样长度等于 10in，换算为 254mm，相当于法国 38 号的鞋楦底样长度，因此可用一个简易的换算公式：

$$\text{法国鞋楦底样长度} = \frac{\text{英国鞋楦底样长度（in）} \times 38}{10}$$

法国鞋楦底样长度号差为 6.67mm，在实际应用中进行四舍五入，排列方式形成 7、7、6、7、7、6mm 等长度来区分长度之间的等差。

法国鞋楦底样长度规格见表 7-26、表 7-27。

表 7-26　　法国鞋号规格（长度）　　单位：mm

年龄		鞋号	中底长度					
			凉鞋 I		满帮鞋 II、运动鞋 III			
婴儿		15	95	101	98	104	101	107
		16	101	108	104	111	107	114
		17	108	114	111	117	114	120
		18	114	122	117	124	120	127
		19	122	127	124	130	127	133
		20	127	134	130	137	133	140
		21	134	140	137	144	140	147
		22	140	146	144	150	147	153
		23	146	152	150	156	153	160
中童		24	152	159	156	163	160	167
		25	159	164	163	169	167	173
		26	164	171	169	176	173	180
		27	171	178	176	183	180	187
	少女	28	178	183	183	188	187	193
大童		29	183	190	188	195	193	200
		30	190	197	195	202	200	207
		31	197	203	202	208	207	213
		32	203	210	208	215	213	220
		33	210	217	215	222	220	227
青年		34	217	223	222	228	227	233
	妇女	35	223	227	228	232	233	237
		35½	227	230	232	235	237	240
		36	230	233	235	238	240	243
		36½	233	237	238	242	243	247
		37	237	240	242	245	247	250
		37½	240	243	245	248	250	253
		38	243	247	248	252	253	257

续表

年龄		鞋号	中底长度					
			凉鞋Ⅰ		满帮鞋Ⅱ、运动鞋Ⅲ			
男士	妇女	38½	247	250	252	255	257	260
男士	妇女	39	250	253	255	258	260	263
男士	妇女	39½	253	257	258	262	263	267
男士	妇女	40	257	260	262	265	267	270
男士	妇女	40½	260	263	265	268	270	273
男士	妇女	41	263	266	268	271	273	276
男士	妇女	41½	266	270	271	276	276	280
男士	妇女	42	270	273	276	278	280	283
男士		42½	273	277	278	282	283	287
男士		43	277	281	282	284	287	290
男士		43½	281	284	284	288	290	293
男士		44	284	287	288	292	293	297
男士		44½	287	290	292	295	297	300
男士		45	290	294	295	299	300	303
男士		45½	294	297	299	302	303	307
男士		46	297	301	302	304	307	310

注：表格内分满帮鞋和运动鞋的长度是大头和中头型鞋楦。现皮鞋楦一般采用长度男士中间号 41 号楦底样长 273mm，女士中间号 37 号楦底样长 247mm。

表 7-27　　法国男、女、童鞋楦尺寸数据表（型差 5mm 制）　　单位：mm

鞋号	长度			1	2	3	4	5	6	7	8
	凉鞋	满帮鞋、运动鞋		A	B	C	D	E	F	G	H
25	157	162	167	130	135	140	145	150	155	160	165
26	163	168	173	135	140	145	150	155	160	165	170
27	170	175	180	140	145	150	155	160	165	170	175
28	177	182	187	145	150	155	160	165	170	175	180
29	183	188	193	150	155	160	165	170	175	180	185
30	190	195	200	155	160	165	170	175	180	185	190
31	197	202	207	160	165	270	175	180	185	190	195
32	203	208	213	165	170	175	180	185	190	195	200
33	210	215	220	170	175	180	185	190	195	200	205
34	217	222	227	175	180	185	190	195	200	205	210
35	223	228	233	180	185	190	195	200	205	210	215
36	230	235	240	185	190	195	200	205	210	215	220

续表

鞋号	长度			1 A	2 B	3 C	4 D	5 E	6 F	7 G	8 H
	凉鞋	满帮鞋、运动鞋									
37	237	242	247	190	195	200	205	210	215	220	225
38	243	248	253	195	200	205	210	215	220	225	230
39	250	255	260	200	205	210	215	220	225	230	235
40	257	262	267	205	210	215	220	225	230	235	240
41	263	268	273	210	215	220	225	230	235	240	245
42	270	275	280	215	220	225	230	235	240	245	250
43	276	281	287	220	225	230	235	240	245	250	255
44	283	288	293	225	230	235	240	245	250	255	260
45	290	295	300	230	235	240	245	250	255	260	265
46	296	301	307	235	240	245	250	255	260	265	270
47	303	308	313	240	245	250	255	260	265	270	275
48	310	315	320	245	250	255	260	265	270	275	280
49	316	321	326	250	255	260	265	270	275	280	285
50	323	328	333	255	260	265	270	275	280	285	290

注：长度号差 6.67mm，半号等差 3.335mm，型差（肥瘦度差）5mm，半号型差 2.5mm。
一般使用法国鞋号 37 号楦底样长 247mm 为常用数据（女皮鞋楦），男鞋根据款式品种不同，长度也不相同，一般 41 号楦楦底样长中间号满帮鞋楦为 273mm。

鞋楦长度以前分三种：凉鞋类、满帮鞋类、运动鞋类。在实际中楦底样的长度随着品种款式的变化和头型大小的变化而变化，以上三种是一种基本长度，作为设计测量各部位点，测量蹠围、腰围、背围的依据。进入 21 世纪以来，鞋楦的长度产生了较大的变化，鞋类设计师为了美观鞋的外观造型，同时要确保穿着舒适，因此增加了超长度（在脚趾端点前增加长度来促使鞋楦头部造型的变化）。正常的鞋楦底样长度为：凉鞋类中间号女士 37 号的长度有 237mm、240mm，男士 41 号的长度有 263mm、266mm；满帮鞋类中间号女士 37 号的长度有 242mm、245mm，男士 41 号的长度有 268mm、271mm；运动鞋类中间号女士 37 号的长度有 247mm、250mm，男士 41 号的长度有 273mm～276mm。超长式类的长度在以上的基础上有超长 1 个号码长度至超长 4 个号码长度的超长度，意大利的男女时装鞋楦底样的增加度越超越长，有些尖头超长式的放余量达 50mm 左右，超长虽然可以确保尖头鞋穿着舒适，带来头型的变化，但超长过多会影响行走，因此也不能过于超长。

法国鞋楦围度每增减 5mm 为一号码的级放等差，半号为 2.5mm（一般半号很少采用）。

鞋楦肥瘦型差标识有 1、2、3、4、5、6、7、8 等，或 A、B、C、D、E、F、G、H 等。

表 7-28　　法国鞋号长度围度数据对照表（型差 4mm 制）　单位：mm

鞋号	蹠围									长度	
	1	A2	B3	C4	D5	E6	F7	G8	H9		
48	239	244	249	254	259	264	269	274	279	320	
47	235	240	245	250	255	260	265	270	275	313	
46	231	236	241	246	251	256	261	266	271	307	
45	227	232	237	242	247	252	257	262	267	300	
44	223	228	233	238	243	248	253	258	263	293	
43	219	224	229	234	239	244	249	254	259	287	男士（48～38）
42	215	220	225	230	235	240	245	250	255	280	
41	211	216	221	226	231	236	241★	246	251	273	
40	207	212	217	222	227	232	237★	242	247	267	
39	203	208	213	218	223	228	233	238	243	260	
38	199	204	209	214	219	224	229	234	239	253	女士（42～34）
37	195	200	205	210	215★	220	225	230	235	247	
36	191	196	201	206	211★	216	221	226	231	240	大童（37～34）
35	187	192	197	202	207	212	217	222	227	233	
34	183	188	193	198	203	208	213	218	223	227	
33	179	184	189	194	199	204	205	214	219	220	
32	175	180	185	190	195	200	205	210	215	213	
31	171	176	181	186	191	196	201	206	211	207	中童（33～30）
30	167	172	177	182	187	192	197	202	207	200	
29	163	168	173	178	183	188	193	198	203	193	
28	159	164	169	174	179	184	189	194	199	187	
27	155	160	165	170	175	180	185	190	195	180	
26	151	156	161	166	171★	176	181	186	191	173	
25	147	152	157	162	167	172	177	182	187	167	小童（29～22）
24	143	148	153	158	163★	168	173	178	183	160	
23	139	144	149	154	159	164	169	174	179	153	
22	135	140	145	150	155	160	165	170	175	147	
21	131	136	141	146	151	156	161	166	171	140	
20	127	132	137	142	147	152	157	162	167	133	
19	123	128	133	138	143	148	153	158	163	127	
18	119	124	129	134	139	144	149	154	159	120	婴儿（21～16）
17	115	120	125	130	135	140	145	150	155	113	
16	111	116	121	126	131	136	141	146	151	107	

注：★为中间号数据。法国鞋号围度型差是 5mm。号与号之间围度号差 4mm，半号为 2mm，宽度号差约为女士 1.6mm，男士 1.7mm。至于长度级差分别以 6 和 7mm 交替上升，标准长度级差为 6.67mm，半号为 3.335mm。不论法国鞋号、美国鞋号、中国鞋号，长度一般是根据品种和头型等确定的（长度随之变化）。例如男 41 号满帮鞋中圆头，大圆头楦底样长为 268mm，凉鞋（全后空）楦底样长 263mm。超长楦可以根据造型要求超长，但测量点按标准楦底样长度为准。

法国鞋号和鞋楦的肥瘦号差除了采用5mm长度，也有采用4mm长度。A为最瘦型号至H为肥型，H以上为特肥型，一般瘦型会采用4mm型差（见表7-28为4mm型差数据），肥型楦要采用5mm型差。

法国鞋楦的围长测量主要有三处：一是蹠围长度，二是腰围长度，三是背围长度。蹠围测量部位点一般设定在标准楦底样长的64%处，例如男士41号鞋楦底样长为273mm，乘以64%，等于174.72mm，为鞋楦蹠围测量部位，在该部位测围一圈的实得尺寸为蹠围长度（在该部位点的楦上面中间定一个测量点，加上鞋楦两侧里外各一个点，三个点连接成一个周长的尺寸就是蹠围）。该部位又是鞋楦前掌着地部位。在该点向后35mm±0.86mm。在测量楦蹠围上面的定位点向后测量取29mm±0.71mm为腰窝部位测量处，环绕该部位一圈为腰围长度。由蹠围上面定位点向后测量57.60mm±1.41mm，由蹠围部位向后曲线长度61.90mm±1.51mm为楦背围测量部位，这是一种测量方法，因为在意大利和法国还没有国家测量标准。他们的围长测量方法按国内著名鞋业公司惯用的测量方法进行测量。例如欧洲的英国克拉克公司有他自己的一套测量方法，意大利罗迈尔奥公司有他自己的测量方法，德国阿迪达斯公司也有他自己的测量方法，所以很难说谁的方法是最标准的。但根据现在电脑软件在鞋楦设计上的应用，测量围长的方法中按前掌着地部位点定为测量部位的原点（基点）较为合理，因为该部位是前掌主要着地受力部位，也是脚前掌最宽的部位。由于欧洲人的脚型规律和亚洲人的脚型规律有一定的差别，欧洲人的脚普遍比亚洲人瘦长，而且脚背要比亚洲人低。根据长期积累做外销楦的经验，了解到以中间鞋号为例：男士前掌着地部位欧洲鞋要比亚洲鞋长4~5mm，女士鞋长2~3mm。例如中国鞋楦的男士前掌着地部位为170mm，欧洲为173~175mm，中国女士前掌着地部位为156mm，欧洲为158mm左右。测量方法中最理想的应该是在鞋楦蹠围、腰围、背围的楦底样底部里外两侧各定一个测量点，在楦面背上的中心位置分别确定蹠围、腰围、背围的点，这样在三维立体的楦体上就形成了底下两个点、上面一个点的三角立体定位点，电脑操作时就容易测量该部位横断面处的周长长度。意大利有较多鞋楦公司的蹠围测量部位设定在总前跷着地部位的鞋楦里外侧面，例如37号的总前跷着地部位140~142mm，在该部位的鞋楦外侧从楦底边子口向上约10mm高度的位置定一个测量点，在里怀从楦底边子口向上20mm高度的位置定一个测量点，以这两个点为测量基点，将带尺的0位放在鞋楦上面中心点上，环绕鞋楦的该部位围一周长的尺寸为蹠围长度，再由上面中心点向后上25.4mm±0.69mm定点为腰围测量部位，再由这腰围定点位置向后上25.4mm±0.69mm定点为背围测量部位。例如中间号围度尺寸：37号60mm后跟高蹠围为215mm，型差5mm，半号型差2.5mm，腰围213mm，型差4.95mm，半号型差2.47mm，背围225mm，型差5.23mm，半号型差2.62mm。

二、法国鞋号鞋楦设计举例

1. 意大利款式女士鞋

鞋楦数据及楦底样见图7-23~图7-26。

90mm后跟高度鞋楦主要数据（中间号肥瘦度）如下：

（1）楦底样长273mm（标准长度247mm，加超长26mm）。

（2）基础楦底样长度为247mm。

（3）37 号鞋的脚长度中间数据为 235mm，脚长等差 6. 35mm。

（4）趾骨部位是脚长的 81%：235mm ×81% =190. 35mm，等差 5. 14mm。

（5）蹠骨部位是脚长的 70%：235mm ×70% =164. 50mm，等差 4. 44mm。

（6）前掌着地部位是脚长的 67%：235mm ×67% =157. 45mm，等差 4. 25mm。

（7）总前跷着地部位是标准长度的 58%：247mm × 58% = 143. 26mm，等差 3. 87mm。

（8）腰窝部位是脚长的 40%：235mm ×40% =94mm，等差 2. 54mm。

（9）踵心部位是脚长的 18%：235mm ×18% =42. 30mm，等差 1. 14mm。

（10）蹠围长度为 215mm，等差 ±5mm（也可选用 ±4mm 的等差）。

（11）腰围长度为 213mm，等差 ±4. 95mm。

（12）背围长度为 225mm，等差 ±5. 23mm。

（13）头厚不得低于 17mm（测量部位在脚长部位）。

（14）后身高度为 70mm，等差 ±1. 63mm。

（15）踵心部位楦底样全宽为 49mm，等差 ±1. 03mm。

（16）前掌着地部位全宽为 72mm，等差 ±1. 56mm。

（17）踵心部位肉体宽度为 57mm，等差 ±1. 23mm。

（18）蹠骨部位楦底样全宽为 75mm，等差 ±1. 6mm。

（19）蹠骨部位肉体全宽为 79mm，其中里怀 3mm，外侧 2mm，等差 ±1. 71mm。

（20）腰窝部位肉体全宽为 62mm，等差 ±1. 33mm。

（21）统口长度为 90mm，等差 ±2. 20mm。

（22）统口宽度为 20mm，等差 ±0. 43mm。

（23）后跟高度为 90mm，等差 ±2. 09mm。

（24）前跷高度为 8mm，等差 ±0. 19mm。

（25）楦斜长度为 257mm，等差 ±6. 28mm。

（26）掌口部位是脚长的 1/4：235 ÷4 =58. 75mm。

（27）后容差为 4. 5mm。

（28）后身突点高度 21mm。

（29）前掌凸度 4mm。

（30）踵心凸度 3mm。

（31）底心凹度 8. 5mm。

2. *意大利款式男士 25mm 后跟高度鞋*

鞋楦数据及楦底样见图 7-27。

鞋楦主要数据（中间号肥瘦度）如下：

（1）楦底样长 302mm，等差 ±6. 67mm（标准长度 273mm，加超长 29mm）。

（2）各部位长度按标准楦底样长度 273mm 为基数。

（3）41 号楦的脚长中间数据为 255mm，等差 ±6. 23mm。

（4）趾骨部位长度为标准楦底样长 273mm ×81% =221. 13mm，等差 ±5. 40mm。

（5）第一蹠骨部位长度为标准楦底样长 273mm × 69. 5% = 189. 74mm，等差 ±4. 64mm。

（6）前掌着地部位长度为标准楦底样长 273mm ×64% =174. 72mm，等差 ±4. 27mm。

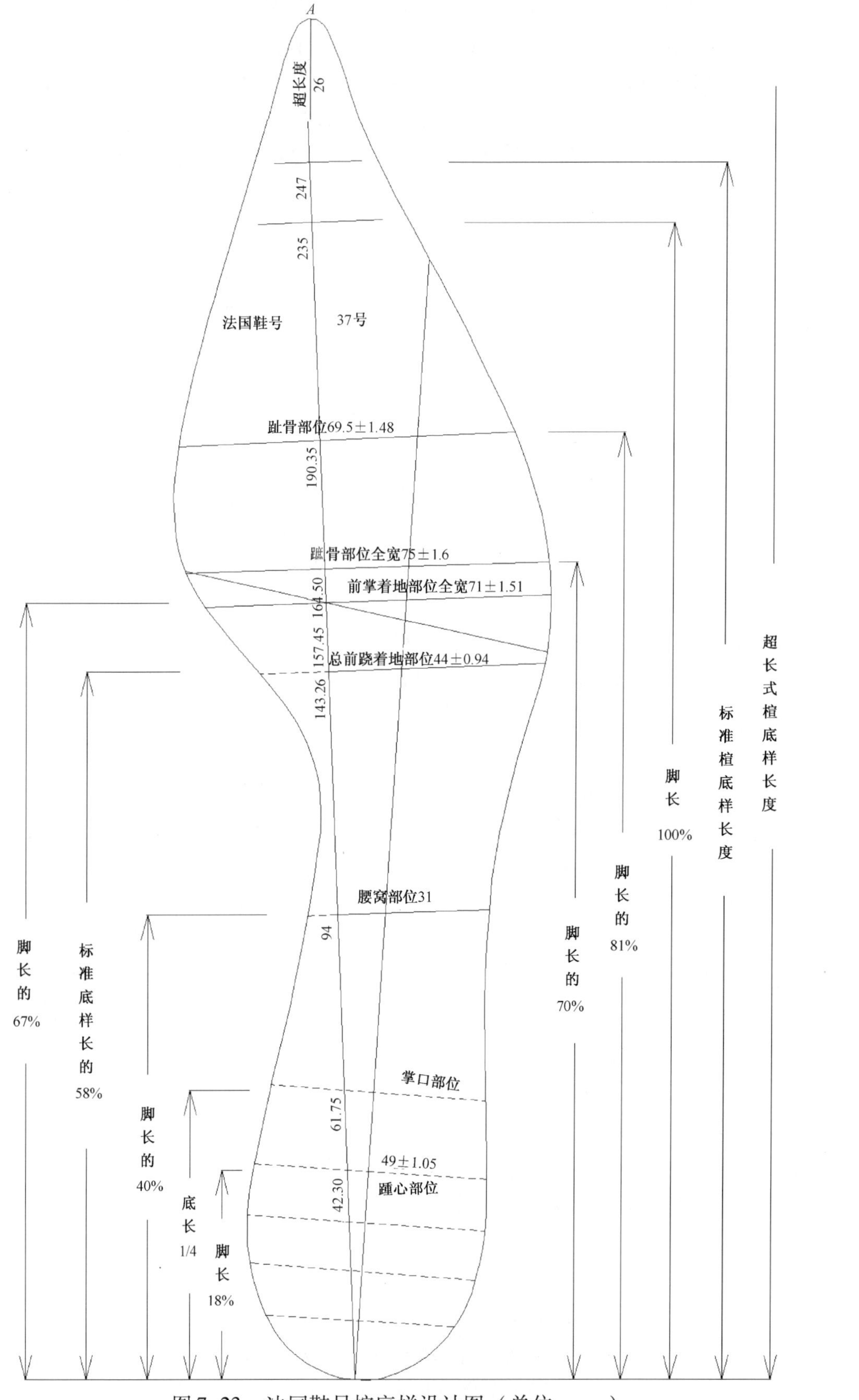

图7-23　法国鞋号楦底样设计图（单位：mm）

法国鞋号：意式尖头女37号浅口式鞋楦90mm后跟高度中间号标样楦底样

楦底样长度：273　蹠围：216　等差：5　腰围：208　背围：218

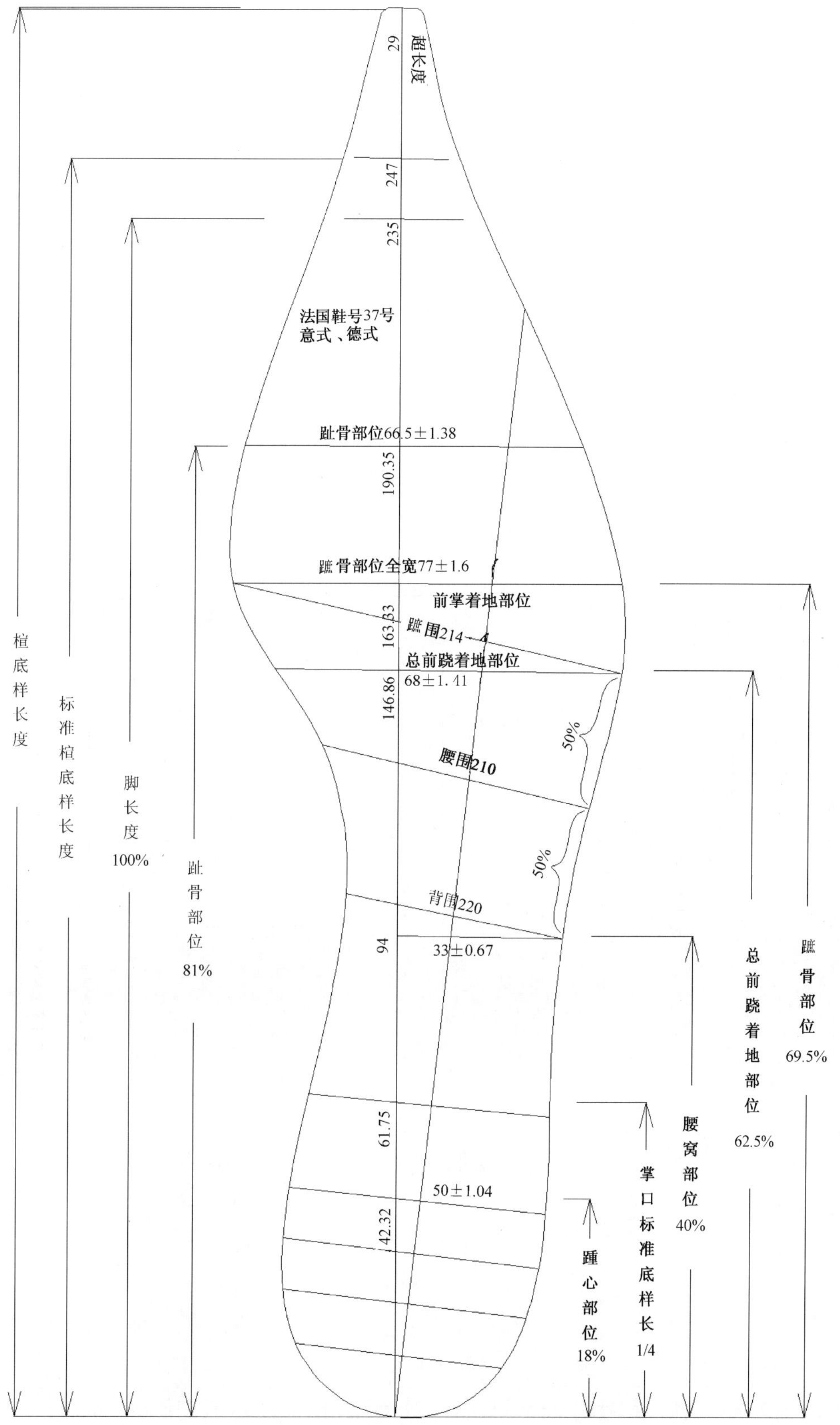

图7-24　法国鞋号楦底样设计图（意式、德式设计方法）（长度单位：mm）

女37号60mm后跟高度中间号肥瘦度鞋楦（可设计浅口式和舌式“超长式”鞋楦）

楦底样长度：276±6.67 跖围：214±5　腰围：210±4.90　背围：220±5.14

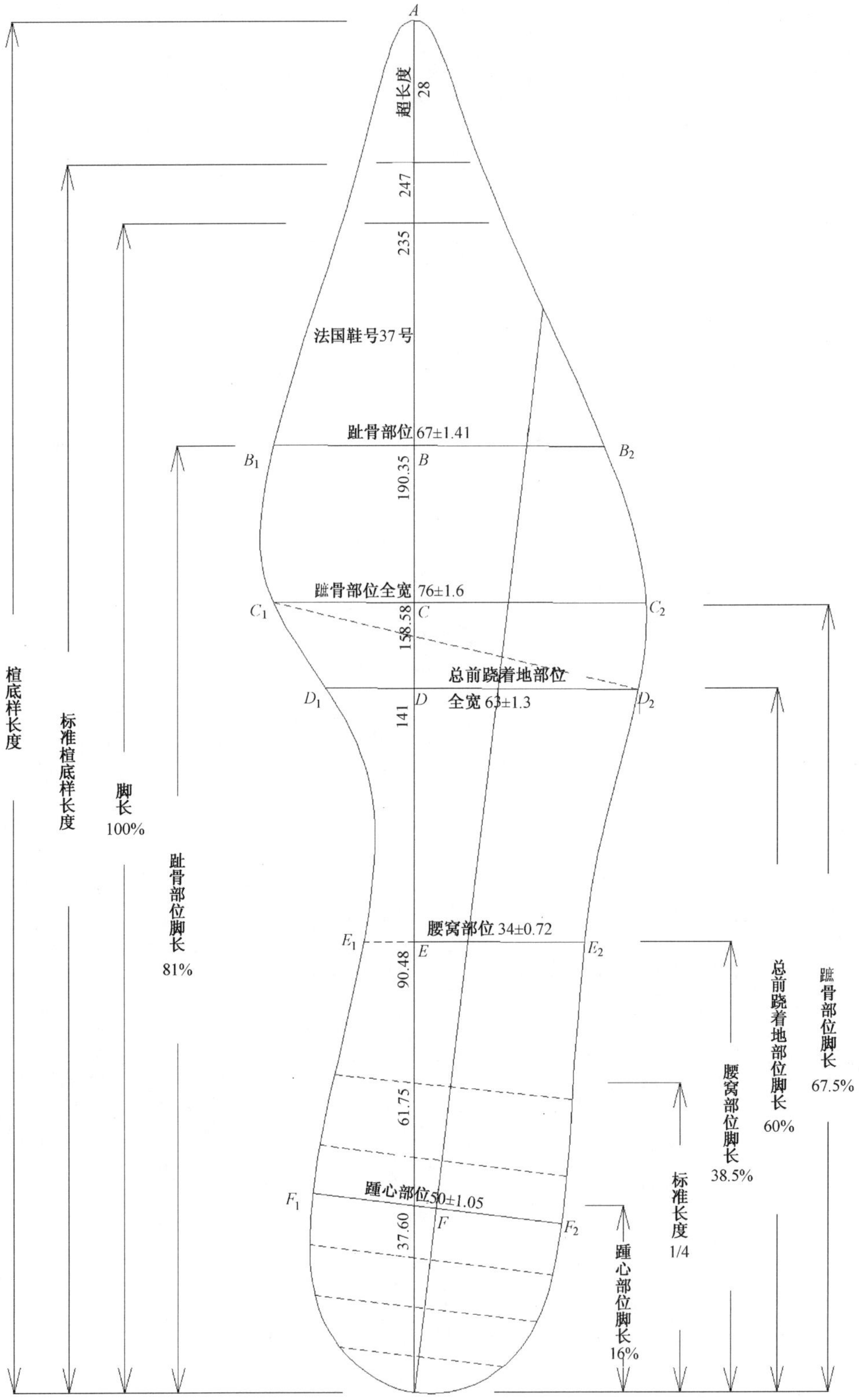

图 7-25　法国鞋号楦底样设计图（意大利设计方法）（长度单位：mm）

女 37 号 50mm 后跟高度中间号肥瘦度鞋楦（可设计浅口式和舌式“超长式”鞋楦）

楦底样长度：275 蹠围：213　腰围：211　背围：222

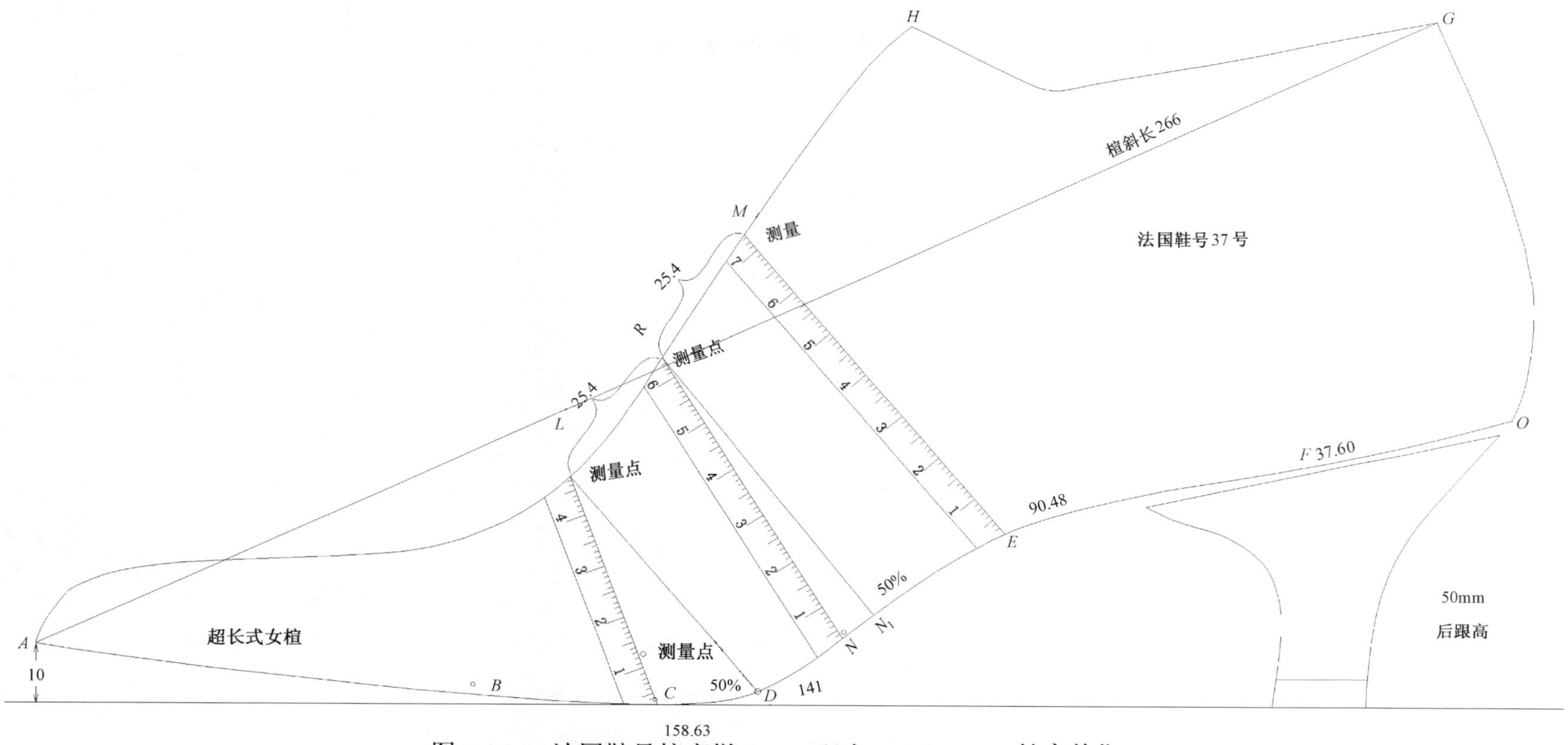

图 7-26　法国鞋号楦底样 50mm 跟高设计测量图(长度单位 :mm)

两种测量方法：（1）跖围：$L \sim C$ 点绕一周的长度，腰围：$R \sim N$ 点绕一周的长度，背围：$M \sim E$ 点绕一周的长度。

（2）意大利测量方法：跖围：$L \sim D$ 点绕一周的长度，腰围：$R \sim N_1$ 点绕一周的长度，背围：$M \sim E$ 点绕一周的长度。

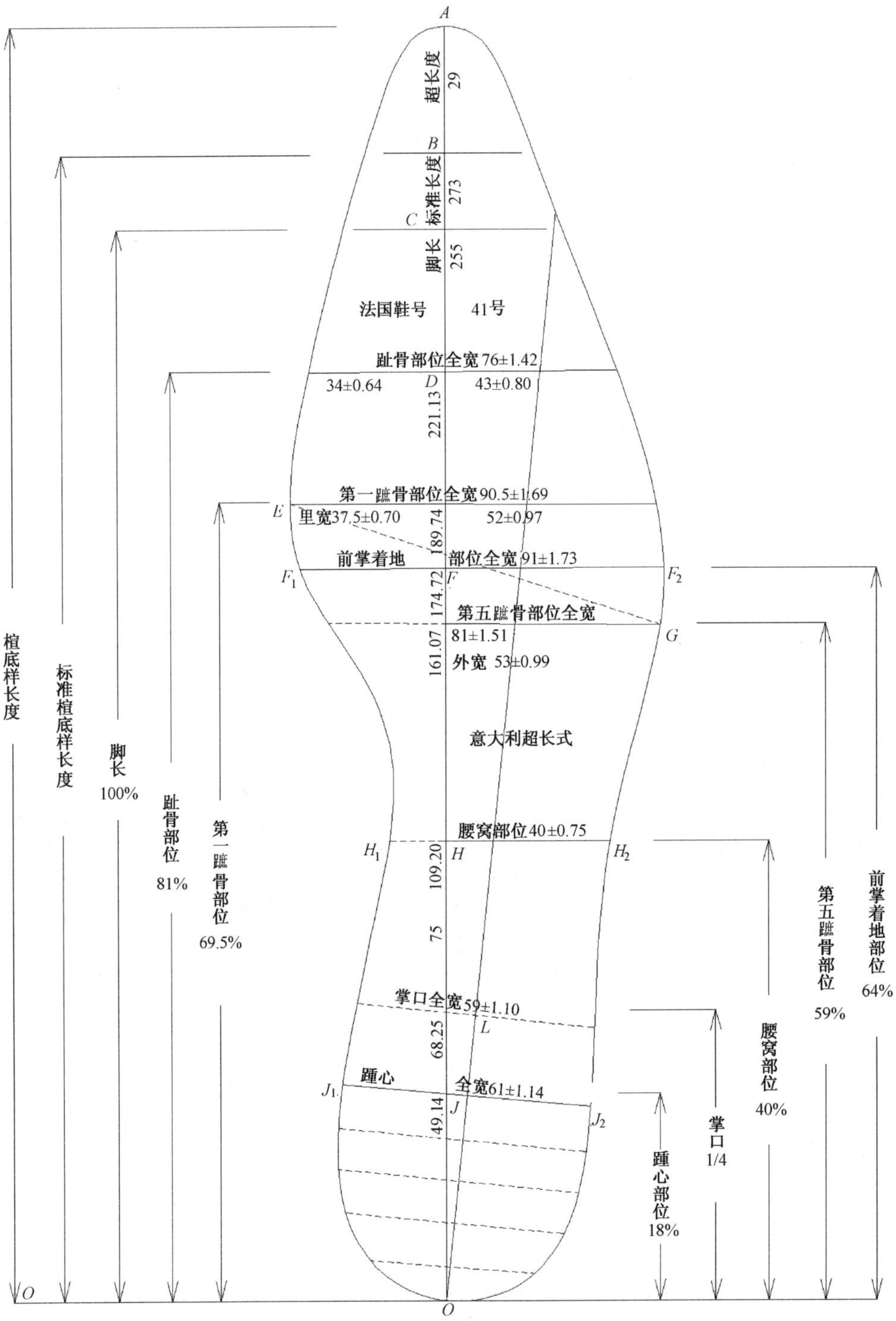

图 7-27　法国鞋号楦底样设计图（意大利款式设计方法）（长度单位：mm）

男 41 号 25mm 后跟高中间号肥瘦度鞋楦，此楦底样为男时装鞋楦底样（超长式）楦底样

长度：302 ±6.67　蹠围：240　腰围：238　背围：248

（7）第五蹠骨部位长度为标准楦底样长 273mm × 59%　= 161.07mm，等差 ±3.94mm。

（8）腰窝部位长度为标准楦底样长 273mm ×40%　=109.20mm，等差 ±2.67mm。

（9）踵心部位长度为标准楦底样长 273mm ×18%　=49.14mm，等差 ±1.20mm。

（10）掌口部位为标准楦底样长 273mm ÷4　=68.25mm，等差 ±1.67mm。

（11）趾骨部位全宽为 76mm，等差 ±1.42mm。

（12）趾骨里宽为 34mm，等差 ±0.64mm。

（13）趾骨外宽为 43mm，等差 ±0.8mm。

（14）第一蹠骨部位全宽为 90.5mm，等差 ±1.69mm。

（15）第一蹠骨部位里宽为 37.5mm，等差 ±0.70mm。

（16）第一蹠骨部位外宽为 52mm，等差 ±0.97mm。

（17）前掌着地部位全宽为 91mm，等差 ±1.73mm。

（18）第五蹠骨部位全宽为 81mm，等差 ±1.53mm。

（19）第五蹠骨部位外宽为 53mm，等差 ±0.99mm。

（20）腰窝部位外宽为 40mm，等差 ±0.75mm。

（21）掌口全宽为 59mm，等差 ±1.10mm。

（22）踵心部位全宽为 61mm，等差 ±1.14mm。

（23）踵心部位肉体全宽为 68mm，等差 ±1.27mm。

（24）腰窝部位肉体全宽为 76mm，等差 ±1.36mm。

（25）前掌肉体全宽为 95mm，等差 ±1.67mm。

（26）鞋楦头厚不得小于 22mm。

（27）后身高度为 75mm，等差 ±1.56mm。

（28）统口长度为 100mm，等差 ±2.08mm。

（29）统口宽度为 27mm，等差 ±0.56mm。

（30）后跟高为 25mm，等差 ±5mm。

（31）前跷高度为 16mm，等差 ±0.33mm。

（32）后容差为 5.5mm，等差 ±0.13mm。

（33）后身突点部位高度为 23mm，等差 ±0.48mm。

（34）前掌凸度为 5mm，等差 ±0.10mm。

（35）踵心凸度为 3.5mm，等差 ±0.07mm。

（36）底心凹度为 6.5mm，等差 ±0.14mm。

（37）楦斜长度为 303mm，等差 ±6.69mm。

（38）蹠围为 240mm，等差 ±5mm。

（39）腰围为 238mm，等差 ±4.96mm。

（40）背围为 248mm，等差 ±5.17mm。

设计说明：

（1）蹠围测量方法图 7-26 中的 O 点至 F 点为测量蹠围部位，尺寸为 174.72mm，在 F_1 楦底边子口向上 20mm 左右定一个点作为测量点，在 F_2 楦底边子口向上 8mm 左右定一个点作为测量点，再在这两个点相同的横断面的鞋楦背面中决定一个中心点为测量点，从该点环绕一周经过 F_1 至 F_2 回到背面测量点的长度为蹠围长度。

（2）腰窝部位测量方法：由楦背面蹠围中央测量点向上量取 28.10mm 左右处设计一个腰围测量点，从该点开始环绕腰窝部位一周的长度为腰窝长度（在楦底部的测量点是在 *F* 点向后 34.10mm 左右处）。

（3）背围测量方法：从测量蹠围的鞋楦脚背踵心点向上量取 56.75mm 为背围测量点，在 F 点向后 60.75mm 的鞋楦腰窝底部定为测量点，根据上下两点用带尺环绕一周的长度为背围长度。

（4）头厚不要低于 22mm，这样可使脚趾在鞋内有一定的活动余量，不会压伤脚趾。

（5）楦底样是以曲线长度为准。

（6）总前跷高度在 37mm 左右（这是指超长式的跷度），按标准楦底长度的总前跷为 33mm 左右。需要注意的是在标准长度范围内前跷不要太跷和太低，太跷脚会不舒服，太低会影响行走。一般在超过脚趾端点部位的放余量和超长度部位可以根据设计要求决定前跷高度的大小。

以上数据尺寸仅供参考。

第五节　英国鞋号与鞋楦

在欧洲的鞋号中，英国鞋号在历史最为悠久，而且是全世界具有代表性的鞋号，美国鞋号是根据英国鞋号演变而来的。在欧洲，称英国鞋号为最正统的鞋号。早在公元 1320 年，英王爱德华二世制定了以三粒大麦的长度设为 1in，后来英国鞋业决定鞋靴的尺寸以一粒大麦的长度为 1 号（SIZE）级差值，以 1/3in 为一个号的鞋楦底样长度尺寸基础。英国鞋号的数据规格尺寸适用于英国本土，还有其他一些国家，如澳大利亚、南非与欧洲大陆等国家。

英国鞋楦尺寸规格具有以下特征尺寸：第一是鞋楦底样长度；第二是鞋楦各主要部位的围度；第三是前掌部位的宽度和后跟踵心部位的宽度。

一、鞋楦底样长度

英国鞋号的鞋楦底样长度以前分三种长度：①凉鞋楦底样长；②满帮鞋楦底样长；③运动鞋楦底样长。以上三种作为标准长度，用于设计基本尺寸和作为设定测量部位的基础。近几年鞋业的发展和创新打破了长度的规定，原因是超长式鞋楦在世界各地的普及，突破了原来鞋楦底样长度规格。

英国鞋号的分档：从手抱婴儿起（鞋号由零号“0”为起点）至成人为止（女鞋号至 9 号为止，而男鞋号至 12 号为止），可分成六个组类，似乎是连续性的，而实际运用则是独立的（见表 7-29）。

表 7-29　　英国鞋号分类分档表

编号	尺寸类型	年龄	鞋号	尺寸/in
1	婴儿类	约 1 ~ 4.5 岁	0 ~ 6	4 ~ 6
2	小童类	约 5 ~ 8 岁	7 ~ 11	$6\frac{1}{2}$ ~ $7\frac{2}{3}$

续表

编号	尺寸类型	年龄	鞋号	尺寸/in
3	中童类	约 9 ~ 11 岁	11 ~ 2	7½ ~ 9
4	青少年类（大童类）	约 11 ~ 15 岁	2 ~ 6	9 ~ 10½
5	少女、妇女类	约 15 岁至成年	2 ~ 8	9 ~ 11
6	成人男士类	约 16 岁至成年	5 ~ 12	10 ~ 12⅓

英国鞋楦底样长以零号为楦底样长度计算设定起点，并从 1 号逐渐增设至 13 号，再从 1 号重复至 13 号（见表 7-30 所示的鞋号）。

英国鞋号以零号为起点，鞋楦底样长度为 4in 为基数开始记号，鞋号之间设定有半号，每号之间相差值为⅓in（即 8.46mm），半号等差为⅙in（即 4.23mm），英国鞋号的 1 号鞋楦底样长度是 4 + ⅓ = 4⅓in，即 110mm。成人鞋号与儿童一样，也是由 1 ~ 13 号（也有 1 ~ 12 号的表示方法），中间排有半号。但成人 1 号的楦底样长度是

表 7-30　　英国鞋号长度规格表　　单位：mm

年　龄	鞋　号		中底长度					
			凉　鞋		满帮鞋、运动鞋			
男士		12	306	308	311	313	316	322.5
		11½	302	304	307	309	312	318
		11	298	300	303	305	308	314
		10½	293	295	299	300.5	303	310
		10	289	291	295	296	299	305.5
	10	9½	285	287	290	292	295	297
	9½	9	281	283	286	288	291	293
	9	8½	277	279	282	283.5	287	289
	8½	8	272	274	277	279	282	284.5
	8	7½	268	270	273	275.5	278	280
	7½	7	264	266	269	271	274	276
	7	6½	260	262	265	267	270	272
	6½	6	255	257	260	262.5	265	267.5
青年	6	5½	251	253	256	258	261	263
	5½	5	247	249	252	254	257	259
	5	4½	243	245	248	250	253	255
	4½	4	239	241	244	245.5	249	250.5
	4	3½	234	236	239	241	244	246
	3½	3	230	232	235	237	240	242
	3	2½	226	228	231	233	236	238
	2½	2	222	224	227	228.5	232	233.5

续表

年龄	鞋号		中底长度					
			凉鞋		满帮鞋、运动鞋			
大童	2	1½	217	219	222	224	227	229
	1½	1	213	215	218	220	223	225
	1	13½	209	211	214	216	219	221
	13½	13	205	207	210	212	215	216.5
	13	12½	201	203	206	207	211	212
	12½	12	196	198	201	203	206	208
	12	11½	192	194	197	199	202	204
	11½	11	188	190	193	195	198	200
中童	11	10½	184	186	189	191	194	195.5
	10½	10	179	181	184	186	189	191
		9½	175	177	180	182	185	187
		9	171	173	176	178	181	183
		8½	167	169	172	173	177	178.5
		8	162	164	167	169	172	174
		7½	158	160	163	165	168	170
		7	154	156	159	161	164	166
婴儿		6½	150	152	155	157	160	161.5
		6	146	148	151	152	156	157
		5½	141	143	146	148	151	153
		5	137	139	142	144	147	149
		4½	133	135	138	140	143	145
		4	129	131	134	135.5	139	140.5

以儿童的最大号13号为基数开始记号的，即成人1号 = 8⅓ + ⅓ = 8⅔in(220.1mm)，2号 = 9in(228.6mm)。

英国鞋楦底样长号差每号之间等差为8.46mm(⅓in)，半号之间等差为4.23mm。

英国鞋楦蹠围每号之间的距离比例如下：

标准蹠围号差 = ¼in = 6.35mm，在实际使用时也会采用6mm；

标准半号差 = ⅛in = 3.175mm，在实际使用时也会采用3mm。

另外一种围度等差是成人（男士、女士）和大童每号为5.36mm，半号为2.68mm、小童等差每号5.46mm，半号等差为2.73mm。

二、英国鞋号鞋楦围度肥瘦表示方法

（1）女士的围度等差表示方法为$^0/_{AA}$、$^1/_{A}$、$^2/_{B}$、$^3/_{C}$、$^4/_{D}$、$^5/_{E}$、$^6/_{EE}$。

$^0/_{AA}$为最瘦的一档肥瘦度，$^6/_{EE}$为最肥的一档肥瘦度，中间为常用的肥瘦度尺寸。

（2）男士、女士包括童鞋的围度肥瘦度的表示方法，它从$^B/_2$、$^C/_3$、$^D/_4$、$^E/_5$、$^F/_6$、$^G/_7$共分6

档肥瘦度，B/2 为最瘦的围度，G/7 为最肥的围度，如果有特肥型的再往上推算。一般根据客户销售的地区和市场及客户销售目标市场要求来选择不同的肥瘦围度数据尺寸（见表7-31、表7-32）。

英国鞋号和鞋楦尺寸系列比一般的鞋号要详细和复杂，并容易混乱和出差错。一家鞋厂一般要采纳三种不同的鞋楦围度，目的是提高对市场的适应能力，可以满足不

表7-31　　英国女鞋尺寸对照表

鞋号		长度			肥度						
		凉鞋	满帮鞋、运动鞋		0	1	2	3	4	5	6
					AA	A	B	C	D	E	EE
2	in	$8\frac{4}{5}$	9	$9\frac{1}{5}$	$6\frac{3}{4}$	7	$7\frac{1}{4}$	$7\frac{1}{2}$	$7\frac{3}{4}$	8	$8\frac{1}{4}$
	mm	223.5	228.50	233.5	171.45	177.80	184.15	190.50	196.85	203.20	209.55
3	in	$9\frac{1}{7}$	$9\frac{1}{3}$	$9\frac{1}{2}$	7	$7\frac{1}{4}$	$7\frac{1}{2}$	$7\frac{3}{4}$	8	$8\frac{1}{4}$	$8\frac{1}{2}$
	mm	232	237	242	177.80	184.15	190.50	196.85	203.20	209.55	215.90
4	in	$9\frac{1}{2}$	$9\frac{2}{3}$	$9\frac{6}{7}$	$7\frac{1}{4}$	$7\frac{1}{2}$	$7\frac{3}{4}$	8	$8\frac{1}{4}$	$8\frac{1}{2}$	$8\frac{3}{4}$
	mm	240.5	245.5	250.5	184.15	190.50	196.85	203.20	209.55	215.90	222.25
5	in	$9\frac{4}{5}$	10	$10\frac{1}{5}$	$7\frac{1}{2}$	$7\frac{3}{4}$	8	$8\frac{1}{4}$	$8\frac{1}{2}$	$8\frac{3}{4}$	9
	mm	249	254.00	259	190.50	196.85	203.20	209.55	215.90	222.25	228.60
6	in	$10\frac{1}{7}$	$10\frac{1}{3}$	$10\frac{1}{2}$	$7\frac{3}{4}$	8	$8\frac{1}{4}$	$8\frac{1}{2}$	$8\frac{3}{4}$	9	$9\frac{1}{4}$
	mm	257.5	262.5	267.5	196.85	203.20	209.55	215.90	222.25	228.60	234.95
7	in	$10\frac{1}{2}$	$10\frac{2}{3}$	$10\frac{6}{7}$	8	$8\frac{1}{4}$	$8\frac{1}{2}$	$8\frac{3}{4}$	9	$9\frac{1}{4}$	$9\frac{1}{2}$
	mm	266	271	276	203.2	209.55	215.90	222.25	228.60	234.95	241.30
8	in	$10\frac{4}{5}$	11	$11\frac{1}{6}$	$8\frac{1}{4}$	$8\frac{1}{2}$	$8\frac{3}{4}$	9	$9\frac{1}{4}$	$9\frac{1}{2}$	$9\frac{3}{4}$
	mm	274	279	284	209.55	215.90	222.25	228.60	234.95	241.30	247.65
9	in	$11\frac{1}{7}$	$11\frac{1}{3}$	$11\frac{1}{2}$	$8\frac{1}{2}$	$8\frac{3}{4}$	9	$9\frac{1}{4}$	$9\frac{1}{2}$	$9\frac{3}{4}$	10
	mm	283	288	293	215.9	222.25	228.60	234.95	241.30	247.65	254.00
10	in	$11\frac{1}{2}$	$11\frac{2}{3}$	$11\frac{6}{7}$	$8\frac{3}{4}$	9	$9\frac{1}{4}$	$9\frac{1}{2}$	$9\frac{3}{4}$	10	$10\frac{1}{4}$
	mm	291	296	301	222.25	228.60	234.95	241.30	247.65	254.00	260.35
11	in	$11\frac{4}{5}$	12	$12\frac{1}{5}$	9	$9\frac{1}{4}$	$9\frac{1}{2}$	$9\frac{3}{4}$	10	$10\frac{1}{4}$	$10\frac{1}{2}$
	mm	300	305	310	228.6	234.95	241.30	247.65	254.00	260.35	266.70
12	in	$12\frac{1}{8}$	$12\frac{1}{3}$	$12\frac{1}{2}$	$9\frac{1}{4}$	$9\frac{1}{2}$	$9\frac{3}{4}$	10	$10\frac{1}{4}$	$10\frac{1}{2}$	$10\frac{3}{4}$
	mm	308	313	318	234.95	241.30	247.65	254.00	260.35	266.70	273.05
13 14											

注：英国鞋号长度号差8.46mm，半号4.23mm，型差（肥瘦度差）6.35mm，半号型差3.175mm。

表 7-32　　英制鞋楦不同肥度鞋号各蹠围长度表　　单位：mm

成人鞋								
鞋号	楦底样长		蹠趾围长					
	in	mm	B_2	C_3	D_4	E_5	F_6	G_7
12½	12½	317.5	243.5	248.5	253.5	258.5	263.5	268.5
12	12⅓	313	241	246	251	256	261	266
11½	12⅙	309	238.5	243.5	248.5	253.5	258.5	263.5
11	12	305	236	241	246	251	256	261
10½	11⅚	300.5	233	238	243	248	253	258
10	11⅔	296	230	235	240	245	250	255
9½	11½	292	227.5	232.5	237.5	242.5	247.5	252.5
9	11⅓	288	225	230	235	240	245	250
8½	11⅙	283.5	222.5	227.5	232.5	237.5	242.5	247.5
8	11	279	220	225	230	235	240	245
7½	10⅚	275.5	217	222	227	232	237	242
7	10⅔	271	214	219	224	229	234	239
6½	10½	267	212.5	216.5	221.5	226.5	231.5	2
6	10⅓	262.5	209	214	219	224	229	234
5½	10⅙	258	206.5	211.5	216.5	221.5	226.5	2
5	10	254	204	209	214	219	224	229
4½	9⅚	250	201	206	211	216	221	226
4	9⅔	245.5	198	203	208	213	218	223
3½	9½	241	195.5	200.5	205.5	210.5	215.5	2

童鞋								
鞋号	楦底样长		蹠趾围长					
	in	mm	B_2	C_3	D_4	E_5	F_6	G_7
13½	8½	216	179.5	184.5	189.5	194.5	199.5	204.5
13	8⅓	212	177	182	187	192	197	202
12½	8⅙	207	174.5	179.5	184.5	189.5	194.5	199.5
12	8	203	172	177	182	187	192	197
11½	7⅚	199	169	174	179	184	189	194
11	7⅔	195	166	171	176	181	186	191
10½	7½	191	163.5	168.5	173.5	178.5	183.5	188.5
10	7⅓	186	161	166	171	176	181	186
9½	7⅙	182	158.5	163.5	168.5	173.5	178.5	183.5
9	7	178	156	161	166	171	176	181
8½	6⅚	173	153	158	163	168	173	178
8	6⅔	169	150	155	160	165	170	175
7½	6½	165	147.5	152.5	157.5	162.5	167.5	172.5
7	6⅓	161	145	150	155	160	165	170
6½	6⅙	157	142.5	147.5	152.5	157.5	162.5	167.5
6	6	152	140	145	150	155	160	165
5½	5⅚	148	137	142	147	152	157	162
5	5⅔	144	134	139	144	149	154	159
4½	5½	140	131.5	136.5	141.5	146.5	151.5	156.5

续表

成人鞋									童鞋								
鞋号	楦底样长		跖趾围长						鞋号	楦底样长		跖趾围长					
	in	mm	B_2	C_3	D_4	E_5	F_6	G_7		in	mm	B_2	C_3	D_4	E_5	F_6	G_7
3	9⅓	237	193	198	203	208	213	218	4	5⅓	135.5	129	134	139	144	149	154
2½	9⅙	233	190.5	195.5	200.5	205.5	210.5	2	3½	5⅙	131	126.5	131.5	136.5	141.5	146.5	151.5
2	9	228.5	188	193	198	203	208	213	3	5	127	124	129	134	139	144	149
1½	8⅚	224	185	190	195	200	205	210	2½	4⅚	123	121	126	131	136	141	146
1	8⅔	220	182	187	192	197	202	207	2	4⅔	118.5	118	123	128	133	138	143
									1½	4½	114	115	120	125	130	135	140
									1	4⅓	110	112	117	122	127	132	137

注：美国鞋号长度等差8.46mm，半号4.23mm；英国鞋楦围度号差成人（男士、女士）、大童鞋为5.36mm，半号为2.68mm，小童鞋号差5.46mm，半号2.73mm。

同肥瘦度的人群穿着要求,适应市场的要求。英国希望将自己的鞋型和鞋的设计能适应于世界,由于世界上的脚型规律是不同的,是有差距的,所以它能适应欧洲大陆,但到了美国就变小了半个型号(英国的8号,美国把它作为$8\frac{1}{2}$号来使用)。在亚洲,英国尺寸型号肥瘦度就没有中国鞋号和日本鞋号的适应性好了,因为英国人脚型瘦长,鞋号大,亚洲人的脚型比欧洲人短肥。如对凉鞋楦底样长274mm,运动鞋楦底样长284mm,英国鞋楦中间号码男士一般为8号或9号,例如8号皮鞋楦长度为279mm,围度采用$\frac{3}{C}$、$\frac{4}{D}$、$\frac{5}{E}$为常用的肥瘦度;女士采用5号为中间号,皮鞋楦底样长254mm,凉鞋楦底样长249mm,运动鞋楦底样长为259mm。英国鞋楦中间号围度:例如8号鞋楦的蹠围是$9\frac{1}{4}$in = 234.95mm(在蹠骨部位横断面直接测量数据尺寸),9号鞋楦的蹠围是$9\frac{1}{2}$in = 241.30mm(测量部位与上面相同)。

为了使鞋靴在同式样之下能提供给各种脚型不同穿着的效果,英国鞋号鞋楦的肥瘦度同一式样鞋号也能设计4~6种不同肥瘦的鞋楦来适应市场需求。

三、英国鞋楦底样宽度

鞋楦围度的增减等差影响着鞋楦底样宽度的增减,鞋楦底宽度包括脚前掌蹠骨部位的宽度、趾骨部位的宽度、后跟踵心着地部位的宽度,其中前掌蹠骨部位的宽度为基础宽度,计算其他部位的宽度按前掌趾骨部位的宽度和等差为计算依据(称基本宽度)。

1. 男鞋楦的基本宽度

每号围度增减$\frac{1}{4}$in(6.35mm)时,其楦底样基本宽度则增减$\frac{1}{12}$in(2.11mm),后跟踵心部位的基本宽度位于楦底样长的$\frac{1}{6}$处(指从后跟端点部位O点向前的长度尺寸),例如男鞋8号楦底样长279mm,除以6,等于46.5mm;女鞋5号楦底样长254mm,除以6,等于42.33mm为踵心部位长度,宽度等差1.5mm。

2. 婴儿、小童、女童等鞋楦底的基本宽度

每号围度增减$\frac{3}{16}$in(4.76mm)时,楦前掌基本宽度增减为$\frac{1}{16}$in(约等于1.5mm的宽度等差),后跟踵心部位基本宽度等差为$\frac{1}{32}$ in(约等于0.8mm)。

四、英国鞋楦的蹠围、腰围、背围的尺寸差距

(1) 蹠围度比腰围度大$\frac{1}{8}$in(3.175mm);

(2) 背围度比腰围度大$\frac{4}{8}$in或$\frac{5}{8}$in(12.70mm或15.88mm);

(3) 背围度比蹠围度大$\frac{3}{8}$in或$\frac{1}{3}$in(9.53mm或8.46mm)。

关于蹠围部位的确定有以下几种方法:

英国鞋号的蹠围部位确定以前按照标准底样长的$\frac{1}{3}$为测量蹠围的定点部位。例如英国鞋号5号,楦底样长为254mm,$\frac{2}{3}$的部位尺寸为169.33mm,在该点的楦底样中心轴线作一条斜横74°的横线为蹠围测量部位。还有一种惯用的方法就是在楦底样后端点O点向前曲线长度为楦底样长的64%,再在分踵线划一条与分踵线成90°的横线为蹠围测量部位基本线,请看图7-28。

为了便于大家设计,现配合图7-29,并提供男士舌式鞋楦数据如下:

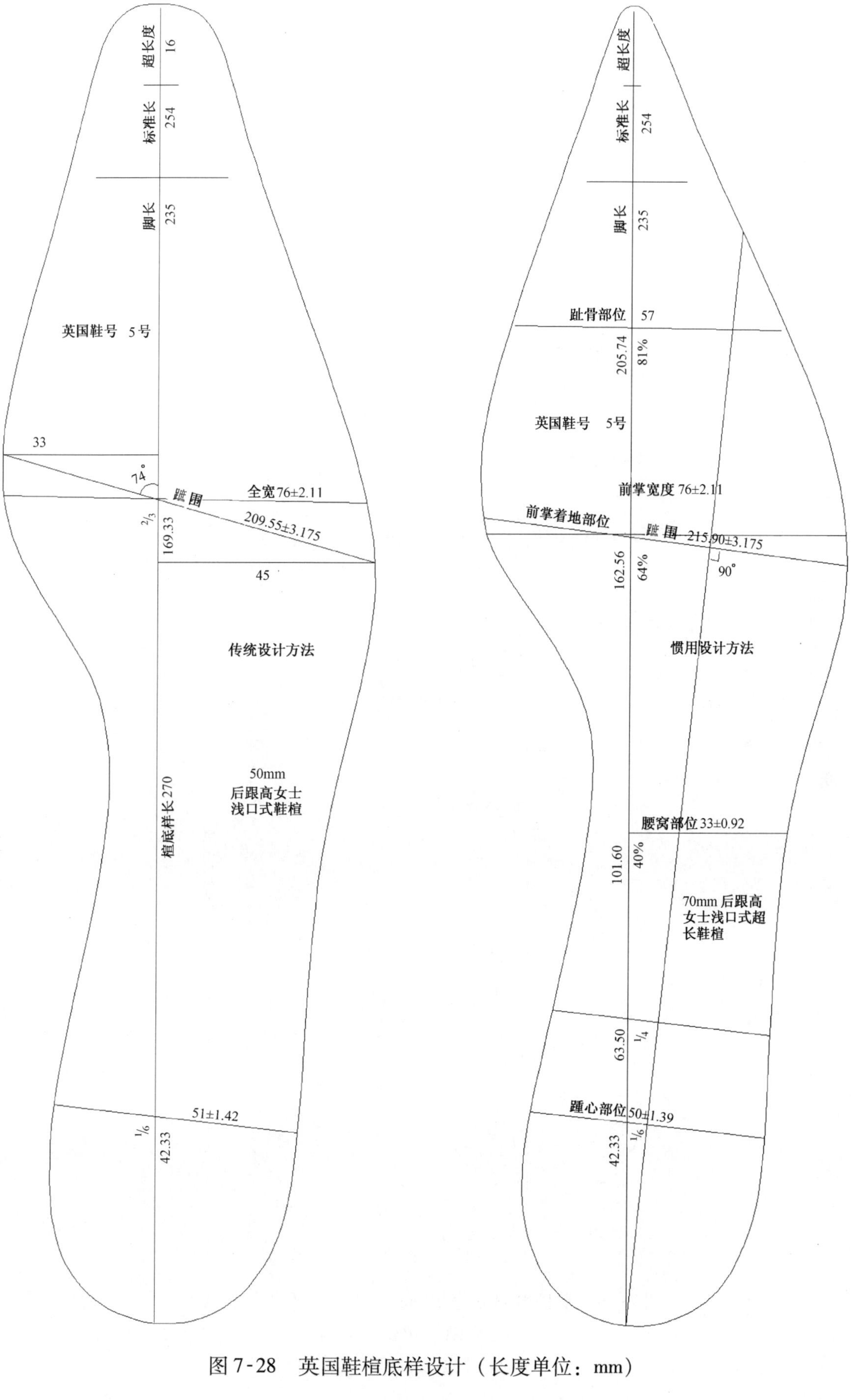

图 7-28　英国鞋楦底样设计（长度单位：mm）

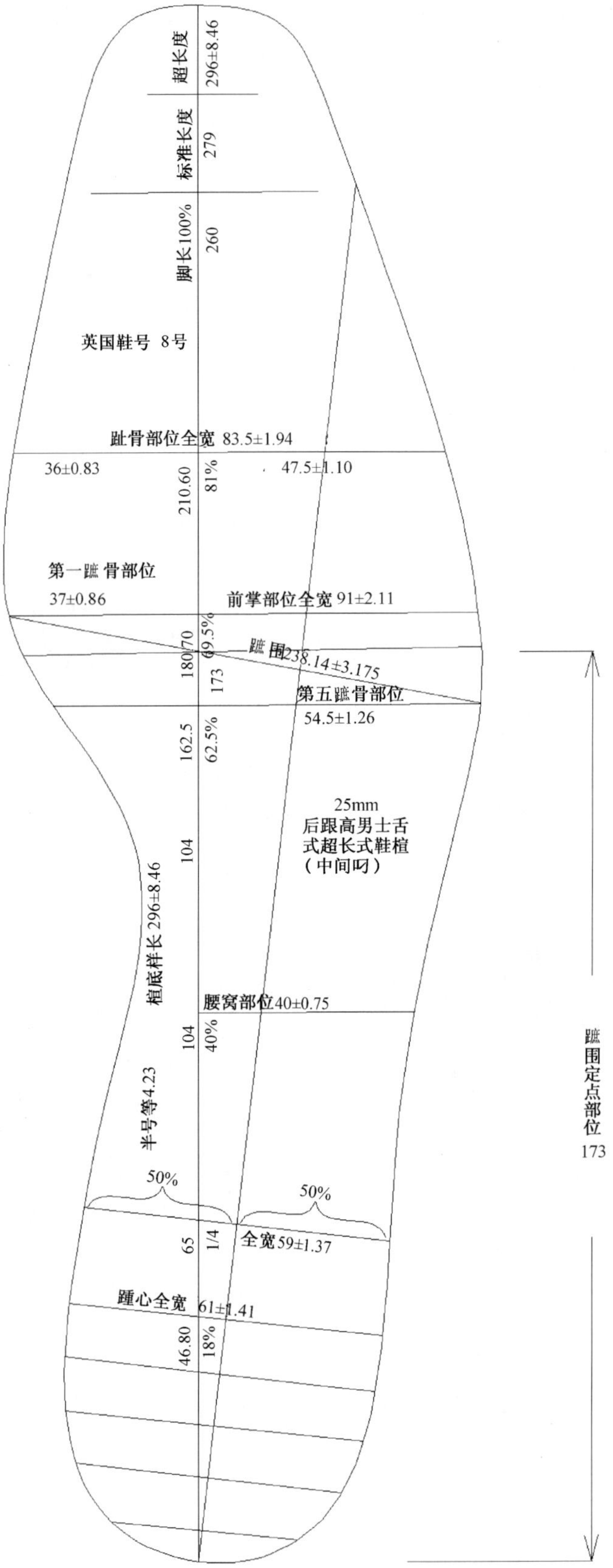

图 7-29 英国鞋号 8 号 25mm 后跟高男舌式超长式鞋楦底样图（单位：mm）

注：各部位定点按标准脚长为基数

男士25mm后跟高超长舌式鞋楦，肥瘦度为E型与F型之间的蹠围数据（称$E\frac{1}{2}$型）。

（1）楦底样长度296mm，（比标准长度超长17mm）等差8.46mm，半号等差4.23mm。

（2）此楦的基数长度标准鞋楦底样长为279mm。

（3）此楦的基数脚长为260mm（中间号长度），等差8.46mm，半号等差4.23mm。

（4）趾骨部位长度占脚长的81%为210.60mm。

（5）第一蹠骨部位，也是前掌着地楦底样最宽部位长度占脚长的69.5%为180.70mm。

（6）第五蹠骨部位长度占脚长的62.5%为162.50mm。

（7）前掌着地部位后端点（第一至第五蹠趾的交叉中心点）为162.50mm（位于中心轴线上）。

（8）腰窝部位长度占脚长的40%为104mm。

（9）踵心部位长度占脚长的18%为46.80mm。

（10）掌口部位长度占脚长的$\frac{1}{4}$为65mm。

（11）趾骨部位全宽为83.5mm，等差1.94mm，半号等差0.97mm。

其中趾骨部位内宽度为36mm，等差0.83mm，半号等差0.42mm。

趾骨部位外宽度为47.5mm，等差1.10mm，半号等差0.55mm。

（12）前掌着地部位全宽为91mm，等差2.11mm，半号等差1.055mm。

（13）第一蹠骨部位宽度为37mm，等差0.86mm，半号等差0.43mm。

（14）第五蹠骨部位宽度为54.5mm，等差1.26mm，半号等差0.63mm。

（15）腰窝部位外宽为41.5mm，等差0.96mm，半号等差0.48mm。

（16）后跟掌口部位全宽为59mm，等差1.37mm，半号等差0.68mm。

（17）后跟踵心部位全宽为61mm，等差1.41mm，半号等差0.71mm。

（18）前掌着地部位肉体全宽为95mm，等差2.20mm，半号等差1.10mm。

（19）腰窝部位肉体全宽为77mm，等差1.79mm，半号等差0.89mm。

（20）踵心部位肉体全宽为68mm，等差1.58mm，半号等差0.79mm。

（21）蹠围长度（中间号）为238mm，等差6.35mm，半号等差3.175mm。

（22）腰围长度（中间号）为236mm，等差6.30mm，半号等差3.15mm。

（23）背围长度（中间号）为241mm，等差6.43mm，半号等差3.22mm。

（24）总前跷（中间号）为39mm，等差1.04mm，半号等差0.52mm。

（25）总跷高（中间号）为18mm，等差0.48mm，半号等差0.24mm。

（26）后跟高度为25mm，等差0.67mm，半号等差0.33mm。

（27）头厚度为21mm，等差0.56mm，半号等差0.28mm。

（28）后容差突点高度为26mm，等差0.69mm，半号等差0.35mm。

（29）后身高度为78mm，等差2.08mm，半号等差1.04mm。

（30）前掌凸度为5mm，等差0.13mm。

（31）底心凹度为8mm，等差0.21mm。

（32）踵心凸度为3mm，等差0.09mm。

（33）统口长度为100mm，等差2.86mm，半号等差1.43mm。

（34）统口宽度为27mm，等差0.72mm。

（35）楦斜长度为297mm，等差8.49mm，半号等差4.24mm。

以上数据仅供参考，在实际设计中要根据客户要求，要适应销售市场的穿着要求。在欧洲不同的地区，不同的国家的鞋楦数据尺寸有着不同的要求，品种不同，用料不同，工艺不同，后跟高度不同，鞋楦就会有所变化，因此在设计英国鞋号的鞋楦中，必须用自己的技术和经验并结合市场和客户的要求，才能设计制作出符合市场需求的鞋楦。

五、鞋 检 测 量

英国鞋楦测量方法见图7-30、图7-31，鞋楦测量数据见表7-33、表7-34。

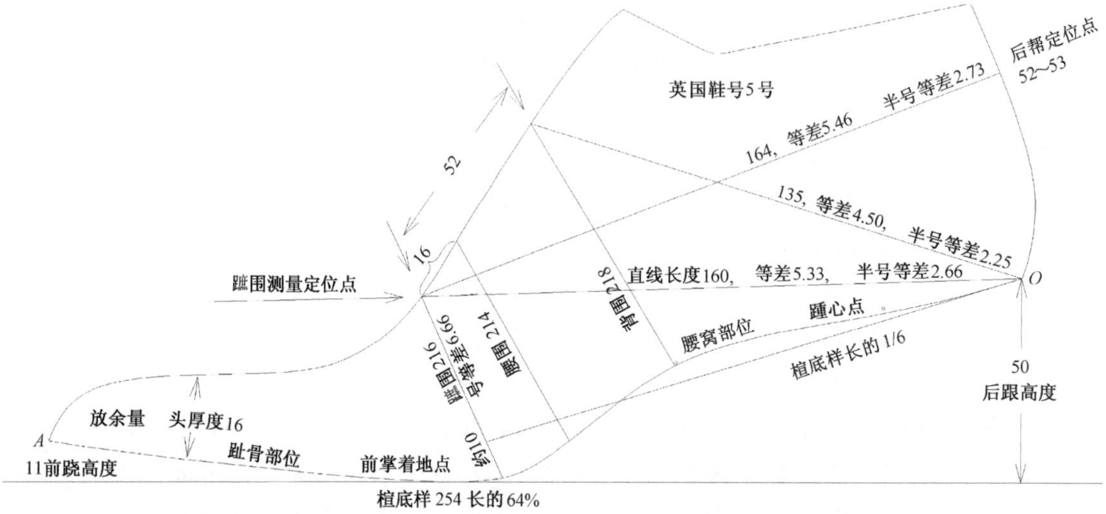

图7-30　英国鞋楦测量方法（长度单位：mm）

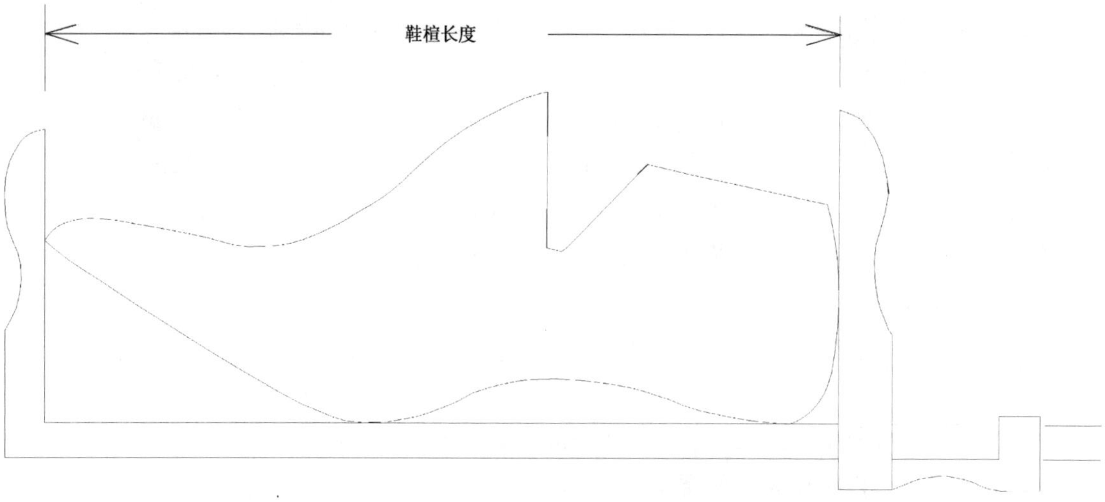

图7-31　英国鞋楦长度测量方法

表 7-33　女士中间号鞋楦测量定位数据表　单位：mm

跟　高		肥度	蹠围测量点	背围测量点
in	mm			
1/2	12.5			52
3/4	19	C	163	52
1	27.5	D	164	52
1⅛	33	C	162	52
1¼	36.5	D	163	52
1⅜	41	C	159	52
1½	45	D	160	52
1¾	54	C	159	52
		D	160	52
2	58	C	157	52
		D	158	52
2¼	69	C	157	52
		D	158	52
2½	74	C	157	52
		D	158	52
2¾	83	C	157	52
		D	158	52
3	90	C	156	52
		C	157	52
3½	99	C	156	52
		D	157	52

表 7-34　英国鞋楦长度、宽度、厚度数据表　单位：mm

后　跟　高		鞋楦长度	前掌宽度	踵心宽度	头厚
in	mm				
3/4～1	19～27.5	248.5	79～80	53	16.5
1⅛～1¼	33～36.5	247.5	78.5～79.5	52.5	16.5
1⅜～1½	41～45	246.5	78～79	52	16.5
1¾	54	245.5	77.5～78.5	51.5	16.5
2	58	244	77～78	51	16.5
2¼	69	242	76.5～77.5	50.5	16
2½	74	240	76～77	50	16
2¾	83	239	75.5～76.5	49.5	16
3	90	236	75～76	49	16
3½	99	231	74.5～75.5	49	16

注：以上数据仅供参考。

第八章

鞋楦制造质量管理与现代技术设备

第一节　鞋楦企业生产质量管理

科学管理现代鞋楦企业，规范管理行为，不断提高企业的产品质量，是促进企业发展最为重要的工作。成功的鞋楦生产企业来源于卓越的管理及优质的产品和良好的服务。优质的产品离不开完善及精细的管理，企业要想在激烈的市场竞争中赢得一流的用户，就必须高度重视产品质量和强化管理、完善规范操作工艺规程，认真落实产品质量管理制度，这是现代鞋楦企业的主要工作。

在鞋楦企业的生产质量管理中，要重视如下管理工作。

一、对原材料的管理

原材料是确保鞋楦质量的首要条件，因此要做好以下工作。

（1）要选用高密度聚乙烯为主要原材料，生产鞋楦的塑料要选用韧性好，强度、硬度都要高的塑料，例如台湾台塑集团公司生产的9003等是较理想的原材料。

（2）收购回收二次料要严格把关，因为材料杂乱会影响注塑的产品质量，容易产生气孔和断裂。

（3）要有科学合理的塑料配方，确保鞋楦硬度在60度以上，有一定的硬度和韧性，鞋楦就不容易变形走样，同时要配好塑楦颜色，用好色母料。

（4）在注塑前一定要用烘干机烘干注塑用的塑料原料。因为有水分会造成毛坯有气孔。

（5）要控制好注塑机的温度和注塑压力，因为温度过低会使原料因熔点过低而无法注到位，造成料不足等质量问题，同时压力不够也会产生注塑不到位和造成楦坯缺料等质量问题。

（6）楦坯要进行烘烤定型，防止鞋楦在进入烘箱后有过大的收缩率。

二、粗铣毛坯楦的生产管理

（1）要求操作人员认真了解施工单所需生产的品种及用什么坯料后再用该产品二次标样装上机器进行刻粗坯楦。

（2）安装毛坯时必须根据该产品特征安装，要求安装位置正确，不得偏离中心位置，确保刻出的毛坯楦没有严重缺料等质量问题，提高毛坯楦的成品合格率，这是鞋楦生产中的一项关系到产品生产成本高低的工作。

（3）要求操作员工有熟练的操作技术，工作认真负责。

三、鞋楦钻孔的质量管理

（1）楦体钻孔一定要正确，因为钻孔后要开盖、装销钉，如果楦孔不正，楦盖就装不平整。

（2）生产弹簧楦的钻孔必须位置正确，孔要打得正、直，否则会直接影响弹簧楦的质量。

四、鞋楦开盖的质量管理

（1）锯楦盖时首先要求锯条锯路要平整，这样才能使锯的楦盖平整，楦盖弧形圆滑、顺畅，因为锯盖不平整，楦盖无法上下吻合，就会出现楦盖安装不稳固的质量问题。所以锯盖工作也必须认真仔细，才能确保锯盖质量。

（2）要批量统一，同品种的楦盖形状、大小要相同一致。

五、装楦盖质量管理

（1）在保证锯盖质量优质的条件下，装楦盖的质量是装销子露出的尺寸要便于鞋厂生产中的脱楦盖工作。要求装正，不允许有错位现象，盖与楦体复合要严密，结合要牢固。

（2）锯缝不得有毛刺外露，更不得有损楦坯和不平整等外观质量问题。

六、弹簧楦的生产质量管理

（1）打孔时一定要按技术要求，位置、尺寸必须正确，孔的位置必须统一相同，孔要打得正、直，这些都十分关键。

（2）锯“V”字口，首先要调整好设备和铣刀，锯路要平整、光滑，要检查楦体中是否有气孔，如果发现就要用补楦机补好后再重新锯平整。锯“V”字口的好坏，关系到后道工序鞋楦装弹簧的质量，因此要注意操作，确保工艺质量。

七、V 字型鞋楦锯断的质量管理

（1）首先要检查机器上安装的锯刀盘的松紧度及锯刀盘的运转是否处于正常状态，要调整好锯刀盘，要磨好锯齿。

（2）调整好气压十分重要，它直接关系到锯 V 字口的光洁度和平整度。

八、开弹簧楦弹簧槽质量要求

（1）要分左右脚，定好中心线，调整到正确开槽位置，要求弹簧钢片插入槽内，深浅适当，不得锯得太深或太浅，因为太深就会安装不方便，太浅则弹簧会插不到位，无法安装。

（2）鞋楦前后不能错位，这关系前后不出现错位，主要是开槽要达到标准要求。

九、V 字型弹簧安装的质量要求

（1）开槽正确是基础。

（2）弹簧和销钉规格标准十分关键。

（3）孔的大小要统一，孔的位置要正确。

（4）打钉机要调试好，压缩空气压力大小合适。

（5）鞋楦复位要有弹性。

做到以上五个方面是安装弹簧楦确保产品质量的主要方面。

十、弹簧楦销钉安装的质量要求

（1）销钉插入后前后深浅要一致，如跑边就要调整打钉机距离，确保弹簧松紧一致。

（2）补烫销钉孔要用与鞋楦相同颜色的塑料，要补平整为止。

十一、弹簧楦打三个孔的质量要求

（1）打眼机要同时正确安装三个孔头，要调整试打后再正式打孔。

（2）打下的孔要检查是否打得端正。

（3）打孔的位置前后是否符合质量要求，要认真仔细检查，确保三个孔都正确一致。

十二、锯 S 字型弹簧楦的质量要求

（1）锯盘要调试到位是确保锯好 S 型曲线的基础。

（2）顺锯反锯操作要自然，手推动锯盘的力度要掌握好。

（3）接口要锯到在上下搭口部位，要端正、平整、光滑一致。

十三、S 字型弹簧的安装质量要求

（1）插入弹簧及弹簧片要对准孔后再插入定位销杆，有效控制销钉插入深度。

（2）打钉时楦内侧朝下，打钉深浅必须要调整好，不允许一边深一边浅，打完销钉后要检查两边保留一样的孔深度，否则会打坏精铣鞋楦刀具。

（3）打钉机气孔口要调整到力度大小适中。

（4）装好弹簧后，销钉孔两边要补满与楦坯一致的塑料，以防色差影响外观质量。

十四、精刻楦机的生产质量管理

（1）开机前首先要检查机器是否完好，润滑系统加油要定期定时。

（2）对铣刀的检查要注意刀的重量、大小、规格是否一致，是否锋利，刀口换位要统一无误差，试机后要测量鞋楦的尺寸是否相同一致，刀花是否平整均匀，转速是否符合技术质量要求。

（3）检测鞋楦左右脚形状是否相同一致，和楦底样板与数据是否符合，这些都是质量检查的主要内容。

（4）要做好试样楦的去头去跟的技术工作，确保生产鞋楦和母楦造型相同一致，要与头卡、跟卡、底样曲线卡板核对吻合，使批量和样品质量完全相同。

（5）要特别注意鞋楦前跷和总前跷是否正确，在电脑扫描母样楦的操作中，要调整好顶针压力，使头型跷度不变形。

（6）要控制楦底样长度和围度数据尺寸，误差尽量不要超过 0.5mm。

十五、鞋楦盖印章的质量要求

（1）鞋楦的货号、型号、尺码、商标要盖印清楚，位置要在规定的地方。

（2）为了确保盖的货号、型号、尺码、商标在生产中不容易脱落掉，盖章时要进行喷烤热处理。

（3）楦体喷烤要控制时间和温度，同时不能沾污楦体，要确保楦体光亮、清洁。

十六、锯头锯跟的质量要求

（1）鞋楦从精铣机取下后开始进行锯头锯跟工艺，要锯正、锯平头、跟部位，留的余量不要过多，一般 2mm 左右。

（2）锯好头、跟后要有顺序地放上流水线方可进入下道工序，一般要求楦头向里，跟部向外。

十七、铣头铣后身的质量要求

（1）当锯好头、跟后就上铣头、铣跟机，首先要按照样楦做好后身靠板，线条造型要和母样完全相同。

（2）铣刀要锋利，设备要调到最佳状态。

（3）铣头、铣后身弧形要适当，保留 0.5 ~ 1mm 的抛光余量，头部里外底部铣刮要平整、端正。

十八、鞋楦装铁板的质量要求

（1）装铁板鞋楦一般都是做高档皮鞋的鞋楦，因此铁板安装一定要和鞋楦吻合，装钉要平整、光滑，钉帽不允许露出铁板。

（2）制作好铁板样板十分关键，一定要根据鞋楦底样和客户要求设计铁板样板，要求比鞋楦底边子口窄 0.5mm 为准。

（3）铁板装钉好后，用气锤和细齿锉刀整理和捶平整鞋楦，一定要服楦，没有边缝，没有毛边。

十九、楦体抛光的质量要求

（1）鞋楦最后的加工中，抛光工序十分关键，在抛光中首先要选用好砂布和抛盘。砂布分粗、细两种，抛盘一般要求和放型轮的规格大小差不多，如果太大或过小，都会影响操作和产品质量。

（2）要求抛光操作工调整好抛盘，必须运转平稳，要看清楚样楦的头型和后身造型，要认真仔细地和头卡、跟卡、底卡样板核对，抛到和卡板吻合一致，特别是细抛时，一定要手势正确，精力集中，认真仔细操作，和样板核对，要形状相同，无缝隙，表面光滑、平整、美观，头型子口清晰，后跟形状圆整，与样楦完全相同一致。

二十、楦体上光的质量要求

（1）要求楦体周身上光到位，不得有上光不到位及喷烧焦的现象。

（2）喷光机上好光的鞋楦要轻拿轻放，以免互相碰坏、弄脏，影响鞋楦外观质量。

二十一、鞋楦质量检验要求

（1）产品总检验员要按照生产质量标准要求，重视在生产过程中的质量监督和检验，对照国家标准、企业质量标准进行严格把关，不让不良品入库出厂。

（2）要做好配码装箱、装袋工作。

a. 要按照用户要求进行配码，分清尺码、品种、数量，不得配错每双楦、每箱楦，要按品种、数量分码包装。

b. 包装必须牢固、安全，并注明收货单位、品种、货号、配码的详细情况。

鞋楦生产管理一定要按制度，根据质量标准，注重整个生产过程中的每一个环节，要认真仔细，注重细节，重视技术指导，加强质量监督、检查、检验工作。提高员工质量意识，提升员工操作技能，重视技术进步等都是现代鞋楦企业要重视的管理重点。

下面几节将提供鞋楦生产制造中的主要工艺质量技术要求图示及技术数据表，供行业作参考。

第二节　鞋楦制造工艺质量技术要求

本节以图示的形式介绍鞋楦制造工艺流程、质量控制与技术要求，见图8-1～图8-21。

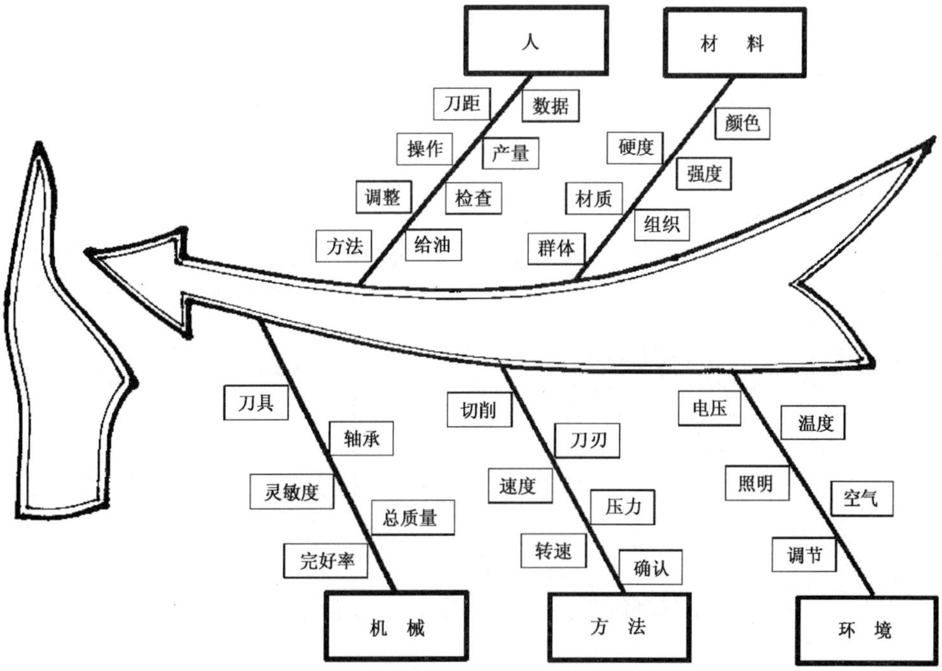

图8-1　鞋楦制造质量变异分析系统图

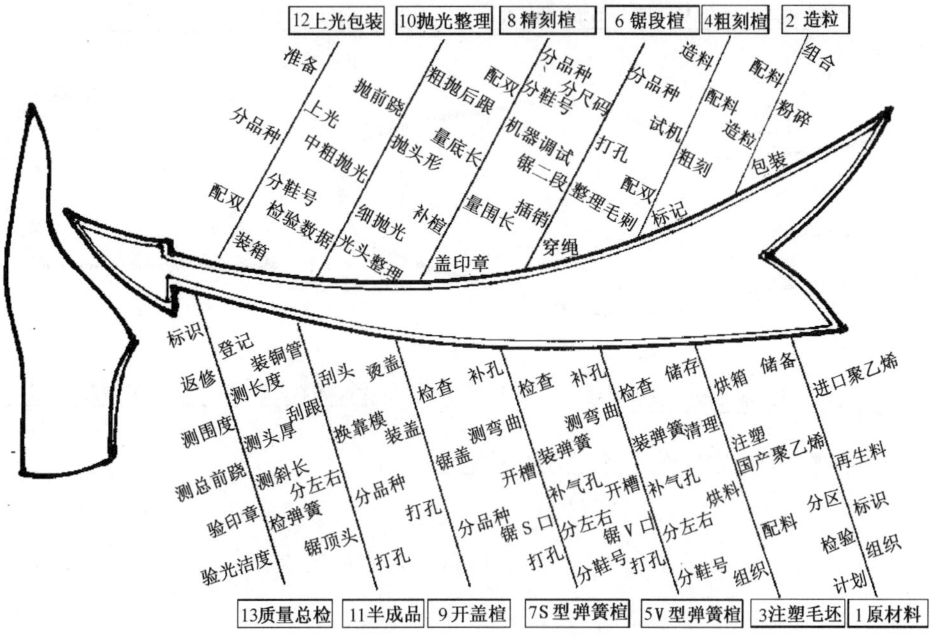

图8-2　鞋楦制造工艺流程剖析系统图

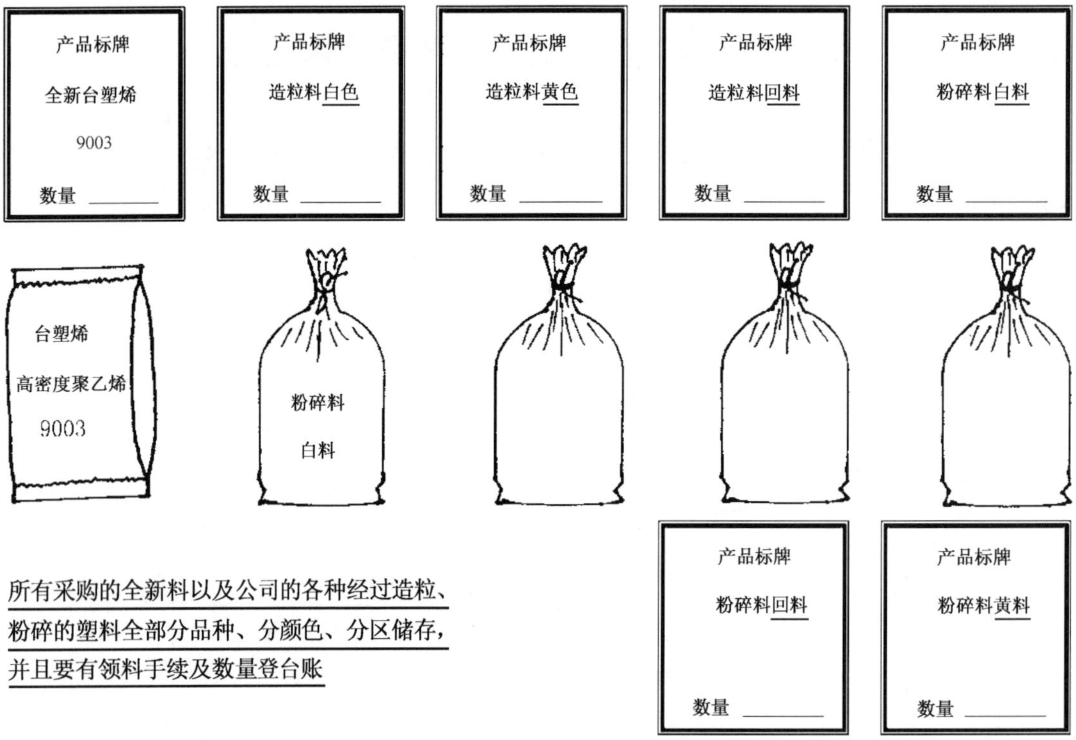

图 8-3　原材料采购、入库、储备、发货系统质量要求

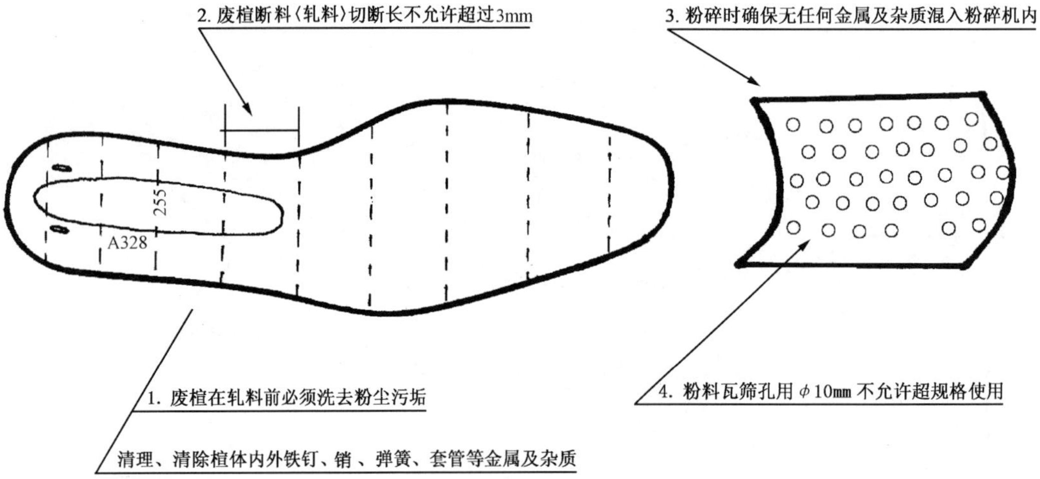

图 8-4　轧料、粉料工艺质量要求

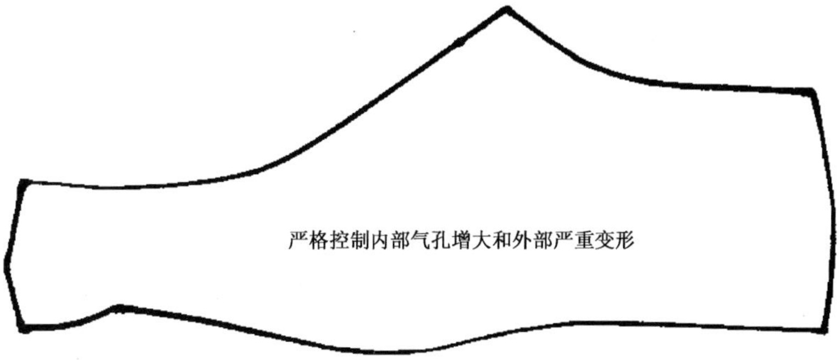

1. 配料必须根据预先设计的配方进行，硬度、颜色，新料与回料比例等剂量准确操作得当。
2. 烘料、粉碎料 50～55℃、2h 以上（其中秋冬季为 50℃，春夏季为 55℃），加刀花料进烘箱温度在 35～45℃之间。
3. 刀花料烘料必须分两步烘料：粉碎料先用 45～50℃烘 1h 后再加入刀花粉碎料 35℃再烘 1.5h 即可。
4. 注塑毛坯温度为 120～200℃不等，机器压力为 8～8.5MPa。
5. 注塑成型的毛坯放在 80～100℃的水池中，必须经过 14～18min 外壳定型后再放入自然烘箱。

注塑机温度控制表

分段	新料机温/℃	回料机温/℃
进料口	约 120	约 120
塑化一	约 180	约 170
塑化二	约 190	约 180
存料	约 200	约 190
注塑口	约 170	约 165

图 8-5　烘料、注塑工艺质量技术要求

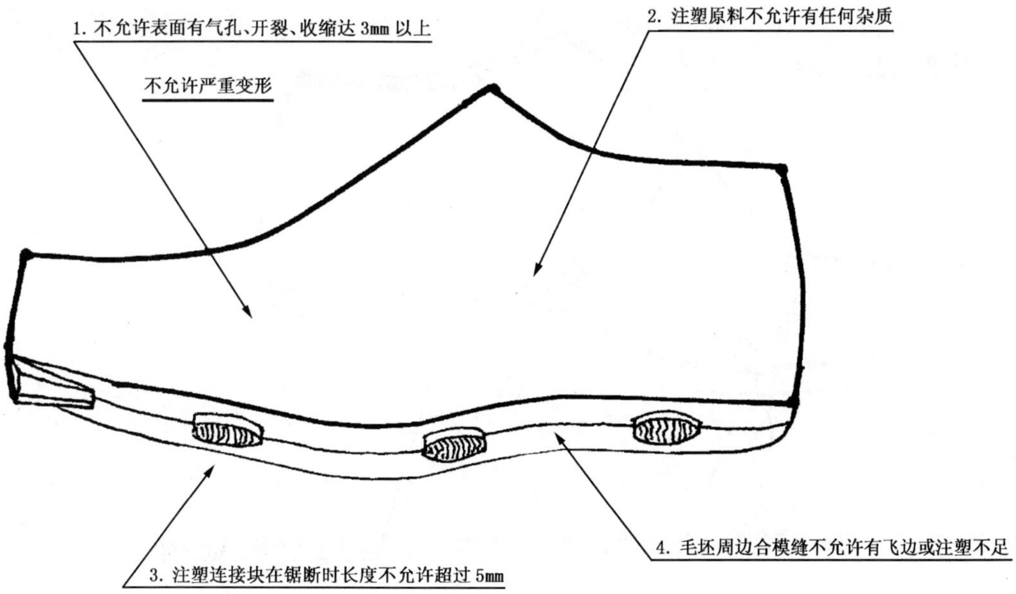

图 8-6　注塑鞋楦毛坯质量技术要求

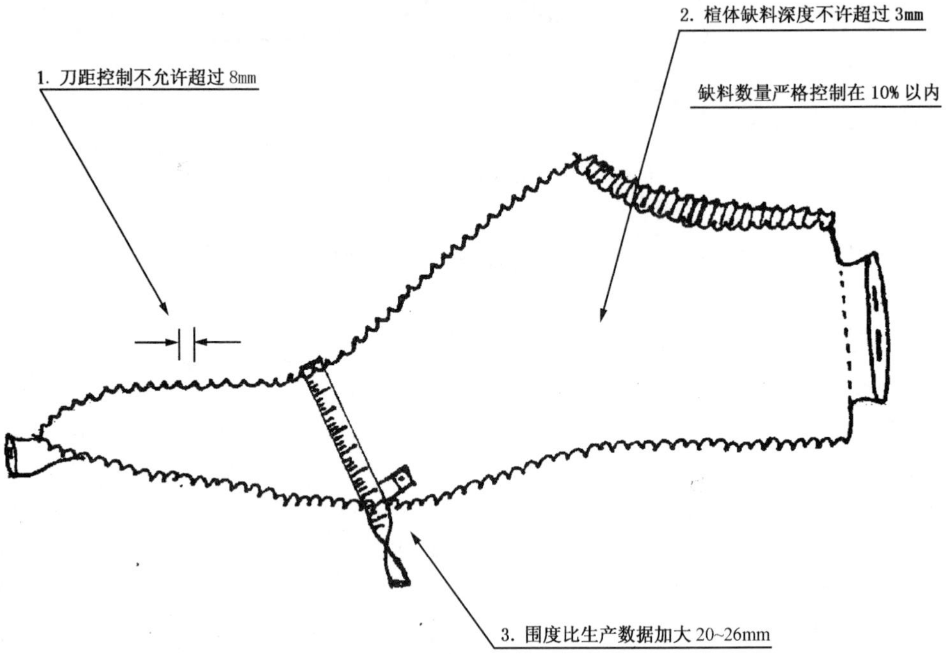

图 8-7 粗刻毛坯楦工艺质量技术要求

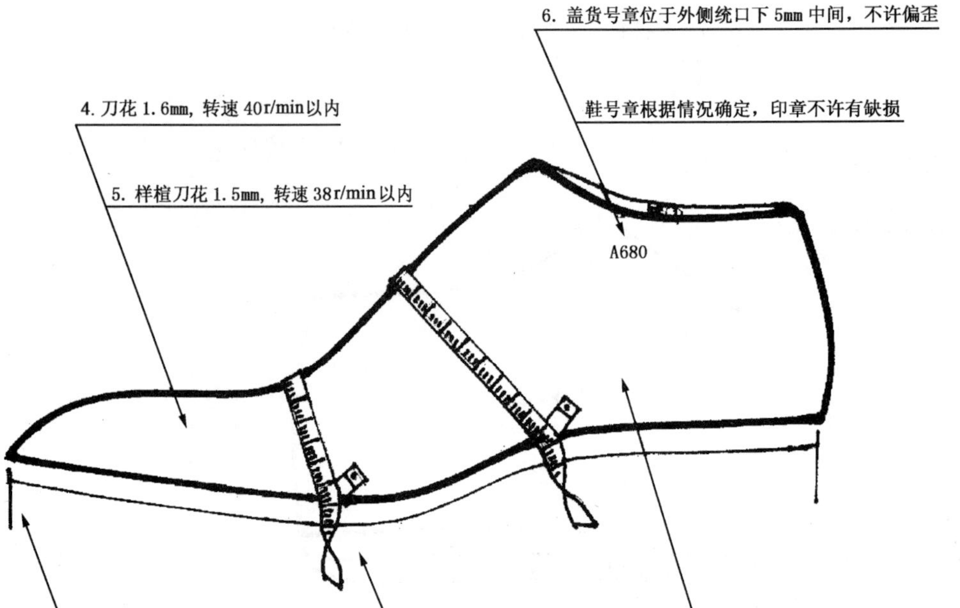

图 8-8 精刻楦工艺质量技术要求（一）

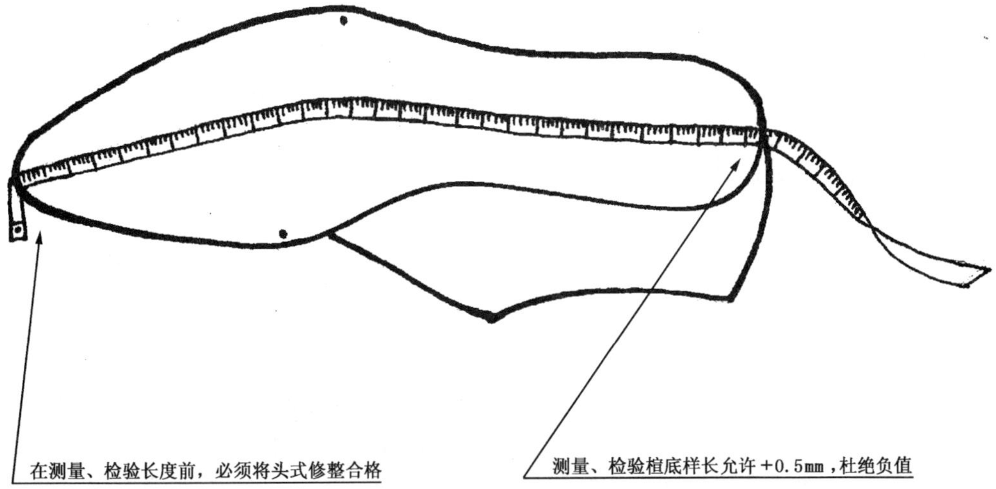

图 8-9　精刻楦工艺质量技术要求（二）

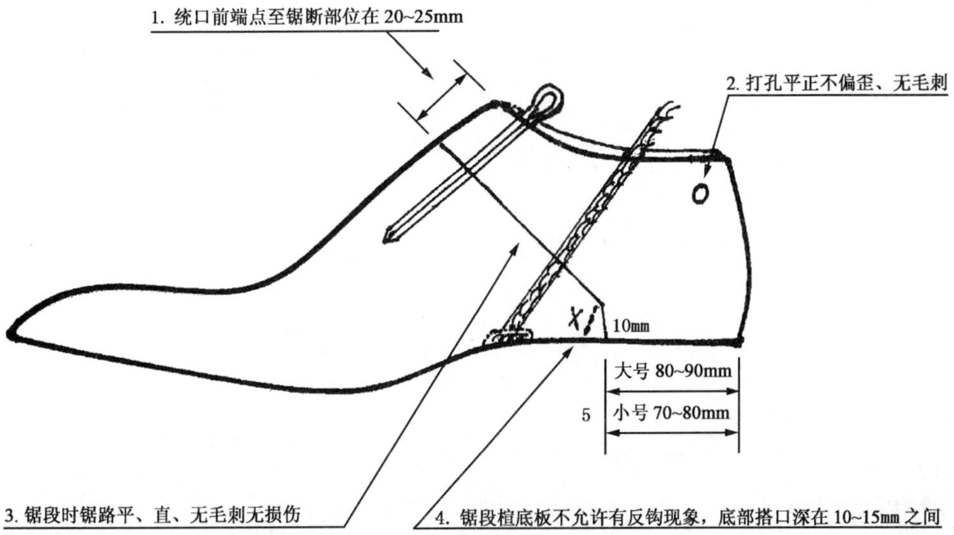

图 8-10　锯断楦工艺质量技术要求

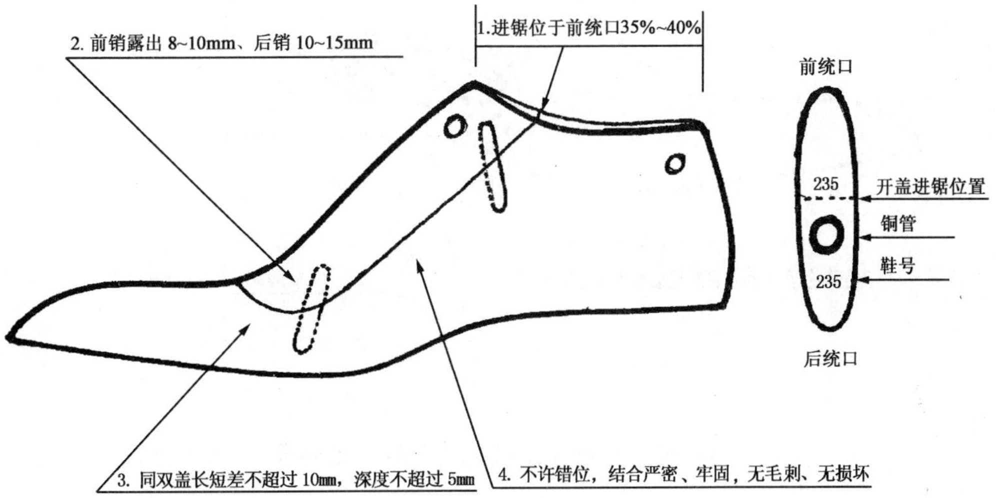

图 8-11　开盖楦工艺质量技术要求

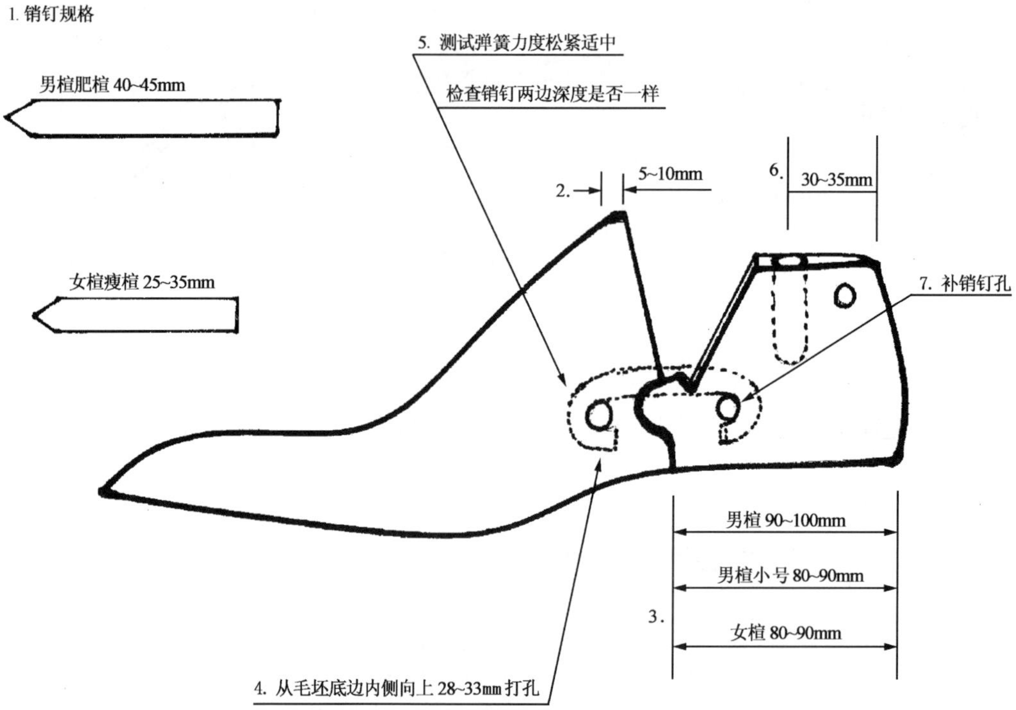

图 8-12　V 字型弹簧楦工艺质量技术要求

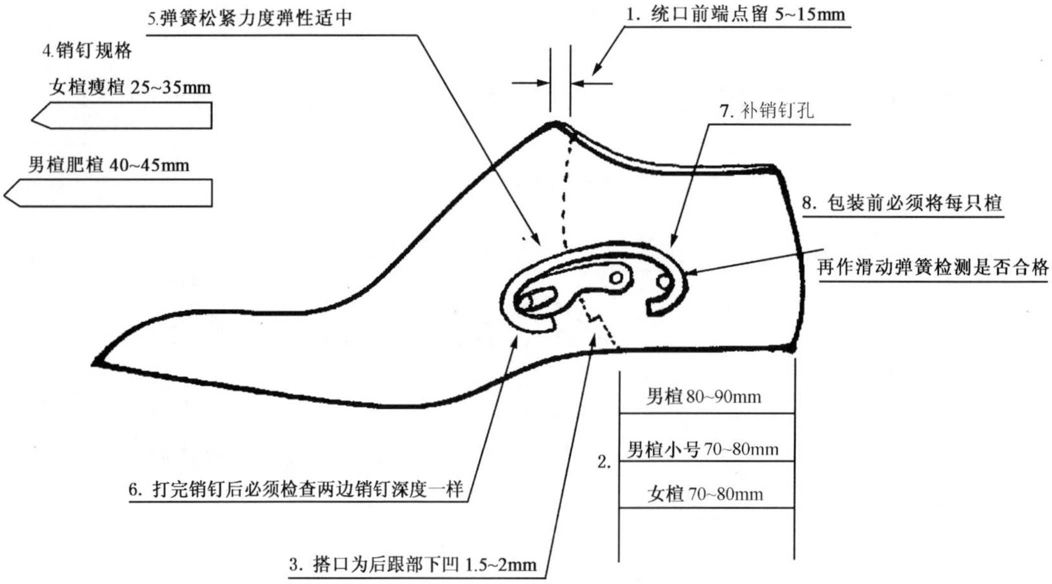

图 8-13　S 型弹簧楦工艺质量技术要求

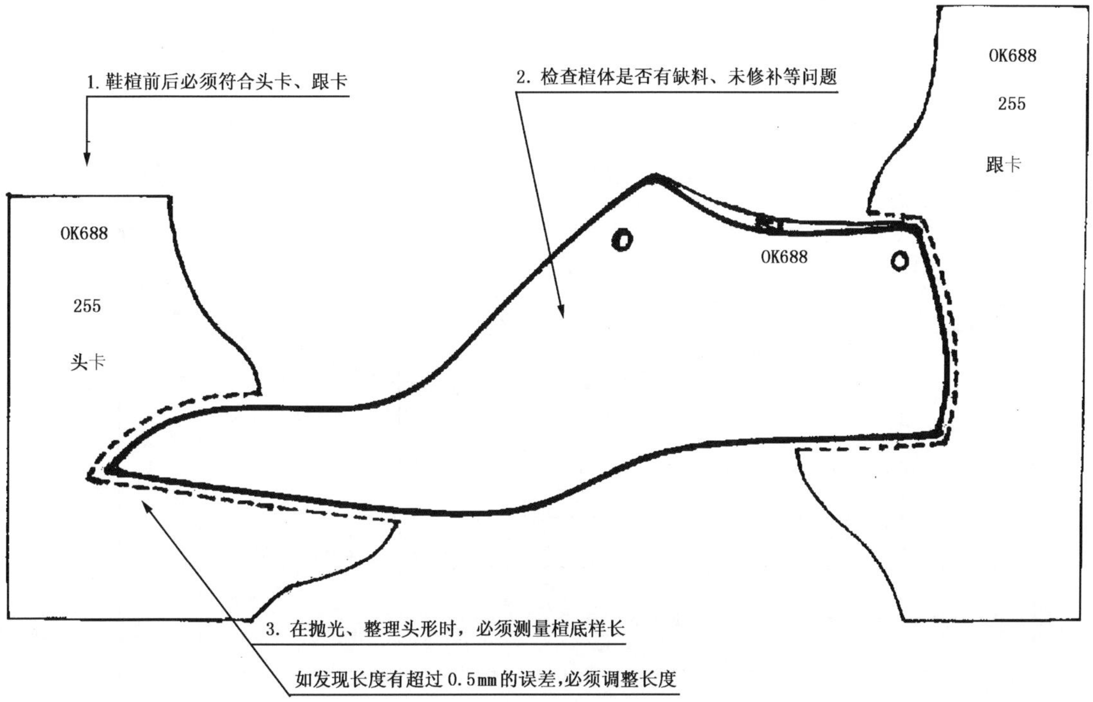

图 8-14　抛光整理工艺质量技术要求

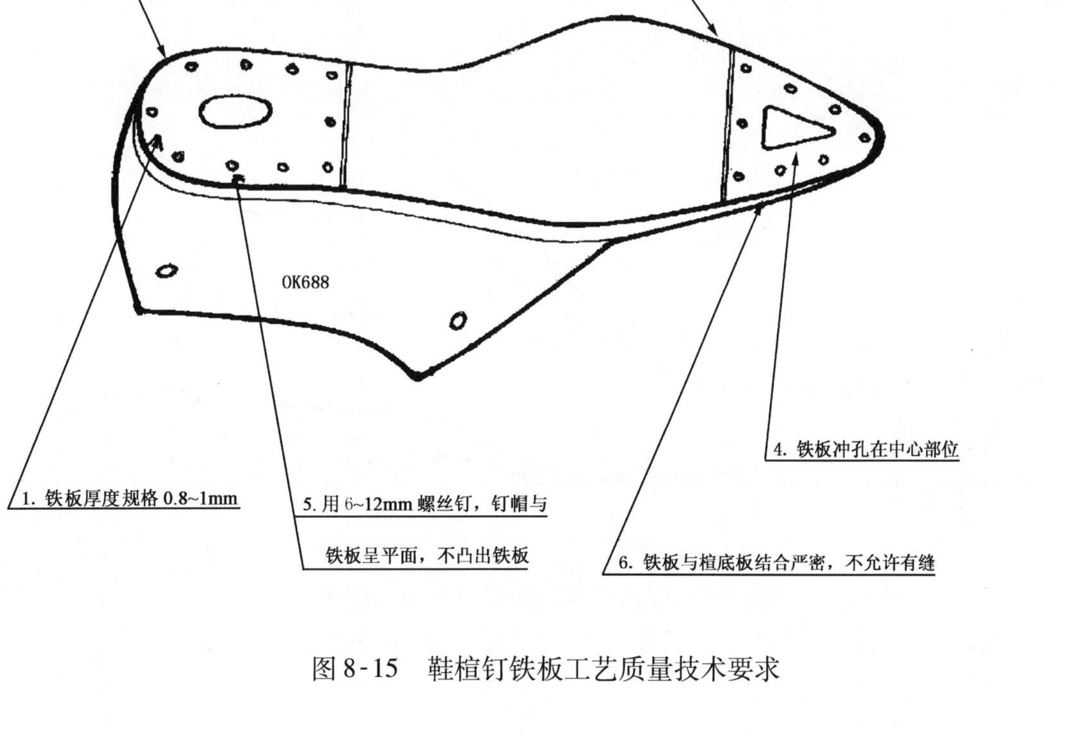

图 8-15　鞋楦钉铁板工艺质量技术要求

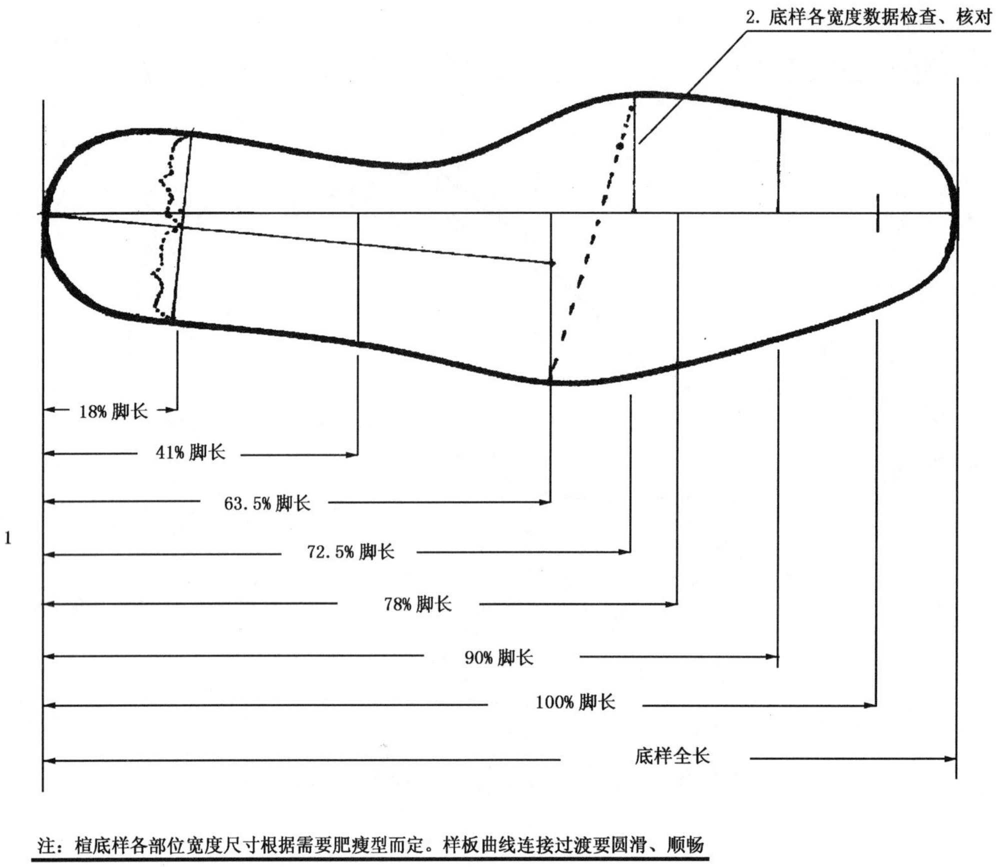

图 8-16　楦底样设计、测量与质量技术要求

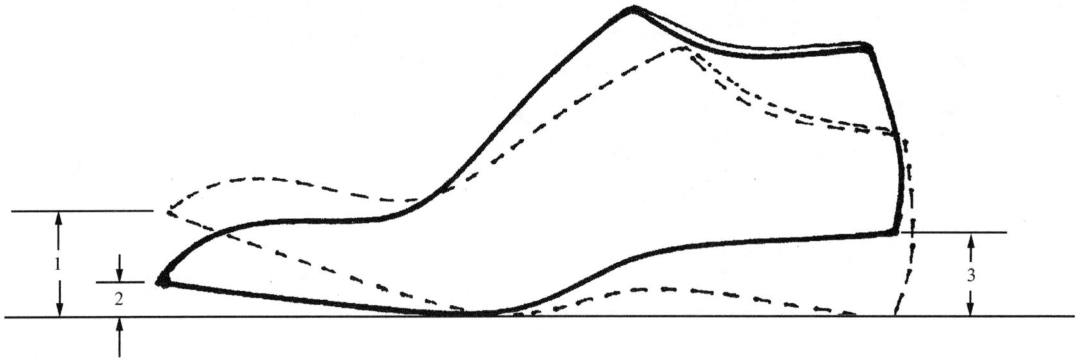

图 8-17　鞋楦测量与质量检验技术要求

1—鞋楦总前跷　2—鞋楦前跷高　3—鞋楦后跷高

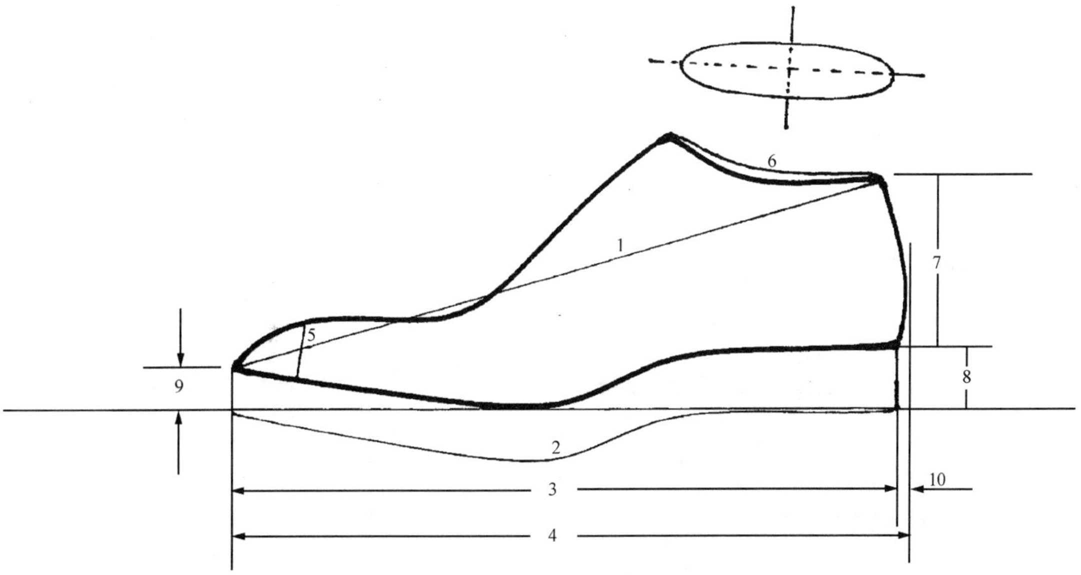

图 8-18　鞋楦测量与质量检验技术要求（一）

1—楦斜长　2—楦底样长　3—楦底长　4—楦全长　5—楦头厚　6—统口长
7—后身高　8—后跷高　9—前跷高　10—后容差

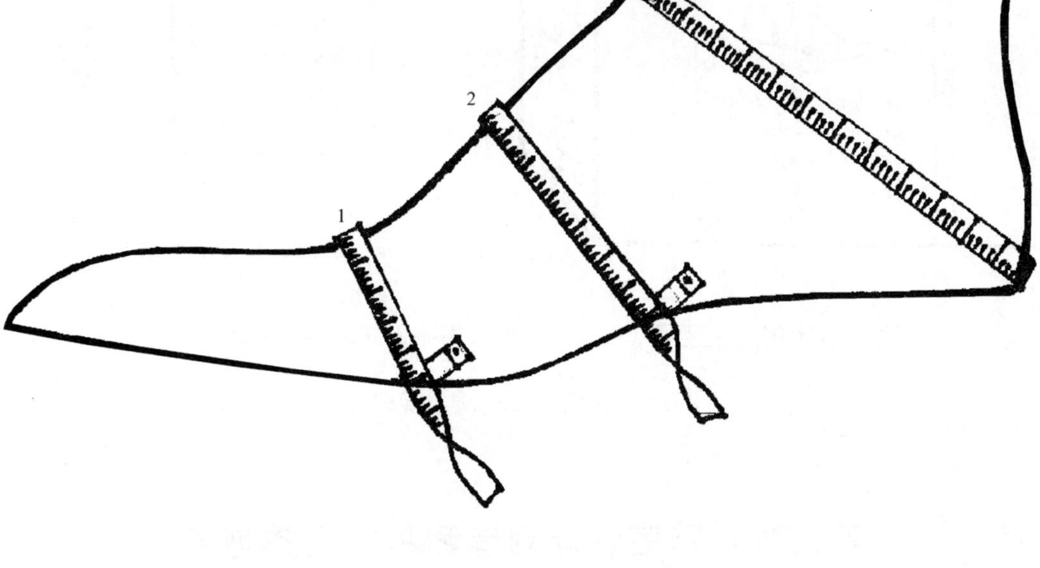

图 8-19　鞋楦测量与质量检验技术要求（二）

1—蹠围　2—跗围　3—兜跟围

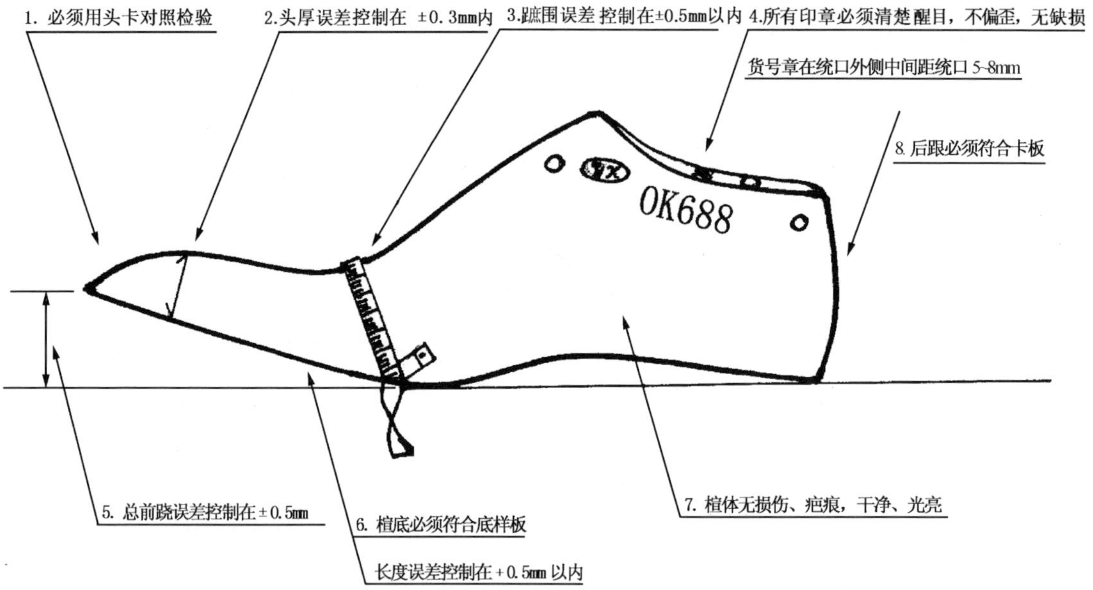

图 8-20　成品楦工艺质量总检验技术要求

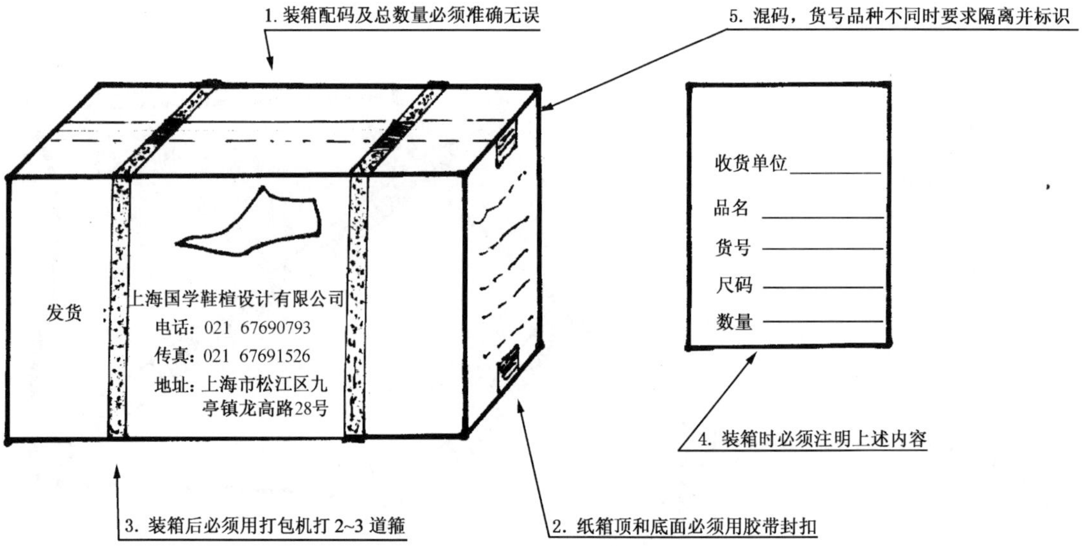

图 8-21　配码、装箱质量管理要求

第三节　鞋楦设计制造测量检测数据表

鞋楦设计制造测量数据见表 8-1～表 8-4。

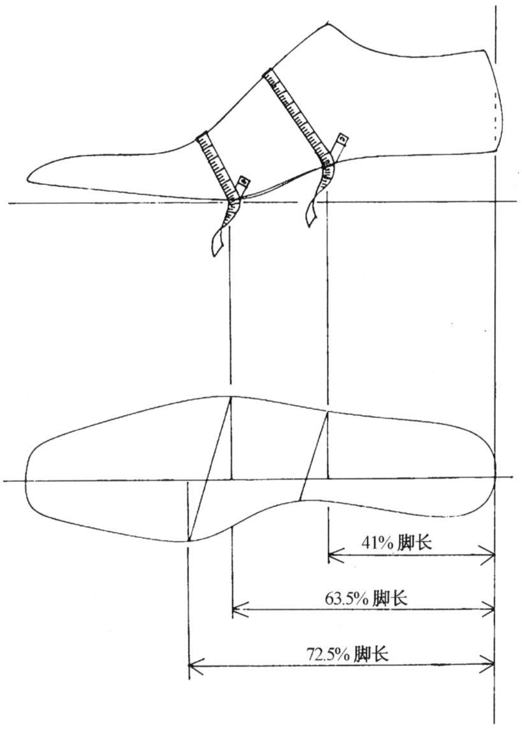

表 8-1　　中国鞋号皮鞋鞋楦跖围、跗围尺寸测量部位一览表　　单位：mm

	鞋号	第一蹠趾	第五蹠趾	腰窝部位		鞋号	第一蹠趾	第五蹠趾	腰窝部位
男鞋楦（二型半）	255	179.63	156.7	99.34	女鞋楦（一型半）	235	165.65	144.53	91.66
	250	176.30	153.8	97.50		230	162.30	141.60	89.80
	等差	±3.33	±2.9	±1.84		等差	±3.35	±2.93	±1.86
	占脚长/%	72.5	63.5	41		占脚长/%	72.5	63.5	41
中人鞋楦（二型）	215	151.90	132.50	84.20	大童鞋楦（二型）	185	130.31	113.69	72.13
	210	148.55	129.58	82.35		180	127.00	110.80	70.30
	等差	±3.35	±2.92	±1.85		等差	±3.31	±2.89	±1.83
	占脚长/%	72.5	63.5	41		占脚长/%	72.5	63.5	41
小童鞋楦（二型）	145	102.10	89.10	56.50	婴儿鞋楦（二型）	110	79.35	69.22	45.70
	140	98.85	86.26	54.70					
	等差	±3.25	±2.84	±1.80		等差	±3.25	±2.84	±1.80
	占脚长/%	72.5	63.5	41		占脚长/%	72.5	63.5	41

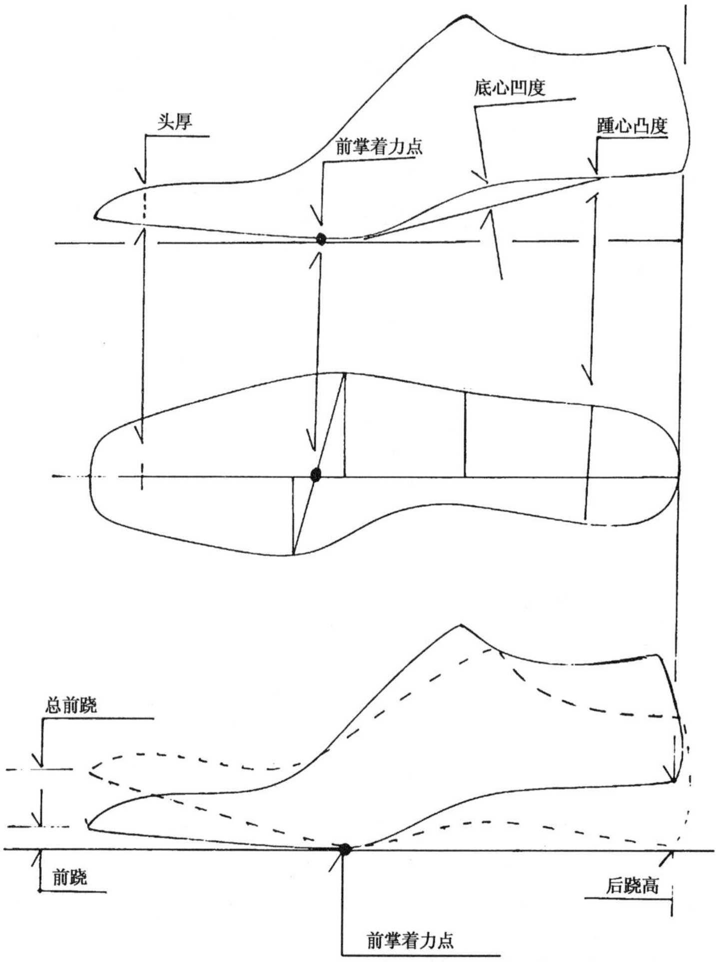

表 8-2　　中国鞋号皮鞋楦底各部位测量数据一览表　　单位：mm

名称	鞋号	后跷高（跟高）	踵心凸度	底心凹度	前跷	前跷着地部位	总前跷	总前跷着地点	脚趾端点（头厚）
等差	5	男 5 女 10	0.05	0.1	0.2	3.3	男 0.4 女 0.8	3	0.3
男鞋	255	25	4.1	6.1	18.3	170.9	29.5	151.5	20.2
女鞋	235	30	3.5	5.6	15.2	157	33.0	139.5	16.8
女鞋	235	40	3.1	6.1	14.2	157	38.1	139.5	16.8
女鞋	235	50	3	6.6	13.2	157	43.7	139.5	16.8
女鞋	235	60	3	7.1	12.2	157	49.3	139.5	16.8
女鞋	235	70	3	7.6	11.2	157	54.8	139.5	16.8
女鞋	235	80	3	8.1	10.2	157	60.4	139.5	16.8
中人鞋	215	17	3.5	4.5	14	144	24	126.9	17
大童鞋	180	15	3	3.5	12	120.6	20	106.2	16
小童鞋	145	13	2.5	2.5	10	97.15	16	85.6	15.3

注：①为了防止包头夹里压伤脚，脚趾端点部位（头厚）在设计时只允许正数，不得小于数据。
②为了确保鞋的穿着舒适，总前跷不允许小于标准数据，在设计深口门鞋楦时，总前跷可增加 1 ~ 2mm。
③为了便于行走，在设计厚底样楦时前跷不得小于标准，单底和皮底楦前跷可小于标准 2mm。

表 8-3　　中国鞋号皮鞋鞋楦围度、宽度重要技术数据表　　单位：mm

品　　种	后跷高	型　　号	蹠　　围	跗　　围	基本宽度	踵心全宽
男结带式鞋楦	25~30	255（二型半）	243	247.1	89.3	60.48
男舌式鞋楦	25~30	255（二型半）	239.5	241.5	88	59.58
男超长舌式鞋楦	35	255（二型半）	239.5	240.5	88	59.58
男绅士鞋楦	25~30	255（二型半）	243	247.1	89.3	60.48
男高腰鞋鞋楦	30	255（二型半）	246.5	251.6	89.3	60.48
男全空凉鞋楦	20~30	255（二型半）	239.5	247.6	88	59.58
男满帮凉鞋楦	25	255（二型半）	243	251.1	89.3	60.48
男满帮拖鞋楦	30	255（二型半）	246.5	258.7	89.3	61.39
男劳保鞋楦	30	255（二型半）	250	255.1	89.2	60.41
女结带式鞋楦*	20	235（一型半）	220	224.1	81.5	54.27
		235（一型）	216.5	220.5	80.2	53.4
		等　　差	3.5	3.6	1.3	0.87
女结带式鞋楦*	30	235（一型半）	220	222	81.5	54.27
		235（一型）	216.5	218.5	80.2	53.4
		等　　差	3.5	3.5	1.3	0.87
女结带式鞋楦*	40	235（一型半）	222	221	78.8	52.5
		235（一型）	218.5	217.5	77.6	51.7
		等　　差	3.5	3.5	1.2	0.8
女结带式鞋楦*	50	235（一型半）	222	219	78.8	52.5
		235（一型）	218.5	215.5	77.6	51.7
		等　　差	3.5	3.5	1.2	0.8
女结带式鞋楦*	60	235（一型半）	224	218.9	77.6	51.7
		235（一型）	220.5	215.5	76.4	50.9
		等　　差	3.5	3.4	1.2	0.8
女结带式鞋楦*	70	235（一型半）	224	216.9	77.6	51.7
		235（一型）	220.5	213.5	76.4	50.9
		等　　差	3.5	3.4	1.2	0.8
女结带式鞋楦*	80	235（一型半）	224	214.9	77.6	51.7
		235（一型）	220.5	211.5	76.4	50.9
		等　　差	3.5	3.4	1.2	0.8
女超长舌式鞋楦	30	235（一型半）	220	222	79.5	54.29
		235（一型）	216.5	218.5	78.2	53.4
		等　　差	3.5	3.5	1.3	0.89

续表

品种	后跷高	型号	蹠围	跗围	基本宽度	踵心全宽
女超长舌式鞋楦	50	235（一型半）	222	219	76.8	52.52
		235（一型）	218.5	215.5	75.6	51.7
		等差	3.5	3.5	1.2	0.82
女超长舌式鞋楦	70	235（一型半）	224	216.9	75.6	51.72
		235（一型）	220.5	213.5	74.4	50.9
		等差	3.5	3.4	1.2	0.82
女浅口鞋楦*	20	235（一型半）	216.5	218.5	80.2	53.47
		235（一型）	213	215	78.9	52.6
		等差	3.5	3.5	1.3	0.87
女浅口鞋楦*	30	235（一型半）	216.5	216.5	80.2	53.47
		235（一型）	213	213	78.9	52.6
		等差	3.5	3.5	1.3	0.87
女浅口鞋楦*	40	235（一型半）	218.5	215.5	77.5	51.6
		235（一型）	215	212	76.3	50.8
		等差	3.5	3.5	1.2	0.8
女浅口鞋楦*	50	235（一型半）	218.5	213.4	77.5	51.6
		235（一型）	215	210	76.3	50.8
		等差	3.5	3.4	1.2	0.8
女浅口鞋楦*	60	235（一型半）	220.5	213.4	76.3	50.8
		235（一型）	217	210	75.1	50
		等差	3.5	3.4	1.2	0.8
女浅口鞋楦*	70	235（一型半）	220.5	211.4	76.3	50.8
		235（一型）	217	208	75.1	50
		等差	3.5	3.4	1.2	0.8
女浅口鞋楦*	80	235（一型半）	220.5	209.3	76.3	50.8
		235（一型）	217	206	75.1	50
		等差	3.5	3.3	1.2	0.8
女高腰鞋楦	20~30	235（一型半）	223.5	228.6	81.5	54.27
		235（一型）	220	225	80.2	53.4
		等差	3.5	3.6	1.3	0.87
女高腰鞋楦	40~50	235（一型半）	225.5	225.5	78.8	52.5
		235（一型）	222	222	77.6	51.7
		等差	3.5	3.5	1.2	0.8

续表

品　种	后跷高	型　号	蹠　围	跗　围	基本宽度	踵心全宽
女高腰鞋楦	60～70	235（一型半）	227.5	223.4	75.6	51.72
		235（一型）	224	220	74.4	50.9
		等　差	3.5	3.4	1.2	0.82
女超长高腰鞋楦	30～40	235（一型半）	223.5	226.5	79.4	54.29
		235（一型）	220	223	78.2	53.4
		等　差	3.5	3.5	1.2	0.89
女超长高腰鞋楦	50～60	235（一型半）	225.5	223.5	76.8	52.52
		235（一型）	222	220	75.6	51.7
		等　差	3.5	3.5	1.2	0.82
女超长高腰鞋楦	70～80	235（一型半）	227.5	221.4	75.6	51.72
		235（一型）	224	218	74.4	50.9
		等　差	3.5	3.4	1.2	0.82
女全空凉鞋楦	20	235（一型半）	216.5	224.6	80.2	53.47
		235（一型）	213	221	78.9	52.6
		等　差	3.5	3.6	1.3	0.87
女全空凉鞋楦	30	235（一型半）	216.5	222.6	80.2	53.47
		235（一型）	213	219	78.9	52.6
		等　差	3.5	3.6	1.3	0.87
女全空凉鞋楦	40	235（一型半）	218.5	221.5	77.5	51.6
		235（一型）	215	218	76.3	50.8
		等　差	3.5	3.5	1.2	0.8
女全空凉鞋楦	50	235（一型半）	218.5	219.5	77.5	51.6
		235（一型）	215	216	76.3	50.8
		等　差	3.5	3.5	1.2	0.8
女全空凉鞋楦	60	235（一型半）	220.5	219.5	76.3	50.8
		235（一型）	217	216	75.1	50
		等　差	3.5	3.5	1.2	0.8
女全空凉鞋楦	70	235（一型半）	220.5	217.5	76.3	50.8
		235（一型）	217	214	75.1	50
		等　差	3.5	3.5	1.2	0.8
女全空凉鞋楦	80	235（一型半）	220.5	215.4	76.3	50.8
		235（一型）	217	212	75.1	50
		等　差	3.5	3.4	1.2	0.8

续表

品　　种	后跷高	型　　号	蹠　　围	跗　　围	基本宽度	蹠心全宽
女满帮拖鞋楦	20～30	235（一型半）	223.5	235.7	81.5	55.18
		235（一型）	220	232	80.2	54.3
		等　　差	3.5	3.7	1.3	0.88
女满帮拖鞋楦	40～50	235（一型半）	225.5	232.6	78.8	53.2
		235（一型）	222	229	77.6	52.4
		等　　差	3.5	3.6	1.2	0.8
女满帮拖鞋楦	60～70	235（一型半）	227.5	230.5	77.6	52.5
		235（一型）	224	227	76.4	51.7
		等　　差	3.5	3.5	1.2	0.8
女人造革鞋楦	20	235（一型半）	220	224.1	81.5	54.27
		235（一型）	216.5	220.5	80.2	53.4
		等　　差	3.5	3.6	1.3	0.87
女硫化鞋楦	20	235（一型半）	220	226.1	81.5	54.27
		235（一型）	216.5	222.5	80.2	53.4
		等　　差	3.5	3.6	1.3	0.87
女劳保鞋楦	20	235（一型半）	227	232.1	81.5	54.27
		235（一型）	223.5	228.5	80.2	53.4
		等　　差	3.5	3.6	1.3	0.87
中人结带式鞋楦	17	215（二型）	211.5	215.5	77.6	52.6
大童结带式鞋楦	15	180（二型）	187	191	67.2	45.5
小童结带式鞋楦	13	145（二型）	162.5	166.5	58.1	39.4
中人高腰鞋楦	18	215（二型）	215	220	77.6	52.6
大童高腰鞋楦	16	180（二型）	190.5	195.5	67.2	45.5
小童高腰鞋楦	14	145（二型）	166	171	58.1	39.4
中人全空凉鞋楦	17	215（二型）	211.5	217.5	77.6	52.6
大童全空凉鞋楦	15	180（二型）	187	193	67.2	45.5
小童全空凉鞋楦	13	145（二型）	162.5	168.5	58.1	39.4

注意：①采用以上数据必须在底心凹度、前掌凸度、基本宽 、腰窝部位宽度的基本在标准范围内，同时肉体宽度安排合理的条件下进行测量，才会有数据价值。不然会出现成鞋压脚背或太松使脚前移、鞋变形、走样等。

②蹠围、跗围的肥瘦度：a. 羊皮和软布面可以比以上中间号减半个型号的围度（一般在2～3.5mm）。b. 中软羊、牛皮一般参考中间号。c. 软硬质牛皮和鞋口门设计较深的款式，例如结带式的，可以加大半个型号的围度（一般在2～3.5mm）。

*—圆头。

表 8-4　　**儿童皮鞋楦重要数据一览表**　　单位：mm

小童皮鞋	鞋　号	130	135	140	145	150	155	160	等差
	楦底样长	142	147	152	157	162	167	172	
一型半	蹠　围	148. 5	152	155. 5	159	162. 5	166	169. 5	±3. 5
	跗　围	152. 1	155. 7	159. 3	162. 9	166. 5	170. 1	173. 7	±3. 6
	基本宽度	59. 2	54. 2	55. 5	56. 8	58. 1	59. 4	60. 7	±1. 3
	踵心宽度	35. 9	36. 8	37. 6	38. 5	39. 4	40. 3	41. 2	±0. 88
二型	蹠　围	152	155. 5	159	162. 5	166	169. 5	173	±3. 5
	跗　围	155. 7	159. 3	162. 9	166. 5	170. 1	173. 7	177. 3	±3. 6
	基本宽度	54. 2	55. 5	56. 8	58. 1	59. 4	60. 7	62	±1. 3
	踵心宽度	36. 8	37. 6	38. 5	39. 4	40. 3	41. 2	42	±0. 88
二型半	蹠　围	155. 5	159	162. 5	166	169. 5	173	176. 5	±3. 5
	跗　围	159. 3	162. 9	166. 5	170. 1	173. 7	177. 3	180. 9	±3. 6
	基本宽度	55. 5	56. 8	58. 1	59. 4	60. 7	62	63. 3	±1. 3
	踵心宽度	37. 6	38. 5	59. 4	40. 3	41. 2	42	42. 9	±0. 88
大童结带式	鞋　号	165	170	175	180	185	190	195	等差
	楦底样长	177	182	187	192	197	202	207	
一型半	蹠　围	173	176. 5	180	183. 5	187	190. 5	194	±3. 5
	跗　围	176. 6	180. 2	183. 8	187. 4	191	194. 6	198. 2	±3. 6
	基本宽度	62	63. 3	64. 6	65. 9	67. 2	68. 5	69. 8	±1. 3
	踵心宽度	42	42. 9	43. 7	44. 6	45. 5	46. 4	47. 3	±0. 88
二型	蹠　围	176. 5	180	183. 5	187	190. 5	194	197. 5	±3. 5
	跗　围	180. 2	183. 8	187. 4	191	194. 6	198. 2	201. 8	±3. 6
	基本宽度	63. 3	64. 6	65. 9	67. 2	68. 5	69. 8	71. 1	±1. 3
	踵心宽度	42. 9	43. 7	44. 6	45. 5	46. 4	47. 3	48. 1	±0. 88
二型半	蹠　围	180	183. 5	187	190. 5	194	197. 5	201	±3. 5
	跗　围	183. 8	187. 4	191	194. 6	198. 2	201. 8	205. 4	±3. 6
	基本宽度	64. 6	65. 9	67. 2	68. 5	69. 8	71. 1	72. 4	±1. 3
	踵心宽度	43. 7	44. 6	45. 5	46. 4	47. 3	48. 1	49	±0. 88
中人皮鞋	鞋　号	200	205	210	215	220	225	230	等差
	楦底样长	212	217	222	227	232	237	242	
一型半	蹠　围	197. 5	201	204. 5	208	211. 5	215	218. 5	±3. 5
	跗　围	201. 1	204. 7	208. 3	211. 9	215. 5	219. 1	222. 7	±3. 6
	基本宽度	72. 4	73. 7	75	76. 3	77. 6	78. 9	80. 2	±1. 3
	踵心宽度	49. 1	50	50. 8	51. 7	52. 6	53. 5	54. 4	±0. 88
二型	蹠　围	201	204. 5	208	211. 5	215	218. 5	222	±3. 5
	跗　围	204. 7	208. 3	211. 9	215. 5	219. 1	222. 7	226. 3	±3. 6
	基本宽度	73. 7	75	76. 3	77. 6	78. 9	80. 2	81. 5	±1. 3
	踵心宽度	50	50. 8	51. 7	52. 6	53. 5	54. 4	55. 2	±0. 88
二型半	蹠　围	204. 5	208	211. 5	215	218. 5	222	225. 5	±3. 5
	跗　围	208. 3	211. 9	215. 5	219. 1	222. 7	226. 3	229. 9	±3. 6
	基本宽度	75	76. 3	77. 6	78. 9	80. 2	81. 5	82. 8	±1. 3
	踵心宽度	50. 8	51. 7	52. 6	53. 5	54. 4	55. 2	56. 1	±0. 88

第四节　制楦技术设备介绍

一、国产制楦设备

1. 鞋楦机（见图8-22）

图8-22　Fy—90型鞋楦机

2. 弹簧楦设备

（1）钻孔机　本钻孔机是专用于鞋楦钻孔的设备，用作V型和S型鞋楦的钻孔（见图8-23）。

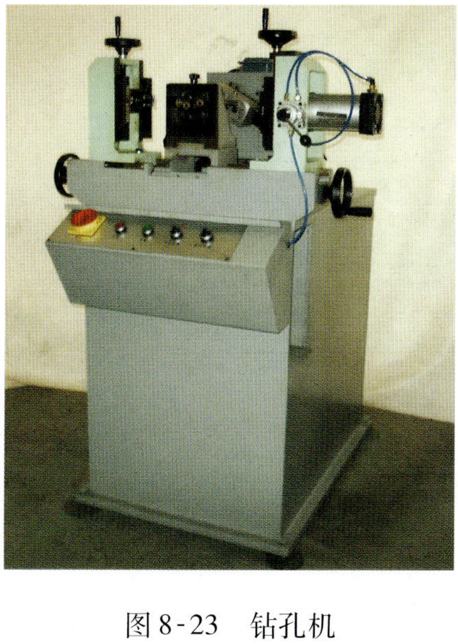

图8-23　钻孔机

（2）带锯机　本机用作S型和V型鞋楦的锯断之用（配有“S”型和“V”型两种锯盘），是目前生产弹簧楦设备中的重要配套设备之一（见图8-24）。

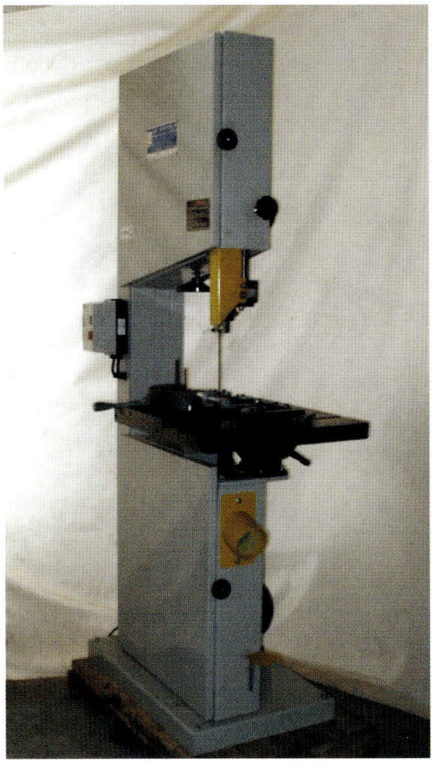

图8-24　DJ带锯机

（3）铣槽机　此设备专用作V型和S型鞋楦加工弹簧楦，配有铣V型和S型鞋楦的两套附件及刀具（见图8-25）。

图8-25　XC铣槽机

（4）装销机　此设备用作V型和S型鞋楦销钉的装配配有V型和S型楦的两套装销的附件，是生产弹簧楦设备中的重要配套设备（见图8-26）。

（5）铣V槽机　此设备专用于加工V型楦的V字槽（见图8-27）。

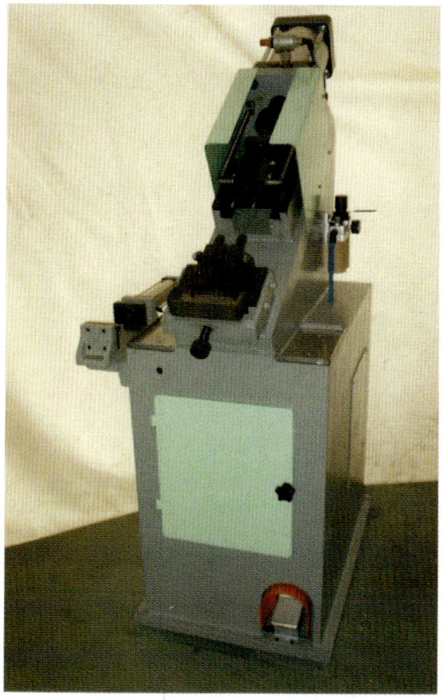

图8-26　ZX装销机

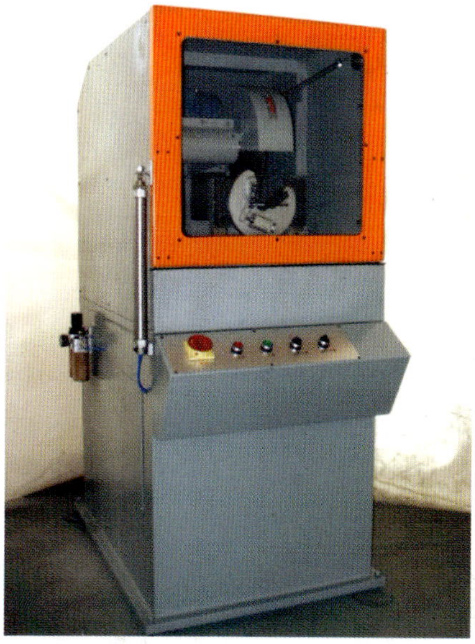

图8-27　XV铣V槽机

3. 高精度刻楦圆刀修刃机

此设备专用于各类鞋楦机圆刀修刃之用（见图8-28）。

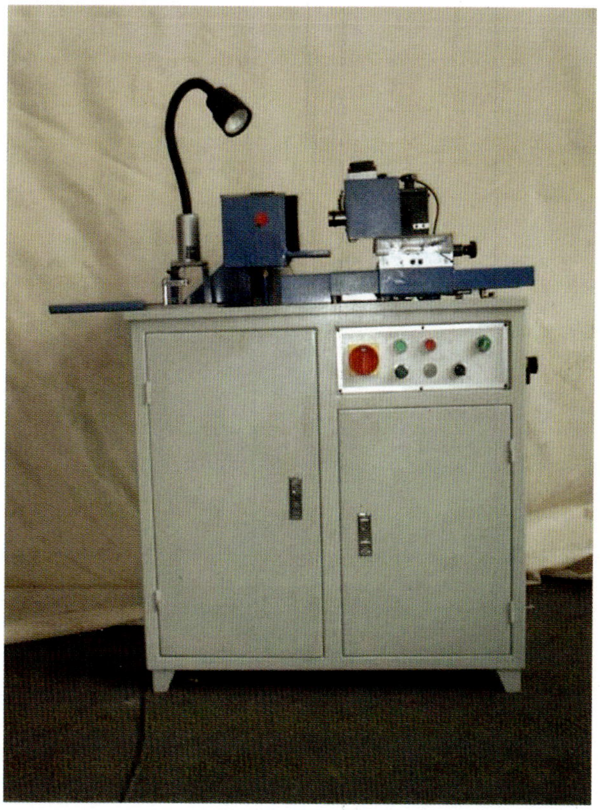

图8-28　ZM—04型高精度刻楦圆刀修刃机

4. 刮底机

此设备专用于鞋楦最后成型加工，修整底部（见图8-29）。

图8-29　刮底机

5. 两孔钻机

此设备专用于钻电脑机楦头模型后跟定位孔（见图8-30）。

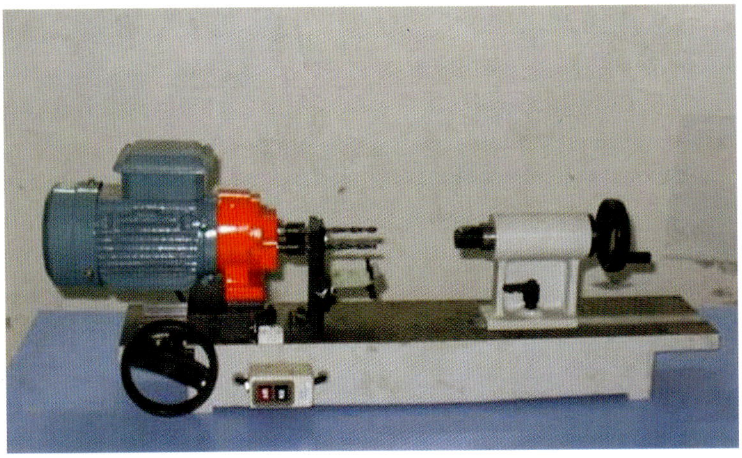

图8-30　两孔钻机

二、现代化制楦设备

1. 扫描机

用于鞋楦数字化扫描，见图8-31。

（a）　NL－DGT 数控扫描机　　（b）激光扫描鞋楦设备

图 8-31　扫描机

2. 数控打样机

数控一对打样机用于板房打样及大生产，可进行粗加工和细加工；数控单只打样机适用于板房打样，可进行粗加工和细加工，见图 8-32。

（a）数控一对打样机　　（b）数控单只打样机

图 8-32　数控打样机

3. 数控粗坯机

数控粗坯机用于对鞋楦进行粗加工，见图 8-33。

图 8-33　数控粗坯机

4. 数控细坯机

数控细坯机用于对鞋楦进行细加工，见图 8-34。

图 8-34　数控细坯机

三、鞋楦设计修改软件介绍

鞋楦设计修改软件主要是为制作鞋楦设计的，它为鞋楦设计师提供一系列的程序和工具，使设计鞋楦的工作变得更加简单和准确，这样就可以减少整个过程的工作时间。

（一）描述

它是专门用于设计和加工鞋楦的计算机软件。旨在简化和加速设计鞋楦的各项工序，为设计者提供一整套的开发工具，使修改鞋楦的工作变得更快更容易。

（二）工作途径

1. 方式 1

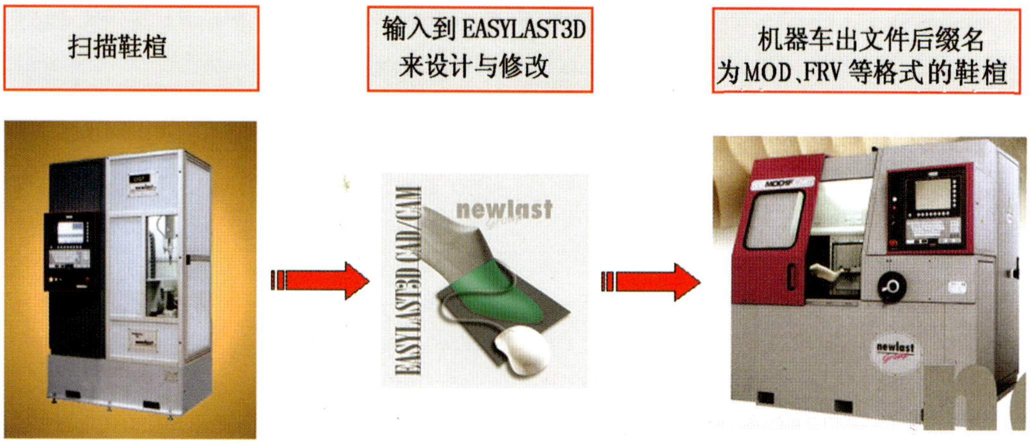

2. 方式 2

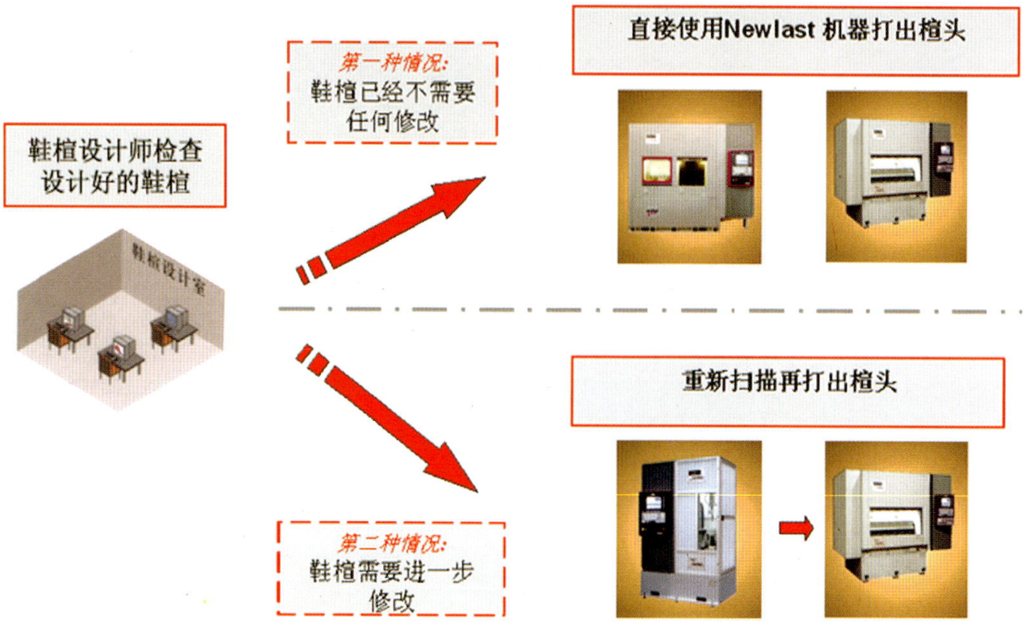

（三）Easylast 3D 功能简介

Easylast 3D 可以在任何安装了 Windows 95/98/NT 系统的电脑良好运行。为每一个鞋楦提供图像形式的管理，拥有独立的数据库访问能力及各种浏览与搜索。数据输入跟 NL-DGT 扫描机有直接的接口，同时兼容其他机械或激光扫描机。设计简单，使用二维象限设计，输入模板来确定一些特殊的曲线、后跟、头型、底弧等；放码系统可以使用标准的，也可以自定义，是质量控制非常完善的测量系统，可以使用自动或自定义测量方式，并有丰富的范例。

Easylast 3D CAD 是由两大功能组成。为了保持软件一定的连续性，这两组功能没有分开，而是将两者完美地结合在一起。

功能组成：不改动鞋楦的功能组和改动鞋楦并产生新鞋楦的功能组。

下面用图片介绍其部分功能。

1. 不改动鞋楦的功能组

（1）去前撑和后撑。

（2）插入鞋楦数据（数据库）。

（3）搜索数据库。

（4）可视化图像浏览。

（5）放正和观察鞋楦。

（6）鞋楦的各项测量——质量控制。

2. 改动鞋楦并产生新鞋楦的功能组

用二维（2D）的编辑来实现三维（3D）的效果。

（1）两个鞋楦的拼接（见图 8-35）。

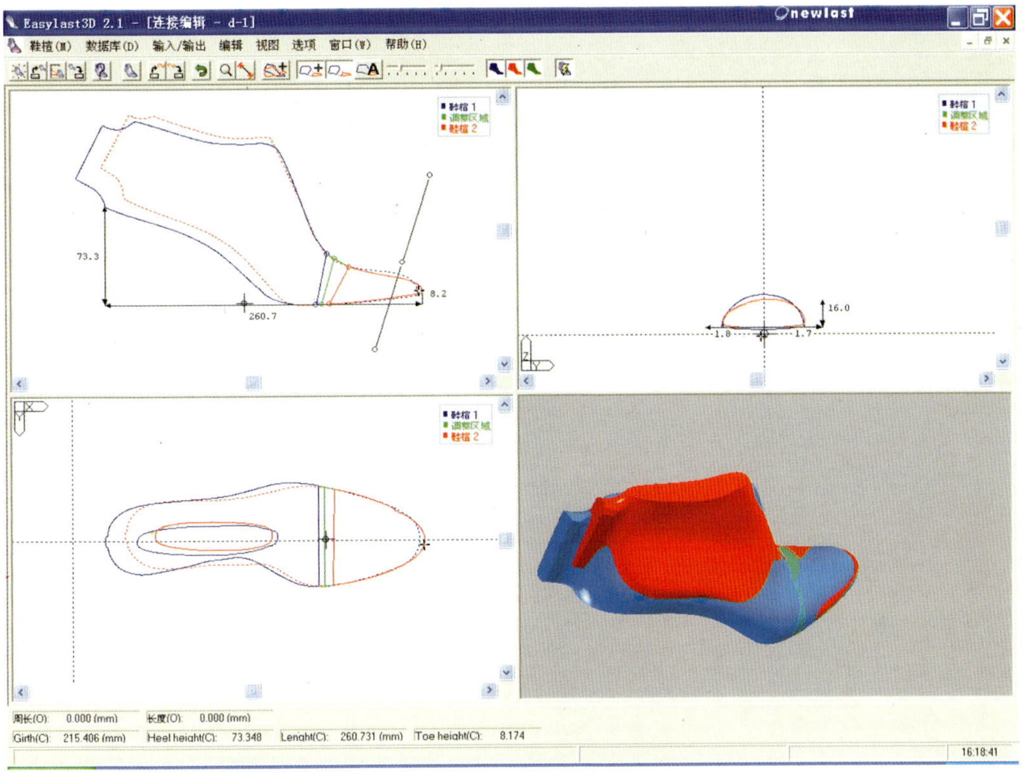

图 8-35　两个鞋楦连接（接头）

（2）修改跟高（见图8-36）。

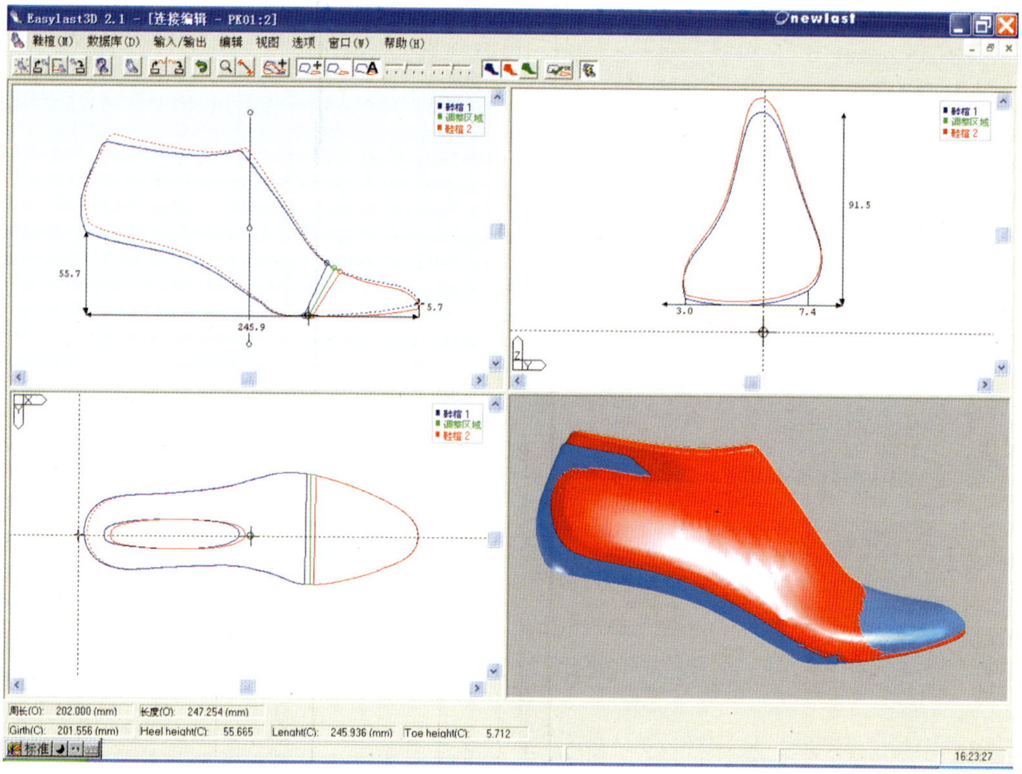

图8-36　修改跟高

（3）底弧编辑（见图8-37）。

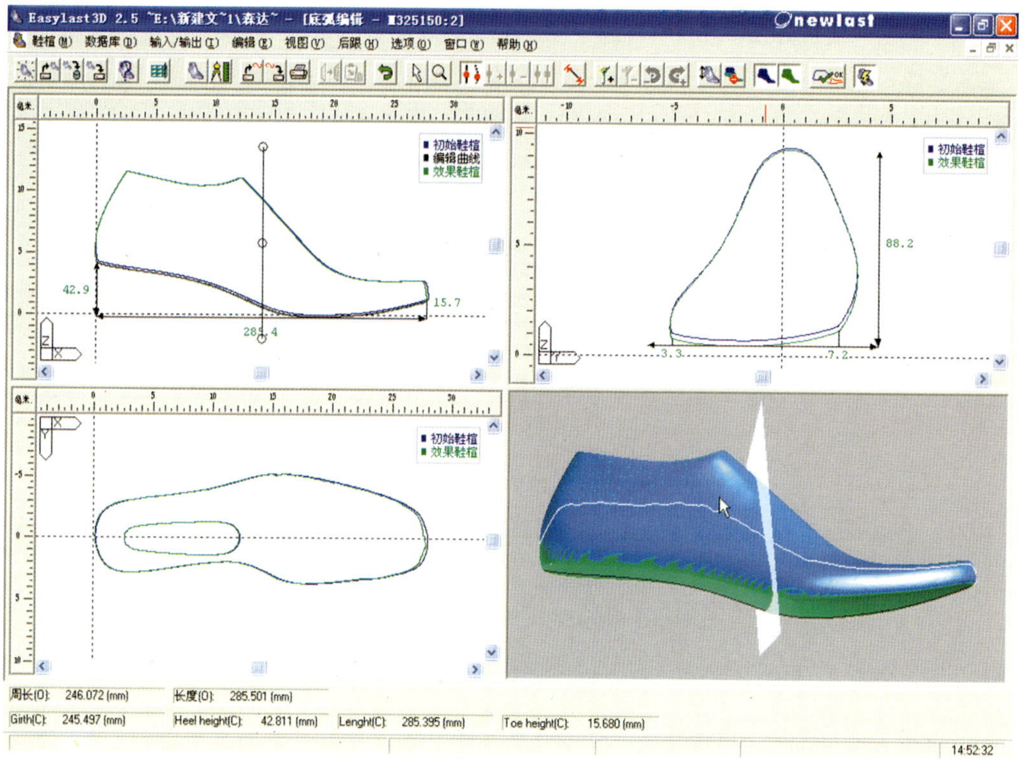

图8-37　底弧编辑

（4）顶弧编辑（见图 8-38）。

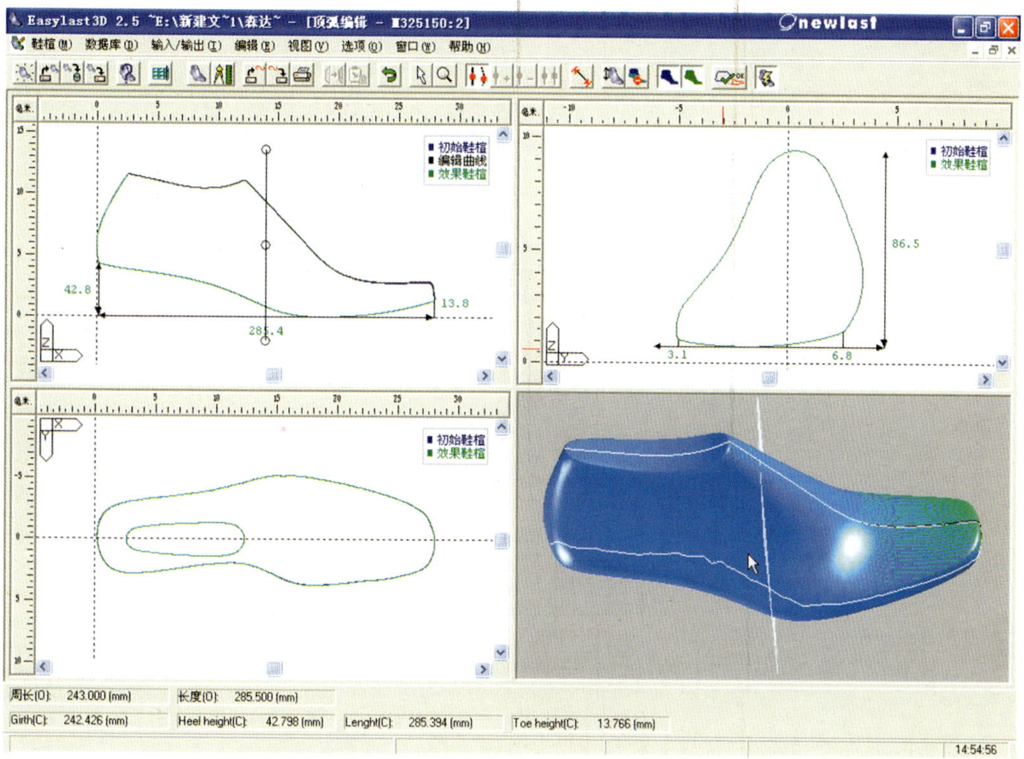

图 8-38　顶弧编辑

（5）底板编辑（见图 8-39）。

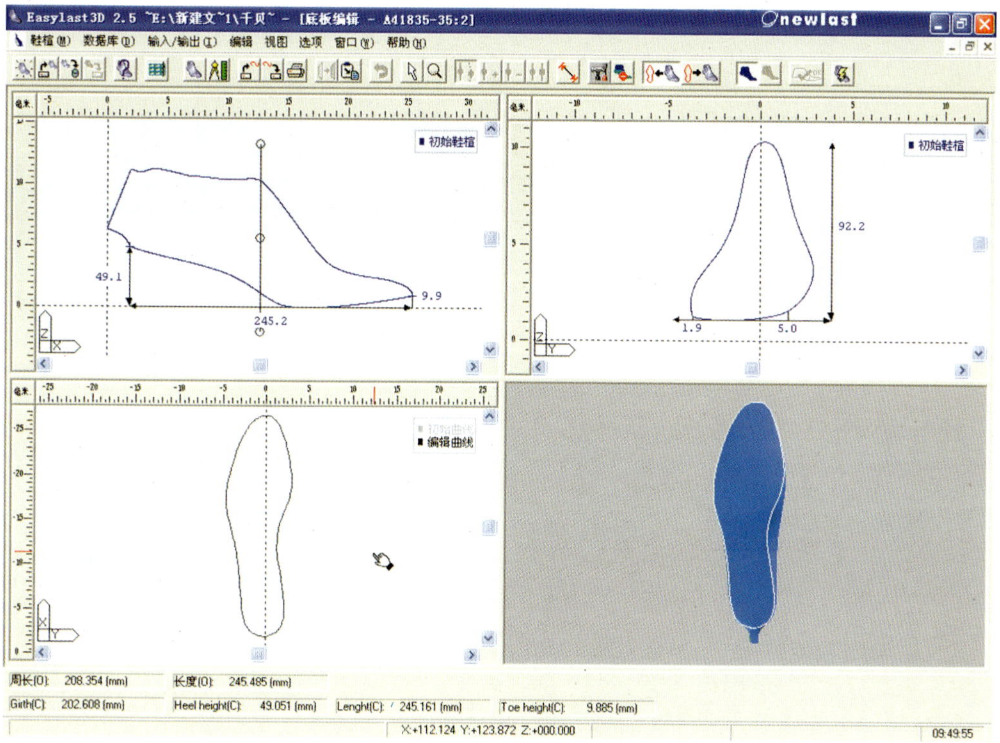

图 8-39　底板编辑

（6）创建高筒楦（见图8-40）。

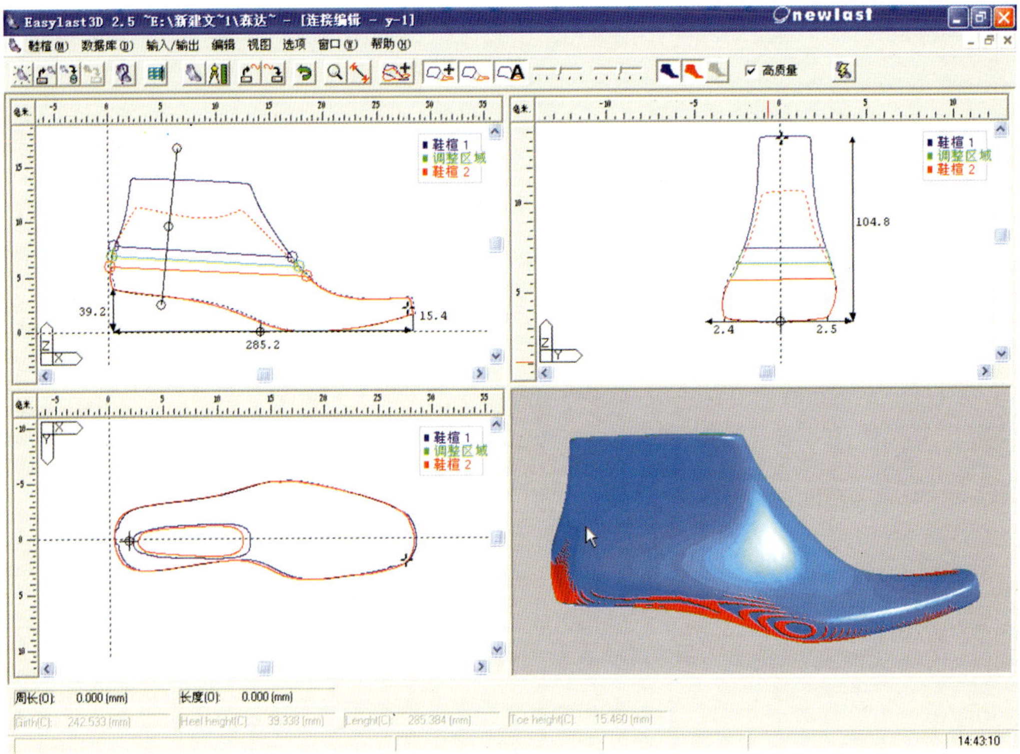

图8-40 创建高筒楦

（7）后跟曲线编辑（见图8-41）。

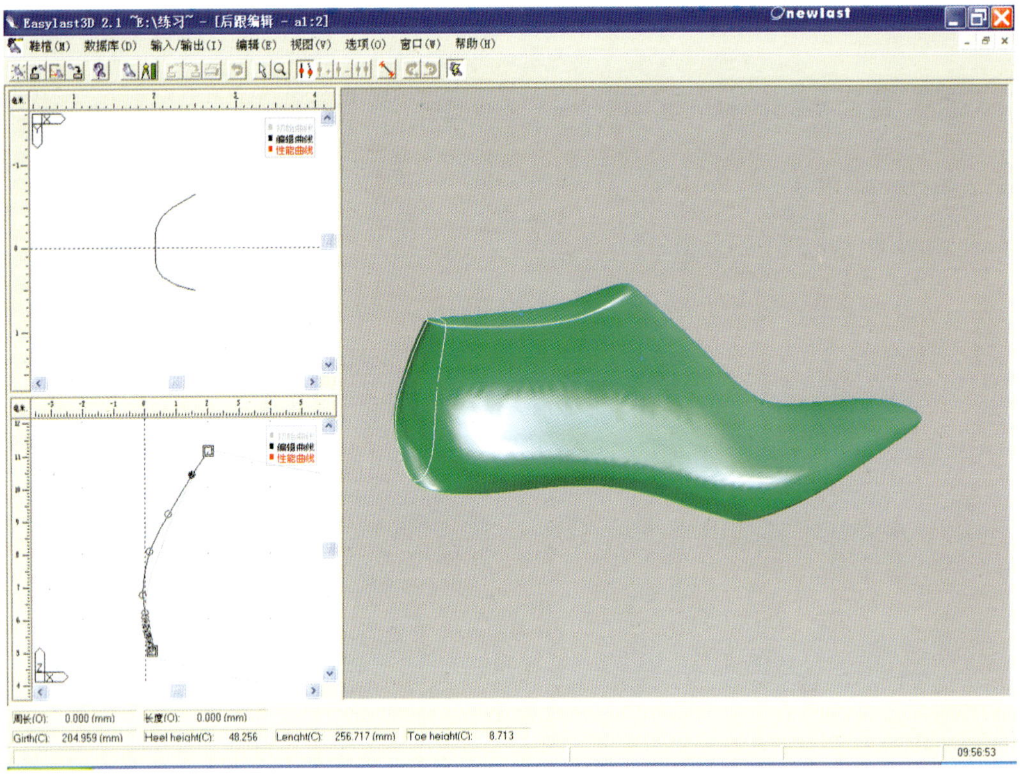

图8-41 后跟曲线编辑

（8）头型编辑或创建（见图8-42）。

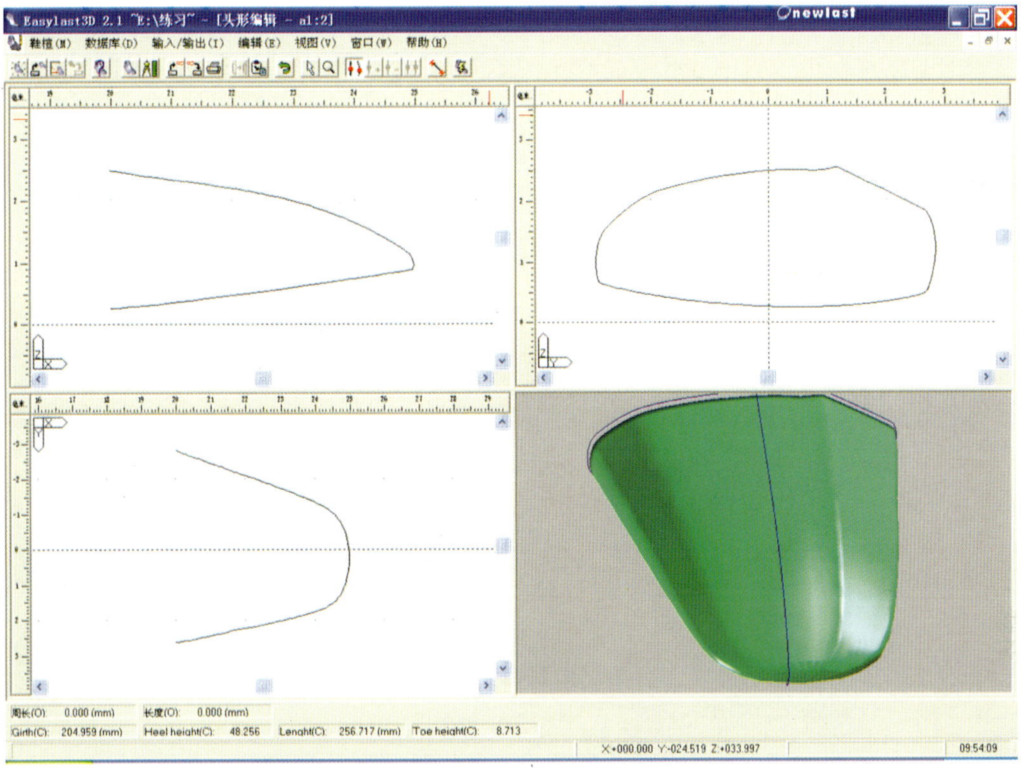

图8-42　头型编辑或创建

（9）头型变宽/窄操作（见图8-43）。

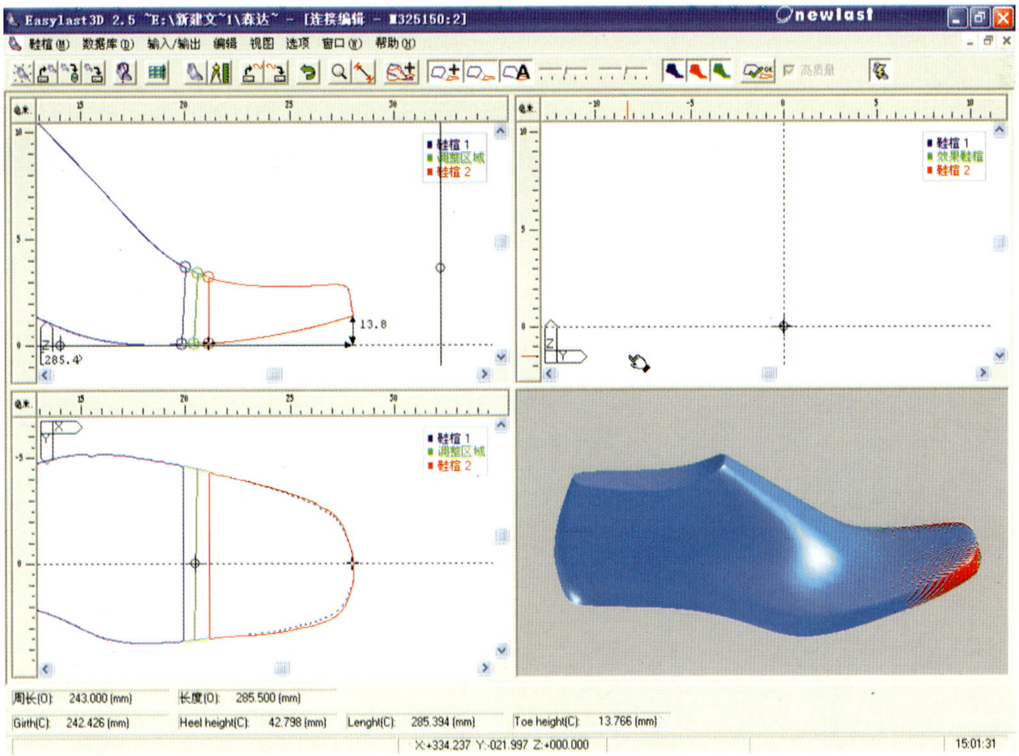

图8-43　头型变宽/窄操作

（10）头型变长/短操作（见图8-44）。

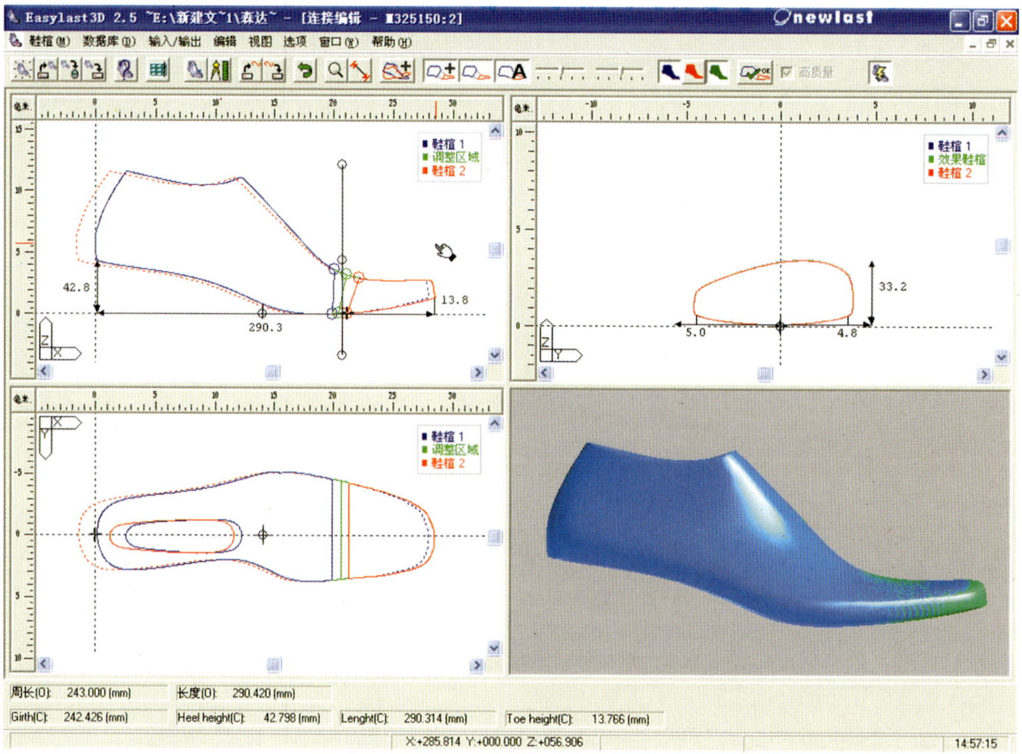

图8-44　头型变长/短操作

（11）级放编辑（见图8-45）。

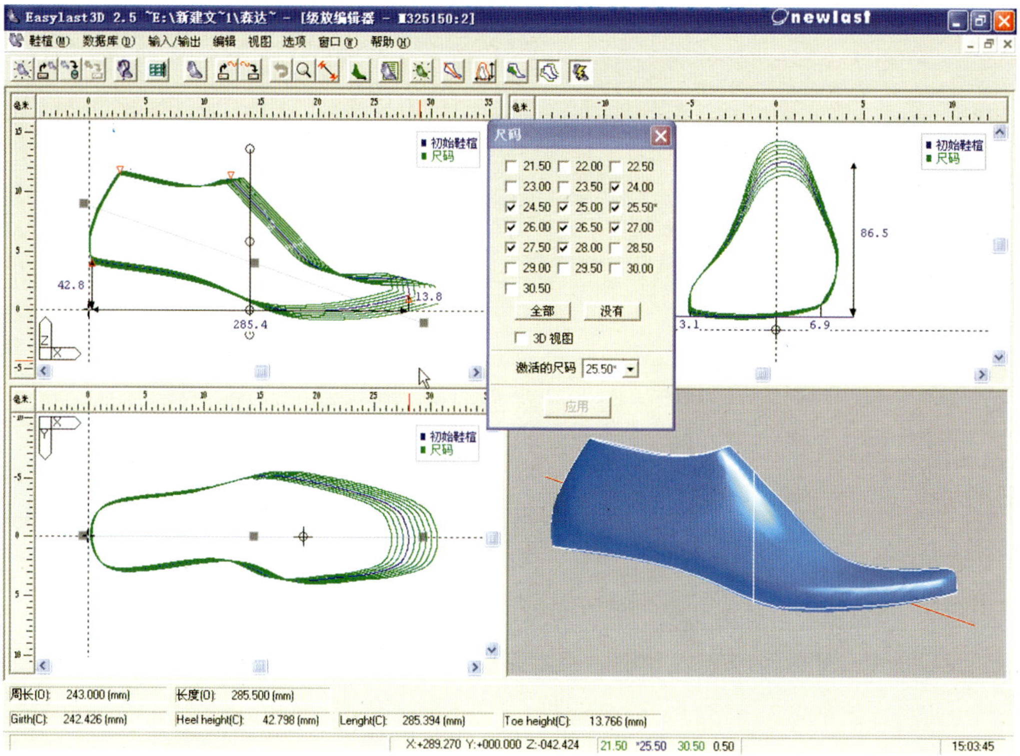

图8-45　级放编辑

（12）楦面修补。

（13）橡胶块实现。

（14）加铁板操作。

3. 加工

（1）自定义的加工参数。

（2）两维到三维的仿真。

（3）数控的程序发生器。

4. 输出

为打印机或切割机建立各种模板。

连接 Easycut 2D 可以割各种纸板。

可以将鞋楦另存为各种各样的格式，如：Iges，Vda，Stl，Ascii 等。

鞋楦的任何部分都可以作为输出，格式可以是 Iges，Dxf 等。

（四）ROMANS CAD Software 功能简介

法国力克公司的 ROMANS CAD Software 鞋楦设计修改软件功能与 Easylast 3D 差不多，但操作方法差异较大，下面以图示方法简单对其进行介绍，见图 8-46 ~ 图 8-55。

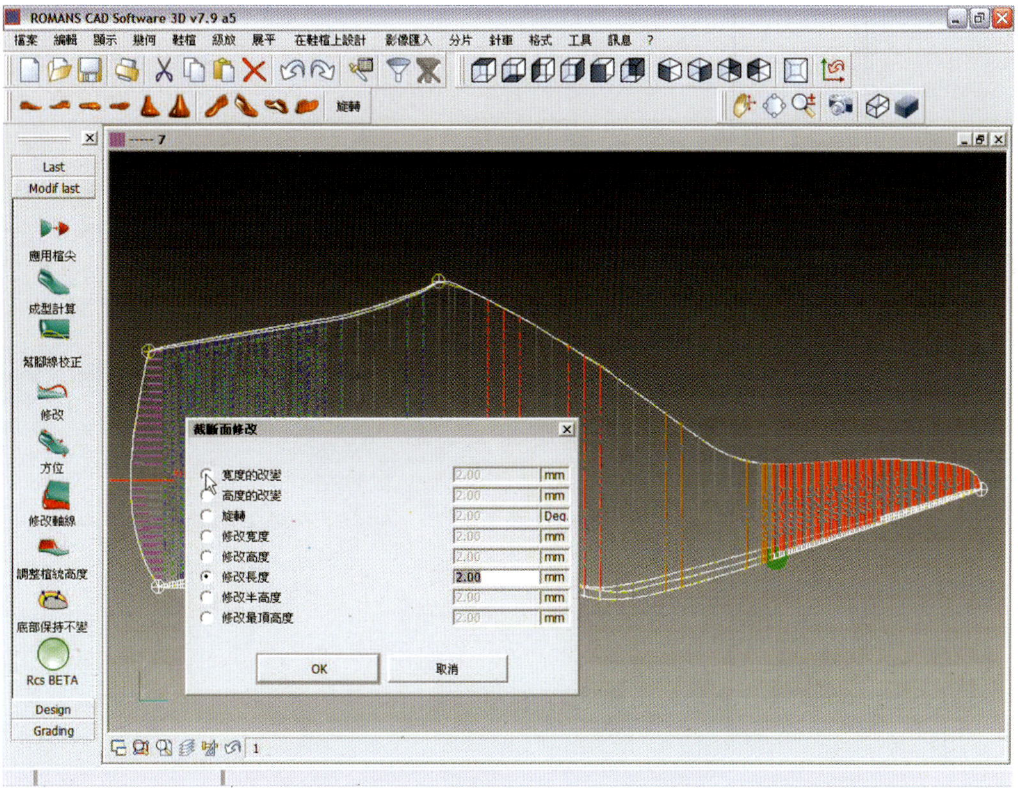

图 8-46　云点鞋楦的部分修改功能

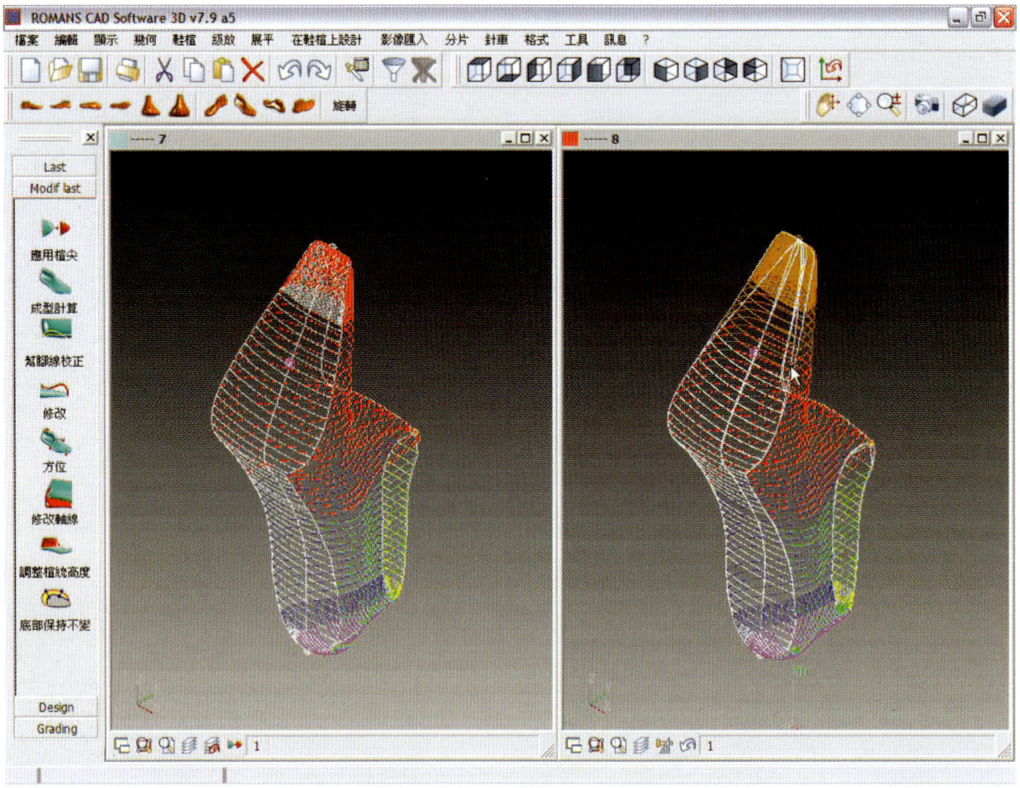

图 8-47　鞋楦连接（换头）

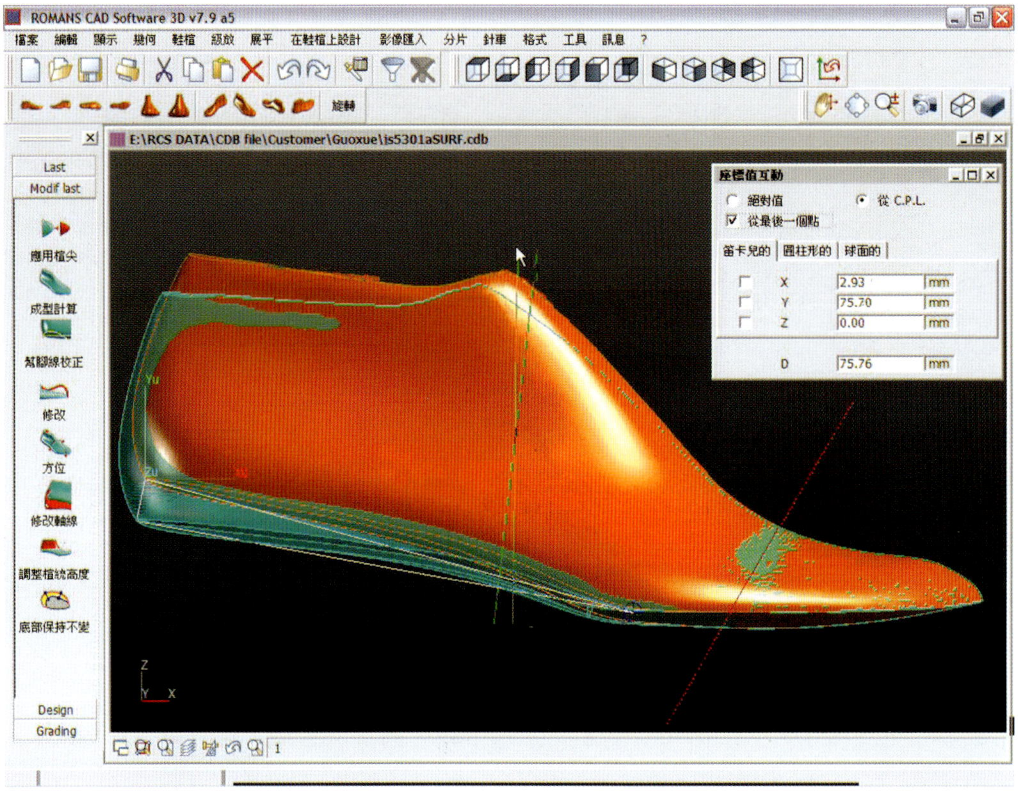

图 8-48　修改鞋楦跟高、前跷

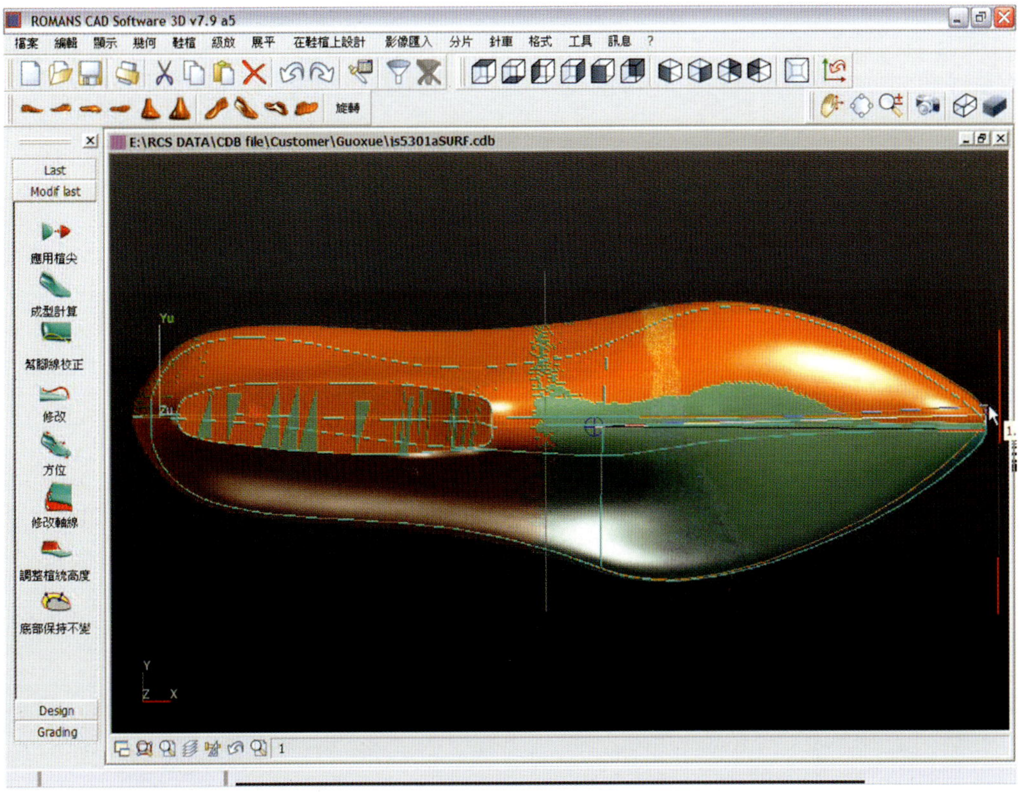

图 8-49　修整鞋楦的角度

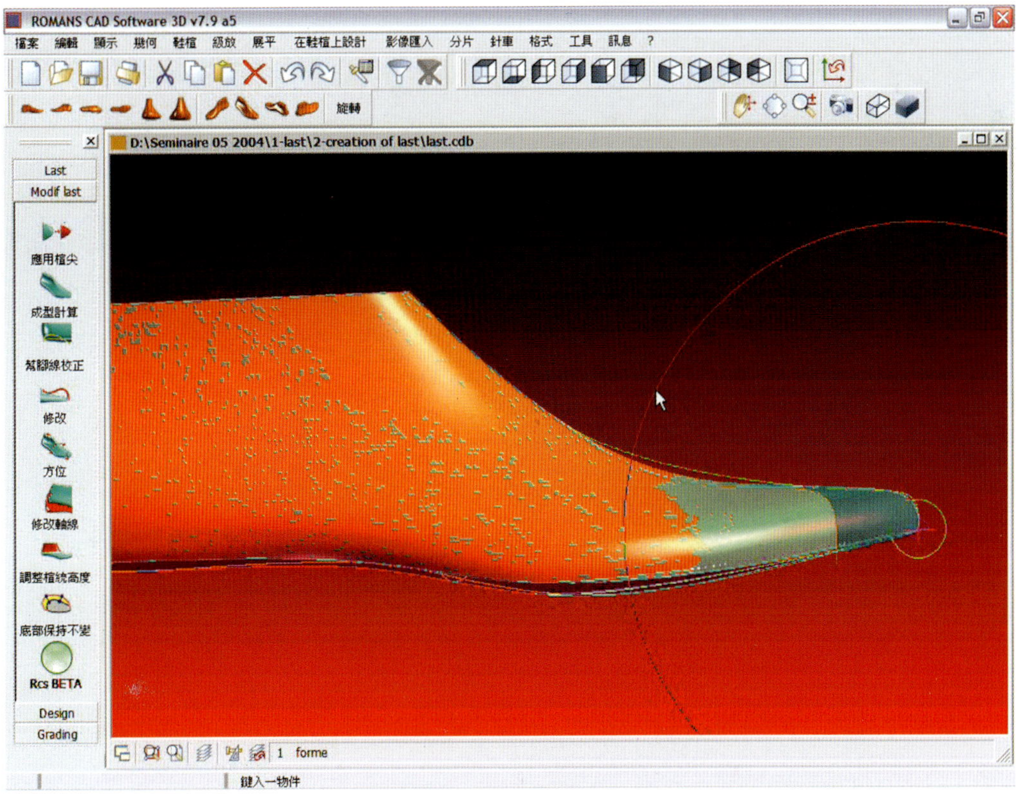

图 8-50　修改鞋楦长度（也可通过其他功能实现）

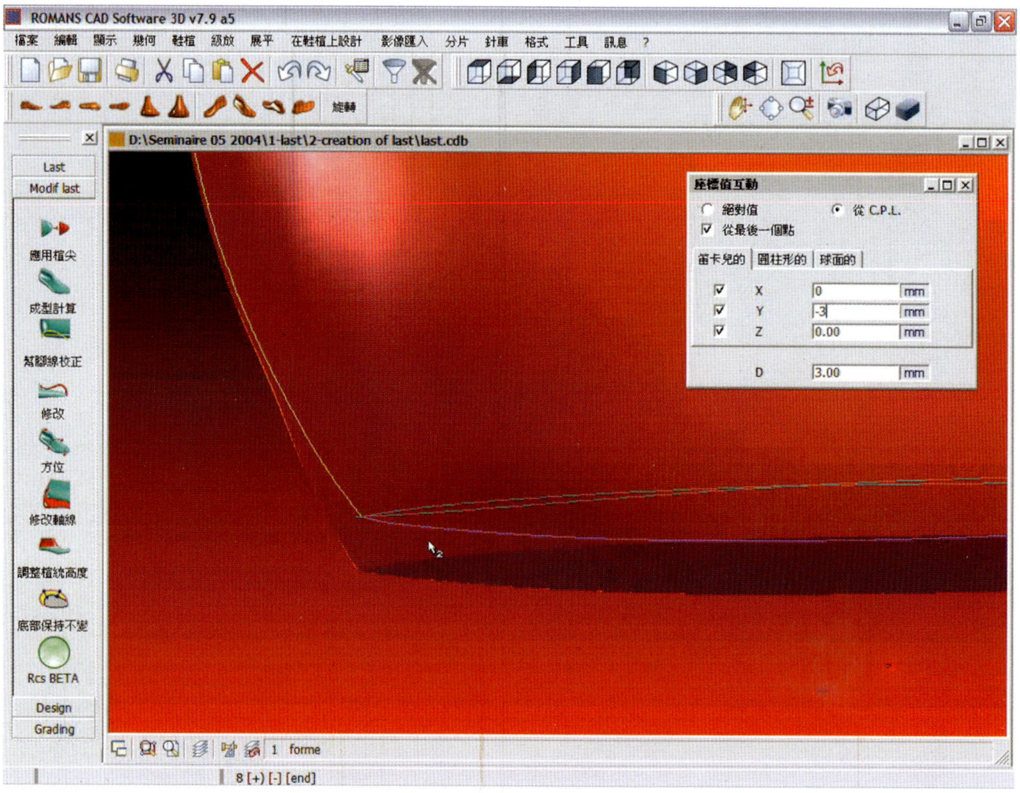

图 8-51　加高鞋楦底部（减低鞋楦底部）

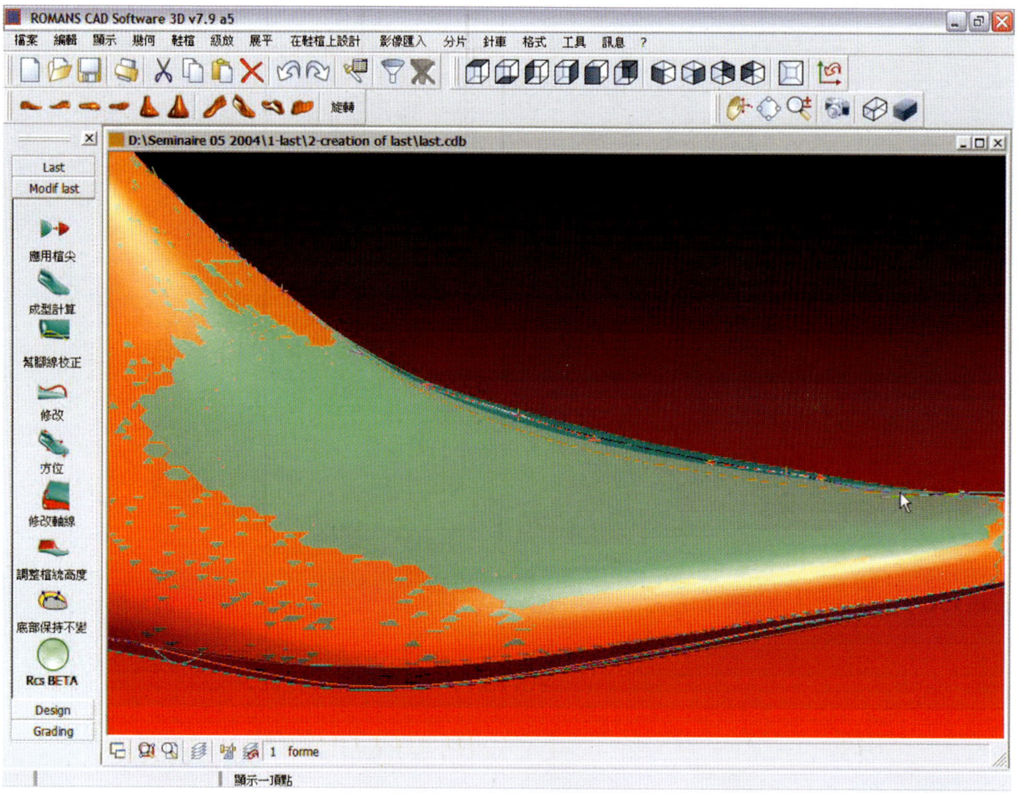

图 8-52　修改鞋楦

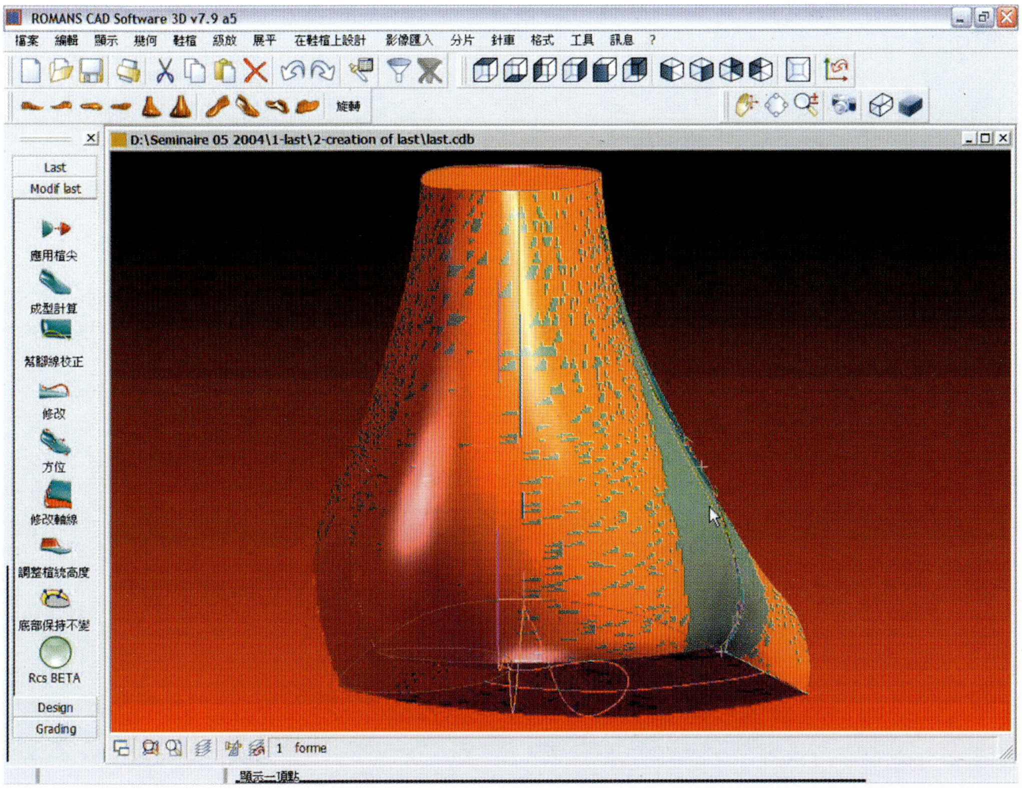

图 8-53　通过楦上一点修改鞋楦

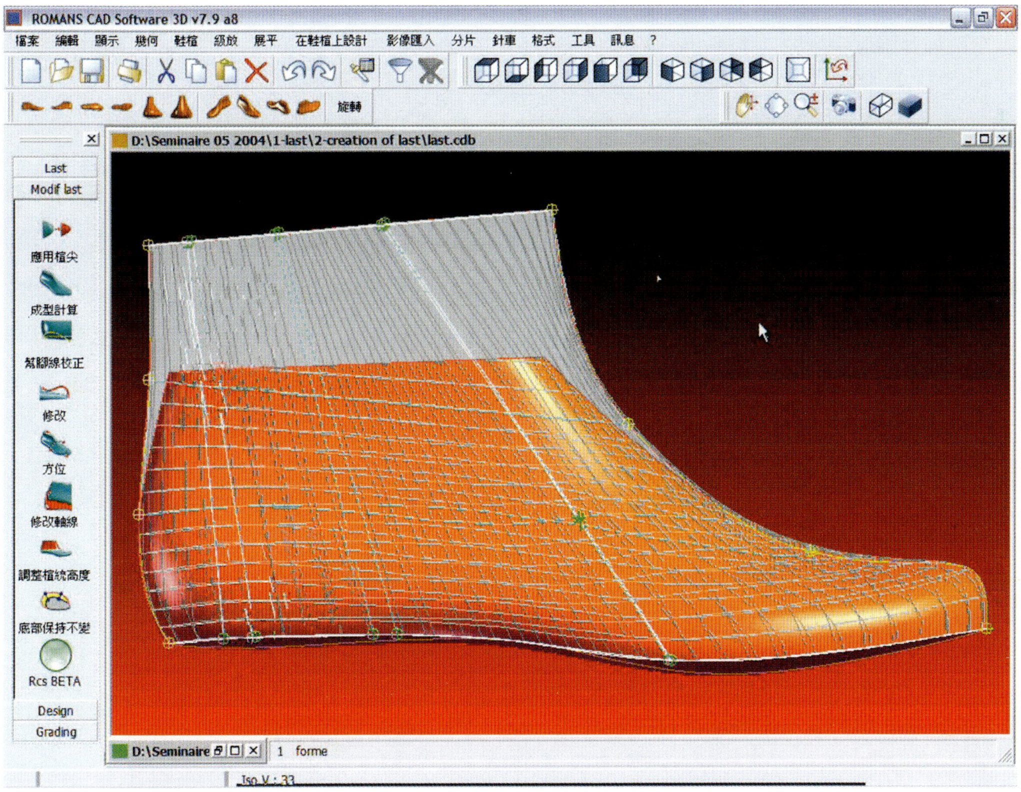

图 8-54　低帮鞋楦改成高帮鞋楦

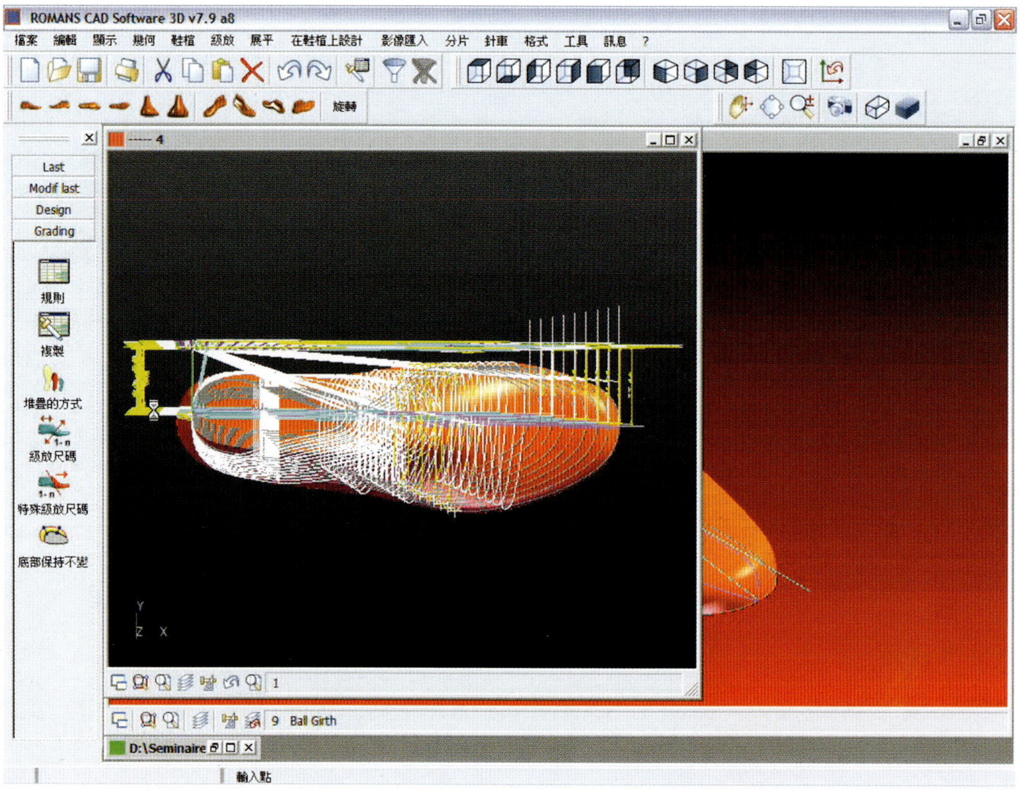

图 8-55 鞋楦级放（可根据要求进行各种级放）

附　　录

附录一　中华人民共和国国家标准

GB/T 3293.1—1998

idt ISO 9407:1991

代替 GB 3293—82[1)]

鞋　　号

Shoes sizes

1　范　　围

本标准规定了鞋号标识方法，并论述了以世界鞋号（Mondopoint）命名的鞋号制的基本特点。

本标准无限定地适用于所有类型的鞋。

2　定　　义

本标准采用以下定义：

2.1　鞋　shoe

其含义无限定地包括鞋、靴、拖鞋、凉鞋以及所有其他型式的鞋类。

2.2　鞋号　size of the shoe

脚的测量值。根据它可以提供服脚的鞋。

2.3　脚长　length of the foot

最长脚趾的端点所接触的垂直线与后跟突点所接触的垂直线之间的水平距离，受测者要直立（体重平均分布于双脚），并穿着与鞋的类型相适应的袜子进行测量（见图1）。

2.4　脚围　perimeter of the foot

脚的周长。用软尺测量第一和第五跖骨与第一和第五趾骨间关节处（即跖趾关节）的周长。测量时软尺不得太松或太紧。测量条件与脚长测量相同。

2.5　脚宽　width of the foot

脚围在水平面的投影。代表与第一和第五跖趾关节接触的两条垂直线之间的水平距离（见图2）。测量条件与脚长测量相同。

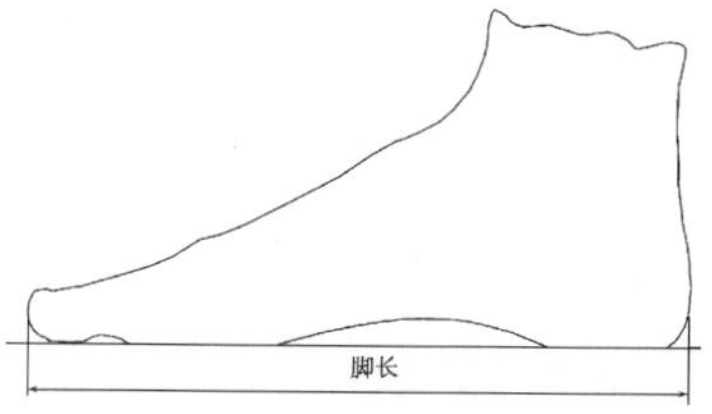

图1　脚的长度

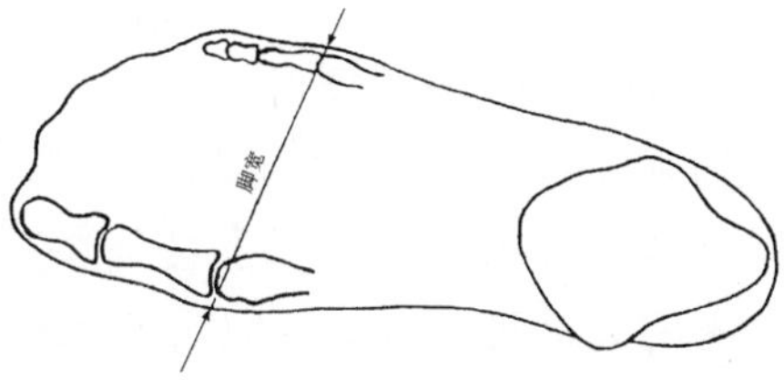

图2　脚的宽度

1）本标准代替 GB 3293—82 中的鞋号部分。

2.6　一般正常脚　average normal foot

根据统计结果和解剖学研究而定义的脚。

3　鞋号制的基本特点

3.1　鞋号基于国际单位制（SI），脚的测量仅用国际单位制。

3.2　鞋号制基于以下两项测量值：

a）脚长（按2.3定义）；

b）脚宽（按2.5定义）。

注：上述规定并不排除在制鞋各阶段使用脚围。

4　确定鞋号的方法

每个鞋号都是根据对应的一般正常脚的测量值确定。

5　鞋号测量值的表示方法

对应于脚长和脚宽的测量值必须用毫米数表示。

注：本规定不排除用代号作为脚宽的辅助表示方法。这种代号可能成为今后的国际标准课题。

6　标识方法

6.1　标识的要素

鞋号标识应包括脚长示值，接着（如有要求）是脚宽示值。两个值都用毫米整数表示（不注明单位），彼此间以短线或斜线隔开。

所用字体的高度至少3mm，为避免混淆，应与其他可能的标记明显地分开（例如用连续封闭线，像长方形或椭圆形等）。

例：

260/94　　260/94　　260/94

6.2　标识的位置

6.2.1　在鞋上

配成双的每只鞋上都要在清晰可见又便于读数的适当部位标明鞋号。

6.2.2　在包装上

当鞋用鞋盒或其他包装时，包装上也要标明鞋号。

6.3　标识的形式

标识的形式和采用的方法（冲压、打印、贴标签等）由生产厂家安排。鞋上的标识应在必要的时间内清晰可见又便于读数。

7　现有鞋号制的转化

现有的不同于世界鞋号的任何一种鞋号制均应编制对应的世界鞋号，方法是将现有的每个鞋号换算为适合一般正常脚所对应的长度（用毫米数表示）。每个鞋号也可以包括用毫米数表示的宽度代号。

附　录　A

（提示的附录）

鞋号的标识方法举例

A1　鞋号可用脚长示值、脚宽示值毫米整数表示，可任选以下一种形式：

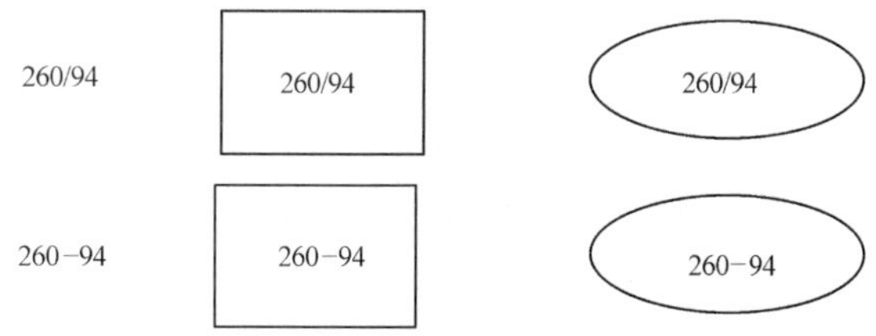

A2　亦可用脚长示值毫米整数和“型”表示，但型码以括号括起来表示。举例如下：

中国鞋号　24　1/2　二型　转化为世界鞋号　245（2）；

中国鞋号　26　二型半　转化为世界鞋号　260（2.5）。

附录二　中华人民共和国国家标准

UDC 685.3（510）
+685.31
.051.32

中国鞋号及鞋楦系列

Chinese shoe sizing and last systems

GB/T 3293—1982

本标准是以我国人民的脚型特点及其规律为基础制订的。它是皮鞋、胶鞋、布鞋、塑料鞋成品标志及鞋楦设计和生产的依据。

1　脚型和楦型的术语

1.1　脚型和楦型的有关术语，引用 GB 2703—81《皮鞋工业术语》。

2　号型定义

2.1　“号”：是鞋的长度标志，是以脚长(cm)为基础制订的。

2.2　“型”：是鞋的肥瘦标志，是以蹠围为基础制订的。

3　号型标志

3.1　标志部位：鞋楦必须标明号、型。标志在统口处或楦面跗背处。

3.2　标志方法：例　230　　　　25½
　　　　　　　　一型半；　　　三型

23、25½为号；一型半、三型为型。

注：翻砂铝楦半号标志，可用0.5表示。

4 鞋号分档

分档		一般鞋号		特大鞋号
		鞋号范围	中间号	
童鞋	婴儿	9～12½	11	—
	小童	13～16	14½	—
	大童	16½～19½	18	—
中人鞋		20～23	21½	—
成人鞋	女	21½～25	23	25½及25½以上
	男	23½～27	25	27½及27½以上

5 中间号标准楦样

5.1 各档鞋号中，居中鞋号的鞋楦称中间号标准楦样。各档居中鞋号见4。皮鞋、胶鞋、布鞋和塑料鞋不同品种中间号、标准楦样尺寸见13～16。

国家标准局1982-11-19发布　　1983-10-01实施

6 鞋楦尺寸系列及等差

6.1 鞋楦尺寸系列：以中间号标准楦样为中心，按规定号型等差进行扩缩的成套鞋楦尺寸叫鞋楦尺寸系列。各类鞋楦尺寸系列见13～16。

6.2 长度号差：号差为10mm，半号差为5mm。

6.3 蹠围号差：号差为7mm，半号差为3.5mm。

6.4 型差：型差为7mm：半型差为3.5mm。

7 后身统一部位的规定

7.1 对同类、同品种和同后跷高的楦体，不论头式如何变化，其第五蹠趾部位以后的楦体造型与尺寸应保持不变。

8 后跷高及其有关规定

8.1 后跷高的定义：楦底前掌凸点在水平面上，后端点跷起的高度（见下图）。

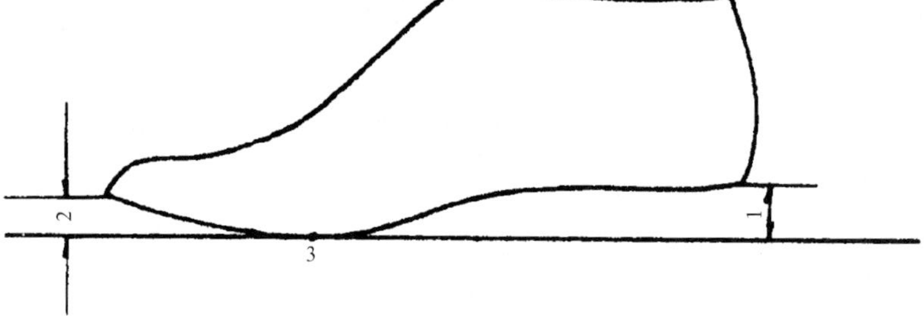

后跷高与前跷高

1—后跷高　2—前跷高　3—前掌凸点

8.2 后跷高高度等差的规定：各品种中间号后跷高的高度等差为5mm（平跷楦除外）。

8.3 后跷高的范围

男	平	20mm以下	女	平	25mm以下
	中	25～35mm		中	30～50mm
	高	40～50mm		高	55～80mm

9 鞋楦尺寸的检验

9.1 鞋楦尺寸的检验，按 GB 3294—82《鞋楦尺寸检测方法》的规定执行。

10 标准尺寸和参考尺寸的规定

10.1 鞋楦底样长及其长度各特征部位点和蹠围为标准尺寸，不能变动。

10.2 鞋楦底盘宽度（包括拇趾里宽、小趾外宽、第一蹠趾里宽、第五蹠趾外宽和踵心全宽等）也为标准尺寸，但允许在所列尺寸的基础上加减半个型，即楦底各部位宽度可在加减半个型的范围内任意取值。

10.3 本标准所列的鞋楦其他尺寸，均为参考尺寸。

10.4 楦体造型各地应依照上述规定和舒适美观的要求自行设计。

11 关于皮鞋楦的超长度

11.1 超长度的定义：超过放余量规定的尺寸，称为超长度。

11.2 超长度的规定

11.2.1 在严格按照本标准规定的同号型楦底样各特征部位点及宽度尺寸的基础上，允许放余量加长：男鞋 5mm；女鞋 3mm。

11.2.2 本规定只适用于除劳保鞋，硫化鞋、人造革鞋、全空凉鞋、女浅口鞋和童鞋以外的其他皮鞋，不适用于胶鞋（本标准所规定的品种）、布鞋，塑料凉鞋和本标准所列的各类超长楦。

12 鞋楦加工偏差的规定

12.1 鞋楦加工过程中的偏差：楦底样长为不大于 ±0.5mm；楦蹠围为不大于 ±1.0mm。

13 皮鞋鞋楦标准及系列

13.1 中间号标准楦样尺寸（见附表 1 ~ 附表 3）。

13.2 素头皮鞋楦长、围、宽尺寸系列表（见附表 4）。

14 胶鞋鞋楦标准及系列

14.1 中间号标准楦样尺寸（见附表 5、附表 6）。

14.2 贴合法解放鞋楦长、围、宽尺寸系列表（见附表 7）。

15 布鞋鞋楦标准及系列

15.1 中间号标准楦样尺寸（见附表 8 ~ 附表 10）。

15.2 橡筋鞋楦长、围、宽尺寸系列表（见附表 11）。

16 塑料凉鞋鞋楦标准及系列

16.1 中间号标准楦样尺寸（见附表 12 ~ 附表 14）。

16.2 全空塑料凉鞋楦长、围、宽尺寸系列表（见附表 15）。

17 鞋楦名称的说明

17.1 名称的组成：鞋楦名称包括鞋的种类、鞋楦的后跷高度，穿用对象及款式等四部分组成。

17.2 名称举例

L-20 男素头鞋楦：即后跷高为 20mm 男素头皮鞋楦；

R-40 女轻便靴楦：即后跷高为 40mm 女轻便雨靴楦；

C-0 女橡筋鞋楦：即后跷高为 25mm 以下的女橡筋布鞋楦；

P-0 童全空凉鞋楦：即后跷高为 25mm 以下的童全空塑料鞋楦。

（LC 即 Leather 的缩写；R 即 Rubber 的缩写；C 即 Cotton 的缩写；P 即 Plastic 的缩写。分别用以表示皮、胶、布、塑料鞋）。

GB 3293

附表 1 **男皮鞋中间号标准**

编号及品名			L-25 男素头鞋楦		L-30 男素头鞋楦		L-25 男舌式鞋楦	
号型			25（二型半）		25（二型半）		25（二型半）	
部位名称 \ 尺寸			尺寸 mm	等差 mm	尺寸 mm	等差 mm	尺寸 mm	等差 mm
长度	楦底样长		265	±5	265	±5	265	±5
	放余量		20	±0.38	20	±0.38	20	±0.38
	脚趾端点部位		245	±4.62	245	±4.62	245	±4.62
	拇指外突点部位		220	±4.15	220	±4.15	220	±4.15
	小趾外突点部位		190	±3.58	190	±3.58	190	±3.58
	第一蹠趾部位		176.3	±3.33	176.3	±3.33	176.3	±3.33
	第五蹠趾部位		153.8	±2.90	153.8	±2.90	153.8	±2.90
	腰窝部位		97.5	±1.84	97.5	±1.84	97.5	±1.84
	踵心部位		40	±0.75	40	±0.75	40	±0.75
	后容差		5	±0.09	5	±0.09	5	±0.09
围度	蹠围		239.5	±3.5	239.5	±3.5	236	±3.5
	跗围		243.5	±3.6	243.5	±3.6	238	±3.5
宽度	基本宽度		88	±1.3	88	±1.3	86.7	±1.3
	拇指里宽		33.6	±0.50	33.6	±0.50	33.1	±0.50
	小趾外宽		49.3	±0.73	49.3	±0.73	48.6	±0.73
	第一蹠趾里宽		36	±0.53	36	±0.53	35.5	±0.53
	第五蹠趾外宽		52	±0.77	52	±0.77	51.2	±0.77
	腰窝外宽		39.5	±0.58	39.5	±0.58	38.9	±0.58
	踵心全宽		59.6	±0.88	59.6	±0.88	58.7	±0.88
楦体尺寸	跷高	总前跷	29	±0.42	32	±0.47	29	±0.43
		前跷	18	±0.26	17	±0.25	18	±0.27
		后跷高	25	±0.37	30	±0.44	25	±0.37
	头厚		20	±0.29	20	±0.29	20	±0.30
	后跟突点高		22.4	±0.33	22.4	±0.33	22.4	±0.33
	后身高		70	±1.02	70	±1.02	70	±1.04
	前掌凸度		6	±0.09	6	±0.09	6	±0.09
	底心凹度		6	±0.09	6.5	±0.09	6	±0.09
	踵心凸度		4	±0.06	4	±0.06	4	±0.06
	统口宽		26	±0.38	26	±0.38	26	±0.39
	统口长		100	±1.89	100	±1.89	100	±1.89
	楦斜长		263.5	±4.97	262.8	±4.96	263.5	±4.97

—82

楦样尺寸一览表

L-35 男超长舌式鞋楦		L-40 男超长舌式鞋楦		L-45 男超长舌式鞋楦		L-50 男超长舌式鞋楦	
25（二型半）		25（二型半）		25（二型半）		25（二型半）	
尺寸 mm	等差 mm	尺寸 mm	等差 mm	尺寸 mm	等差 mm	尺寸 mm	等差 mm
270	±5	270	±5	270	±5	270	±5
25	±0.46	25	±0.46	25	±0.46	25	±0.46
245	±4.54	245	±4.54	245	±4.54	245	±4.54
220	±4.07	220	±4.07	220	±4.07	220	±4.07
190	±3.52	190	±3.52	190	±3.52	190	±3.52
176.3	±3.26	176.3	±3.26	176.3	±3.26	176.3	±3.26
153.8	±2.85	153.8	±2.85	153.8	±2.85	153.8	±2.85
97.5	±1.81	97.5	±1.81	97.5	±1.81	97.5	±1.81
40	±0.74	40	±0.74	40	±0.74	40	±0.74
5	±0.09	5	±0.09	5	±0.09	5	±0.09
236	±3.5	236	±3.5	236	±3.5	236	±3.5
237	±3.5	236	±3.5	235	±3.5	234	±3.5
86.7	±1.3	86.7	±1.3	85.4	±1.3	85.4	±1.3
33.1	±0.50	33.1	±0.50	32.6	±0.50	32.6	±0.50
48.6	±0.73	48.6	±0.73	47.8	±0.73	47.8	±0.73
36	±0.54	36	±0.54	35.4	±0.54	35.4	±0.54
50.7	±0.76	50.7	±0.76	50	±0.76	50	±0.76
38.9	±0.58	38.9	±0.58	38.3	±0.58	38.3	±0.58
58.7	±0.88	58.7	±0.88	57.8	±0.88	57.8	±0.88
36	±0.53	39	±0.58	42	±0.62	45	±0.67
16	±0.24	15	±0.22	14.5	±0.22	14	±0.21
35	±0.52	40	±0.59	45	±0.67	50	±0.74
22.5	±0.33	22.5	±0.33	22	±0.33	22	±0.33
22.4	±0.33	22.4	±0.33	22.4	±0.33	22.4	±0.33
70	±1.04	70	±1.04	70	±1.04	70	±1.04
6	±0.09	6	±0.09	6	±0.09	6	±0.09
7	±0.10	7.5	±0.11	8	±0.12	8.5	±0.13
4	±0.06	4	±0.06	4	±0.06	4	±0.06
26	±0.39	26	±0.39	26	±0.39	26	±0.39
100	±1.85	100	±1.85	100	±1.85	100	±1.85
268	±4.96	267.3	±4.95	266.6	±4.94	265.9	±4.92

GB 3293

续表

编号及品名			L-25 男三节头鞋楦		L-30 男三节头鞋楦*		L-30 男三节头鞋楦**	
号型			25（二型半）		25（二型半）		25（二型半）	
部位名称 \ 尺寸			尺寸 mm	等差 mm	尺寸 mm	等差 mm	尺寸 mm	等差 mm
长度	楦底样长		270	±5	270	±5	270	±5
	放 余 量		25	±0.46	25	±0.46	25	±0.46
	脚趾端点部位		245	±4.54	245	±4.54	245	±4.54
	拇指外突点部位		220	±4.07	220	±4.07	220	±4.07
	小趾外突点部位		190	±3.52	190	±3.52	190	±3.52
	第一蹠趾部位		176.3	±3.26	176.3	±3.26	176.3	±3.26
	第五蹠趾部位		153.8	±2.85	153.8	±2.85	153.8	±2.85
	腰窝部位		97.5	±1.81	97.5	±1.81	97.5	±1.81
	踵心部位		40	±0.74	40	±0.74	40	±0.74
	后 容 差		5	±0.09	5	±0.09	5	±0.09
围度	蹠　围		239.5	±3.5	239.5	±3.5	239.5	±3.5
	跗　围		243.5	±3.6	243.5	±3.6	243.5	±3.6
宽度	基本宽度		88	±1.3	88	±1.3	88	±1.3
	拇指里宽		33.6	±0.50	33.6	±0.50	33.6	±0.50
	小趾外宽		49.3	±0.73	49.3	±0.73	49.3	±0.73
	第一蹠趾里宽		36	±0.53	36	±0.53	36	±0.53
	第五蹠趾外宽		52	±0.77	52	±0.77	52	±0.77
	腰窝外宽		39.5	±0.58	39.5	±0.58	39.5	±0.58
	踵心全宽		59.6	±0.88	59.6	±0.88	59.6	±0.88
楦体尺寸	跷高	总前跷	30	±0.44	33	±0.48	33	±0.48
		前　跷	18	±0.26	17	±0.25	17	±0.25
		后跷高	25	±0.37	30	±0.44	30	±0.44
	头　厚		20	±0.29	21.5	±0.31	20	±0.29
	后跟突点高		22.4	±0.33	22.4	±0.33	22.4	±0.33
	后 身 高		70	±1.02	70	±1.02	70	±1.02
	前掌凸度		6	±0.09	6	±0.09	6	±0.09
	底心凹度		6	±0.09	6.5	±0.09	6.5	±0.09
	踵心凸度		4	±0.06	4	±0.06	4	±0.06
	统 口 宽		26	±0.38	26	±0.38	26	±0.38
	统 口 长		100	±1.85	100	±1.85	100	±1.85
	楦 斜 长		268	±4.96	267.3	±4.95	267.3	±4.95

—82

L-30 男超长三节头鞋楦*		L-30 男超长三节头鞋楦**		L-30 男高腰鞋楦		L-30 男超长高腰鞋楦	
25（二型半）		25（二型半）		25（二型半）		25（二型半）	
尺寸 mm	等差 mm	尺寸 mm	等差 mm	尺寸 mm	等差 mm	尺寸 mm	等差 mm
275	±5	275	±5	265	±5	270	±5
30	±0. 55	30	±0. 55	20	±0. 38	25	±0. 46
245	±4. 45	245	±4. 45	245	±4. 62	245	±4. 54
220	±4. 00	220	±4. 00	220	±4. 15	220	±4. 07
190	±3. 45	190	±3. 45	190	±3. 58	190	±3. 52
176. 3	±3. 21	176. 3	±3. 21	176. 3	±3. 33	176. 3	±3. 26
153. 8	±2. 80	153. 8	±2. 80	153. 8	±2. 90	153. 8	±2. 85
97. 5	±1. 77	97. 5	±1. 77	97. 5	±1. 84	97. 5	±1. 81
40	±0. 73	40	±0. 73	40	±0. 75	40	±0. 74
5	±0. 09	5	±0. 09	5	±0. 09	5	±0. 09
239. 5	±3. 5	239. 5	±3. 5	243	±3. 5	243	±3. 5
243. 5	±3. 6	243. 5	±3. 6	248	±3. 6	248	±3. 6
88	±1. 3	88	±1. 3	88	±1. 3	88	±1. 3
33. 6	±0. 50	33. 6	±0. 50	33. 6	±0. 50	33. 6	±0. 50
49. 3	±0. 73	49. 3	±0. 73	49. 3	±0. 73	49. 3	±0. 73
36	±0. 53	36	±0. 53	36	±0. 53	36	±0. 53
52	±0. 77	52	±0. 77	52	±0. 77	52	±0. 77
39. 5	±0. 58	39. 5	±0. 58	39. 5	±0. 58	39. 5	±0. 58
59. 6	±0. 88	59. 6	±0. 88	59. 6	±0. 88	59. 6	±0. 88
34	±0. 50	34	±0. 50	32	±0. 46	33	±0. 48
18	±0. 26	18	±0. 26	17	±0. 24	17	±0. 24
30	±0. 44	30	±0. 44	30	±0. 43	30	±0. 43
22	±0. 32	20	±0. 29	20. 5	±0. 30	21. 5	±0. 31
22. 4	±0. 33	22. 4	±0. 33	22. 4	±0. 32	22. 4	±0. 32
70	±1. 02	70	±1. 02	100	±1. 44	100	±1. 44
6	±0. 09	6	±0. 09	6	±0. 09	6	±0. 09
6. 5	±0. 09	6. 5	±0. 09	6. 5	±0. 09	6. 5	±0. 09
4	±0. 06	4	±0. 06	4	±0. 06	4	±0. 06
26	±0. 38	26	±0. 38	30	±0. 43	30	±0. 43
100	±1. 82	100	±1. 82	110	±2. 08	110	±2. 04
271. 8	±4. 94	271. 8	±4. 94	277. 5	±5. 24	282	±5. 22

GB 3293

续表

编号及品名			L-40 男超长高腰鞋楦		L-20 男全空凉鞋楦		L-35 男全空凉鞋楦		L-25 男满
号型			25（二型半）		25（二型半）		25（二型半）		25（二
尺寸 部位名称			尺寸 mm	等差 mm	尺寸 mm	等差 mm	尺寸 mm	等差 mm	等差 mm
长度	楦底样长		270	±5	255	±5	255	±5	265
	放余量		25	±0.46	9	±0.18	9	±0.18	20
	脚趾端点部位		245	±4.54	246	±4.82	246	±4.82	245
	拇指外突点部位		220	±4.07	221	±4.33	221	±4.33	220
	小趾外突点部位		190	±3.52	191	±3.75	191	±3.75	190
	第一蹠趾部位		176.3	±3.26	177.3	±3.48	177.3	±3.48	176.3
	第五蹠趾部位		153.8	±2.85	154.8	±3.04	154.8	±3.04	153.8
	腰窝部位		97.5	±1.81	98.5	±1.93	98.5	±1.93	97.5
	踵心部位		40	±0.74	41	±0.80	41	±0.80	40
	后容差		5	±0.09	4	±0.08	4	±0.08	5
围度	蹠围		243	±3.5	236	±3.5	236	±3.5	239.5
	跗围		246	±3.5	244	±3.6	243	±3.6	247.5
宽度	基本宽度		88	±1.3	86.7	±1.3	86.7	±1.3	88
	拇指里宽		33.6	±0.50	33.1	±0.50	33.1	±0.50	33.6
	小趾外宽		49.3	±0.73	48.6	±0.73	48.6	±0.73	49.3
	第一蹠趾里宽		36.5	±0.54	35.5	±0.53	35.5	±0.53	36
	第五蹠趾外宽		51.5	±0.76	51.2	±0.77	51.2	±0.77	52
	腰窝外宽		39.5	±0.58	39.5	±0.59	39.5	±0.59	40.1
	踵心全宽		59.6	±0.88	58.7	±0.88	58.7	±0.88	59.6
楦体尺寸	跷高	总前跷	39	±0.56	25	±0.37	34	±0.50	29
		前跷	15	±0.22	16	±0.24	14	±0.21	18
		后跷高	40	±0.58	20	±0.30	35	±0.52	25
	头厚		22.5	±0.32	17	±0.25	17	±0.25	20
	后跟突点高		22.4	±0.32	22.4	±0.33	22.4	±0.33	22.4
	后身高		100	±1.44	70	±1.04	70	±1.04	70
	前掌凸度		6	±0.09	6	±0.09	6	±0.09	6
	底心凹度		7.5	±0.11	5.5	±0.08	7	±0.10	6
	踵心凸度		4	±0.06	4	±0.06	4	±0.06	4
	统口宽		30	±0.43	26	±0.39	26	±0.39	26
	统口长		110	±2.04	100	±1.96	100	±1.96	100
	楦斜长		280.6	±5.20	249.5	±4.89	248.1	±4.86	263.5

注：* 圆头；* * 方头。

—82

帮凉鞋楦	L-30 男满帮拖鞋楦		L-30 男人造革鞋楦		L-25 男硫化鞋楦		L-30 男劳保鞋楦	
型半）	25（二型半）		25（二型半）		25（二型半）		25（二型半）	
等差 mm	尺寸 mm	等差 mm	尺寸 mm	等差 mm	尺寸 mm	等差 mm	尺寸 mm	等差 mm
±5	265	±5	265	±5	265	±5	265	±5
±0.38	19	±0.36	20	±0.38	20	±0.38	20	±0.38
±4.62	246	±4.64	245	±4.62	245	±4.62	245	±4.62
±4.15	221	±4.17	220	±4.15	220	±4.15	220	±4.15
±3.58	191	±3.60	190	±3.58	190	±3.58	190	±3.58
±3.33	177.3	±3.35	176.3	±3.33	176.3	±3.33	176.3	±3.33
±2.90	154.8	±2.92	153.8	±2.90	153.8	±2.90	153.8	±2.90
±1.84	98.5	±1.86	97.5	±1.84	97.5	±1.84	97.5	±1.84
±0.75	41	±0.77	40	±0.75	40	±0.75	40	±0.75
±0.09	4	±0.08	5	±0.09	5	±0.09	5	±0.09
±3.5	243	±3.5	239.5	±3.5	239.5	±3.5	246.5	±3.5
±3.6	255	±3.7	243.5	±3.6	245.5	±3.6	251.5	±3.6
±1.3	88	±1.3	88	±1.3	88	±1.3	88	±1.2
±0.50	33.6	±0.50	33.6	±0.50	33.6	±0.50	33.6	±0.46
±0.73	49.3	±0.73	49.3	±0.73	49.3	±0.73	49.3	±0.67
±0.53	36	±0.53	36	±0.53	36	±0.53	36	±0.49
±0.77	52	±0.77	52	±0.77	52	±0.77	52	±0.71
±0.59	40.1	±0.59	39.5	±0.58	39.5	±0.58	39.5	±0.54
±0.88	60.5	±0.89	59.6	±0.88	59.6	±0.88	59.6	±0.81
±0.42	32	±0.46	32	±0.47	29	±0.42	32	±0.45
±0.26	17	±0.24	17	±0.25	18	±0.26	17	±0.24
±0.37	30	±0.43	30	±0.44	25	±0.37	30	±0.43
±0.29	21	±0.30	22	±0.32	20	±0.29	26	±0.37
±0.33	22.4	±0.32	22.4	±0.33	22.4	±0.33	22.4	±0.32
±1.02	70	±1.01	70	±1.02	70	±1.02	100	±1.42
±0.09	6	±0.09	6	±0.09	6	±0.09	6	±0.09
±0.09	6.5	±0.09	6.5	±0.09	4	±0.06	6.5	±0.09
±0.06	4	±0.06	4	±0.06	4	±0.06	4	±0.06
±0.38	30	±0.43	26	±0.38	26	±0.38	30	±0.43
±1.89	110	±2.08	100	±1.89	100	±1.89	110	±2.08
±4.97	262.8	±4.96	262.8	±4.96	263.5	±4.97	277.5	±5.24

GB 3293

附表 2 **女皮鞋中间号标准**

编号及品名			L-20 女素头鞋楦*		L-20 女素头鞋楦**		L-30 女素头鞋楦*	
号型			23（一型半）		23（一型半）		23（一型半）	
部位名称 \ 尺寸			尺寸 mm	等差 mm	尺寸 mm	等差 mm	尺寸 mm	等差 mm
长度	楦底样长		242	±5	242	±5	242	±5
	放余量		16.5	±0.34	16.5	±0.34	16.5	±0.34
	脚趾端点部位		225.5	±4.66	225.5	±4.66	225.5	±4.66
	拇指外突点部位		202.5	±4.18	202.5	±4.18	202.5	±4.18
	小趾外突点部位		174.9	±3.61	174.9	±3.61	174.9	±3.61
	第一蹠趾部位		162.3	±3.35	162.3	±3.35	162.3	±3.35
	第五蹠趾部位		141.6	±2.93	141.6	±2.93	141.6	±2.93
	腰窝部位		89.8	±1.86	89.8	±1.86	89.8	±1.86
	踵心部位		36.9	±0.76	36.9	±0.76	36.9	±0.76
	后容差		4.5	±0.09	4.5	±0.09	4.5	±0.09
围度	蹠围		216.5	±3.5	216.5	±3.5	216.5	±3.5
	跗围		220.5	±3.6	220.5	±3.6	218.5	±3.5
宽度	基本宽度		80.2	±1.3	78.2	±1.3	80.2	±1.3
	拇指里宽		30.6	±0.50	29.6	±0.49	30.6	±0.50
	小趾外宽		44.9	±0.73	44.2	±0.73	44.9	±0.73
	第一蹠趾里宽		33.3	±0.54	32.3	±0.54	33.3	±0.54
	第五蹠趾外宽		46.9	±0.76	45.9	±0.76	46.9	±0.76
	腰窝外宽		35.4	±0.57	35.4	±0.59	35.4	±0.57
	踵心全宽		53.4	±0.87	53.4	±0.89	53.4	±0.87
楦体尺寸	跷高	总前跷	26.5	±0.43	26.5	±0.43	32	±0.52
		前跷	16	±0.26	16	±0.26	15	±0.24
		后跷高	20	±0.32	20	±0.32	30	±0.48
	头厚		16.5	±0.27	16.5	±0.27	16.5	±0.27
	后跟突点高		20.3	±0.33	20.3	±0.33	20.3	±0.33
	后身高		66	±1.07	66	±1.07	66	±1.07
	前掌凸度		5.5	±0.09	5.5	±0.09	5.5	±0.09
	底心凹度		5	±0.08	5	±0.08	5.5	±0.09
	踵心凸度		3.5	±0.06	3.5	±0.06	3.5	±0.06
	统口宽		20	±0.32	20	±0.32	20	±0.32
	统口长		90	±1.86	90	±1.86	90	±1.86
	楦斜长		240	±4.96	240	±4.96	238.6	±4.93

—82

楦样尺寸一览表

L-30 女素头鞋楦**		L-40 女素头鞋楦*		L-40 女素头鞋楦**		L-50 女素头鞋楦*	
23（一型半）		23（一型半）		23（一型半）		23（一型半）	
尺寸 mm	等差 mm	尺寸 mm	等差 mm	尺寸 mm	等差 mm	尺寸 mm	等差 mm
242	±5	242	±5	242	±5	242	±5
16.5	±0.34	16.5	±0.34	16.5	±0.34	16.5	±0.34
225.5	±4.66	225.5	±4.66	225.5	±4.66	225.5	±4.66
202.5	±4.18	202.5	±4.18	202.5	±4.18	202.5	±4.18
174.9	±3.61	174.9	±3.61	174.9	±3.61	174.9	±3.61
162.3	±3.35	162.3	±3.35	162.3	±3.35	162.3	±3.35
141.6	±2.93	141.6	±2.93	141.6	±2.93	141.6	±2.93
89.8	±1.86	89.8	±1.86	89.8	±1.86	89.8	±1.86
36.9	±0.76	36.9	±0.76	36.9	±0.76	36.9	±0.76
4.5	±0.09	4.5	±0.09	4.5	±0.09	4.5	±0.09
216.5	±3.5	218.5	±3.5	218.5	±3.5	218.5	±3.5
218.5	±3.5	217.5	±3.5	217.5	±3.5	215.5	±3.5
78.2	±1.3	77.6	±1.2	75.6	±1.2	77.6	±1.2
29.6	±0.49	28.6	±0.44	28.6	±0.45	28.6	±0.44
44.2	±0.73	44.5	±0.69	42.7	±0.68	44.5	±0.69
32.3	±0.54	32.3	±0.50	31.3	±0.50	32.3	±0.50
45.9	±0.76	45.3	±0.70	44.3	±0.70	45.3	±0.70
35.4	±0.59	33.7	±0.52	33.7	±0.53	33.7	±0.52
53.4	±0.89	51.7	±0.80	51.7	±0.82	51.7	±0.80
32	±0.52	37.5	±0.60	37.5	±0.60	43	±0.69
15	±0.24	14	±0.22	14	±0.22	13	±0.21
30	±0.48	40	±0.64	40	±0.64	50	±0.80
16.5	±0.27	16.5	±0.26	16.5	±0.26	16.5	±0.26
20.3	±0.33	20.3	±0.33	20.3	±0.33	20.3	±0.33
66	±1.07	66	±1.06	66	±1.06	66	±1.06
5.5	±0.09	5	±0.08	5	±0.08	5	±0.08
5.5	±0.09	6	±0.10	6	±0.10	6.5	±0.10
3.5	±0.06	3	±0.05	3	±0.05	3	±0.05
20	±0.32	20	±0.32	20	±0.32	20	±0.32
90	±1.86	90	±1.86	90	±1.86	90	±1.86
238.6	±4.93	237.2	±4.90	237.2	±4.90	235.8	±4.87

GB 3293

续表

编号及品名			L-50 女素头鞋楦**		L-60 女素头鞋楦*		L-60 女素头鞋楦**	
号型			23（一型半）		23（一型半）		23（一型半）	
部位名称 \ 尺寸			尺寸 mm	等差 mm	尺寸 mm	等差 mm	尺寸 mm	等差 mm
长度	楦底样长		242	±5	242	±5	242	±5
	放余量		16.5	±0.34	16.5	±0.34	16.5	±0.34
	脚趾端点部位		225.5	±4.66	225.5	±4.66	225.5	±4.66
	拇指外突点部位		202.5	±4.18	202.5	±4.18	202.5	±4.18
	小趾外突点部位		174.9	±3.61	174.9	±3.61	174.9	±3.61
	第一蹠趾部位		162.3	±3.35	162.3	±3.35	162.3	±3.35
	第五蹠趾部位		141.6	±2.93	141.6	±2.93	141.6	±2.93
	腰窝部位		89.8	±1.86	89.8	±1.86	89.8	±1.86
	踵心部位		36.9	±0.76	36.9	±0.76	36.9	±0.76
	后容差		4.5	±0.09	4.5	±0.09	4.5	±0.09
围度	蹠围		218.5	±3.5	220.5	±3.5	220.5	±3.5
	跗围		215.5	±3.5	215.5	±3.4	215.5	±3.4
宽度	基本宽度		75.6	±1.2	76.4	±1.2	74.4	±1.2
	拇指里宽		28.6	±0.45	28.2	±0.44	28.2	±0.45
	小趾外宽		42.7	±0.68	43.8	±0.69	42	±0.68
	第一蹠趾里宽		31.3	±0.50	31.8	±0.50	30.8	±0.50
	第五蹠趾外宽		44.3	±0.70	44.6	±0.70	43.6	±0.70
	腰窝外宽		33.7	±0.53	33.2	±0.52	33.2	±0.54
	踵心全宽		51.7	±0.82	50.9	±0.80	50.9	±0.82
楦体尺寸	跷高	总前跷	43	±0.69	48.5	±0.77	48.5	±0.77
		前跷	13	±0.21	12	±0.19	12	±0.19
		后跷高	50	±0.80	60	±0.95	60	±0.95
	头厚		16.5	±0.26	16.5	±0.26	16.5	±0.26
	后跟突点高		20.3	±0.33	20.3	±0.32	20.3	±0.32
	后身高		66	±1.06	66	±1.05	66	±1.05
	前掌凸度		5	±0.08	5	±0.08	5	±0.08
	底心凹度		6.5	±0.10	7	±0.11	7	±0.11
	踵心凸度		3	±0.05	3	±0.05	3	±0.05
	统口宽		20	±0.32	20	±0.32	20	±0.32
	统口长		90	±1.86	90	±1.86	90	±1.86
	楦斜长		235.8	±4.87	234.4	±4.84	234.4	±4.84

—82

L-70 女素头鞋楦*		L-70 女素头鞋楦**		L-70 女素头鞋楦***		L-80 女素头鞋楦*	
23（一型半）		23（一型半）		23（一型半）		23（一型半）	
尺寸 mm	等差 mm	尺寸 mm	等差 mm	尺寸 mm	等差 mm	尺寸 mm	等差 mm
242	±5	242	±5	242	±5	242	±5
16.5	±0.34	16.5	±0.34	16.5	±0.34	16.5	±0.34
225.5	±4.66	225.5	±4.66	225.5	±4.66	225.5	±4.66
202.5	±4.18	202.5	±4.18	202.5	±4.18	202.5	±4.18
174.9	±3.61	174.9	±3.61	174.9	±3.61	174.9	±3.61
162.3	±3.35	162.3	±3.35	162.3	±3.35	162.3	±3.35
141.6	±2.93	141.6	±2.93	141.6	±2.93	141.6	±2.93
89.8	±1.86	89.8	±1.86	89.8	±1.86	89.8	±1.86
36.9	±0.76	36.9	±0.76	36.9	±0.76	36.9	±0.76
4.5	±0.09	4.5	±0.09	4.5	±0.09	4.5	±0.09
220.5	±3.5	220.5	±3.5	220.5	±3.5	220.5	±3.5
213.5	±3.4	213.5	±3.4	213.5	±3.4	211.5	±3.4
76.4	±1.2	74.4	±1.2	76.4	±1.2	76.4	±1.2
28.2	±0.44	28.2	±0.45	28.2	±0.44	28.2	±0.44
43.8	±0.69	42	±0.68	43.8	±0.69	43.8	±0.69
31.8	±0.50	30.8	±0.50	31.8	±0.50	31.8	±0.50
44.6	±0.70	43.6	±0.70	44.6	±0.70	44.6	±0.70
33.2	±0.52	33.2	±0.54	33.2	±0.52	33.2	±0.52
50.9	±0.80	50.9	±0.82	50.9	±0.80	50.9	±0.80
54	±0.86	54	±0.86	54	±0.86	59.5	±0.94
11	±0.17	11	±0.17	11	±0.17	10	±0.16
70	±1.11	70	±1.11	70	±1.11	80	±1.27
16.5	±0.26	16.5	±0.26	18	±0.29	16.5	±0.26
20.3	±0.32	20.3	±0.32	20.3	±0.32	20.3	±0.32
66	±1.05	66	±1.05	66	±1.05	66	±1.05
5	±0.08	5	±0.08	5	±0.08	5	±0.08
7.5	±0.12	7.5	±0.12	7.5	±0.12	8	±0.13
3	±0.05	3	±0.05	3	±0.05	3	±0.05
20	±0.32	20	±0.32	20	±0.32	20	±0.32
90	±1.86	90	±1.86	90	±1.86	90	±1.86
233	±4.81	233	±4.81	233	±4.81	231.6	±4.79

GB 3293

续表

编号及品名			L-80 女素头鞋楦**		L-30 女超长舌式鞋楦		L-50 女超长舌式鞋楦	
号型			23（一型半）		23（一型半）		23（一型半）	
部位名称 \ 尺寸			尺寸 mm	等差 mm	尺寸 mm	等差 mm	尺寸 mm	等差 mm
长度	楦底样长		242	±5	245	±5	245	±5
	放 余 量		16.5	±0.34	19.5	±0.40	19.5	±0.40
	脚趾端点部位		225.5	±4.66	225.5	±4.60	225.5	±4.60
	拇指外突点部位		202.5	±4.18	202.5	±4.13	202.5	±4.13
	小趾外突点部位		174.9	±3.61	174.9	±3.56	174.9	±3.56
	第一蹠趾部位		162.3	±3.35	162.3	±3.31	162.3	±3.31
	第五蹠趾部位		141.6	±2.93	141.6	±2.89	141.6	±2.89
	腰窝部位		89.8	±1.86	89.8	±1.83	89.8	±1.83
	踵心部位		36.9	±0.76	36.9	±0.75	36.9	±0.75
	后 容 差		4.5	±0.09	4.5	±0.09	4.5	±0.09
围度	蹠 围		220.5	±3.5	216.5	±3.5	218.5	±3.5
	跗 围		211.5	±3.4	218.5	±3.5	215.5	±3.5
宽度	基本宽度		74.4	±1.2	78.2	±1.3	75.6	±1.2
	拇指里宽		28.2	±0.45	29.6	±0.49	28.6	±0.45
	小趾外宽		42	±0.68	44.2	±0.73	42.7	±0.68
	第一蹠趾里宽		30.8	±0.50	32.3	±0.54	31.3	±0.50
	第五蹠趾外宽		43.6	±0.70	45.9	±0.76	44.3	±0.70
	腰窝外宽		33.2	±0.54	35.4	±0.59	33.7	±0.53
	踵心全宽		50.9	±0.82	53.4	±0.89	51.7	±0.82
楦体尺寸	跷高	总前跷	59.5	±0.94	32	±0.52	43	±0.69
		前 跷	10	±0.16	15	±0.24	13	±0.21
		后跷高	80	±1.27	30	±0.48	50	±0.80
	头 厚		16.5	±0.26	16	±0.26	16	±0.26
	后跟突点高		20.3	±0.32	20.3	±0.33	20.3	±0.33
	后 身 高		66	±1.05	66	±1.07	66	±1.06
	前掌凸度		5	±0.08	5.5	±0.09	5	±0.08
	底心凹度		8	±0.13	5.5	±0.09	6.5	±0.10
	踵心凸度		3	±0.05	3.5	±0.06	3	±0.05
	统 口 宽		20	±0.32	20	±0.32	20	±0.32
	统 口 长		90	±1.86	90	±1.84	90	±1.84
	楦 斜 长		231.6	±4.79	240.6	±4.91	237.8	±4.85

—82

L-70 女超长舌式鞋楦		L-20 女浅口鞋楦*		L-20 女浅口鞋楦**		L-30 女浅口鞋楦*	
23（一型半）		23（一型半）		23（一型半）		23（一型半）	
尺寸 mm	等差 mm	尺寸 mm	等差 mm	尺寸 mm	等差 mm	尺寸 mm	等差 mm
245	±5	240	±5	240	±5	240	±5
19.5	±0.40	14.5	±0.30	14.5	±0.30	14.5	±0.30
225.5	±4.60	225.5	±4.70	225.5	±4.70	225.5	±4.70
202.5	±4.13	202.5	±4.22	202.5	±4.22	202.5	±4.22
174.9	±3.56	174.9	±3.64	174.9	±3.64	174.9	±3.64
162.3	±3.31	162.3	±3.38	162.3	±3.38	162.3	±3.38
141.6	±2.89	141.6	±2.95	141.6	±2.95	141.6	±2.95
89.8	±1.83	89.8	±1.87	89.8	±1.87	89.8	±1.87
36.9	±0.75	36.9	±0.77	36.9	±0.77	36.9	±0.77
4.5	±0.09	4.5	±0.09	4.5	±0.09	4.5	±0.09
220.5	±3.5	213	±3.5	213	±3.5	213	±3.5
213.5	±3.4	215	±3.5	215	±3.5	213	±3.5
74.4	±1.2	78.9	±1.3	76.9	±1.3	78.9	±1.3
28.2	±0.45	30.1	±0.50	29.1	±0.49	30.1	±0.50
42	±0.68	44.2	±0.73	43.5	±0.74	44.2	±0.73
30.8	±0.50	32.8	±0.54	31.8	±0.54	32.8	±0.54
43.6	±0.70	46.1	±0.76	45.1	±0.76	46.1	±0.76
33.2	±0.54	34.9	±0.58	34.9	±0.59	34.9	±0.58
50.9	±0.82	52.6	±0.87	52.6	±0.89	52.6	±0.87
54	±0.86	26.5	±0.44	26.5	±0.44	32	±0.53
11	±0.17	16	±0.26	16	±0.26	15	±0.25
70	±1.11	20	±0.33	20	±0.33	30	±0.49
16	±0.25	16	±0.26	16	±0.26	16	±0.26
20.3	±0.32	20.3	±0.33	20.3	±0.33	20.3	±0.33
66	±1.05	66	±1.08	66	±1.08	66	±1.08
5	±0.08	5.5	±0.09	5.5	±0.09	5.5	±0.09
7.5	±0.12	5	±0.08	5	±0.08	5.5	±0.09
3	±0.05	3.5	±0.06	3.5	±0.06	3.5	±0.06
20	±0.32	20	±0.33	20	±0.33	20	±0.33
90	±1.84	90	±1.88	90	±1.88	90	±1.88
235	±4.80	237	±4.94	237	±4.94	235.6	±4.91

GB 3293

续表

编号及品名			L-30 女浅口鞋楦**		L-40 女浅口鞋楦*		L-40 女浅口鞋楦**	
号型			23（一型半）		23（一型半）		23（一型半）	
部位名称 / 尺寸			尺寸 mm	等差 mm	尺寸 mm	等差 mm	尺寸 mm	等差 mm
长度	楦底样长		240	±5	240	±5	240	±5
	放余量		14.5	±0.30	14.5	±0.30	14.5	±0.30
	脚趾端点部位		225.5	±4.70	225.5	±4.70	225.5	±4.70
	拇指外突点部位		202.5	±4.22	202.5	±4.22	202.5	±4.22
	小趾外突点部位		174.9	±3.64	174.9	±3.64	174.9	±3.64
	第一蹠趾部位		162.3	±3.38	162.3	±3.38	162.3	±3.38
	第五蹠趾部位		141.6	±2.95	141.6	±2.95	141.6	±2.95
	腰窝部位		89.8	±1.87	89.8	±1.87	89.8	±1.87
	踵心部位		36.9	±0.77	36.9	±0.77	36.9	±0.77
	后容差		4.5	±0.09	4.5	±0.09	4.5	±0.09
围度	蹠围		213	±3.5	215	±3.5	215	±3.5
	跗围		213	±3.5	212	±3.5	212	±3.5
宽度	基本宽度		76.9	±1.3	76.3	±1.2	74.3	±1.2
	拇指里宽		29.1	±0.49	28.1	±0.44	28.1	±0.45
	小趾外宽		43.5	±0.74	43.7	±0.69	42	±0.68
	第一蹠趾里宽		31.8	±0.54	31.7	±0.50	30.7	±0.50
	第五蹠趾外宽		45.1	±0.76	44.6	±0.70	43.6	±0.70
	腰窝外宽		34.9	±0.59	33.1	±0.52	33.1	±0.53
	踵心全宽		52.6	±0.89	50.8	±0.80	50.8	±0.82
楦体尺寸	跷高	总前跷	32	±0.53	37.5	±0.61	37.5	±0.61
		前跷	15	±0.25	14	±0.23	14	±0.23
		后跷高	30	±0.49	40	±0.65	40	±0.65
	头厚		16	±0.26	16	±0.26	16	±0.26
	后跟突点高		20.3	±0.33	20.3	±0.33	20.3	±0.33
	后身高		66	±1.08	66	±1.07	66	±1.07
	前掌凸度		5.5	±0.09	5	±0.08	5	±0.08
	底心凹度		5.5	±0.09	6	±0.10	6	±0.10
	踵心凸度		3.5	±0.06	3	±0.05	3	±0.05
	统口宽		20	±0.33	20	±0.33	20	±0.33
	统口长		90	±1.88	90	±1.88	90	±1.88
	楦斜长		235.6	±4.91	234.2	±4.88	234.2	±4.88

—82

L-50 女浅口鞋楦*		L-50 女浅口鞋楦**		L-60 女浅口鞋楦*		L-60 女浅口鞋楦**	
23（一型半）		23（一型半）		23（一型半）		23（一型半）	
尺寸 mm	等差 mm	尺寸 mm	等差 mm	尺寸 mm	等差 mm	尺寸 mm	等差 mm
240	±5	240	±5	240	±5	240	±5
14.5	±0.30	14.5	±0.30	14.5	±0.30	14.5	±0.30
225.5	±4.70	225.5	±4.70	225.5	±4.70	225.5	±4.70
202.5	±4.22	202.5	±4.22	202.5	±4.22	202.5	±4.22
174.9	±3.64	174.9	±3.64	174.9	±3.64	174.9	±3.64
162.3	±3.38	162.3	±3.38	162.3	±3.38	162.3	±3.38
141.6	±2.95	141.6	±2.95	141.6	±2.95	141.6	±2.95
89.8	±1.87	89.8	±1.87	89.8	±1.87	89.8	±1.87
36.9	±0.77	36.9	±0.77	36.9	±0.77	36.9	±0.77
4.5	±0.09	4.5	±0.09	4.5	±0.09	4.5	±0.09
215	±3.5	215	±3.5	217	±3.5	217	±3.5
210	±3.4	210	±3.4	210	±3.4	210	±3.4
76.3	±1.2	74.3	±1.2	75.1	±1.2	73.1	±1.2
28.1	±0.44	28.1	±0.45	27.7	±0.44	27.7	±0.45
43.7	±0.69	42	±0.68	43	±0.69	41.3	±0.68
31.7	±0.50	30.7	±0.50	31.2	±0.50	30.2	±0.50
44.6	±0.70	43.6	±0.70	43.9	±0.70	42.9	±0.70
33.1	±0.52	33.1	±0.53	32.6	±0.52	32.6	±0.54
50.8	±0.80	50.8	±0.82	50	±0.80	50	±0.82
43	±0.70	43	±0.70	48.5	±0.78	48.5	±0.78
13	±0.21	13	±0.21	12	±0.19	12	±0.19
50	±0.81	50	±0.81	60	±0.97	60	±0.97
16	±0.26	16	±0.26	16	±0.26	16	±0.26
20.3	±0.33	20.3	±0.33	20.3	±0.33	20.3	±0.33
66	±1.07	66	±1.07	66	±1.06	66	±1.06
5	±0.08	5	±0.08	5	±0.08	5	±0.08
6.5	±0.11	6.5	±0.11	7	±0.11	7	±0.11
3	±0.05	3	±0.05	3	±0.05	3	±0.05
20	±0.33	20	±0.33	20	±0.32	20	±0.32
90	±1.88	90	±1.88	90	±1.88	90	±1.88
232.8	±4.85	232.8	±4.85	231.4	±4.82	231.4	±4.82

续表

编号及品名			L-70 女浅口鞋楦*		L-70 女浅口鞋楦**		L-80 女浅口鞋楦*	
号型			23（一型半）		23（一型半）		23（一型半）	
部位名称 \ 尺寸			尺寸 mm	等差 mm	尺寸 mm	等差 mm	尺寸 mm	等差 mm
长度	楦底样长		240	±5	240	±5	240	±5
	放余量		14.5	±0.30	14.5	±0.30	14.5	±0.30
	脚趾端点部位		225.5	±4.70	225.5	±4.70	225.5	±4.70
	拇指外突点部位		202.5	±4.22	202.5	±4.22	202.5	±4.22
	小趾外突点部位		174.9	±3.64	174.9	±3.64	174.9	±3.64
	第一蹠趾部位		162.3	±3.38	162.3	±3.38	162.3	±3.38
	第五蹠趾部位		141.6	±2.95	141.6	±2.95	141.6	±2.95
	腰窝部位		89.8	±1.87	89.8	±1.87	89.8	±1.87
	踵心部位		36.9	±0.77	36.9	±0.77	36.9	±0.77
	后容差		4.5	±0.09	4.5	±0.09	4.5	±0.09
围度	蹠围		217	±3.5	217	±3.5	217	±3.5
	跗围		208	±3.4	208	±3.4	206	±3.3
宽度	基本宽度		75.1	±1.2	73.1	±1.2	75.1	±1.2
	拇指里宽		27.7	±0.44	27.7	±0.45	27.7	±0.44
	小趾外宽		43	±0.69	41.3	±0.68	43	±0.69
	第一蹠趾里宽		31.2	±0.50	30.2	±0.50	31.2	±0.50
	第五蹠趾外宽		43.9	±0.70	42.9	±0.70	43.9	±0.70
	腰窝外宽		32.6	±0.52	32.6	±0.54	32.6	±0.52
	踵心全宽		50	±0.80	50	±0.82	50	±0.80
楦体尺寸	跷高	总前跷	54	±0.87	54	±0.87	59.5	±0.96
		前跷	11	±0.18	11	±0.18	10	±0.16
		后跷高	70	±1.13	70	±1.13	80	±1.29
	头厚		16	±0.26	16	±0.26	16	±0.26
	后跟突点高		20.3	±0.33	20.3	±0.33	20.3	±0.33
	后身高		66	±1.06	66	±1.06	66	±1.06
	前掌凸度		5	±0.08	5	±0.08	5	±0.08
	底心凹度		7.5	±0.12	7.5	±0.12	8	±0.13
	踵心凸度		3	±0.05	3	±0.05	3	±0.05
	统口宽		20	±0.32	20	±0.32	20	±0.32
	统口长		90	±1.88	90	±1.88	90	±1.88
	楦斜长		230	±4.79	230	±4.79	228.6	±4.76

—82

L-80 女浅口鞋楦**		L-20 女高腰鞋楦		L-40 女高腰鞋楦		L-60 女高腰鞋楦	
23（一型半）		23（一型半）		23（一型半）		23（一型半）	
尺寸 mm	等差 mm	尺寸 mm	等差 mm	尺寸 mm	等差 mm	尺寸 mm	等差 mm
240	±5	242	±5	242	±5	242	±5
14.5	±0.30	16.5	±0.34	16.5	±0.34	16.5	±0.34
225.5	±4.70	225.5	±4.66	225.5	±4.66	225.5	±4.66
202.5	±4.22	202.5	±4.18	202.5	±4.18	202.5	±4.18
174.9	±3.64	174.9	±3.61	174.9	±3.61	174.9	±3.61
162.3	±3.38	162.3	±3.35	162.3	±3.35	162.3	±3.35
141.6	±2.95	141.6	±2.93	141.6	±2.93	141.6	±2.93
89.8	±1.87	89.8	±1.86	89.8	±1.86	89.8	±1.86
36.9	±0.77	36.9	±0.76	36.9	±0.76	36.9	±0.76
4.5	±0.09	4.5	±0.09	4.5	±0.09	4.5	±0.09
217	±3.5	220	±3.5	222	±3.5	224	±3.5
206	±3.3	225	±3.6	222	±3.5	220	±3.4
73.1	±1.2	80.2	±1.3	77.6	±1.2	74.4	±1.2
27.7	±0.45	30.6	±0.50	28.6	±0.44	28.1	±0.45
41.3	±0.68	44.9	±0.73	44.5	±0.69	42	±0.68
30.2	±0.50	33.3	±0.54	32.3	±0.50	30.8	±0.50
42.9	±0.70	46.9	±0.76	45.3	±0.70	43.6	±0.70
32.6	±0.54	35.4	±0.57	33.7	±0.52	33.2	±0.54
50	±0.82	53.4	±0.87	51.7	±0.80	50.9	±0.82
59.5	±0.96	26.5	±0.42	37.5	±0.59	48.5	±0.76
10	±0.16	16	±0.25	14	±0.22	12	±0.19
80	±1.29	20	±0.32	40	±0.63	60	±0.94
16	±0.26	16.5	±0.26	16.5	±0.26	16.5	±0.26
20.3	±0.33	20.3	±0.32	20.3	±0.32	20.3	±0.32
66	±1.06	95	±1.51	95	±1.50	95	±1.48
5	±0.08	5.5	±0.09	5	±0.08	5	±0.08
8	±0.13	5	±0.08	6	±0.09	7	±0.11
3	±0.05	3.5	±0.06	3	±0.05	3	±0.05
20	±0.32	25	±0.40	25	±0.39	25	±0.39
90	±1.88	102	±2.11	102	±2.11	102	±2.11
228.6	±4.76	256	±5.29	253.2	±5.23	250.4	±5.17

GB 3293

续表

编号及品名		L-30 女超长高腰鞋楦		L-50 女超长高腰鞋楦		L-70 女超长高腰鞋楦	
号型		23（一型半）		23（一型半）		23（一型半）	
部位名称 \ 尺寸		尺寸 mm	等差 mm	尺寸 mm	等差 mm	尺寸 mm	等差 mm
长度	楦底样长	245	±5	245	±5	245	±5
	放余量	19.5	±0.40	19.5	±0.40	19.5	±0.40
	脚趾端点部位	225.5	±4.60	225.5	±4.60	225.5	±4.60
	拇指外突点部位	202.5	±4.13	202.5	±4.13	202.5	±4.13
	小趾外突点部位	174.9	±3.56	174.9	±3.56	174.9	±3.56
	第一蹠趾部位	162.3	±3.31	162.3	±3.31	162.3	±3.31
	第五蹠趾部位	141.6	±2.89	141.6	±2.89	141.6	±2.89
	腰窝部位	89.8	±1.83	89.8	±1.83	89.8	±1.83
	踵心部位	36.9	±0.75	36.9	±0.75	36.9	±0.75
	后容差	4.5	±0.09	4.5	±0.09	4.5	±0.09
围度	蹠围	220	±3.5	222	±3.5	224	±3.5
	跗围	223	±3.5	220	±3.5	218	±3.4
宽度	基本宽度	78.2	±1.2	75.6	±1.2	74.4	±1.2
	拇指里宽	29.6	±0.49	28.6	±0.45	28.2	±0.45
	小趾外宽	44.2	±0.73	42.7	±0.68	42	±0.68
	第一蹠趾里宽	32.3	±0.54	31.3	±0.50	30.8	±0.50
	第五蹠趾外宽	45.9	±0.76	44.3	±0.70	43.6	±0.70
	腰窝外宽	35.4	±0.59	33.7	±0.53	33.2	±0.54
	踵心全宽	53.4	±0.89	51.7	±0.82	50.9	±0.82
楦体尺寸	跷高 总前跷	32	±0.51	43	±0.68	54	±0.84
	跷高 前跷	15	±0.24	13	±0.20	11	±0.17
	跷高 后跷高	30	±0.48	50	±0.79	70	±1.09
	头厚	16.5	±0.26	16.5	±0.26	16	±0.26
	后跟突点高	20.3	±0.32	20.3	±0.32	20.3	±0.32
	后身高	95	±1.51	95	±1.50	95	±1.48
	前掌凸度	5.5	±0.09	5	±0.08	5	±0.08
	底心凹度	5.5	±0.09	6.5	±0.10	7.5	±0.12
	踵心凸度	3.5	±0.06	3	±0.05	3	±0.05
	统口宽	25	±0.40	25	±0.39	25	±0.39
	统口长	102	±2.08	102	±2.08	102	±2.08
	楦斜长	257.6	±5.26	254.8	±5.20	252	±5.14

—82

L-20 女全空凉鞋楦		L-30 女全空凉鞋楦		L-40 女全空凉鞋楦		L-50 女全空凉鞋楦	
23（一型半）		23（一型半）		23（一型半）		23（一型半）	
尺寸 mm	等差 mm	尺寸 mm	等差 mm	尺寸 mm	等差 mm	尺寸 mm	等差 mm
237	±5	237	±5	237	±5	237	±5
10. 5	±0. 22	10. 5	±0. 22	10. 5	±0. 22	10. 5	±0. 22
226. 5	±4. 78	226. 5	±4. 78	226. 5	±4. 78	226. 5	±4. 78
203. 5	±4. 29	203. 5	±4. 29	203. 5	±4. 29	203. 5	±4. 29
175. 9	±3. 71	175. 9	±3. 71	175. 9	±3. 71	175. 9	±3. 71
163. 3	±3. 45	163. 3	±3. 45	163. 3	±3. 45	163. 3	±3. 45
142. 6	±3. 01	142. 6	±3. 01	142. 6	±3. 01	142. 6	±3. 01
90. 8	±1. 92	90. 8	±1. 92	90. 8	±1. 92	90. 8	±1. 92
37. 9	±0. 80	37. 9	±0. 80	37. 9	±0. 80	37. 9	±0. 80
3. 5	±0. 07	3. 5	±0. 07	3. 5	±0. 07	3. 5	±0. 07
213	±3. 5	213	±3. 5	215	±3. 5	215	±3. 5
221	±3. 6	219	±3. 6	218	±3. 5	216	±3. 5
78. 9	±1. 3	78. 9	±1. 3	76. 3	±1. 2	76. 3	±1. 2
30. 1	±0. 50	30. 1	±0. 50	28. 1	±0. 44	28. 1	±0. 44
44. 2	±0. 73	44. 2	±0. 73	43. 7	±0. 69	43. 7	±0. 69
32. 8	±0. 54	32. 8	±0. 54	31. 7	±0. 50	31. 7	±0. 50
46. 1	±0. 76	46. 1	±0. 76	44. 6	±0. 70	44. 6	±0. 70
35. 4	±0. 58	35. 4	±0. 58	33. 7	±0. 53	33. 7	±0. 53
52. 6	±0. 87	52. 6	±0. 87	50. 8	±0. 80	50. 8	±0. 80
25. 5	±0. 42	31	±0. 51	36. 5	±0. 59	42	±0. 68
15	±0. 25	14	±0. 23	13	±0. 21	12	±0. 20
20	±0. 33	30	±0. 49	40	±0. 65	50	±0. 81
15	±0. 25	15	±0. 25	15	±0. 24	15	±0. 24
20. 3	±0. 33	20. 3	±0. 33	20. 3	±0. 33	20. 3	±0. 33
66	±1. 08	66	±1. 08	66	±1. 07	66	±1. 07
5. 5	±0. 09	5. 5	±0. 09	5	±0. 08	5	±0. 08
5	±0. 08	5. 5	±0. 09	6	±0. 10	6. 5	±0. 11
3. 5	±0. 06	3. 5	±0. 06	3	±0. 05	3	±0. 05
20	±0. 33	20	±0. 33	20	±0. 33	20	±0. 33
90	±1. 90	90	±1. 90	90	±1. 90	90	±1. 90
231	±4. 87	229. 6	±4. 84	228. 2	±4. 81	226. 8	±4. 78

GB 3293

续表

编号及品名			L-60 女全空凉鞋楦		L-70 女全空凉鞋楦		L-80 女全空凉鞋楦	
号型			23（一型半）		23（一型半）		23（一型半）	
部位名称 \ 尺寸			尺寸 mm	等差 mm	尺寸 mm	等差 mm	尺寸 mm	等差 mm
长度	楦底样长		237	±5	237	±5	237	±5
	放余量		10.5	±0.22	10.5	±0.22	10.5	±0.22
	脚趾端点部位		226.5	±4.78	226.5	±4.78	226.5	±4.78
	拇指外突点部位		203.5	±4.29	203.5	±4.29	203.5	±4.29
	小趾外突点部位		175.9	±3.71	175.9	±3.71	175.9	±3.71
	第一蹠趾部位		163.3	±3.45	163.3	±3.45	163.3	±3.45
	第五蹠趾部位		142.6	±3.01	142.6	±3.01	142.6	±3.01
	腰窝部位		90.8	±1.92	90.8	±1.92	90.8	±1.92
	踵心部位		37.9	±0.80	37.9	±0.80	37.9	±0.80
	后容差		3.5	±0.07	3.5	±0.07	3.5	±0.07
围度	蹠围		217	±3.5	217	±3.5	217	±3.5
	跗围		216	±3.5	214	±3.5	212	±3.4
宽度	基本宽度		75.1	±1.2	75.1	±1.2	75.1	±1.2
	拇指里宽		27.7	±0.44	27.7	±0.44	27.7	±0.44
	小趾外宽		43	±0.69	43	±0.69	43	±0.69
	第一蹠趾里宽		31.2	±0.50	31.2	±0.50	31.2	±0.50
	第五蹠趾外宽		43.9	±0.70	43.9	±0.70	43.9	±0.70
	腰窝外宽		33.2	±0.53	33.2	±0.53	33.2	±0.53
	踵心全宽		50	±0.80	50	±0.80	50	±0.80
楦体尺寸	跷高	总前跷	47.5	±0.77	53	±0.85	58.5	±0.94
		前跷	11	±0.18	10	±0.16	9	±0.15
		后跷高	60	±0.97	70	±1.13	80	±1.29
	头厚		15	±0.24	15	±0.24	15	±0.24
	后跟突点高		20.3	±0.33	20.3	±0.33	20.3	±0.33
	后身高		66	±1.06	66	±1.06	66	±1.06
	前掌凸度		5	±0.08	5	±0.08	5	±0.08
	底心凹度		7	±0.11	7.5	±0.12	8	±0.13
	踵心凸度		3	±0.05	3	±0.05	3	±0.05
	统口宽		20	±0.32	20	±0.32	20	±0.32
	统口长		90	±1.90	90	±1.90	90	±1.90
	楦斜长		225.4	±4.76	224	±4.73	222.6	±4.70

—82

L-20 女满帮拖鞋楦		L-40 女满帮拖鞋楦		L-60 女满帮拖鞋楦		L-20 女人造革鞋楦	
23（一型半）		23（一型半）		23（一型半）		23（一型半）	
尺寸 mm	等差 mm	尺寸 mm	等差 mm	尺寸 mm	等差 mm	尺寸 mm	等差 mm
242	±5	242	±5	242	±5	242	±5
15.5	±0.32	15.5	±0.32	15.5	±0.32	16.5	±0.34
226.5	±4.68	226.5	±4.68	226.5	±4.68	225.5	±4.66
203.5	±4.20	203.5	±4.20	203.5	±4.20	202.5	±4.18
175.9	±3.63	175.9	±3.63	175.9	±3.63	174.9	±3.61
163.3	±3.37	163.3	±3.37	163.3	±3.37	162.3	±3.35
142.6	±2.95	142.6	±2.95	142.6	±2.95	141.6	±2.93
90.8	±1.88	90.8	±1.88	90.8	±1.88	89.8	±1.86
37.9	±0.78	37.9	±0.78	37.9	±0.78	36.9	±0.76
3.5	±0.07	3.5	±0.07	3.5	±0.07	4.5	±0.09
220	±3.5	222	±3.5	224	±3.5	216.5	±3.5
232	±3.7	229	±3.6	227	±3.5	220.5	±3.6
80.2	±1.3	77.6	±1.2	76.4	±1.2	80.2	±1.3
30.6	±0.50	28.6	±0.44	28.2	±0.44	30.6	±0.50
44.9	±0.73	44.5	±0.69	43.8	±0.69	44.9	±0.73
33.3	±0.54	32.3	±0.50	31.8	±0.50	33.3	±0.54
46.9	±0.76	45.3	±0.70	44.6	±0.70	46.9	±0.76
36	±0.58	34.3	±0.53	33.8	±0.53	35.4	±0.57
54.3	±0.88	52.4	±0.80	51.7	±0.80	53.4	±0.87
26.5	±0.42	37.5	±0.59	48.5	±0.76	26.5	±0.43
16	±0.25	14	±0.22	12	±0.19	16	±0.26
20	±0.32	40	±0.63	60	±0.94	20	±0.32
17	±0.27	17	±0.27	17	±0.27	18	±0.29
20.3	±0.32	20.3	±0.32	20.3	±0.32	20.3	±0.33
66	±1.05	66	±1.04	66	±1.03	66	±1.07
5.5	±0.09	5	±0.08	5	±0.08	5.5	±0.09
5	±0.08	6	±0.09	7	±0.11	5	±0.08
3.5	±0.06	3	±0.05	3	±0.05	3.5	±0.06
25	±0.40	25	±0.39	25	±0.39	20	±0.32
100	±2.07	100	±2.07	100	±2.07	90	±1.86
240	±4.96	237.2	±4.90	234.4	±4.84	240	±4.96

GB 3293—82

续表

编号及品名			L-20 女硫化鞋楦		L-20 女劳保鞋楦	
部位名称	号型 / 尺寸		23（一型半）		23（一型半）	
			尺寸 mm	等差 mm	尺寸 mm	等差 mm
长度	楦底样长		242	±5	242	±5
	放 余 量		16. 5	±0. 34	16. 5	±0. 34
	脚趾端点部位		225. 5	±4. 66	225. 5	±4. 66
	拇指外突点部位		202. 5	±4. 18	202. 5	±4. 18
	小趾外突点部位		174. 9	±3. 61	174. 9	±3. 61
	第一蹠趾部位		162. 3	±3. 35	162. 3	±3. 35
	第五蹠趾部位		141. 6	±2. 93	141. 6	±2. 93
	腰窝部位		89. 8	±1. 86	89. 8	±1. 86
	踵心部位		36. 9	±0. 76	36. 9	±0. 76
	后 容 差		4. 5	±0. 09	4. 5	±0. 09
围度	蹠　　围		216. 5	±3. 5	223. 5	±3. 5
	跗　　围		222. 5	±3. 6	228. 5	±3. 6
宽度	基本宽度		80. 2	±1. 3	80. 2	±1. 3
	拇指里宽		30. 6	±0. 50	30. 6	±0. 50
	小趾外宽		44. 9	±0. 73	44. 9	±0. 73
	第一蹠趾里宽		33. 3	±0. 54	33. 3	±0. 54
	第五蹠趾外宽		46. 9	±0. 76	46. 9	±0. 76
	腰窝外宽		35. 4	±0. 57	35. 4	±0. 57
	踵心全宽		53. 4	±0. 87	53. 4	±0. 87
楦体尺寸	跷高	总前跷	26. 5	±0. 43	26. 5	±0. 41
		前　跷	16	±0. 26	16	±0. 25
		后跷高	20	±0. 32	20	±0. 31
	头　　厚		16. 5	±0. 27	21	±0. 33
	后跟突点高		20. 3	±0. 33	20. 3	±0. 32
	后 身 高		66	±1. 07	95	±1. 49
	前掌凸度		5. 5	±0. 09	5. 5	±0. 09
	底心凹度		3	±0. 05	5	±0. 08
	踵心凸度		3. 5	±0. 06	3. 5	±0. 05
	统 口 宽		20	±0. 32	25	±0. 39
	统 口 长		90	±1. 86	102	±2. 11
	楦 斜 长		240	±4. 96	256	±5. 29

注：＊圆头，＊＊方头，＊＊＊皱头式。

素头式也可做舌式和青年式鞋。女高腰鞋楦既可做高腰单鞋，也可做高腰棉鞋。

GB　3293—82

附表 3　　**童皮鞋中间号标准楦样尺寸一览表**

编号及品名			L-17 中人素头鞋楦		L-15 大童素头鞋楦	
号型			21.5（二型）		18（二型）	
部位名称 \ 尺寸			尺寸 mm	等差 mm	尺寸 mm	等差 mm
长度	楦底样长		227	±5	192	±5
	放余量		16	±0.35	15.5	±0.40
	脚趾端点部位		211	±4.65	176.5	±4.60
	拇指外突点部位		189.5	±4.17	158.5	±4.13
	小趾外突点部位		163.7	±3.61	136.9	±3.57
	第一蹠趾部位		151.9	±3.35	127	±3.31
	第五蹠趾部位		132.5	±2.92	110.8	±2.89
	腰窝部位		84.2	±1.85	70.3	±1.83
	踵心部位		34.7	±0.76	28.9	±0.75
	后容差		4	±0.09	3.5	±0.09
围度	蹠围		211.5	±3.5	187	±3.5
	跗围		215.5	±3.6	191	±3.6
宽度	基本宽度		77.6	±1.3	67.2	±1.3
	拇指里宽		30.1	±0.50	27.1	±0.52
	小趾外宽		44.2	±0.74	39.8	±0.77
	第一蹠趾里宽		31.8	±0.53	27.5	±0.53
	第五蹠趾外宽		45.8	±0.77	39.7	±0.77
	腰窝外宽		34.9	±0.58	30.2	±0.58
	踵心全宽		52.6	±0.88	45.5	±0.88
楦体尺寸	跷高	总前跷	24	±0.40	20	±0.37
		前跷	14	±0.23	12	±0.22
		后跷高	17	±0.28	15	±0.28
	头厚		17	±0.28	16	±0.30
	后跟突点高		19.5	±0.32	17	±0.32
	后身高		62	±1.03	56	±1.05
	前掌凸度		5	±0.08	4.5	±0.08
	底心凹度		4.5	±0.07	3.5	±0.07
	踵心凸度		3.5	±0.06	3	±0.06
	统口宽		21.5	±0.36	19.5	±0.36
	统口长		88	±1.94	73	±1.90
	楦斜长		224	±4.93	190	±4.95

GB 3293

续表

编号及品名			L-13 小童素头鞋楦		L-18 中人高腰鞋楦		L-16 大童高腰鞋楦	
号型			14.5（二型）		21.5（二型）		18（二型）	
部位名称 \ 尺寸			尺寸 mm	等差 mm	尺寸 mm	等差 mm	尺寸 mm	等差 mm
长度	楦底样长		157	±5	227	±5	192	±5
	放余量		15	±0.48	16	±0.35	15.5	±0.40
	脚趾端点部位		142	±4.52	211	±4.65	176.5	±4.60
	拇指外突点部位		127.5	±4.06	189.5	±4.17	158.5	±4.13
	小趾外突点部位		110.1	±3.51	163.7	±3.16	136.9	±3.57
	第一蹠趾部位		102.1	±3.25	151.9	±3.35	127	±3.31
	第五蹠趾部位		89.1	±2.84	132.5	±2.92	110.8	±2.89
	腰窝部位		56.5	±1.80	84.2	±1.85	70.3	±1.83
	踵心部位		23.1	±0.74	34.7	±0.76	28.9	±0.75
	后容差		3	±0.10	4	±0.09	3.5	±0.09
围度	蹠围		162.5	±3.5	215	±3.5	190.5	±3.5
	跗围		166.5	±3.6	220	±3.6	195.5	±3.6
宽度	基本宽度		58.1	±1.3	77.6	±1.3	67.2	±1.2
	拇指里宽		24.1	±0.54	30.1	±0.50	27.1	±0.48
	小趾外宽		35.4	±0.79	44.2	±0.74	39.8	±0.71
	第一蹠趾里宽		23.8	±0.53	31.8	±0.53	27.5	±0.49
	第五蹠趾外宽		34.3	±0.77	45.8	±0.77	39.7	±0.71
	腰窝外宽		26.2	±0.59	34.9	±0.58	30.2	±0.54
	踵心全宽		39.4	±0.88	52.6	±0.88	45.5	±0.81
楦体尺寸	跷高	总前跷	16	±0.34	24	±0.39	20	±0.37
		前跷	10	±0.22	14	±0.23	12	±0.22
		后跷高	13	±0.28	18	±0.29	16	±0.29
	头厚		15	±0.32	17.5	±0.28	16.5	±0.30
	后跟突点高		14.3	±0.31	19.5	±0.32	17	±0.31
	后身高		50	±1.08	81	±1.32	75	±1.38
	前掌凸度		4	±0.09	5	±0.08	4.5	±0.08
	底心凹度		2.5	±0.05	4.5	±0.07	3.5	±0.06
	踵心凸度		2.5	±0.05	3.5	±0.06	3	±0.06
	统口宽		17.5	±0.38	25	±0.41	22.5	±0.41
	统口长		61	±1.94	98	±2.16	83	±2.16
	楦斜长		156	±4.97	234	±5.15	200	±5.21

—82

L-14 小童高腰鞋楦		L-17 中人全空凉鞋楦		L-15 大童全空凉鞋楦		L-13 小童全空凉鞋楦	
14.5（二型）		21.5（二型）		18（二型）		14.5（二型）	
尺寸 mm	等差 mm	尺寸 mm	等差 mm	尺寸 mm	等差 mm	尺寸 mm	等差 mm
157	±5	222	±5	187	±5	152	±5
15	±0.48	11	±0.25	10.5	±0.28	10	±0.33
142	±4.52	211	±4.75	176.5	±4.72	142	±4.67
127.5	±4.06	189.5	±4.27	158.5	±4.24	127.5	±4.19
110.1	±3.51	163.7	±3.69	136.9	±3.66	110.1	±3.62
102.1	±3.25	151.9	±3.42	127	±3.40	102.1	±3.36
89.1	±2.84	132.5	±2.98	110.8	±2.96	89.1	±2.93
56.5	±1.80	84.2	±1.90	70.3	±1.88	56.5	±1.86
23.1	±0.74	34.7	±0.78	28.9	±0.77	23.1	±0.76
3	±0.10	4	±0.09	3.5	±0.09	3	±0.10
166	±3.5	211.5	±3.5	187	±3.5	162.5	±3.5
171	±3.6	217.5	±3.6	193	±3.6	168.5	±3.6
58.1	±1.2	77.6	±1.3	67.2	±1.3	58.1	±1.3
24.1	±0.50	30.1	±0.50	27.1	±0.52	24.1	±0.54
35.4	±0.73	44.2	±0.74	39.8	±0.77	35.4	±0.79
23.8	±0.49	31.8	±0.53	27.5	±0.53	23.8	±0.53
34.3	±0.71	45.8	±0.77	39.7	±0.77	34.3	±0.77
26.2	±0.54	35.4	±0.59	30.8	±0.60	26.7	±0.60
39.4	±0.81	52.6	±0.88	45.5	±0.88	39.4	±0.88
16	±0.34	22	±0.36	18	±0.34	14	±0.30
10	±0.21	12	±0.20	10	±0.19	8	±0.17
14	±0.30	17	±0.28	15	±0.28	13	±0.28
15.5	±0.33	15	±0.25	14	±0.26	13	±0.28
14.3	±0.30	19.5	±0.32	17	±0.32	14.3	±0.31
68	±1.43	62	±1.03	56	±1.05	50	±1.08
4	±0.08	5	±0.08	4.5	±0.08	4	±0.09
2.5	±0.05	4.5	±0.07	3.5	±0.07	2.5	±0.05
2.5	±0.05	3.5	±0.06	3	±0.06	2.5	±0.05
20.5	±0.43	21.5	±0.36	19.5	±0.36	17.5	±0.38
68	±2.17	88	±1.98	73	±1.95	61	±2.01
166	±5.29	218	±4.91	184	±4.92	150	±4.93

GB 3293—82

附表 4（1） 小童素头皮鞋楦长、围、宽尺寸系列表 单位：mm

号型	鞋　　号	13	13.5	14	14.5	15	15.5	16	等差
	楦底样长	142	147	152	157	162	167	172	
一型半	蹠　　围	148.5	152	155.5	159	162.5	166	169.5	±3.5
	跗　　围	152.1	155.7	159.3	162.9	166.5	170.1	173.7	±3.6
	基本宽度	52.9	54.2	55.5	56.8	58.1	59.4	60.7	±1.3
	踵心宽度	35.9	36.8	37.6	38.5	39.4	40.3	41.2	±0.88
二型	蹠　　围	152	155.5	159	162.5	166	169.5	173	±3.5
	跗　　围	155.7	159.3	162.9	166.5	170.1	173.7	177.3	±3.6
	基本宽度	54.2	55.5	56.8	58.1	59.4	60.7	62	±1.3
	踵心宽度	36.8	37.6	38.5	39.4	40.3	41.2	42	±0.88
二型半	蹠　　围	155.5	159	162.5	166	169.5	173	176.5	±3.5
	跗　　围	159.3	162.9	166.5	170.1	173.7	177.3	180.9	±3.6
	基本宽度	55.5	56.8	58.1	59.4	60.7	62	63.3	±1.3
	踵心宽度	37.6	38.5	39.4	40.3	41.2	42	42.9	±0.88

附表 4（2） 大童素头皮鞋楦长、围、宽尺寸系列表 单位：mm

号型	鞋　　号	16.5	17	17.5	18	18.5	19	19.5	等差
	楦底样长	177	182	187	192	197	202	207	
一型半	蹠　　围	173	176.5	180	183.5	187	190.5	194	±3.5
	跗　　围	176.6	180.2	183.8	187.4	191	194.6	198.2	±3.6
	基本宽度	62	63.3	64.6	65.9	67.2	68.5	69.8	±1.3
	踵心宽度	42	42.9	43.7	44.6	45.5	46.4	47.3	±0.88
二型	蹠　　围	176.5	180	183.5	187	190.5	194	197.5	±3.5
	跗　　围	180.2	183.8	187.4	191	194.6	198.2	201.8	±3.6
	基本宽度	63.3	64.6	65.9	67.2	68.5	69.8	71.1	±1.3
	踵心宽度	42.9	43.7	44.6	45.5	46.4	47.3	48.1	±0.88
二型半	蹠　　围	180	183.5	187	190.5	194	197.5	201	±3.5
	跗　　围	183.8	187.4	191	194.6	198.2	201.8	205.4	±3.6
	基本宽度	64.6	65.9	67.2	68.5	69.8	71.1	72.4	±1.3
	踵心宽度	43.7	44.6	45.5	46.4	47.3	48.1	49	±0.88

GB 3293—82

附表 4（3） **中人素头皮鞋楦长、围、宽尺寸系列表** 单位：mm

号型	鞋 号	20	20.5	21	21.5	22	22.5	23	等差
	楦底样长	212	217	222	227	232	237	242	
一型	蹠 围	194	197.5	201	204.5	208	211.5	215	±3.5
	跗 围	197.5	201.1	204.7	208.3	211.9	215.5	219.1	±3.6
	基本宽度	71.1	72.4	73.7	75	76.3	77.6	78.9	±1.3
	踵心宽度	48.2	49.1	50	50.8	51.7	52.6	53.5	±0.88
一型半	蹠 围	197.5	201	204.5	208	211.5	215	218.5	±3.5
	跗 围	201.1	204.7	208.3	211.9	215.5	219.1	222.7	±3.6
	基本宽度	72.4	73.7	75	76.3	77.6	78.9	80.2	±1.3
	踵心宽度	49.1	50	50.8	51.7	52.6	53.5	54.4	±0.88
二型	蹠 围	201	204.5	208	211.5	215	218.5	222	±3.5
	跗 围	204.7	208.3	211.9	215.5	219.1	222.7	226.3	±3.6
	基本宽度	73.7	75	76.3	77.6	78.9	80.2	81.5	±1.3
	踵心宽度	50	50.8	51.7	52.6	53.5	54.4	55.2	±0.88
二型半	蹠 围	204.5	208	211.5	215	218.5	222	225.5	±3.5
	跗 围	208.3	211.9	215.5	219.1	222.7	226.3	229.9	±3.6
	基本宽度	75	76.3	77.6	78.9	80.2	81.5	82.8	±1.3
	踵心宽度	50.8	51.7	52.6	53.5	54.4	55.2	56.1	±0.88
三型	蹠 围	208	211.5	215	218.5	222	225.5	229	±3.5
	跗 围	211.9	215.5	219.1	222.7	226.3	229.9	233.5	±3.6
	基本宽度	76.3	77.6	78.9	80.2	81.5	82.8	84.1	±1.3
	踵心宽度	51.7	52.6	53.5	54.4	55.2	56.1	57	±0.88

GB 3293—82

附表 4（4） **女素头皮鞋楦长、围、宽尺寸系列表** 单位：mm

号型	鞋　号	21	21.5	22	22.5	23	23.5	24	24.5	25	等差
	楦底样长	222	227	232	237	242	247	252	257	262	
半型	蹠　围	197.5	201	204.5	208	211.5	215	218.5	222	225.5	±3.5
	跗　围	196.5	200	203.5	207	210.5	214	217.5	221	224.5	±3.5
	基本宽度	70.4	71.6	72.8	74	75.2	76.4	77.6	78.8	80	±1.2
	踵心宽度	46.9	47.7	48.5	49.3	50.1	50.9	51.7	52.5	53.3	±0.80
一型	蹠　围	201	204.5	208	211.5	215	218.5	222	225.5	229	±3.5
	跗　围	200	203.5	207	210.5	214	217.5	221	224.5	228	±3.5
	基本宽度	71.6	72.8	74	75.2	76.4	77.6	78.8	80	81.2	±1.2
	踵心宽度	47.7	48.5	49.3	50.1	50.9	51.7	52.5	53.3	54.1	±0.80
一型半	蹠　围	204.5	208	211.5	215	218.5	222	225.5	229	232.5	±3.5
	跗　围	203.5	207	210.5	214	217.5	221	224.5	228	231.5	±3.5
	基本宽度	72.8	74	75.2	76.4	77.6	78.8	80	81.2	82.4	±1.2
	踵心宽度	48.5	49.3	50.1	50.9	51.7	52.5	53.3	54.1	54.9	±0.80
二型	蹠　围	208	211.5	215	218.5	222	225.5	229	232.5	236	±3.5
	跗　围	207	210.5	214	217.5	221	224.5	228	231.5	235	±3.5
	基本宽度	74	75.2	76.4	77.6	78.8	80	81.2	82.4	83.6	±1.2
	踵心宽度	49.3	50.1	50.9	51.7	52.5	53.3	54.1	54.9	55.7	±0.80
二型半	蹠　围	211.5	215	218.5	222	225.5	229	232.5	236	239.5	±3.5
	跗　围	210.5	214	217.5	221	224.5	228	231.5	235	238.5	±3.5
	基本宽度	75.2	76.4	77.6	78.8	80	81.2	82.4	83.6	84.8	±1.2
	踵心宽度	50.1	50.9	51.7	52.5	53.3	54.1	54.9	55.7	56.5	±0.80
三型	蹠　围	215	218.5	222	225.5	229	232.5	236	239.5	243	±3.5
	跗　围	214	217.5	221	224.5	228	231.5	235	238.5	242	±3.5
	基本宽度	76.4	77.6	78.8	80	81.2	82.4	83.6	84.8	86	±1.2
	踵心宽度	50.9	51.7	52.5	53.3	54.1	54.9	55.7	56.5	57.3	±0.80
三型半	蹠　围	218.5	222	225.5	229	232.5	236	239.5	243	246.5	±3.5
	跗　围	217.5	221	224.5	228	231.5	235	238.5	242	245.5	±3.5
	基本宽度	77.6	78.8	80	81.2	82.4	83.6	84.8	86	87.2	±1.2
	踵心宽度	51.7	52.5	53.3	54.1	54.9	55.7	56.5	57.3	58.1	±0.80

注：本表系后跷高为 40mm 的圆头楦。

GB 3293—82

附表 4（5）　　**男素头皮鞋楦长、围、宽尺寸系列表**　　单位：mm

号型	鞋　号	23.5	24	24.5	25	25.5	26	26.5	等差
	楦底样长	250	255	260	265	270	275	280	
一型	蹠　围	218.5	222	225.5	229	232.5	236	239.5	±3.5
	跗　围	221.9	225.5	229.1	232.7	236.3	239.9	243.5	±3.6
	基本宽度	80.2	81.5	82.8	84.1	85.4	86.7	88	±1.3
	踵心宽度	54.3	55.2	56.1	57	57.8	58.7	59.6	±0.88
一型半	蹠　围	222	225.5	229	232.5	236	239.5	243	±3.5
	跗　围	225.5	229.1	232.7	236.3	239.9	243.5	247.1	±3.6
	基本宽度	81.5	82.8	84.1	85.4	86.7	88	89.3	±1.3
	踵心宽度	55.2	56.1	57	57.8	58.7	59.6	60.5	±0.88
二型	蹠　围	225.5	229	232.5	236	239.5	243	246.5	±3.5
	跗　围	229.1	232.7	236.3	239.9	243.5	247.1	250.7	±3.6
	基本宽度	82.8	84.1	85.4	86.7	88	89.3	90.6	±1.3
	踵心宽度	56.1	57	57.8	58.7	59.6	60.5	61.4	±0.88
二型半	蹠　围	229	232.5	236	239.5	243	246.5	250	±3.5
	跗　围	232.7	236.3	239.9	243.5	247.1	250.7	254.3	±3.6
	基本宽度	84.1	85.4	86.7	88	89.3	90.6	91.9	±1.3
	踵心宽度	57	57.8	58.7	59.6	60.5	61.4	62.2	±0.88
三型	蹠　围	232.5	236	239.5	243	246.5	250	253.5	±3.5
	跗　围	236.3	239.9	243.5	247.1	250.7	254.3	257.9	±3.6
	基本宽度	85.4	86.7	88	89.3	90.6	91.9	93.2	±1.3
	踵心宽度	57.8	58.7	59.6	60.5	61.4	62.2	63.1	±0.88
三型半	蹠　围	236	239.5	243	246.5	250	253.5	257	±3.5
	跗　围	239.9	243.5	247.1	250.7	254.3	257.9	261.5	±3.6
	基本宽度	86.7	88	89.3	90.6	91.9	93.2	94.5	±1.3
	踵心宽度	58.7	59.6	60.5	61.4	62.2	63.1	64	±0.88
四型	蹠　围	239.5	243	246.5	250	253.5	257	260.5	±3.5
	跗　围	243.5	247.1	250.7	254.3	257.9	261.5	265.1	±3.6
	基本宽度	88	89.3	90.6	91.9	93.2	94.5	95.8	±1.3
	踵心宽度	59.6	60.5	61.4	62.2	63.1	64	64.9	±0.88

GB 3293

附表 5 **布面胶鞋中间号标准**

编号及品名			R-0 男解放鞋楦*		R-0 中人解放鞋楦**		R-0 大童解放鞋楦	
号型			25（三型半）		21.5（二型）		18（二型）	
部位名称		尺寸	尺寸 mm	等差 mm	尺寸 mm	等差 mm	尺寸 mm	等差 mm
长度	楦底样长		260	±5	225	±5	190	±5
	放余量		14	±0.27	13.5	±0.30	13	±0.34
	脚趾端点部位		246	±4.73	211.5	±4.70	177	±4.66
	拇指外突点部位		221	±4.25	190	±4.22	159	±4.18
	小趾外突点部位		191	±3.67	164.2	±3.65	137.4	±3.62
	第一蹠趾部位		177.3	±3.41	152.4	±3.39	127.5	±3.36
	第五蹠趾部位		154.8	±2.98	133	±2.96	111.3	±2.93
	腰窝部位		98.5	±1.89	84.7	±1.88	70.8	±1.86
	踵心部位		41	±0.79	35.2	±0.78	29.4	±0.77
	后容差		4	±0.08	3.5	±0.08	3	±5.08
围度	蹠围		250	±3.5	215	±3.5	190.5	±3.5
	跗围		257	±3.6	222	±3.6	196.5	±3.6
宽度	基本宽度		90.6	±1.3	77.6	±1.3	67.2	±1.2
	拇指里宽		34.6	±0.50	30.1	±0.50	26.6	±0.48
	小趾外宽		50.7	±0.73	44.2	±0.74	39.1	±0.70
	第一蹠趾里宽		37.8	±0.54	32.4	±0.54	28.1	±0.50
	第五蹠趾外宽		52.8	±0.76	45.2	±0.76	39.1	±0.70
	腰窝外宽		40.1	±0.58	34.3	±0.57	29.6	±0.53
	踵心全宽		61.4	±0.88	52.6	±0.88	45.5	±0.81
楦体尺寸	跷高	总前跷	17	±0.24	11	±0.18	10	±0.18
		前跷	15	±0.21	10	±0.16	9	±0.17
		后跷高	2	—	2	—	1.5	—
	头厚		28	±0.39	24.5	±0.40	22	±0.40
	后跟突点高		22.4	±0.31	19.5	±0.32	17	±0.31
	后身高		76	±1.06	70	±1.14	62	±1.14
	前掌凸度		5	±0.07	4.5	±0.07	4	±0.07
	底心凹度		2	±0.03	2	±0.03	1.5	±0.03
	踵心凸度		2.5	±0.04	2	±0.03	1.5	±0.03
	统口宽		30	±0.42	25	±0.41	23	±0.42
	统口长		116	±2.23	100	±2.22	85	±2.24
	楦斜长		261	±5.02	227	±5.04	192	±5.05

—82

楦样尺寸一览表

R-0 小童解放鞋楦		R-0 男解放鞋楦**		R-0 男高腰解放鞋楦		R-0 女高腰解放鞋楦	
14.5（二型）		25（三型半）		25（三型半）		23（二型半）	
尺寸 mm	等差 mm	尺寸 mm	等差 mm	尺寸 mm	等差 mm	尺寸 mm	等差 mm
155	±5	260	±5	260	±5	240	±5
12.5	±0.40	14	±0.27	14	±0.27	13.5	±0.28
142.5	±4.60	246	±4.73	246	±4.73	226.5	±4.72
128	±4.13	221	±4.25	221	±4.25	203.5	±4.24
110.6	±3.57	191	±3.67	191	±3.67	175.9	±3.66
102.6	±3.31	177.3	±3.41	177.3	±3.41	163.3	±3.40
89.6	±2.89	154.8	±2.98	154.8	±2.98	142.6	±2.97
57	±1.84	98.5	±1.89	98.5	±1.89	90.8	±1.89
23.6	±0.76	41	±0.79	41	±0.79	37.9	±0.79
2.5	±0.08	4	±0.08	4	±0.08	3.5	±0.07
166	±3.5	250	±3.5	250	±3.5	227	±3.5
171	±3.6	257	±3.6	259	±3.6	236	±3.6
58.1	±1.2	90.6	±1.3	90.6	±1.3	82.8	±1.3
23.6	±0.49	34.6	±0.50	34.6	±0.50	31.6	±0.50
34.7	±0.72	50.7	±0.73	50.7	±0.73	46.4	±0.73
24.3	±0.50	37.8	±0.54	37.8	±0.54	34.6	±0.54
33.8	±0.70	52.8	±0.76	52.8	±0.76	48.2	±0.76
25.6	±0.53	40.1	±0.58	40.1	±0.58	36.6	±0.57
39.4	±0.81	61.4	±0.88	61.4	±0.88	56.1	±0.88
9	±0.19	18	±0.25	17	±0.24	16	±0.25
8	±0.17	16	±0.22	15	±0.21	14	±0.22
1	—	2	—	2	—	2	—
19.5	±0.41	28.5	±0.40	28	±0.39	25	±0.39
14.3	±0.30	22.4	±0.31	22.4	±0.31	20.3	±0.31
54	±1.14	76	±1.06	115	±1.61	105	±1.62
3.5	±0.07	6	±0.08	5	±0.07	4.5	±0.07
1	±0.02	2	±0.03	2	±0.03	2	±0.03
1	±0.02	3.5	±0.05	2.5	±0.04	2	±0.03
21	±0.44	30	±0.42	30	±0.42	25	±0.39
70	±2.26	116	±2.23	110	±2.12	100	±2.08
157	±5.06	261	±5.02	281	±5.40	265	±5.52

GB 3293

续表

编号及品名		R-0 男网球鞋楦		R-0 中人网球鞋楦		R-0 大童网球鞋楦	
号型		25（二型半）		21.5（二型）		18（二型）	
部位名称 \ 尺寸		尺寸 mm	等差 mm	尺寸 mm	等差 mm	尺寸 mm	等差 mm
长度	楦底样长	262	±5	227	±5	192	±5
	放余量	16	±0.31	15.5	±0.34	15	±0.39
	脚趾端点部位	246	±4.69	211.5	±4.66	177	±4.61
	拇指外突点部位	221	±4.22	190	±4.19	159	±4.14
	小趾外突点部位	191	±3.65	164.2	±3.62	137.4	±3.58
	第一蹠趾部位	177.3	±3.38	152.4	±3.36	127.5	±3.32
	第五蹠趾部位	154.8	±2.95	133	±2.93	111.3	±2.90
	腰窝部位	98.5	±1.88	84.7	±1.87	70.8	±1.84
	踵心部位	41	±0.78	35.2	±0.78	29.4	±0.77
	后容差	4	±0.08	3.5	±0.08	3	±0.08
围度	蹠围	239.5	±3.5	211.5	±3.5	187	±3.5
	跗围	243.5	±3.6	215.5	±3.6	191	±3.6
宽度	基本宽度	86.7	±1.3	76.3	±1.3	65.9	±1.2
	拇指里宽	33.1	±0.50	29.6	±0.50	26.1	±0.48
	小趾外宽	48.5	±0.73	43.4	±0.74	38.3	±0.70
	第一蹠趾里宽	36.2	±0.54	31.9	±0.54	27.6	±0.50
	第五蹠趾外宽	50.5	±0.76	44.4	±0.76	38.3	±0.70
	腰窝外宽	38.3	±0.57	33.7	±0.57	29.1	±0.53
	踵心全宽	58.7	±0.88	51.7	±0.88	44.7	±0.81
楦体尺寸	跷高 总前跷	18	±0.26	12	±0.20	11	±0.20
	跷高 前跷	16	±0.23	11	±0.18	10	±0.19
	跷高 后跷高	2	—	2	—	1.5	—
	头厚	26	±0.38	23	±0.38	20.5	±0.38
	后跟突点高	22.4	±0.33	19.5	±0.32	17	±0.32
	后身高	76	±1.11	70	±1.16	62	±1.16
	前掌凸度	6	±0.09	5.5	±0.09	5	±0.09
	底心凹度	3	±0.04	3	±0.05	2.5	±0.05
	踵心凸度	3.5	±0.05	3	±0.05	2.5	±0.05
	统口宽	26	±0.38	24	±0.40	22	±0.41
	统口长	110	±2.10	95	±2.09	80	±2.08
	楦斜长	262	±5	228	±5.02	193	±5.03

—82

R-0小童网球鞋楦		R-0男普通长球鞋楦		R-0中人普通长球鞋楦		R-0大童普通长球鞋楦	
14.5（二型）		25（二型半）		21.5（二型）		18（二型）	
尺寸 mm	等差 mm	尺寸 mm	等差 mm	尺寸 mm	等差 mm	尺寸 mm	等差 mm
157	±5	262	±5	227	±5	192	±5
14.5	±0.46	16	±0.31	15.5	±0.34	15	±0.39
142.5	±4.54	246	±4.69	211.5	±4.66	177	±4.61
128	±4.08	221	±4.22	190	±4.19	159	±4.14
110.6	±3.52	191	±3.65	164.2	±3.62	137.4	±3.58
102.6	±3.27	177.3	±3.38	152.4	±3.36	127.5	±3.32
89.6	±2.85	154.8	±2.95	133	±2.93	111.3	±2.90
57	±1.82	98.5	±1.88	84.7	±1.87	70.8	±1.84
23.6	±0.75	41	±0.78	35.2	±0.78	29.4	±0.77
2.5	±0.08	4	±0.08	3.5	±0.08	3	±0.08
162.5	±3.5	239.5	±3.5	211.5	±3.5	187	±3.5
166.5	±3.6	248.5	±3.6	220.5	±3.6	194	±3.6
56.8	±1.2	86.7	±1.3	76.3	±1.3	65.9	±1.2
23.1	±0.49	33.1	±0.50	29.6	±0.50	26.1	±0.48
33.9	±0.72	48.5	±0.73	43.4	±0.74	38.3	±0.70
23.8	±0.50	36.2	±0.54	31.9	±0.54	27.6	±0.50
33	±0.70	50.5	±0.76	44.4	±0.76	38.3	±0.70
25	±0.53	38.3	±0.57	33.7	±0.57	29.1	±0.53
38.5	±0.81	58.7	±0.88	51.7	±0.88	44.7	±0.81
10	±0.22	18	±0.26	12	±0.20	11	±0.21
9	±0.19	16	±0.23	11	±0.18	10	±0.19
1	—	2	—	2	—	1.5	—
18	±0.39	26	±0.38	23	±0.38	20.5	±0.38
14.3	±0.31	22.4	±0.33	19.5	±0.32	17	±0.32
54	±1.16	120	±1.75	106	±1.75	92	±1.72
4.5	±0.10	6	±0.09	5.5	±0.09	5	±0.09
2	±0.04	2	±0.03	2	±0.03	1.5	±0.03
2	±0.04	3.5	±0.05	3	±0.05	2.5	±0.05
20	±0.43	26	±0.38	24	±0.40	22	±0.41
65	±2.07	110	±2.10	95	±2.09	80	±2.08
158	±5.03	288	±5.50	247	±5.44	212	±5.52

GB 3293

续表

编号及品名		R-0 小童普通长球鞋楦		R-0 男模压底长球鞋楦		R-0 女模压底长球鞋楦	
号型		14.5（二型）		25（二型半）		23（一型半）	
部位名称 \ 尺寸		尺寸 mm	等差 mm	尺寸 mm	等差 mm	尺寸 mm	等差 mm
长度	楦底样长	157	±5	262	±5	242	±5
长度	放余量	14.5	±0.46	16	±0.31	15.5	±0.32
长度	脚趾端点部位	142.5	±4.54	246	±4.69	226.5	±4.68
长度	拇指外突点部位	128	±4.08	221	±4.22	203.5	±4.20
长度	小趾外突点部位	110.6	±3.52	191	±3.65	175.9	±3.63
长度	第一蹠趾部位	102.6	±3.27	177.3	±3.38	163.3	±3.37
长度	第五蹠趾部位	89.6	±2.85	154.8	±2.95	142.6	±2.95
长度	腰窝部位	57	±1.82	98.5	±1.88	90.8	±1.88
长度	踵心部位	23.6	±0.75	41	±0.78	37.9	±0.78
长度	后容差	2.5	±0.08	4	±0.08	3.5	±0.07
围度	蹠围	162.5	±3.5	236	±3.5	213	±3.5
围度	跗围	167.5	±3.6	245	±3.6	222	±3.6
宽度	基本宽度	56.8	±1.2	85.4	±1.3	77.6	±1.3
宽度	拇指里宽	23.1	±0.49	32.6	±0.50	29.6	±0.50
宽度	小趾外宽	33.9	±0.72	47.8	±0.73	43.4	±0.73
宽度	第一蹠趾里宽	23.8	±0.50	35.7	±0.54	32.4	±0.54
宽度	第五蹠趾外宽	33	±0.70	49.7	±0.76	45.2	±0.76
宽度	腰窝外宽	25	±0.53	37.8	±0.58	34.3	±0.57
宽度	踵心全宽	38.5	±0.81	57.9	±0.88	52.6	±0.88
楦体尺寸	跷高 总前跷	10	±0.22	4	±0.06	3	±0.05
楦体尺寸	跷高 前跷	9	±0.19	4	±0.06	3	±0.05
楦体尺寸	跷高 后跷高	1	—	—	—	—	—
楦体尺寸	头厚	18	±0.39	22	±0.33	19	±0.31
楦体尺寸	后跟突点高	14.3	±0.31	22.4	±0.33	20.3	±0.33
楦体尺寸	后身高	78	±1.68	120	±1.78	110	±1.81
楦体尺寸	前掌凸度	4.5	±0.10	—	—	—	—
楦体尺寸	底心凹度	1	±0.02	—	—	—	—
楦体尺寸	踵心凸度	2	±0.04	—	—	—	—
楦体尺寸	统口宽	20	±0.43	26	±0.39	25	±0.41
楦体尺寸	统口长	65	±2.07	110	±2.10	100	±2.07
楦体尺寸	楦斜长	177	±5.64	291	±5.55	269	±5.56

—82

R-0 男便鞋楦		R-0 女一带鞋楦		R-0 中人便鞋楦		R-0 大童便鞋楦	
25（三型半）		23（二型半）		21.5（二型）		18（二型）	
尺寸 mm	等差 mm	尺寸 mm	等差 mm	尺寸 mm	等差 mm	尺寸 mm	等差 mm
260	±5	240	±5	225	±5	190	±5
14	±0.27	13.5	±0.28	13.5	±0.30	13	±0.34
246	±4.73	226.5	±4.72	211.5	±4.70	177	±4.66
221	±4.25	203.5	±4.24	190	±4.22	159	±4.18
191	±3.67	175.9	±3.66	164.2	±3.65	137.4	±3.62
177.3	±3.41	163.3	±3.40	152.4	±3.39	127.5	±3.36
154.8	±2.98	142.6	±2.97	133	±2.96	111.3	±2.93
98.5	±1.89	90.8	±1.89	84.7	±1.88	70.8	±1.86
41	±0.79	37.9	±0.79	35.2	±0.78	29.4	±0.77
4	±0.08	3.5	±0.07	3.5	±0.08	3	±0.08
246.5	±3.5	220	±3.5	211.5	±3.5	187	±3.5
250.5	±3.6	224	±3.6	215.5	±3.6	191	±3.6
89.3	±1.3	80.2	±1.3	76.3	±1.3	65.9	±1.2
34.1	±0.50	30.6	±0.50	29.6	±0.50	26.1	±0.48
50	±0.73	44.9	±0.73	43.4	±0.74	38.3	±0.70
37.3	±0.54	33.5	±0.54	31.9	±0.54	27.6	±0.50
52	±0.76	46.7	±0.76	44.4	±0.76	38.3	±0.70
39.5	±0.58	35.4	±0.57	33.7	±0.57	29.1	±0.53
60.5	±0.88	54.3	±0.88	51.7	±0.88	44.7	±0.81
17	±0.24	16	±0.25	12	±0.20	11	±0.21
15	±0.21	14	±0.22	11	±0.18	10	±0.19
2	—	2	—	2	—	1.5	—
22	±0.31	18	±0.29	19	±0.31	17	±0.32
22.4	±0.32	20.3	±0.32	19.5	±0.32	17	±0.32
78	±1.08	70	±1.11	70	±1.16	62	±1.16
6	±0.09	5.5	±0.09	5.5	±0.09	5	±0.09
2	±0.03	2	±0.03	2	±0.03	1.5	±0.03
3.5	±0.05	3	±0.05	3	±0.05	2.5	±0.05
26	±0.37	21	±0.33	24	±0.40	22	±0.41
110	±2.12	100	±2.08	95	±2.11	80	±2.11
260	±5	240	±5	226	±5.02	191	±5.03

GB 3293

续表

编号及品名			R-0 小童便鞋楦		R-20 男便鞋楦		R-30 男便鞋楦	
号型			14. 5（二型）		25（二型半）		25（二型半）	
尺寸 / 部位名称			尺寸 mm	等差 mm	尺寸 mm	等差 mm	尺寸 mm	等差 mm
长度	楦底样长		155	±5	262	±5	262	±5
	放余量		12. 5	±0. 40	16	±0. 31	16	±0. 31
	脚趾端点部位		142. 5	±4. 60	246	±4. 69	246	±4. 69
	拇指外突点部位		128	±4. 13	221	±4. 22	221	±4. 22
	小趾外突点部位		110. 6	±3. 57	191	±3. 65	191	±3. 65
	第一蹠趾部位		102. 6	±3. 31	177. 3	±3. 38	177. 3	±3. 38
	第五蹠趾部位		89. 6	±2. 89	154. 8	±2. 95	154. 8	±2. 95
	腰窝部位		57	±1. 84	98. 5	±1. 88	98. 5	±1. 88
	踵心部位		23. 6	±0. 76	41	±0. 78	41	±0. 78
	后容差		2. 5	±0. 08	4	±0. 08	4	±0. 08
围度	蹠围		162. 5	±3. 5	236	±3. 5	236	±3. 5
	跗围		166. 5	±3. 6	238	±3. 5	236	±3. 5
宽度	基本宽度		56. 8	±1. 2	85. 4	±1. 3	85. 4	±1. 3
	拇指里宽		23. 1	±0. 49	32. 6	±0. 50	32. 6	±0. 50
	小趾外宽		33. 9	±0. 72	47. 8	±0. 73	47. 8	±0. 73
	第一蹠趾里宽		23. 8	±0. 50	35. 7	±0. 54	35. 7	±0. 54
	第五蹠趾外宽		33	±0. 70	49. 7	±0. 76	49. 7	±0. 76
	腰窝外宽		25	±0. 53	37. 8	±0. 58	37. 8	±0. 58
	踵心全宽		38. 5	±0. 81	57. 9	±0. 88	57. 9	±0. 88
楦体尺寸	跷高	总前跷	10	±0. 22	26	±0. 39	30	±0. 44
		前跷	9	±0. 19	15	±0. 22	14	±0. 21
		后跷高	1	—	20	±0. 30	30	±0. 44
	头厚		15	±0. 32	21	±0. 31	21	±0. 31
	后跟突点高		14. 3	±0. 31	22. 4	±0. 33	22. 4	±0. 33
	后身高		54	±1. 16	76	±1. 13	76	±1. 13
	前掌凸度		4. 5	±0. 10	5. 5	±0. 08	5	±0. 07
	底心凹度		1	±0. 02	4. 5	±0. 07	5. 5	±0. 08
	踵心凸度		2	±0. 04	3	±0. 04	3	±0. 04
	统口宽		20	±0. 43	26	±0. 39	26	±0. 39
	统口长		65	±2. 10	110	±2. 10	110	±2. 10
	楦斜长		156	±5. 03	261	±4. 98	260	±4. 96

—82

R-20 女一带鞋楦		R-30 女一带鞋楦		R-40 女一带鞋楦***		R-40 女一带鞋楦****	
23（一型半）		23（一型半）		23（一型半）		23（一型半）	
尺寸 mm	等差 mm	尺寸 mm	等差 mm	尺寸 mm	等差 mm	尺寸 mm	等差 mm
240	±5	240	±5	240	±5	240	±5
13.5	±0.28	13.5	±0.28	13.5	±0.28	13.5	±0.28
226.5	±4.72	226.5	±4.72	226.5	±4.72	226.5	±4.72
203.5	±4.24	203.5	±4.24	203.5	±4.24	203.5	±4.24
175.9	±3.66	175.9	±3.66	175.9	±3.66	175.9	±3.66
163.3	±3.40	163.3	±3.40	163.3	±3.40	163.3	±3.40
142.6	±2.97	142.6	±2.97	142.6	±2.97	142.6	±2.97
90.8	±1.89	90.8	±1.89	90.8	±1.89	90.8	±1.89
37.9	±0.79	37.9	±0.79	37.9	±0.79	37.9	±0.79
3.5	±0.07	3.5	±0.07	3.5	±0.07	3.5	±0.07
213	±3.5	213	±3.5	215	±3.5	215	±3.5
215	±3.5	213	±3.5	213	±3.5	213	±3.5
77.6	±1.3	77.6	±1.3	75	±1.2	74	±1.2
29.6	±0.50	29.6	±0.50	28.6	±0.46	27.6	±0.45
43.4	±0.73	43.4	±0.73	42	±0.67	40	±0.65
32.4	±0.54	32.4	±0.54	31.4	±0.50	31.4	±0.51
45.2	±0.76	45.2	±0.76	43.6	±0.70	42.6	±0.69
34.3	±0.57	34.3	±0.57	33.1	±0.53	33.1	±0.54
52.6	±0.88	52.6	±0.88	50.8	±0.81	50.8	±0.82
25	±0.41	30	±0.49	36	±0.59	36	±0.59
14	±0.23	13	±0.23	13	±0.21	13	±0.21
20	±0.33	30	±0.49	40	±0.65	40	±0.65
17	±0.28	17	±0.28	17	±0.28	17	±0.28
20.3	±0.33	20.3	±0.33	20.3	±0.33	20.3	±0.33
70	±1.15	70	±1.15	70	±1.14	70	±1.14
5	±0.08	4.5	±0.07	4	±0.07	4	±0.07
4.5	±0.07	5.5	±0.09	6.5	±0.11	6.5	±0.11
2.5	±0.04	2.5	±0.04	2.5	±0.04	2.5	±0.04
21	±0.35	21	±0.35	21	±0.34	21	±0.34
100	±2.08	100	±2.08	100	±2.08	100	±2.08
239	±4.98	238	±4.96	237	±4.94	237	±4.94

续表

编号及品名			R-50 女一带鞋楦***		R-50 女一带鞋楦****		R-0 男高腰棉鞋楦		R-0 中人
号型			23（一型半）		23（一型半）		25（三型半）		21.5
部位名称 \ 尺寸			尺寸 mm	等差 mm	尺寸 mm	等差 mm	尺寸 mm	等差 mm	等差 mm
长度		楦底样长	240	±5	240	±5	260	±5	225
		放余量	13.5	±0.28	13.5	±0.28	14.0	±0.27	13.5
		脚趾端点部位	226.5	±4.72	226.5	±4.72	246.0	±4.73	211.5
		拇指外突点部位	203.5	±4.24	203.5	±4.24	221.0	±4.25	190.0
		小趾外突点部位	175.9	±3.66	175.9	±3.66	191.0	±3.67	164.2
		第一蹠趾部位	163.3	±3.40	163.3	±3.40	177.3	±3.41	152.4
		第五蹠趾部位	142.6	±2.97	142.6	±2.97	154.8	±2.98	133.0
		腰窝部位	90.8	±1.89	90.8	±1.89	98.5	±1.89	84.7
		踵心部位	37.9	±0.79	37.9	±0.79	41.0	±0.79	35.2
		后容差	3.5	±0.07	3.5	±0.07	4	±0.08	3.5
围度		蹠围	215	±3.5	215	±3.5	253.5	±3.5	218.5
		跗围	211	±3.4	211	±3.4	262.5	±3.6	227.5
宽度		基本宽度	75	±1.2	74	±1.2	90.6	±1.3	77.6
		拇指里宽	28.6	±0.46	27.6	±0.45	34.6	±0.50	30.1
		小趾外宽	42	±0.67	40	±0.65	50.7	±0.73	44.2
		第一蹠趾里宽	31.4	±0.50	31.4	±0.51	37.8	±0.54	32.4
		第五蹠趾外宽	43.6	±0.70	42.6	±0.69	52.8	±0.76	45.2
		腰窝外宽	33.1	±0.53	33.1	±0.54	40.1	±0.58	34.3
		踵心全宽	50.8	±0.81	50.8	±0.82	61.4	±0.88	52.6
楦体尺寸	跷高	总前跷	42	±0.68	42	±0.68	17	±0.23	12
		前跷	12	±0.20	12	±0.20	15	±0.21	11
		后跷高	50	±0.81	50	±0.81	2	—	2
	头厚		17	±0.28	17	±0.28	28	±0.39	20.5
	后跟突点高		20.3	±0.33	20.3	±0.33	22.4	±0.31	19.5
	后身高		70	±1.14	70	±1.14	115	±1.59	85
	前掌凸度		3.5	±0.06	3.5	±0.06	5	±0.07	4.5
	底心凹度		7.5	±0.12	7.5	±0.12	2	±0.03	2
	踵心凸度		2	±0.03	2	±0.03	2.5	±0.03	2
	统口宽		21	±0.34	21	±0.34	26	±0.36	24
	统口长		100	±2.08	100	±2.08	110	±2.09	95
	楦斜长		236	±4.92	236	±4.92	280	±5.34	235

—82

高腰棉鞋楦	R-0 大童高腰棉鞋楦		R-30 男高腰棉鞋楦		R-30 女高腰棉鞋楦		R-40 女高腰棉鞋楦	
（二型）	18（二型）		25（二型半）		23（一型半）		23（一型半）	
等差 mm	尺寸 mm	等差 mm	尺寸 mm	等差 mm	尺寸 mm	等差 mm	尺寸 mm	等差 mm
±5	190	±5	262	±5	242	±5	242	±5
±0.30	13.0	±0.34	16.0	±0.31	15.5	±0.32	14	±0.29
±4.70	177.0	±4.66	246.0	±4.69	226.5	±4.68	228	±4.71
±4.22	159.0	±4.18	221.0	±4.22	203.5	±4.20	205	±4.24
±3.65	137.4	±3.62	191.0	±3.65	175.9	±3.63	177.4	±3.67
±3.39	127.5	±3.36	177.3	±3.38	163.3	±3.37	164.8	±3.40
±2.96	111.3	±2.93	154.8	±2.95	142.6	±2.95	144.1	±2.98
±1.88	70.8	±1.86	98.5	±1.88	90.8	±1.88	92.3	±1.91
±0.78	29.4	±0.77	41.0	±0.78	37.9	±0.78	39.4	±0.81
±0.08	3	±0.08	4	±0.08	3.5	±0.07	3.5	±0.07
±3.5	194	±3.5	243	±3.5	220	±3.5	222	±3.5
±3.6	201	±3.6	248	±3.6	225	±3.6	225	±3.5
±1.2	67.2	±1.2	86.7	±1.2	78.9	±1.3	76.3	±1.2
±0.47	26.6	±0.48	33.1	±0.46	30.1	±0.50	29.1	±0.46
±0.68	39.1	±0.70	48.5	±0.67	44.2	±0.73	42.7	±0.67
±0.50	28.1	±0.50	36.2	±0.50	33	±0.54	31.9	±0.50
±0.70	39.1	±0.70	50.5	±0.70	45.9	±0.76	44.4	±0.70
±0.53	29.6	±0.53	38.3	±0.53	34.9	±0.58	33.7	±0.53
±0.81	45.5	±0.81	58.7	±0.81	53.5	±0.88	51.7	±0.81
±0.19	11	±0.20	31	±0.45	30	±0.48	36	±0.57
±0.18	10	±0.18	14	±0.20	13	±0.21	13	±0.20
—	1.5	—	30	±0.43	30	±0.48	40	±0.63
±0.33	18.5	±0.33	21	±0.30	18	±0.29	18	±0.28
±0.31	17	±0.31	22.4	±0.32	20.3	±0.32	20.3	±0.32
±1.36	75	±1.35	115	±1.66	105	±1.67	105	±1.66
±0.07	4	±0.07	5	±0.07	4.5	±0.07	4	±0.06
±0.03	1.5	±0.03	5.5	±0.08	5.5	±0.09	6.5	±0.10
±0.03	1.5	±0.03	3	±0.04	2.5	±0.04	2.5	±0.04
±0.38	22	±0.40	26	±0.37	24	±0.38	24	±0.38
±2.09	80	±2.08	110	±2.08	100	±2.07	100	±2.07
±5.18	200	±5.21	280	±5.28	260	±5.37	259	±5.35

GB 3293—82

续表

编号及品名			R-20 男全空凉鞋楦		R-20 女全空凉鞋楦		R-40 女全空凉鞋楦	
号型			25（二型半）		23（一型半）		23（一型半）	
部位名称		尺寸	尺寸 mm	等差 mm	尺寸 mm	等差 mm	尺寸 mm	等差 mm
长度	楦底样长		255	±5	235	±5	235	±5
	放 余 量		8	±0.16	7.5	±0.16	7.5	±0.16
	脚趾端点部位		247	±4.84	227.5	±4.84	227.5	±4.84
	拇指外突点部位		222	±4.35	204.5	±4.35	204.5	±4.35
	小趾外突点部位		192	±3.67	176.9	±3.76	176.9	±3.76
	第一蹠趾部位		178.3	±3.50	164.3	±3.50	164.3	±3.50
	第五蹠趾部位		155.8	±3.05	143.6	±3.06	143.6	±3.06
	腰窝部位		99.5	±1.95	91.8	±1.95	91.8	±1.95
	踵心部位		42	±0.82	38.9	±0.83	38.9	±0.83
	后 容 差		3	±0.06	2.5	±0.05	2.5	±0.05
围度	蹠 围		236	±3.5	213	±3.5	215	±3.5
	跗 围		243	±3.6	218	±3.6	216	±3.5
宽度	基本宽度		85.4	±1.3	77.6	±1.3	75	±1.2
	拇指里宽		32.6	±0.50	29.6	±0.50	28.6	±0.46
	小趾外宽		47.8	±0.73	43.4	±0.73	42	±0.67
	第一蹠趾里宽		35.7	±0.54	32.4	±0.54	31.4	±0.50
	第五蹠趾外宽		49.7	±0.76	45.2	±0.76	43.6	±0.70
	腰窝外宽		38.3	±0.58	34.9	±0.58	33.7	±0.54
	踵心全宽		57.9	±0.88	52.6	±0.88	50.8	±0.81
楦体尺寸	跷高	总前跷	25	±0.37	24	±0.39	35	±0.57
		前 跷	14	±0.21	13	±0.21	12	±0.20
		后跷高	20	±0.30	20	±0.33	40	±0.65
	头 厚		18	±0.27	15	±0.25	15	±0.24
	后跟突点高		22.4	±0.33	20.3	±0.33	20.3	±0.33
	后 身 高		76	±1.13	70	±1.15	70	±1.14
	前掌凸度		5.5	±0.08	5	±0.08	4	±0.07
	底心凹度		4.5	±0.07	4.5	±0.07	6.5	±0.11
	踵心凸度		3	±0.04	2.5	±0.04	2.5	±0.04
	统 口 宽		26	±0.39	21	±0.35	21	±0.34
	统 口 长		110	±2.16	100	±2.13	100	±2.13
	楦 斜 长		253	±4.96	233	±4.96	231	±4.91

注：＊适做贴合工艺，＊＊适做模压工艺，＊＊＊圆头，＊＊＊＊方头。

用女一带鞋楦可做女胶便鞋，其鞋号可不变，但肥瘦要少打半个型。如用23（二型半）的女一带鞋楦做的胶便鞋其号型是23（二型）。

GB　3293—82

附表 6（1）　　全胶鞋中间号标准楦样尺寸一览表

编号及品名			R-0 男元宝雨鞋楦		R-0 中人元宝雨鞋楦		R-0 大童元宝雨鞋楦	
部位名称 \ 尺寸 \ 号型			25（三型半）		21.5（二型）		18（二型）	
			尺寸 mm	等差 mm	尺寸 mm	等差 mm	尺寸 mm	等差 mm
长度	楦底样长		260	±5	225	±5	190	±5
	放余量		14	±0.27	13.5	±0.30	13	±0.34
	脚趾端点部位		246	±4.73	211.5	±4.70	177	±4.66
	拇指外突点部位		221	±4.25	190	±4.22	159	±4.18
	小趾外突点部位		191	±3.67	164.2	±3.65	137.4	±3.62
	第一蹠趾部位		177.3	±3.41	152.4	±3.39	127.5	±3.36
	第五蹠趾部位		154.8	±2.98	133	±2.96	111.3	±2.93
	腰窝部位		98.5	±1.89	84.7	±1.88	70.8	±1.86
	踵心部位		41	±0.79	35.2	±0.78	29.4	±0.77
	后容差		4	±0.08	3.5	±0.08	3	±0.08
围度	蹠围		253	±3.5	218.5	±3.5	194	±3.5
	跗围		262.5	±3.6	227.5	±3.6	201	±3.6
宽度	基本宽度		90.6	±1.3	77.6	±1.2	67.2	±1.2
	拇指里宽		34.6	±0.50	30.1	±0.47	26.6	±0.48
	小趾外宽		50.7	±0.73	44.2	±0.68	39.1	±0.70
	第一蹠趾里宽		37.8	±0.54	32.4	±0.50	28.1	±0.50
	第五蹠趾外宽		52.8	±0.76	45.2	±0.70	39.1	±0.70
	腰窝外宽		40.1	±0.58	34.3	±0.53	29.6	±0.53
	踵心全宽		61.4	±0.88	52.6	±0.81	45.5	±0.81
楦体尺寸	跷高	总前跷	17	±0.23	11	±0.18	10	±0.18
		前跷	15	±0.21	10	±0.16	9	±0.16
		后跷高	2	—	2	—	1.5	—
	头厚		29	±0.40	25	±0.40	22.5	±0.41
	后跟突点高		22.4	±0.31	19.5	±0.31	17	±0.31
	后身高		110	±1.52	89	±1.43	79	±1.43
	前掌凸度		4	±0.06	3.5	±0.06	3	±0.05
	底心凹度		3	±0.04	2.5	±0.04	2	±0.04
	踵心凸度		2.5	±0.03	2	±0.03	1.5	±0.03
	统口宽		30	±0.41	27	±0.43	24	±0.43
	统口长		116	±2.23	100	±2.22	85	±2.24
	楦斜长		280	±5.38	237	±5.27	202	±5.32

GB 3293

续表

编号及品名			R-0 小童元宝雨鞋楦		R-30 男青年雨鞋楦		R-40 女青年雨鞋楦*	
号型			14.5（二型）		25（二型半）		23（一型半）	
部位名称 \ 尺寸			尺寸 mm	等差 mm	尺寸 mm	等差 mm	尺寸 mm	等差 mm
长度	楦底样长		155	±5	262	±5	242	±5
	放余量		12.5	±0.40	16	±0.31	15.5	±0.32
	脚趾端点部位		142.5	±4.60	246	±4.69	226.5	±4.68
	拇指外突点部位		128	±4.13	221	±4.22	203.5	±4.20
	小趾外突点部位		110.6	±3.57	191	±3.65	175.9	±3.63
	第一蹠趾部位		102.6	±3.31	177.3	±3.38	163.3	±3.37
	第五蹠趾部位		89.6	±2.89	154.8	±2.95	142.6	±2.95
	腰窝部位		57	±1.84	98.5	±1.88	90.8	±1.88
	踵心部位		23.6	±0.76	41	±0.78	37.9	±0.78
	后容差		2.5	±0.08	4	±0.08	3.5	±0.07
围度	蹠围		169.5	±3.5	243	±3.5	222	±3.5
	跗围		174.5	±3.6	246	±3.5	220	±3.5
宽度	基本宽度		58.1	±1.2	85.4	±1.2	75	±1.2
	拇指里宽		23.6	±0.49	32.6	±0.46	28.6	±0.46
	小趾外宽		34.7	±0.72	47.8	±0.67	42	±0.67
	第一蹠趾里宽		24.3	±0.50	35.7	±0.50	31.4	±0.50
	第五蹠趾外宽		33.8	±0.70	49.7	±0.70	43.6	±0.70
	腰窝外宽		25.6	±0.53	37.8	±0.53	33.1	±0.53
	踵心全宽		39.4	±0.81	57.9	±0.81	50.8	±0.81
楦体尺寸	跷高	总前跷	9	±0.19	30	±0.43	36	±0.57
		前跷	8	±0.17	14	±0.20	13	±0.20
		后跷高	1	—	30	±0.43	40	±0.63
	头厚		20	±0.41	22	±0.32	20	±0.32
	后跟突点高		14.3	±0.30	22.4	±0.32	20.3	±0.32
	后身高		69	±1.42	76	±1.09	70	±1.10
	前掌凸度		2.5	±0.05	5	±0.07	4	±0.06
	底心凹度		1.5	±0.03	5.5	±0.08	6.5	±0.10
	踵心凸度		1	±0.02	3	±0.04	2.5	±0.04
	统口宽		21	±0.43	26	±0.37	2	±0.33
	统口长		70	±2.26	110	±2.10	100	±2.07
	楦斜长		167	±5.39	260	±4.96	240	±4.96

注：＊圆头，＊＊方头。

—82

R-40 女青年雨鞋楦**		R-30 男拉链雨靴楦		R-40 女拉链雨靴楦	
23（一型半）		25（二型半）		23（一型半）	
尺寸 mm	等差 mm	尺寸 mm	等差 mm	尺寸 mm	等差 mm
242	±5	262	±5	242	±5
15.5	±0.32	16	±0.31	15.5	±0.32
226.5	±4.68	246	±4.69	226.5	±4.68
203.5	±4.20	221	±4.22	203.5	±4.20
175.9	±3.63	191	±3.65	175.9	±3.63
163.3	±3.37	177.3	±3.38	163.3	±3.37
142.6	±2.95	154.8	±2.95	142.6	±2.95
90.8	±1.88	98.5	±1.88	90.8	±1.88
37.9	±0.78	41	±0.78	37.9	±0.78
3.5	±0.07	4	±0.08	3.5	±0.07
222	±3.5	246.5	±3.5	225.5	±3.5
220	±3.5	249.5	±3.5	225.5	±3.5
74	±1.2	85.4	±1.2	75	±1.2
27.6	±0.45	32.6	±0.46	28.6	±0.46
40	±0.65	47.8	±0.67	42	±0.67
31.4	±0.51	35.7	±0.50	31.4	±0.50
42.6	±0.69	49.7	±0.70	43.6	±0.70
33.1	±0.54	37.8	±0.53	33.1	±0.53
50.8	±0.82	57.9	±0.81	50.8	±0.81
36	±0.57	30	±0.43	36	±0.56
13	±0.20	14	±0.20	13	±0.20
40	±0.63	30	±0.43	40	±0.62
20	±0.32	24	±0.34	21	±0.33
20.3	±0.32	22.4	±0.32	20.3	±0.32
70	±1.10	125	±1.77	145	±2.25
4	±0.06	5	±0.07	4	±0.06
6.5	±0.10	5.5	±0.08	6.5	±0.10
2.5	±0.04	3	±0.04	2.5	±0.04
21	±0.33	30	±0.43	25	±0.39
100	±2.07	110	±2.10	100	±2.07
240	±4.96	290	±5.53	286	±5.91

GB 3293

附表6（2） 全胶鞋中间号标准

编号及品名			R-0 男轻便雨靴楦		R-25 男轻便雨靴楦		R-35 男轻便雨靴楦	
号型			25（三型半）		25（二型半）		25（二型半）	
部位名称 \ 尺寸			尺寸 mm	等差 mm	尺寸 mm	等差 mm	尺寸 mm	等差 mm
长度	楦底样长		260	±5	262	±5	262	±5
	放余量		14	±0.27	16	±0.31	16	±0.31
	脚趾端点部位		246	±4.73	246	±4.69	246	±4.69
	拇指外突点部位		221	±4.25	221	±4.22	221	±4.22
	小趾外突点部位		191	±3.67	191	±3.65	191	±3.65
	第一蹠趾部位		177.3	±3.41	177.3	±3.38	177.3	±3.38
	第五蹠趾部位		154.8	±2.98	154.8	±2.95	154.8	±2.95
	腰窝部位		98.5	±1.89	98.5	±1.88	98.5	±1.88
	踵心部位		41	±0.79	41	±0.78	41	±0.78
	后容差		4	±0.08	4	±0.08	4	±0.08
围度	蹠围		257	±3.5	246.5	±3.5	246.5	±3.5
	跗围		257	±3.5	246.5	±3.5	246.5	±3.5
	兜围		365	±4.97	355	±5.04	350	±4.97
宽度	基本宽度		90.6	±1.2	86.7	±1.2	86.7	±1.2
	拇指里宽		34.6	±0.46	33.1	±0.46	33.1	±0.46
	小趾外宽		50.7	±0.67	48.5	±0.67	48.5	±0.67
	第一蹠趾里宽		37.8	±0.50	36.2	±0.50	36.2	±0.50
	第五蹠趾外宽		52.8	±0.70	50.5	±0.70	50.5	±0.70
	腰窝外宽		40.1	±0.53	38.3	±0.53	38.3	±0.53
	踵心全宽		61.4	±0.81	58.7	±0.81	58.7	±0.81
楦体尺寸	跷高	总前跷	17	±0.23	29	±0.41	33	±0.47
		前跷	15	±0.20	15	±0.21	14	±0.20
		后跷高	2	—	25	±0.35	35	±0.50
	头厚		28	±0.38	26	±0.37	26	±0.37
	后跟突点高		22.4	±0.31	22.4	±0.32	22.4	±0.32
	后身高		215	±4.3	215	±4.3	215	±4.3
	前掌凸度		6	±0.08	5.5	±0.08	5	±0.07
	底心凹度		2	±0.03	4.5	±0.06	5.5	±0.08
	踵心凸度		3.5	±0.05	3	±0.04	3	±0.04
	统口宽		80	±1.09	85	±1.21	80	±1.14
	统口长		140	±2.69	130	±2.48	135	±2.58
	楦斜长		278	±5.35	278	±5.31	277	±5.29

—82

楦样尺寸一览表

R-20 女轻便雨靴楦		R-30 女轻便雨靴楦		R-40 女轻便雨靴楦		R-50 女轻便雨靴楦	
23（一型半）		23（一型半）		23（一型半）		23（一型半）	
尺寸 mm	等差 mm	尺寸 mm	等差 mm	尺寸 mm	等差 mm	尺寸 mm	等差 mm
242	±5	242	±5	242	±5	242	±5
15.5	±0.32	15.5	±0.32	15.5	±0.32	15.5	±0.32
226.5	±4.68	226.5	±4.68	226.5	±4.68	226.5	±4.68
203.5	±4.20	203.5	±4.20	203.5	±4.20	203.5	±4.20
175.9	±3.63	175.9	±3.63	175.9	±3.63	175.9	±3.63
163.3	±3.37	163.3	±3.37	163.3	±3.37	163.3	±3.37
142.6	±2.95	142.6	±2.95	142.6	±2.95	142.6	±2.95
90.8	±1.88	90.8	±1.88	90.8	±1.88	90.8	±1.88
37.9	±0.78	37.9	±0.78	37.9	±0.78	37.9	±0.78
3.5	±0.07	3.5	±0.07	3.5	±0.07	3.5	±0.07
223.5	±3.5	223.5	±3.5	225.5	±3.5	225.5	±3.5
223.5	±3.5	223.5	±3.5	225.5	±3.5	225.5	±3.5
325	±5.09	325	±5.09	320	±4.97	320	±4.97
78.9	±1.2	78.9	±1.2	76.3	±1.2	76.3	±1.2
30.1	±0.46	30.1	±0.46	29.1	±0.46	29.1	±0.46
44.2	±0.67	44.2	±0.67	42.7	±0.67	42.7	±0.67
33	±0.50	33	±0.50	31.9	±0.50	31.9	±0.50
45.9	±0.70	45.9	±0.70	44.4	±0.70	44.4	±0.70
34.9	±0.53	34.9	±0.53	33.7	±0.53	33.7	±0.53
53.5	±0.82	53.5	±0.82	51.7	±0.81	51.7	±0.81
25	±0.39	30	±0.47	36	±0.56	42	±0.65
14	±0.22	13	±0.20	13	±0.20	12	±0.19
20	±0.31	30	±0.47	40	±0.62	50	±0.78
21	±0.33	21	±0.33	21	±0.33	21	±0.33
20.3	±0.32	20.3	±0.32	20.3	±0.32	20.3	±0.32
205	±4.3	205	±4.3	205	±4.3	205	±4.3
5	±0.08	4.5	±0.07	4	±0.06	3.5	±0.05
4.5	±0.07	5.5	±0.09	6.5	±0.10	7.5	±0.12
2.5	±0.04	2.5	±0.04	2.5	±0.04	2	±0.03
67	±1.05	67	±1.05	67	±1.04	67	±1.04
130	±2.69	130	±2.69	130	±2.69	130	±2.69
256	±5.29	255	±5.27	254	±5.25	253	±5.23

GB 3293—82

续表

编号及品名			R-20 中人轻便雨靴楦		R-15 大童轻便雨靴楦	
号型			21.5（二型）		18（二型）	
部位名称 / 尺寸			尺寸 mm	等差 mm	尺寸 mm	等差 mm
长度	楦底样长		225	±5	190	±5
	放余量		13.5	±0.30	13	±0.34
	脚趾端点部位		211.5	±4.70	177	±4.66
	拇指外突点部位		190	±4.22	159	±4.18
	小趾外突点部位		164.2	±3.65	137.4	±3.62
	第一蹠趾部位		152.4	±3.39	127.5	±3.36
	第五蹠趾部位		133	±2.96	111.3	±2.93
	腰窝部位		84.7	±1.88	70.8	±1.86
	踵心部位		35.2	±0.78	29.4	±0.77
	后容差		3.5	±0.08	3	±0.08
围度	蹠围		222	±3.5	197.5	±3.5
	跗围		222	±3.5	197.5	±3.5
	兜围		311	±4.90	282	±5.00
宽度	基本宽度		77.6	±1.2	67.2	±1.2
	拇指里宽		30.1	±0.47	26.6	±0.48
	小趾外宽		44.2	±0.68	39.1	±0.70
	第一蹠趾里宽		32.4	±0.50	28.1	±0.50
	第五蹠趾外宽		45.2	±0.70	39.1	±0.70
	腰窝外宽		34.3	±0.53	29.6	±0.53
	踵心全宽		52.6	±0.81	45.5	±0.81
楦体尺寸	跷高	总前跷	25	±0.39	17	±0.30
		前跷	11	±0.17	10	±0.18
		后跷高	20	±0.32	15	±0.27
	头厚		22.5	±0.35	21	±0.37
	后跟突点高		19.5	±0.31	17	±0.30
	后身高		180	±4.3	165	±4.3
	前掌凸度		5.5	±0.09	5	±0.09
	底心凹度		3	±0.05	2.5	±0.04
	踵心凸度		3	±0.05	2.5	±0.04
	统口宽		65	±1.02	60	±1.06
	统口长		120	±2.67	105	±2.76
	楦斜长		240	±5.33	205	±5.39

GB　3293—82

附表 6（3）　　全胶鞋中间号标准楦样尺寸一览表

编号及品名			R-20 男工矿靴楦		R-20 女工矿靴楦		R-0 男插秧靴楦		R-0 女插秧靴楦	
号型			25（三型半）		23（二型半）		25（三型半）		23（二型半）	
部位名称 / 尺寸			尺寸 mm	等差 mm	尺寸 mm	等差 mm	尺寸 mm	等差 mm	尺寸 mm	等差 mm
长度	楦底样长		260	±5	240	±5	260	±5	240	±5
长度	放余量		14	±0.27	13.5	±0.28	14	±0.27	13.5	±0.28
长度	脚趾端点部位		246	±4.73	226.5	±4.72	246	±4.73	226.5	±4.72
长度	拇指外突点部位		221	±4.25	203.5	±4.24	221	±4.25	203.5	±4.24
长度	小趾外突点部位		191	±3.67	175.9	±3.66	191	±3.67	175.9	±3.66
长度	第一蹠趾部位		177.3	±3.41	163.3	±3.40	177.3	±3.41	163.3	±3.40
长度	第五蹠趾部位		154.8	±2.98	142.6	±2.97	154.8	±2.98	142.6	±2.97
长度	腰窝部位		98.5	±1.89	90.8	±1.87	98.5	±1.89	90.8	±1.89
长度	踵心部位		41	±0.79	37.9	±0.79	41	±0.79	37.9	±0.79
长度	后容差		4	±0.08	3.5	±0.07	4	±0.08	3.5	±0.07
围度	蹠围		260.5	±3.5	237.5	±3.5	246.5→243	±3.5	223.5→220	±3.5
围度	跗围		267	±3.6	242	±3.6	250	±3.6	227	±3.6
围度	兜围		385	±5.17	352	±5.19	362	±5.21	334	±5.31
围度	脚腕围		341	±2.23	314	±2.20	295	±2.00	280	±1.99
围度	腿肚围		420	±2.75	392	±2.75	405	±2.75	386	±2.75
围度	膝下围		416	±2.72	389	±2.73	400	±2.72	382	±2.72
宽度	基本宽度		91.9	±1.2	84.1	±1.2	89.3	±1.3	81.5	±1.3
宽度	拇指里宽		35.1	±0.46	32.1	±0.46	34.1	±0.50	31.1	±0.50
宽度	小趾外宽		51.5	±0.67	47.1	±0.67	50	±0.73	45.6	±0.73
宽度	第一蹠趾里宽		38.4	±0.50	35.1	±0.50	37.3	±0.54	34.1	±0.54
宽度	第五蹠趾外宽		53.5	±0.70	49.0	±0.70	52	±0.76	47.4	±0.76
宽度	腰窝外宽		40.7	±0.53	37.2	±0.53	39.5	±0.58	36	±0.57
宽度	踵心全宽		62.3	±0.81	57.0	±0.81	60.5	±0.88	55.2	±0.88
楦体尺寸	跷高	总前跷	28	±0.38	24	±0.35	17	±0.24	16	±0.25
楦体尺寸	跷高	前跷	14	±0.19	13	±0.19	15	±0.22	14	±0.22
楦体尺寸	跷高	后跷高	25	±0.34	20	±0.29	2	—	2	—
楦体尺寸	头厚		27	±0.36	25	±0.37	25	±0.36	23	±0.37
楦体尺寸	后跟突点高		22.4	±0.30	20.3	±0.30	22.4	±0.32	20.3	±0.32
楦体尺寸	后身高		380	±7	355	±7	445	±7	417	±7
楦体尺寸	前掌凸度		5.5	±0.07	5	±0.07	6	±0.09	5.5	±0.09
楦体尺寸	底心凹度		5	±0.07	4.5	±0.07	2	±0.03	2	±0.03
楦体尺寸	踵心凸度		3	±0.04	2.5	±0.04	3.5	±0.05	3	±0.05
楦体尺寸	统口宽		98	±0.64	92	±0.65	83	±0.56	79	±0.56
楦体尺寸	统口长		155	±1.01	144	±1.01	143	±0.97	142	±1.01
楦体尺寸	楦斜长		276	±5.31	255	±5.31	270	±5.19	250	±5.21

GB 3293

附表 7　　　　解放鞋楦长、

号型	鞋　　号	13	13.5	14	14.5	15	15.5	16	等差	16.5	17	17.5	18
	楦底样长	140	145	150	155	160	165	170		175	180	185	190
一型半	蹠　　围	152	155.5	159	162.5	166	169.5	173	±3.5	176.5	180	183.5	187
	跗　　围	156.6	160.2	163.8	167.4	171	174.6	178.2	±3.6	182.1	185.7	189.3	192.9
	基本宽度	53.3	54.5	55.7	56.9	58.1	59.3	60.5	±1.2	62.4	63.6	64.8	66
	踵心宽度	36.2	37	37.8	38.6	39.4	40.2	41	±0.81	42.3	43.1	43.9	44.7
二型	蹠　　围	155.5	159	162.5	166	169.5	173	176.5	±3.5	180	183.5	187	190.5
	跗　　围	160.2	163.8	167.4	171	174.6	178.2	181.8	±3.6	185.7	189.3	192.9	196.5
	基本宽度	54.5	55.7	56.9	58.1	59.3	60.5	61.7	±1.2	63.6	64.8	66	67.2
	踵心宽度	37	37.8	38.6	39.4	40.2	41	41.8	±0.81	43.1	43.9	44.7	45.5
二型半	蹠　　围	159	162.5	166	169.5	173	176.5	180	±3.5	183.5	187	190.5	194
	跗　　围	163.8	167.4	171	174.6	178.2	181.8	185.4	±3.6	189.3	192.9	196.5	200.1
	基本宽度	55.7	56.9	58.1	59.3	60.5	61.7	62.9	±1.2	64.8	66	67.2	68.4
	踵心宽度	37.8	38.6	39.4	40.2	41	41.8	42.6	±0.81	43.9	44.7	45.5	46.3
三型	蹠　　围												
	跗　　围												
	基本宽度												
	踵心宽度												
三型半	蹠　　围												
	跗　　围												
	基本宽度												
	踵心宽度												
四型	蹠　　围												
	跗　　围												
	基本宽度												
	踵心宽度												
四型半	蹠　　围												
	跗　　围												
	基本宽度												
	踵心宽度												

—82

围、宽尺寸系列表

单位：mm

18.5	19	19.5	等差	20	20.5	21	21.5	22	22.5	23	等差	23.5	24	24.5
195	200	205		210	215	220	225	230	235	240		245	250	255
190.5	194	197.5	±3.5	201	204.5	208	211.5	215	218.5	222	±3.5	225.5	229	232.5
196.5	200.1	203.7	±3.6	207.6	211.2	214.8	218.4	222	225.6	229.2	±3.6	231.8	235.4	239
67.2	68.4	69.6	±1.2	72.4	73.7	75	76.3	77.6	78.9	80.2	±1.3	81.5	82.8	84.1
45.5	46.3	47.1	±0.81	49.1	50	50.8	51.7	52.6	53.5	54.4	±0.88	55.2	56.1	57
194	197.5	201	±3.5	204.5	208	211.5	215	218.5	222	225.5	±3.5	229	232.5	236
200.1	203.7	207.3	±3.6	211.2	214.8	218.4	222	225.6	229.2	232.8	±3.6	235.4	239	242.6
68.4	69.6	70.8	±1.2	73.7	75	76.3	77.6	78.9	80.2	81.5	±1.3	82.8	84.1	85.4
46.3	47.1	47.9	±0.81	50	50.8	51.7	52.6	53.5	54.4	55.2	±0.88	56.1	57	57.9
197.5	201	204.5	±3.5	208	211.5	215	218.5	222	225.5	229	±3.5	232.5	236	239.5
203.7	207.3	210.9	±3.6	214.8	218.4	222	225.6	229.2	232.8	236.4	±3.6	239	242.6	246.2
69.6	70.8	72	±1.2	75	76.3	77.6	78.9	80.2	81.5	82.8	±1.3	84.1	85.4	86.7
47.1	47.9	48.7	±0.81	50.8	51.7	52.6	53.5	54.4	55.2	56.1	±0.88	57	57.9	58.8
				211.5	215	218.5	222	225.5	229	232.5	±3.5	236	239.5	243
				218.4	222	225.6	229.2	232.8	236.4	240	±3.6	242.6	246.2	249.8
				76.3	77.6	78.9	80.2	81.5	82.8	84.1	±1.3	85.4	86.7	88
				51.7	52.6	53.5	54.4	55.2	56.1	57	±0.88	57.9	58.8	59.6
												239.5	243	246.5
												246.2	249.8	253.4
												86.7	88	89.3
												58.8	59.6	60.5
												243	246.5	250
												249.8	253.4	257
												88	89.3	90.6
												59.6	60.5	61.4
												246.5	250	253.5
												253.4	257	260.6
												89.3	90.6	91.9
												60.5	61.4	62.3

GB 3293—82

续表

号型	鞋号	25	25.5	26	26.5	27	27.5	28	28.5	29	29.5	30	等差
	楦底样长	260	265	270	275	280	285	290	295	300	305	310	
一型半	蹠围	236	239.5	243	246.5	250	253.5	257	260.5	264	267.5	271	±3.5
	跗围	242.6	246.2	249.8	253.4	257	260.6	264.2	267.8	271.4	275	278.6	±3.6
	基本宽度	85.4	86.7	88	89.3	90.6	91.9	93.2	94.5	95.8	97.1	98.4	±1.3
	踵心宽度	57.9	58.8	59.6	60.5	61.4	62.3	63.2	64	64.9	65.8	66.7	±0.88
二型	蹠围	239.5	243	246.5	250	253.5	257	260.5	264	267.5	271	274.5	±3.5
	跗围	246.2	249.8	253.4	257	260.6	264.2	267.8	271.4	275	278.6	282.2	±3.6
	基本宽度	86.7	88	89.3	90.6	91.9	93.2	94.5	95.8	97.1	98.4	99.7	±1.3
	踵心宽度	58.8	59.6	60.5	61.4	62.3	63.2	64	64.9	65.8	66.7	67.6	±0.88
二型半	蹠围	243	246.5	250	253.5	257	260.5	264	267.5	271	274.5	278	±3.5
	跗围	249.8	253.4	257	260.6	264.2	267.8	271.4	275	278.6	282.2	285.8	±3.6
	基本宽度	88	89.3	90.6	91.9	93.2	94.5	95.8	97.1	98.4	99.7	101	±1.3
	踵心宽度	59.6	60.5	61.4	62.3	63.2	64	64.9	65.8	66.7	67.6	68.4	±0.88
三型	蹠围	246.5	250	253.5	257	260.5	264	267.5	271	274.5	278	281.5	±3.5
	跗围	253.4	257	260.6	264.2	267.8	271.4	275	278.6	282.2	285.8	289.4	±3.6
	基本宽度	89.3	90.6	91.9	93.2	94.5	95.8	97.1	98.4	99.7	101	102.3	±1.3
	踵心宽度	60.5	61.4	62.3	63.2	64	64.9	65.8	66.7	67.6	68.4	69.3	±0.88
三型半	蹠围	250	253.5	257	260.5	264	267.5	271	274.5	278	281.5	285	±3.5
	跗围	257	260.6	264.2	267.8	271.4	275	278.6	282.2	285.8	289.4	293	±3.6
	基本宽度	90.6	91.9	93.2	94.5	95.8	97.1	98.4	99.7	101	102.3	103.6	±1.3
	踵心宽度	61.4	62.3	63.2	64	64.9	65.8	66.7	67.6	68.4	69.3	70.2	±0.88
四型	蹠围	253.5	257	260.5	264	267.5	271	274.5	278	281.5	285	288.5	±3.5
	跗围	260.6	264.2	267.8	271.4	275	278.6	282.2	285.8	289.4	293	296.6	±3.6
	基本宽度	91.9	93.2	94.5	95.8	97.1	98.4	99.7	101	102.3	103.6	104.9	±1.3
	踵心宽度	62.3	63.2	64	64.9	65.8	66.7	67.6	68.4	69.3	70.2	71.1	±0.88
四型半	蹠围	257	260.5	264	267.5	271	274.5	278	281.5	285	288.5	292	±3.5
	跗围	264.2	267.8	271.4	275	278.6	282.2	285.8	289.4	293	296.6	300.2	±3.6
	基本宽度	93.2	94.5	95.8	97.1	98.4	99.7	101	102.3	103.6	104.9	106.2	±1.3
	踵心宽度	63.2	64	64.9	65.8	66.7	67.6	68.4	69.3	70.2	71.1	72	±0.88

GB　3293—82

附表 8　　男布鞋中间号标准楦样尺寸一览表

编号及品名			C-0 男橡筋鞋楦*		C-20 男青年鞋楦*		C-0 男小圆口鞋楦	
号型			25（二型半）		25（二型半）		25（二型半）	
部位名称 \ 尺寸			尺寸 mm	等差 mm	尺寸 mm	等差 mm	尺寸 mm	等差 mm
长度	楦底样长		258	±5	260	±5	260	±5
	放余量		10	±0.19	13	±0.25	12	±0.23
	脚趾端点部位		248	±4.81	247	±4.75	248	±4.77
	拇指外突点部位		223	±4.32	222	±4.27	223	±4.29
	小趾外突点部位		193	±3.74	192	±3.69	193	±3.71
	第一蹠趾部位		179.3	±3.47	178.32	±3.43	179.3	±3.45
	第五蹠趾部位		156.8	±3.04	155.8	±3.00	156.8	±3.02
	腰窝部位		100.5	±1.95	99.5	±1.91	100.5	±1.93
	踵心部位		43	±0.83	42	±0.81	43	±0.83
	后容差		2	±0.04	3	±0.06	2	±0.04
围度	蹠围		238.5	±3.5	238.5	±3.5	235	±3.5
	跗围		248.5	±3.6	242.5	±3.6	—	—
宽度	基本宽度		89.3	±1.3	88	±1.3	86.7	±1.3
	拇指里宽		33.6	±0.49	32.6	±0.48	32.6	±0.49
	小趾外宽		50	±0.73	48.5	±0.72	48.5	±0.73
	第一蹠趾里宽		37.5	±0.55	37	±0.55	36.4	±0.55
	第五蹠趾外宽		51.8	±0.75	51	±0.75	50.3	±0.75
	腰窝外宽		39.5	±0.58	38.9	±0.57	38.4	±0.57
	踵心全宽		60.5	±0.88	59.6	±0.88	58.7	±0.88
楦体尺寸	跷高	总前跷	20	±0.29	27	±0.40	19	±0.28
		前跷	16	±0.23	14	±0.21	15	±0.22
		后跷高	4	—	20	±0.29	4	—
	头厚		18	±0.26	18	±0.26	20	±0.30
	后跟突点高		22.4	±0.33	22.4	±0.33	22.4	±0.33
	后身高		70	±1.03	70	±1.03	70	±1.04
	前掌凸度		7	±0.10	6.5	±0.10	7	±0.10
	底心凹度		2	±0.03	4.5	±0.07	2	±0.03
	踵心凸度		4	±0.06	3	±0.04	4	±0.06
	统口宽		26	±0.38	26	±0.38	22	±0.33
	统口长		105	±2.03	105	±2.02	140	±2.69
	楦斜长		258	±5	259	±4.98	257	±4.94

GB 3293

续表

编号及品名			C-0 男五眼棉鞋楦		C-0 男舌式棉鞋楦		C-0 男鞍棉鞋楦	
号型			25（二型半）		25（二型半）		25（二型半）	
部位名称 ＼ 尺寸			尺寸 mm	等差 mm	尺寸 mm	等差 mm	尺寸 mm	等差 mm
长度	楦底样长		261	±5	263	±5	263	±5
	放余量		11.5	±0.22	13.5	±0.26	13.5	±0.26
	脚趾端点部位		249.5	±4.78	249.5	±4.74	249.5	±4.74
	拇指外突点部位		224.5	±4.30	224.5	±4.27	224.5	±4.27
	小趾外突点部位		194.5	+3.73	194.5	±3.70	194.5	±3.70
	第一蹠趾部位		180.8	±3.46	180.8	±3.44	180.8	±3.44
	第五蹠趾部位		158.3	±3.03	158.3	±3.01	158.3	±3.01
	腰窝部位		102	±1.95	102	±1.94	102	±1.94
	踵心部位		44.5	±0.85	44.5	±0.85	44.5	±0.85
	后容差		2	±0.04	2	±0.04	2	±0.04
围度	蹠围		242	±3.5	238.5	±3.5	242	±3.5
	跗围		254	±3.7	242.5	±3.6	254	±3.7
宽度	基本宽度		89.3	±1.3	86.7	±1.3	88	±1.3
	拇指里宽		33.6	±0.49	32.6	±0.49	33.1	±0.49
	小趾外宽		50	±0.73	48.5	±0.73	49.3	±0.73
	第一蹠趾里宽		37.5	±0.55	36.4	±0.55	37	±0.55
	第五蹠趾外宽		51.8	±0.75	50.3	±0.75	51	±0.75
	腰窝外宽		39.5	±0.58	38.3	±0.57	38.9	±0.57
	踵心全宽		60.5	±0.88	58.7	±0.88	59.6	±0.88
楦体尺寸	跷高	总前跷	21	±0.30	21	±0.31	21	±0.30
		前跷	17	±0.25	17	±0.25	17	±0.25
		后跷高	4	—	4	—	4	—
	头厚		20	±0.29	19	±0.28	24	±0.35
	后跟突点高		22.4	±0.32	22.4	±0.33	22.4	±0.32
	后身高		94	±1.36	75	±1.10	75	±1.08
	前掌凸度		7	±0.10	7	±0.10	7	±0.10
	底心凹度		2	±0.03	2	±0.03	2	±0.03
	踵心凸度		4	±0.06	4	±0.06	4	±0.06
	统口宽		25	±0.36	34	±0.50	28	±0.40
	统口长		103	±1.97	107	±2.03	107	±2.03
	楦斜长		266	±5.10	265	±5.04	265	±5.04

注：* 可做五眼鞋。

—82

C-20 男橡筋棉鞋楦		C-20 男全空凉鞋楦		C-20 男拖鞋楦	
25（二型半）		25（二型半）		25（二型半）	
尺寸 mm	等差 mm	尺寸 mm	等差 mm	尺寸 mm	等差 mm
263	±5	255	±5	260	±5
14.5	±0.28	7	±0.14	12	±0.23
248.5	±4.72	248	±4.86	248	±4.77
223.5	±4.25	223	±4.37	223	±4.29
193.5	±3.68	193	±3.78	193	±3.71
179.8	±3.42	179.3	±3.52	179.3	±3.45
157.3	±2.99	156.8	±3.07	156.8	±3.02
101	±1.92	100.5	±1.97	100.5	±1.93
43.5	±0.83	43	±0.84	43	±0.83
3	±0.06	2	±0.04	2	±0.04
242	±3.5	235	±3.5	238.5	±3.5
248	±3.6	242	±3.6	247.5	±3.6
88	±1.3	86.7	±1.3	88	±1.3
32.6	±0.48	32.6	±0.49	32.6	±0.48
48.5	±0.72	48.5	±0.73	48.5	±0.72
37	±0.55	36.4	±0.55	37	±0.55
51	±0.75	50.3	±0.75	51	±0.75
38.9	±0.57	38.9	±0.58	39.5	±0.58
59.6	±0.88	58.7	±0.88	60.5	±0.89
28	±0.40	26	±0.39	27	±0.40
15	±0.22	13	±0.19	14	±0.21
20	±0.29	20	±0.30	20	±0.29
20	±0.29	16	±0.24	18	±0.26
22.4	±0.32	22.4	±0.33	22.4	±0.33
94	±1.36	70	±1.04	70	±1.03
6.5	±0.09	7	±0.10	7	±0.10
4.5	±0.07	4	±0.06	4	±0.06
3	±0.04	3.5	±0.05	3.5	±0.05
25	±0.36	26	±0.39	26	±0.38
103	±1.96	105	±2.06	105	±2.02
267	±5.08	252	±4.94	258	±4.96

GB 3293

附表 9 女布鞋中间号标准

编号及品名			C-0 女橡筋鞋楦		C-0 女圆口鞋楦*		C-0 女圆口鞋楦**	
号型			23（一型半）		23（一型半）		23（一型半）	
部位名称 尺寸			尺寸 mm	等差 mm	尺寸 mm	等差 mm	尺寸 mm	等差 mm
长度	楦底样长		238	±5	238	±5	238	±5
	放余量		10	±0.21	10	±0.21	10	±0.21
	脚趾端点部位		228	±4.79	228	±4.79	228	±4.79
	拇指外突点部位		205	±4.31	205	±4.31	205	±4.31
	小趾外突点部位		177.4	±3.73	177.4	±3.73	177.4	±3.73
	第一蹠趾部位		164.8	±3.46	164.8	±3.46	164.8	±3.46
	第五蹠趾部位		144.1	±3.03	144.1	±3.03	144.1	±3.03
	腰窝部位		92.3	±1.94	92.3	±1.94	92.3	±1.94
	踵心部位		39.4	±0.83	39.4	±0.83	39.4	±0.83
	后容差		2	±0.04	2	±0.04	2	±0.04
围度	蹠围		215.5	±3.5	212	±3.5	212	±3.5
	跗围		224.5	±3.6	219	±3.6	219	±3.6
宽度	基本宽度		81.5	±1.3	80.2	±1.3	78.9	±1.3
	拇指里宽		30.7	±0.49	30.2	±0.49	29.7	±0.49
	小趾外宽		45.6	±0.73	44.9	±0.73	44.2	±0.73
	第一蹠趾里宽		34.2	±0.55	33.7	±0.55	33.1	±0.55
	第五蹠趾外宽		47.3	±0.75	46.5	±0.75	45.8	±0.75
	腰窝外宽		36	±0.57	35.4	±0.57	34.9	±0.58
	踵心全宽		55.2	±0.88	54.3	±0.88	53.5	±0.88
楦体尺寸	跷高	总前跷	19	±0.31	19	±0.31	19	±0.31
		前跷	16	±0.26	16	±0.26	16	±0.26
		后跷高	4	—	4	—	4	—
	头厚		17	±0.28	17	±0.28	17	±0.28
	后跟突点高		20.3	±0.33	20.3	±0.34	20.3	±0.34
	后身高		65	±1.06	65	±1.07	65	±1.07
	前掌凸度		6.5	±0.11	6.5	±0.11	6.5	±0.11
	底心凹度		2	±0.03	2	±0.03	2	±0.03
	踵心凸度		3	±0.05	3	±0.05	3	±0.05
	统口宽		23	±0.37	23	±0.38	23	±0.38
	统口长		100	±2.10	100	±2.10	100	±2.10
	楦斜长		238	±5	237	±4.98	237	±4.98

—82

楦样尺寸一览表

C-20女圆口鞋楦**		C-30女圆口鞋楦**		C-40女圆口鞋楦**		C-60女圆口鞋楦	
23（一型半）		23（一型半）		23（一型半）		23（一型半）	
尺寸 mm	等差 mm	尺寸 mm	等差 mm	尺寸 mm	等差 mm	尺寸 mm	等差 mm
238	±5	238	±5	238	±5	238	±5
11	±0.23	11	±0.23	11	±0.23	11	±0.23
227	±4.77	227	±4.77	227	±4.77	227	±4.77
204	±4.29	204	±4.29	204	±4.29	204	±4.29
176.4	±3.71	176.4	±3.71	176.4	±3.71	176.4	±3.71
163.8	±3.44	163.8	±3.44	163.8	±3.44	163.8	±3.44
143.1	±3.01	143.1	±3.01	143.1	±3.01	143.1	±3.01
91.3	±1.92	91.3	±1.92	91.3	±1.92	91.3	±1.92
38.4	±0.81	38.4	±0.81	38.4	±0.81	38.4	±0.81
3	±0.06	3	±0.06	3	±0.06	3	±0.06
212	±3.5	212	±3.5	214	±3.5	216	±3.5
213	±3.5	211	±3.5	211	±3.5	209	±3.4
78.9	±1.3	77.6	±1.3	76.3	±1.2	75.1	±1.2
29.7	±0.49	29.2	±0.49	28.7	±0.45	273	±0.44
44.2	±0.73	43.4	±0.73	42.7	±0.67	41	±0.66
33.1	±0.55	32.6	±0.55	32	±0.50	31.5	±0.50
45.8	±0.75	45	±0.75	44.3	±0.70	43.6	±0.70
34.9	±0.58	34.3	±0.57	33.7	±0.53	33.2	±0.53
53.5	±0.88	52.6	±0.88	51.7	±0.81	50.9	±0.81
26	±0.43	33	±0.54	40	±0.65	54	±0.88
14	±0.23	14	±0.23	14	±0.23	13.5	±0.22
20	±0.33	30	±0.50	40	±0.65	60	±0.97
16	±0.26	16	±0.26	16	±0.26	16	±0.26
20.3	±0.34	20.3	±0.34	20.3	±0.33	20.3	±0.33
65	±1.07	65	±1.07	65	±1.06	65	±1.05
6	±0.10	5.5	±0.09	5	±0.08	4	±0.06
4.5	±0.07	5	±0.08	5.5	±0.09	6.5	±0.11
3	±0.05	3	±0.05	3	±0.05	3	±0.05
23	±0.38	23	±0.38	23	±0.38	23	±0.37
100	±2.10	100	±2.10	100	±2.10	100	±2.10
236	±4.96	235	±4.94	234	±4.92	232	±4.87

GB 3293

续表

编号及品名		C-0 女青年鞋楦		C-20 女青年鞋楦		C-30 女青年鞋楦	
号型		23（一型半）		23（一型半）		23（一型半）	
部位名称 / 尺寸		尺寸 mm	等差 mm	尺寸 mm	等差 mm	尺寸 mm	等差 mm
长度	楦底样长	238	±5	238	±5	238	±5
	放余量	10	±0.21	11	±0.23	11	±0.23
	脚趾端点部位	228	±4.79	227	±4.77	227	±4.77
	拇指外突点部位	205	±4.31	204	±4.29	204	±4.29
	小趾外突点部位	177.4	+3.73	176.4	±3.71	176.4	±3.71
	第一蹠趾部位	164.8	±3.46	163.8	±3.44	163.8	±3.44
	第五蹠趾部位	144.1	±3.03	143.1	±3.01	143.1	±3.01
	腰窝部位	92.3	±1.94	91.3	±1.91	91.3	±1.92
	踵心部位	39.4	±0.83	38.4	±0.81	38.4	±0.81
	后容差	2	±0.04	3	±0.06	3	±0.06
围度	蹠围	215.5	±3.5	215.5	±3.5	215.5	±3.5
	跗围	224.5	±3.6	218.5	±3.5	216.5	±3.5
宽度	基本宽度	80.2	±1.3	80.2	±1.3	78.9	±1.3
	拇指里宽	30.2	±0.49	30.2	±0.49	29.7	±0.49
	小趾外宽	44.9	±0.73	44.9	±0.73	44.2	±0.73
	第一蹠趾里宽	33.7	±0.55	33.7	±0.55	33.1	±0.55
	第五蹠趾外宽	46.5	±0.75	46.5	±0.75	45.8	±0.75
	腰窝外宽	35.4	±0.57	35.4	±0.57	34.9	±0.58
	踵心全宽	54.3	±0.88	54.3	±0.88	53.5	±0.88
楦体尺寸	跷高 总前跷	19	±0.31	26	±0.42	33	±0.54
	跷高 前跷	16	±0.26	14	±0.23	14	±0.23
	跷高 后跷高	4	—	20	±0.32	30	±0.49
	头厚	17	±0.28	16	±0.26	16	±0.26
	后跟突点高	20.3	±0.33	20.3	±0.33	20.3	±0.33
	后身高	65	±1.06	65	±1.06	65	±1.06
	前掌凸度	6.5	±0.11	6	±0.10	5.5	±0.09
	底心凹度	2	±0.03	4.5	±0.07	5	±0.08
	踵心凸度	3	±0.05	3	±0.05	3	±0.05
	统口宽	23	±0.37	23	±0.37	23	±0.37
	统口长	100	±2.10	100	±2.10	100	±2.10
	楦斜长	238	±5	237	±4.98	236	±4.96

—82

C-40 女青年鞋楦		C-0 女小圆口鞋楦		C-0 女四眼棉鞋楦		C-0 女拉链棉鞋楦	
23（一型半）		23（一型半）		23（一型半）		23（一型半）	
尺寸 mm	等差 mm	尺寸 mm	等差 mm	尺寸 mm	等差 mm	尺寸 mm	等差 mm
238	±5	238	±5	241	±5	242	±5
11	±0. 23	10	±0. 21	11. 5	±0. 24	12. 5	±0. 26
227	±4. 77	228	±4. 79	229. 5	±4. 76	229. 5	±4. 74
204	±4. 29	205	±4. 31	206. 5	±4. 28	206. 5	±4. 27
176. 4	±3. 71	177. 4	±3. 73	178. 9	±3. 71	178. 9	±3. 70
163. 8	±3. 44	164. 8	±3. 46	166. 3	±3. 45	166. 3	±3. 44
143. 1	±3. 01	144. 1	±3. 03	145. 6	±3. 02	145. 6	±3. 01
91. 3	±1. 92	92. 3	±1. 94	93. 8	±1. 95	93. 8	±1. 94
38. 4	±0. 81	39. 4	±0. 83	40. 9	±0. 85	40. 9	±0. 85
3	±0. 06	2	±0. 04	2	±0. 04	2	±0. 04
217. 5	±3. 5	212	±3. 5	219	±3. 5	219	±3. 5
216. 5	±3. 5	—	—	230	±3. 7	230	±3. 7
77. 6	±1. 2	78. 9	±1. 3	81. 5	±1. 3	80. 2	±1. 3
29. 2	±0. 45	29. 7	±0. 49	30. 7	±0. 49	30. 2	±0. 49
43. 4	±0. 67	44. 2	±0. 73	45. 6	±0. 73	44. 9	±0. 73
32. 6	±0. 50	33. 1	±0. 55	34. 2	±0. 55	33. 7	±0. 55
45	±0. 70	45. 8	±0. 75	47. 3	±0. 75	46. 5	±0. 75
34. 3	±0. 53	34. 9	±0. 58	36	±0. 57	35. 4	±0. 57
52. 6	±0. 81	53. 5	±0. 88	55. 2	±0. 88	54. 3	±0. 88
40	±0. 64	19	±0. 31	20	±0. 32	20	±0. 32
14	±0. 23	16	±0. 26	17	±0. 27	17	±0. 27
40	±0. 64	4	—	4	—	4	—
16	±0. 26	18	±0. 30	18	±0. 29	18	±0. 29
20. 3	±0. 33	20. 3	±0. 34	20. 3	±0. 32	20. 3	±0. 32
65	±1. 05	65	±1. 07	84	±1. 34	84	±1. 34
5	±0. 08	6. 5	±0. 11	6. 5	±0. 10	6. 5	±0. 10
5. 5	±0. 09	2	±0. 03	2	±0. 03	2	±0. 03
3	±0. 05	3	±0. 05	3	±0. 05	3	±0. 05
23	±0. 37	21	±0. 35	22	±0. 35	22	±0. 35
100	±2. 10	120	±2. 52	98	±2. 03	98	±2. 02
235	±4. 94	235	±4. 94	246	±5. 10	247	±5. 10

GB 3293

续表

部位名称			C-20 女拉链棉鞋楦		C-30 女拉链棉鞋楦		C-40 女拉链棉鞋楦	
号型			23（一型半）		23（一型半）		23（一型半）	
尺寸			尺寸 mm	等差 mm	尺寸 mm	等差 mm	尺寸 mm	等差 mm
长度	楦底样长		242	±5	242	±5	242	±5
	放余量		13.5	±0.28	13.5	±0.28	13.5	±0.28
	脚趾端点部位		228.5	±4.72	228.5	±4.72	228.5	±4.72
	拇指外突点部位		205.5	±4.25	205.5	±4.25	205.5	±4.25
	小趾外突点部位		177.9	±3.68	177.9	±3.68	177.9	±3.68
	第一蹠趾部位		165.3	±3.42	165.3	±3.42	165.3	±3.42
	第五蹠趾部位		144.6	±2.99	144.6	±2.99	144.6	±2.99
	腰窝部位		92.8	±1.92	92.8	±1.92	92.8	±1.92
	踵心部位		39.9	±0.82	39.9	±0.82	39.9	±0.82
	后容差		3	±0.06	3	±0.06	3	±0.06
围度	蹠围		219	±3.5	219	±3.5	221	±3.5
	跗围		225	±3.6	223	±3.6	223	±3.5
宽度	基本宽度		80.2	±1.3	78.9	±1.3	77.6	±1.2
	拇指里宽		30.2	±0.49	29.7	±0.49	29.2	±0.45
	小趾外宽		44.9	±0.73	44.2	±0.73	43.4	±0.67
	第一蹠趾里宽		33.7	±0.55	33.1	±0.55	32.6	±0.50
	第五蹠趾外宽		46.5	±0.75	45.8	±0.75	45	±0.70
	腰窝外宽		35.4	±0.57	34.9	±0.58	34.3	±0.53
	踵心全宽		54.3	±0.88	53.5	±0.88	52.6	±0.81
楦体尺寸	跷高	总前跷	27	±0.43	34	±0.54	41	±0.65
		前跷	15	±0.24	15	±0.24	15	±0.24
		后跷高	20	±0.32	30	±0.48	40	±0.63
	头厚		17	±0.27	17	±0.27	17	±0.27
	后跟突点高		20.3	±0.32	20.3	±0.32	20.3	±0.32
	后身高		84	±1.34	84	±1.34	84	±1.33
	前掌凸度		6	±0.10	5.5	±0.09	5	±0.08
	底心凹度		4.5	±0.07	5	±0.08	5.5	±0.09
	踵心凸度		3	±0.05	3	±0.05	3	±0.05
	统口宽		22	±0.35	22	±0.35	22	±0.35
	统口长		98	±2.02	98	±2.02	98	±2.02
	楦斜长		246	±5.08	245	±5.06	244	±5.04

—82

C-0 女舌式棉鞋楦		C-20 女舌式棉鞋楦		C-0 女鞍棉鞋楦		C-20 女全空凉鞋楦	
23（一型半）		23（一型半）		23（一型半）		23（一型半）	
尺寸 mm	等差 mm	尺寸 mm	等差 mm	尺寸 mm	等差 mm	尺寸 mm	等差 mm
242	±5	242	±5	242	±5	235	±5
12.5	±0.26	13.5	±0.28	12.5	±0.26	7	±0.15
229.5	±4.74	228.5	±4.72	229.5	±4.74	228	±4.85
206.5	±4.27	205.5	±4.25	206.5	±4.27	205	±4.36
178.9	±3.70	177.9	±3.68	178.9	±3.70	177.4	±3.77
166.3	±3.44	165.3	±3.42	166.3	±3.44	164.8	±3.51
145.6	±3.01	144.6	±2.99	145.6	±3.01	144.1	±3.07
93.8	±1.94	92.8	±1.92	93.8	±1.94	92.3	±1.96
40.9	±0.85	39.9	±0.82	40.9	±0.85	39.4	±0.84
2	±0.04	3	±0.06	2	±0.04	2	±0.04
215.5	±3.5	215.5	±3.5	219	±3.5	212	±3.5
219.5	±3.6	217.5	±3.5	230	±3.7	218	±3.6
78.9	±1.3	78.9	±1.3	80.2	±1.3	78.9	±1.3
29.7	±0.49	29.7	±0.49	30.2	±0.49	29.7	±0.49
44.2	±0.73	44.2	±0.73	44.9	±0.73	44.2	±0.73
33.1	±0.55	33.1	±0.55	33.7	±0.55	33.1	±0.55
45.8	±0.75	45.8	±0.75	46.5	±0.75	45.8	±0.75
34.9	±0.58	34.9	±0.58	35.4	±0.57	35.4	±0.58
53.5	±0.88	53.5	±0.88	54.3	±0.88	53.5	±0.88
20	±0.32	27	±0.44	20	±0.32	25	±0.41
17	±0.28	15	±0.24	17	±0.27	13	±0.21
4	—	20	±0.32	4	—	20	±0.33
17	±0.28	16	±0.26	20	±0.32	15	±0.25
20.3	±0.33	20.3	±0.33	20.3	±0.32	20.3	±0.34
70	±1.14	70	±1.14	84	±1.34	65	±1.07
6.5	±0.11	6	±0.10	6.5	±0.10	6	±0.10
2	±0.03	4.5	±0.07	2	±0.03	4.5	±0.07
3	±0.05	3	±0.05	3	±0.05	3	±0.05
25	±0.41	25	±0.41	22	±0.35	23	±0.38
96	±1.98	96	±1.98	98	±2.02	100	±2.13
244	±5.04	243	±5.02	246	±5.08	231	±4.91

GB 3293

续表

编号及品名			C-40 女全空凉鞋楦		C-0 女拖鞋楦	
部位名称 \ 号型			23（一型半）		23（一型半）	
部位名称 \ 尺寸			尺寸 mm	等差 mm	尺寸 mm	等差 mm
长度	楦底样长		235	±5	240	±5
	放 余 量		7	±0. 15	12	±0. 25
	脚趾端点部位		228	±4. 85	228	±4. 75
	拇指外突点部位		205	±4. 36	205	±4. 27
	小趾外突点部位		177. 4	±3. 77	177. 4	±3. 70
	第一蹠趾部位		164. 8	±3. 51	164. 8	±3. 43
	第五蹠趾部位		144. 1	±3. 07	144. 1	±3. 00
	腰窝部位		92. 3	±1. 96	92. 3	±1. 92
	踵心部位		39. 4	±0. 84	39. 4	±0. 82
	后 容 差		2	±0. 04	2	±0. 04
围度	蹠　　围		214	±3. 5	215. 5	±3. 5
	跗　　围		216	±3. 5	226. 5	±3. 7
宽度	基本宽度		76. 3	±1. 2	80. 2	±1. 3
	拇指里宽		28. 7	±0. 45	30. 2	±0. 49
	小趾外宽		42. 7	±0. 67	44. 9	±0. 73
	第一蹠趾里宽		32	±0. 50	33. 7	±0. 55
	第五蹠趾外宽		44. 3	±0. 70	46. 5	±0. 75
	腰窝外宽		34. 3	±0. 54	36	±0. 58
	踵心全宽		51. 7	±0. 81	55. 2	±0. 89
楦体尺寸	跷高	总前跷	32	±0. 52	19	±0. 31
		前　跷	13	±0. 21	14	±0. 23
		后跷高	40	±0. 65	4	—
	头　　厚		15	±0. 25	17	±0. 28
	后跟突点高		20. 3	±0. 33	20. 3	±0. 33
	后 身 高		65	±1. 06	65	±1. 06
	前掌凸度		5	±0. 08	7	±0. 11
	底心凹度		5. 5	±0. 09	2	±0. 03
	踵心凸度		3	±0. 05	3	±0. 05
	统 口 宽		23	±0. 38	23	±0. 37
	统 口 长		100	±2. 13	100	±2. 08
	楦 斜 长		229	±4. 87	238	±4. 96

注：* 适做出边鞋；* * 适做不出边鞋和海元鞋。

—82

C-20 女拖鞋楦		C-30 女拖鞋楦		C-40 女拖鞋楦	
23（一型半）		23（一型半）		23（一型半）	
尺寸 mm	等差 mm	尺寸 mm	等差 mm	尺寸 mm	等差 mm
240	±5	240	±5	240	±5
12	±0. 25	12	±0. 25	12	±0. 25
228	±4. 75	228	±4. 75	228	±4. 75
205	±4. 27	205	±4. 27	205	±4. 27
177. 4	±3. 70	177. 4	±3. 70	177. 4	±3. 70
164. 8	±3. 43	164. 8	±3. 43	164. 8	±3. 43
144. 1	±3. 00	144. 1	±3. 00	144. 1	±3. 00
92. 3	±1. 92	92. 3	±1. 92	92. 3	±1. 92
39. 4	±0. 82	39. 4	±0. 82	39. 4	±0. 82
2	±0. 04	2	±0. 04	2	±0. 04
215. 5	±3. 5	215. 5	±3. 5	217. 5	±3. 5
221. 5	±3. 6	219. 5	±3. 6	219. 5	±3. 5
80. 2	±1. 3	78. 9	±1. 3	77. 6	±1. 2
30. 2	±0. 49	29. 7	±0. 49	29. 2	±0. 45
44. 9	±0. 73	44. 2	±0. 73	43. 4	±0. 67
33. 7	±0. 55	33. 1	±0. 55	32. 6	±0. 50
46. 5	±0. 76	45. 8	±0. 75	45	±0. 70
36	±0. 58	35. 4	±0. 58	34. 9	±0. 54
55. 2	±0. 89	54. 3	±0. 89	53. 5	±0. 83
26	±0. 42	33	±0. 54	40	±0. 64
14	±0. 23	13	±0. 21	13	±0. 21
20	±0. 32	30	±0. 49	40	±0. 64
16	±0. 26	16	±0. 26	16	±0. 26
20. 3	±0. 33	20. 3	±0. 33	20. 3	±0. 33
65	±1. 06	65	±1. 06	65	±1. 05
6	±0. 10	5. 5	±0. 09	5	±0. 08
4. 5	±0. 07	5	±0. 08	5. 5	±0. 09
3	±0. 05	3	±0. 05	3	±0. 05
23	±0. 37	23	±0. 37	23	±0. 37
100	±2. 08	100	±2. 08	100	±2. 08
237	±4. 94	236	±4. 92	235	±4. 90

GB 3293

附表 10　　**童布鞋中间号**

编号及品名		C-0 婴儿橡筋鞋楦		C-0 小童橡筋鞋楦		C-0 大童橡筋鞋楦	
号型		11（二型）		14.5（二型）		18（二型）	
部位名称	尺寸	尺寸 mm	等差 mm	尺寸 mm	等差 mm	尺寸 mm	等差 mm
长度	楦底样长	115	±5	153	±5	188	±5
	放余量	6	±0.26	9.5	±0.31	9.5	±0.25
	脚趾端点部位	109	±4.74	143.5	±4.69	178.5	±4.75
	拇指外突点部位	98	±4.26	129	±4.22	160.5	±4.27
	小趾外突点部位	84.8	±3.69	111.6	±3.65	138.9	±3.69
	第一蹠趾部位	78.8	±3.43	103.6	±3.39	129	±3.43
	第五蹠趾部位	68.9	±3.00	90.6	±2.96	112.8	±3.00
	腰窝部位	44.1	±1.92	58	±1.90	72.3	±1.92
	踵心部位	18.8	±0.82	24.6	±0.80	30.9	±0.82
	后容差	1	±0.04	1.5	±0.05	1.5	±0.04
围度	蹠围	137	±3.5	161.5	±3.5	186	±3.5
	跗围	143	±3.7	167.5	±3.6	192	±3.6
宽度	基本宽度	50.3	±1.3	59.4	±1.3	68.5	±1.3
	拇指里宽	20.9	±0.54	23.8	±0.52	26.7	±0.51
	小趾外宽	31	±0.80	35.4	±0.77	39.8	±0.76
	第一蹠趾里宽	21	±0.54	24.9	±0.54	28.7	±0.54
	第五蹠趾外宽	29.3	±0.76	34.5	±0.76	39.8	±0.76
	腰窝外宽	22.1	±0.57	26.2	±0.57	30.2	±0.57
	踵心全宽	34.1	±0.88	40.3	±0.88	46.4	±0.88
楦体尺寸	跷高 总前跷	11	±0.28	13	±0.28	16	±0.30
	跷高 前跷	10	±0.26	11	±0.24	12	±0.23
	跷高 后跷高	1	—	2	—	3	—
	头厚	13	±0.33	14	±0.30	15	±0.28
	后跟突点高	10.6	±0.27	14	±0.30	16.7	±0.31
	后身高	44	±1.12	50	±1.08	56	±1.05
	前掌凸度	3	±0.08	4	±0.09	5	±0.09
	底心凹度	1	±0.03	1	±0.02	1.5	±0.03
	踵心凸度	2	±0.05	2	±0.04	2.5	±0.05
	统口宽	14	±0.36	16	±0.35	18	±0.34
	统口长	45	±1.96	60	±1.96	75	±1.99
	楦斜长	117	±5.09	157	±5.13	192	±5.11

—82

标准检样尺寸一览表

C-0 中人橡筋鞋楦		C-0 小童棉鞋楦		C-0 大童棉鞋楦		C-0 中人棉鞋楦	
21.5（二型）		14.5（二型）		18（二型）		21.5（二型）	
尺寸 mm	等差 mm	尺寸 mm	等差 mm	尺寸 mm	等差 mm	尺寸 mm	等差 mm
223	±5	156	±5	191	±5	226	±5
10	±0.22	11	±0.35	11	±0.29	11.5	±0.25
213	±4.78	145	±4.65	180	±4.71	214.5	±4.75
191.5	±4.29	130.5	±4.18	162	±4.24	193	±4.27
165.7	±3.72	113.1	±3.63	140.4	±3.68	167.2	±3.70
153.9	±3.45	105.1	±3.37	130.5	±3.42	155.4	±3.44
134.5	±3.02	92.1	±2.95	114.3	±2.99	136	±3.01
86.2	±1.93	59.5	±1.91	73.8	±1.93	87.7	±1.94
36.7	±0.82	26.1	±0.84	32.4	±0.85	38.2	±0.85
2	±0.04	1.5	±0.05	1.5	±0.04	2	±0.04
210.5	±3.5	165	±3.5	189.5	±3.5	214	±3.5
216.5	±3.6	173	±3.7	197.5	±3.6	222	±3.6
78.9	±1.3	59.4	±1.3	68.5	±1.3	78.9	±1.3
30.2	±0.50	23.8	±0.52	26.7	±0.51	30.2	±0.50
44.9	±0.74	35.4	±0.77	39.8	±0.76	44.9	±0.74
33.1	±0.55	24.9	±0.54	28.7	±0.54	33.1	±0.55
45.8	±0.75	34.5	±0.76	39.8	±0.76	45.8	±0.75
34.9	±0.58	26.2	±0.57	30.2	±0.57	34.9	±0.58
53.5	±0.88	40.3	±0.88	46.4	±0.88	53.5	±0.88
20	±0.33	14	±0.30	17	±0.31	21	±0.34
13	±0.22	12	±0.25	13	±0.24	14	±0.23
4	—	2	—	3	—	4	—
16	±0.27	14	±0.30	16	±0.30	18	±0.29
19.1	±0.32	14	±0.30	16.7	±0.31	19.1	±0.31
62	±1.03	64	±1.36	72	±1.33	80	±1.31
6	±0.10	4	±0.08	5	±0.09	6	±0.10
2	±0.03	1	±0.02	1.5	±0.03	2	±0.03
2.5	±0.04	2	±0.04	2.5	±0.05	3	±0.05
20	±0.33	16	±0.34	18	±0.33	20	±0.33
90	±2.02	65	±2.08	79	±2.07	90	±2.06
227	±5.09	160	±5.13	195	±5.10	230	±5.09

GB 3293—82

附表 11（1）　婴儿橡筋鞋楦长、围、宽尺寸系列表　单位：mm

号型	鞋　　号	9	9.5	10	10.5	11	11.5	12	12.5	等差
	楦底样长	95	100	105	110	115	120	125	130	
一型半	蹠　　围	119.5	123	126.5	130	133.5	137	140.5	144	±3.5
	跗　　围	124.5	128.2	131.9	135.6	139.3	143	146.7	150.4	±3.7
	基本宽度	43.8	45.1	46.4	47.7	49	50.3	51.6	52.9	±1.3
	踵心宽度	29.7	30.6	31.5	32.3	33.2	34.1	35	35.9	±0.88
二型	蹠　　围	123	126.5	130	133.5	137	140.5	144	147.5	±3.5
	跗　　围	128.2	131.9	135.6	139.3	143	146.7	150.4	154.1	±3.7
	基本宽度	45.1	46.4	47.7	49	50.3	51.6	52.9	54.2	±1.3
	踵心宽度	30.6	31.5	32.3	33.2	34.1	35	35.9	36.7	±0.88
二型半	蹠　　围	126.5	130	133.5	137	140.5	144	147.5	151	±3.5
	跗　　围	131.9	135.6	139.3	143	146.7	150.4	154.1	157.8	±3.7
	基本宽度	46.4	47.7	49	50.3	51.6	52.9	54.2	55.5	±1.3
	踵心宽度	31.5	32.3	33.2	34.1	35	35.9	36.7	37.6	±0.88

附表 11（2）　小童橡筋鞋楦长、围、宽尺寸系列表　单位：mm

号型	鞋　　号	13	13.5	14	14.5	15	15.5	16	等差
	楦底样长	138	143	148	153	158	163	168	
一型半	蹠　　围	147.5	151	154.5	158	161.5	165	168.5	±3.5
	跗　　围	153.1	156.7	160.3	163.9	167.5	171.1	174.7	±3.6
	基本宽度	54.2	55.5	56.8	58.1	59.4	60.7	62	±1.3
	踵心宽度	36.8	37.7	38.5	39.4	40.3	41.2	42.1	±0.88
二型	蹠　　围	151	154.5	158	161.5	165	168.5	172	±3.5
	跗　　围	156.7	160.3	163.9	167.5	171.1	174.7	178.3	±3.6
	基本宽度	55.5	56.8	58.1	59.4	60.7	62	63.3	±1.3
	踵心宽度	37.7	38.5	39.4	40.3	41.2	42.1	42.9	±0.88
二型半	蹠　　围	154.5	158	161.5	165	168.5	172	175.5	±3.5
	跗　　围	160.3	163.9	167.5	171.1	174.7	178.3	181.9	±3.6
	基本宽度	56.8	58.1	59.4	60.7	62	63.3	64.6	±1.3
	踵心宽度	38.5	39.4	40.3	41.2	42.1	42.9	43.8	±0.88

附表 11（3）　**大童橡筋鞋楦长、围、宽尺寸系列表**　单位：mm

号型	鞋　号	16.5	17	17.5	18	18.5	19	19.5	等差
	楦底样长	173	178	183	188	193	198	203	
一型半	蹠　围	172	175.5	179	182.5	186	189.5	193	±3.5
	跗　围	177.6	181.2	184.8	188.4	192	195.6	199.2	±3.6
	基本宽度	63.3	64.6	65.9	67.2	68.5	69.8	71.1	±1.3
	踵心宽度	42.9	43.8	44.6	45.5	46.4	47.3	48.2	±0.88
二型	蹠　围	175.5	179	182.5	186	189.5	193	196.5	±3.5
	跗　围	181.2	184.8	188.4	192	195.6	199.2	202.8	±3.6
	基本宽度	64.6	65.9	67.2	68.5	69.8	71.1	72.4	±1.3
	踵心宽度	43.8	44.6	45.5	46.4	47.3	48.2	49	±0.88
二型半	蹠　围	179	182.5	186	189.5	193	196.5	200	±3.5
	跗　围	184.8	188.4	192	195.6	199.2	202.8	206.4	±3.6
	基本宽度	65.9	67.2	68.5	69.8	71.1	72.4	73.7	±1.3
	踵心宽度	44.6	45.5	46.4	47.3	48.2	49	49.9	±0.88

附表 11（4）　**中人橡筋鞋楦长、围、宽尺寸系列表**　单位：mm

号型	鞋　号	20	20.5	21	21.5	22	22.5	23	等差
	楦底样长	208	213	218	223	228	233	238	
一型半	蹠　围	196.5	200	203.5	207	210.5	214	217.5	±3.5
	跗　围	202.1	205.7	209.3	212.9	216.5	220.1	223.7	±3.6
	基本宽度	73.7	75	76.3	77.6	78.9	80.2	81.5	±1.3
	踵心宽度	50	50.9	51.7	52.6	53.5	54.4	55.3	±0.88
二型	蹠　围	200	203.5	207	210.5	214	217.5	221	±3.5
	跗　围	205.7	209.3	212.9	216.5	220.1	223.7	227.3	±3.6
	基本宽度	75	76.3	77.6	78.9	80.2	81.5	82.8	±1.3
	踵心宽度	50.9	51.7	52.6	53.5	54.4	55.3	56.1	±0.88
二型半	蹠　围	203.5	207	210.5	214	217.5	221	224.5	±3.5
	跗　围	209.3	212.9	216.5	220.1	223.7	227.3	230.9	±3.6
	基本宽度	76.3	77.6	78.9	80.2	81.5	82.8	84.1	±1.3
	踵心宽度	51.7	52.6	53.5	54.4	55.3	56.1	57	±0.88
三型	蹠　围	207	210.5	214	217.5	221	224.5	228	±3.5
	跗　围	212.9	216.5	220.1	223.7	227.3	230.9	234.5	±3.6
	基本宽度	77.6	78.9	80.2	81.5	82.8	84.1	85.4	±1.3
	踵心宽度	52.6	53.5	54.4	55.3	56.1	57	57.9	±0.88

GB 3293—82

附表 11（5） 女橡筋鞋楦长、围、宽尺寸系列表 单位：mm

号型	鞋　　号	21	21.5	22	22.5	23	23.5	24	24.5	25	等差
	楦底样长	218	223	228	233	238	243	248	253	258	
半型	蹠　　围	201.5	205	208.5	212	215.5	219	222.5	226	229.5	±3.5
	跗　　围	210.1	213.7	217.3	220.9	224.5	228.1	231.7	235.3	238.9	±3.6
	基本宽度	76.3	77.6	78.9	80.2	81.5	82.8	84.1	85.4	86.7	±1.3
	踵心宽度	51.7	52.6	53.4	54.3	55.2	56.1	57	57.8	58.7	±0.88
一型	蹠　　围	205	208.5	212	215.5	219	222.5	226	229.5	233	±3.5
	跗　　围	213.7	217.3	220.9	224.5	228.1	231.7	235.3	238.9	242.5	±3.6
	基本宽度	77.6	78.9	80.2	81.5	82.8	84.1	85.4	86.7	88	±1.3
	踵心宽度	52.6	53.4	54.3	55.2	56.1	57	57.8	58.7	59.6	±0.88
一型半	蹠　　围	208.5	212	215.5	219	222.5	226	229.5	233	236.5	±3.5
	跗　　围	217.3	220.9	224.5	228.1	231.7	235.3	238.9	242.5	246.1	±3.6
	基本宽度	78.9	80.2	81.5	82.8	84.1	85.4	86.7	88	89.3	±1.3
	踵心宽度	53.4	54.3	55.2	56.1	57	57.8	58.7	59.6	60.5	±0.88
二型	蹠　　围	212	215.5	219	222.5	226	229.5	233	236.5	240	±3.5
	跗　　围	220.9	224.5	228.1	231.7	235.3	238.9	242.5	246.1	249.7	±3.6
	基本宽度	80.2	81.5	82.8	84.1	85.4	86.7	88	89.3	90.6	±1.3
	踵心宽度	54.3	55.2	56.1	57	57.8	58.7	59.6	60.5	61.4	±0.88
二型半	蹠　　围	215.5	219	222.5	226	229.5	233	236.5	240	243.5	±3.5
	跗　　围	224.5	228.1	231.7	235.3	238.9	242.5	246.1	249.7	253.3	±3.6
	基本宽度	81.5	82.8	84.1	85.4	86.7	88	89.3	90.6	91.9	±1.3
	踵心宽度	55.2	56.1	57	57.8	58.7	59.6	60.5	61.4	62.2	±0.88
三型	蹠　　围	219	222.5	226	229.5	233	236.5	240	243.5	247	±3.5
	跗　　围	228.1	231.7	235.3	238.9	242.5	246.1	249.7	253.3	256.9	±3.6
	基本宽度	82.8	84.1	85.4	86.7	88	89.3	90.6	91.9	93.2	±1.3
	踵心宽度	56.1	57	57.8	58.7	59.6	60.5	61.4	62.2	63.1	±0.88

GB　3293—82

附表 11（6）　　男橡筋鞋楦长、围、宽尺寸系列表　　单位：mm

号型	鞋　号	23.5	24	24.5	25	25.5	26	26.5	等差
	楦底样长	243	248	253	258	263	268	273	
半型	蹠　围	224.5	228	231.5	235	238.5	242	245.5	±3.5
	跗　围	234.1	237.7	241.3	244.9	248.5	252.1	255.7	±3.6
	基本宽度	84.1	85.4	86.7	88	89.3	90.6	91.9	±1.3
	踵心宽度	57	57.9	58.7	59.6	60.5	61.4	62.3	±0.88
一型	蹠　围	228	231.5	235	238.5	242	245.5	249	±3.5
	跗　围	237.7	241.3	244.9	248.5	252.1	255.7	259.3	±3.6
	基本宽度	85.4	86.7	88	89.3	90.6	91.9	93.2	±1.3
	踵心宽度	57.9	58.7	59.6	60.5	61.4	62.3	63.1	±0.88
一型半	蹠　围	231.5	235	238.5	242	245.5	249	252.5	±3.5
	跗　围	241.3	244.9	248.5	252.1	255.7	259.3	262.9	±3.6
	基本宽度	86.7	88	89.3	90.6	91.9	93.2	94.5	±1.3
	踵心宽度	58.7	59.6	60.5	61.4	62.3	63.1	64	±0.88
二型	蹠　围	235	238.5	242	245.5	249	252.5	256	±3.5
	跗　围	244.9	248.5	252.1	255.7	259.3	262.9	266.5	±3.6
	基本宽度	88	89.3	90.6	91.9	93.2	94.5	95.8	±1.3
	踵心宽度	59.6	60.5	61.4	62.3	63.1	64	64.9	±0.88
二型半	蹠　围	238.5	242	245.5	249	252.5	256	259.5	±3.5
	跗　围	248.5	252.1	255.7	259.3	262.9	266.5	270.1	±3.6
	基本宽度	89.3	90.6	91.9	93.2	94.5	95.8	97.1	±1.3
	踵心宽度	60.5	61.4	62.3	63.1	64	64.9	65.8	±0.88
三型	蹠　围	242	245.5	249	252.5	256	259.5	263	±3.5
	跗　围	252.1	255.7	259.3	262.9	266.5	270.1	273.7	±3.6
	基本宽度	90.6	91.9	93.2	94.5	95.8	97.1	98.4	±1.3
	踵心宽度	61.4	62.3	63.1	64	64.9	65.8	66.7	±0.88
三型半	蹠　围	245.5	249	252.5	256	259.5	263	266.5	±3.5
	跗　围	255.7	259.3	262.9	266.5	270.1	273.7	277.3	±3.6
	基本宽度	91.9	93.2	94.5	95.8	97.1	98.4	99.7	±1.3
	踵心宽度	62.3	63.1	64	64.9	65.8	66.7	67.5	±0.88

GB 3293—82

附表 12　　男塑料鞋中间号标准楦样尺寸一览表

编号及品名			P-20 男满帮凉鞋楦		P-20 男全空凉鞋楦		P-0 男组装凉鞋楦	
号型			25（二型半）		25（二型半）		25（二型半）	
部位名称 \ 尺寸			尺寸 mm	等差 mm	尺寸 mm	等差 mm	尺寸 mm	等差 mm
长度		楦底样长	260	±5	255	±5	255	±5
长度		放余量	15	±0.29	9	±0.18	9	±0.18
长度		脚趾端点部位	245	±4.71	246	±4.82	246	±4.82
长度		拇指外突点部位	220	±4.23	221	±4.33	221	±4.33
长度		小趾外突点部位	190	±3.65	191	±3.75	191	±3.75
长度		第一蹠趾部位	176.3	±3.39	177.3	±3.48	177.3	±3.48
长度		第五蹠趾部位	153.8	±2.96	154.8	±3.04	154.8	±3.04
长度		腰窝部位	97.5	±1.88	98.5	±1.93	98.5	±1.93
长度		踵心部位	40	±0.77	41	±0.80	41	±0.80
长度		后容差	5	±0.10	4	±0.08	4	±0.08
围度		蹠围	239.5	±3.5	236	±3.5	239.5	±3.5
围度		跗围	247.5	±3.6	246	±3.6	251.5	±3.7
宽度		基本宽度	88	±1.3	86.7	±1.3	86.7	±1.3
宽度		拇指里宽	33.6	±0.50	33.1	±0.50	33.1	±0.50
宽度		小趾外宽	49.3	±0.73	48.6	±0.73	48.6	±0.73
宽度		第一蹠趾里宽	36	±0.53	35.5	±0.53	35.5	±0.53
宽度		第五蹠趾外宽	52	±0.77	51.2	±0.77	51.2	±0.77
宽度		腰窝外宽	40.1	±0.59	39.5	±0.59	39.5	±0.59
宽度		踵心全宽	59.6	±0.88	58.7	±0.88	58.7	±0.88
楦体尺寸	跷高	总前跷	27	±0.39	26	±0.39	—	—
楦体尺寸	跷高	前跷	18	±0.26	17	±0.25	—	—
楦体尺寸	跷高	后跷高	20	±0.29	20	±0.30	—	—
楦体尺寸		头厚	20	±0.29	17	±0.25	17	±0.25
楦体尺寸		后跟突点高	22.4	±0.33	22.4	±0.33	22.4	±0.33
楦体尺寸		后身高	85	±1.24	85	±1.26	73	±1.07
楦体尺寸		前掌凸度	7	±0.10	7	±0.10	—	—
楦体尺寸		底心凹度	5	±0.07	5	±0.07	—	—
楦体尺寸		踵心凸度	4	±0.06	4	±0.06	—	—
楦体尺寸		统口宽	32	±0.47	32	±0.47	31	±0.45
楦体尺寸		统口长	116	±2.23	116	±2.27	113	±2.22
楦体尺寸		楦斜长	261	±5.02	253	±4.96	255.5	±5.01

注：拖鞋楦与全空凉鞋楦通用，只是鞋号小半个号。如 25（二型半）男全空塑料凉鞋楦相当于 24.5（二型半）男拖鞋楦，其他品种也相同。

GB　3293—82

附表 13　　女塑料鞋中间号标准楦样尺寸一览表

部位名称			P-20 女全空凉鞋楦		P-30 女全空凉鞋楦		P-40 女全空凉鞋楦	
号型			23（一型半）		23（一型半）		23（一型半）	
尺寸			尺寸 mm	等差 mm	尺寸 mm	等差 mm	尺寸 mm	等差 mm
长度	楦底样长		235	±5	235	±5	235	±5
	放余量		8.5	±0.18	8.5	±0.18	8.5	±0.18
	脚趾端点部位		226.5	±4.82	226.5	±4.82	226.5	±4.82
	拇指外突点部位		203.5	±4.33	203.5	±4.33	203.5	±4.33
	小趾外突点部位		175.9	±3.74	175.9	±3.74	175.9	±3.74
	第一蹠趾部位		163.3	±3.47	163.3	±3.47	163.3	±3.47
	第五蹠趾部位		142.6	±3.03	142.6	±3.03	142.6	±3.03
	腰窝部位		90.8	±1.93	90.8	±1.93	90.8	±1.93
	踵心部位		37.9	±0.81	37.9	±0.81	37.9	±0.81
	后容差		3.5	±0.07	3.5	±0.07	3.5	±0.07
围度	蹠围		213	±3.5	213	±3.5	215	±3.5
	跗围		223	±3.7	221	±3.6	220	±3.6
宽度	基本宽度		78.9	±1.3	78.9	±1.3	76.3	±1.2
	拇指里宽		30.1	±0.50	30.1	±0.50	28.1	±0.44
	小趾外宽		44.2	±0.73	44.2	±0.73	43.7	±0.69
	第一蹠趾里宽		32.8	±0.54	32.8	±0.54	31.7	±0.50
	第五蹠趾外宽		46.1	±0.76	46.1	±0.76	44.6	±0.70
	腰窝外宽		35.4	±0.58	35.4	±0.58	33.7	±0.53
	踵心全宽		52.6	±0.87	52.6	±0.87	50.8	±0.80
楦体尺寸	跷高	总前跷	26.5	±0.44	32	±0.53	37.5	±0.61
		前跷	16	±0.26	15	±0.25	14	±0.23
		后跷高	20	±0.33	30	±0.49	40	±0.65
	头厚		15	±0.25	15	±0.25	15	±0.24
	后跟突点高		20.3	±0.33	20.3	±0.33	20.3	±0.33
	后身高		83	±1.36	83	±1.36	83	±1.35
	前掌凸度		6.5	±0.11	6.5	±0.11	6	±0.10
	底心凹度		4	±0.07	4.5	±0.07	5	±0.08
	踵心凸度		4.5	±0.07	4.5	±0.07	4	±0.07
	统口宽		32	±0.53	32	±0.53	32	±0.52
	统口长		103	±2.19	103	±2.19	103	±2.19
	楦斜长		235	±5	233.6	±4.97	232.2	±4.94

GB 3293

续表

部位名称			P-50 女全空凉鞋楦		P-60 女全空凉鞋楦	
编号及品名 / 号型 / 尺寸			23（一型半）		23（一型半）	
			尺寸 mm	等差 mm	尺寸 mm	等差 mm
长度	楦底样长		235	±5	235	±5
	放 余 量		8. 5	±0. 18	8. 5	±0. 18
	脚趾端点部位		226. 5	±4. 82	226. 5	±4. 82
	拇指外突点部位		203. 5	±4. 33	203. 5	±4. 33
	小趾外突点部位		175. 9	±3. 74	175. 9	±3. 74
	第一蹠趾部位		163. 3	±3. 47	163. 3	±3. 47
	第五蹠趾部位		142. 6	±3. 03	142. 6	±3. 03
	腰窝部位		90. 8	±1. 93	90. 8	±1. 93
	踵心部位		37. 9	±0. 81	37. 9	±0. 81
	后 容 差		3. 5	±0. 07	3. 5	±0. 07
围度	蹠　　围		215	±3. 5	217	±3. 5
	跗　　围		218	±3. 5	218	±3. 5
宽度	基本宽度		76. 3	±1. 2	75. 1	±1. 2
	拇指里宽		28. 1	±0. 44	27. 7	±0. 44
	小趾外宽		43. 7	±0. 69	43	±0. 69
	第一蹠趾里宽		31. 7	±0. 50	31. 2	±0. 50
	第五蹠趾外宽		44. 6	±0. 70	43. 9	±0. 70
	腰窝外宽		33. 7	±0. 53	33. 2	±0. 53
	踵心全宽		50. 8	±0. 80	50	±0. 80
楦体尺寸	跷高	总前跷	43	±0. 70	48. 5	±0. 78
		前　跷	13	±0. 21	12	±0. 19
		后跷高	50	±0. 81	60	±0. 97
	头　　厚		15	±0. 24	15	±0. 24
	后跟突点高		20. 3	±0. 33	20. 3	±0. 33
	后 身 高		83	±1. 35	83	±1. 34
	前掌凸度		6	±0. 10	6	±0. 10
	底心凹度		5. 5	±0. 09	6	±0. 10
	踵心凸度		4	±0. 07	4	±0. 06
	统 口 宽		32	±0. 52	32	±0. 52
	统 口 长		103	±2. 19	103	±2. 19
	楦 斜 长		230. 8	±4. 91	229. 4	±4. 88

—82

P-70 女全空凉鞋楦		P-80 女全空凉鞋楦		P-0 女组装凉鞋楦	
23（一型半）		23（一型半）		23（一型半）	
尺寸 mm	等差 mm	尺寸 mm	等差 mm	尺寸 mm	等差 mm
235	±5	235	±5	235	±5
8. 5	±0. 18	8. 5	±0. 18	8. 5	±0. 18
226. 5	±4. 82	226. 5	±4. 82	226. 5	±4. 82
203. 5	±4. 33	203. 5	±4. 33	203. 5	±4. 33
175. 9	±3. 74	175. 9	±3. 74	175. 9	±3. 74
163. 3	±3. 47	163. 3	±3. 47	163. 3	±3. 47
142. 6	±3. 03	142. 6	±3. 03	142. 6	±3. 03
90. 8	±1. 93	90. 8	±1. 93	90. 8	±1. 93
37. 9	±0. 81	37. 9	±0. 81	37. 9	±0. 81
3. 5	±0. 07	3. 5	±0. 07	3. 5	±0. 07
217	±3. 5	217	±3. 5	216. 5	±3. 5
216	±3. 5	214	±3. 5	228. 5	±3. 7
75. 1	±1. 2	75. 1	±1. 2	78. 9	±1. 3
27. 7	±0. 44	27. 7	±0. 44	30. 1	±0. 50
43	±0. 69	43	±0. 69	44. 2	±0. 73
31. 2	±0. 50	31. 2	±0. 50	32. 8	±0. 54
43. 9	±0. 70	43. 9	±0. 70	46. 1	±0. 76
33. 2	±0. 53	33. 2	±0. 53	35. 4	±0. 58
50	±0. 80	50	±0. 80	52. 6	±0. 87
54	±0. 87	59. 5	±0. 96	—	—
11	±0. 18	10	±0. 16	—	—
70	±1. 13	80	±1. 29	—	—
15	±0. 24	15	±0. 24	15	±0. 24
20. 3	±0. 33	20. 3	±0. 33	20. 3	±0. 33
83	±1. 34	83	±1. 34	69	±1. 12
6	±0. 10	6	±0. 10	—	—
6. 5	±0. 10	7	±0. 11	—	—
4	±0. 06	4	±0. 06	—	—
32	±0. 52	32	±0. 52	29	±0. 47
103	±2. 19	103	±2. 19	101	±2. 15
228	±4. 85	226. 6	±4. 82	237. 5	±5. 05

GB 3293

附表 14 童塑料鞋中间号标准

编号及品名			P-17 中人满帮凉鞋楦		P-15 大童满帮凉鞋楦		P-13 小童满帮凉鞋楦		P-17 中人
号型			21.5（二型）		18（二型）		14.5（二型）		21.5
部位名称 / 尺寸			尺寸 mm	等差 mm	尺寸 mm	等差 mm	尺寸 mm	等差 mm	等差 mm
长度	楦底样长		225	±5	190	±5	155	±5	220
	放余量		14	±0.31	13.5	±0.36	13	±0.42	9
	脚趾端点部位		211	±4.69	176.5	±4.64	142	±4.58	211
	拇指外突点部位		189.5	±4.21	158.5	±4.17	127.5	±4.11	189.5
	小趾外突点部位		163.7	±3.64	136.9	±3.60	110.1	±3.55	163.7
	第一蹠趾部位		151.9	±3.38	127	±3.34	102.1	±3.29	151.9
	第五蹠趾部位		132.5	±2.94	110.8	±2.92	89.1	±2.87	132.5
	腰窝部位		84.2	±1.87	70.3	±1.85	56.5	±1.82	84.2
	踵心部位		34.7	±0.77	28.9	±0.76	23.1	±0.75	34.7
	后容差		4	±0.09	3.5	±0.09	3	±0.10	4
围度	蹠围		211.5	±3.5	187	±3.5	162.5	±3.5	211.5
	跗围		221.5	±3.7	197	±3.7	172.5	±3.7	221.5
宽度	基本宽度		77.6	±1.3	67.2	±1.3	58.1	±1.3	77.6
	拇指里宽		30.1	±0.50	27.1	±0.52	24.1	±0.54	30.1
	小趾外宽		44.2	±0.74	39.8	±0.77	35.4	±0.79	44.2
	第一蹠趾里宽		31.8	±0.53	27.5	±0.53	23.8	±0.53	31.8
	第五蹠趾外宽		45.8	±0.77	39.7	±0.77	34.3	±0.77	45.8
	腰窝外宽		35.4	±0.59	30.8	±0.60	26.7	±0.60	35.4
	踵心全宽		52.6	±0.88	45.5	±0.88	39.4	±0.88	52.6
楦体尺寸	跷高	总前跷	24	±0.40	20	±0.37	16	±0.34	24
		前跷	14	±0.23	12	±0.22	10	±0.22	14
		后跷高	17	±0.28	15	±0.28	13	±0.28	17
	头厚		17	±0.28	16	±0.30	15	±0.32	15
	后跟突点高		19.5	±0.32	17	±0.32	14.3	±0.31	19.5
	后身高		75	±1.24	65	±1.22	55	±1.18	75
	前掌凸度		6	±0.10	5.5	±0.10	5	±0.11	6
	底心凹度		3	±0.05	2.5	±0.05	2	±0.04	3
	踵心凸度		4	±0.07	3.5	±0.07	3	±0.06	4
	统口宽		29	±0.48	26	±0.49	23	±0.50	29
	统口长		101	±2.24	86	±2.26	71	±2.29	101
	楦斜长		221	±4.91	187	±4.92	153	±4.94	216.5

—82

楦样尺寸一览表

全空凉鞋楦	P-15 大童全空凉鞋楦		P-13 小童全空凉鞋楦		P-0 中人组装凉鞋楦		P-0 大童组装凉鞋楦	
（二型）	18（二型）		14.5（二型）		21.5（二型）		18（二型）	
等差 mm	尺寸 mm	等差 mm	尺寸 mm	等差 mm	尺寸 mm	等差 mm	尺寸 mm	等差 mm
±5	185	±5	150	±5	220	±5	185	±5
±0.20	8.5	±0.23	8	±0.27	9	±0.20	8.5	±0.23
±4.80	176.5	±4.76	142	±4.73	211	±4.80	176.5	±4.76
±4.31	158.5	±4.28	127.5	±4.25	189.5	±4.31	158.5	±4.28
±3.72	136.9	±3.70	110.1	±3.67	163.7	±3.72	136.9	±3.70
±3.45	127	±3.43	102.1	±3.40	151.9	±3.45	127	±3.43
±3.01	110.8	±2.99	89.1	±2.97	132.5	±3.01	110.8	±2.99
±1.91	70.3	±1.90	56.5	±1.88	84.2	±1.91	70.3	±1.90
±0.79	289	±0.78	23.1	±0.77	34.7	±0.79	28.9	±0.78
±0.09	3.5	±0.09	3	±0.10	4	±0.09	3.5	±0.09
±3.5	187	±3.5	162.5	±3.5	211.5	±3.5	187	±3.5
±3.7	197	±3.7	172.5	±3.7	221.5	±3.7	197	±3.7
±1.3	67.2	±1.3	58.1	±1.3	77.6	±1.3	67.2	±1.3
±0.50	27.1	±0.52	24.1	±0.54	30.1	±0.50	27.1	±0.52
±0.74	39.8	±0.77	35.4	±0.79	44.2	±0.74	39.8	±0.77
±0.53	27.5	±0.53	23.8	±0.53	31.8	±0.53	27.5	±0.53
±0.77	39.7	±0.77	34.3	±0.77	45.8	±0.77	39.7	±0.77
±0.59	30.8	±0.60	26.7	±0.60	35.4	±0.59	30.8	±0.60
±0.88	45.5	±0.88	39.4	±0.88	52.6	±0.88	45.5	±0.88
±0.40	20	±0.37	16	±0.34	—	—	—	—
±0.23	12	±0.22	10	±0.22	—	—	—	—
±0.28	15	±0.28	13	±0.28	—	—	—	—
±0.25	14	±0.26	13	±0.28	15	±0.25	14	±0.26
±0.32	17	±0.32	14.3	±0.31	19.5	±0.32	17	±0.32
±1.24	65	±1.22	55	±1.18	66	±1.09	59	±1.10
±0.10	5.5	±0.10	5	±0.11	—	—	—	—
±0.05	2.5	±0.05	2	±0.04	—	—	—	—
±0.07	3.5	±0.07	3	±0.06	—	—	—	—
±0.48	26	±0.49	23	±0.50	27	±0.45	24	±0.45
±2.30	86	±2.32	71	±2.37	95	±2.16	81	±2.19
±4.92	182.5	±4.93	148.5	±4.95	218	±4.95	184	±4.97

GB 3293—82

续表

编号及品名		P-0 小童组装凉鞋楦		P-35 中人全空凉鞋楦		P-30 大童全空凉鞋楦	
号型		14.5（二型）		21.5（二型）		18（二型）	
部位名称 \ 尺寸		尺寸 mm	等差 mm	尺寸 mm	等差 mm	尺寸 mm	等差 mm
长度	楦底样长	150	±5	220	±5	185	±5
	放余量	8	±0.27	9	±0.20	8.5	±0.23
	脚趾端点部位	142	±4.73	211	±4.80	176.5	±4.76
	拇指外突点部位	127.5	±4.25	189.5	±4.31	158.5	±4.28
	小趾外突点部位	110.1	±3.67	163.7	±3.72	136.9	±3.70
	第一蹠趾部位	102.1	±3.40	151.9	±3.45	127	±3.43
	第五蹠趾部位	89.1	±2.97	132.5	±3.01	110.8	±2.99
	腰窝部位	56.5	±1.88	84.2	±1.91	70.3	±1.90
	踵心部位	23.1	±0.77	34.7	±0.79	28.9	±0.78
	后容差	3	±0.10	4	±0.09	3.5	±0.09
围度	蹠围	162.5	±3.5	211.5	±3.5	187	±3.5
	跗围	172.5	±3.7	218.5	±3.6	194	±3.6
宽度	基本宽度	58.1	±1.3	76.3	±1.3	65.9	±1.2
	拇指里宽	24.1	±0.54	29.6	±0.50	26.6	±0.48
	小趾外宽	35.4	±0.79	43.5	±0.74	39.0	±0.71
	第一蹠趾里宽	23.8	±0.53	31.3	±0.53	27	±0.49
	第五蹠趾外宽	34.3	±0.77	45.0	±0.77	38.9	±0.71
	腰窝外宽	26.7	±0.60	34.8	±0.59	30.2	±0.55
	踵心全宽	39.4	±0.88	51.7	±0.88	44.6	±0.81
楦体尺寸	跷高 总前跷	—	—	33	±0.55	29	±0.54
	跷高 前跷	—	—	13	±0.22	11	±0.21
	跷高 后跷高	—	—	35	±0.58	30	±0.56
	头厚	13	±0.28	15	±0.25	14	±0.26
	后跟突点高	14.3	±0.31	19.5	±0.32	17	±0.32
	后身高	52	±1.12	75	±1.24	65	±1.22
	前掌凸度	—	—	6	±0.10	5.5	±0.10
	底心凹度	—	—	4.5	±0.07	4	±0.07
	踵心凸度	—	—	4	±0.07	3.5	±0.07
	统口宽	21	±0.45	29	±0.48	26	±0.49
	统口长	67	±2.23	101	±2.30	86	±2.32
	楦斜长	150	±5	214.1	±4.87	180.4	±4.88

GB 3293—82

附表 15（1） **小童全空凉鞋楦长、围、宽尺寸系列表** 单位：mm

号型	鞋 号	13	13.5	14	14.5	15	15.5	16	等差
	楦底样长	135	140	145	150	155	160	165	
一型半	蹠 围	148.5	152	155.5	159	162.5	166	169.5	±3.5
	跗 围	157.7	161.4	165.1	168.8	172.5	176.2	179.9	±3.7
	基本宽度	52.9	54.2	55.5	56.8	58.1	59.4	60.7	±1.3
	踵心宽度	35.9	36.8	37.6	38.5	39.4	40.3	41.2	±0.88
二型	蹠 围	152	155.5	159	162.5	166	169.5	173	±3.5
	跗 围	161.4	165.1	168.8	172.5	176.2	179.9	183.6	±3.7
	基本宽度	54.2	55.5	56.8	58.1	59.4	60.7	62	±1.3
	踵心宽度	36.8	37.6	38.5	39.4	40.3	41.2	42	±0.88
二型半	蹠 围	155.5	159	162.5	166	169.5	173	176.5	±3.5
	跗 围	165.1	168.8	172.5	176.2	179.9	183.6	187.3	±3.7
	基本宽度	55.5	56.8	58.1	59.4	60.7	62	63.3	±1.3
	踵心宽度	37.6	38.5	39.4	40.3	41.2	42	42.9	±0.88

附表 15（2） **大童全空凉鞋楦长、围、宽尺寸系列表** 单位：mm

号型	鞋 号	16.5	17	17.5	18	18.5	19	19.5	等差
	楦底样长	170	175	180	185	190	195	200	
一型半	蹠 围	173	176.5	180	183.5	187	190.5	194	±3.5
	跗 围	182.2	185.9	189.6	193.3	197	200.7	204.4	±3.7
	基本宽度	62	63.3	64.6	65.9	67.2	68.5	69.8	±1.3
	踵心宽度	42	42.9	43.7	44.6	45.5	46.4	47.3	±0.88
二型	蹠 围	176.5	180	183.5	187	190.5	194	197.5	±3.5
	跗 围	185.9	189.6	193.3	197	200.7	204.4	208.1	±3.7
	基本宽度	63.3	64.6	65.9	67.2	68.5	69.8	71.1	±1.3
	踵心宽度	42.9	43.7	44.6	45.5	46.4	47.3	48.1	±0.88
二型半	蹠 围	180	183.5	187	190.5	194	197.5	201	±3.5
	跗 围	189.6	193.3	197	200.7	204.4	208.1	211.8	±3.7
	基本宽度	64.6	65.9	67.2	68.5	69.8	71.1	72.4	±1.3
	踵心宽度	43.7	44.6	45.5	46.4	47.3	48.1	49	±0.88

GB 3293—82

附表 15（3） 中人全空凉鞋楦长、围、宽尺寸系列表 单位：mm

号型	鞋　号	20	20.5	21	21.5	22	22.5	23	等差
	楦底样长	205	210	215	220	225	230	235	
一型	蹠　围	197.5	201	204.5	208	211.5	215	218.5	±3.5
	跗　围	206.7	210.4	214.1	217.8	221.5	225.2	228.9	±3.7
	基本宽度	72.4	73.7	75	76.3	77.6	78.9	80.2	±1.3
	踵心宽度	49.1	50	50.8	51.7	52.6	53.5	54.4	±0.88
一型半	蹠　围	201	204.5	208	211.5	215	218.5	222	±3.5
	跗　围	210.4	214.1	217.8	221.5	225.2	228.9	232.6	±3.7
	基本宽度	73.7	75	76.3	77.6	78.9	80.2	81.5	±1.3
	踵心宽度	50	50.8	51.7	52.6	53.5	54.4	55.2	±0.88
二型	蹠　围	204.5	208	211.5	215	218.5	222	225.5	±3.5
	跗　围	214.1	217.8	221.5	225.2	228.9	232.6	236.3	±3.7
	基本宽度	75	76.3	77.6	78.9	80.2	81.5	82.8	±1.3
	踵心宽度	50.8	51.7	52.6	53.5	54.4	55.2	56.1	±0.88
二型半	蹠　围	208	211.5	215	218.5	222	225.5	229	±3.5
	跗　围	217.8	221.5	225.2	228.9	232.6	236.3	240	±3.7
	基本宽度	76.3	77.6	78.9	80.2	81.5	82.8	84.1	±1.3
	踵心宽度	51.7	52.6	53.5	54.4	55.2	56.1	57	±0.88
三型	蹠　围	211.5	215	218.5	222	225.5	229	232.5	±3.5
	跗　围	221.5	225.2	228.9	232.6	236.3	240	243.7	±3.7
	基本宽度	77.6	78.9	80.2	81.5	82.8	84.1	85.4	±1.3
	踵心宽度	52.6	53.5	54.4	55.2	56.1	57	57.9	±0.88

GB　3293—82

附表 15（4）　　**女全空凉鞋楦长、围、宽尺寸系列表**　　单位：mm

号型	鞋　　号	21	21.5	22	22.5	23	23.5	24	24.5	25	等差
	楦底样长	215	220	225	230	235	240	245	250	255	
一型半	蹠　　围	201	204.5	208	211.5	215	218.5	222	225.5	229	±3.5
	跗　　围	205.6	209.2	212.8	216.4	220	223.6	227.2	230.8	234.4	±3.6
	基本宽度	71.5	72.7	73.9	75.1	76.3	77.5	78.7	79.9	81.1	±1.2
	踵心宽度	47.6	48.4	49.2	50	50.8	51.6	52.4	53.2	54	±0.80
二型	蹠　　围	204.5	208	211.5	215	218.5	222	225.5	229	232.5	±3.5
	跗　　围	209.2	212.8	216.4	220	223.6	227.2	230.8	234.4	238	±3.6
	基本宽度	72.7	73.9	75.1	76.3	77.5	78.7	79.9	81.1	82.3	±1.2
	踵心宽度	48.4	49.2	50	50.8	51.6	52.4	53.2	54	54.8	±0.80
二型半	蹠　　围	208	211.5	215	218.5	222	225.5	229	232.5	236	±3.5
	跗　　围	212.8	216.4	220	223.6	227.2	230.8	234.4	238	241.6	±3.6
	基本宽度	73.9	75.1	76.3	77.5	78.7	79.9	81.1	82.3	83.5	±1.2
	踵心宽度	49.2	50	50.8	51.6	52.4	53.2	54	54.8	55.6	±0.80
三型	蹠　　围	211.5	215	218.5	222	225.5	229	232.5	236	239.5	±3.5
	跗　　围	216.4	220	223.6	227.2	230.8	234.4	238	241.6	245.2	±3.6
	基本宽度	75.1	76.3	77.5	78.7	79.9	81.1	82.3	83.5	84.7	±1.2
	踵心宽度	50	50.8	51.6	52.4	53.2	54	54.8	55.6	56.4	±0.80
三型半	蹠　　围	215	218.5	222	225.5	229	232.5	236	239.5	243	±3.5
	跗　　围	220	223.6	227.2	230.8	234.4	238	241.6	245.2	248.8	±3.6
	基本宽度	76.3	77.5	78.7	79.9	81.1	82.3	83.5	84.7	85.9	±1.2
	踵心宽度	50.8	51.6	52.4	53.2	54	54.8	55.6	56.4	57.2	±0.80
四型	蹠　　围	218.5	222	225.5	229	232.5	236	239.5	243	246.5	±3.5
	跗　　围	223.6	227.2	230.8	234.4	238	241.6	245.2	248.8	252.4	±3.6
	基本宽度	77.5	78.7	79.9	81.1	82.3	83.5	84.7	85.9	87.1	±1.2
	踵心宽度	51.6	52.4	53.2	54	54.8	55.6	56.4	57.2	58	±0.80

GB 3293—82

附表 15（5） **男全空凉鞋楦长、围、宽尺寸系列表** 单位：mm

号型	鞋　　号	23.5	24	24.5	25	25.5	26	26.5	27	27.5	等差
	楦底样长	240	245	250	255	260	265	270	275	280	
二型	蹠　　围	222	225.5	229	232.5	236	239.5	243	246.5	250	±3.5
	跗　　围	231.6	235.2	238.8	242.4	246	249.6	253.2	256.8	260.4	±3.6
	基本宽度	81.5	82.8	84.1	85.4	86.7	88	89.3	90.6	91.9	±1.3
	踵心宽度	55.2	56.1	56.9	57.8	58.7	59.6	60.5	61.3	62.2	±0.88
二型半	蹠　　围	225.5	229	232.5	236	239.5	243	246.5	250	253.5	±3.5
	跗　　围	235.2	238.8	242.4	246	249.6	253.2	256.8	260.4	264	±3.6
	基本宽度	82.8	84.1	85.4	86.7	88	89.3	90.6	91.9	93.2	±1.3
	踵心宽度	56.1	56.9	57.8	58.7	59.6	60.5	61.3	62.2	63.1	±0.88
三型	蹠　　围	229	232.5	236	239.5	243	246.5	250	253.5	257	±3.5
	跗　　围	238.8	242.4	246	249.6	253.2	256.8	260.4	264	267.6	±3.6
	基本宽度	84.1	85.4	86.7	88	89.3	90.6	91.9	93.2	94.5	±1.3
	踵心宽度	56.9	57.8	58.7	59.6	60.5	61.3	62.2	63.1	64	±0.88
三型半	蹠　　围	232.5	236	239.5	243	246.5	250	253.5	257	260.5	±3.5
	跗　　围	242.4	246	249.6	253.2	256.8	260.4	264	267.6	271.2	±3.6
	基本宽度	85.4	86.7	88	89.3	90.6	91.9	93.2	94.5	95.8	±1.3
	踵心宽度	57.8	58.7	59.6	60.5	61.3	62.2	63.1	64	64.9	±0.88
四型	蹠　　围	236	239.5	243	246.5	250	253.5	257	260.5	264	±3.5
	跗　　围	246	249.6	253.2	256.8	260.4	264	267.6	271.2	274.8	±3.6
	基本宽度	86.7	88	89.3	90.6	91.9	93.2	94.5	95.8	97.1	±1.3
	踵心宽度	58.7	59.6	60.5	61.3	62.2	63.1	64	64.9	65.7	±0.88
四型半	蹠　　围	239.5	243	246.5	250	253.5	257	260.5	264	267.5	±3.5
	跗　　围	249.5	253.2	256.8	260.4	264	267.6	271.2	274.8	278.4	±3.6
	基本宽度	88	89.3	90.6	91.9	93.2	94.5	95.8	97.1	98.4	±1.3
	踵心宽度	59.6	60.5	61.3	62.2	63.1	64	64.9	65.7	66.6	±0.88
五型	蹠　　围	243	246.5	250	253.5	257	260.5	264	267.5	271	±3.5
	跗　　围	253.2	256.8	260.4	264	267.6	271.2	274.8	278.4	282	±3.6
	基本宽度	89.3	90.6	91.9	93.2	94.5	95.8	97.1	98.4	99.7	±1.3
	踵心宽度	60.5	61.3	62.2	63.1	64	64.9	65.7	66.6	67.5	±0.88

附录三　中华人民共和国国家标准

GB/T 3294—1998

鞋楦尺寸检测方法

代替 GB 3294—1982

Method of inspection for last sizes

1　范围

本标准规定了各种鞋楦外形尺寸的检测方法。

本标准不适用于鞋楦内在质量的检测。

2　引用标准

下列标准所包含的条文，通过在本标准中引用而构成为本标准的条文。本标准出版时，所示版本均为有效。所有标准都会被修订，使用本标准的各方应探讨使用下列标准最新版本的可能性。

GB 2703—81《皮鞋工业术语》。

3　试样

完好无损的一双（必须是成双的）鞋楦。

4　测量工具、量具

4.1　工具

平台（平整的铁平台、石板、玻璃平板均可），划针盘及固定鞋楦的材料或装置（如橡皮泥或其他可固定鞋楦的装置）等。

4.2　量具

a）游标卡尺（规格：300mm 以上；分度：0.02mm）；

b）高度游标卡尺（规格：300mm 以上；分度：0.02mm）；

c）三脚平行规（规格：300mm 以上；分度：0.1mm）；

d）钢直尺（分度：1mm）；

e）宽座直角尺（精度三级）；

f）鞋用带尺（规格：50cm 以上；分度：1mm）；

5　鞋楦尺寸的检测

5.1　在左、右脚楦体上标出需检测的相关部位点（如楦底前、后端点，脚趾端点，踵心部位点，第一、第五蹠趾部位点，统口前、后点等）。

检测时必须左、右脚鞋楦对称测量。

5.2　鞋楦长度的检测

5.2.1　楦斜长的检测

用游标卡尺测量楦底前端点与统口后点之间的直线长度（附图 1 中 L_1）。

5.2.2　楦底样长度的检测

以鞋用带尺紧贴鞋楦，测量楦底前、后端点弧度曲线长度（附图 1 中 L_2）。

5.2.3　楦底长度的检测

用游标卡尺测量楦底前、后端点间的直线长度（附图 1 中 L_3）。

5.2.4　楦全长的检测

用游标卡尺测量楦底前端点与楦后跟突点之间的直线长度（附图 1 中 L_4）。

5.3　鞋楦后身高度的检测

用游标卡尺测量楦统口后点与楦底后端点的直线距离（附图 1 中 h_3）。

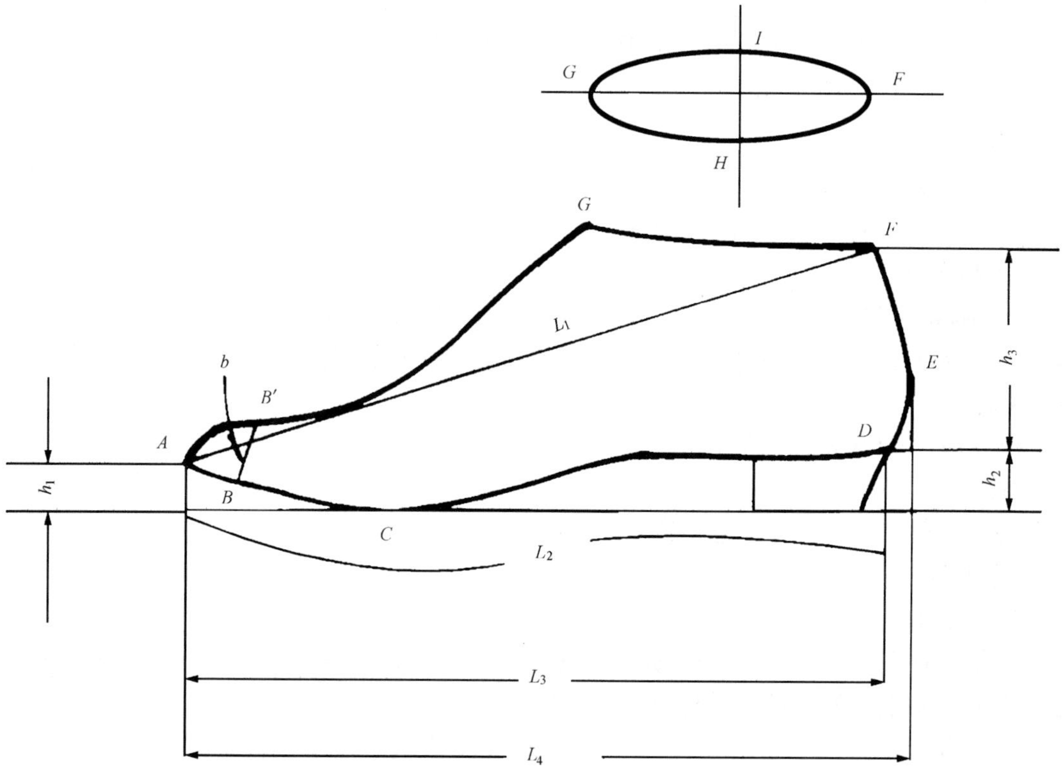

附图 1　　鞋楦尺寸测量示意图

A—楦底前端点　B—脚趾端点　C— 前掌着地点　D—楦底后端点　E—后跟突点

F—统口后点　G—统口前点　L_1—楦斜长　L_2—楦底样长　L_3—楦底长

L_4—楦全长　b—楦头厚　h_3—后身高　h_2—后跷高　h_1—前跷高

5.4　鞋楦后容差的检测

用游标卡尺测量楦全长 L_4 与楦底长 L_3 的差即为后容差值（见附图 1）。

5.5　鞋楦统口的检测

5.5.1　楦统口长度的检测

用游标卡尺测量楦统口前点与后点间的直线距离，即为统口长（附图 1 中的 GF）。

5.5.2　楦统口宽度的检测

用游标卡尺测量楦统口最宽处两点(H 和 I)间的直线距离,即为统口宽(附图 1 中的 HI)。

5.6　鞋楦围度的检测

5.6.1　鞋楦的围度包括蹠围、跗围、兜跟围长、脚腕围长、腿肚围长和统口围长等。测量前，先标出左、右脚鞋楦有关部位点。

5.6.2　测量时以鞋用带尺零点对准楦体的起始测量部位点，紧贴楦体围绕一周以鞋用带尺同边对准同一测量部位点，读出鞋用带尺同边交合处的示值即为所测的相应围度（附图2）。

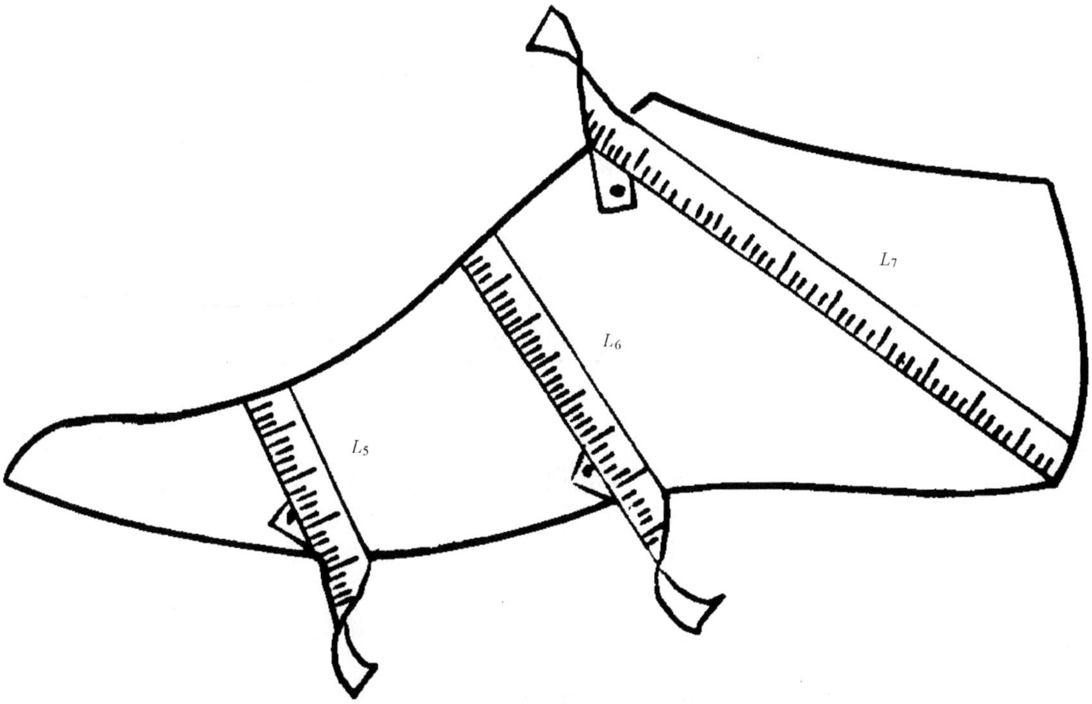

附图2　鞋楦围度的测量

L_5—楦蹠围　L_6—楦跗围　L_7—楦兜跟围

5.7　鞋楦楦底宽度的检测

5.7.1　拇趾里宽的检测

以鞋用带尺紧贴楦底面，测量拇趾外突部位点到楦底样轴线的垂直距离。

5.7.2　小趾外宽的检测

以鞋用带尺紧贴楦底面，测量小趾外突部位点到楦底样轴线的垂直距离。

5.7.3　第一蹠趾里宽的检测

以鞋用带尺紧贴楦底面，测量通过第一蹠趾部位点的楦底样轴线的垂线在楦底里段的宽度。

5.7.4　第五蹠趾外宽的检测

以鞋用带尺紧贴楦底面，测量通过第五蹠趾部位点的楦底样轴线的垂线在楦底外段的宽度。

5.7.5　基本宽度的检测

第一蹠趾里宽加第五蹠趾外宽即为基本宽度。

5.7.6　踵心全宽的检测

以鞋用带尺紧贴楦底面，测量踵心部位与分踵线垂直的楦底宽度。

5.8　楦宽的检测

以游标卡尺测量楦前身内侧最突点与外侧最突点之间的距离。

5.9　鞋楦跷度的检测

5.9.1　总前跷的检测

将鞋楦楦底朝下，放在平台上，用高度游标卡尺测量楦底前端点与水平台面的垂直距离（附图3中h_z）。

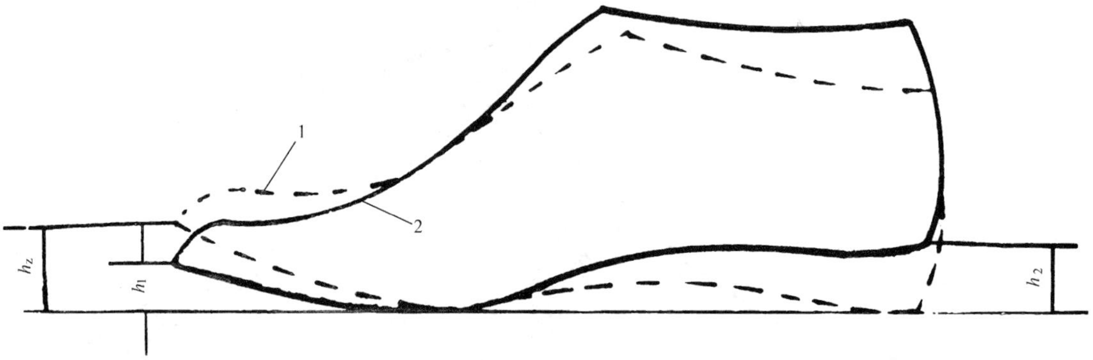

附图3　总前跷与前跷的测量

1—测量总前跷时的鞋楦　2—测量前跷高和后跷高时的鞋楦

h_1—前跷高　h_2—后跷高　h_z—总前跷

5.9.2　前跷高和后跷高的检测

将鞋楦楦底朝下，后跟部垫上相应高度的后跟后，用高度游标卡尺测量楦底前端点与水平台面的垂直距离（附图3 h_1），即为前跷高。同法测量楦底后端点与水平面的垂直距离（h_2）为后跷高。

5.10　鞋楦头厚的检测

在楦底样长标线上标出脚趾端点部位点B，将鞋楦适当放置，使楦底面通过B点与水平台面相切，再确定B′点，使得BB′与水平台面垂直。用游标卡尺测量BB′两点间距离，即为楦的头厚（附图4）。

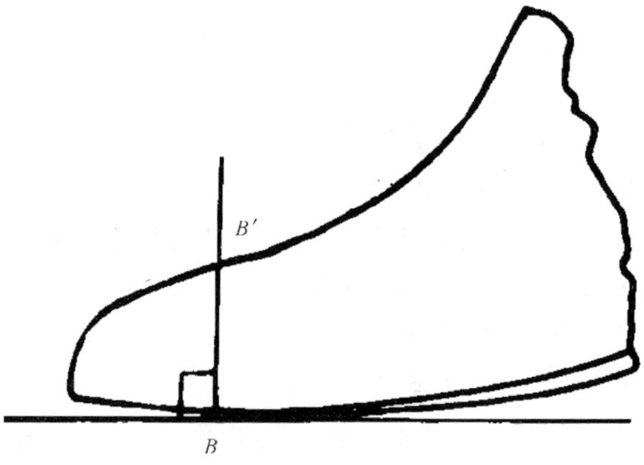

附图4　楦头厚的检测

5.11　鞋楦端正的检测

5.11.1　楦底端正的检测（四点检测）

将鞋楦楦底朝上，固定在平台上（用橡皮泥等），使鞋楦稳固，调节踵心里点、踵心外点与第一（或第五）蹠趾边缘点处于平行于平台的同一平面上（用划针盘检测），再用高度游标卡尺测量第五（或第一）蹠趾边缘点或其他有关对应点与上述三点平面的高度差（见附图5）。

5.11.2　楦身端正的检测

5.11.2.1　楦统口后点的检测

按5.11.1调整踵心里点和踵心外点的连线平行于平台面后，用宽座直角尺垂直边对准楦底后端点，测量统口后点侧向偏离尺子垂直边的距离（见附图6）。

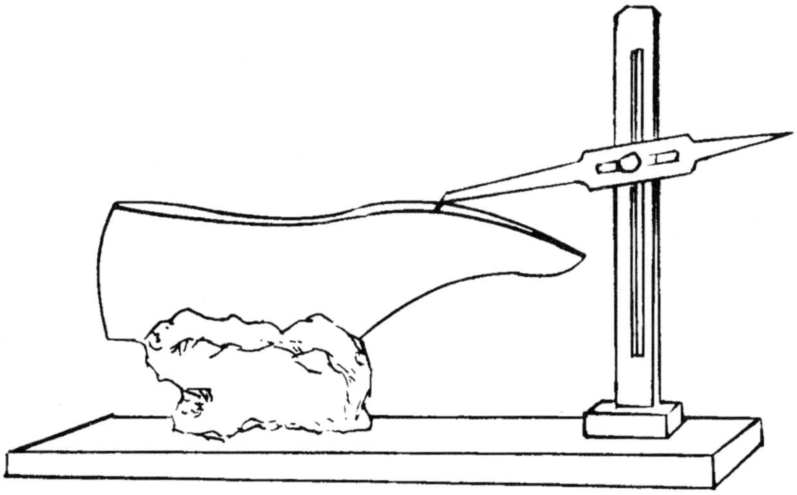

附图5　楦底端正的检测

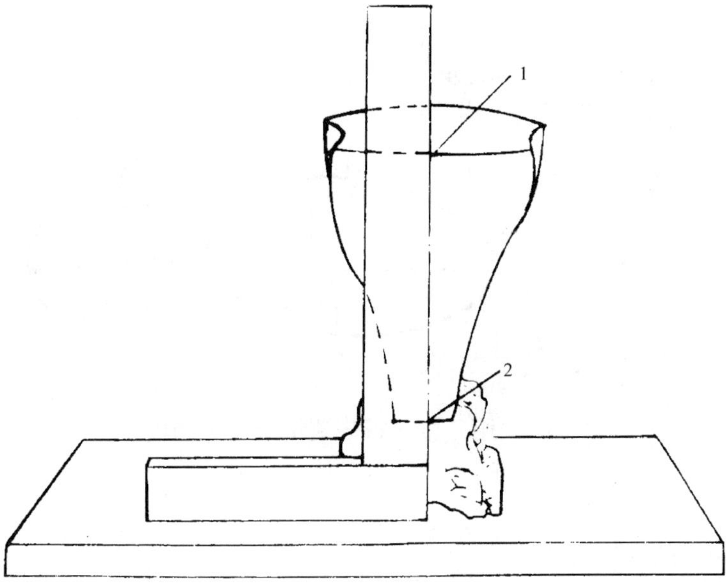

附图6　楦统口后点的检测

1—楦底后端点　2—统口后点

5.11.2.2　楦统口前点的检测

将鞋楦侧放在平台上用橡皮泥等固定，使鞋楦稳固，调整楦底前端点、楦底后端点和统口后点处于平行于平台的同一平面上，再用高度游标卡尺测量统口前点相对于该平面的偏差（见附图7）。

5.12　鞋楦底凸、凹度的检测

5.12.1　楦前掌凸度的检测

以楦上第一蹠趾边缘点与第五蹠趾边缘点两点连线为基准线，用三脚平行规测量前掌凸度点相对于基准线凸起的高度值即为前掌凸度值（见附图8）。

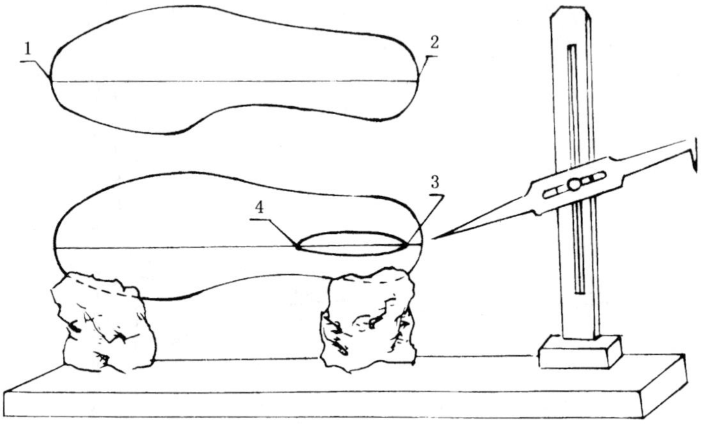

附图 7　楦统口前点的检测

1—楦底前端点　2—楦底后端点　3—统口后点　4—统口前点

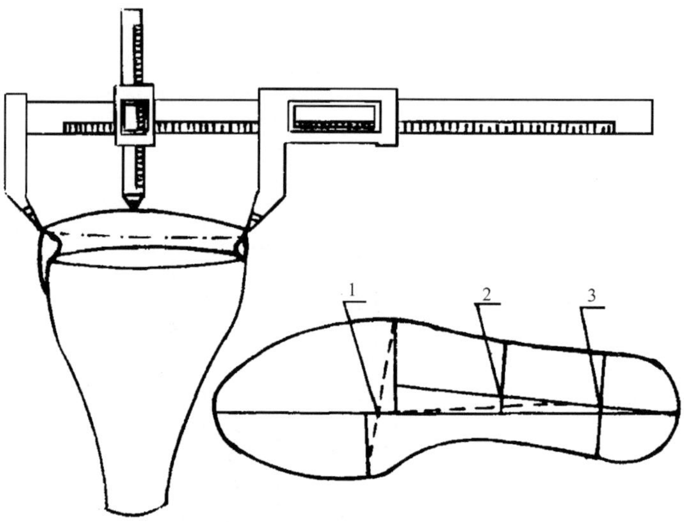

附图 8　用三脚平行规测量楦底凹凸度

1—前掌凸点　2—底心凹点　3—踵心凸点

5.12.2　楦踵心凸度的检测

以楦上踵心里点与踵心外点两点连线为基准线，用三脚平行规测量踵心凸度点相对于基准线凸起的高度值即为踵心凸度值（见附图 8）。

5.12.3　楦底心凹度的检测

以前掌凸度点与踵心凸度点两点连线为基准线，用三脚平行规测量底心凹度点相对于基准线的距离即为底心凹度值（见附图 8）。